실무 중심 3차원 설계

솔리드웍스

Special Guide

황교선 저

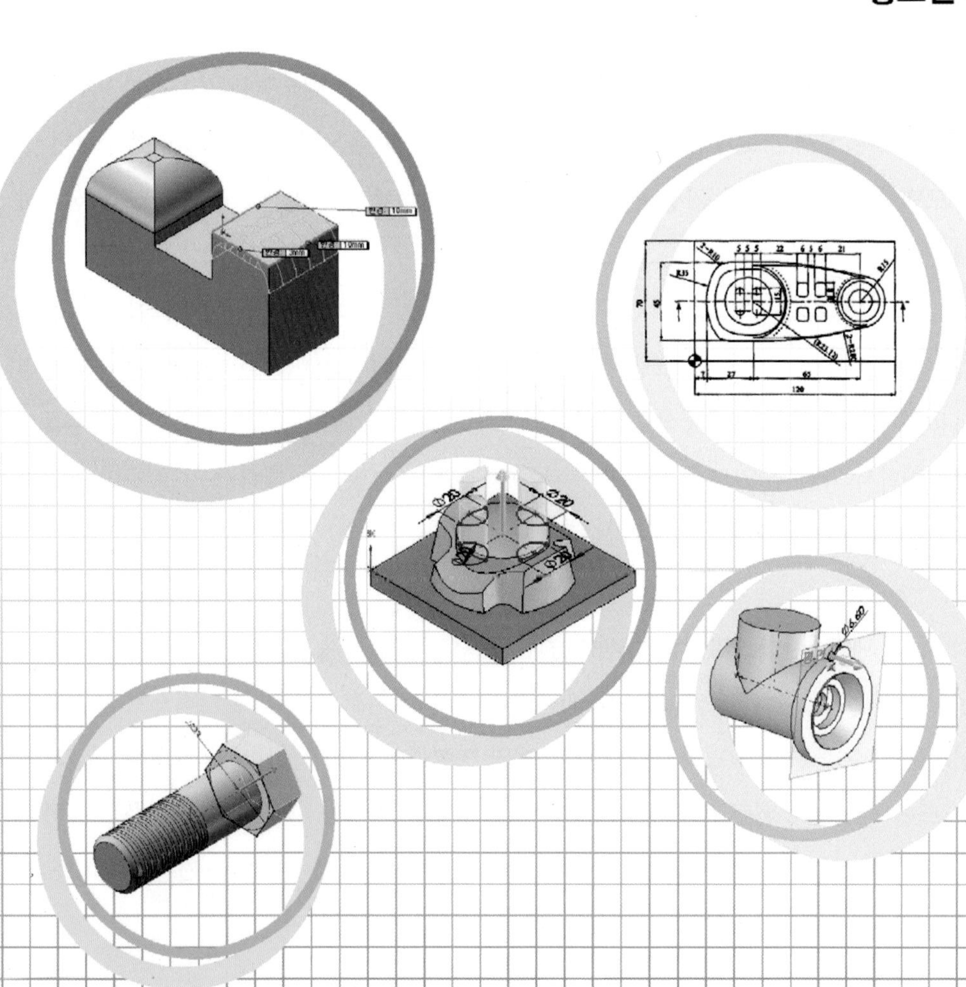

머리말

현재는 기계분야, 자동차분야, 로봇분야, 반도체분야, 각종 이공계 분야에 3차원 설계가 널리 보급되었으며 활성화되어 있습니다.
국내의 모든 제조 회사에서 2차원 설계에서 3차원 설계로 작업 환경이 전환되고 있으며, 공업고등학교 및 일반대학 교육기관에서도 3D CAD 교육을 실시하고 있고 이에 따른 다양한 유형의 소프트웨어들이 사용되고 있습니다. 필자는 다년간 강의를 해오면서 사용자가 파라메트릭 솔리드 모델링에서 소프트웨어를 쉽고 편리하게 사용될 수 있는 3D CAD를 추구하던 중 솔리드 모델링 소프트웨어가 가장 인기가 있고 관심이 집중되고 있는 SolidWorks를 선택하여 본책을 집필하게 되었습니다.

본 교재는 SolidWorks 응용 프로그램 전 분야에 대한 기본적인 3D CAD 개념과 용어를 설명하고 사용자가 직접 따라하는 방식으로 설명되어 있으며 처음 3D CAD를 입문하는 독자들도 쉽게 따라하면서 익힐 수 있도록 하였고 독자들이 본 책의 설명을 이해하고 꾸준히 연습을 하면 3D CAD의 전문가로 인정받을 수 있다고 생각됩니다.

SolidWorks는 내부에 설계 파일의 탐색기 기능이 추가되어 설계 작업자가 효율적으로 작업을 할 수 있도록 통합된 설계 라이브러리와 데이터 매니지먼트 기능이 획기적으로 보강되었으며 이전에 다소 불편하게 느껴졌던 제품 설계의 명령들이 쉽게 접근할 수 있도록 개선되었습니다. 또한 작업자가 빠르고 쉽게 작업을 할 수 있도록 과정별 단계적으로 연습을 통하여 파트, 어셈블리, 도면을 직접 만들어 볼 수 있으며 이에 따른 디자인·설계·가공·해석 등 일련의 공학적인 과정을 용이하게 처리할 수 있도록 자세히 소개하고 있습니다.

이 책에서 설명되고 있는 SolidWorks의 가장 큰 특징은 쉽게 배워서 실무에 바로 사용할 수 있다는 것입니다. 사용자 위주로 만들어진 기능과 명령어는 빠른 시간내에 설계의 결과를 만들어 낼 수 있도록 되어 있고 부품 설계 과정, 조립 과정, 도면 생성 과정은 마우스의 클릭과 드래그를 이용하여 간단히 처리할 수 있습니다. 이러한 작업의 단순화를 통하여 어렵게 설계하던 기존의 방식을 극복하고 설계 업무에 더욱 내실을 기할 수 있으며 생산성을 높일 수 있습니다.

그리고 SolidWorks는 사용자의 작업 프로세서가 이전 버전에 비해 편리하게 발전되었으며 GUI와 몰드 해석 도구가 내장되어 사출시의 해석 기능이 용이하며 DWG Editor가 내장되어 있어 2차원 CAD 파일을 열어 보는데 전혀 지장이 없을 정도로 보강이 되어 있고 디자인에서 조립과 도면 생성에 이르기까지 다른 소프트웨어보다 편리한 연계성과 편집 기능이 내장되어 있습니다.
또한 Part, Assembly, Drawing Document File간의 완벽한 연계성이 지원되어 Feature나 도면을 변경할 때 관련된 모든 파일이 사용자가 원하면 자동적으로 변경되는 Full Associatively system을 도입하여 설계자의 생각을 쉽고 빠르게 반영할 수 있도록 되어 있습니다.

끝으로 3D CAD를 입문하는 공학도에게 설계자의 전문가가 될 수 있도록 길잡이 역할을 충분히 할 수 있다고 확신하며 이 교재가 널리 보급되어 설계 전문가가 많이 배출되므로써 현장에서 설계 비용 절감 효과와 생산성 향상에 기여할 수 있으면 합니다.

2014. 03

필자 씀

Chapter 1 Solidworks 2012 시작하기

Chapter 2 기본 스케치 작성하기

Chapter 3 피처 기능 이해하기

Chapter 4 베어링 블록, 배관, 휠, 스프링, 볼트, 원형 패턴 만들기

Chapter 5 Base 모델링하기

Chapter 6 응용과제 따라하기

Chapter 8 SolidWorks Simulation을 이용하여 해석하기

Chapter 1

Solidworks 2012 시작하기

1. SolidWorks 2012 소개
2. SolidWorks 2012 기초

1 SolidWorks 2012 소개

이 장에서 소개되는 내용은 초보자는 Chapter 2 기본 스케치 작성하기를 학습한 후 실습에 적용하길 바란다.

- SolidWorks 모델은 파트나 어셈블리 문서의 3D 솔리드 지오메트리로 구성된다.
- 도면이 모델로부터 작성되거나 도면 문서의 구배도로 작성된다.
- 일반적으로 스케치를 시작으로 베이스 피처를 만든 다음 모델에 피처를 추가한다. (불러온 곡면이나 솔리드 형상으로 시작할 수도 있다.)
- 피처를 추가, 편집 또는 재조정해서 설계를 원하는 방향으로 수정할 수 있다.
- 파트, 어셈블리, 도면 간의 연관성으로 인해 하나의 문서나 뷰에서 변경하면 자동으로 다른 모든 문서와 뷰에서도 변경된다.
- 설계 도중 언제라도 어셈블리나 도면을 생성할 수 있다.
- 주 메뉴의 도구, 옵션을 클릭하고 시스템 옵션과 문서 속성을 표시한다.
- SolidWorks 프로그램은 자동 회복 기능으로 사용자의 작업 내용을 저장한다. 작업 저장 · 알림 옵션을 선택할 수도 있다.

(1) FeatureManager 디자인 트리

1) SolidWorks 창 왼쪽의 FeatureManager 디자인 트리에서는 활성화 파트, 어셈블리 또는 면의 전체적인 개요를 볼 수 있다. 이는 모델이나 어셈블리의 구조를 쉽게 보고 도면의 여러 시트와 뷰를 편리하게 확인할 수 있게 해준다. FeatureManager 디자인 트리와 그래픽 표시 창은 동적으로 연결되며, 피처, 스케치,

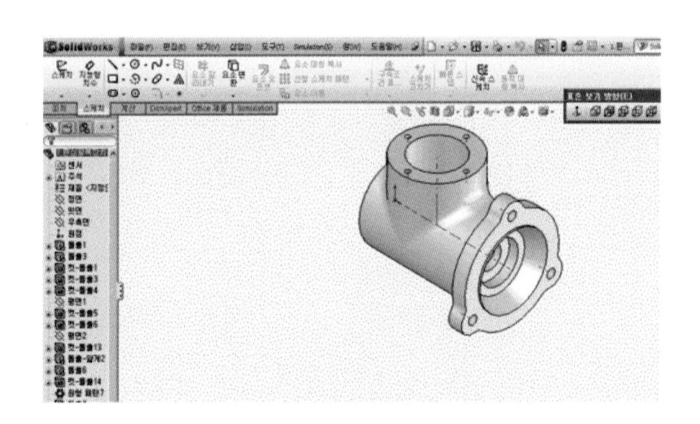

도면 뷰, 참조 형상 등을 두 화면 중 어디에서나 선택할 수 있다.

2) FeatureManager 디자인 트리를 분할하여 두 개의 FeatureManager를 표시하거나 FeatureManager 디자인 트리를 ConfigurationManager나 PropertyManager와 합칠 수 있다.

3) FeatureManager의 디자인 트리를 사용하면 작업들을 쉽게 할 수 있다.

4) 모델에서 항목 선택하기에서 피처가 작성된 순서 확인 및 변경하거나 또는 FeatureManager 트리에서 항목 끌어 순서 바꾸기 : 이는 모델이 재작성될 때 피처가 재생성되는 순서를 변경한다.

5) 피처 이름을 더블 클릭하여 피처의 치수를 표시하기에서 항목 이름을 두 번 클릭하여 선택한 다음, 새 이름으로 입력하여 이름 변경을 한다.

6) 파트 피처와 어셈블리 부품 기능 억제 및 해제를 한다.

7) 피처를 오른쪽 클릭하고 종속 관계를 선택하여 종속 구속 조건 보기를 선택하여 스케치할 수 있다.

(2) FeatureManager 디자인 트리 옵션 설정

1) 옵션(표준 도구 모음)을 클릭하거나 도구, 옵션을 클릭한다.

2) FeatureManager를 선택하며 모두 원래대로는 활성 페이지 뿐만 아니라 모든 시스템 옵션을 시스템 기본으로 되돌린다.

3) 선택한 항목 뷰로 스크롤하기 : FeatureManager 디자인 트리는 그래픽 영역에서 선택한 항목에 해당하는 피처를 자동으로 표시한다.

4) 복잡한 파트와 어셈블리를 위해서 이 옵션을 취소하며, 피처로 스크롤 하려면 그래픽 영역에서 피처를 오른쪽 클릭하고 피처로 가기(트리에서)를 선택한다.

5) 동적 하이라이트 : FeatureManager 디자인 트리에서 항목 위로 커서를 이동하면 해당 지오메트리(모서리

선, 면, 평면, 축 등)가 그래픽 영역에서 강조 표시된다.

6) 파트/어셈블리에서 투명한 플라이아웃 FeatureManager 사용하면 플라이아웃 디자인 트리가 투명해지고, 선택을 취소하면 플라이아웃 디자인 트리가 투명하지 않는다.

(3) PropertyManager 개요

PropertyManager는 그래픽 영역 왼쪽 패널에 PropertyManager 탭에 표시된다. PropertyManager에 정의된 요소 또는 명령어를 선택하면 열린다. 도구, 옵션, 시스템 옵션, 일반에서 선택해서 다른 경우에 열리도록 할 수 있다.

1) 옵션(표준 도구 모음)을 클릭하거나 도구, 옵션을 클릭한다.

2) 시작시 최근 사용된 문서 열기 : 항상 열기 또는 열지 않기 중에서 선택하며 SolidWorks를 시작할 때 편의상 최근에 사용한 문서를 열리게 하려면 항상 열기를 선택한다.

3) 치수 수치 입력 : 수정 대화 상자가 치수를 삽입할 때 표시되며, 확인란을 지정하지 않으면, 치수를 변경할 때 더블클릭하여 변경한다.

4) 음영면 하이라이트 주기 : 이 확인란을 선택하면 선택한 면이 단색으로 표시된다(디폴트는 녹색). 강조 표시 색을 다른 색으로 지정하려면 도구, 옵션, 시스템 옵션, 색을 클릭하고 선택면, 음영에 다른 색을 선택 후 확인 선택을 적용하고, 명령어를 실행한 다음 PropertyManager를 닫는다.

5) 시스템 디폴트를 지정하려면 Windows 제어판을 사용한다.

6) 피처/파일명 영어 사용 : 이 옵션을 선택하면 FeatureManager 디자인 트리의 피처 이름과 자동으로 생성된 파일 이름이 영어로 표시된다.

7) 이미 저장된 문서에서 설명으로 사용된 사용자 속성을 변경하면 요약 정보 대화상자에 새 설명을 직접 추가해야 한다.

(4) 폴더 추가하기

1) 파트나 어셈블리 문서에서 FeatureManager 디자인 트리에 폴더를 추가할 수 있고 폴더를 추가한 후 이름을 바꾸고 새 폴더로 추가 피처를 끌어 놓는다.

2) FeatureManager 디자인 트리에 추가한 폴더를 선택하면 폴더에 있는 피처가 그래픽 영역에서 강조 표시되며, 이와 비슷하게 그래픽 영역에서 피처를 선택하면 폴더가 FeatureManager 디자인 트리에서 강조 표시되며 또한 폴더가 확장되어 강조 표시된 피처를 표시한다.

3) 새 폴더에 피처를 삽입하는 방법은 개별 폴더에 연속되는 피처나 부품을 끌어 놓을 수 있으며, 연속되지 않는 피처를 선택할 때는 Ctrl키를 사용할 수 없고 연속 피처를 끌어 놓음으로써 모자 관계를 계속 유지할 수 있다. 기존 폴더에는 새 폴더를 자동 또는 수동으로 추가할 수 없다.

2 SolidWorks 2012 기초

(1) 기본 개념

SolidWorks 새 문서는 그 형식 및 속성에 따라 다른 템플릿을 사용한다. 템플릿에는 측정 단위나 다른 도면화 표준과 같은 사용자 지정 문서 속성이 포함되어 있다. 템플릿을 사용하여 문서에 다양한 스타일을 지정하여 사용할 수 있으며 템플릿으로 저장한 파트, 도면, 또는 어셈블리 문서를 문서 템플릿으로 사용할 수 있다.

1) SolidWorks 새 문서 작성하기

가. 새 문서나()(표준 도구 모음) 중 하나를 클릭한다.

나. 파일, 새 문서

다. 작업 창 SolidWorks 리소스 탭()에 있는 시작하기 아래에 새 문서()가 있다.

(2) 문서 템플릿

1) 템플릿은 사용자 정의 변수를 포함하고 새 문서의 기본이 되는 문서(파트, 도면, 어셈블리 문서)이며, 여러가지의 문서 템플릿을 유지할 수 있다.
2) SolidWorks 새 문서를 열 때, SolidWorks 새 문서 대화상자에서 문서의 템플릿을 선택한다. 시스템 템플릿도 사용할 수 있지만, 사용자 고유의 템플릿을 여는 탭을 추가할 수도 있다.
3) SolidWorks 문서 대화 상자의 고급 버전에 새로운 탭 만들기
   가. Windows 탐색기에서 새 폴더를 작성한다.
   나. SolidWorks 표준 도구 모음에서 옵션( )을 클릭하거나 도구, 옵션을 클릭한다.
   다. 시스템 옵션 탭에서 파일 위치를 선택한다.
   라. 폴더를 보여줄 항목에서 문서 템플릿을 선택한다.
   마. 추가를 클릭하고, 위의 1단계에서 작성한 폴더를 찾은 다음 확인을 클릭한다.
   바. 예를 눌러 변경을 확인한다.
   사. 새 템플릿을 만든 후에, 다른 이름으로 저장을 사용하여 1단계에서 작성한 폴더를 찾아 지정하고 새 템플릿을 저장한다.
   아. 템플릿을 새 폴더에 저장하면 SolidWorks 새 문서의 고급 버전에 지정한 폴더 이름을 가진 탭이 표시한다.

(3) 기본 템플릿 옵션

1) 새 문서( )(표준 도구 모음)를 클릭하거나 파일, 새 문서를 클릭한다.
2) 작성하려는 템플릿 유형을 더블클릭한다. 파트, 도면, 어셈블리 옵션(표준 도구 모음)을 클릭하거나 도구, 옵션을 클릭한다.
3) 문서 속성 탭에서 옵션( )을 선택하여 새 문서 템플릿을 사용자 정의하고 확인을 클릭한다.
4) 문서 속성 탭의 옵션만 문서 템플릿에 저장된다.
5) 파일, 다른 이름으로 저장을 클릭한다.
6) 다음의 파일 형식 템플릿 유형을 선택한다.

가. 파트 템플릿(*.prtdot)

나. 어셈블리 템플릿(*.asmdot)

다. 도면 템플릿(*.drwdot)

7) 파일 이름란에 이름을 입력한다.

8) 원하는 폴더를 찾아 저장을 클릭한다.

(4) 열기

1) 열기( )(표준 도구 모음)를 클릭하거나 파일 열기를 클릭, 또는 Ctrl+O의 키를 누른다.

2) 파트 또는 어셈블리 창에서 문서 열기

가. 어셈블리 창에서 부품을 오른쪽 클릭한다.

나. 파트 열기 또는 어셈블리 열기를 선택한다.

다. 부품 문서가 별도의 창에 열린다.

3) 파트 문서에서 어셈블리를 여는 방법

가. 파트 창에서 FeatureManager 디자인 트리 또는 그래픽 영역에서 외부 참조가 있는 피처나 스케치를 오른쪽 클릭한다.

나. 편집하기를 선택한다. (선택된 피처에 대한 업데이트 경로를 포함하는 어셈블리가 별도의 창에 열린다.)

4) Windows 탐색기의 SolidWorks 문서 열기

가. Windows 탐색기를 사용하여 SolidWorks 문서의 축소판 이미지를 보고 사용자 정의 속성 정보를 확인한다. (Windows 탐색기에서 SolidWorks 파트와 문서의 축소판 아이콘 도 볼 수 있다. 아이콘은 문서가 마지막으로 저장되었을 때 모델의 뷰 방향에 따라 표시되며, 이 기능을 사용하려면 도구, 옵션, 시스템 옵션, 일반을 클릭하고 Windows 탐색기에서 축소판 그래픽 표시를 선택한다.)

나. 옵션을 지정한 후 축소판 아이콘을 보려면 SolidWorks 프로그램과 Windows 탐색기를 다시 시작해야 한다.

다. 보기, 미리보기를 클릭한다.

5) 파일 끌기

가. Windows Explorer나 작업 창의 파일 탐색기 탭에서 파트나 어셈블리를 SolidWorks 창에 끌어 놓고 파트나 어셈블리의 표준도를 작성한다.

나. zip 파일(.zip)을 SolidWorks 창에 끌어 놓거나 SolidWorks 새 문서에 끌어 놓는다. (예를 들어, 여러 개의 모델이 있는 .zip 파일을 SolidWorks 빈 창에 끌어 놓으면, 모델마다 별도의 창에 각각 열린다.)

다. 열려 있는 문서에서 문서로 끌어 놓는다. 열린 파트 파일의 FeatureManager 트리에서 파트 이름을 끌어 열린 어셈블리 문서에 삽입한다.

라. FeatureManager 디자인 트리에서 도면 문서로 파트나 어셈블리 이름을 끌 수 있다.

(5) 선택

1) 여러 개의 피처를 선택하려면 Ctrl을 누르며 선택한다.

2) 상자와 교차 선택은 포인터를 왼쪽에서 오른쪽으로 끌면서 선택한다.

3) 교차 선택은 포인터를 오른쪽에서 왼쪽으로 선택한 상자 경계를 걸친 객체를 왼쪽에서 오른쪽으로 상자를 선택한다.

(6) 시스템 옵션

1) 옵션(표준 도구 모음)을 클릭하거나 도구, 옵션을 클릭한다.
2) 시작시 최근 사용된 문서 열기 : 항상 열기 또는 열지 않기 중에서 선택한다.
3) 치수 수치 입력 : 수정 대화상자가 치수를 삽입할 때 표시되며, 이 확인란을 지정하지 않으면, 치수를 변경할 때 더블클릭하여 입력한다.
4) 음영면 하이라이트 주기 : 이 확인란을 선택하면 선택한 면이 단색으로 표시되며(디폴트는 녹색) 강조 표시 색을 다른 색으로 지정하려면 도구, 옵션, 시스템 옵션, 색을 클릭하고 선택면, 음영에 다른 색을 선택한다.

(7) 도면 옵션

1) 도구, 옵션, 시스템 옵션, 도면을 클릭한다.
2) 모델에서 삽입한 치수 자동으로 부가하기 : 이 확인란을 선택하면 뷰에 삽입된 치수가 형상과 적절한 거리를 두어 자동으로 배치된다.
3) 새 도면 뷰 자동 축척 : 새 도면 뷰를 삽입할 때, 용지 크기와는 상관없이 도면 시트에 맞추어 크기가 정해진다.
4) 도면 뷰 끌 때 개요 보이기 : 이 확인란을 선택하면 뷰를 끌 때 모델이 표시되며, 확인란을 지우면 뷰를 끌 때 뷰 테두리만 표시된다.
5) 도면 뷰의 완만한 처리는 확인란을 선택하면(디폴트) 화면 이동 및 확대/축소와 같은 동적 작동이 자연스럽게 표시된다. 대부분의 경우 디폴트로 정한다.
6) 새 상세도 원 원형으로 표시의 확인란을 선택하면 상세도에 사용될 새 프로파일이 원으로 표시된다.
7) 숨은 요소 선택 : 이 확인란을 선택하면 임의로 숨긴 숨은(제거된) 접선과 모서리선을 선택할 수 있다.
8) 삽입시 중복되는 모델 치수 제거의 확인란을 선택하면(디폴트), 모델 치수가 도면에 삽입될 때 중복되는 치수는 삽입되지 않는다.
9) 도면 열 때 자동 업데이트의 확인란을 선택하면 도면 문서를 열 때 도면 뷰가 자동으로 업데이트된다.

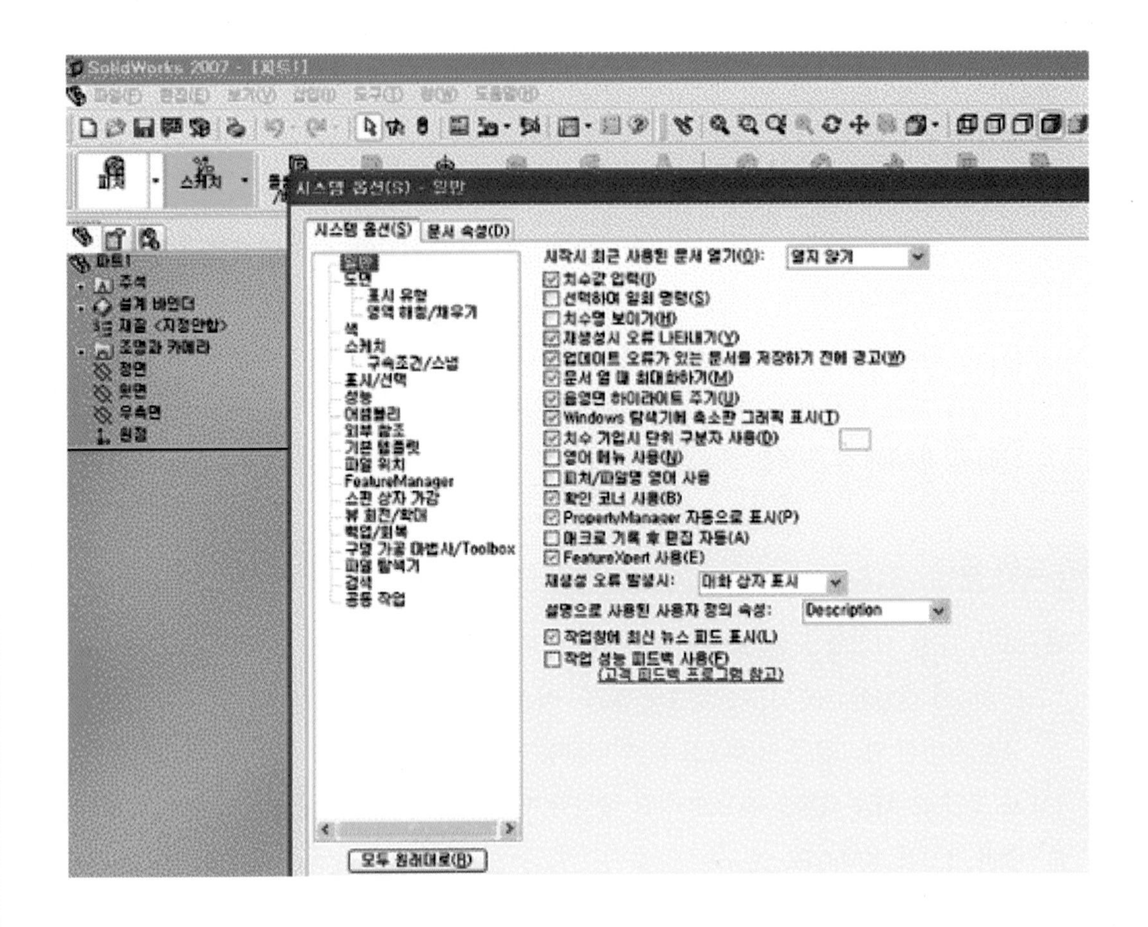

(8) 표시 유형 옵션

1) 도구, 옵션, 시스템 옵션, 도면, 표시 유형을 클릭한다.

2) 파트나 어셈블리를 도면에 표시할 방법을 다음 중에서 지정한다.

가. 실선 표시 : 모든 모서리선이 표시된다.

나. 은선 표시/제거 : 은선과 숨은 은선을 표시/제거한다.

다. 모서리 표시 음영 : 파트 음영 표시에서 은선 제거 모드로 표시될 모서리들을 표시한다. 이 모서리선 색을 원하는 색으로 지정할 수 있다.

라. 음영처리 : 파트를 음영 모드로 표시한다.

3) 접선 기본표시는 은선 표시 또는 은선 제거를 선택한 경우, 접선 표시(둥근면이나 필렛한 면 사이를 잇는 선) 모드를 선택하면 보이기 : 실선으로 표시함을 선택한다.

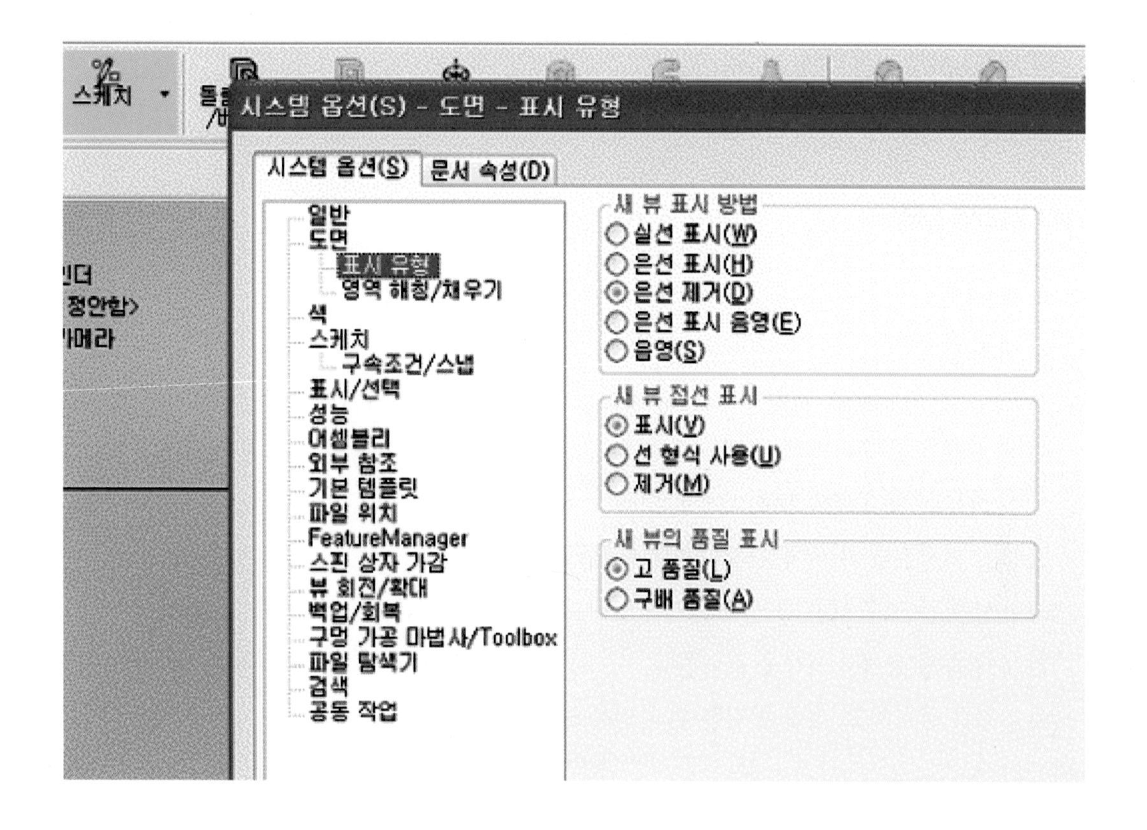

4) 선 형식 사용 : 도구, 옵션, 문서 속성, 선 형식에서 지정한 접선 표시 형식을 사용한다. (이 옵션을 사용하려면 도면 문서를 활성해야 한다.)

(9) 영역 해칭 채우기

1) 표준 도구 모음에서 옵션을 클릭하거나 도구, 옵션을 클릭한다.

2) 시스템 옵션 탭에서 영역 해칭/채우기를 클릭한다.

3) 해칭 또는 채우기 유형 : 없음, 단색, 해칭 중에서 선택한다. 뒤따르는 옵션은 해칭 옵션을 선택했을 때만 주어지며, 단색 채우기 기본색은 검정색이다.

4) 그래픽 영역에서 채우기를 선택하고 선 형식 도구 모음에서(단면도 제외) 선색을 클릭하여 채우기 색을 변경할 수 있다.

5) 패턴 : 무늬 목록에서 해칭 패턴을 선택한다.

6) 배율 : 값을 입력한다.

7) 각도 : 각을 도로 입력한다.

(10) 시스템 색상

1) 옵션(표준 도구 모음)을 클릭하거나 도구, 옵션을 클릭한다.

2) 색을 선택한다.

3) PropertyManager 스킨 : PropertyManager의 배경 스킨(이미지)을 지정한다.

4) 색상 개요 설정 아래에서 어셈블리, 편집 파트, 어셈블리, 편집 안하는 파트, 어셈블리, 편집 파트 은선에 대한 색을 지정한다.

5) 문서 색상으로 가기(파트와 어셈블리에만 해당).

6) 옵션(표준 도구 모음)을 클릭하거나 도구, 옵션을 클릭한다.

7) 문서 속성 탭에서 색상을 클릭한다.

8) 편집을 클릭하고, 색을 편집한 뒤 확인을 클릭한다.

(11) 스케치 옵션

1) 옵션 , 시스템 옵션, 스케치를 클릭하거나 도구, 옵션, 시스템 옵션, 스케치를 클릭한다.

2) 구속 조건 표시/삭제 PropertyManager와 FeatureManager 디자인 트리에서 구속 조건 아래에서 갈색으로 표시된다.

3) 구속되는 상태는 그래픽 영역에 회색으로 표시된다.

4) 초과 정의는 적색으로 표시된다.

5) 불완전 정의는 그래픽 영역에 파랑색으로 표시되며 스케치 요소에 치수나 구속 조건을 부가해야 할 필요가 있음을 나타낸다.

6) 치수와 구속 조건의 조합을 생성해서 불완전 정의된 스케치를 완전 정의한다. 완전 정의는 그래픽 영역과 구속 조건 표시/삭제 PropertyManager에서 구속 조건 아래에서 검정색으로 표시된다.

(12) 구속 조건/스냅 옵션

1) 표준 도구 모음에서 옵션을 클릭하거나 도구, 옵션을 클릭한다.
2) 시스템 옵션 탭에서 구속 조건/스냅을 선택한다.
3) 스냅 사용 : 스케치 스냅 아래 나열된 모든 스케치 스냅을 설정한다.
4) 모델 지오메트리로 스냅 : 스케치 요소를 모서리선같은 모델 지오메트리로 스냅한다.
5) 구속 자동 : 스케치 요소를 추가할 때 구속 조건을 자동으로 부가한다.
6) 문서 눈금 설정으로 가기 : 눈금 표시와 스냅 기능 옵션을 잉여되는 치수와 수정할 수 없는 치수를 표시한다.

(13) 표시/선택 옵션

1) 모서리선이나 평면의 표시, 선택 옵션을 지정한다.
2) 표시 및 선택 옵션 설정은 옵션(표준 도구 모음)을 클릭하거나 도구, 옵션을 클릭한다.
3) 은선 표시 방법은 실선 또는 점선 : 파트 및 어셈블리 문서에서 은선 표시 모드에서 은선을 표시할 방법을 지정한다.
4) 숨은선 선택은 실선과 은선 모드에서 선택 허용 : 실선과 은선 표시 모드에서 숨은 모서리선이나 꼭지점을 선택할 수 있게 한다.
5) 은선과 음영 모드에서 선택 허용 : 은선 제거, 모서리 표시 음영과 음영처리 모드에서 숨은 꼭지점이나 모서리선을 선택할 수 있게 한다.

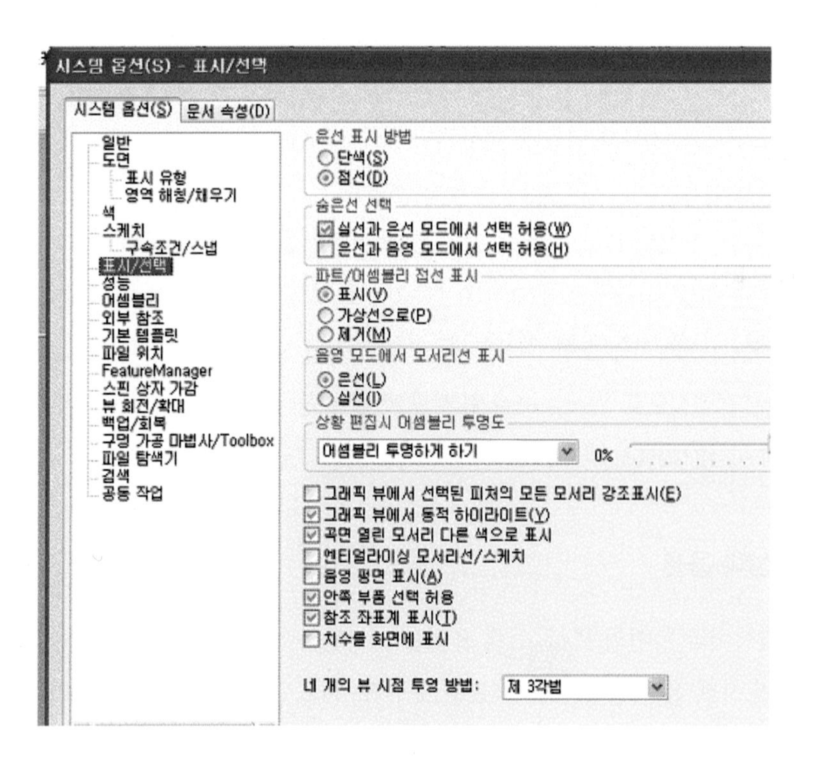

(14) FeatureManager 옵션

1) 옵션(표준 도구 모음)을 클릭하거나 도구, 옵션을 클릭한다.

2) FeatureManager 디자인 트리의 상단에서 파트, 어셈블리, 도면 이름을 오른쪽 클릭하고 트리 표시, 피처 설명 표시를 선택한다.

3) 화면을 분할할 수 있다.

(15) 문서 속성

1) FeatureManager 디자인 트리 영역을 오른쪽 클릭하고 문서 속성을 선택한다. (문서 속성을 선택하려면 FeatureManager 디자인 트리나 그래픽 영역에서 어떤 항목도 선택되지 않아야 한다.) 옵션 대화상자에 문서 속성 탭이 활성화되어 나타난다.

2) 문서 속성은 현재 문서에만 적용되고 문서가 열려 있을 때만 문서 속성 탭을 사용할 수 있으며, 새 문서는 그 문서 설정(단위, 이미지 품질 등)을 문서를 새로 작성할 때 사용한 템플릿의 문서 속성에서 가져오고 문서 템플릿을 설정할 때 문서 속성 탭을 사용한다.

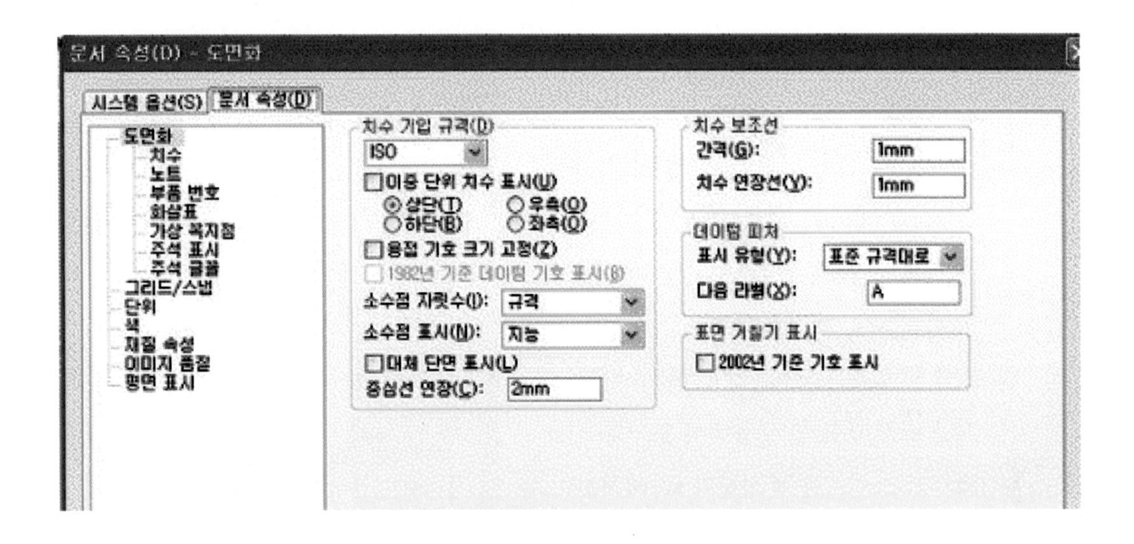

3) 각 탭에 나열된 옵션은 대화상자 왼쪽 편의 트리 형식에 표시되며, 트리에서 항목을 클릭할 때 항목에 대한 옵션이 대화상자 오른 쪽편에 나타난다.

4) 표준 도구 모음에서 옵션을 클릭하거나 도구, 옵션을 클릭한다.

5) 문서 속성 탭에서 도면화를 클릭한다.

6) 다른 이름으로 저장 대화상자에서 파일 형식으로 분리 도면(*.slddrw)을 선택하고 파일 이름을 입력하고 저장을 클릭한다. 분리 도면이 열리고 파일, 열기를 클릭하거나 뷰를 오른쪽 클릭하고 모델 이름 열기를 선택하여 모델 문서를 열면 모델을 불러올 때까지 도면이 동기화되지 않는다.

(16) SolidWorks 스케치

1) SolidWorks 스케치는 2D 스케치로 시작한다. 스케치를 사용하여 솔리드 모델 형상을 만드는데 대한 내용은 피처 개요를 참고한다.
2) SolidWorks로 3D 스케치를 만들 수도 있다. 3D 스케치에서 요소는 3D 공간에 있으며 특정 스케치 평면에 연관될 필요는 없다.
3) 스케치 방법

가. 스케치 도구 모음에서 스케치 요소 도구(선, 원 등)를 클릭한다. 스케치 도구 모음에서 스케치를 클릭하거나 삽입, 스케치를 클릭한다.

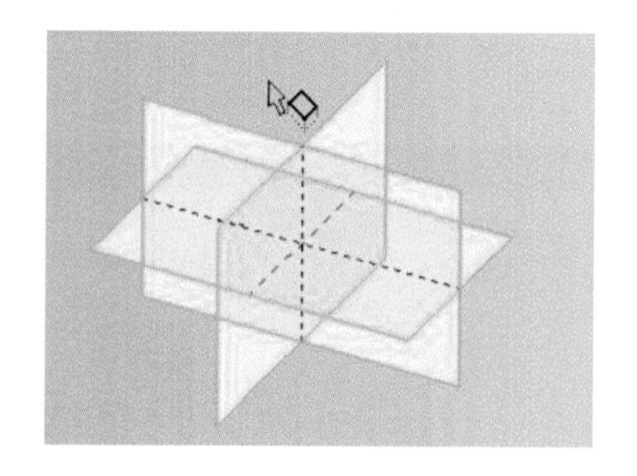

나. 표시된 세 개의 기준면(정면, 윗면, 우측면) 중 하나를 선택한다. 새 파트에서 평면이 면에 수직으로 보기 방향으로 회전한다.

다. 스케치 요소 도구로 스케치를 작성하거나 스케치 도구 모음에서 도구를 선택하고 스케치를 작성한다. 스케치 요소에 치수를 부가한다.

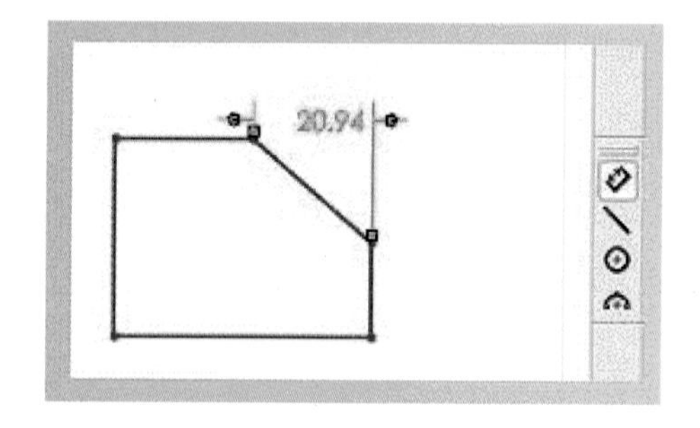

라. 스케치를 종료하거나 피처 도구 모음에서 돌출 보스/베이스 또는 회전 보스/베이스를 클릭하고 돌출 PropertyManager는 돌출 피처의 특징을 지정한다.

a. 돌출 방법은 먼저 스케치를 만든다.
b. 피처 도구 모음에서 돌출 보스/베이스를 클릭하거나 삽입, 보스/베이스, 돌출을 클릭한다.
c. 피처 도구 모음에서 돌출 컷을 클릭하거나 삽입, 자르기, 돌출을 클릭한다.
d. 곡면 도구 모음에서 돌출 곡면을 클릭하거나 삽입, 곡면, 돌출을 클릭한다.

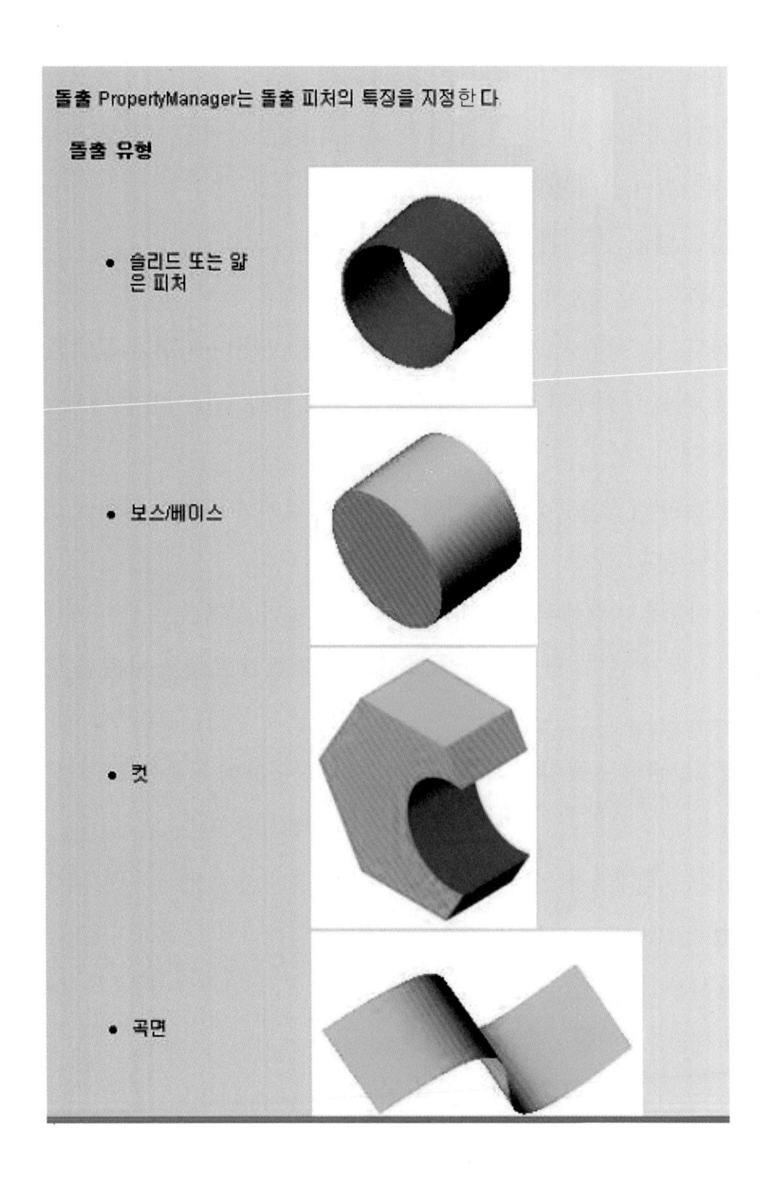

4) 돌출 방법

돌출 피처의 유형에 맞게 PropertyManager 옵션을 설정한다. 곡면/면/평면에 타당한 요소를 선택한다. 요소는 평면 또는 비평면이 될 수 있고 평면 요소는 스케치 평면에 평행하지 않아도 된다.

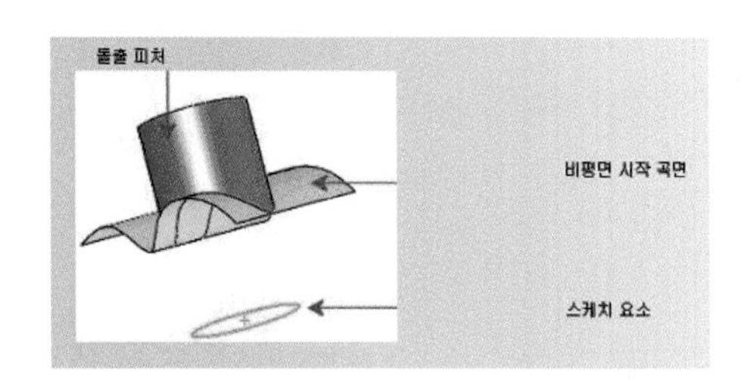

5) 돌출 방향

마침 조건 유형을 지정한다. 필요한 경우, 미리보기에 표시된 것과 반대 방향으로 피처를 돌출시키려면 반대 방향을 클릭한다.

6) 블라인드 형태 : 깊이를 지정한다.

7) 꼭지점까지 : 꼭지점에 그래픽 영역에서 꼭지점을 선택한다.

8) 곡면까지 : 면/평면에 그래픽 영역에서 연장할 면이나 평면을 선택한다.

9) 곡면을 더블 클릭해서 선택한 곡면을 끝내기 곡면으로 사용해서 마침 조건을 곡면까지로 변경한다.

10) 곡면으로부터 오프셋 : 면/평면에 그래픽 영역에서 면이나 평면을 선택하고, 오프셋 거리를 입력한다.

11) 곡면 이동을 선택해서 돌출의 끝이 참조 곡면의 실제 오프셋이 아니라 참조 곡면의 단순 이동을 하게 한다. 필요에 따라, 반대 방향으로 오프셋을 하려면 오프셋 반대 방향을 선택한다.

12) 어셈블리에서 스케치를 선택한 바디까지 연장하여 돌출을 작성할 때, 바디까지를 사용한다.

13) 돌출하는 스케치가 선택한 면이나 바디를 초과하여 연장되면, 바디까지는 자동 연장할 수 있다. 바디까지 옵션은 돌출 대상 바디의 곡면이 평평하지 않을 때 금형 파트에 유용하게 사용된다.

14) 중간 평면 : 깊이를 지정한다.

● 마침 조건

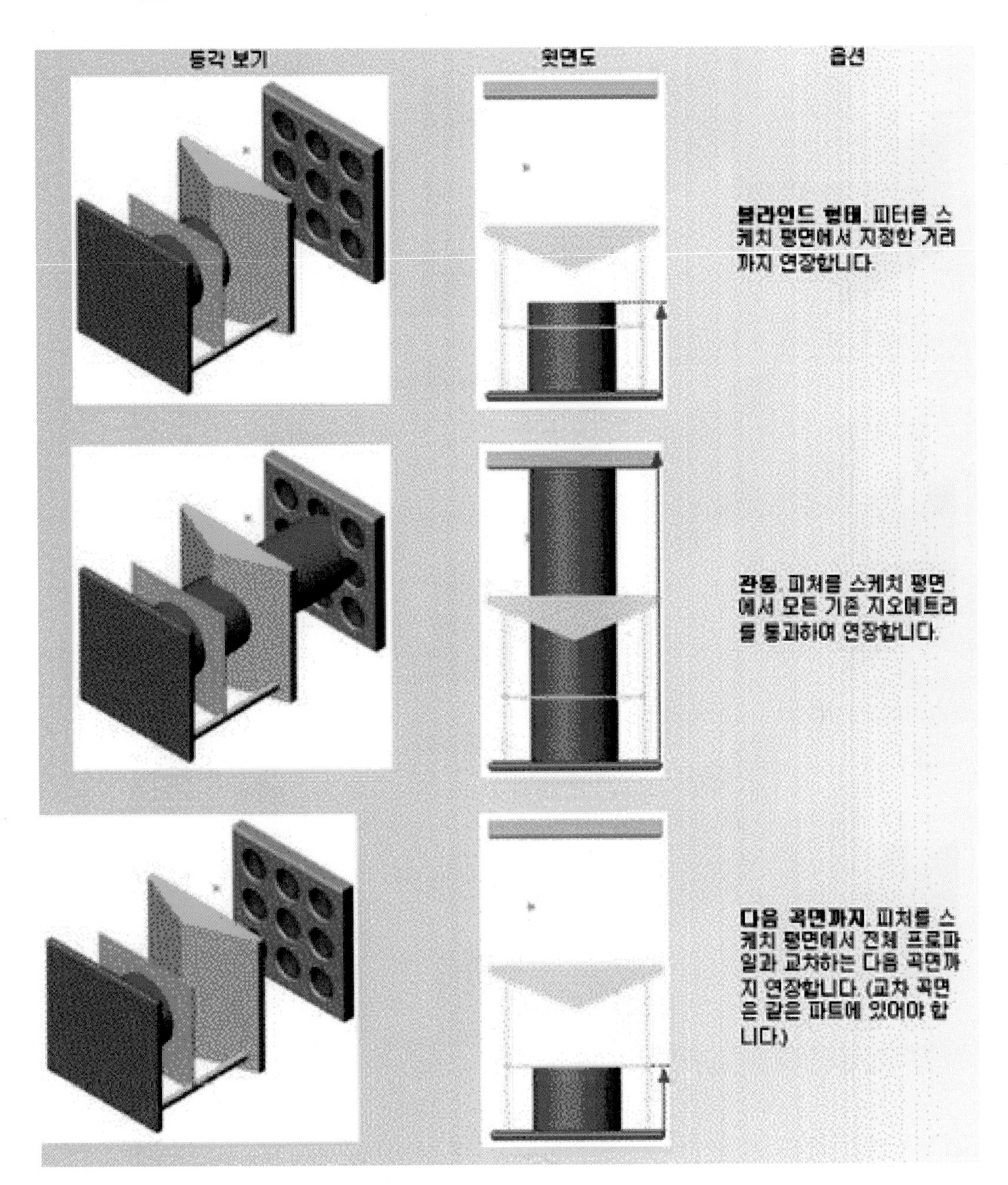
등각 보기
윗면도
옵션
블라인드 형태. 피터를 스케치 평면에서 지정한 거리까지 연장합니다.
관통. 피처를 스케치 평면에서 모든 기존 지오메트리를 통과하여 연장합니다.
다음 곡면까지. 피처를 스케치 평면에서 전체 프로파일과 교차하는 다음 곡면까지 연장합니다. (교차 곡면은 같은 파트에 있어야 합니다.)

꼭지점까지. 피처를 스케치 평면에서 스케치 평면과 평행하는 면의 지정한 꼭지점까지 연장합니다.

꼭지점까지. 돌출 작업에 스케치 꼭지점(정점)을 선택할 수 있습니다.

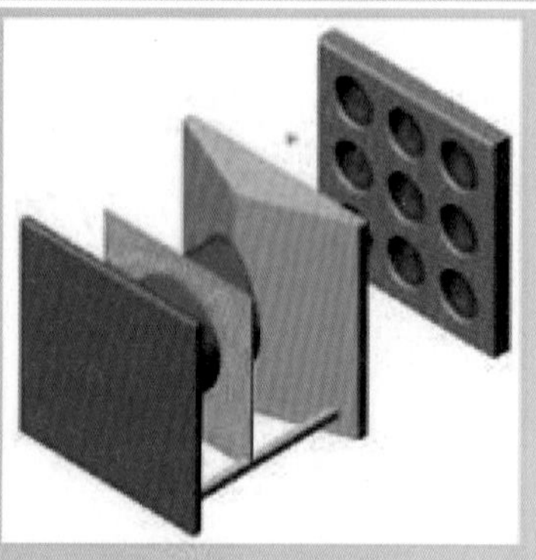

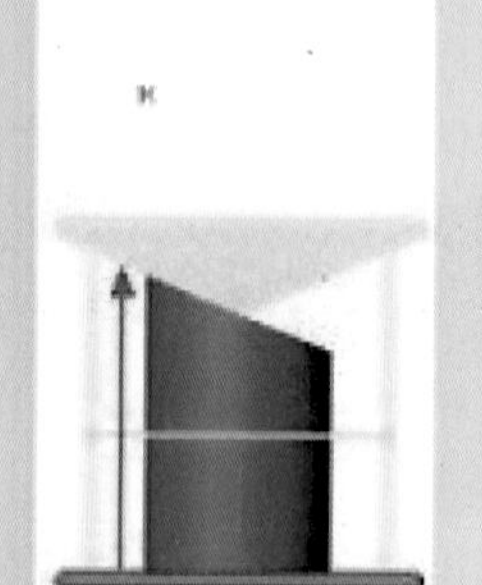

곡면까지. 피처를 스케치 평면에서 선택한 곡면까지 연장합니다.

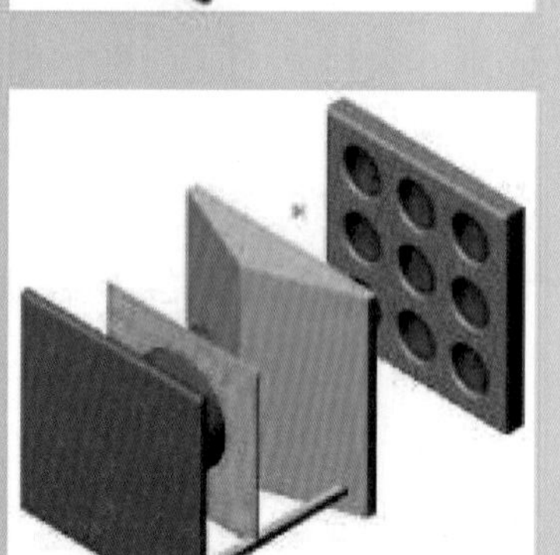

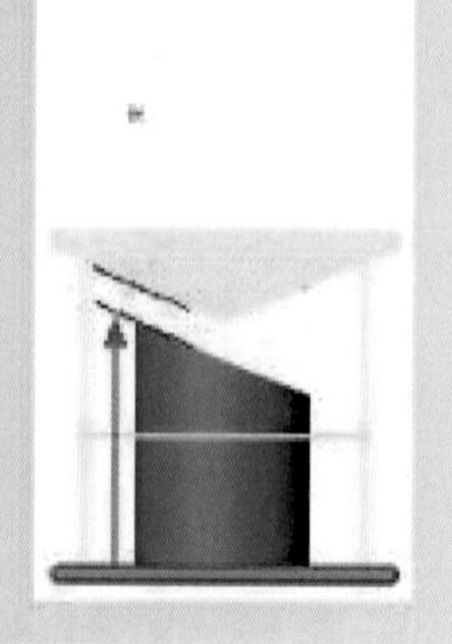

곡면에서 오프셋. 피처를 스케치 평면에서 선택한 곡면의 지정한 거리까지 연장합니다.

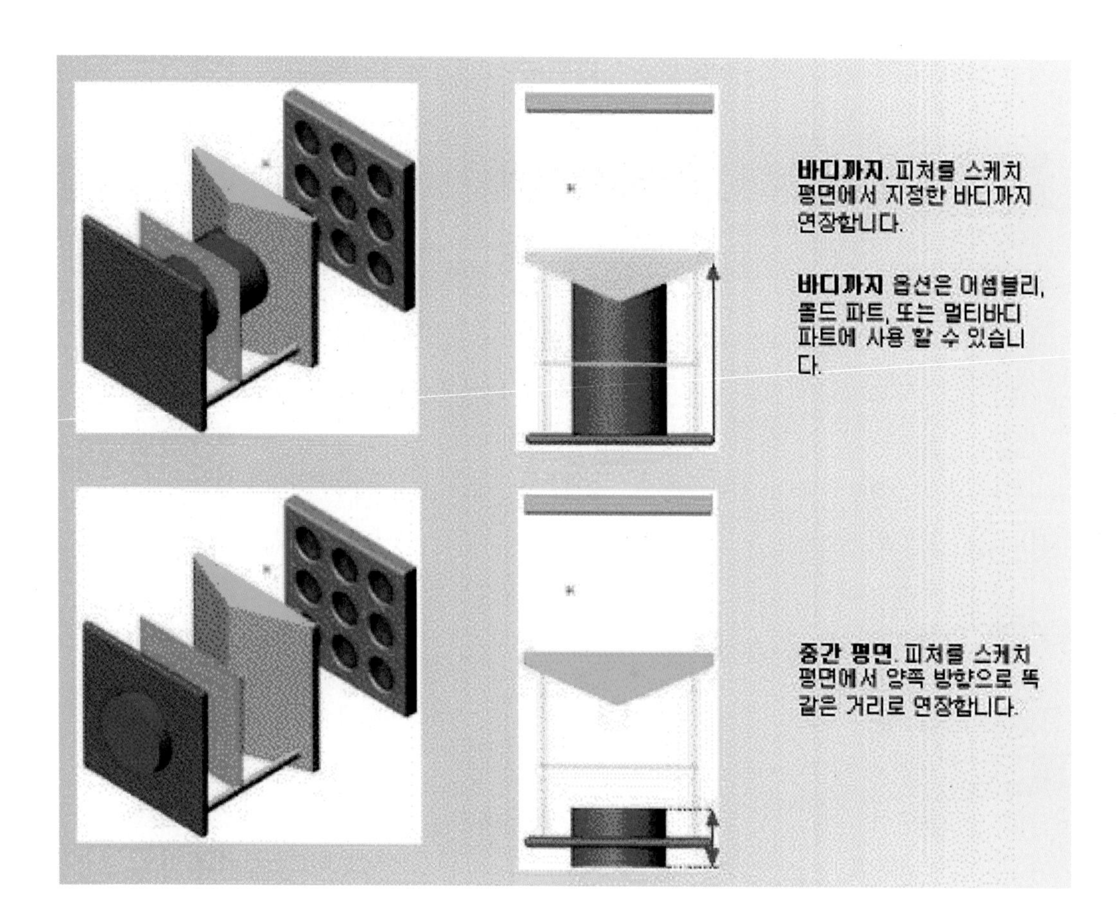
바디까지. 피처를 스케치 평면에서 지정한 바디까지 연장합니다.
바디까지 옵션은 어셈블리, 몰드 파트, 또는 멀티바디 파트에 사용 할 수 있습니다.
중간 평면. 피처를 스케치 평면에서 양쪽 방향으로 똑같은 거리로 연장합니다.

15) 스케치 도구 모음

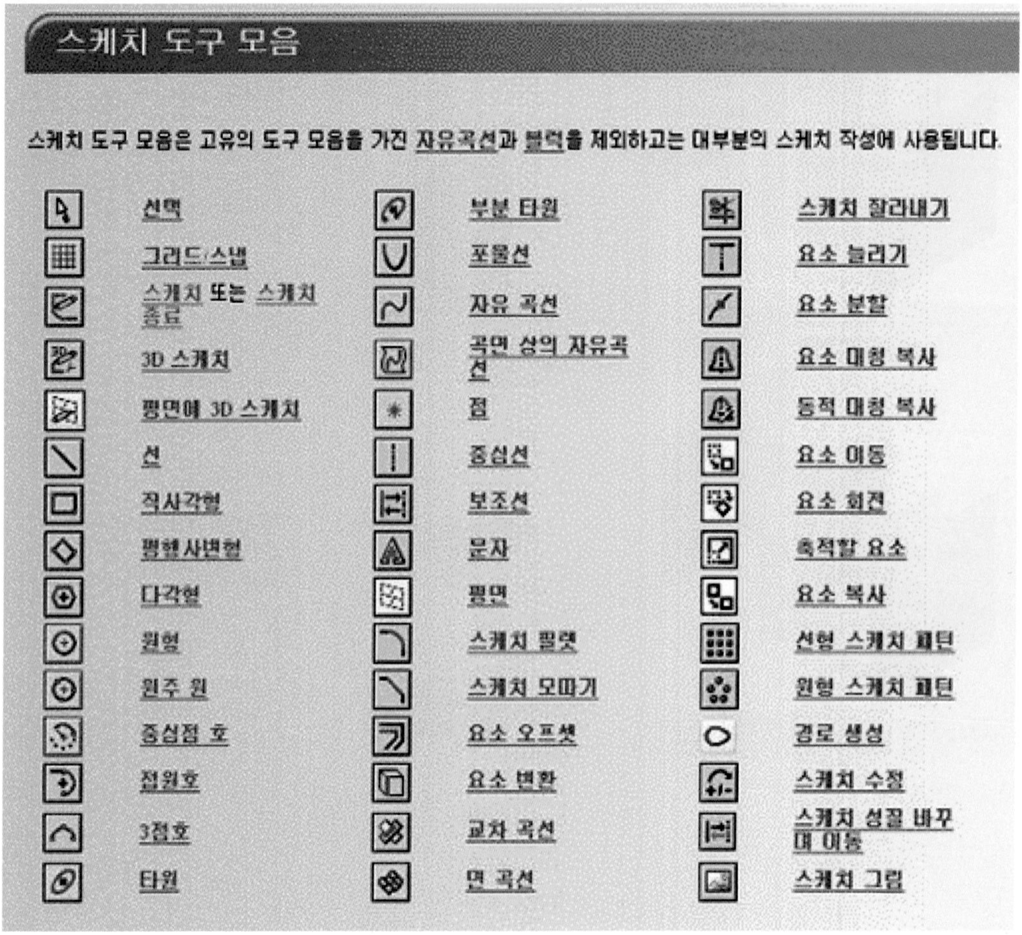

스케치 도구 모음

스케치 도구 모음은 고유의 도구 모음을 가진 자유곡선과 블럭을 제외하고는 대부분의 스케치 작성에 사용됩니다.

선택	부분 타원	스케치 잘라내기
그리드/스냅	포물선	요소 늘리기
스케치 또는 스케치 종료	자유 곡선	요소 분할
3D 스케치	곡면 상의 자유곡선	요소 대칭 복사
평면에 3D 스케치	점	동적 대칭 복사
선	중심선	요소 이동
직사각형	보조선	요소 회전
평행사변형	문자	축척할 요소
다각형	평면	요소 복사
원형	스케치 필렛	선형 스케치 패턴
원주 원	스케치 모따기	원형 스케치 패턴
중심점 호	요소 오프셋	경로 생성
접원호	요소 변환	스케치 수정
3점호	교차 곡선	스케치 성질 바꾸며 이동
타원	면 곡선	스케치 그림

16) 원본에 구속되는 스케치

가. 같은 파트에 속한 다른 스케치에서 스케치를 파생하거나 같은 어셈블리의 다른 스케치에서 스케치를 파생한다.

나. 기존 스케치에서 스케치를 파생하면 두 스케치는 공통 특성을 가지게 된다(원본에 구속되는 스케치). 원래 스케치를 변경하면 파생된 스케치에도 반영된다.

17) 같은 파트의 스케치에서 스케치를 파생하는 방법

가. 새 스케치를 파생하려는 스케치를 선택한다.

나. Ctrl 키를 누른 채 새 스케치를 배치하려는 면을 클릭한다.

다. 삽입, 파생 스케치를 클릭한다.

라. 선택한 면의 평면에 스케치가 나타나고, 상태 표시줄에 스케치를 편집하고 있음이 표시된다.

마. 스케치를 선택한 면으로 끌어 치수를 부가하여 배치한다. (원본에 구속되는 스케치는 하나의 단일체 요소로 움직인다.)

바. 스케치를 종료한다.

18) 같은 어셈블리의 스케치에서 스케치를 파생하는 방법

가. 파생 스케치를 배치할 파트를 오른쪽 클릭한다.

나. 파트 편집을 선택한다.

다. 같은 어셈블리에서 새 스케치를 작성하고자 하는 스케치를 선택한다.

라. Ctrl 키를 누른 채 새 스케치를 배치하려는 면을 클릭한다.

마. 삽입, 파생 스케치를 클릭한다.

바. 선택한 면의 평면 위에 스케치가 표시된다.

사. 스케치를 선택한 면으로 끌어 치수를 부가하여 배치한다. (원본에 구속되는 스케치는 하나의 단일체 요소로 움직인다.)

아. 스케치를 종료한다.

19) 2D를 3D로 도구 모음

2D를 3D로 도구들은 2D 도면을 3D 파트로 변환하는데 사용된다. 일부 도구들은 모든 스케치에 다 사용할 수 있다.

가. **정면도** : 선택한 스케치 요소들이 3D 파트로 변환되며 정면도를 생성한다.

나. **윗면도** : 선택한 스케치 요소들이 3D 파트로 변환되며 윗면도를 생성한다.

다. **우측면도** : 선택한 스케치 요소들이 3D 파트로 변환되며 우측면도를 생성한다.

라. **좌측면도** : 선택한 스케치 요소들이 3D 파트로 변환되며 좌측면도를 생성한다.

마. **아랫면도** : 선택한 스케치 요소들이 3D 파트로 변환되며 아랫면도를 생성한다.

바. **후면도** : 선택한 스케치 요소들이 3D 파트로 변환되며 후면도를 생성한다.

사. **보조도** : 선택한 스케치 요소들이 3D 파트로 변환되며 보조도를 생성한다. 보조도의 각도를 지정하려면 다른 뷰에 있는 한 선을 선택해야 한다.

가. 선택에서 스케치 작성 : 선택한 스케치 요소들이 새 스케치로 된다. 스케치를 추출한 다음 피처를 생성하기 전에 스케치를 수정할 수 있다.

나. 스케치 고치기 : 스케치 고치기는 스케치 오류 수정에 사용되며, 이렇게 수정된 스케치는 피처를 돌출시키거나 자를 때 사용할 수 있다. 일반적인 스케치 오류들로는 겹친 지오메트리, 작은 틈, 단일 요소로 합쳐진 많은 작은 세그먼트 등이 있다.

다. 스케치 정렬 : 한 뷰에서 모서리를 선택하여 다른 뷰에 선택한 모서리에 맞춘다. 정렬을 위해 선택하는 순서는 중요하다.

라. 돌출 : 선택한 스케치 요소들로부터 피처를 돌출시킨다. 이때, 완전한 스케치를 선택할 필요는 없다.

마. 컷 : 선택한 스케치 요소들로부터 컷 피처를 생성한다. 이때, 완전한 스케치를 선택할 필요는 없다.

20) 피처 도구 모음

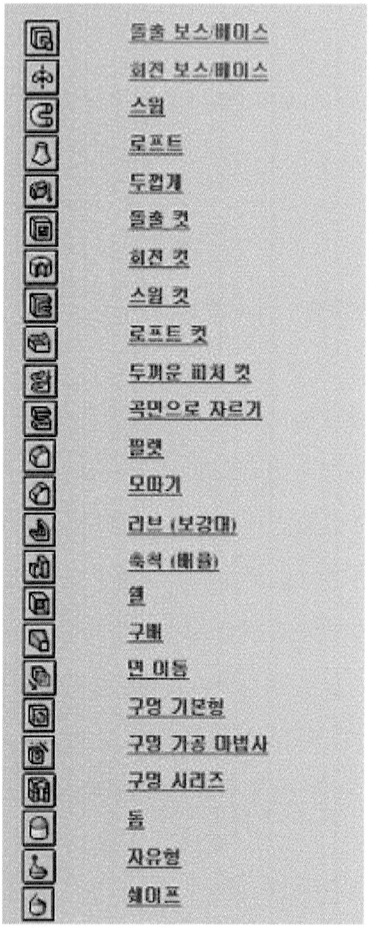

- 돌출 보스/베이스
- 회전 보스/베이스
- 스윕
- 로프트
- 두껍게
- 돌출 컷
- 회전 컷
- 스윕 컷
- 로프트 컷
- 두꺼운 피처 컷
- 곡면으로 자르기
- 필렛
- 모따기
- 리브 (보강대)
- 축척 (배율)
- 쉘
- 구배
- 면 이동
- 구멍 기본형
- 구멍 가공 마법사
- 구멍 시리즈
- 돔
- 자유형
- 쉐이프

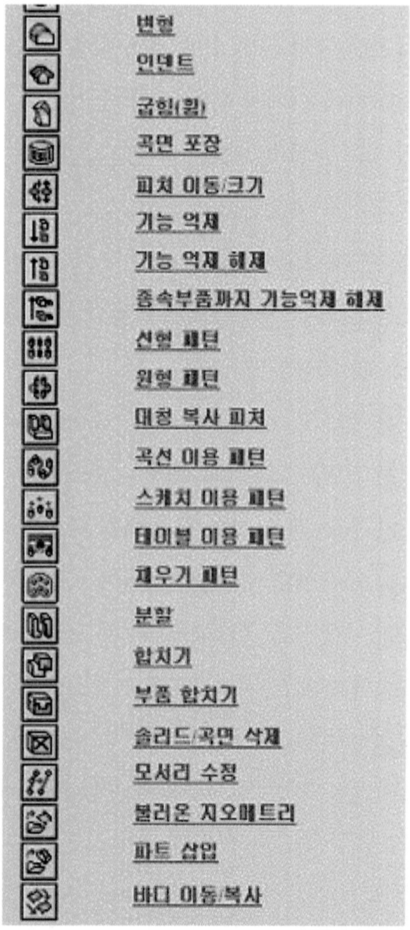

- 변형
- 인덴트
- 굽힘(휨)
- 곡면 포장
- 피처 이동/크기
- 기능 억제
- 기능 억제 해제
- 종속부품까지 기능억제 해제
- 선형 패턴
- 원형 패턴
- 대칭 복사 피처
- 곡선 이용 패턴
- 스케치 이용 패턴
- 테이블 이용 패턴
- 채우기 패턴
- 분할
- 합치기
- 부품 합치기
- 솔리드/곡면 삭제
- 모서리 수정
- 불러온 지오메트리
- 파트 삽입
- 바디 이동/복사

21) 보기 도구 모음

- 뷰 방향
- 이전 뷰
- 뷰 다시 그리기
- 전체 보기
- 영역 확대
- 확대/축소
- 선택부분 확대
- 뷰 회전
- 뷰 좌우 회전
- 카메라 회전
- 화면 이동
- 3D 도면뷰

- 실선 표시
- 은선 표시
- 은선 제거
- 모서리 표시 음영
- 음영
- 빠른 은선 처리
- 음영 모드에서 그림자 표시
- 원근 표시
- 단면도
- 카메라 뷰
- 곡률
- 얼룩 줄
- RealView Graphics

- 기준면 보기
- 기준축 보기
- 임시축 보기
- 원점 보기
- 좌표계 보기
- 곡선 보기
- 스케치 보기
- 3D 스케치 평면 보기
- 3D 스케치 치수 보기
- 모든 주석 보기
- 점 보기
- 배관점 보기
- 분할선 보기
- 스케치 구속조건 보기
- 조명 표시
- 카메라 표시

22) 곡면 도구 모음

곡면 도구 모음은 곡면을 만들고 수정하는 데 사용하는 도구이다.

- 돌출 곡면
- 회전 곡면
- 스윕 곡면
- 로프트 곡면
- 바운더리 곡면
- 오프셋 곡면
- 방사면
- 곡면 붙이기
- 평면 곡면

- 곡면 연장
- 곡면 잘라내기
- 곡면 채우기
- 중간 곡면
- 면 대치
- 면 삭제
- 곡면 보존
- 분할 곡면
- 룰드 곡면

■ 많이 활용되는 도구

파트	새문서	선	원
오프셋	3D스케치	중심선	3점호
지능형치수	구속 조건부가	점	중심점호
스케치잘라내기	요소대칭복사	면에수직으로 보기	지능형치수
주석	스케치	자유곡선	스케치필렛
돌출보스/베이스	피처	회전보스/베이스	돌출컷
회전컷	스윕	로프트보스/베이스	3D스케치
구멍가공마법사	구배주기	보강대	쉘
필렛	모따기	대칭복사	곡선
선형패턴	원형패패턴	조명과카메라	참조현상

23) 스케치나 도면에 치수 부가하기

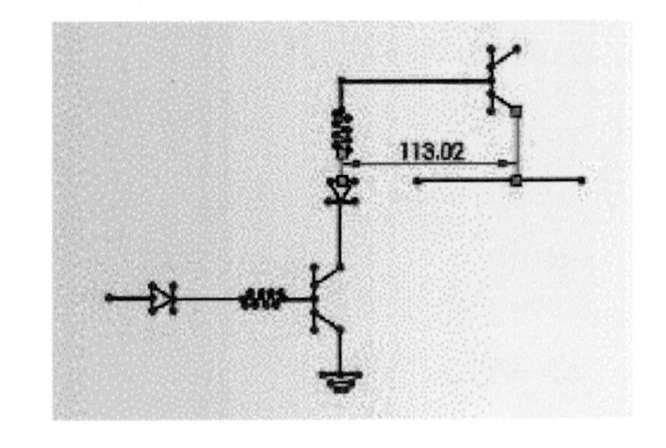

가. 치수/구속 조건 도구 모음에서 지능형 치수( )를 클릭하거나 도구, 치수, 지능형을 클릭한다. 디폴트 치수 유형은 평행이다.

나. 선택적으로 바로가기 메뉴에서 다른 치수 유형을 선택할 수 있다. 스케치를 오른쪽 클릭하고 추가 치수를 선택한다.
평행, 수직, 좌표, 수평 좌표, 수직 좌표 중에서 선택한다.
도면 뷰를 편집 중일 경우, 기초선과 모따기 같은 추가 옵션이 주어진다.

다. 수정 상자에서 값을 설정하고 를 클릭한다.

24) 스케치 형상 상태

스케치에는 상태가 포함되며, 스케치 안에 있는 모든 스케치 요소에도 상태가 있다. 스케치 요소의 상태는 다른 색으로 표시하여 구분한다.

가. 구속 조건 표시/삭제 : Property Manager와 FeatureManager 디자인 트리에서 구속 조건 아래에서 갈색으로 표시된다.

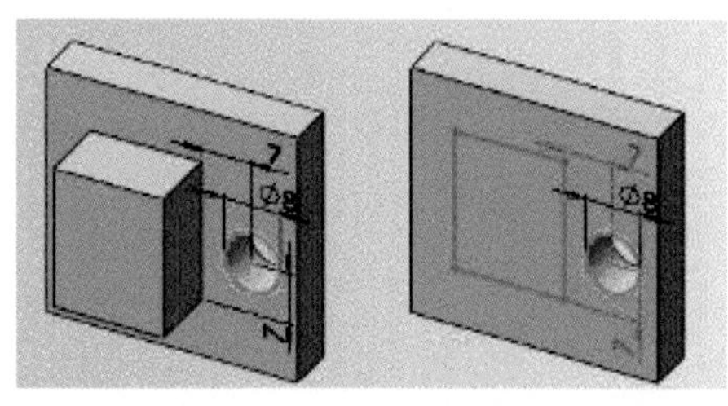
원래의 치수 댕글링 치수 스케치

나. 해결할 수 없는 스케치 지오메트리를 표시한다. 예 사용된 요소를 삭제해서 다른 스케치 요소를 정의한다.

다. 구속

- 그래픽 영역에 회색으로 표시된다.
- 잉여되는 치수와 수정할 수 없는 치수를 표시한다.
- 잉여 치수를 부가하면 유도되는 치수로 만들기를 선택하고 대화상자에서 확인을 클릭한다. 치수가 빨간색에서 회색으로 변경된다.

라. 초과 정의

그래픽 영역과 구속 조건 표시/삭제 PropertyManager에서 구속 조건 아래에서 노란색으로 표시된다.
잉여 치수나 불필요한 구속 조건이 있음을 나타낸다.

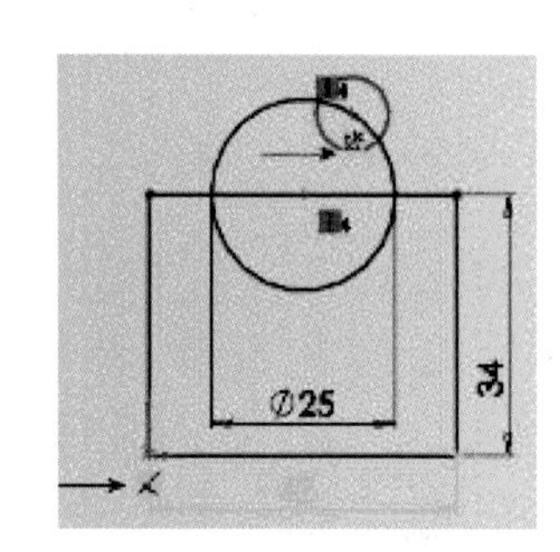

마. 불완전 정의

a. 그래픽 영역에 파랑색으로 표시된다.
b. 스케치 요소에 치수나 구속 조건을 부가해야 할 필요가 있음을 나타낸다.
c. 치수와 구속 조건의 조합을 생성해서 불완전 정의된 스케치를 완전 정의한다.

바. 완전 정의

a. 그래픽 영역과 구속 조건 표시/삭제 PropertyManager에서 구속 조건 아래에서 검정색으로 표시된다.
b. 스케치 요소에 필요한 모든 치수와 구속 조건이 있고 잉여 요소나 불필요한 요소가 없음을 표시한다.

사. 미해결 스케치는 그래픽 영역에 빨간색으로 표시된다. 한 개 이상의 요소 위치가 미정인 상태이다.

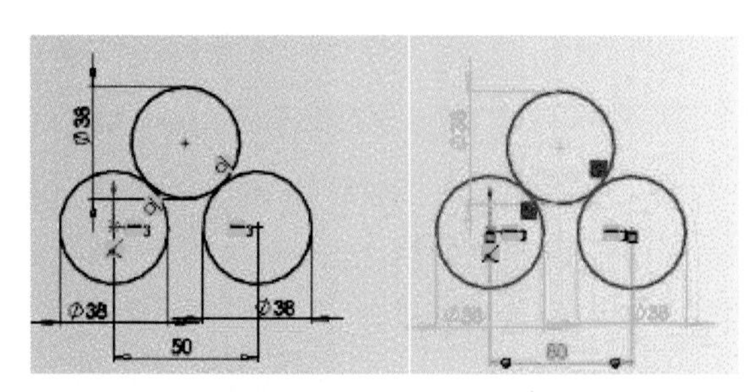

50 치수로 해결된 스케치 80 치수로 미해결 스케치

아. 스케치 종료

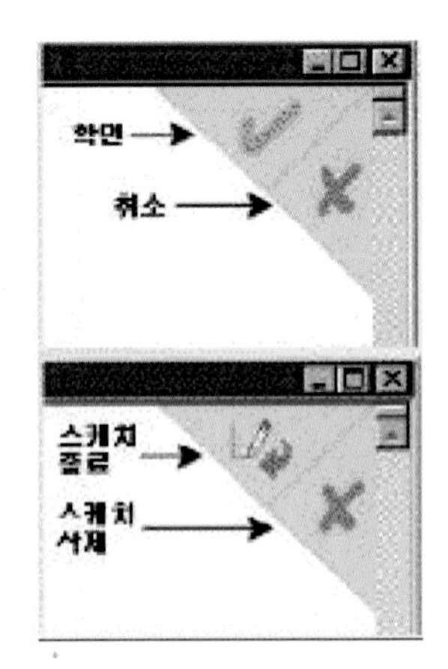

a. 스케치한 프로파일에서 피처를 작성한다. 예를 들어, 스케치에서 베이스, 보스, 또는 컷을 돌출할 경우 표준 도구 모음에서 재생성을 클릭하거나 편집, 재생성을 클릭한다.

b. 스케치 도구 모음에서 스케치 종료를 클릭한다.

c. 삽입, 스케치 종료를 클릭한다.

d. 단축 메뉴에서 스케치 편집을 클릭한다.

e. 확인 코너에서 스케치 종료 또는 취소를 클릭한다.

25) 스케치를 편집하는 방법

가. 다음 중 하나를 오른쪽 클릭한다.

a. FeatureManager 디자인 트리에서 스케치

b. 모델이나 FeatureManager 디자인 트리에서 스케치로 생성된 피처

나. 스케치 편집을 선택한다.

다. 여러 스케치로 생성된 피처(로프트 및 스윕)의 경우 FeatureManager 디자인 트리에서 스케치를 오른쪽 클릭한다.

라. 스케치 편집을 마치고 스케치를 종료하려면 스케치를 오른쪽 클릭하고 스케치 종료를 선택한다.

26) 스케치에서 자르기, 복사하기, 붙여넣기

가. 전체 스케치를 복사하여 현재 파트의 면에 붙여넣거나 다른 스케치, 파트, 어셈블리, 또는 도면 문서에 붙여넣을 수 있다. 대상 문서가 열려 있어야 한다.

나. FeatureManager 디자인 트리에서 스케치를 선택한다.

다. 편집, 복사를 클릭하거나 Ctrl+C를 누른다.

라. 스케치나 문서를 클릭하여 스케치 중심을 배치한다.

마. 편집, 붙여넣기를 클릭하거나 Ctrl+V를 누른다.

27) 이동, 복사, 회전, 크기 조절 PropertyManager

가. **이동할 요소** : 스케치 요소를 미리 선택하거나 나중에 선택해서 이동한다.

나. **구속 조건 유지** : 스케치 요소 사이에 있는 구속 조건을 유지한다. 이 옵션을 선택하

지 않으면, 선택한 항목과 선택하지 않은 항목 사이의 구속 조건이 깨어진다.

다. **시작/끝** : 베이스 점을 추가해서 시작점을 지정한다. 점을 이동하고 더블클릭해서 이동 위치를 지정한다.

라. X/Y : 델타 X와 델타 Y 좌표계의 값을 지정해서 이동 위치를 작성한다.

마. **회전할 요소** : 스케치 요소를 미리 선택하거나 나중에 선택해서 회전한다.

바. **회전 중심** : 포인터를 이동하고 클릭해서 회전 중심과 같이 베이스 점을 지정한다.

사. **각도** : 각도값을 지정하거나 정의된 점 회전 아이콘의 핸들 중 하나를 선택한 후, 끌어서 스케치 요소를 회전한다.

아. 스케치 편집 모드에서 축적할 요소(스케치 도구 모음) 또는 도구, 스케치 도구, 배율을 클릭한다.

(17) 어셈블리 작성하기

1) 파트/어셈블리에서 어셈블리 작성(표준 도구 모음)이나 파일, 파트에서 어셈블리 작성을 클릭한다.
2) 어셈블리가 열리면서 부품 삽입 PropertyManager가 함께 활성화된다.
3) 그래픽 영역 안을 클릭해서 어셈블리에 파트를 추가한다.

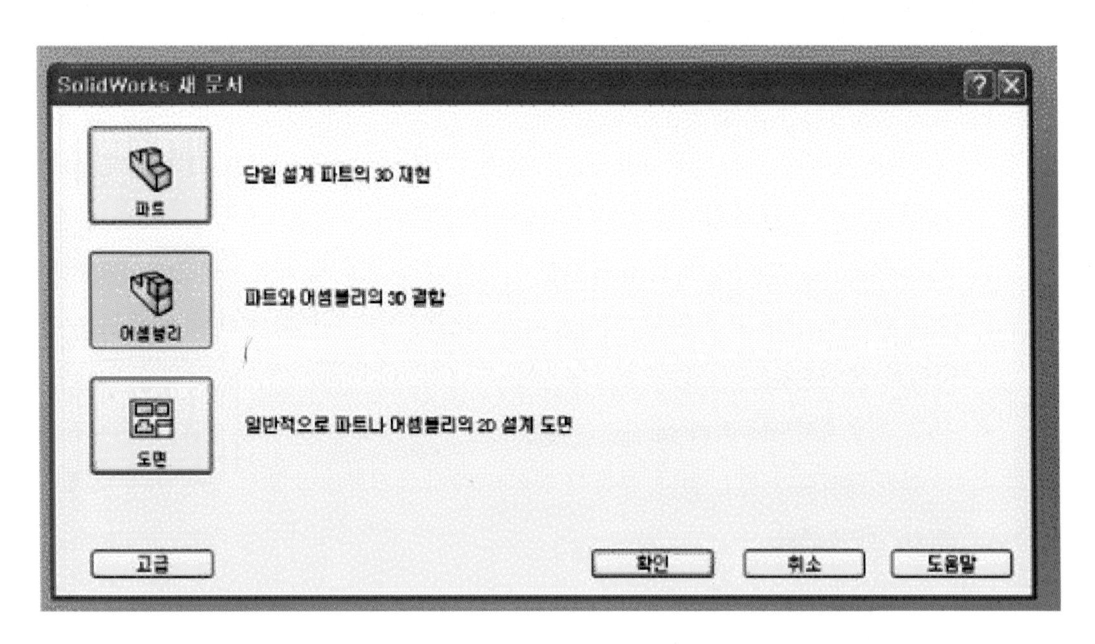

4) 찾아보기에서 모델을 열기한다.

5) 어셈블리 내에서 파트를 만드는 방법

가. 어셈블리 도구 모음에서 새 파트를 클릭하거나 삽입, 부품, 새 파트를 클릭한다. 기본 템플릿 옵션 화면의 기본 파트 템플릿이 사용된다.

나. 다른 이름으로 저장 대화상자에서 새 파트의 이름을 입력하고 저장을 클릭하면 새 파트가 단독 문서로 저장되어 별도로 편집할 수 있게 된다.

다. 모양의 포인터가 표시된다.

라. 어셈블리가 비어 있을 경우, FeatureManager 디자인 트리에서 평면을 선택한다. 그렇지 않으면, 새 파트를 삽입할 면이나 평면을 선택한다.

마. FeatureManager 디자인 트리에 새 파트 이름이 나타나고, 새 파트에서 스케치가 자동으로 열린다. 상대 고정(일치) 메이트가 새 파트의 정면 평면과 선택한 평면 또는 면 사이에 추가된다.

바. 상대 고정 메이트에 의해 새 파트의 위치가 완전히 정해진다. 더 이상 위치를 지정하기 위한 메이트가 필요 없다. 부품의 위치를 다시 지정하려면 우선 상대 고정 메이트를 삭제해야 한다.

사. 옵션을 사용하여 피처를 돌출시킬 경우, 형상은 같은 파트에 있어야 한다. 다음까지 옵션은 곡면을 어셈블리 내 다른 부품으로 또는 어셈블리 피처의 곡면으로 돌출시키기 위해 사용할 수는 없다.

아. 파일, 저장을 클릭하고, 애매함 해결 대화상자에서 파트 이름을 선택하거나 어셈블리 전체와 부품을 저장하려면 어셈블리 이름을 선택한다.

자. 어셈블리 편집으로 돌아가려면 FeatureManager 디자인 트리에서 어셈블리 이름을 오른쪽 클릭하거나 그래픽 영역에서 아무 곳이나 오른쪽 클릭하고 어셈블리 편집 : 〈어셈블리_이름〉을 선택하거나 어셈블리 도구 모음에서 부품 편집을 클릭한다.

6) 충돌 검사

가. 부품을 이동하거나 회전할 때 다른 부품과 충돌되는지 탐지할 수 있다. 프로그램에서 전체 어셈블리 또는 선택한 부품 그룹의 충돌을 탐지할 수 있다. 선택한 부품에서만 충돌을 찾거나 선택한 부품에 대한 메이트 결과로 이동한 모든 부품에 대해 충돌을 찾을 수 있다.

나. 동적 검사는 충돌 검사를 할 때 어셈블리 부품들의 움직임을 사실적으로 볼 수 있도록 해주는 옵션이다. 동적 검사 옵션을 사용할 때 부품을 끌면 맞닿은 다른 부품들과 함께 움직인다.

7) 부품을 이동하거나 회전할 때 충돌을 감지하는 방법

가. 어셈블리 도구 모음에서 부품 이동 또는 부품 회전을 클릭한다.

나. PropertyManager의 옵션 아래에서 충돌 검사를 선택한다.

다. 모든 부품 : 이동하는 부품이 어셈블리 내 다른 어떠한 부품을 건드리면 충돌이 탐지된다.

라. **선택 부품** : 충돌 검사할 부품란에 부품을 선택하고 끌기 복구를 클릭한다. 이동하는 부품이 목록에 있는 부품을 건드리면 충돌이 탐지된다. 선택되지 않은 부품 사이의 충돌은 무시된다.

마. 끌기된 파트만을 선택하면 이동으로 선택한 부품과 충돌되는 부품만 검사된다. 이 옵션을 선택하지 않으면, 이동하려고 선택한 부품과 선택한 부품의 메이트 결과로 이동하는 다른 모든 부품이 검색 대상이 된다.

바. 충돌시 정지 확인란을 클릭하여 부품이 다른 요소에 충돌을 일으키면 부품의 작동을 멈춘다.

8) 고급 옵션 아래에서 다음을 선택한다.

가. **면 강조 표시** : 이동하는 부품이 닿는 면을 강조 표시한다.

나. **소리** : 충돌이 생기면 컴퓨터가 소리를 낸다.

다. **복잡한 곡면 무시** : 다음 지정한 곡면에서만 충돌이 사용된다. 평면, 원통형, 원추형, 구형, 환형

라. 현재 설정 확인란은 충돌 검사, 동적 검사, 동적 여유값에 적용되지 않는다. 부품 이동이나 부품 회전에만 적용된다.

마. 부품을 이동 또는 회전하여 충돌을 검사한다.

바. 검사 후 확인을 클릭한다.

9) 동적 검사(Physical Dynamics)

가. 동적 검사는 충돌 검사를 할 때 어셈블리 부품들의 움직임을 사실적으로 볼 수 있도록하는 옵션이다.

나. 동적 검사 옵션을 사용할 때 부품을 끌면 맞닿은 다른 부품들과 함께 움직인다. 이동할 때, 허용된 이동의 자유 한도내에서 맞닿은 부품들을 이동하거나 회전한다. 구속되었거나 부분적으로 구속된 부품들에 부딪혀 허용된 이동의 자유 한도내에서 부품 끌기를 계속할 수 있다.

다. 동적 검사는 약간의 이동의 자유를 가진 어셈블리에서 가장 유용하고 효과적으로 사용된다. 동적 검사를 실행하기 이전에 모든 메이트를 부가한다.

10) 동적 검사를 사용하여 부품 이동하기

가. 어셈블리 도구 모음에서 부품 이동 또는 부품 회전을 클릭한다.

나. PropertyManager의 옵션 아래에서 동적 검사를 선택한다.

다. 정밀도 슬라이더를 이동하여 충돌 동적 검사를 할 때 빈도를 조절한다. 슬라이더를 오른쪽으로 밀면 정밀도가 증가된다. 최고의 정밀도 세팅에서 0.02밀리미터(모델 단위)마다 충돌을 검사한다.

라. 최저의 정밀도 세팅에서의 충돌 검사 간격은 20밀리미터이다.

마. 최고 정밀도 세팅은 아주 미세한 파트나 충돌 부분에 지오메트리가 아주 복잡한 파트에만 사용한다. 규모가 큰 파트의 충돌 검사를 할 때 최고 정밀도를 사용하면 속도가 매우 느려지기 때문이다. 그러므로, 어셈블리에서 모션을 볼 수 있는 정도의 크기로 조절한다.

바. 선택 부품을 클릭한다.

사. 충돌 검사 부품의 부품을 선택한다.

아. 끌기 복구를 클릭한다.

자. 충돌 검사로 특정 부품들만을 선택함으로써 동적 검사 작업 속도를 더욱 빨리할 수 있다. 검사에 직접 관련이 되어 있는 부품들만을 선택하도록 한다.

차. 그래픽 영역에서 부품을 끈다. 동적 검사가 충돌을 감지하면 충돌하는 파트 사이에 접점 힘을 추가하여 파트를 계속 끌 수 있도록 해준다. 이 접점 힘은 두 파트가 서로 닿아 있을 동안에는 계속 지속된다. 두 파트가 닿지 않게 되면 이 힘도 없어진다.

카. 확인을 클릭한다.

11) 메이트

가. 메이트는 어셈블리 부품간에 기하 구속 조건을 작성한다. 메이트를 추가할 때, 부품의 선형, 회전형 모션의 가능한 방향을 지정한다. 어셈블리의 부품을 자유도 범위 내에서 이동할 수 있다.

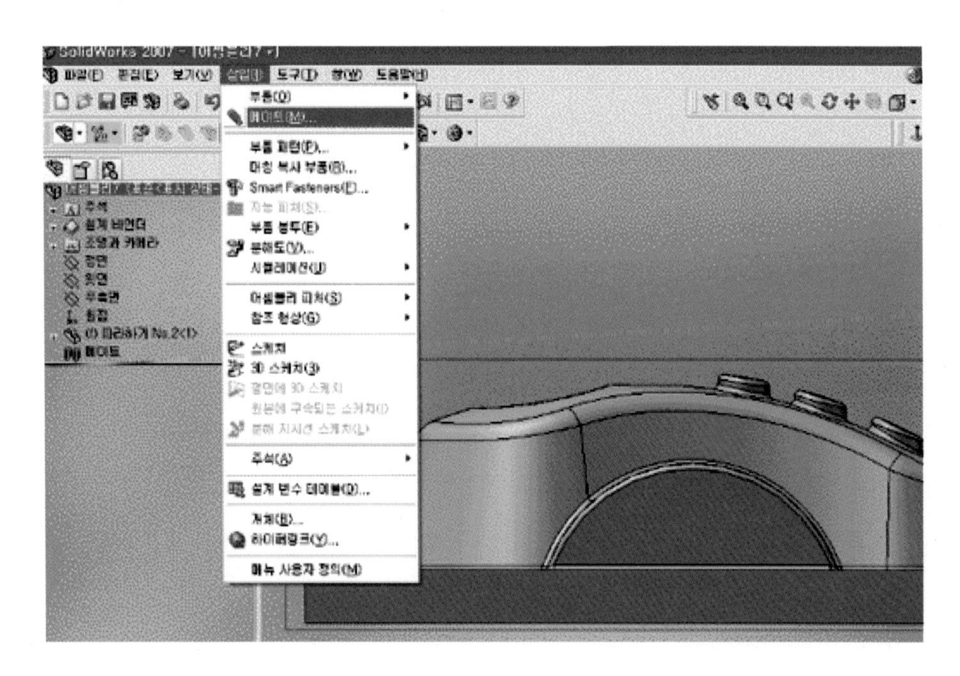

나. 일치 메이트는 두 면이 일치하도록 한다. 이때 면은 같이 이동할 수 있으나, 따로 분리하여 끌 수는 없다.

다. 동심 메이트는 두 원통면이 동심이 되도록 한다. 두 원통면을 공통축을 따라 이동할 수는 있으나, 축에서 멀리 분리할 수는 없다.

라. 메이트가 시스템으로 하나로 함께 해결된다. 메이트를 추가하는 순서와 관계없이 모든 메이트가 한번에 해결된다. 피처를 억제한 것과 같이 메이트 기능 억제를 할 수 있다.

마. 그래픽 영역에서 선택한 부품의 메이트 시스템에 관련된 부품이 약간 투명한 상태로 표시된다. 연관되지 않은 부품은 숨겨진다.

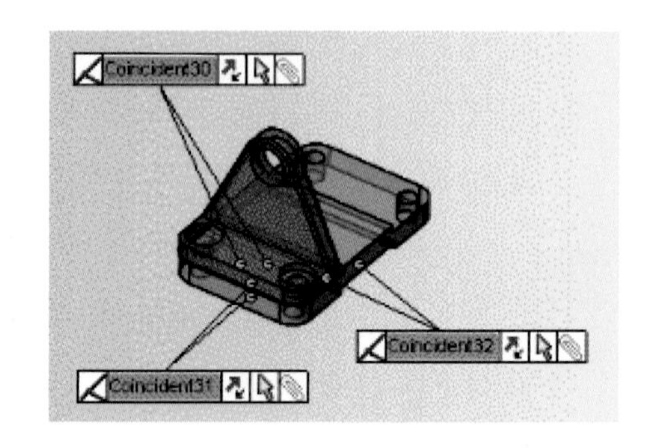

(18) 도면

1) 도면 옵션

가. 도구, 옵션, 시스템 옵션, 도면을 클릭한다. 여러 표시를 지정하고 뷰에 대한 옵션을 업데이트한다. 시스템 옵션 탭의 설정은 모든 문서에 적용된다.

나. 표시 유형. 도면 뷰 표시 모드와 인접 모서리 표시.

다. 영역 해칭/채우기. 해칭, 단색 채우기, 패턴, 배율, 각도.

2) 문서 고유 도면화 옵션

도구, 옵션을 클릭한다. 옵션 탭에서 도면화를 선택한다. 문서 속성 탭의 설정은 현재 문서에만 적용된다.

3) 파트 또는 어셈블리 문서에서 도면 작성하기

가. 표준 도구 모음에서 파트/어셈블리에서 도면 작성을 클릭한다.

나. 시트 형식/크기를 선택하고, 확인을 클릭한다.

다. 뷰 팔렛에서 도면 시트로 뷰를 끌고 PropertyManager에서 옵션을 설정한다.

라. 새 도면을 작성하는 방법

a. 표준 도구 모음에서 새 문서를 클릭하거나 파일, 새 문서를 클릭한다.

b. SolidWorks 새 문서 대화상자에서 도면을 선택하고 확인을 클릭한다.

c. 시트 형식/크기를 선택하고, 확인을 클릭한다.

마. 분리 도면 작업하기

a. 분리 도면을 열면, 소프트웨어에서 도면의 모든 시트가 모델과 동기화되는지 점검한다. 동기화되지 않으면 경고가 나타난다.

b. 분리 도면이 열리고 파일, 열기를 클릭하거나 뷰를 오른쪽 클릭하고 모델_이름 열기를 선택하여 모델 문서를 열면 모델을 불러올 때까지 도면이 동기화되지 않는다.

c. 분리 도면 뷰로 모델을 열면, 도면에 있는 기능 억제되지 않은 모델이 모델 연관 여부에 상관없이 모두 열린다.

d. 모델을 불러오는 방법은 불러오려는 모델이 있는 뷰를 오른쪽 클릭하고 모델 불러오기를 선택한다.

e. 모델 불러오기 확인 대화상자가 나타난다.

f. 예를 눌러 모델을 불러온다.

바. 표준 3도

a. 삽입, 도면 뷰 아래 표준 3도 옵션은 파트나 어셈블리의 3개의 관련된 기본 정사 투영도를 생성한다. 표준 3도의 방향에 대한 내용은 제1각법 및 제3각법 투영을 참고한다.

b. 윗면 및 측면 뷰의 정렬은 정면과 관련하여 고정된다. 윗면도는 수직으로, 우측면도는 수평으로 이동할 수 있다.

d. 윗면 및 측면도는 정면도와 링크된다. 윗면 또는 측면도를 오른쪽 클릭하고 모체 뷰로 가기를 선택한다.

e. 뷰를 도면에 정렬하는 데 대한 내용은 뷰 이동하기 및 뷰 회전하기를 참고한다.

f. 표준 3도 도면을 만드는 몇 가지 방법이 있다.

사. 표준 방법으로 표준 3도를 작성하는 방법

a. 도면 문서에서 도면 도구 모음에서 표준 3도를 클릭하거나 삽입, 도면뷰, 표준 3도를 클릭한다.

b. 포인터 모양이 바뀐다.

c. 모델을 다음 방법으로 선택한다.

d. 표준 3도 PropertyManager 안에서 문서 열기 아래에서 모델을 선택하거나 모델 파일을 찾아 지정한 후, 확인을 누른다.

e. 파트 창에서 파트 뷰를 추가하려면 면 또는 그래픽 영역의 아무 곳이나 클릭하거나 FeatureManager에서 해당 파트 이름을 클릭한다.

f. 어셈블리 창에서 어셈블리 뷰를 추가하려면 그래픽 영역의 빈 곳을 클릭하거나 FeatureManager 디자인 트리에서 해당 어셈블리 이름을 클릭한다.

g. 어셈블리 창에서 어셈블리 부품 뷰를 추가하려면 파트면을 클릭하거나 FeatureManager 디자인 트리에서 개별 파트 또는 하위 어셈블리의 이름을 클릭한다.

h. 도면 창의 FeatureManager 디자인 트리 또는 그래픽 영역에서 원하는 파트나 어셈블리를 포함하는 뷰를 클릭한다.

아. 도면에 모델 뷰 삽입하기

a. 도면 도구 모음에서 모델 뷰를 클릭하거나 삽입, 도면 뷰, 모델 뷰를 클릭한다.

b. 모델 뷰 PropertyManager에서 옵션을 설정한다.

c. 표준 3도를 클릭하면 PropertyManager가 표준 3도로 바뀌며 열린 문서 목록이 나열된다. 모델을 선택하고, 확인을 클릭하여 표준 3도를 삽입한다.

d. 다음을 클릭한다.

e. 여기서 표준 3도를 클릭하고 선택한 모델의 표준 3도를 삽입할 수도 있다.

f. 모델 뷰 PropertyManager에서 추가 옵션을 설정한다.

g. 모델 뷰를 배치할 때 직교 뷰 방향을 선택하면 투상도 Property PropManager가 열린다. 도면에 여러 개의 투상도를 배치할 수도 있다.

h. 확인을 클릭한다.

자. 투상도

a. 도면 도구 모음에서 투상도를 클릭하거나 삽입, 도면 뷰, 투상도를 클릭한다.

b. 투상도 PropertyManager가 나타난다.

c. 그래픽 영역에서 어떤 뷰에서 어떤 뷰로 투영을 할 것인지 뷰를 선택한다.

d. 투영 방향을 선택하려면 포인터를 선택한 뷰의 해당 면으로 이동한다.

e. 도면 뷰 끌 때 개요 표시를 선택한 경우에는, 포인터를 이동할 때 뷰의 미리보기가 표시된다. 뷰의 정렬을 조절할 수 있다.

f. 뷰가 원하는 위치에 놓이면, 클릭하여 뷰를 배치한다. 필요한 경우, 도면 뷰의 정렬을 변경할 수 있다.

차. 보조 투상도

a. 도면 도구 모음의 보조 투상도를 클릭하거나 삽입, 도면 뷰, 보조 투상도를 클릭한다.

b. 보조 투상도 PropertyManager가 표시된다.

c. 표준 투상도를 작성하는 수평 또는 수직 모서리가 아닌 참조 모서리를 선택한다.

d. 참조 모서리는 파트 모서리, 실루엣 모서리, 축, 스케치된 선이 될 수 있다.

(19) 도면화

파트와 어셈블리 문서에 필요한 모델의 여러 세부 사항을 추가할 수 있으며 주석에는 치수, 노트, 기호 등이 있다. 또한 세부 사항을 추가하고 모델의 치수와 주석을 도면으로 삽입할 수 있다.

1) 도면화 속성을 설정하는 방법

가. 표준 도구 모음에서 옵션을 클릭하거나 도구, 옵션을 클릭한다.

나. 문서 속성 탭에서 도면화를 클릭한다.

다. 옵션을 지정하고, 확인을 클릭한다.

- 옵션

① 도면화 옵션을 설정하는 방법

② 도구, 옵션을 클릭한다. 문서 속성 탭에서 다음 항목을 선택한다.

③ **도면화** : 표준 설정, 소수점 자리 표시, 치수 보조선 등

④ **DimXpert** : DimXpert 도구 사용으로 모따기, 홈, 필렛의 치수 구조와 옵션

⑤ **치수** : 치수 문자 배열, 지시선, 화살표 유형 등

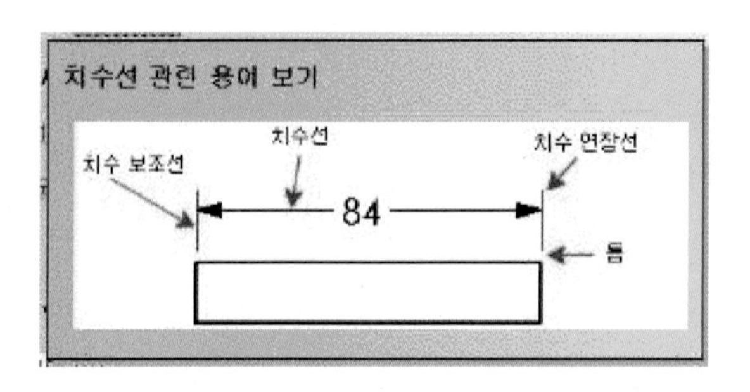

⑥ **노트** : 문자 배열, 지시선, 테두리

⑦ **부품 번호** : 부품 번호 유형, 크기, 내용

⑧ **화살표** : 화살표 크기, 유형, 첨부

⑨ **가상 꼭지점** : 가상 꼭지점 표시 유형

⑩ **주석 표시** : 필터 표시, 문자 크기 등

⑪ **주석 글꼴** : 노트, 치수, 도면화 등

⑫ **테이블** : 구멍 변수 테이블, 수정본 테이블, BOM 테이블

⑬ **뷰 라벨** : 라벨 내용과 상세도, 단면도, 보조도 라벨 서식

⑭ 원하는 대로 옵션을 변경한다.

⑮ 확인을 클릭하여 변경 사항을 적용하고 대화상자를 닫는다.

2) 도면에서 선 유형과 스타일 지정하기

가. 도구, 옵션, 문서 속성, 선 형식을 클릭한다.

나. 모서리선 설정을 변경하고, 확인을 클릭한다.

3) 선 종류를 만드는 방법

가. 표준 도구 모음에서 옵션을 클릭하거나 도구, 옵션을 클릭한다.

나. 문서 속성 탭에서 선 유형을 클릭한다.

다. 대화상자에서 새로 작성을 클릭한다.

라. 선 이름을 입력하고, Enter를 누른다.

마. 선 길이 및 간격 아래에 표시된 텍스트를 지운다.

바. 대화상자에 있는 포맷 키에 준하여 선 정의를 입력한다.

사. 선 종류의 단위는 문서에서 사용한 단위를 사용한다.

4) 3D 주석 삽입하기

가. 파트나 어셈블리에서 주석 도구 모음에 있는 도구를 클릭한다.

나. 모델을 클릭하여 기호를 표시한다.

다. 주석 보기에 자동 배치를 선택하면 주석이 Feature-Manager 디자인 트리의 주석 폴더 안의 주석 보기에 추가되고, 그렇지 않으면 지정되지 않은 항목 뷰에 추가된다.

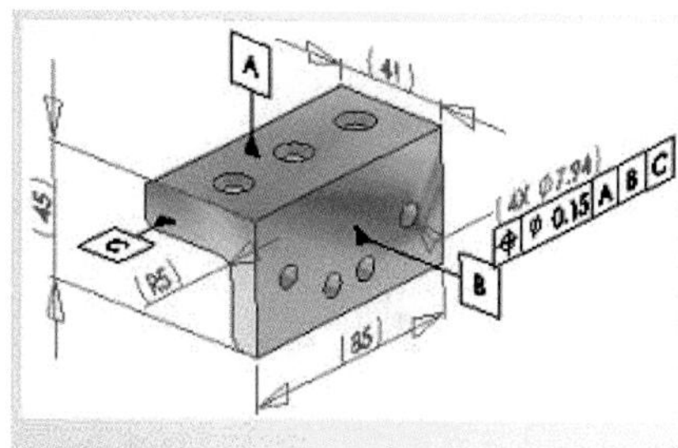

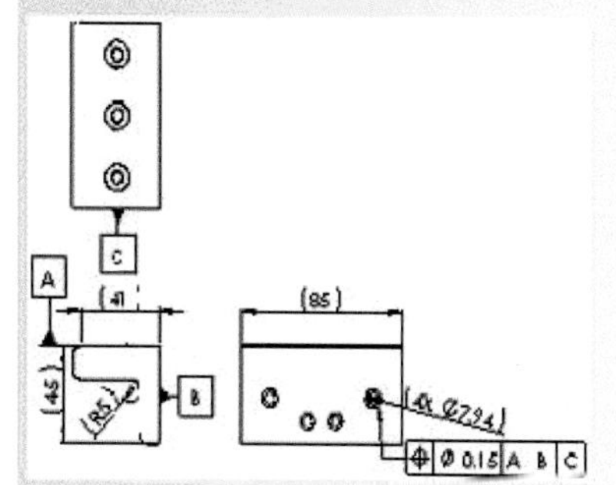

5) 치수 옵션 설정하기

현재 문서에서 치수에 대한 옵션을 설정할 수 있다. 치수 속성 대화 상자나 PropertyManager에서 문서 내 특정 치수에 대한 속성을 지정할 수도 있다.

● 현재 문서에 대한 옵션을 설정하는 방법

① 도구, 옵션, 도면화, 문서 속성, 치수를 클릭한다.

② 선택 항목, 오프셋 거리, 화살표 등을 변경한다.

③ 확인을 클릭한다.

- 도면 치수 자동으로 기입하기

① 도면 문서에서 치수/구속 조건 도구 모음의 자동 치수를 클릭한다.

② 자동 치수 PropertyManager에서 속성을 지정하고, 확인한다.

- 참조 치수를 추가하는 방법

① 지능형 치수(치수/구속 조건 도구 모음)를 클릭하거나 도구, 치수, 지능형을 클릭한다.

② 도면 뷰에서 치수를 부가할 항목을 클릭한다.

- 치수 공차

① 치수 공차 대화상자는 치수옵션 이나 치수 속성 대화상자 안의 공차를 클릭해서 사용한다.

② 대화상자는 치수 공차값과 정수가 아닌 치수 표시를 제어한다.

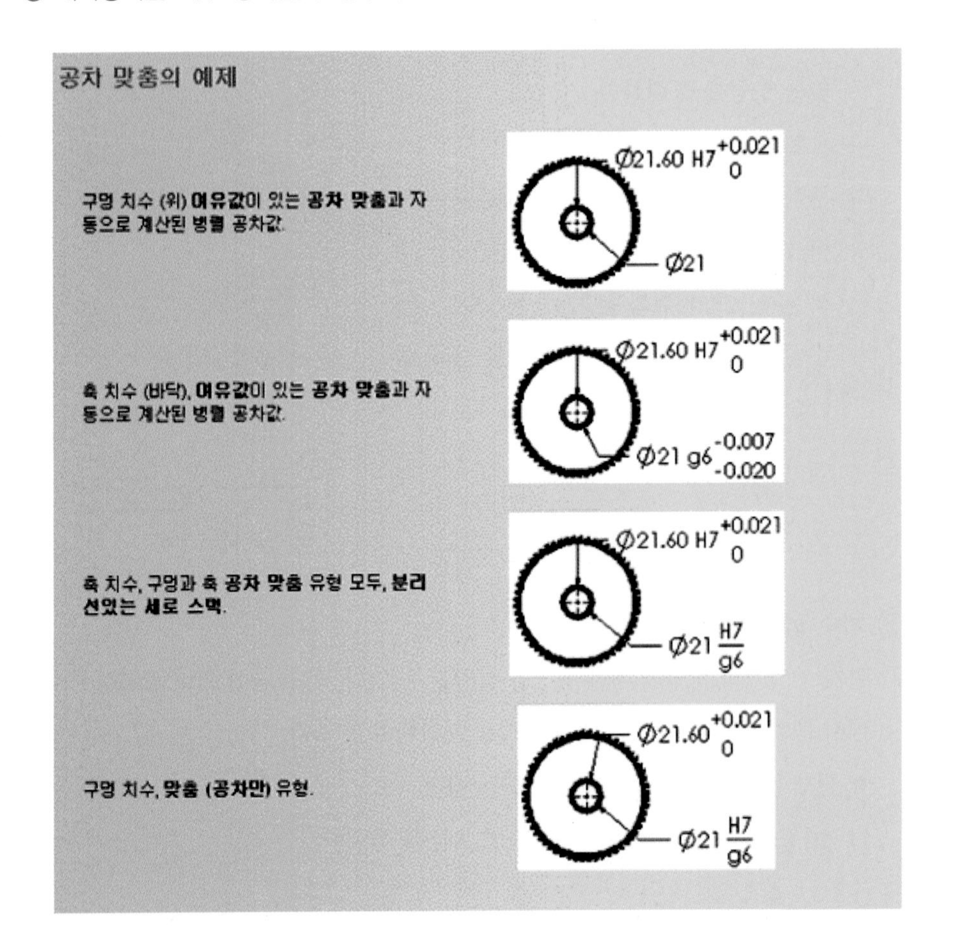

● 치수 이동 및 복사하기

① 치수를 뷰 내에서 이동하려면 해당 치수를 새 위치로 끈다.

② 치수를 다른 뷰로 이동하려면 해당 치수를 다른 뷰로 끌 때 Shift 키를 누른다.

③ 치수를 다른 뷰로 복사하려면 해당 치수를 다른 뷰로 끌 때 Ctrl 키를 누른다.

④ 여러 치수를 동시에 이동하거나 복사하려면 치수를 선택할 때 Ctrl 키를 누른다.

● 치수 수정

① 수정 대화상자에서 파트, 스케치, 어셈블리, 도면 치수를 변경할 수 있다.

② 치수를 변경하는 방법은 치수를 더블 클릭한다.

③ 수정 대화상자가 나타나면 치수값을 변경하거나 치수 상자에 치수를 입력한다.

● 치수 보조선

① 치수 보조선의 기본 부착점을 변경하고, 보조선에 경사를 주고, 지시선 방향을 뒤집고, 원호와 원의 중간, 최소, 최대 부착점 사이로 보조선을 끌 수 있다.

② 치수 PropertyManager에서 보조선이 다른 보조선과 만나면 끊어지도록 지정하고, 도구, 옵션, 문서 속성, 치수에서 치수선이 치수 화살표 근처에서만 끊어지도록 지정할 수 있다.

③ 치수선과 치수 보조선을 숨기거나 표시할 수 있다. 치수선이나 치수 보조선을 오른쪽 클릭하고 치수선 숨기기 또는 치수 보조선 숨기기를 선택한다.

④ 숨긴선을 표시하려면 치수를 오른쪽 클릭하고 치수선 표시 또는 치수 보조선 표시를 선택한다.

● 치수 보조선의 모델 첨부점을 변경하는 방법

① 치수를 선택한다.

② 핸들이 보조선의 끝 부착점에 표시된다. 포인터가 핸들 위에 있으면 포인터 모양이 바뀐다.

③ 핸들을 원하는 위치나 꼭지점으로 끈다.

④ 꼭지점을 선택하면 기본 보조선 틈이 사용된다. 스케치의 경우, 치수값이 새 부착점을 반영하여 변경된다.

6) 도면에 모델 항목 삽입하기

가. 주석 도구 모음에서 모델 항목을 클릭하거나 삽입, 모델 항목을 클릭한다.

나. 모델 항목 PropertyManager에서 옵션을 설정한다.

다. 치수는 스케치가 도면에 표시되었을 때만 삽입된다. 표시되지 않은 스케치의 치수를 삽입하려면 치수를 삽입하기 이전에 FeatureManager 디자인 트리에서 스케치를 오른쪽 클릭하고 표시를 선택한다. 이러한 치수는 표시, 숨기기 상태에 따라 표시 여부가 결정된다.

라. 확인을 클릭한다.

● 일렬 부품 번호를 삽입하는 방법

① 주석 도구 모음에서 일렬 부품 번호를 클릭하거나 삽입, 주석, 일렬 부품 번호를 클릭한다.

② 부품 번호 지시선을 붙일 부품에서 점을 선택한 후, 다시 한번 클릭하여 첫 부품 번호를 배치한다.

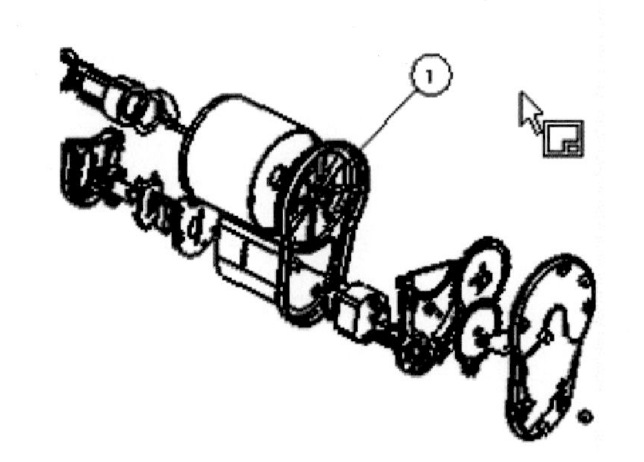

③ 일렬 부품 번호를 삽입할 때, 요소에 포인터를 두고 요소를 강조하고 지시선을 부착해야 한다.

④ 선 일렬 부품 번호를 추가할 때 스택에서 특정 부품 번호를 오른쪽 클릭하고 스택 방향을 선택할 수 있다.

⑤ 확인을 클릭한다.

● 데이텀 피처 기호 삽입하기

① 주석 도구 모음에서 데이텀 피처를 클릭하거나 삽입, 주석, 데이텀 피처 기호를 클릭한다.

② 치수나 기하 공차 기호를 미리 선택하여 주석에 데이텀 피처 기호를 부착하거나 데이텀 피처 기호를 작성한 후 치수나 기하 공차 기호에 끌어 들일 수 있다.

Square(사각형)	원형 (GB)
채워진 삼각형 숄더 있는 채워진 삼각형 속이 빈 삼각형 숄더 있는 속이 빈 삼각형	직각 수직 수평

③ 데이텀 피처 PropertyManager에서 옵션을 편집한다.

④ 그래픽 영역에서 클릭하여 부착점을 정하고 기호를 배치한다.

⑤ 원하는 만큼 기호를 삽입한다.

⑥ 확인을 클릭한다.

- **표면 거칠기 표시 삽입하기**

① 주석 도구 모음에서 표면 거칠기 표시를 클릭하거나 삽입, 주석, 표면 거칠기 표시를 클릭한다.

② PropertyManager에서 속성을 설정한다.

③ 그래픽 영역을 클릭하여 기호를 배치한다.

④ 필요한 만큼 클릭하여 여러 개의 복사본을 배치한다.

⑤ **지시선** : 기호에 지시선이 있을 경우 첫 번째 클릭하여 지시선을 배치하고 두 번째 클릭하여 기호를 배치한다.

⑥ **여러 개 지시선** : 기호를 끌어 배치하기 전에 Ctrl을 누른다.

⑦ 노트 이동을 중단하면 두 번째 지시선이 나타난다.

⑧ Ctrl을 누르고 있는 동안 클릭하여 지시선을 배치한다.

⑨ Ctrl을 놓고 클릭하여 기호를 배치한다.

⑩ 확인을 클릭한다.

- **기하 공차 기호를 생성**

① 주석 도구 모음에서 기하 공차를 클릭하거나 삽입, 주석, 기하 공차를 클릭한다.

② 속성 대화상자와 기하 공차 PropertyManager에서 옵션을 설정한다.

③ 클릭하여 기호를 배치한다.

④ 필요한 만큼 클릭하여 여러 개의 복사본을 배치한다.

⑤ 기호에 지시선이 있을 경우 첫 번째 클릭하여 지시선을 배치하고 두 번째 클릭하여 기호를 배치한다.

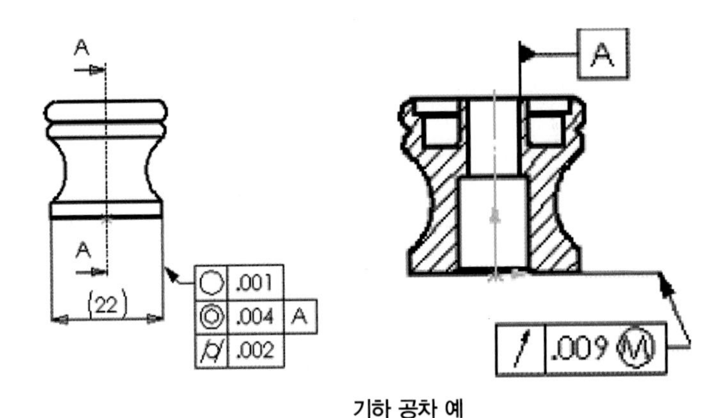

기하 공차 예

- 자동 용접 기호

① 용접 시 용접 기호는 어셈블리의 비드 용접 부품에 자동으로 첨부된다.

② 디폴트 용접 기호에 세부 사양을 추가하는 방법은 어셈블리 문서나 도면 문서에서 기호를 오른쪽 클릭하고 속성을 선택하거나 기호를 더블클릭한다.

③ 치수, 기호, 기타 포함하려는 옵션을 지정하고 확인을 클릭한다.

④ 용접 기호 속성은 파트, 어셈블리, 도면 문서에서 용접 기호를 작성할 수 있다.

⑤ 도구, 옵션, 문서 속성, 도면화에서 치수 기입 규격을 ISO, BSI, DIN, JIS, GB 중에서 지정한다.

◆ 용접 유형

다음 용접 유형은 ISO 및 ANSI 치수 기입 규격으로 지원된다.

ISO	ANSI
맞대기 용접	사각형
사각형 맞대기	스카프
단일 V형 맞대기	V형 그루브
단일 베벨형 맞대기	베벨형
단일 V형 루트 맞대기	U형 그루브
단일 베벨형 루트 맞대기	J형 그루브
단일 U형 맞대기	플래어-V형
단일 J형 맞대기	플래어-베벨형
배킹 런	필렛
필렛 용접	심
심	플랜지-모서리
	플랜지-코너

◆ 용접 기호 속성

용접 기호선		전체 둘레 용접	
스팩 과정		현장 용접	
지그재그 용접			

◆ 용접 비드 생성 및 편집

- 어셈블리에 부품을 삽입하고 사용하려는 특정 용접 유형에 적절하게 메이트를 추가하여 위치를 지정한다.
- 삽입, 어셈블리 피처, 용접 비드를 클릭한다.
- 용접 비드 유형 대화상자의 목록에서 유형을 선택하고 다음을 클릭하고, 곡면 형태, 용접 비드 곡면 메이트 대화상자에서 지정한다.
- 용접 비드 파트 대화상자에서 용접 비드 파트에 대한 파트 이름을 새로 입력하고 마침을 클릭한다.

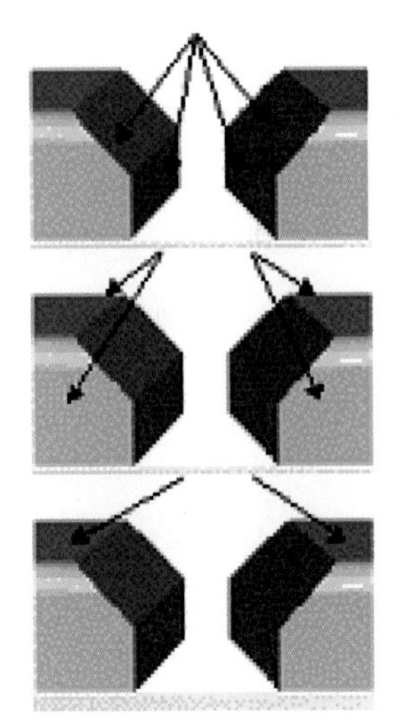

7) 영역 해칭/채우기

모델면이나 닫힌 프로파일에 사선 해칭 패턴이나 단색 채우기를 적용할 수 있다. 영역 해칭은 도면에만 적용할 수 있다.

가. 단색 채우기 영역 해칭의 기본색은 검정색이다. 선 형식 도구 모음에서 선 색상 도구( )를 사용하여 색을 변경할 수 있다.

나. 블록에도 영역 해칭을 포함할 수 있다.

다. 영역 해칭을 레이어로 이동할 수도 있다.

라. 파단도에서는 파단 이전 상태에서만 영역 해칭을 선택할 수 있다. 파단 부분을 지나는 영역 해칭은 선택할 수 없다.

마. 포인터를 영역 해칭이나 채우기 위에 두면, 포인터가 로 바뀐다.

바. 영역 해칭/채우기 옵션을 설정하려면 도구, 옵션, 시스템 옵션, 영역 해칭/채우기를 클릭한다.

사. 모델면과 프로파일 스케치에 적용한 영역 해칭

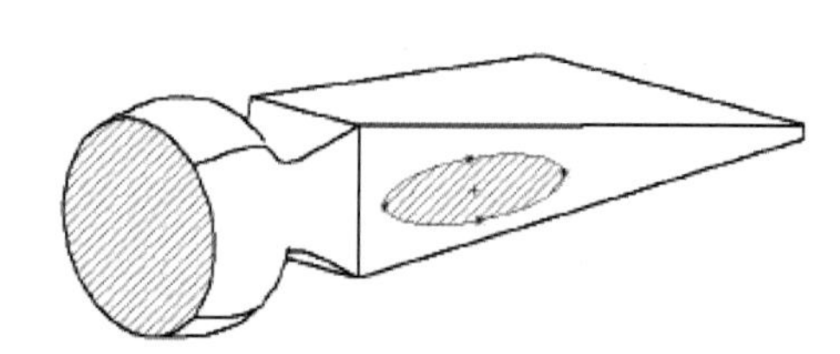

아. 모델면에 적용한 단색 채우기

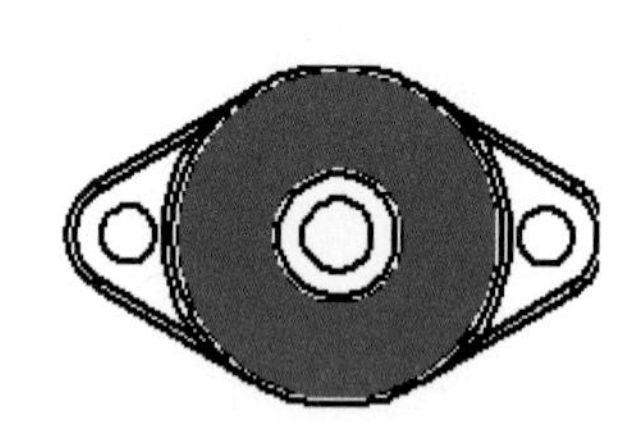

자. 모델 모서리선과 스케치 요소에 적용한 해칭 채우기

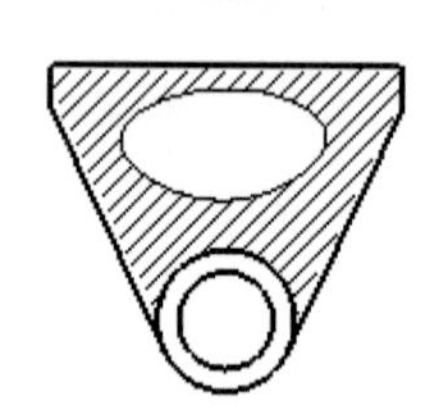

차. 단면도에 적용한 사선 해칭

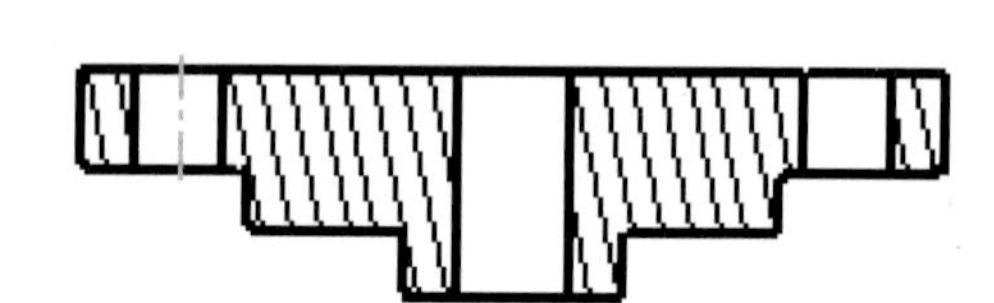

카. 단면도에 적용한 단색 채우기

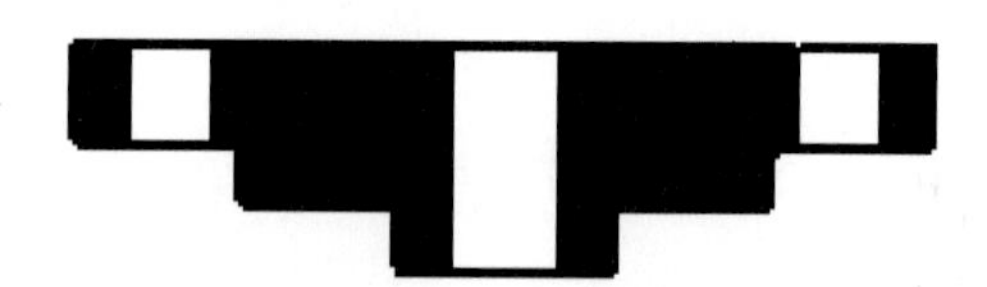

타. 주석 주위 공간 남기기

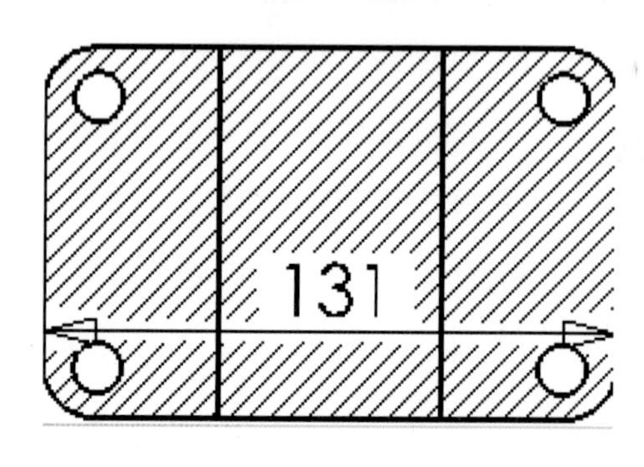

8) 블록

가. 표준 노트, 라벨 위치 등과 같이 자주 사용하는 도면 항목에 대한 블록 또는 사용자 기호를 작성, 저장, 삽입할 수 있다.

나. 블록에는 텍스트, 모든 유형의 스케치 요소, 부품 번호, 불러온 요소와 텍스트, 영역 해칭 등을 포함할 수 있다.

다. 블록은 지오메트리나 도면 뷰에 붙일 수 있으며, 또한 시트 형식에도 삽입할 수 있다.

라. 주석 도구 모음에서 작성한 블록은 도면 문서에서만 사용할 수 있으며, 파트에 사용되는 스케치의 블록과 다르다.

마. 제목 블록

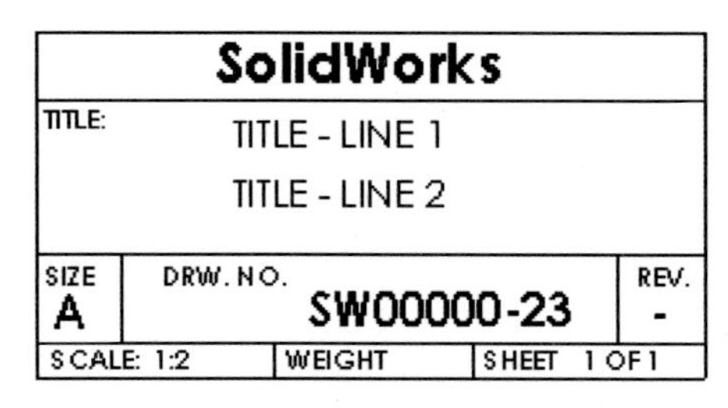

바. 1각법 투영

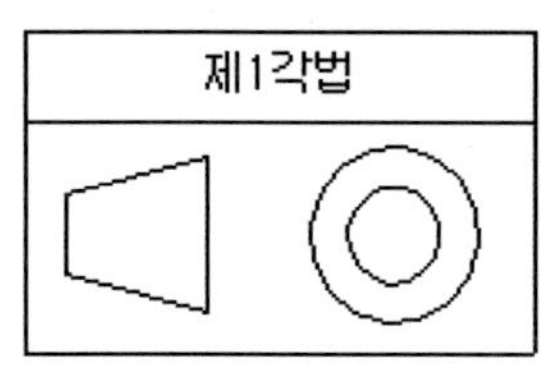

사. 3각법 투영

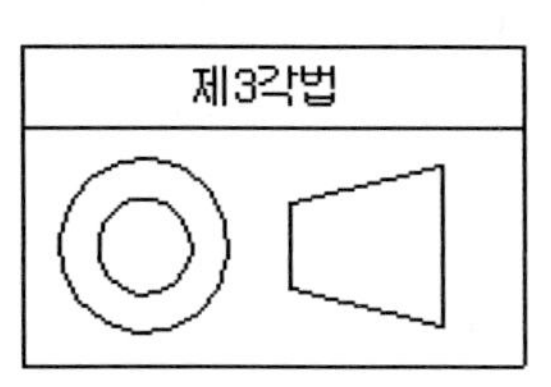

아. 개요도 기호

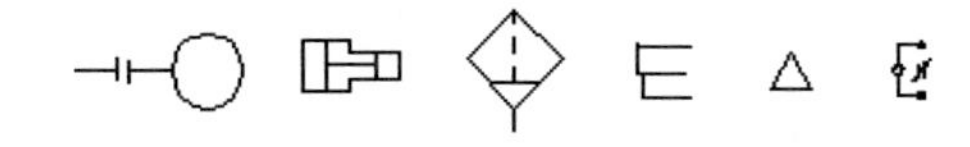

● 블록의 기능

① 블록은 단일 스케치 요소 또는 여러 개의 스케치 요소에서 작성할 수 있다.

② 최소한의 치수와 구속 조건을 사용하여 레이아웃 스케치를 작성한다.

③ 스케치 일부가 다른 스케치와 겹칠 때, 복잡한 스케치를 쉽게 그룹으로 선택한다.

④ 그래픽 영역에서 복잡한 스케치를 이동한다.

⑤ 기존 블록에 새 스케치를 삽입한다.

⑥ 스케치를 배치하고 치수와 구속 조건을 사용하여 스케치 구조를 작성한다.

9) 기타 응용 분야

가. 회로도에서 묶음 회로와 같은 다양한 부품을 대표한다. 예를 들어, 레지스터는 단일 블록으로 취급된다.

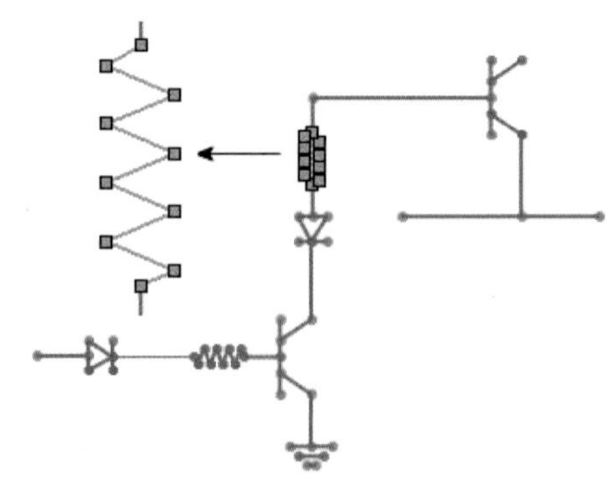

나. 블록 사이에 있는 구속 조건을 사용하여 크레인과 같은 기계 장비와의 모션을 작성하기 위한 스케치 레이아웃 도면이다.

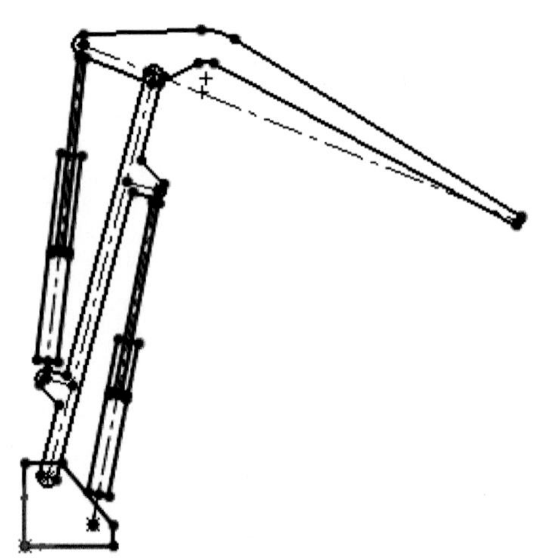

10) 테이블

도면에서 사용할 일반 테이블을 작성할 수 있다. 이 테이블은 다른 SolidWorks 테이블이 가진 분할, 병합, 정렬, 수식 등과 같은 유사한 기능을 가진다.

가. 도면에서 일반 테이블(▦)(테이블 도구 모음)을 클릭하거나 삽입, 테이블, 일반 테이블을 클릭한다.

나. 속성을 지정하고, ✔을 클릭한다.

다. 고정 코너를 지정한다.

라. 부착점에 붙이기 : 지정한 코너를 테이블 부착점에 붙인다.

마. 테이블 크기에서 열과 행의 수를 지정한다.

바. 선 두께에서 괘선과 그리드 선 두께를 지정한다.

(20) SolidWorks 문서 불러오기/내보내기

다른 응용 프로그램에서 SolidWorks 프로그램으로 파일을 불러올 수 있다. 다른 응용 프로그램에서 사용할 수 있는 여러 형식으로 SolidWorks 문서를 내보낼 수 있다. 사용할 수 있는 데이터 번역 방법을 다음 도표에서 볼 수 있다.

	파트		어셈블리		도면	
응용 프로그램:	불러오기	내보내기	불러오기	내보내기	불러오기	내보내기
3D XML		X		X		
ACIS	X	X	X	X		
Adobe Illustrator	X				X	
Autodesk Inventor	X					
CADKEY	X		X			
CATIA Graphics	X	X	X	X		
DXF/DWG	X				X	X
DXF 3D	X		X			
eDrawings		X		X		X
고압축 그래픽 파일(HCG)		X		X		
HOOPS		X		X		
IDF	X					
IGES	X	X	X	X		
JPEG		X		X		X
Mechanical Desktop	X		X			
Parasolid	X	X	X	X		
PDF		X		X		X
Pro/ENGINEER	X	X	X	X		
ScanTo3D	X	X				
Solid Edge	X		X			
STEP	X	X	X	X		
STL	X	X	X	X		
TIFF	X	X	X	X		X
U3D		X		X		
Unigraphics	X		X			
VDAFS	X	X				
Viewpoint		X		X		
VRML	X	X	X	X		

1) 문서 불러오기

가. 다른 응용 프로그램에서 파일을 불러오는 방법 열기를 클릭하거나 파일, 열기를 클릭한다.

나. 대화상자에서 파일 형식을 DWG(*.dwg), IGES(*.igs, *.iges), STL(*.stl) 등에서 선택한다.

다. 불러오기 옵션을 지정하려면 옵션을 클릭한다. 불러오기 옵션 대화상자에서 옵션을 지정하고 확인을 클릭한다.

라. 원하는 파일을 찾아 열기를 클릭한다.

2) 다른 응용 프로그램에서 지오메트리를 불러오는 방법

가. 파트 문서를 열고, 피처 도구 모음에서 불러온 지오메트리를 클릭하거나 삽입, Features, 불러온 피처를 클릭한다.

나. 열기 대화상자가 나타난다.

다. 원하는 파일을 찾아 열기를 클릭한다.

3) 불러온 피처 편집하기

가. FeatureManager 디자인 트리에서 불러온 문서에서 작성된 피처를 오른쪽 클릭하고 피처 편집을 선택한다.

나. 열기 대화상자가 나타난다.

다. 파일 형식 목록에서 원하는 형식을 선택한다.

라. 불러올 파일을 선택하기 위해 찾아보기를 클릭한다.

마. 파일 이름 상자에 파일 이름이 나타난다.

바. 필요하면 면과 모서리 매칭 확인란을 선택한다.

사. 불러온 피처를 가진 파일을 열 때는 종속 관계가 연장되었는지 확인한다.

아. 열기를 클릭한다.

4) 진단 불러오기 PropertyManager

가. 진단 불러오기가 불러온 모델을 수정한다.

나. 모델의 상태와 진단 결과에 대한 PropertyManager에 메시지가 함께 표시된다.

다. 목록에서 면이나 틈을 선택하면 그래픽 영역에서 오류면이 강조된다.

라. 도구 설명은 오류면을 보여준다(예를 들어, 자체 교차면).

마. 모두 수정 도면이 단순화하도록 면 목록에 면을 추가할 수 있다.

● 모델을 수정하는 방법

① 모두 수정 시도를 클릭한다.

② 문제있는 면이 있으면 문제있는 면을 먼저 수정한다. 목록의 면을 오른쪽 클릭하고 메뉴에서 선택한다.

③ 틈을 마지막으로 복구한다. 목록의 면을 오른쪽 클릭하고 메뉴에서 선택한다.

5) 문서 내보내기 및 설정 옵션

가. SolidWorks 문서를 다른 파일 형식으로 내보내기는 다음 중 하나를 선택한다.

나. 그래픽 영역에서 파트의 면이나 곡면

다. FeatureManager 디자인 트리에서 솔리드 바디 또는 곡면 바디 폴더에서 솔리드 바디나 곡면 바디 어셈블리 부품

참고 이때, 아무 요소도 선택하지 않으면 파트나 어셈블리 전체가 내보내진다.

라. 파일, 다른 이름으로 저장을 클릭한다.

마. 파일 형식을 원하는 파일 형식으로 지정하고, 옵션을 클릭한다.

바. 내보내기 옵션 대화상자가 열리며 원하는 파일 형식이 파일 형식 탭을 확인한다.

6) ScanTo 3D

SolidWorks 소프트웨어의 ScanTo3D 기능을 사용하여 스캔 데이터(메시 또는 점집합 파일)를 열고 데이터를 준비한 후 곡면 또는 솔리드 모델로 변환할 수 있다.

가. 스캔 데이터를 열 때, 새 파트 문서로 열거나 현재 활성된 파트 문서로 불러올 수 있다.

나. 옵션을 클릭하고 열기를 지정한다.

다. ScanTo3D는 디지털이 아닌 데이터로 복잡한 3D 모델을 작성하는 데 소모되는 시간을 대폭 줄여 준다.

라. 설계자는 다음과 같은 다양한 용도로 ScanTo3D를 사용할 수 있다.

a. 소비재 제품 설계자 : 점토, 거품 등으로 만든 물리적 부품의 형상을 신속 재현

b. 기계 설계자 : OEM 파트에 대한 빠른 참조 작성

곡면 처리 마법사의 자동 작성을 사용하여 스캔된 손 데이터에서 생성된 솔리드의 예제

의료 관련 설계자 – 참조용 해부학 개체 작성

- 스캔 데이터를 솔리드 모델로 변환하는 두 가지 방법
  ① 직접적인 메시 참조는 소비재 제품과 같은 매우 복잡한 곡면에 유용하다.
  ② 곡면 마법사의 자동 작성을 사용하면 솔리드 모델을 용이하게 작성하면서 수천 개의 면이 작성되어서 큰 파일 사이즈의 메시를 표현하게 된다.
  ③ 곡면 처리 마법사의 안내 요소를 이용한 작성에는 사용자의 수행 작업이 더 필요하고, 보통 분할 형태(기계 부품과 같은 단순한 형태)를 위한 모델에 유용하게 사용되나, 복잡한 파트에는 적합하지 않다.
- 직접적인 메시 참조 방법 1
  ① 메시 준비 마법사를 사용한 다음, 메시 피처 꼭지점을 참조해서 메시에서 직접 스케치할 수 있다.
  ② 그런 다음 스케치를 사용해서 곡면과 솔리드 모델을 작성할 수 있다.
  ③ 소비재 제품 설계자가 복잡한 형태에 직접적인 메시 참조 방법을 사용한다.
  ④ 사용자는 직접적인 메시 참조 방법이 곡면 처리 마법사보다 쉽고 더 정확하므로 사용할 수 있다.
  ◆ 직접적인 메시 참조 방법 사용하기
    ① 메시 파일을 열고 메시 준비 마법사를 사용해서 준비한다.
    ② 메시 꼭지점에 스냅하는 메시에서 자유 곡선점을 스케치한다.
    ③ 예를 들어, 복잡한 손 조절 장치의 메시를 연다.

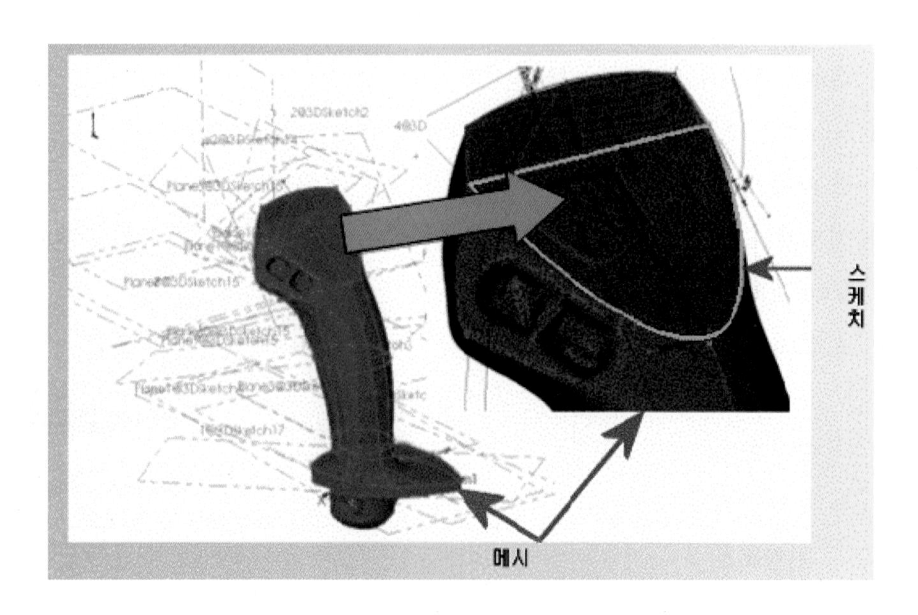

• 메시의 중요 설계 영역을 참조해서 스케치를 완료한다.

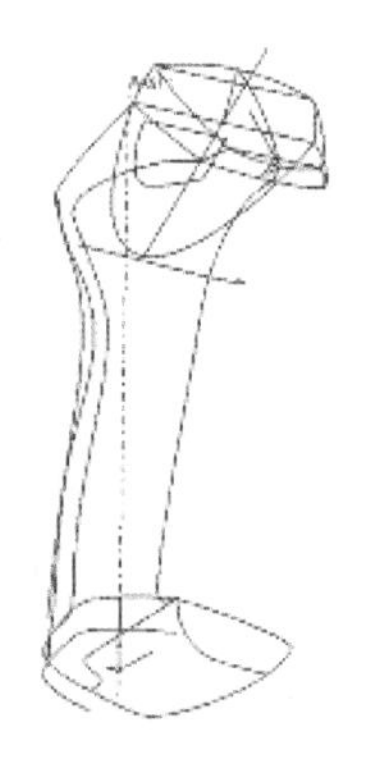

• 스케치를 사용해서 곡면을 작성한다.

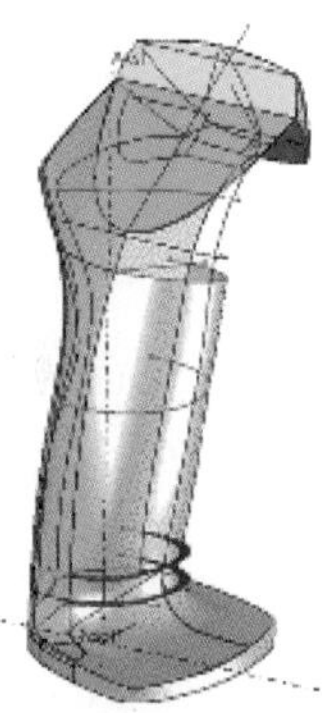

• 곡면 도구(예 : 곡면 보존, 잘라내기, 늘리기)를 사용하여 불필요한 곡면을 잘라낸다. 그런 다음 곡면을 함께 붙여 곡면에 두께를 주어 솔리드 모델을 작성한다. 필요에 따라 필렛을 적용해서 솔리드 모델을 완성한다.

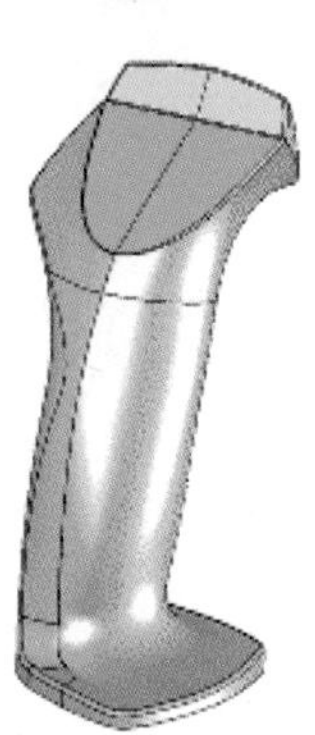

◆ 방법

① 스캔 데이터(메시 또는 점집합 파일)를 연다.

② 메시 준비 마법사를 사용하여 메시를 준비해서 메시 피처를 작성한다.

③ 단면도 도구( )(보기 도구 모음)를 사용해서 메시를 단면화한다.

④ 메시 피처에 2D 및 3D 곡선을 스케치한다.

⑤ 곡선을 사용하여 곡면을 작성한다.

⑥ 곡면을 자르고 붙인다.

⑦ 솔리드 모델을 작성한다.

예

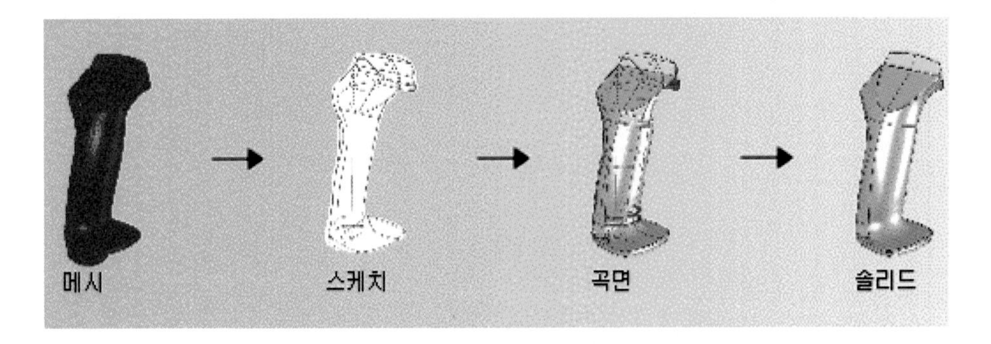

- 마법사를 사용한 반자동 작성 방법 2

① 메시 준비 및 곡면 처리 마법사는 ScanTo3D 과정을 안내해 준다.

② 메시 데이터를 이미 준비한 경우 곡면 처리 마법사만 사용하여 솔리드 모델을 작성한다.

③ 곡면 처리 마법사의 자동 작성 옵션은 해부학 및 유기 형상을 작성하는 데 사용한다.

④ 안내 요소를 이용한 작성 옵션은 분석 면에 사용한다.

◆ 방법

① 스캔 데이터(메시 또는 점집합 파일)를 연다.

② 메시 준비 마법사를 사용하여 메시를 준비해서 메시 피처를 작성한다.

③ 곡면 처리 마법사를 사용하여 자동 또는 안내 요소를 이용해서 메시 피처로부터 곡면을 작성한다.

④ 곡면을 자르고 붙인다.

⑤ 솔리드 모델을 작성한다.

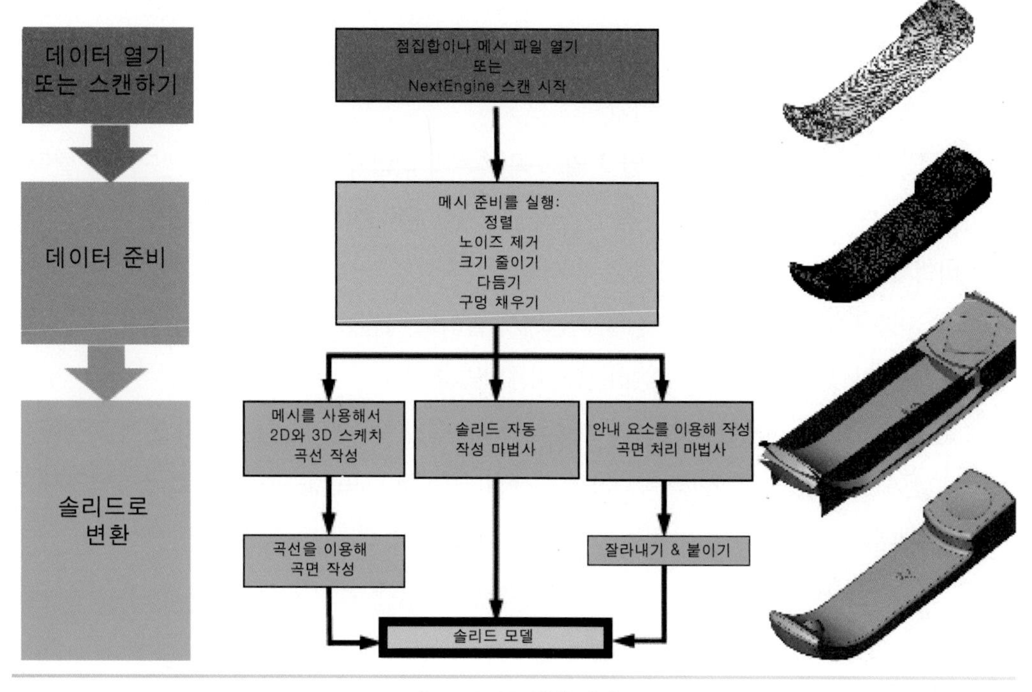

ScanTo3D 작업 과정

- 스캔 데이터를 연다
  ① 열기를 클릭하고 파일 형식에서 스캔 데이터 파일의 다음 유형 중 하나를 선택한다.
  ② 메시 파일(*.xml; *.nxm; *.3ds; *.obj; *.stl; *.wrl; *.ply; *.ply2)
  ③ 점집합 파일(*.xyz; *.asc; *.vda; *.igs)
  ④ 파일 이름을 위해 파일을 찾는다.
  ⑤ 옵션을 클릭하고 단위를 선택한 다음, 확인을 클릭한다.
  ⑥ 열기를 클릭한다.
  ⑦ 메시 또는 점집합이 FeatureManager 디자인 트리에 표시된다.
- 메시 준비 마법사를 실행하기
  ① 메시 또는 점집합 파일이 열린 상태에서 메시 준비 마법사(ScanTo3D 도구 모음) 또는 도구, ScanTo3D, 메시 준비 마법사를 클릭한다.
  ② 마법사를 따라서 곡면의 추출할 메시 피처를 준비한다.

③ 메시를 준비가 끝난 후, 필요에 따라 곡면 처리 마법사를 계속 따라 실행할 수 있다(곡면 처리 마법사 시작 옵션이 기본으로 선택됨).

◆ 곡면 처리 마법사 실행하기

메시 피처를 포함한 파일을 열고 곡면 처리 마법사(ScanTo3D 도구 모음)를 클릭하거나 도구, ScanTo3D, 곡면 처리 마법사를 클릭한다.

- **마법사에 곡면을 추출하는 다음 두 가지 방법**

① **자동 작성** : 단일 단계 과정을 사용해서 솔리드 모델을 자동으로 작성한다. 이 옵션은 해부학 및 유기 형상을 작성하는데 사용하면 좋다.

② **안내 요소를 이용한 작성** : 더 효율적으로 조절할 수 있도록 하는 여러 단계 과정을 사용해서 곡면을 작성한다. 이 옵션이 분할 곡면이나 곡면을 효율적으로 조절하고자 할 때 좋다.

(21) 라이브러리 피처

라이브러리 피처는 자주 사용하는 피처 또는 피처 조합으로 이 피처를 만들고 라이브러리에 저장하여 나중에 사용할 수 있다. 대부분의 피처 유형이 지원되며 일부 유형에는 특정 제약 조건이 있다.

1) 보통, 라이브러리 피처는 베이스 피처에 추가되는 피처로 구성되어 있지만 베이스 피처 자체는 아니다.
2) 하나의 파트에 두 개의 베이스 피처가 존재할 수 없으므로 베이스 피처가 포함된 라이브러리 피처를 이미 베이스 피처가 있는 파트에 삽입할 수 없다. 그러나, 베이스 피처를 포함하는 라이브러리 피처를 만들어 공백 파트에 삽입할 수 있다.
3) 구멍이나 홈같은 자주 사용되는 피처들을 작성하고 라이브러리 피처로 저장할 수 있다. 여러 개의 라이브러리 피처를 블록으로 하여 하나의 파트를 만들 수 있다. 이로 인해 시간을 단축하고 모델의 일관성을 유지할 수 있다.

가. 일반 속성

파트에 라이브러리 피처를 삽입할 때, 설정 선택

a. 파트에 라이브러리 피처를 추가하는 방법

- 대상 파트를 열고, 작업 창에서 설계 라이브러리 탭을 클릭한다.
- 설계 라이브러리 폴더를 선택한다.
- 라이브러리 피처를 삽입할 파트를 찾아 지정한다.
- 아래 구역 창에서 라이브러리 피처를 선택하고, 파트의 면에 끌어 둔다.
- PropertyManager의 설정 아래에서 설정을 선택한다.
- 모체 파트에 변경한 사항을 이 파트에 적용하려면 라이브러리 파트에 링크를 한다.

b. 파트에서 미리보기에 강조 표시 모서리선을 선택한다.

- 라이브러리 피처가 배치된다.
- 스케치 편집을 클릭한다.

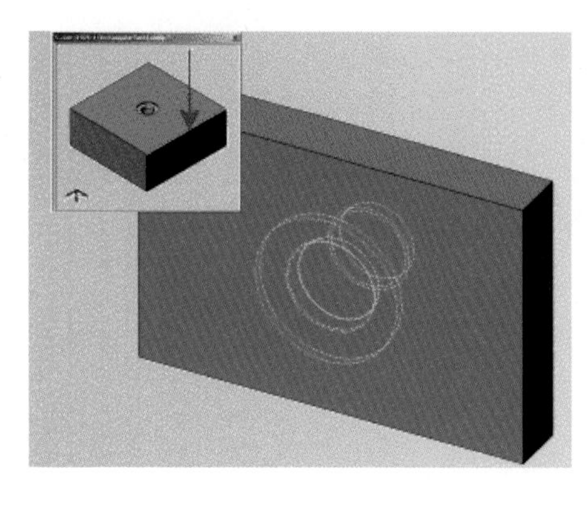

c. 파트에서 미리보기에 강조 표시된 모서리선을 선택한다.

- 라이브러리 피처가 배치된다.
- 스케치 편집을 클릭한다.

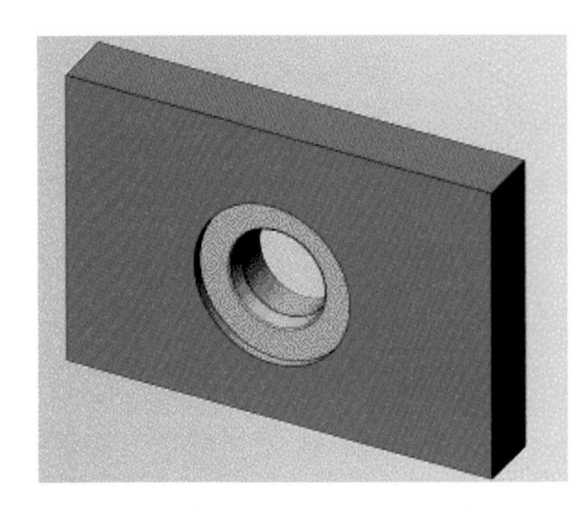

d. 치수 배치 아래에서 값을 클릭하여 치수를 수정하고 라이브러리 피처를 다시 배치한다.
라이브러리 피처 스케치에 치수나 구속 조건을 부가하여 라이브러리를 배치한다.

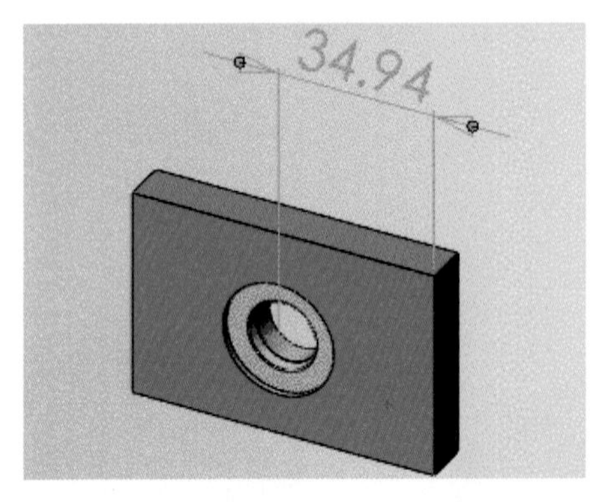

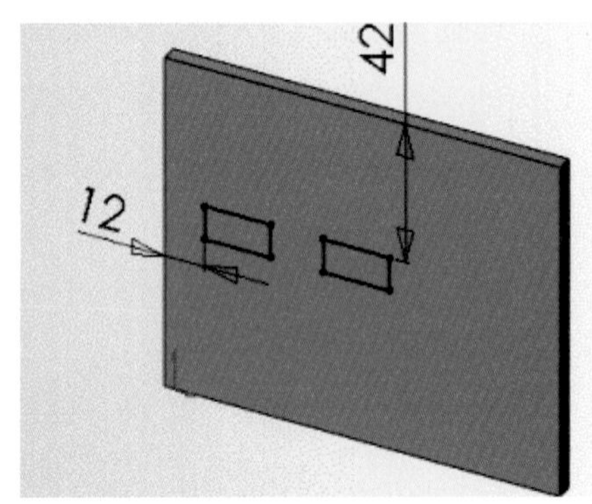

e. 크기 치수 아래에서 치수값 덮어쓰기를 선택하여 사용자 정의 설정을 작성한다.

f. 값을 클릭하여 라이브러리 파트 치수를 수정한다.

g. 확인을 클릭한다.

h. 대화상자에서 마침을 클릭한다.

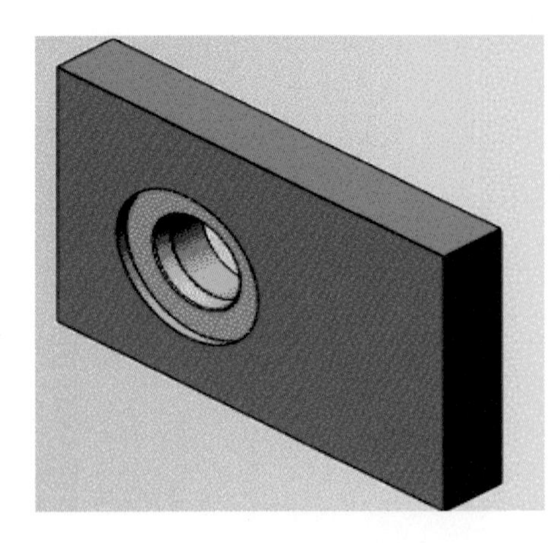

나. 어셈블리에 파트 추가하기

어셈블리의 상황 내에서 파트를 편집하는 동안 라이브러리 피처 파트(.sldprt)를 추가할 수 있다. 라이브러리 피처를 어셈블리 자체에 추가할 수는 없다.

a. 라이브러리 피처 파트 어셈블리에 추가하기

- 어셈블리를 열고, 부품을 오른쪽 클릭하고 파트 편집을 선택한다.
- 작업 창에서 설계 라이브러리 탭을 클릭한다.
- 설계 라이브러리 폴더를 선택한다.
- 라이브러리 피처를 삽입할 파트를 찾아 지정한다.
- 하단 창에서 파트를 선택하고 어셈블리 창으로 끌어간다.
- 파트에 여러 설정이 있을 경우, 설정 선택 대화상자가 나타나 파트의 설정 목록을 표시한다.
- 설정을 선택하고, 확인을 클릭한다.

b. 평면에 라이브러리 피처 삽입하기

- 라이브러리 피처를 평면이나 그래픽 영역의 아무 곳에나 끌어 둘 수 있다.
- 라이브러리 피처를 그래픽 영역으로 끌어가면, 평면을 선택할 것을 요구하는 메시지가 표시된다. 평면을 미리 선택할 수도 있다.
- 평면에 라이브러리 피처를 두려면 평면을 오른쪽 클릭하고 표시를 선택하여 설계 라이브러리에서 라이브러리 피처를 끌기 이전에 평면을 선택할 수 있도록 한다. 이렇게 하면, 라이브러리 피처를 배치할 때 평면 경계와 평면 이름을 선택할 수 있다.

● 방법

① 새 라이브러리 피처를 추가할 파트를 선택한다.

② 라이브러리 피처를 설계 라이브러리에서 그래픽 영역에 끌어 둔다.

③ 평면 테두리나 평면 이름에 포인터를 둔다.

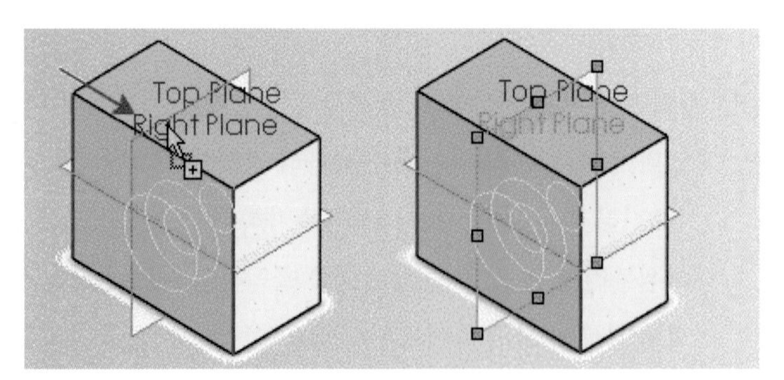

라이브러리 피처를 참조 평면에 끌어두면 피처가 선택한 참조 평면의 중심에 비치된다.

④ PropertyManager의 설정 아래에서 설정을 선택한다.

⑤ 모체 파트에 변경한 사항을 이 파트에 적용하려면 라이브러리 파트에 링크를 선택한다.

⑥ 참조 아래로 그래픽 영역에서 미리보기 창에 강조 표시된 참조와 같은 요소를 선택한다.

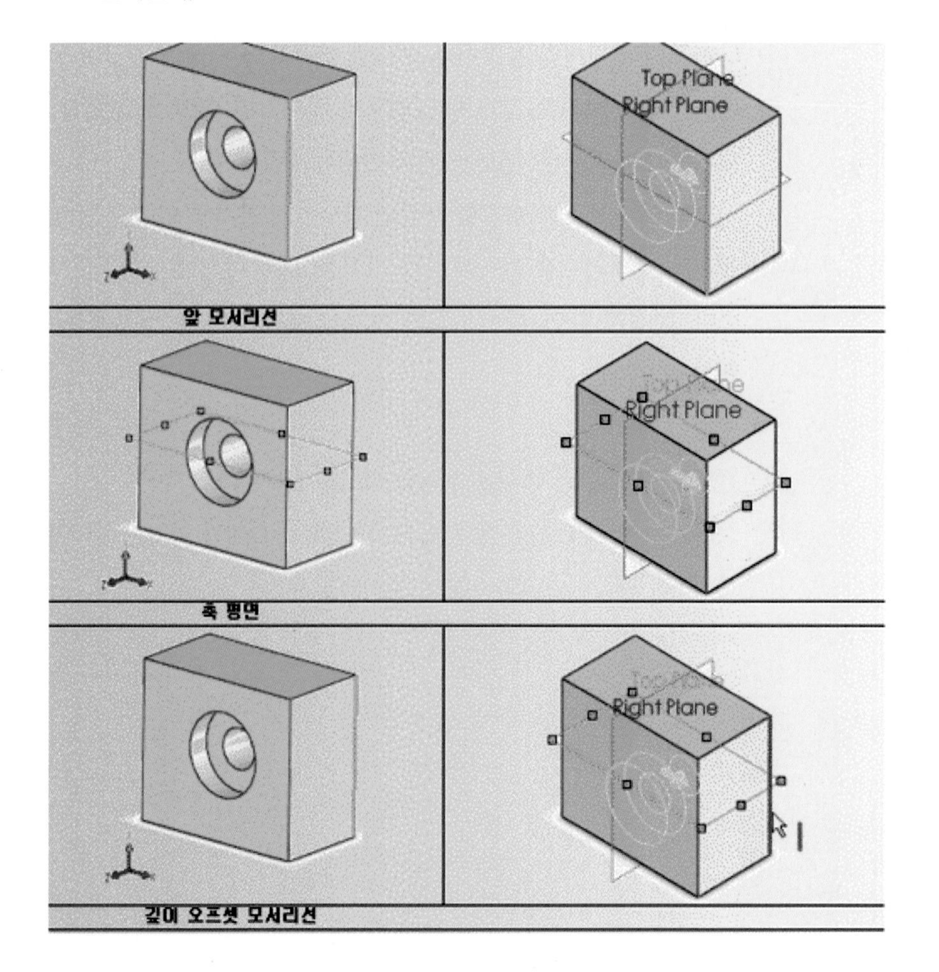

⑦ 크기 치수 아래에서 라이브러리 피처의 치수를 변경하려면 치수값 덮어쓰기를 선택한다.

⑧ 크기 치수는 참조를 배치하고 치수값 덮어쓰기를 선택한 이후에만 옵션이 주어진다.

⑨ 값을 선택하고 치수를 편집한다.

⑩ 확인(✓)을 클릭한다.

(22) 판금

스케치된 굽힘 피처를 사용하여 파트가 접힌 상태에 있을 때 판금 파트에 굽힘선을 추가할 수 있다. 이 피처를 사용하여 다른 접힌 상태의 형상에 굽힘선 치수를 지정할 수 있다.

1) 스케치 굽힘 주의 사항

가. 스케치에는 선만 사용할 수 있다. 스케치별로 하나 이상의 선을 추가할 수 있다.

나. 굽힘선은 굽히는 면의 길이와 정확히 같지 않아도 된다.

다. 스케치 굽힘 피처는 일반적으로 탭 피처와 함께 탭을 굽히는데 사용한다.

2) 스케치 굽힘 피처 작성하기

가. 판금 파트의 면에 선을 스케치한다. 스케치를 작성하기 전에 스케치 굽힘 피처를 선택할 수도 있다. 스케치 굽힘 피처를 선택하면 평면에 스케치가 열린다.

나. 판금 도구 모음에서 스케치된 굽힘을 클릭하거나 삽입, 판금, 스케치된 굽힘을 클릭한다.

다. 그래픽 영역에서 고정면에 굽힘으로 인해 이동하지 않을 면을 선택한다.

라. 굽힘 위치를 굽힘 중심선, 재질 안쪽, 재질 바깥쪽 또는 전체 바깥쪽 중에서 선택한다.

마. 굽힘 각도를 설정하고 필요한 경우 반대 방향을 클릭한다.

바. 기본 굽힘 반경이 아닌 다른 반경을 사용하려면 기본 반경 사용 선택을 지우고 굽힘 반경을 지정한다.

사. 기본 굽힘 허용치가 아닌 다른 값을 사용하려면 사용자 정의 굽힘 허용을 선택하고 굽힙 허용 유형과 수치를 지정한다.

아. 확인을 클릭한다.

3) 코너 닫기

코너 닫기를 판금 플랜지 사이에 추가할 수 있다. 코너 닫기 피처는 판금 피처 사이에 재질을 추가하고 다음의 기능이 있다.

- 방법

① 닫고자 하는 모든 코너의 면을 선택해서 여러 코너를 동시에 닫는다.

② 직각이 아닌 코너를 닫는다.

③ 90° 각도 이외의 굽힘이 있는 플랜지에 코너 닫기를 적용한다.

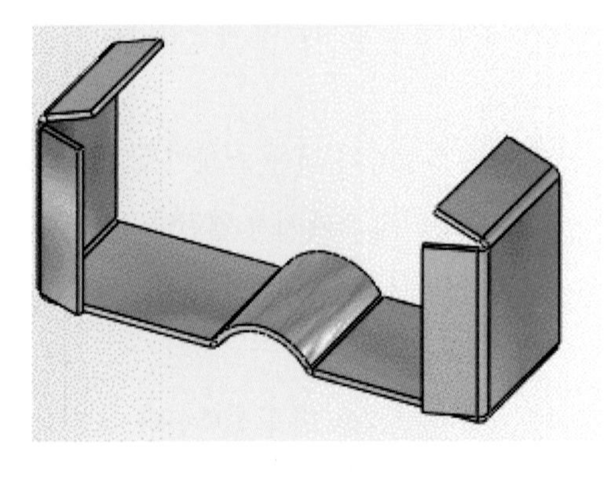

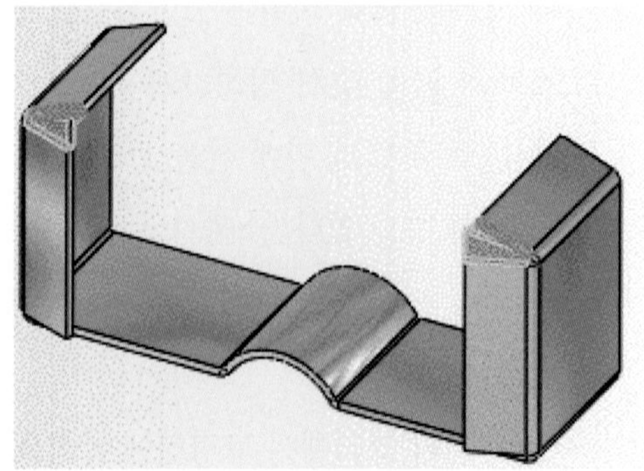

④ 틈 거리를 조절한다. 코너 닫기 피처로 추가된 영역의 재질의 두 부분 사이의 거리로 중복/일부 중복 비율을 조절한다. 중복하는 재질과 일부 중복하는 재질사이의 비율로 1의 값은 중복과 일부 중복이 같음을 나타난다.

⑤ 제거할 면의 하나 이상의 평면면을 선택한다.

⑥ 코너 유형을 선택한다(맞대기, 겹침, 일부 겹침).

⑦ 틈 거리의 값을 지정한다.

⑧ 중복/일부 중복 비율값을 조절한다.

⑨ 굽힘 부분 열기를 선택한다.

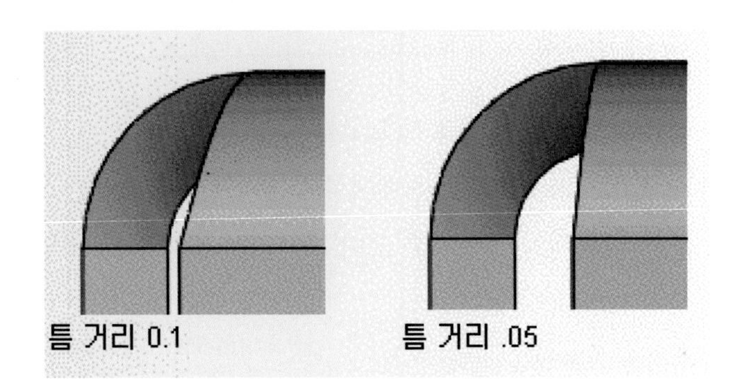

⑩ 확인을 클릭한다.

4) 전개도

피처는 접힌 판금 파트에서 마지막 피처로 사용된다. FeatureManager 디자인 트리에서 전개도 이전의 모든 피처가 접히고 펴진 판금 파트에서 나타난다. 전개도 이후의 피처는 모두 전개한 판금 파트에서만 표시된다.

● 전개도 피처 주의 사항

접힌 파트의 새 피처로 전개도가 기능 억제되면, 파트에 추가한 모든 새 피처가 자동으로 FeatureManager 디자인 트리에서 전개도 피처 이전에 나타난다.

● 방법

① **전개 파트의 새 피처** : 전개도를 기능 억제 해제하여 판금 파트 전체를 전개한다. 전개된 판금 파트에 피처를 추가하려면 우선 전개도의 기능 억제를 해제해야 한다.

② **피처 순서 재조정** : FeatureManager 디자인 트리에서 판금 피처를 전개도 아래로 가도록 순서를 조절할 수 없다. 따라서, 컷을 직각 컷 옵션을 사용하여 전개도 아래로 순서를 조정할 수 없다.

③ **변수 수정** : 전개도 1의 변수를 수정하여 파트 굽힘 방법을 결정하고, 코너 옵션 사용 여부를 결정하고, 전개된 판금 파트에서 굽힘 영역 표시 여부를 조절한다.

④ **스케치** : 스케치를 변환하고 접힌 상태에서 전개된 상태로 배치 치수를 변경한다. 스케치와 치수 찾기는 남아 있다.

⑤ 판금 파트에 3D 주석을 삽입하면 전개도 주석 뷰가 주석 폴더에 작성된다. 전개도 주석 뷰를 선택하면 전개 도구를 사용할 수 없다.

5) 코너 자르기 PropertyManager

가. 코너 자르기 옵션

a. 접은 판금 파트에 코너 자르기 도구를 사용한다.

b. 코너 자르기 PropertyManager에서 다음 옵션을 지정한다.

c. 코너 모서리/플랜지 면 : 자를 코너 모서리선 또는 플랜지 면을 선택한다. 두 가지를 동시에 선택할 수 있다.

e. 자르기 유형 : 옵션을 선택한다.

나. 릴리프 옵션

a. 전개된 판금 파트에 코너 자르기 도구를 사용한다.

b. 코너 자르기 : PropertyManager에서 다음 옵션을 지정한다.

c. 코너 모서리 : 릴리프 컷을 적용할 코너 모서리를 선택한다.

d. 모든 코너 모으기 : 모든 코너 안쪽을 선택한다.

e. 릴리프 : 옵션을 선택한다.

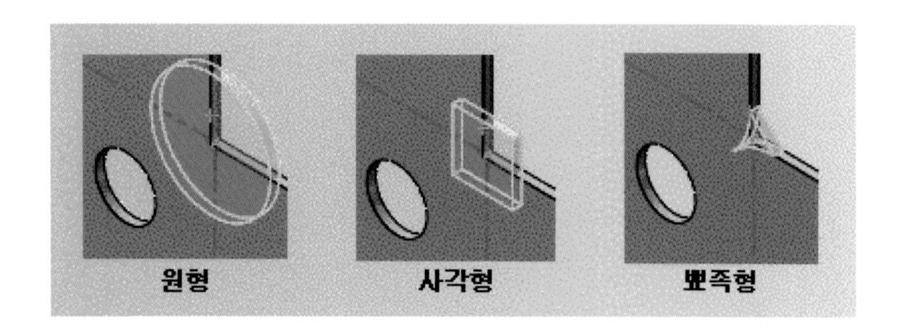

f. 원형 또는 뾰족형은 반경값을 지정한다.

g. 사각형은 측면 길이값을 지정한다.

h. 굽힘선 중앙 : 원형 또는 사각형으로 지정한 릴리프를 가진 굽힘선 가운데에 코너 컷을 추가한다.

i. 두께에 비율 : 반경이나 거리와 판금 두께 사이의 비율을 지정한다.
이 비율은 반경이나 거리로 지정한 값을 사용한다. 반경이나 거리 값을 변경하려면 두께에 비율 확인란을 지운다.

j. 굽힘에 접함 : 굽힘선 중앙을 선택했을 때, 굽힘선에 접한 코너 컷을 추가한다.

k. 필렛한 코너 추가 : 코너 모서리에 사용자 지정 반경값으로 필렛을 추가한다.

l. 판금 파트를 전개하여, 재질을 추가하면 편리한다.

다. 로프트 굽힘

판금 파트에 있는 로프트 굽힘은 로프트로 연결된 두 개의 개곡선을 사용한다. 베이스-플랜지 피처는 로프트 굽힘 피처와 함께 사용되지 않는다.

SolidWorks 소프트웨어에 로프트 굽힘으로 미리 제작된 판금 파트 예제 파일이 포함되어 있다. 그러한 예제 파일의 설치 위치는 〈설치_디렉토리〉\data\Design Library\parts\sheetmetal\lofted bends이다.

● 로프트 굽힘의 특성

① 다음을 가진 두 개의 스케치가 필요하다.

② **열린 프로파일** : 각진 모서리가 없어야 한다.

③ 전개도의 정확성을 위한 정렬된 프로파일이 열린다.

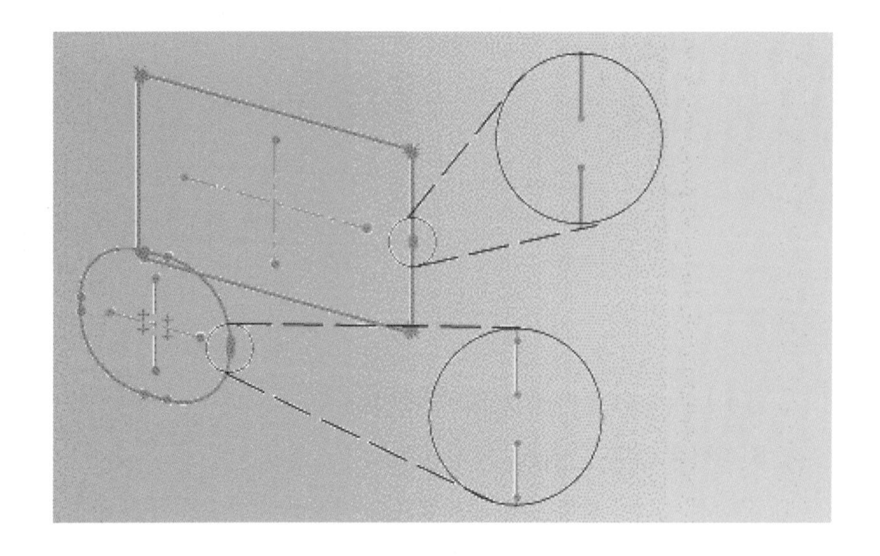

라. 로프트 굽힘을 만드는 방법

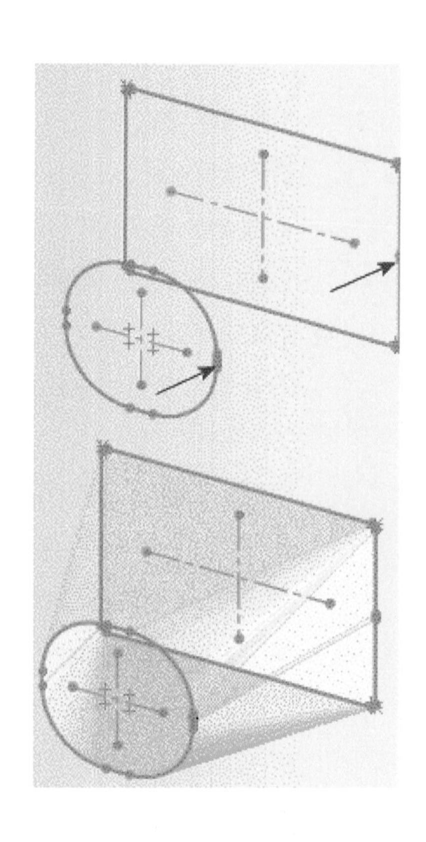

a. 두 개의 열린 프로파일을 스케치한다.

b. 로프트 굽힘(판금 도구 모음)을 클릭하거나 삽입, 판금, 로프트 굽힘을 클릭한다.

c. 그래픽 영역에서 두 스케치를 선택한다. 프로파일마다 로프트 경로를 이을 점을 선택한다.

d. PropertyManager의 프로파일 아래에 스케치 이름이 표시된다.

e. 경로 미리보기를 확인한다. 위로 이동이나 아래로 이동을 클릭하여 프로파일의 순서를 바꾸거나 스케치를 다시 선택하여 다른 점을 연결한다.

f. 두께 값을 지정한다.

g. 필요한 경우 반대 방향으로 클릭한다.

h. 굽힘선 조절 아래에서 다음을 선택한다.

i. 굽힘선 수와 전개도 굽힘선의 거친 정도를 제어하는 설정 값을 지정한다.

j. 최대 편차 값을 지정한다.

k. 최대 편차 값을 감소시키면, 굽힘선의 수가 증가한다.

l. 확인(✔)을 클릭한다.

마. 폼 도구

폼 도구는 굽힘이나 연장의 다이와 같은 역할을 하거나 랜스, 플랜지와 같은 폼 피처를 작성하여 판금을 만드는 도구이다. SolidWorks 소프트웨어에는 사용자가 참고할 수 있도록 견본 폼 도구가 들어 있다. 폴더의 위치는 〈설치_디렉토리〉\data\design library\forming tools이다.

폼 도구는 설계 라이브러리에서만 삽입할 수 있으며, 판금 파트에만 적용할 수 있다. 판금 파트는 FeatureManager 디자인 트리에 판금 1로 표시된다. 파트를 만들 때와 유사한 여러 단계를 사용하여 직접 필요한 폼 도구를 만들 수 있다.

직접 만들어 보기 전에 견본 폼 도구를 참고한다. 견본 폼 도구를 편집하여, 사용자의 필요에 만족하는 폼 도구를 만들 수 있다.

이와 같은 폼 도구를 폼 도구가 아닌 다른 폴더에 추가하려면 폴더를 오른쪽 클릭하고 폼 도구 폴더를 선택하여 폴더 내용을 폼 도구로 지정해 주어야 한다.

- 폼 도구 만들기

① 파트를 작성하고 저장한다.

② 폼 도구 작성에는 베이스가 필요없다.

③ 폼 도구(판금 도구 모음)를 클릭하거나 삽입, 판금, 폼 도구를 클릭한다.

④ PropertyManager에서 정지면으로 면을 선택한다.

⑤ 제거할 면으로 면을 선택한다.

⑥ PropertyManager에서 정지면으로 면을 선택한다.

⑦ 제거할 면으로 면을 선택한다.

⑧ 확인을 클릭한다.

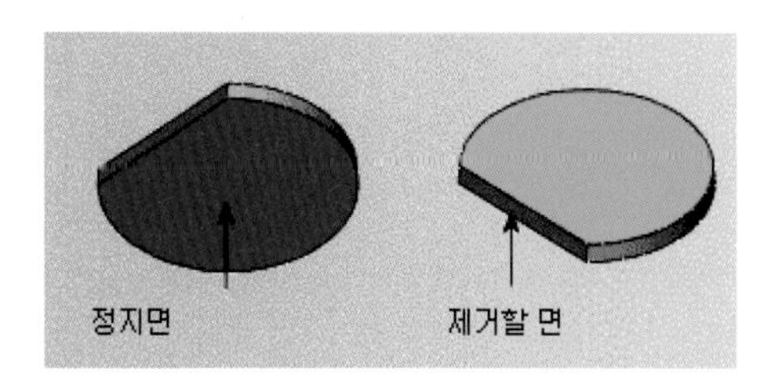

- 판금 파트에 폼 도구 적용하기

설계 라이브러리에서 폼 도구는 판금 파트와 함께만 사용된다. 판금 파트는 FeatureManager 디자인 트리에 판금으로 표시된다.

① 판금 파트를 열고, 설계 라이브러리에서 폼 도구가 있는 폴더를 찾는다.

② 폼 도구를 설계 라이브러리에서 변형하려는 면으로 끈다.

③ 폼 도구를 적용하려는 면은 도구 자체의 정지 곡면에 해당한다. 기본으로 도구는 아래로 이동한다. 도구가 면에 닿으면, 재질이 변형된다.

④ Tab을 눌러 변형 방향을 변경하고 재질의 반대쪽을 변형할 수 있다.

⑤ 피처를 적용하려는 곳에 놓는다.

⑥ 방향 스케치에 치수를 부가하거나 수정할 때 구속 조건을 부가하여 스케치를 배치한다.

⑦ 치수를 부가할 때, 방향 스케치는 단일 요소로 이동한다. 피처에 흡수된 스케치는 피처의 위치만 조정할 수 있고 치수는 조정할 수 없다.

같은 폼 도구가 반대쪽을 변형할 때

⑧ 폼 피처 배치 대화상자에서 마침을 클릭한다.

- 폼 도구 배치하기

① 스케치 도구를 사용하여 판금에서 폼 도구를 배치할 수 있다.

② 판금 파트면 위에, 폼 도구의 위치를 정하는 데 도움이 될 작성선 같은 요소를 스케치한다.

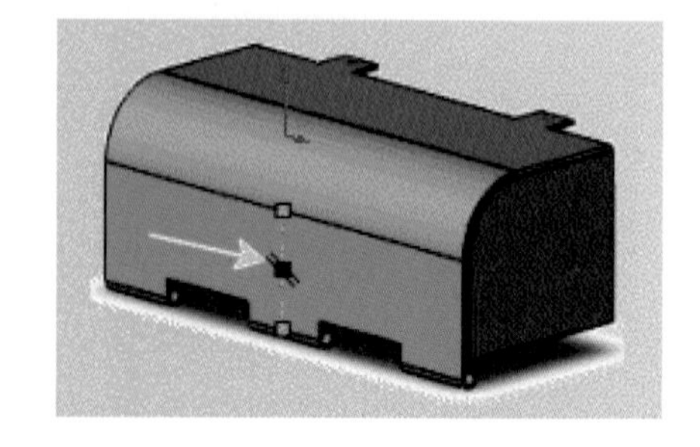

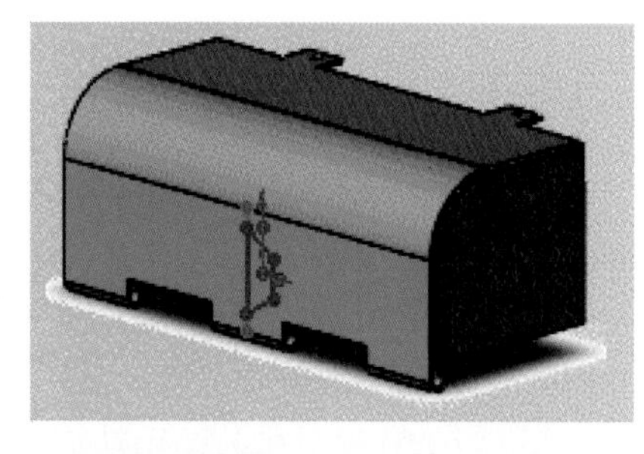

③ 작업 창에서 설계 라이브러리 탭을 선택한다.

④ 제목 표시 바에서 클릭하여 설계 라이브러리를 핀 고정한다.

⑤ 폼 도구를 찾아, 폴더 중 하나를 선택한다.

⑥ 폴더 안에 있는 파일 미리보기가 아래 구역 창에 표시된다.

⑦ 아래 구역 창에서 폼 도구를 선택하고, 포인터를 놓는다.

⑧ 폼 도구가 면에 배치되고 폼 피처 배치 대화상자가 표시된다.

⑨ 지능형 치수, 구속 조건 추가, 또는 스케치 수정을 사용하여 도구를 면에 배치한다.

⑩ 마침을 클릭하여 폼 도구를 설정하고 대화상자를 닫는다.

바. 솔리드 바디에서 판금으로 전환

a. 사각 굽힘을 사용하여 판금 파트 만들기

- **꼭지점 굽힘을 사용하여 판금 파트를 만드는 방법**

① 파트 프로파일을 스케치하여 파트를 만든 다음 얇은 피처 파트를 돌출시킨다.

② 굽힘 삽입을 클릭하거나 삽입, 판금, 굽힘을 클릭한다.

③ PropertyManager의 굽힘 변수 아래에서 모델에 고정면을 선택한다. 고정면은 파트가 펴질 때 그대로 있다. 면 이름이 고정선 또는 고정면 상자에 표시된다.

④ 굽힘 반경을 입력한다.

⑤ 굽힘 허용 아래의(굽힘 테이블, K-변수, 굴곡 허용, 굽힘 차감. 옵션 중에서 선택 후 값을 입력한다.

⑥ 자동 릴리프를 추가하려면 자동 릴리프 확인란을 선택한 후 릴리프 유형을 선택해야 한다. 사각형 또는 둥근 사각형을 선택한 경우에는 릴리프율을 지정해야 한다.

⑦ 확인을 클릭한다.

⑧ 굽혀진 판금 파트는 평평한 상태의 치수에 지정한 굽힘 허용 및 반경값이 반영되어 만들어진다.

b. 둥근 굽힘을 사용하여 판금 파트 만들기

- **둥근 굽힘을 사용하여 판금 파트를 만드는 방법**

① 닫히거나 열린 프로파일을 스케치한다.

② 얇은 피처 파트를 작성한다.

- **얇은 피처 만들기 1**

① 피처 도구 모음에서 쉘을 클릭하거나 삽입, 피처, 쉘을 클릭한다.

② PropertyManager의 변수 아래에서 면의 두께를 지정하기 위해, 두께를 입력한다.

③ 제거할 면으로 그래픽 영역에서 면(한 개 또는 여러 개)을 선택한다.

④ 쉘 바깥쪽으로를 선택하면 파트의 바깥쪽 치수를 늘린다.

⑤ 미리보기 표시를 선택하면 작성되는 쉘 피처의 미리보기가 표시된다.

⑥ 확인을 클릭한다.

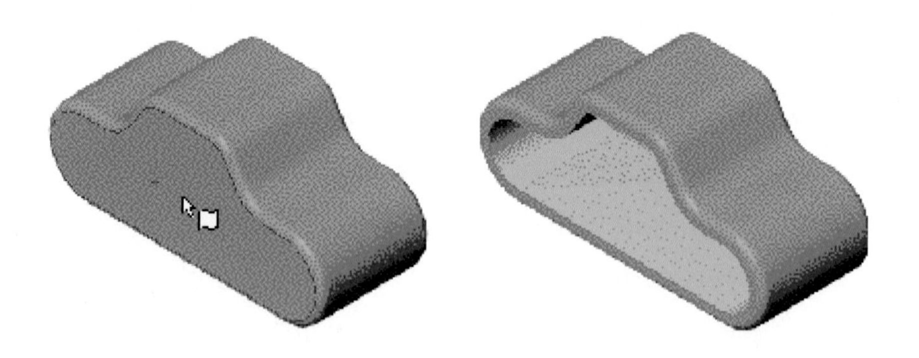

- **얇은 피처 만들기 2**

돌출 PropertyManager는 돌출 피처의 특징을 지정하여 얇은 피처 만들기

솔리드 또는 얇은 피처	보스/베이스
컷	곡면

- **원뿔 모양의 면을 가진 판금 파트 만들기**
  ① 하나 이상의 원추형 면이 있는 얇은 피처 파트를 만든다.
  ② 인접 평면과 원추형 면은 접해 있어야 한다.
  ③ 적어도 하나의 원추형 면의 끝면에 최소 하나 이상의 선형 모서리선이 있어야 한다.
- **방법**
  ① 굽힘 삽입을 클릭하거나 삽입, 판금, 굽힘을 클릭한다.

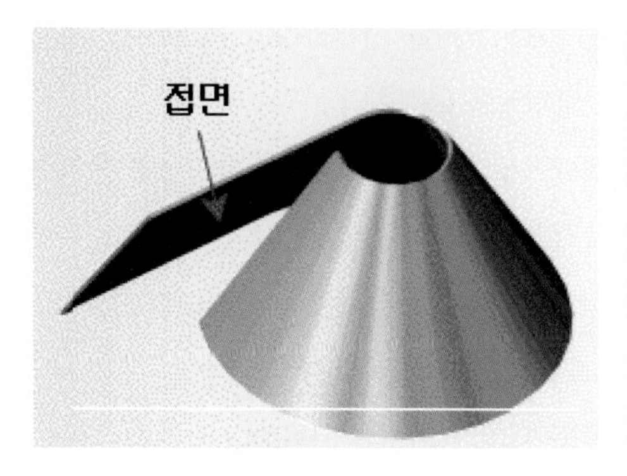

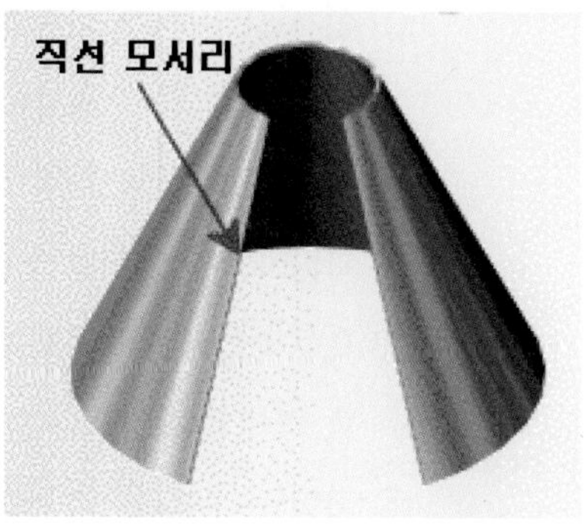

  ② 굽힘 PropertyManager가 나타난다.
  ③ 굽힘 변수 아래에서 원추형 면의 끝면에 있는 직선 모서리선을 고정 모서리로

선택한다.

④ 굽힘 반경을 지정 후 굽힘 허용 아래의 다음 옵션 중에서 선택한다. (굽힘 테이블, K-변수, 굽힘 허용, 굽힘 차감)

⑤ K-변수 사용 또는 굽힘 허용, 굽힘 차감을 선택한 경우에는 값을 입력한다.

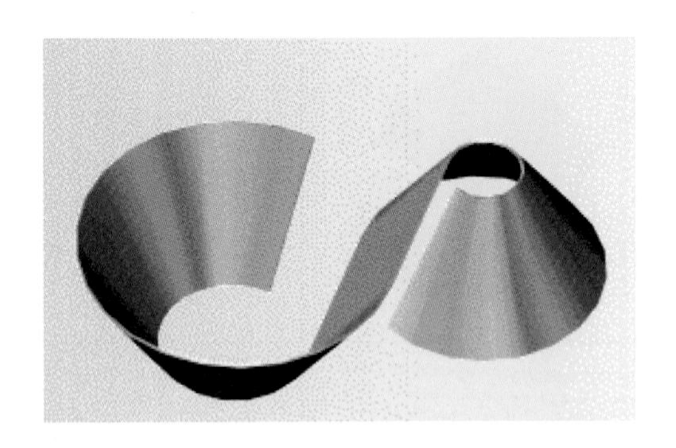

참고 1 자동 릴리프를 추가하려면 자동 릴리프 확인란을 선택한 후 릴리프 유형을 선택해야 한다. 사각형 또는 둥근 사각형을 선택한 경우에는 릴리프율을 지정해야 한다.

참고 2 굽힘 반경, 굽힘 허용, 릴리프 자동에 대해 지정한 값과 옵션은 다음 번에 새 판금 파트를 만들 때 기본 설정으로 표시된다.

⑥ 확인을 클릭한다.

사. 판금 굽힘 전개하기

● 판금 파트에 있는 굽힘을 전개하는 방법

① 전개도1 피처가 있을 경우 파트 전체를 전개하려면 전개도1을 기능 억제 해제하거나 판금 도구 모음에서 펼치기를 클릭한다.

② 전개도1을 기능 억제 해제하면 굽힘선이 표시된다. 굽힘선을 숨기려면 전개도1을 확장하고 굽힘선을 오른쪽 클릭하고 숨기기를 선택한다.

③ 프로세스-굽힘1 피처가 있을 경우 파트 전체를 전개하려면 프로세스-굽힘1을 기능 억제 해제하거나 판금 도구 모음에서 펴기를 클릭한다.

④ 굽힘을 개별적으로 전개하려면 펴기 피처를 사용한다.

● 전개도

① 전개도1 피처는 접힌 판금 파트에서 마지막 피처로 사용된다. FeatureManager 디자인 트리에서 전개도1 이전의 모든 피처가 접히고 펴진 판금 파트에서 나타

난다. 전개도1 이후의 피처는 모두 전개한 판금 파트에서만 표시된다.

② **접힌 파트의 새 피처** : 전개도1이 기능 억제되면, 파트에 추가한 모든 새 피처가 자동으로 FeatureManager 디자인 트리에서 전개도 피처 이전에 나타난다.

③ **전개 파트의 새 피처** : 전개도1을 기능 억제 해제하여 판금 파트 전체를 전개한다. 전개된 판금 파트에 피처를 추가하려면 우선 전개도1의 기능 억제를 해제해야 한다.

④ **피처 순서 재조정** : FeatureManager 디자인 트리에서 판금 피처를 전개도1 아래로 가도록 순서를 조절할 수 없다. 따라서, 컷을 직각 컷 옵션을 사용하여 전개도1 아래로 순서를 조정할 수 없다.

⑤ **변수 수정** : 전개도1의 변수를 수정하여 파트 굽힘 방법을 결정하고, 코너 옵션 사용 여부를 결정하고, 전개된 판금 파트에서 굽힘 영역 표시 여부를 조절한다.

⑥ **스케치** : 스케치를 변환하고 접힌 상태에서 전개된 상태로 배치 치수를 변경한다. 스케치와 치수 찾기는 남아 있다.

● 전개도1 피처의 변수 수정하기

① FeatureManager 디자인 트리에서 전개도1을 오른쪽 클릭하고 피처 편집을 선택한다.

② PropertyManager의 변수에서 그래픽 영역에서 고정면으로 작업 결과로 이동하지 않을 면을 선택한다.

③ 면 합치기를 선택하여 전개도에서 평면과 일치 조건인 면을 합친다.

④ 이 옵션을 선택하면 굽힘 영역에 선이 전혀 표시되지 않는다.

⑤ 굽힘 단순화를 선택하여 전개도에서 굽은 모서리선을 바로 잡는다.

⑥ 코어 옵션 아래에서 코너 처리를 선택하여 전개도에서 모서리선을 매끄럽게 처리한다.

⑦ 코너 사르기 추가를 선택하여 전개도에서 릴리프 컷을 적용한다. 이 옵션을 선택하고, 다음 중에서 유형을 선택한다.

⑧ **코너 자르기** : 모서리나 면에서 재질을 잘라낸다. 자르기 유형으로 모따기 또는 필렛을 클릭하고, 거리나 반경을 지정한다.

⑨ 릴리프 유형 릴리프 컷에 필요한 유형을 지정한다.

⑩ **반경 또는 측면 길이** : 릴리프 유형으로 반경 또는 측면 길이를 지정한다.

⑪ **두께에 비율** : 릴리프 유형 반경을 판금 두께의 지정한 비율로 지정한다. 이 옵션을 선택한 상태에서 판금 두께에 대한 반경/거리 비율을 정한다.

⑫ 확인을 클릭한다.

● 전개 상태에서 스케치 치수 표시하기

① 면 위에 치수가 기입된 스케치가 있는 판금 파트를 작성한다.

② 모델을 전개한다.

③ FeatureManager 디자인 트리의 전개도 아래에서 스케치 변형을 확장한다.

④ 원본에 구속되는 스케치를 더블 클릭하여 파트가 전개된 상태에서 치수를 표시한다.

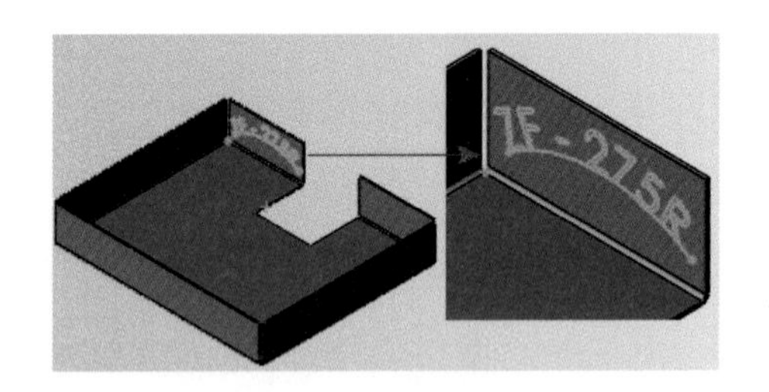

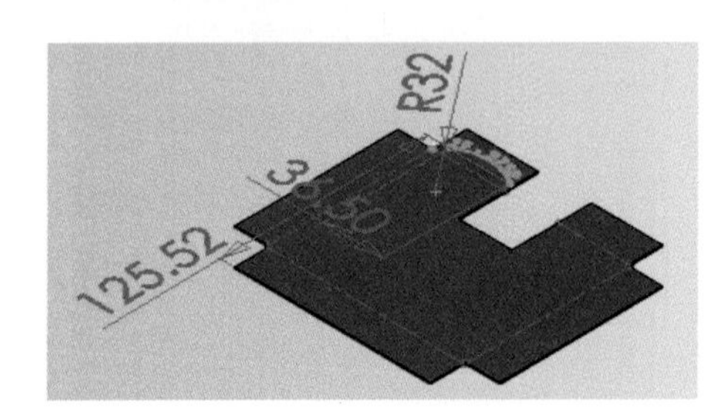

● 판금 파트 대칭 복사하기

① 피처 도구 모음에서 대칭 복사를 클릭하거나 삽입, 패턴/대칭 복사, 대칭 복사를 클릭한다.

② PropertyManager에서 대칭 면/평면으로 대칭 평면이나 평면면을 선택한다. 필요한 경우, 바로가기 메뉴에서 다른 요소 선택하기를 사용한다.

③ 확인을 클릭한다.

● 판금 파트의 도면 만들기

판금 파트의 도면을 작성할 때, 자동으로 전개도가 작성된다. 판금 파트의 도면에는 판금 파트의 굽힘 뷰도 포함된다.

① 도면을 추가하고자 하는 판금 파트를 연다.

② 파트/어셈블리에서 도면 작성(표준 도구 모음)을 클릭하고, 확인을 클릭해서 도면 시트를 연다.

③ 형식을 선택하거나 확인을 클릭해서 기본 형식을 사용한다.

④ PropertyManager의 보기 방향에서 다른 뷰 아래에서 전개도를 선택한다.

⑤ 사용자 배율 사용을 선택하고 값을 입력해서 배율 아래 도면 뷰의 크기를 조절할 수 있다.

⑥ 도면을 클릭하여 뷰를 배치한다.

⑦ 전개도가 판금 굽힘선 노트와 함께 표시된다.

⑧ 확인을 클릭한다.

(23) 용접구조물 도형

1) 용접구조물-구조용 멤버

가. 파트에 첫 번째 구조용 멤버를 작성하면 용접구조물 피처가 작성되어 FeatureManager 디자인 트리에 표시된다.

나. ConfigurationManager에 두 개의 디폴트 설정 모체 설정 Default〈As Machined〉와 파생 설정 Default〈As Welded〉이 작성된다.

다. 모든 구조용 멤버에는 다음 속성이 포함되어 있다.

a. 구조용 멤버에는 프로파일(예 : 철재 앵글)이 사용된다.

b. 프로파일은 규격, 유형, 크기로 구분된다.

c. 구조용 멤버에는 여러 개의 세그먼트를 포함할 수 있지만 모든 세그먼트에는 프로파일을 하나씩만 사용할 수 있다.

d. 각각 다른 프로파일을 가진 여러 개의 구조용 멤버는 같은 용접구조물 파트에만 속할 수 있다.

e. 구조용 멤버에서 특정 지점에서 바디 두 개만 교차할 수 있다.

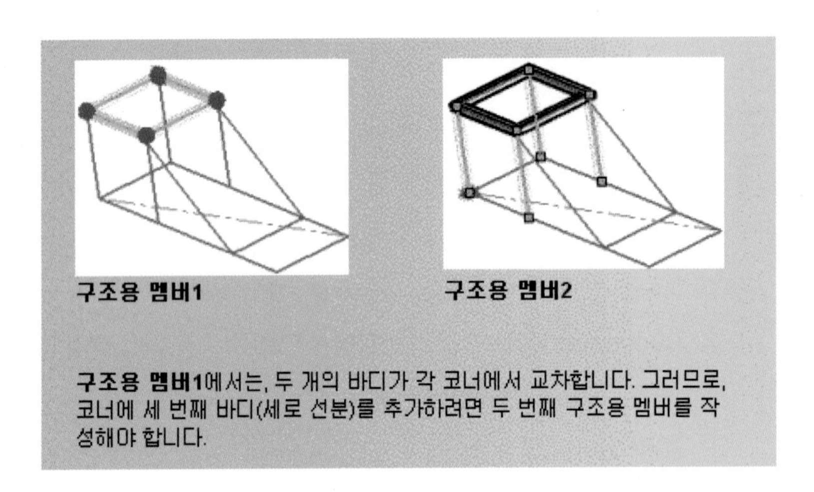

f. 구조용 멤버는 FeatureManager 디자인 트리에서 구조용 멤버1, 구조용 멤버2 등으로 나타난다. 구조용 멤버로 작성된 바디는 솔리드 바디 아래 나타난다.

g. 사용자 정의 프로파일(유형, 규격 및 크기)을 작성하고, 이를 용접구조물 프로파일의 기존 라이브러리에 추가할 수 있다.

h. 용접구조물 프로파일은 〈설치 디렉토리〉\data\weldment profiles에 있다.

i. 구조용 멤버에서 구조용 멤버 작성에 사용되는 스케치 세그먼트를 기준으로 프로파일의 관통점을 지정할 수 있다.

● 용접구조물-관통점

① 관통점은 구조용 멤버 작성에 사용되는 스케치 세그먼트를 기준으로 프로파일의 위치를 지정한다.

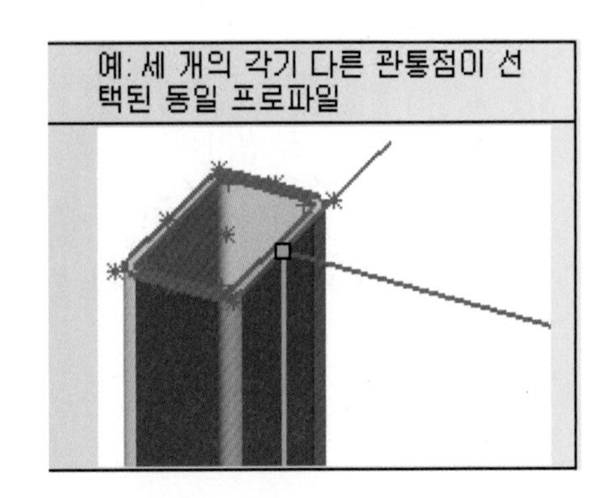

② 디폴트 관통점은 프로파일 라이브러리 피처 파트에서 스케치 원점이다.

③ 라이브러리 피처 프로파일에서 지정된 꼭지점이나 스케치점 역시 관통점으로 사용할 수 있다.

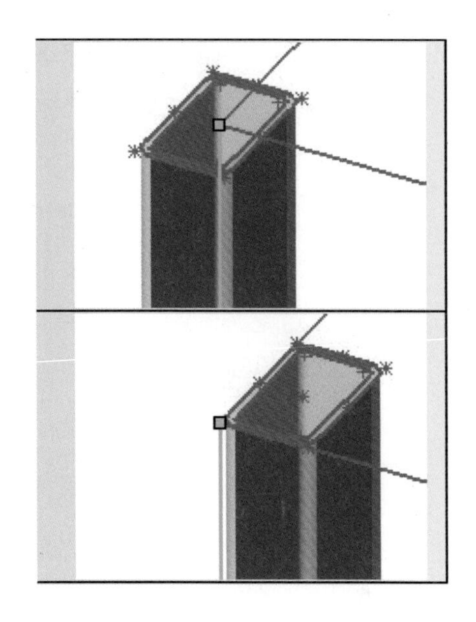

● 관통점을 변경하는 방법

① 구조용 멤버가 있는 기존 용접구조물 파트를 연다.

② FeatureManager 디자인 트리에서 구조용 멤버를 오른쪽 클릭하고, 피처 편집을 선택한다.

③ PropertyManager에서 세팅 아래 프로파일 찾기를 클릭한다.

④ 필요한 부분이 확대되어 표시된다. 그래픽 영역에 프로파일이 표시되며, 관통점이 강조 표시된다.

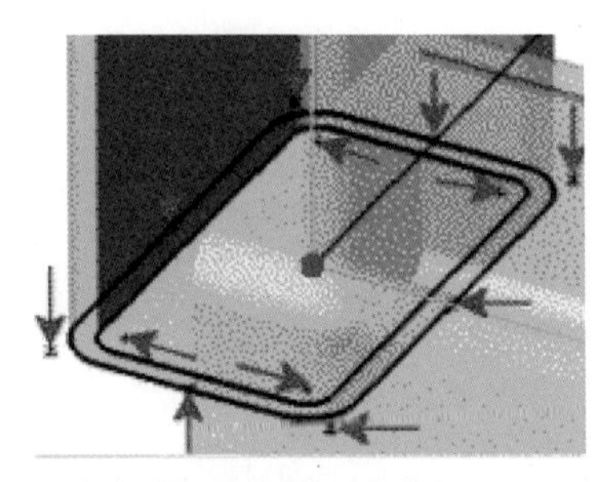
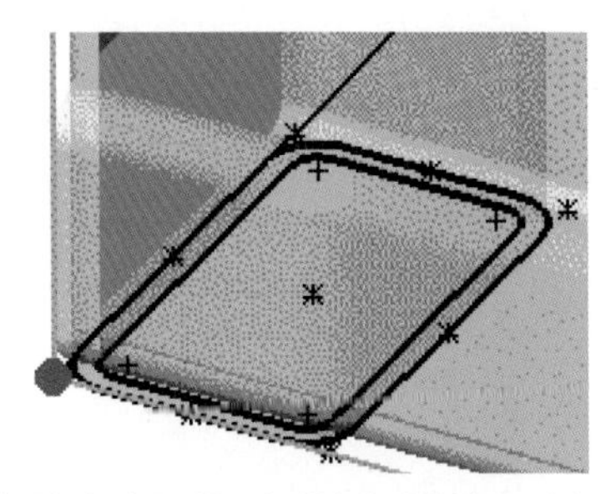

11개의 관통 점이 있는 사각 튜브 프로파일. 현재 관통점은 사각형의 가운데에 있다.

⑤ 프로파일에서 스케치점이나 정점을 선택한다.

⑥ 확인을 클릭한다.

⑦ 새로운 관통점을 구조용 멤버 스케치 선분에 맞추기 위해 프로파일이 이동한다.

- **용접구조물 프로파일 작성**

① 새 파트를 연다.

② 프로파일을 스케치한다. 프로파일을 사용하여 용접구조물 멤버를 작성할 때 유의 사항은 스케치의 원점이 기본 관통점으로 사용된다.

③ 스케치에서 꼭지점이나 스케치점을 대체 관통점으로 선택할 수 있다.

④ 스케치를 닫는다.

⑤ FeatureManager 디자인 트리에서 Sketch1을 선택한다.

⑥ 파일, 다른 이름으로 저장을 클릭한다.

⑦ 대화상자에서 저장 폴더로 〈설치_디렉토리〉\data\weldment profiles를 찾고 적절한 하위 폴더를 선택하거나 새 폴더를 작성한다. 용접구조물-사용자 프로파일 파일 위치를 참고 한다.

⑧ 파일 형식으로 Lib Feat Part(*.sldlfp)를 선택한다.

⑨ 파일 이름란에 이름을 입력한다.

⑩ 저장을 클릭한다.

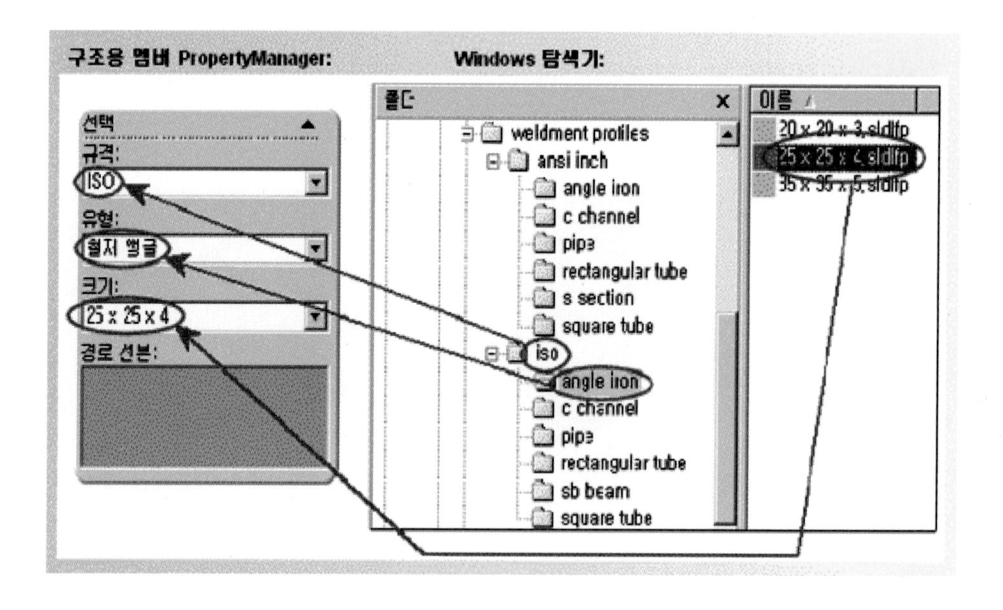

● 사용자 프로파일 파일 위치

① 용접구조물 프로파일의 기본 위치는 〈설치_디렉토리〉\data\weldment profiles이다. weldment profiles 폴더 안에 있는 하위 폴더 구조에 따라 구조용 멤버 PropertyManager에 표시되는 선택 목록이 달라진다. PropertyManager의 선택 상자와 해당 Windows 탐색기 폴더 그리고 파일 구조는 다음과 같이 설정된다.

② **〈home〉 폴더** : 한 개 또는 여러 개의 〈standard〉 폴더를 포함한다. 그림 보기에서는, weldment profiles이 〈홈(home)〉 폴더이며 이 안에 두 개의 〈규격(standard)〉 폴더(ansi inch와 iso)가 포함되어 있다. PropertyManager에서 각 〈규격(standard)〉 폴더의 이름은 규격에서 선택으로 표시된다.

③ **〈규격(standard)〉 폴더** : 이 폴더 안에는 한 개 또는 여러 개의 〈유형(type)〉 폴더가 포함되어 있다. 예를 들어, 철재 앵글(angle iron), 형강(c channel), 파이프(pipe) 등. PropertyManager에서 규격을 선택한 후에 각 〈유형〉 하위 폴더가 유형 상자에 표시된다.

④ **〈유형(type)〉 폴더** : 한 개 또는 여러 개의 라이브러리 피처 파트가 포함되어 있다. PropertyManager에서 유형을 선택한 후에, 라이브러리 피처 파크 이름이 크기 상자에 표시된다.

● 구조용 멤버 추가하기

① 스케치를 만든다.

② 용접구조물 도구 모음에서 구조용 멤버를 클릭하거나 삽입, 용접구조물, 구조용 멤버를 클릭한다. 여러 개의 구조용 멤버를 추가하려면 PropertyManager에서를 클릭한다.

③ PropertyManager의 선택 아래에서 옵션을 선택한다.

- **표준** : iso, ansi inch, 또는 미리 지정해 둔 사용자 규격 중에서 선택한다.
- **유형** : 사각 튜브 등과 같은 프로파일 유형을 선택한다.
- **크기** : 프로파일의 크기(예를 들어 20 × 20 × 3)를 선택한다.

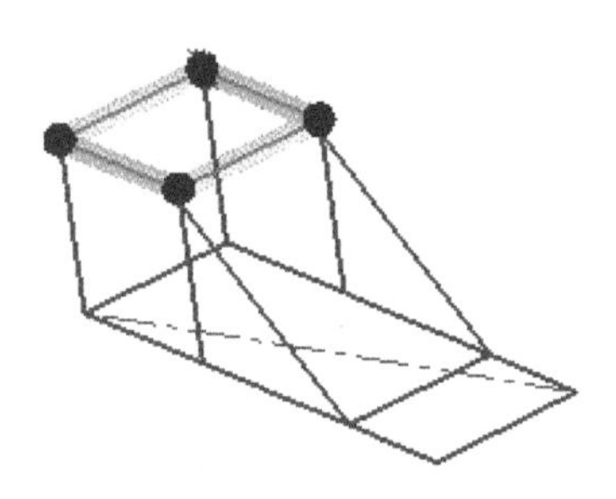

- **경로** : 그래픽 영역에서 스케치 요소를 선택한다.
- **호 선분 바디 합치기** : (곡선 요소에만 해당) 구조용 멤버에서 호 선분 바디를 인접해 있는 바디와 합치기 위해 선택한다. 각 곡선 요소마다 별도의 바디를 작성하려면 이 옵션을 선택하지 않는다. 호 선분과 인접 바디를 합치려면 서로 인접해야 한다.
- 구조용 멤버를 선택하면 설정이 표시된다. 설정 아래에서 코너 처리를 적용하거나 코너 처리를 나중에 하려면 코너 처리 적용 선택을 취소한다. 즉, 구조용 멤버를 잘라내기할 때 바로 코너 처리를 적용할 수 있다.
- 회전 각도를 변경하여 구조용 멤버를 다른 구조용 멤버에 일정한 각도를 두고 회전한다.
- 프로파일 지정을 클릭하여 인접 구조용 멤버에 있는 관통점을 변경한다. 관통점의 기본값은 스케치 원점이다.

④ 확인를 클릭한다. 경로 선분이 지워지며, 구조용 멤버를 계속 추가할 수 있다.

⑤ 두 번째 구조용 멤버 쌍을 택한다. 필요하면 다른 규격, 유형, 크기를 적용할 수 있다.

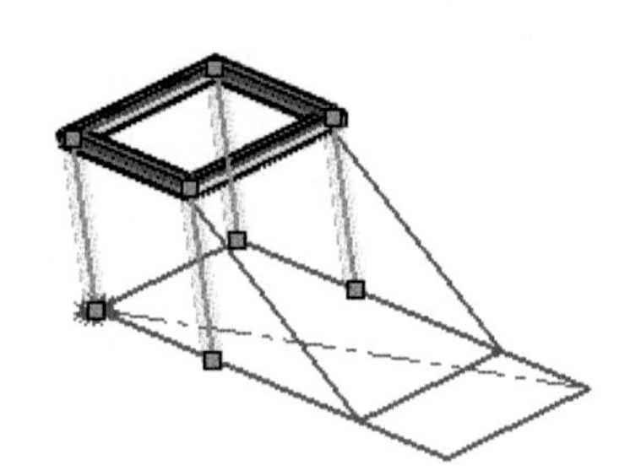

⑥ 확인을 클릭해서 경로 선분을 지우고 추가 구조용 멤버들로 작성한다.

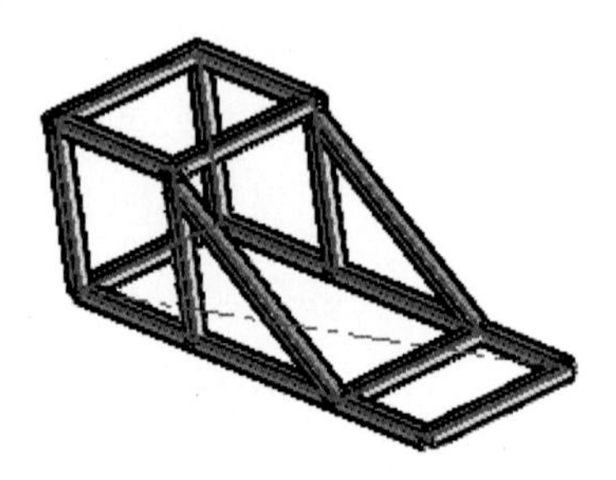

2) 구조용 멤버 잘라내기

가. 잘라내기/늘리기(용접구조물 도구 모음)를 클릭하거나 삽입, 용접구조물, 잘라내기/늘리기를 클릭한다.

나. 아래 옵션을 지정한 후, 확인을 클릭한다.

● 코너 유형

끝단 잘라내기

마이터 끝단

맞대기1 끝단

맞대기2 끝단

● 잘라낼 바디

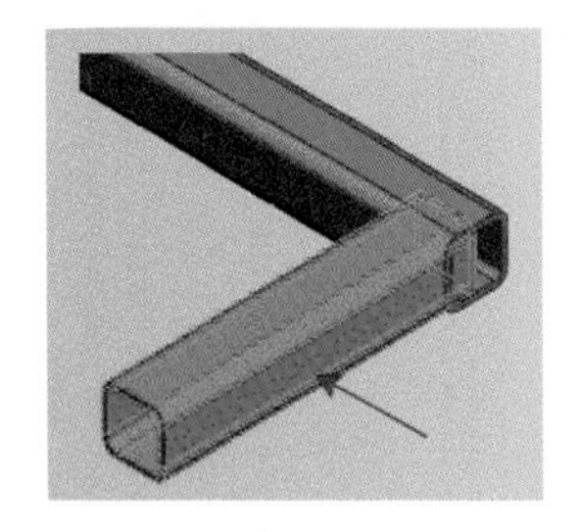

① 마이터 끝단, 맞대기1 끝단, 맞대기2 끝단 코너 유형을 선택하면 잘라낼 바디 한 개를 선택한다.

② 끝단 잘라내기 유형으로는 잘라낼 바디를 한 개 또는 여러 개 선택한다.

● 잘라낼 기준

① 끝단 잘라내기(코너 유형의 경우에만) : 잘라낼 기준 유형을 선택한다.

② 평면 : 잘라낼 기준으로 평면면을 사용한다.

③ 바디 : 잘라낼 기준으로 바디를 사용한다.

④ 일반적으로 잘라낼 기준으로 평면을 선택하는 것이 더 효율적이며 실행 속도가 빠르다. 둥근 파이프 등과 같은 비평면 요소에 맞닿은 요소를 잘라낼 때만 바디를 선택한다.

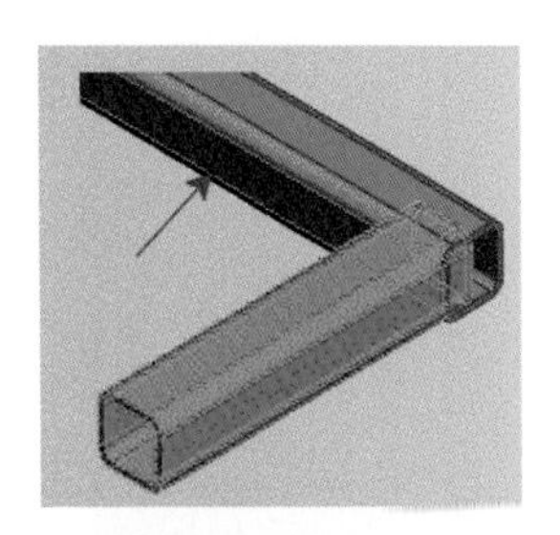

- 면/바디에서 마이터 끝단, 맞대기1 끝단, 맞대기2 끝단 코너 유형을 선택하면 인접한 멤버 한 개를 선택한다.
- 끝단 잘라내기 유형으로는 인접한 면이나 바디를 한 개 또는 여러 개 선택한다.
- 미리보기 : 그래픽 영역에서 잘라내기 미리보기를 보기 위해 선택한다.

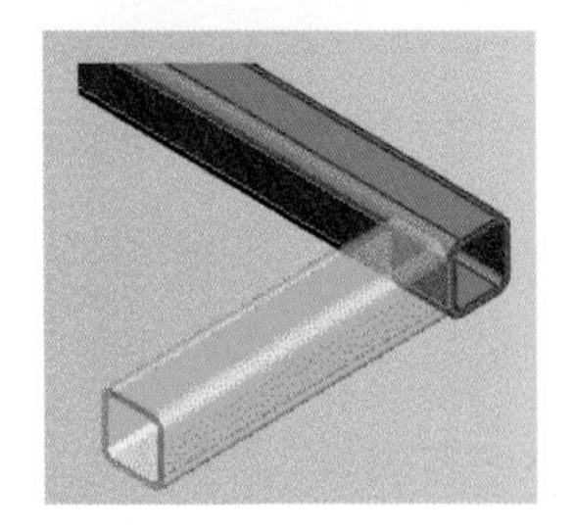

3) 용접구조물 보강판

● 보강판을 추가하는 방법

① 용접구조물 도구 모음에서 보강판을 클릭하거나 삽입, 용접구조물, 보강판을 클릭한다.

② 여러 개의 보강판을 추가하려면 PropertyManager에서 보이기 유지를 클릭한다.

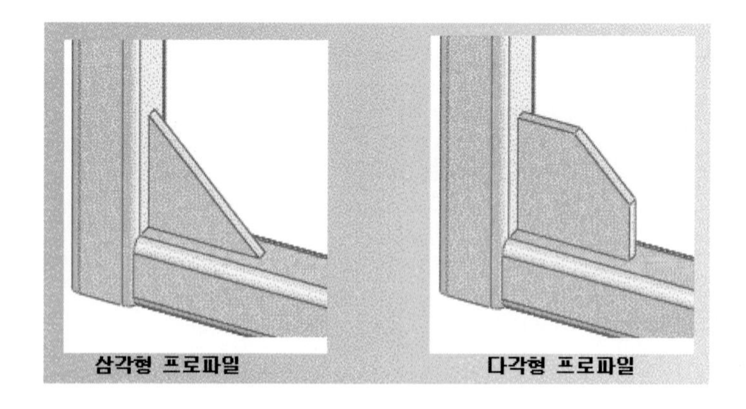

③ 아래 옵션을 지정한 후, 확인을 누른다.

● 아래 옵션

- 옵션1 : 지지면

① **면 선택** : 교차하는 두 개의 구조용 멤버에서 인접한 평면을 선택한다.

② **프로파일 D1과 D2 변수 바꾸기** : 프로파일 거리1과 프로파일 거리2의 값을 서로 바꾼다.

- 옵션2 : 프로파일

① **삼각형 프로파일** : 삼각형 보강판을 클릭하고, 프로파일 거리1과 프로파일 거리2의 값을 지정한다.

② **다각형 프로파일** : 다각형 보강판을 클릭하고, 프로파일 거리1과 프로파일 거리2, 프로파일 거리3의 값을 지정한다. 다음 중 하나를 선택한다.

③ d4 : 프로파일 거리4를 지정한다.

④ 프로파일 각도를 지정한다.

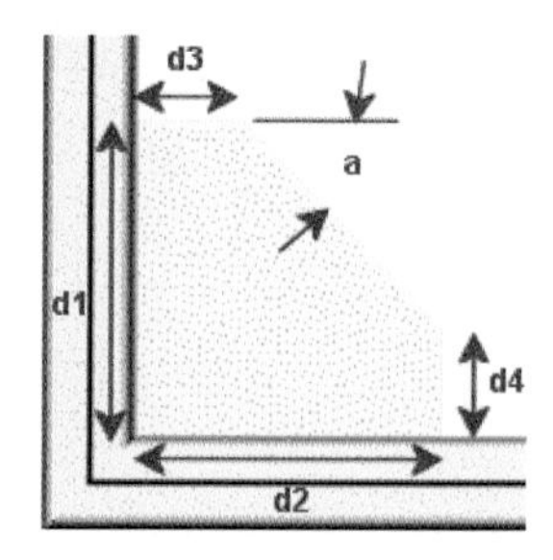

⑤ 두께 : 보강판 두께를 붙일 곳을 선택한다.

⑥ 보강판의 두께를 설정한다.

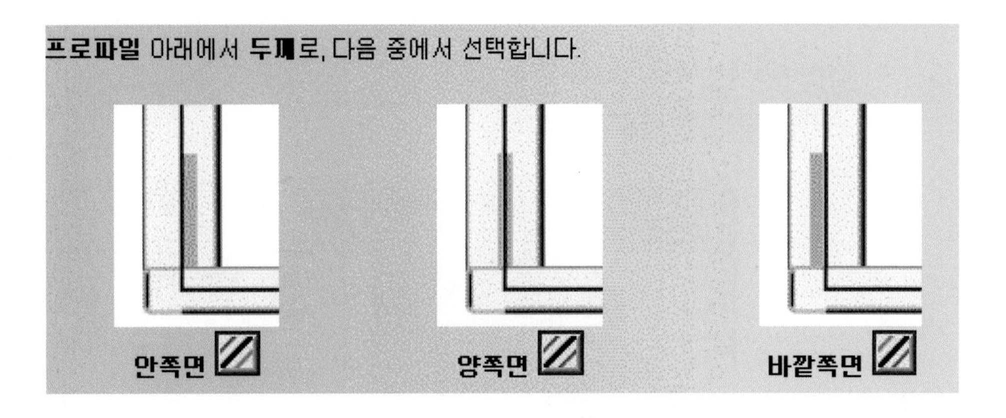

● 변수

위치 : 보강판 프로파일 위치를 선택한다.

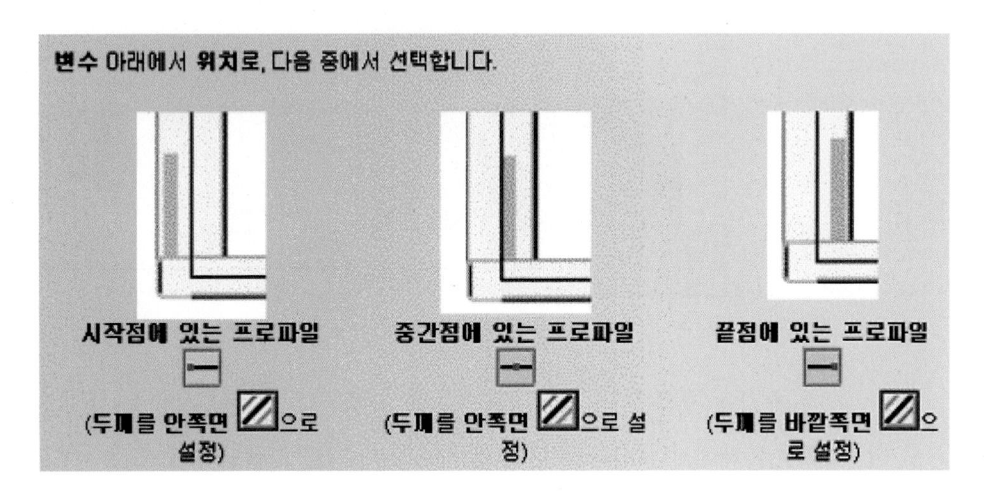

4) 용접구조물 끝단

끝단은 구조용 멤버에 끝단을 붙이는 것이다.

가. 끝단은 직선으로 된 프로파일에만 적용할 수 있다.

나. 끝단을 씌우는 방법은 용접구조물 도구 모음에서 끝단을 클릭하거나 삽입, 용접구조물, 끝단을 클릭한다.

다. 여러 개의 끝단을 추가하려면 PropertyManager에서 보이기 유지를 클릭한다.

라. 변수 아래에서 다음과 같이 한다.

a. 면에 프로파일 면을 선택한다.

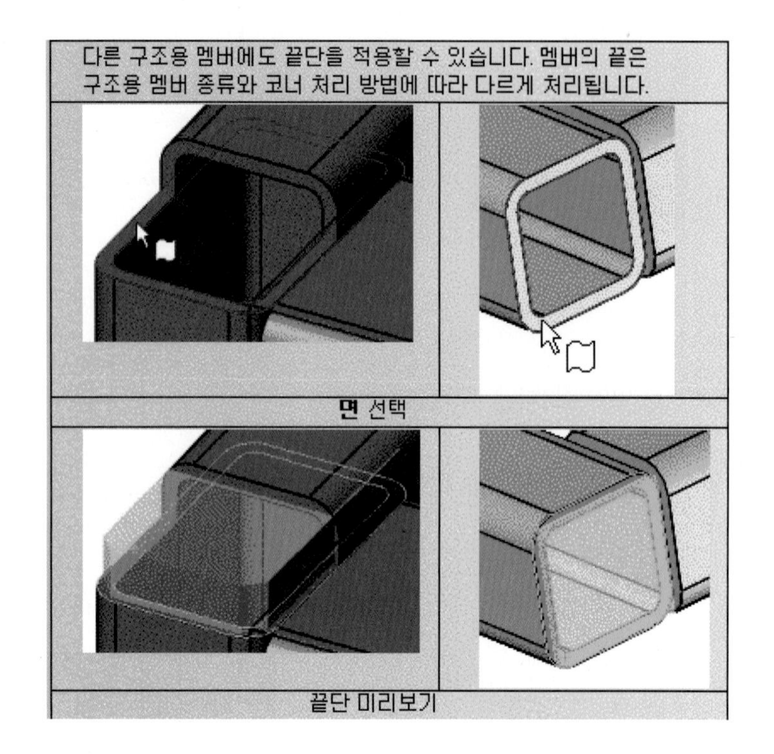

b. 두께 값을 지정한다.

마. 오프셋 아래에서 끝단을 붙이는 멤버의 두께 비율로 끝단의 오프셋 두께 비율 사용 선택을 취소하고 오프셋 거리를 지정한다.

끝단 오프셋

끝단 오프셋은 구조용 멤버의 모서리에서 끝단의 모서리선까지 거리를 두는 것입니다.

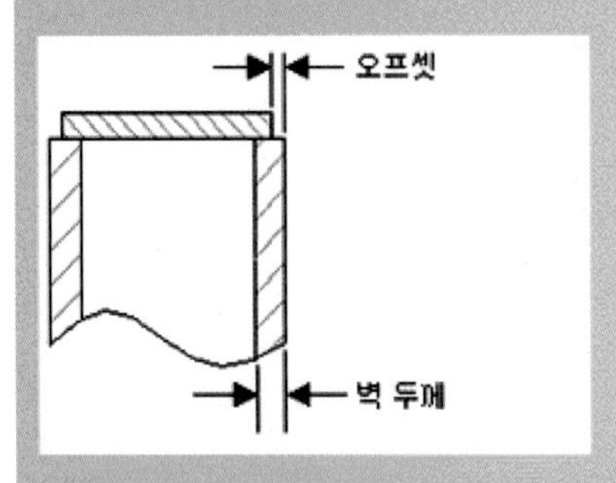

오프셋 값을 직접 지정해주거나, **두께 비율 사용**을 선택하여 사용할 수 있습니다. **두께 비율 사용**을 선택한 경우에는, **두께 비율**을 0과 1 사이의 수로 지정해야 합니다. 이 경우, 오프셋 거리는 구조용 멤버의 벽 두께에 지정한 두께 비율을 곱한 수와 같게 됩니다.

a. 코너에 모따기를 적용하려면 코너 모따기를 선택한다.

b. 모따기 거리를 지정한다.

바. 확인을 클릭한다.

3–5단계를 반복하여 나머지 열린 프로파일에 끝단을 씌운다.

5) 용접구조물–필렛 용접 비드

구조용 멤버나 보강판과 같은 서로 교차하는 용접구조물에 직선형, 점선형, 지그재그형 비드를 추가할 수 있다.

- 필렛 비드를 추가하는 방법

① 용접구조물 도구 모음에서 필렛 비드( )를 클릭하거나 삽입, 용접구조물, 필렛 비드를 클릭한다.

② 여러 개의 필렛 비드를 추가하려면 PropertyManager에서 보이기 유지( )를 클릭한다.

③ 화살표쪽 아래에서 다음과 같이 한다.

a. 비드 유형을 선택한다.

- 4-비드 크기. 필렛 비드의 연장선 길이.
- 3-비드 길이. 비드의 길이. 기선 위에 표시 또는 지그재그만.
- 6-비드 피치. 각 비디의 시작 사이의 거리. 기선 위에 표시 또는 지그재그만.

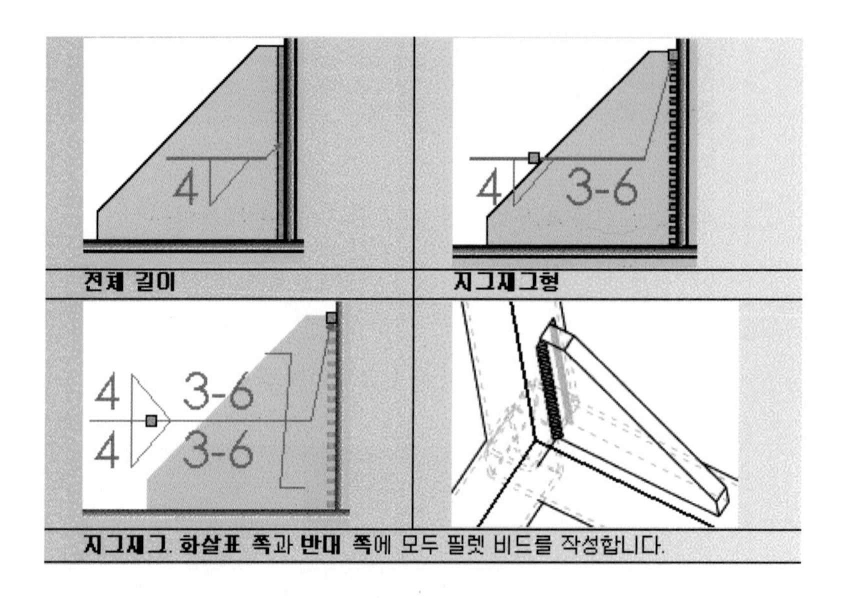

a. 비드 크기( )를 지정한다.

b. 점선형이나 지그재그형 비드 유형에는 비드 길이와 피치를 지정한다.

c. 필요하면 탄젠트 파급을 지운다.

④ 면쌍1( )에 면을 선택한다.

⑤ 면쌍2( )를 클릭한 후, 면쌍1과 만나는 두 번째 면을 선택한다.

구조용 멤버 면 | 판 용접물 면

ㄱ) 사용자가 선택한 면쌍1과 면쌍2에 기준하여 교차 모서리가 자동으로 선택된다.

ㄴ) 선택한 두 면 사이의 모서리선을 따라 필렛 비드 미리보기가 표시된다.

ㄷ) 다른 쪽을 선택하고 다음과 같이 한다. (실선과 점선 유형에 선택 사항)

ㄹ) 비드 유형을 선택한다.

ㅁ) 지그재그 : 화살표쪽과 반대쪽에 모두 필렛 비드를 작성한다.

ㅂ) 필렛 크기를 지정한다.

ㅅ) 점선형이나 지그재그형 비드 유형에는 비드 길이와 피치를 지정한다.

ㅇ) 면쌍1에 면을 선택한다.

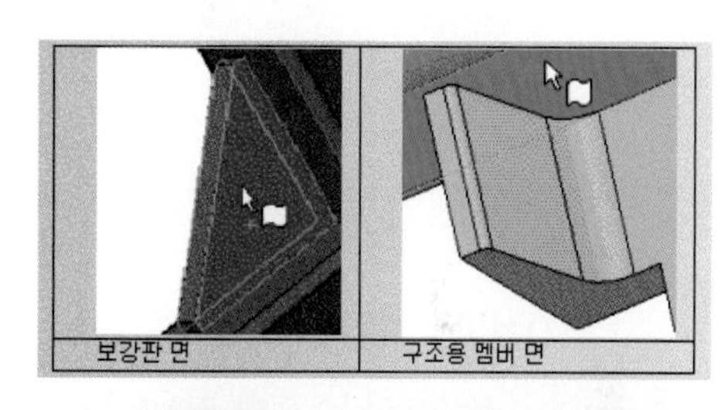
보강판 면 | 구조용 멤버 면

ㅈ) 면쌍2를 클릭하고 두 번째 교차 면(화살표쪽 아래 면쌍2로 선택한 면과 같은 면)을 선택한다.

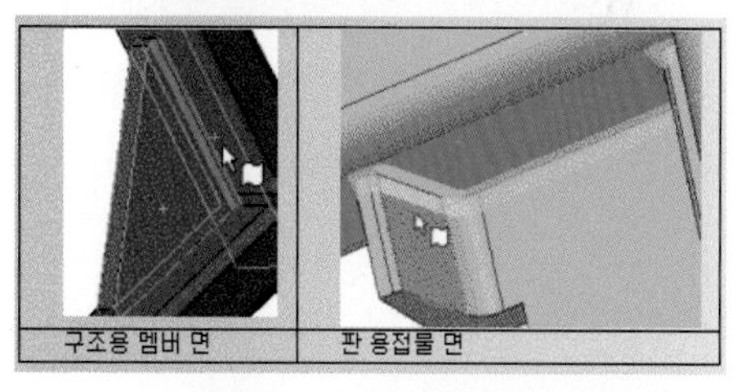
구조용 멤버 면 | 판 용접물 면

ㅊ) 확인( )을 클릭한다.

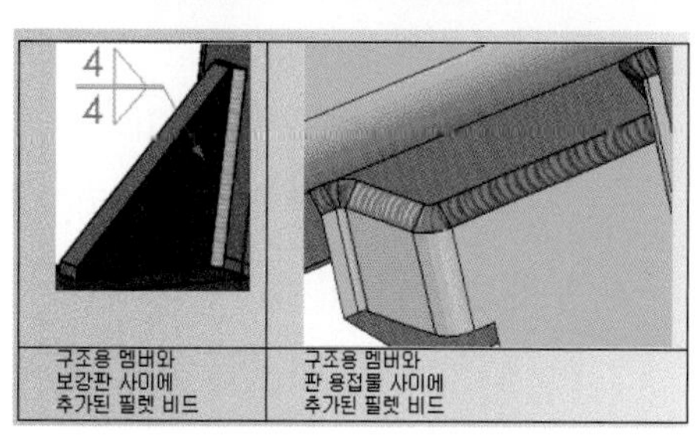

구조용 멤버와 보강판 사이에 추가된 필렛 비드 | 구조용 멤버와 판 용접물 사이에 추가된 필렛 비드

6) 모델 단면도

파트나 어셈블리 문서의 단면도에서 모델이 지정한 평면과 면으로 잘린 것 같이 표시되어서 모델의 내부 구축을 표시한다. 다음과 같이 할 수 있다.

가. 뷰 표시를 전환하고 단면도 상태가 그대로 유지된다.
나. 단면도로 작성된 면, 모서리와 꼭지점을 선택한다.

● 단면도 선택

이제 파트나 어셈블리의 단면도로 인해 생성된 면, 모서리선, 꼭지점을 선택할 수 있다.

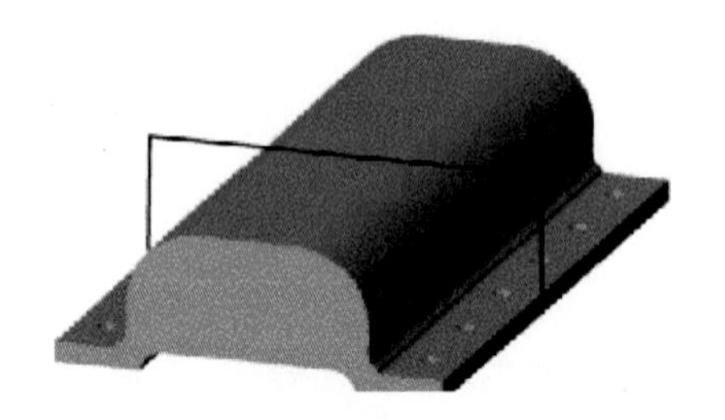

● 측정 및 단면 속성

① 단면 속성을 계산하려면 단면 평면에서 면을 선택한다. 측정할 모서리나 꼭지점을 선택한다.
② 단면 길이 측정 또는 단면 속성을 계산할 단면을 선택한다. 이 때 선택하는 단면은 절단 평면으로 잘려진 면이다.

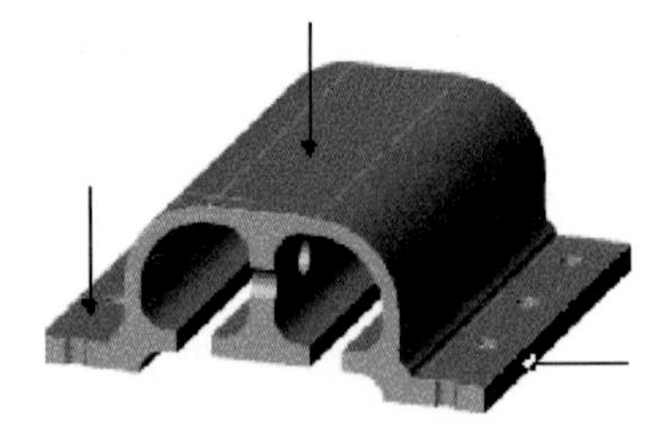

잘린면

● 요소 변환

① 측정과 단면 속성 이외의 기능에서 잘린면은 잘리지 않은 것처럼 작동한다.
② 예를 들어, 잘린면에서 스케치를 열고 모서리선을 변환하면 전체면의 모서리선이 변환된다.

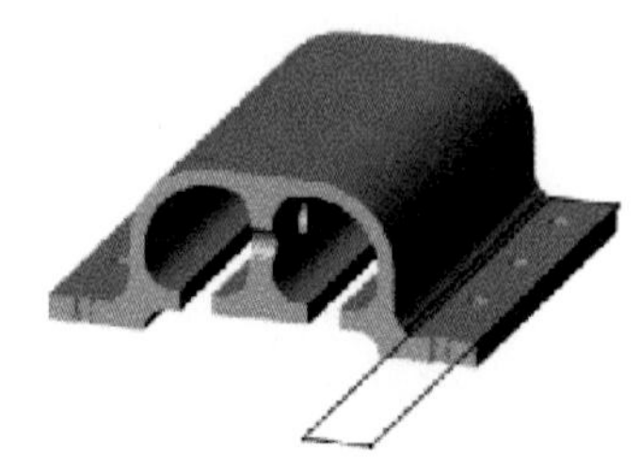

완전히 변환된 면

③ 단면도를 다른 이름으로 저장하는 방법

- 파트 또는 어셈블리 문서 안의 명명도
- 도면 문서 안에서 사용할 주석 보기

④ 도면에 단면도를 작성한다.

7) 도면내 단면도

가. 절단선으로 모체 뷰를 잘라 도면의 단면도를 생성한다. 단면도는 일자형 컷 단면 또는 단계적 절단선에 의해 정의된 오프셋 단면이 될 수 있다. 절단선에 동심 원호를 포함할 수도 있다.

나. 모델 안에서 단면도를 작성하여 뷰 팔렛을 파급 적용할 수 있다.

다. 단면도에서 은선 표시를 할 수 있다.

라. 부품과 피처를 모두 볼 수 있도록 FeatureManager 디자인 트리에서 단면도가 확장된다.

마. 단선 스케치를 수정하지 않고도 절단선에 치수를 부가할 수 있다.

바. 절단선과 다른 선이나 모서리 간에 치수를 기입할 수 있다.

사. 단면도를 작성할 도면 시트에 속해 있는 스케치 요소를 미리 선택할 수 있다.

아. 어셈블리 도면의 단면도(또는 경사 단면도)를 작성할 때 다음 작업을 할 수 있다.

자. 단면도 컷의 거리를 지정해서 전체 도면 뷰가 잘리지 않도록 한다. (경사 단면도에서 사용할 수 없다.)

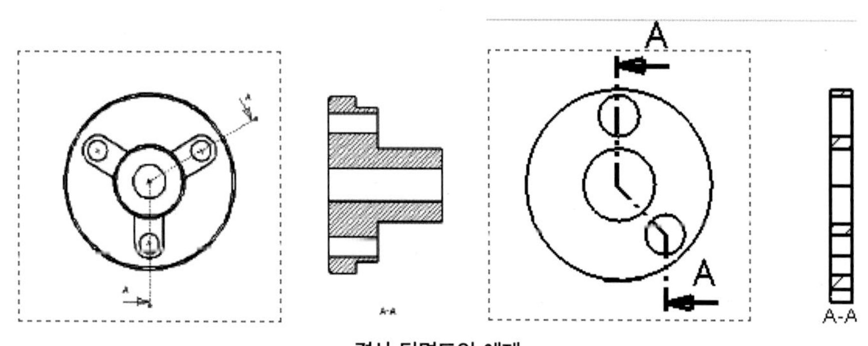

경사 단면도의 예제

차. 자동 해칭을 조절할 수 있다.

● 단면도 작성하기

① 도면 도구 모음에서 단면도를 클릭하거나 삽입, 도면 뷰, 단면도를 클릭한다.

② 단면도 PropertyManager가 표시되며, 선 도구가 활성된다.

③ 절단선을 그린다.

※ 선이 여러 개인 단면도를 생성하거나 중심선을 절단선으로 사용하려면 단면도 도구를 클릭하기 이전에 절단선을 스케치한다. 여러 절단선에 같은 라벨을 사용할 수 있다. 사용하고 있는 도면 규격이 이러한 라벨 표시를 허용하지 않을 경우에는 경고 메시지가 나타난다.

④ 절단선이 뷰에서 모델 테두리 상자를 완전히 지나지 않을 경우, 부분 단면도를 만들 것인지를 묻는 메시지가 표시된다. (예를 클릭하면 단면도가 부분 단면도로 생성된다.)

⑤ 어셈블리의 단면도를 작성할 때는 단면 보기 대화상자에서 옵션을 지정한다. 도면뷰 끌 때 개요 표시를 선택한 경우에는, 포인터를 이동할 때 뷰의 미리보기가 표시된다. 뷰의 정렬과 방향을 변경할 수 있다.

⑥ 절단선이 여러 선분으로 되어 있을 경우, 단면도 도구를 클릭할 때 뷰가 마지막 선택한 스케치 선분에 맞게 정렬된다.

⑦ 클릭하여 뷰를 배치한다. 필요에 따라, 뷰 라벨 편집, 글꼴 유형 변경, 정렬 변경 또는 단면도 수정 등도 가능하다.

(24) 금형 설계

1) 금형 설계 이해하기

몰드 작성 과정을 제어하는 여러 가지 통합 도구를 사용하여 몰드를 작성한다. 금형 도구를 사용해서 몰드될 SolidWorks나 불러온 파트 모델로 결점을 분석하고 수정할 수 있다. 금형 도구는 초기 분석으로부터 툴링 작성까지 광범위하게 사용된다. 툴링의 결과로 몰드된 파트, 코어와 캐비티와 측면 코어와 같은 다른 선택적인 바디의 독립된 바디를 포함하는 멀티 바디 파트가 생성된다. 멀티 바디 파트 파일이 간편한 한 위치에 설계 의도를 유지한다. 금형 파트의 변화는 툴링 바디에 자동으로 반영된다.

그 과정은 다음과 같다.

가. 구배 분석( ) : 파트가 제대로 사출되도록 확인하기 위해 모델면을 구배로 분석한다.

나. 언더컷 검사( ) : 파트가 사출되는 것을 방해하는 구분을 식별해 낸다.

다. 분할선( ) : 분할선 도구의 두 가지 기능

a. 지정하는 각도에 따라 모델에 구배가 있는지 확인한다.

b. 분할 곡면을 작성하는 분할선을 작성한다. 분할선 도구에는 모서리 한 개를 선택하고 나머지 모서리에 옵션을 파급하는 옵션이 있다.

라. 폐쇄 곡면( ) : 곡면 패치를 작성해서 몰드된 파트의 관통 구멍을 막는다.

마. 분할 곡면( ) : 분할 곡면은 코어로부터 캐비티를 분리하는 분할선에서 한곳으로 돌출된다. 분할 곡면을 사용하여 인터락 곡면도 사용할 수 있다.

바. 룰드 곡면( ) : 불러온 모델에 있는 곡면에 구배를 추가한다. 인터락 곡면 작성을 위해서 룰드 곡면 도구를 사용할 수도 있다.

사. 툴링( ) : 이전 단계에 따라 코어와 캐비티 바디를 작성한다.

아. 솔리드 바디 안( )의 바디를 오른쪽 클릭하고 새 파트로 삽입을 선택해서 각 툴링 바디를 별개 파트 문서로 저장할 수 있다. 그리고 새 파트를 지원하는 하드웨어를 추가하고, 메이트를 작성하는 등의 작업을 할 수 있는 어셈블리로 삽입한다. 이 새 파트에 원래 모델에 외부 참조가 있으므로, 몰드된 파트에 변경 사항이 자동으로 어셈블리의 툴링 파트에 반영된다.

자. 몰드 도구 모음에는 배율( ), 면 이동( )과 같은 몰드의 일반 작업에 사용하는 추가 도구와 평면 곡면과 곡면 붙이기와 같은 곡면 모델링 도구가 포함되어 있다.

2) 금형 설계 도구 개요

가. 작업 유형

a. **공정** : 공정 도구는 금형을 작성하고 모델을 공정 단계별로 표시해 주는 도구이다.

b. **진단** : 진단 도구는 모델 결함 부분을 표시해 주는 도구이다. 금형을 작성 도중에, 코어와 캐비티 작성에 무슨 문제가 있는지 검사하는 도구이다.

c. **수정** : 수정 도구는 진단 도구로 발견한 모델의 문제점을 수정하는 도구이다.

d. **관리** : 관리 도구는 설계자와 엔지니어, 제조업체, 관리자들간의 모델 정보 교환과 모델 관리를 위해 사용하는 도구이다.

● 공정

작 업	해 결
SolidWorks로 작성하지 않은 파트 SolidWorks로 불러오기	• 불러오기/내보내기 도구를 사용하여 다른 응용 프로그램에서 작성한 모델을 SolidWorks에서 열어 사용한다. • 불러온 파트에 있는 모델 지오메트리에 결함이 있을 경우(예를 들어, 곡면에 틈이 있다든지), SolidWorks의 진단 불러오기 도구가 모델 결함을 찾아 지적해 준다.
스케치 없는 모델면 찾기	• 구배 분석 도구( )를 사용하여 스케치면을 검사한다. 추가 기능은 면으로 분류한다. 양각 구배를 가진 면, 음각 구배를 가진 면, 불충분한 구배를 가진 면, 불규칙면 등을 색깔별로 표시한다. • 완만한 연결. 면에서 구배 각도 변경을 표시해 준다.
언더컷 부분 검사	• 언더컷 검사 도구( )를 사용해서 금형에서 사출을 방해하는 모델의 막힌 부분의 위치를 알아낸다. • 이러한 부분은 "사이드 코어" 메카니즘이 필요하다. 측면 코어가 열리면서 금형이 사출된다.
모델 축척	배율 도구( )를 사용하여 플라스틱 수지가 냉각할 때 수축 계수를 고려하여 모델의 지오메트리 크기를 조절한다. 고무 탄성 파트와 유리 충진 수지같은 경우에는, 비선형값을 지정할 수 있다.
분할 곡면을 작성하는 분할선 선택	분할선 도구( )로 모델 분할선을 그린다.
분할 곡면을 작성하여 툴링을 작성한다.	분할 곡면 도구( )를 사용하여 이전에 작성한 분할선에서 곡면을 돌출시킨다. 이렇게 돌출된 곡면은 캐비티를 코어에서 분리하기 위해 사용한다.
모델에 인터락 곡면 삽입	• 간단한 모델 : 툴링 도구( )의 일부 인자동 옵션을 사용한다. • 복잡한 모델 : 룰드 곡면 도구( )를 사용하여 인터락 곡면을 작성한다.
툴링 작업으로 코어와 캐비티 분리	툴링 도구( )로 코어와 캐비티 자동 작성 : 툴링 도구는 분할선, 폐쇄 곡면, 분할 곡면 정보를 사용하여 코어와 캐비티를 작성하며 블록 크기를 지정할 수 있다.
측면 코어, 리프터와 이젝터 핀을 작성한다.	코어 도구( )를 사용해서 툴링 솔리드에서 지오메트리를 추출하여 코어 피처를 작성한다. 또한, 리프터 및 이젝터 핀을 작성할 수도 있다.
코어와 캐비티를 투명하게 표시하여, 모델 내부를 볼 수 있다.	색 편집 도구( )를 사용하여 요소별로 다른 색을 지정한다. 색 편집 도구를 사용하여 투명도와 같은 시각 속성을 지정할 수 있다.
코어와 캐비티 분리 표시	바디 이동/복사 도구( )를 사용하여 코어와 캐비티를 일정한 거리로 분리하여 표시한다.

● 진단

작 업	해 결
• 불러온 파트 검사 • 공정으로 돌아가기( ) • 불러온 파트나 SolidWorks 파트에서 배율 도구( )를 검사 도구로 사용한다.	• 불러온 피처에서 불량면이나 틈을 진단하고 오류를 고치기 위해 이 진단 불러오기 도구( )를 사용한다. • 모서리 수정( )을 사용해서 불러온 피처의 짧은 모서리를 수정한다. • 불러온 모델 검사를 위해 검사 도구( )를 사용한다. • 좀 더 심각한 결함이 있는 모델의 경우에는, 곡면 채우기와 면 대치와 같은 도구를 사용한다.
면쌍간의 탄젠시 검사	편차 분석 도구( )를 사용하여 면 사이의 경계를 측정하고 각도를 계산한다. 이 분석은 모서리에서 선택한 점의 수에 준하여 진행된다.
사출 성형에 장애가 되는 모델 지오메트리 부분 찾아내기	언더컷 검사 도구( )를 사용하여 모델 지오메트리의 결함 부분을 찾아낸다.
면 붙이기 실패 원인 찾기	모델 검사를 위해 검사 도구( )를 사용한다. 불러온 모델 데이터를 검사하기 위해 검사 도구를 사용할 수도 있다.
플라스틱 파트와 금형을 분석해서 다음 작업을 할 수 있다. • 허용된 시간 내에 금형이 충진될지 확인한다. • 결과 파트의 품질을 평가한다. • 사출 게이트의 위치를 최적화한다.	• MoldflowXpress( )를 사용하여, 플라스틱 파트와 지오메트리, 재질, 온도와 사출 게이트 위치를 기준으로 플라스틱 파트를 분석한다. • 자세한 내용을 보려면 MoldflowXpress 도움말을 클릭한다.

● 진단

작 업	해 결
• 불러온 파트 검사 • 공정으로 돌아가기 • 불러온 파트나 SolidWorks 파트에서 배율 도구를 검사 도구로 사용한다.	• 불러온 피처에서 불량면이나 틈을 진단하고 오류를 고치기 위해 이 진단 불러오기 도구()를 사용한다. • 모서리 수정()을 사용해서 불러온 피처의 짧은 모서리를 수정한다. • 불러온 모델 검사를 위해 검사 도구()를 사용한다. • 좀 더 심각한 결함이 있는 모델의 경우에는, **곡면 채우기**와 **면 대치**와 같은 도구를 사용한다.

나. 곡면 채우기

곡면 채우기 피처는 복합 곡선을 포함하여 모델 모서리, 스케치, 곡선에 의해 정의된 경계내에 다각형의 곡면 패치를 만든다. 모델에 있는 틈을 메꾸기 위해 곡면을 만들 때도 이 피처를 사용할 수 있다. 다음 경우에 곡면 채우기 도구를 사용할 수 있다.

a. 파트를 SolidWorks로 불러올 때 면이 없어지는 경우

b. 코어와 캐비티로 사용된 파트에 있는 구멍을 메꿀 경우

c. 산업계 설계 프로그램에 맞는 곡면을 작성할 경우

d. 솔리드를 작성할 경우

e. 피처를 독립 요소로 포함하거나 피처를 합칠 경우

● 곡면 채우기를 작성하는 방법

① 곡면 도구 모음에서 곡면 채우기를 클릭하거나 삽입, 곡면, 채우기를 클릭한다.

② PropertyManager 옵션을 설정한다.

③ 확인을 클릭한다.

- 대체면을 사용하여 패치의 곡률 제어 경계면을 뒤집을 수 있다.
- 대체면 옵션은 솔리드 모델에 패치를 만들 때만 사용된다.

다. 곡률 제어

a. 곡률 제어는 패치에 적용하는 제어의 유형을 지정한다. 곡률 제어의 유형은 다음 두 가지가 있다.

- 접촉 : 선택한 경계 내에 곡면을 만든다.
- 탄젠트 : 선택한 경계 내에 곡면을 만들면서, 패치 모서리선의 탄젠시를 유지한다.

b. 곡률 : 인접 곡면의 경계를 따라 선택한 곡면의 곡률과 일치하는 곡면을 작성한다.

c. 같은 패치에 서로 다른 유형의 곡률 제어를 적용할 수 있다.

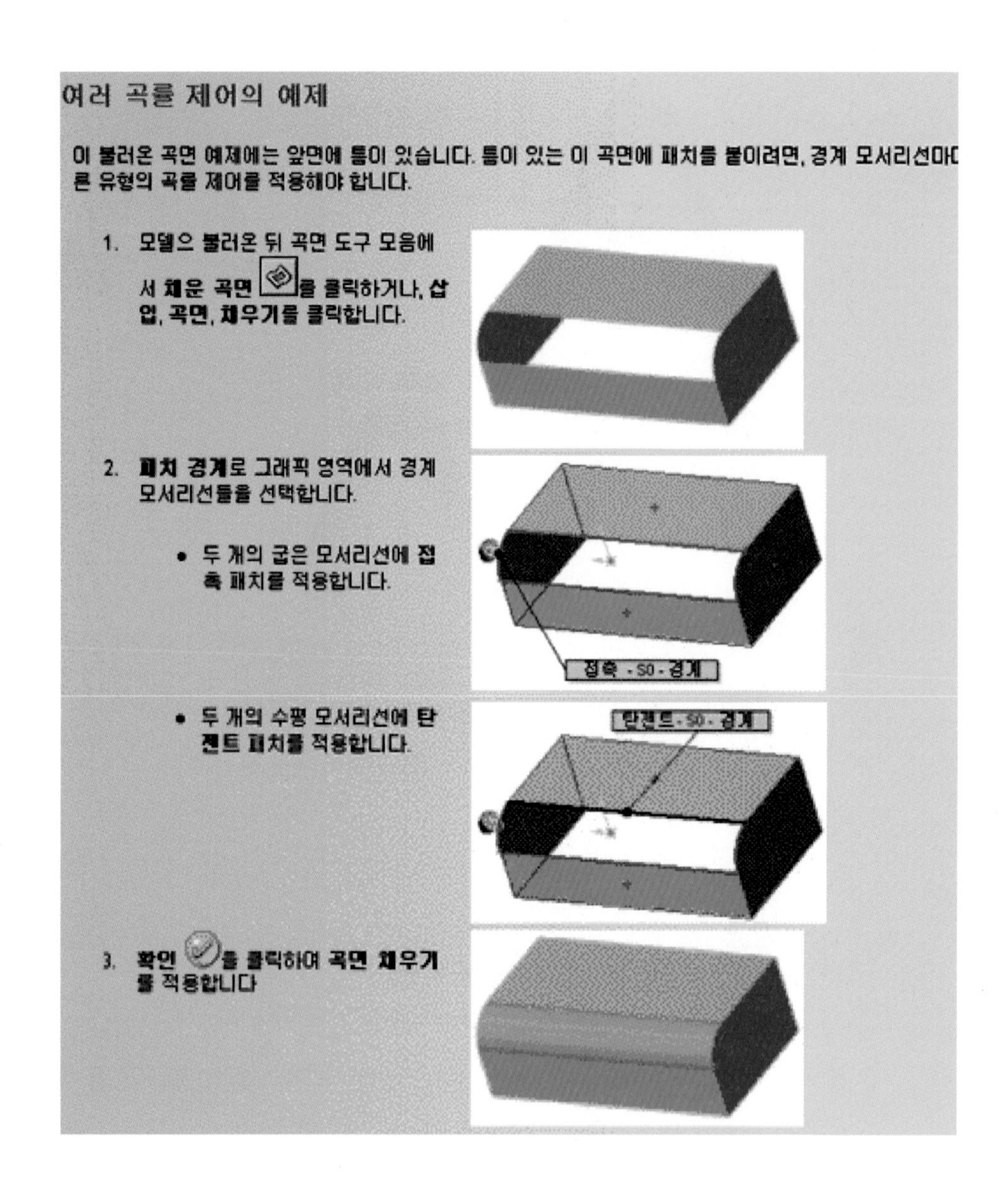

여러 곡률 제어의 예제

이 불러온 곡면 예제에는 앞면에 틈이 있습니다. 틈이 있는 이 곡면에 패치를 붙이려면, 경계 모서리선마다 른 유형의 곡률 제어를 적용해야 합니다.

1. **모델을 불러온 뒤 곡면 도구 모음에서 채운 곡면 을 클릭하거나, 삽입, 곡면, 채우기를 클릭합니다.**
2. **패치 경계로 그래픽 영역에서 경계 모서리선들을 선택합니다.**
   - 두 개의 굽은 모서리선에 **접촉** 패치를 적용합니다.
   - 두 개의 수평 모서리선에 **탄젠트** 패치를 적용합니다.
3. **확인 을 클릭하여 곡면 채우기를 적용합니다**

라. 곡면 최적화

면이 여러 개 있는 곡면에 곡면 최적화 옵션을 선택한다. 곡면 최적화 옵션은 로프트 곡면과 유사한 간단한 곡면 패치를 적용한다. 최적화된 곡면 패치를 사용하는 장점은, 빠른 작업 시간 이외에도 모델에서 다른 피처와 함께 사용할 때 안정도를 높인다.

- **반대 곡면**

  곡면 패치의 방향을 바꾼다. 반대 곡면 버튼은 동적이며, 다음 조건을 모두 만족할 때만 표시된다.

  모든 경계 곡선이 같은 평면상에 있을 때

  ① 구속점이 없을 때

  ② 내부 구속 조건이 없을 때

  ③ 채운 곡면이 평면이 아닐 때

  ④ 곡률 제어로 탄젠트 또는 곡률을 선택한다.

- **구속 곡선**

  구속 곡선은 패치의 경사 정도를 추가할 수 있는 옵션이다. 산업 설계 응용 프로그램과 함께 사용된다. 점이나 자유 곡선같은 스케치 요소를 사용하여 구속 곡선을 만들 수 있다.

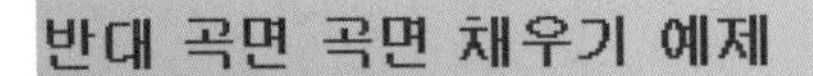

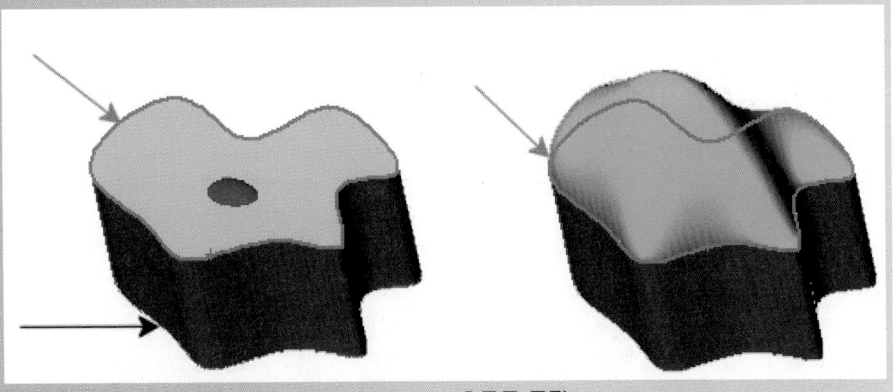

왼쪽 그림:

탄젠트 곡면 채우기할 프로파일로 주황색 화살표가 가리키는 위 프로파일을 선택한다. 이 곡면은 바닥 프로파일 (검정색 화살표가 가리키는)에 붙어 있다.

오른쪽 그림:

탄젠트 곡면 채우기할 프로파일로 주황색 화살표가 가리키는 위 프로파일을 선택하고 **반대 곡면**을 클릭한다.

• 아래 그림을 클릭하여 곡면 채우기 적용의 예

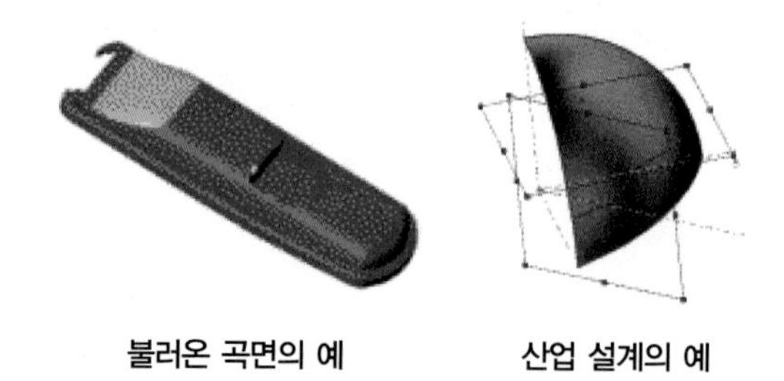

불러온 곡면의 예 **산업 설계의 예**

● 해상도 조절

① 채워진 곡면이 매끄럽지 않으면, 해상도 조절 슬라이더로 조절( )하여 곡면의 품질을 향상할 수 있다.

② 해상도 조절은 곡면 최적화 확인란 선택을 지웠을 때만 사용할 수 있다.

③ 기본 해상도는 1로 설정되어 있다. 곡면을 지정한 패치 수를 늘이기 위해 슬라이더를 2 내지는 3으로 이동한다. 숫자가 높은 설정일 수록 곡면 프로파일의 질이 향상된다.

※ 해상도 세팅을 바꾸면 모델 크기가 커지므로 작업 속도가 느려짐을 감안해야 한다. 그러므로, 곡면이 양호한 상태라면 기본 설정을 바꾸지 않는 것이 좋다.

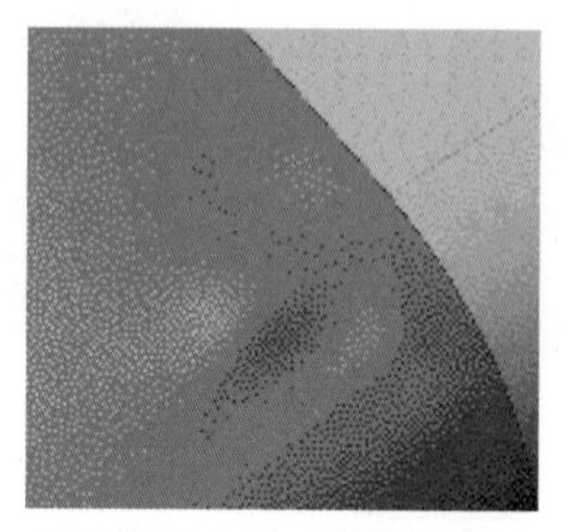

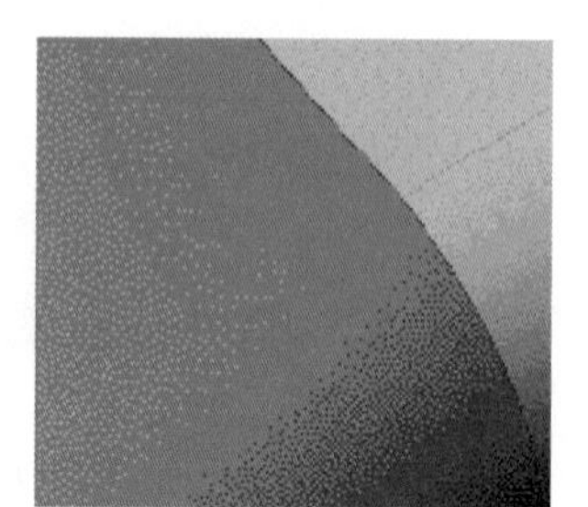

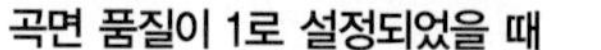

곡면 품질이 1로 설정되었을 때 **곡면 품질이 2로 설정되었을 때**

● 옵션

채운 곡면 도구를 사용하여 솔리드 모델을 작성할 수 있다. 옵션에는 경계 수정, 바디 합치기, 솔리드 형성 시도, 반대 방향 등이 있다.

① **경계 수정** : 없는 부분을 작성하고 너무 큰 부분을 잘라내어 타당한 경계를 작성한다.

② 예제에서 경계에 틈이 있음에도 불구하고 곡면 채우기(빨간색 표시 부분)가 작성된다. 파랑색 곡면과 주황색 곡면 사이의 틈을 곡면의 안쪽으로 주황색 곡면까지 연장함으로써 메꾸어진다.

③ 녹색 경계 부분이 채우기 패치의 길이보다 큼에도 불구하고 곡면 채우기(빨간색 표시 부분)가 작성된다. 곡면 채우기를 작성하려면 모서리 선이 안에서 나뉘어져 있어야 한다.

예

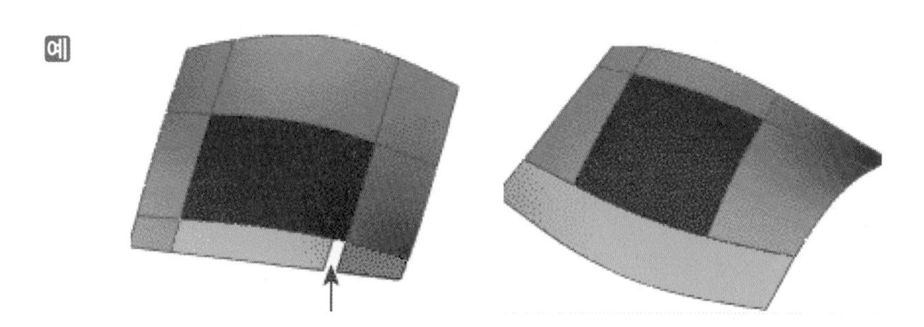

- 바디 합치기

① 이 동작의 옵션은 경계에 따라 다르다.

② 모든 경계가 동일 솔리드 바디에 속해 있을 경우 곡면 채우기를 사용하여 솔리드를 패치할 수 있다.

③ 모서리 중 적어도 하나 이상 열린 모서리인 경우 바디 합치기를 선택하면 곡면 채우기는 이들 모서리가 속한 곡면으로 붙인다.

④ 모든 경계 요소가 열린 모서리인 경우에는 솔리드가 선택적으로 작성된다.

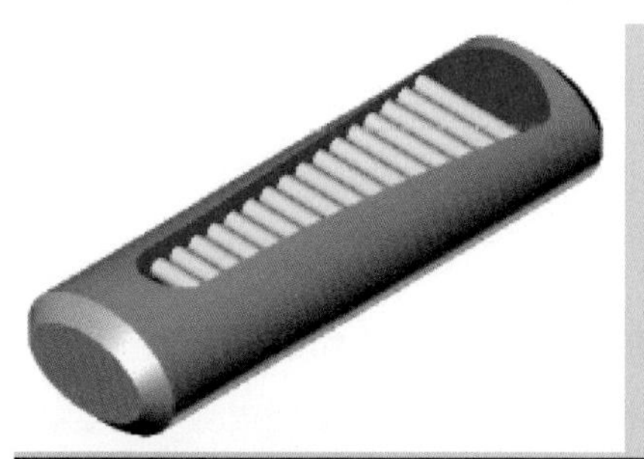

곡면 채우기가 적용되지 않은 모델.
안쪽 피처를 확인한다.

곡면 채우기를 적용하고
바디 합치기를 선택하지 않은 모델.

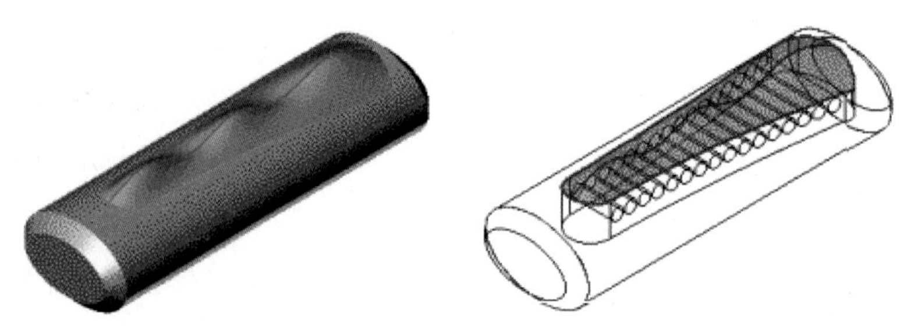

곡면 채우기를 적용하고 바디 합치기를 선택하지 않은 모델.
곡면 채우기로 새 곡면이 만들어지고 안쪽 피처는 그대로 남아 있다.

⑤ 바디 합치기 옵션

- 면 대치 작업을 하지 않아도 되어 작업이 용이해진다.
- 모델에서 솔리드 세부를 숨긴다.

⑥ 솔리드 형성 시도에서 모든 경계 요소가 열린 곡면 모서리일 경우 솔리드 형성이 가능하다. 솔리드 형성 시도 옵션은 기본으로 선택되어 있지 않는다.

● 반대 방향

곡면 채우기로 솔리드를 패치할 때 결과가 다르게 나올 경우가 있다. 곡면 채우기가 잘못된 방향을 표시할 경우 반대 방향을 클릭한다.

- **면 쌍간의 탄젠시 검사** : 편차 분석 도구( )를 사용하여 면 사이의 경계를 측정하고 각도를 계산한다. 이 분석은 모서리에서 선택한 점의 수에 준하여 진행된다.
- **사출 성형에 장애가 되는 모델 지오메트리 부분 찾아내기** : 언더컷 검사 도구( )를 사용하여 모델 지오메트리의 결함 부분을 찾아낸다.

● 몰도 도구–언더컷 검사

언더컷 검사 도구( )는 모델에 있는 몰드 부분이 걸려 빠지지 않는 부분을 찾낸다. 이 영역은 측면 코어가 필요하다. 주 코어와 캐비티가 분리되면, 측면 코어는 주 코어와 캐비티의 모션과 수직 방향을 이루며 움직이면서 파트가 사출할 수 있도록 한다.

언더컷 검사는 솔리드 피처에서만 사용할 수 있다. 곡면 바디에는 사용할 수 없다.

① **언더컷 검사 실행하기** : 언더컷 검사(몰드 도구 모음)을 클릭하거나 도구, 언더컷 검사를 클릭한다.

② PropertyManager에서 다음 옵션을 설정한다.

③ 해석 변수

- **끌 방향** : 모든 면이 파트의 위나 아래로부터 보이는지를 알아보기 위해 평가된다. 끌 방향을 지정하려면 평면, 면, 또는 모서리선 선택한다.
- 좌표계 입력을 클릭하여 X, Y, Z 좌표계를 입력한다.
- 방향1 언더컷과 방향2 언더컷으로 보고된 면의 방향을 바꾸려면 반대 방향( )을 클릭한다.

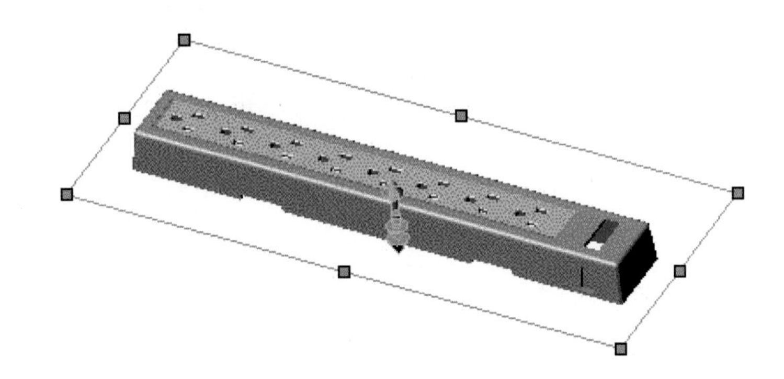

- **분할선** : 해석에 사용할 분할선을 선택한다. 분할선 위의 면은 분할선 위에서 보이는지를 알아보기 위해 평가된다. 분할선 위의 면은 분할선 위에서 보이는지를 알아보기 위해 평가된다. 분할선을 선택하면 끌 방향을 지정하지 않아도 된다.
- **바디 선택** : 모델에 여러 개의 바디가 있으면, 솔리드 또는 곡면 바디를 클릭하고 해석할 바디를 선택한다.
- 끌 방향과 분할선 모두가 측면 코어를 필요로 하는 파트의 벽에 있는 함몰을 식별한다. 분할선이 측면 코어가 필요 없도록 수정할 수 있는 분할선의 부분을 식별하는데도 도움이 된다.

④ 해석 변수 아래에서 계산을 클릭한다.

결과가 언더컷 면 아래에 표시된다. 그래픽 영역에서 면이 종류별로 다른 색으로 표시된다. 면은 다음과 같이 분류된다.

- **방향1 언더컷** : 파트 위나 분할선 위에서 보이지 않는 면.
- **방향2 언더컷** : 파트 위나 분할선 아래에서 보이지 않는 면.

- **차단 언더컷** : 파트 위에서나 아래에서 보이지 않는 면.
- **양다리 언더컷** : 양쪽 방향에 구배된 면.
- 언더컷 없음.

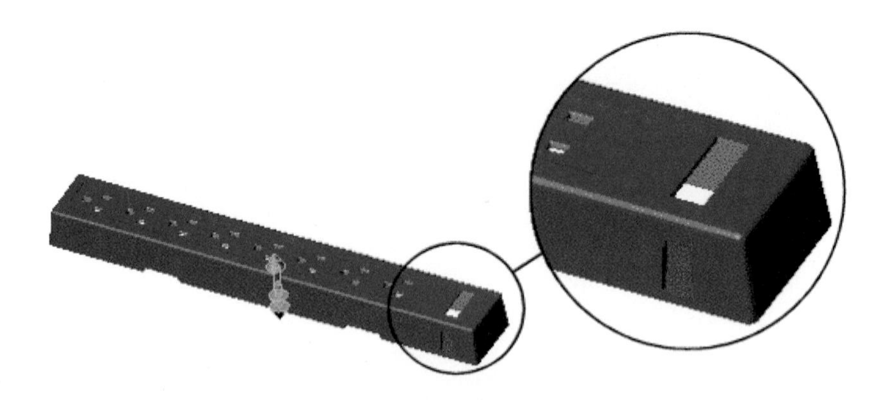

⑤ 언더컷 면 아래에서 다음과 같이 할 수 있다.

- 표시/숨기기를 클릭(또는 를 클릭)하여 그래픽 영역에서 면을 표시하거나 숨긴다.
- 색 편집을 클릭하여 색 대화상자를 표시하고 색을 변경한다.
- 확인를 클릭한다.

■ **면 붙이기 실패 원인 찾기**

복잡한 모델의 경우에는, 곡면 결함 부분을 고치기 위해 면 대치와 곡면 붙이기 등과 같은 모델링 테크닉이 필요하다. 이러한 곡면을 붙일 때, 곡면 사이의 틈이나 간섭으로 붙이기에 실패할 수 있다. 플라스틱 파트와 금형을 분석해서 다음 작업을 할 수 있다.

- 허용된 시간 내에 금형이 충진될 지 확인한다.
- 결과 파트의 품질을 평가한다.
- 사출 게이트의 위치를 최적화한다.

■ 모델 검사를 위해 검사 도구() 사용

불러온 모델 데이터를 검사하기 위해 검사 도구를 사용할 수도 있다. MoldflowXpress를 사용하여, 플라스틱 파트와 지오메트리, 재질, 온도와 사출 게이트 위치를 기준으로 플라스틱 파트를 분석한다.

라. 수정

작 업	해 결
불러온 모델의 결함을 찾기 위해, 진단 도구()를 사용한다. 면 사이에 큰 틈이 있어 진단 도구를 적용할 수 없을 때는, 아래와 같은 방법을 사용한다. 불러온 모델 결함을 수정한다(예를 들어, 곡면 틈을 가진 모델의 경우라면).	모델 수정에 사용하는 SolidWorks 도구 • **곡면 채우기** : 피처는 모델 모서리, 스케치, 곡선에 의해 정의된 경계내에 다각형의 곡면 패치를 만든다. • **면 대치** : 곡면이나 솔리드 바디에 있는 면을 새로운 곡면 바디로 바꿀 수 있다. • **면 이동** : 면과 곡면 피처를 솔리드나 곡면 모델에서 직접 오프셋, 이동, 회전한다. • **면 삭제** : 다음 옵션이 있다. • **삭제 후 패치** : 솔리드나 곡면 바디의 면을 삭제하고 자동으로 패치할 수 있다. • **삭제 후 채우기** : 삭제 후 채우기는 틈을 모두 메꾸기 위해 하나의 면을 생성한다. • 스윕 곡면 도구() • 로프트 곡면 도구()

● 면 대치

면 대치 도구()(곡면 도구 모음)를 사용해서 곡면이나 솔리드 바디에 있는 면을 새로운 곡면 바디로 바꿀 수 있다. 대치하는 곡면 바디는 이전 면과 같은 테두리를 갖지 않아도 된다. 면을 대치할 때는, 원래 바디에 있던 인접 면들이 곡면 바디를 대치하고 새로운 면을 잘라내기 위해 자동으로 연장되고 잘라내기 된다.

① 면 대치의 기능

• 한 면이나 연결된 면들을 곡면 바디로 바꾼다.

• 한 번의 명령으로 여러 개의 연결된 면 체인을 같은 수의 곡면 바디로 바꾸어 준다.

이때, 대상면에 나열된 면과 대치 곡면에 나열되는 면이 같은 순서로 나열되어 있어야 한다.

- 솔리드나 곡면 바디에서 면을 대치한다.

② 대치 곡면 바디의 유형

- 돌출, 로프트, 채우기 등과 같은 모든 곡면 유형
- **붙인 곡면이나 복잡한 불러온 곡면 바디** : 보통 대치하는 면들보다 넓고 길이가 길다. 그러나, 대치 곡면 바디가 면보다 더 작은 경우가 있더라도 인접 면들과 만나도록 곡면이 자동으로 연장된다.

③ 대치하는 면들의 조건

- 면들이 반드시 연결되어 있어야 한다.
- 탄젠트일 필요는 없다.

● **면 대체 예제 한 쌍**

① **연결된 면들을 곡면 바디로 바꾸기** : 대치 곡면 바디가 대치하는 면보다 넓고 길이가 길도록 한다.

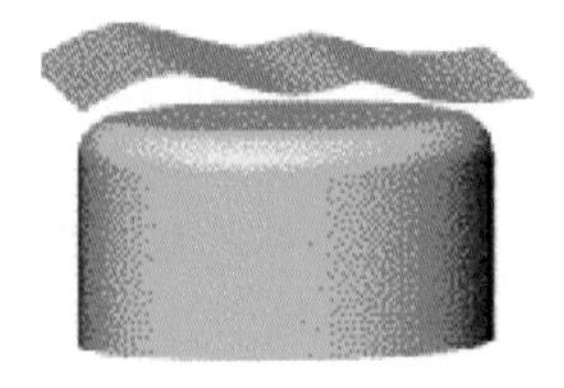

② 곡면 도구 모음에서 면 대치를 클릭하거나 삽입, 면, 대치를 클릭한다.

③ PropertyManager의 대치 변수 아래에서 대상면(아이콘)으로 대치할 면을 선택한다. 선택하는 면들은 서로 접해 있을 필요는 없지만 서로 연결되어 있어야 한다.

④ 확인(아이콘)을 클릭한다.

면이 대치되어지고 원래 바디의 이웃한 면들은 면에 맞게 잘라지거나 연장된다. 새 면은 원래 바디의 이웃한 면들 크기에 맞추어 잘려진다.

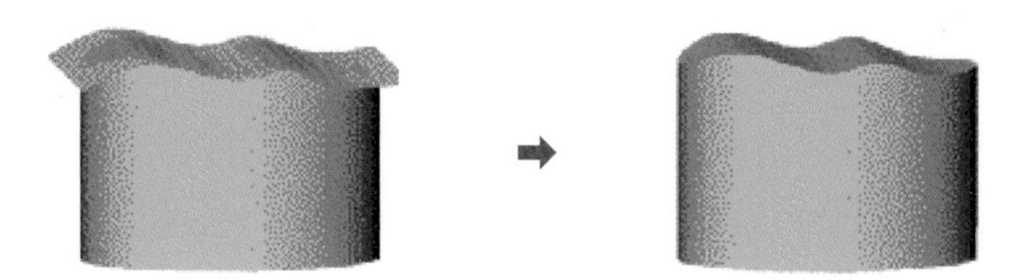

● 면 대체 예제–여러 쌍

여러 개의 연결된 면 쌍을 곡면 바디로 대체하는 방법

① 곡면 도구 모음에서 면 대치( )를 클릭하거나 삽입, 면, 대치를 클릭한다.

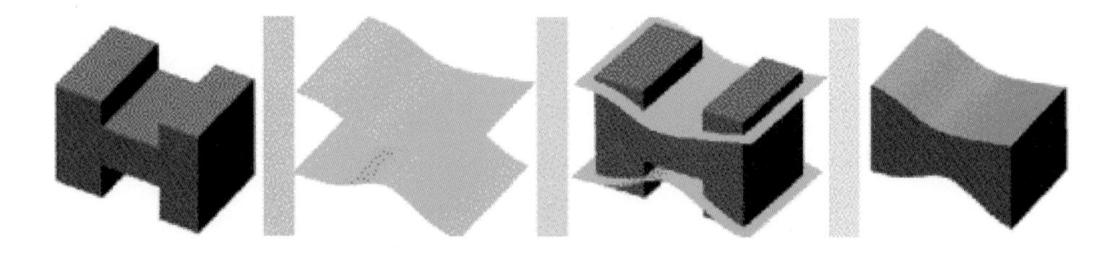

② PropertyManager의 대치 변수 아래에서 대상면으로 대치할 첫 번째 면쌍을 선택한다.

보기에서는
수직면을 포함하여
H의 윗면에 있는
다섯 개 면을 선택했다.

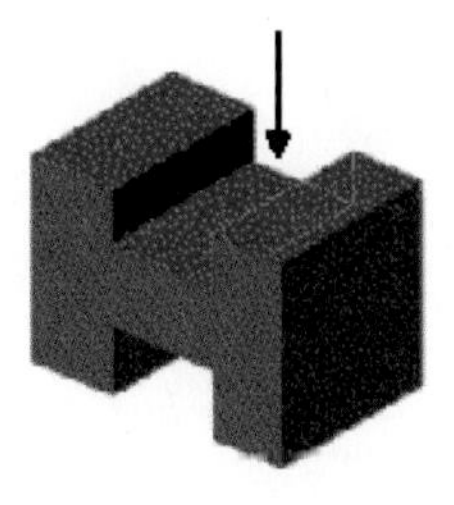

③ 대상면으로 대치할 두 번째 면쌍을 선택한다.

보기에서는
H의 아랫면에 있는
다섯 개 면을 선택했다.

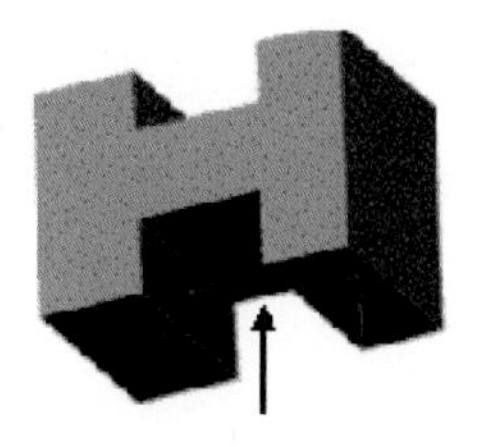

④ 대치 곡면으로 첫 번째 대상면을 대치 곡면을 선택하고, 다시 대치 곡면으로 두 번째 대상면을 대치할 곡면을 선택한다.

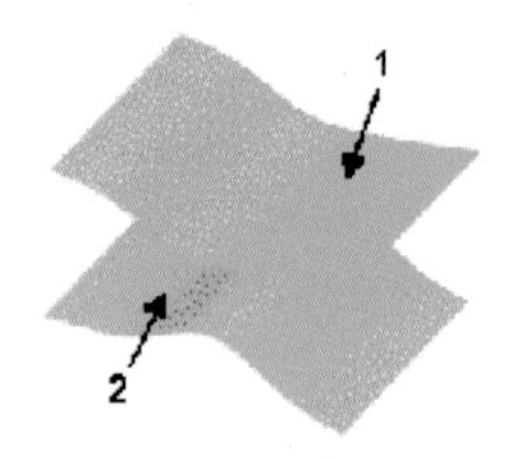

⑤ 반드시 대상면을 대치할 순서대로 대치 곡면을 선택해야 한다.

⑥ 확인을 클릭한다. 면이 대치되어지고 원래 바디의 이웃한 면들은 면에 맞게 잘라지거나 연장된다. 새 면은 원래 바디의 이웃한 면들 크기에 맞추어 잘려진다.

- 면 이동 PropertyManager

면과 곡면 피처를 솔리드나 곡면 모델에서 직접 오프셋, 이동, 회전할 수 있다.

① 몰드 도구 또는 피처 도구 모음에서 면 이동(아이콘)을 클릭하거나 삽입, 면, 이동을 클릭한다.

② PropertyManager에서 다음 옵션을 설정한 후 확인(아이콘)을 클릭한다.

③ 면 이동은 다음 중 하나를 선택한다.

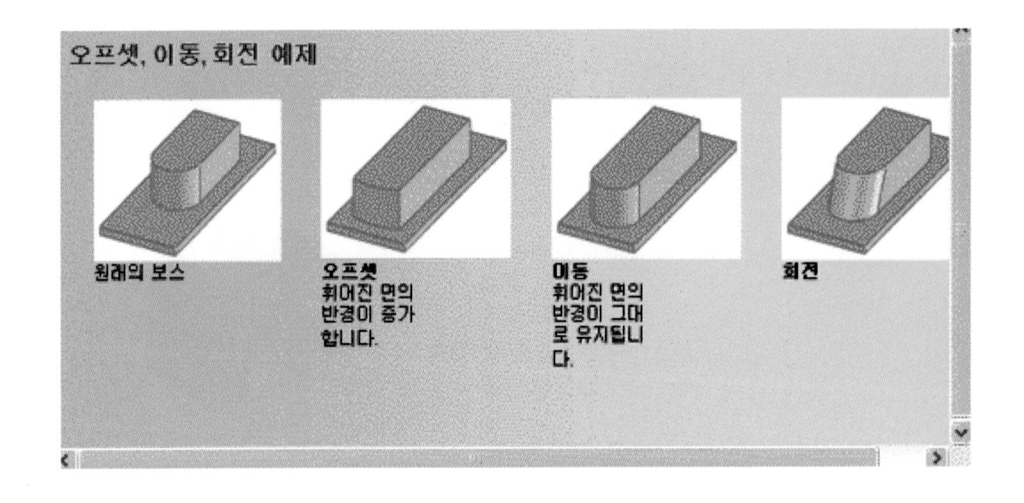

- **오프셋** : 선택한 면이나 피처를 지정한 거리로 오프셋한다.
- **위치 이동** : 선택한 면이나 피처를 선택한 방향으로 이동한다.
- **회전** : 선택한 면이나 피처를 선택한 축을 기준으로 지정한 각도로 회전한다.

④ **이동할 면**( ) : 선택한 면이나 피처를 나열한다.

- **거리**( ) : 오프셋 및 위치 이동에서 면이나 피처를 이동할 거리를 설정한다.
- **구배 각도**( ) : 회전에서 면이나 피처를 회전할 각도를 설정한다.
- **반대 방향** : 면 이동 방향을 바꾼다.

⑤ 변수

- **방향 참조**( ) : 위치 이동에서 평면, 평면면, 직선 모서리선 또는 참조 축을 선택하여 면이나 피처를 이동할 방향을 지정한다.
- **축 참조**( ) : 회전에서 직선 모서리선이나 참조 축을 선택하여 면이나 피처의 회전 축을 지정한다.

● 면 삭제

면 삭제 도구( )의 기능은 다음과 같다.

- **삭제** : 곡면 바디에서 면을 삭제하거나 솔리드 바디에서 여러 개의 면을 삭제하여 곡면을 작성한다.
- **삭제 후 패치** : 솔리드나 곡면 바디의 면을 삭제하고 자동으로 패치할 수 있다.
- **삭제 후 채우기** : 삭제 후 채우기는 틈을 모두 메꾸기 위해 하나의 면을 생성한다.

① 곡면 바디에서 면 삭제하기

- 곡면 도구 모음에서 면 삭제를 클릭하거나 삽입, 면, 삭제를 클릭한다.
- 면 삭제 PropertyManager가 나타난다.
- 그래픽 영역에서 삭제할 면을 클릭한다.
- 선택한 면의 이름이 삭제할 면란에 나타난다.
- 옵션 아래에서 삭제를 클릭한다.
- 확인을 클릭한다.

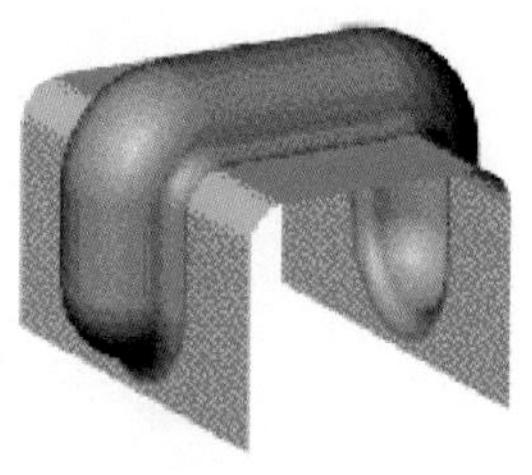
삭제할 회색 면을 선택한다.

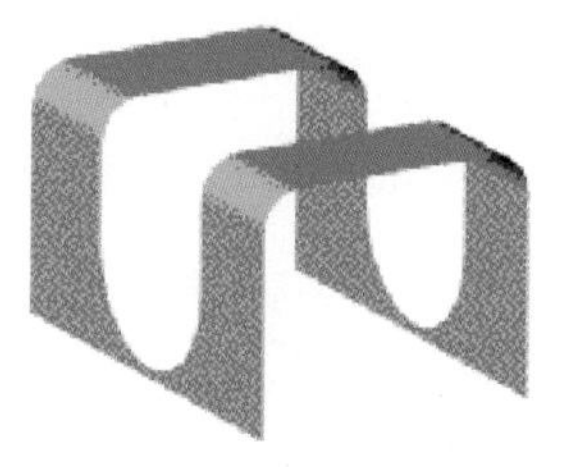
삭제된 면

② 곡면 바디에서 면을 삭제한 후 패치하는 방법

- 이전 단원의 단계 1, 2를 반복한다.
- 옵션 아래에서 삭제 후 패치를 클릭한다.
- 확인을 클릭한다. 면이 사라지고 인접 면이 연장되어 연결된 곡면을 형성한다.

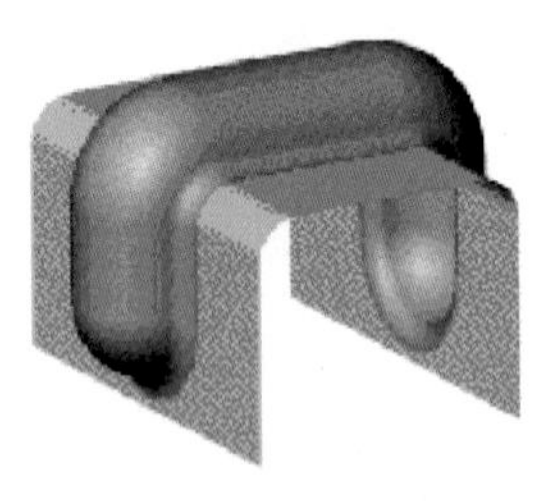

삭제할 회색 면을 선택한다.

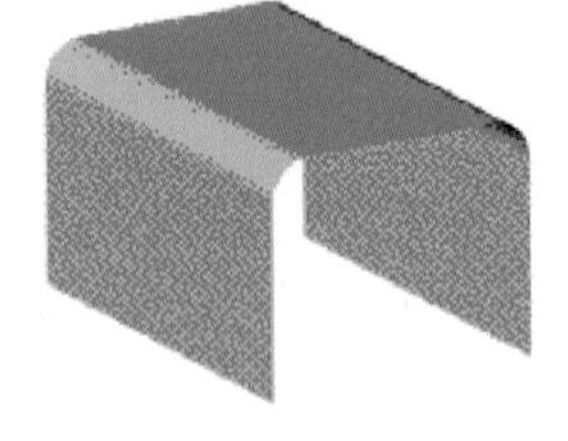

패치된 파랑색 면

③ 곡면 삭제 후 채우기

- 이전 단계의 단계 1, 2를 반복한다.
- 옵션 아래에서 삭제 후 채우기를 클릭한다.
- 세 면이 삭제되고 한 면으로 대치된다.
- 탄젠트 채우기 사용 안함. 채우기에 접촉 모서리가 사용된다.
- 탄젠트 채우기 사용 안함. 채우기에 탄젠트 모서리가 사용된다.
- 확인을 클릭한다.면이 삭제되고, 단일 곡면으로 채워진다.

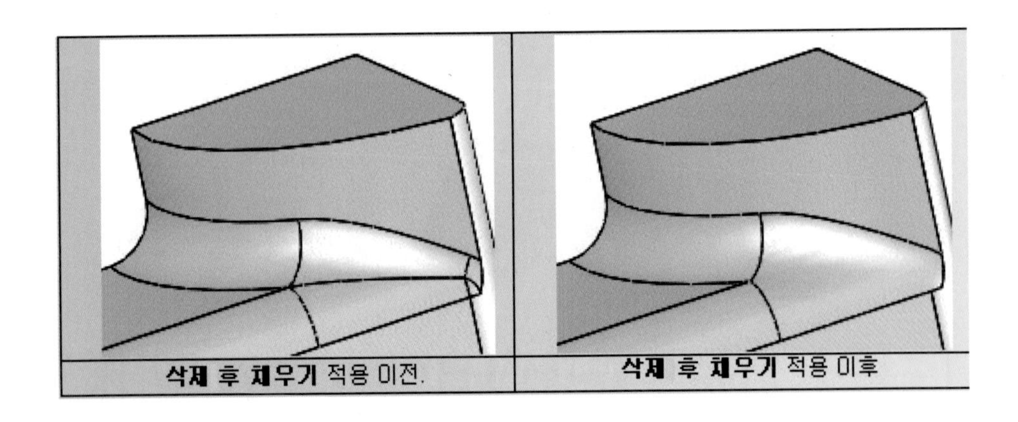

삭제 후 채우기 적용 이전.	**삭제 후 채우기** 적용 이후

④ 솔리드 바디에서 면을 삭제하고 곡면을 작성하는 방법

- 곡면 도구 모음에서 면 삭제를 클릭하거나 삽입, 면, 삭제를 클릭한다.
- 면 삭제 PropertyManager가 나타난다.

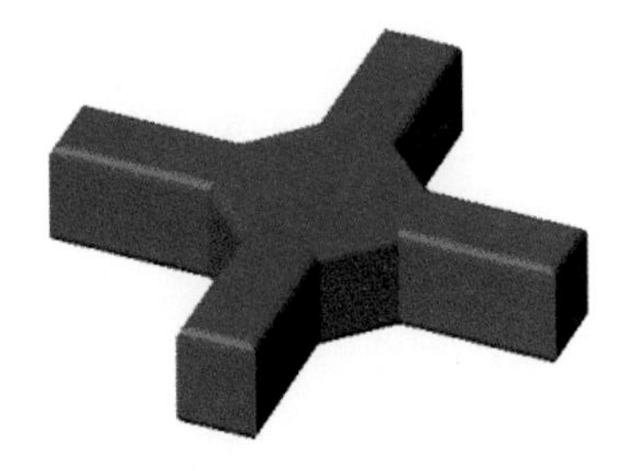

- 그래픽 영역에서 삭제할 면을 클릭한다.
- 선택한 면의 이름이 삭제할 면란에 나타난다.
- 옵션 아래에서 삭제를 클릭한다.
- 확인을 클릭한다. 면이 사라지고, 새 DeleteFace1 곡면 바디가 FeatureManager 디자인 트리의 곡면 바디 폴더에 추가된다.

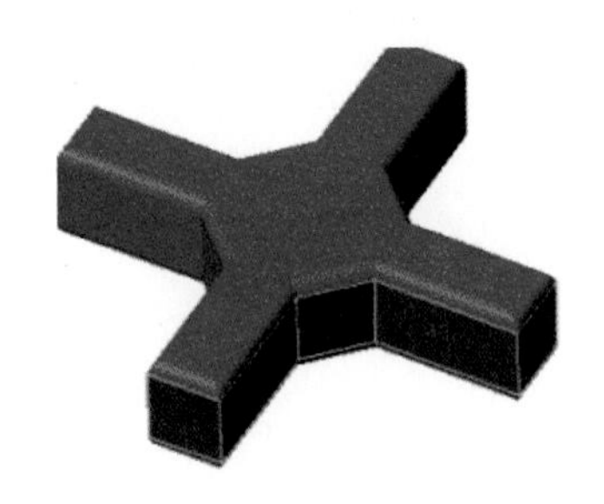

● 스윕 곡면

① 스윕 곡면 만들기

- 스윕 프로파일, 스윕 경로, 안내 곡선(필요에 따라)을 스케치할 평면을 작성한다.
- 작성한 평면에 스윕 프로파일과 경로를 스케치한다.
- 모델면에 스윕 경로를 스케치하거나 경로로 모델 모서리선을 사용할 수도 있다.

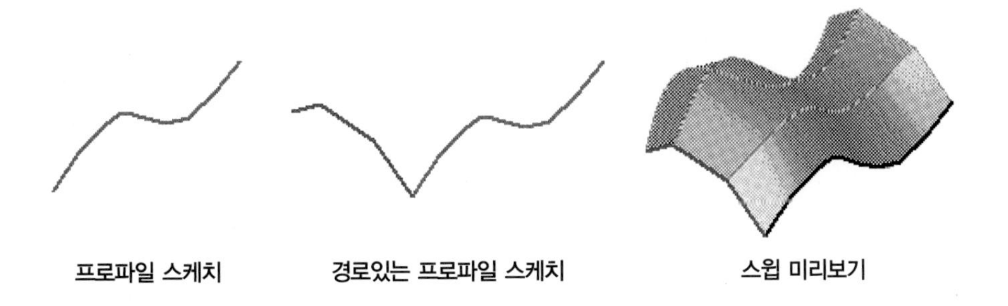

프로파일 스케치 **경로있는 프로파일 스케치** **스윕 미리보기**

② 안내 곡선을 사용할 경우, 안내 곡선과 프로파일 간에 일치 또는 관통 구속 조건을 부가한다.

◆ 스윕에 안내 곡선 스케치

- 경로와 안내 곡선을 먼저 만들고 단면을 만든다. 안내 곡선을 사용하는 스윕에는 관통 구속 조건이 필요없다.

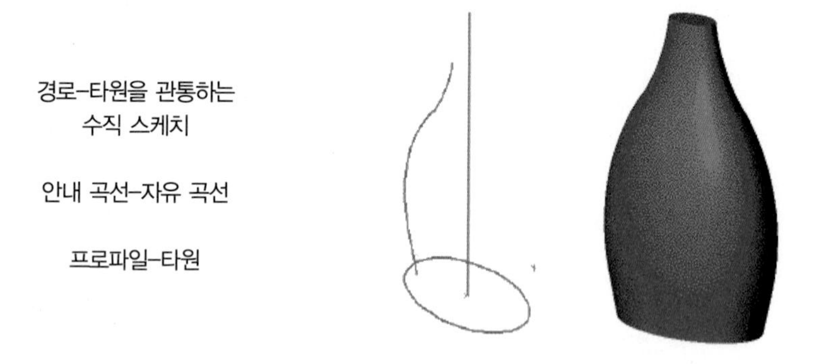

- 안내 곡선은 프로파일이나 프로파일 스케치 내의 점과 일치해서 스윕이 자동으로 관통 조건이 있음을 추론하도록 한다.
- 스윕의 중간 프로파일을 정의할 때 경로와 안내 곡선이 모두 필요하다. 경로는 단일 스케치 요소(선이나 원호 등)이어야 하며, 경로 선분은 탄젠트를 이루어야 한다. (각을 이루는 코너가 있어서는 안됨)

③ 구속 조건

- 단면을 스케치할 때 자동으로 추가될 수 있는 수평 또는 수직과 같은 관계에 유의해야 한다. 이러한 관계는 중간 단면의 모양을 변형시킬 수 있다.
- 구속 조건 표시/삭제를 사용하여 원하지 않는 구속 조건을 삭제한다. 그러면 중간 단면이 원하는 모양으로 회전된다.

④ 경로 및 안내 곡선 길이

- 안내 곡선이 경로보다 길 경우 스윕이 경로의 길이를 따른다.
- 안내 곡선이 경로보다 짧을 경우 스윕은 가장 짧은 안내 곡선을 따른다.

⑤ 안내 곡선 : 안내 곡선은 공통 점에서 만날 수 있으며 이 점은 스윕된 곡면의 축이 된다.

⑥ 곡면 도구 모음에서 스윕 곡면을 클릭하거나 삽입, 곡면, 스윕을 클릭한다.

⑦ PropertyManager 옵션을 설정한다.

◆ 스윕 PropertyManager

- 스윕 피처 유형에 맞게 PropertyManager 옵션을 지정한다.
- **프로파일**( ) : 스윕 작성에 사용할 스케치 프로파일을 지정한다.
- FeatureManager나 그래픽 영역에서 프로파일 스케치를 선택한다. 베이스나 보스 스윕 피처를 위해 사용할 프로파일은 닫혀 있어야 한다.
- **경로**( ) : 프로파일을 스윕할 경로를 지정한다. FeatureManager 디자인 트인 트리나 그래픽 영역에서 경로 스케치를 선택한다. 경로는 개곡선 또는 폐곡선일 수 있으며, 하나의 스케치, 곡선, 또는 모델 모서리 세트에 포함된 스케치된 곡선 세트를 경로로 사용할 수 있다. 스윕 경로는 프로파일의 평면에서 시작해야 한다. 경로나 생성되는 결과 솔리드는 자체 교차하지 않아야 한다.

◆ 옵션

- **방향/꼬임 형태** : 경로를 따라 스윕되는 프로파일의 방향을 조절한다.
- **경로따라** : 단면이 항상 경로와 같은 각도를 유지한다.
- **일정 반경 유지** : 단면이 항상 시작 단면에 평행을 유지한다.
- 경로와 제 1 안내 곡선 따라
- 제 1, 제 2 안내 곡선 따라
- **경로따라 꼬임** : 경로따라 단면을 꼰다. 꼬임의 각도나, 반경 등을 지정 아래 지정한다.
- **일정 반경으로 경로따라 꼬임** : 단면을 경로따라 꼴 때 시작 단면에 계속 평행을 유지하며 단면을 꼰다.

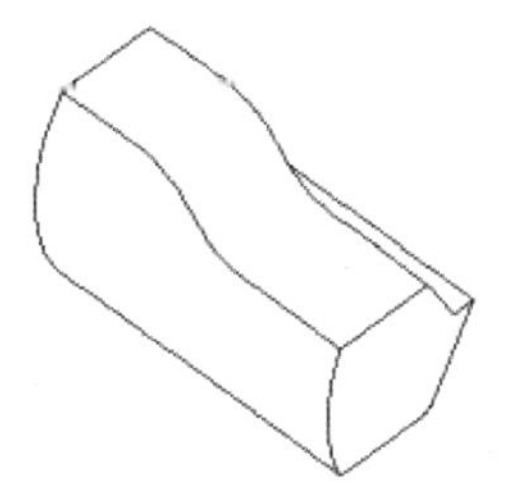
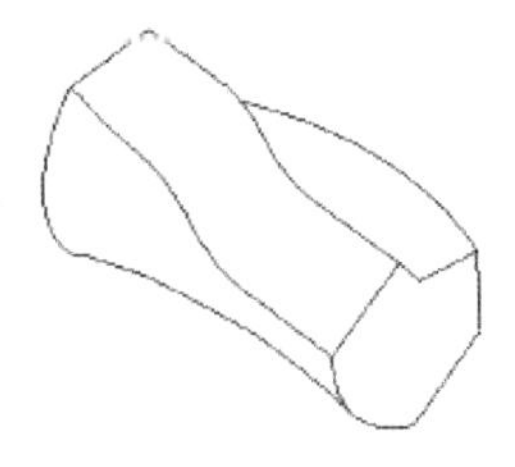

경로따라 꼬임을 선택하고, 꼬임의 정도와 라디안, 뒤틀림의 수를 지정합니다.

경로따라 꼬임을 적용할 때 시작 단면에 평행한 단면을 유지하려면, **일정 반경으로 경로따라 꼬임**을 선택합니다.

- **지정 기준(방향/꼬임 유형에서 경로따라 꼬임이나 일정 반경으로 경로따라 꼬임을 선택했을 때 사용할 수 있음)** : 꼬임 정의. 꼬임 상태를 정의한다. 각도, 반경, 방향 등을 선택한다.
- **경로 맞춤 유형(방향/꼬임 유형에서 경로따라를 선택했을 때만 사용할 수 있음)** : 이 옵션들은 경로를 따라 작고 균일치 않은 곡률 굴곡이 있어 프로파일이 잘못 맞춰졌을 때 프로파일을 보정해 준다.
- 방향 벡터 : 방향 벡터에서 선택한 방향으로 프로파일을 맞춘다. 방향 벡터를 지정할 요소를 선택한다.
- **모든 면** : 경로에 인접 면들이 포함될 때, 스윕 프로파일을 인접 면에 탄젠트를 유지한다.
- **방향 벡터(경로 맞춤 유형에서 방향 벡터를 선택했을 때만 사용할 수 있음)** : 방향 벡터를 지정할 평면, 평평한 면, 선, 모서리선, 원통, 축, 꼭지점 등을 선택한다.
- **탄젠트면 병합** : 스윕 프로파일에 접선 부분이 있을 경우 이 옵션을 선택하면 결과 스윕에서 해당 곡면이 접하게 된다. 평면, 원통형, 또는 원추형 모양이 될 수 있는 면은 유지된다. 다른 인접 면은 병합되고 프로파일이 인접하게 된다. 스케치 원호는 자유 곡선으로 전환될 수 있다.

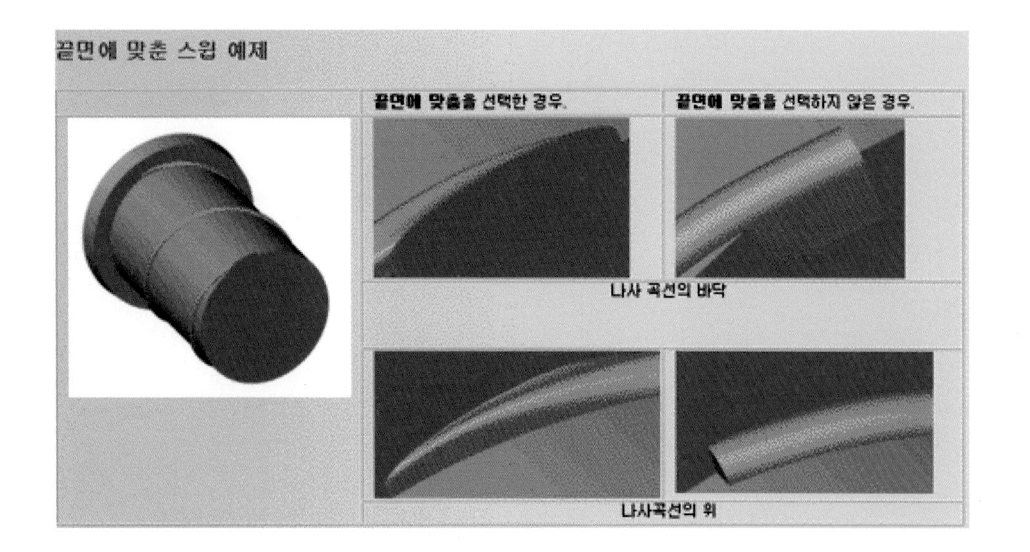

- **바디 합치기** : 여러 개의 솔리드를 바디 한 개로 합친다.
- **끝면에 맞춤** : 스윕 프로파일을 경로와 만나는 마지막 면까지 연장한다. 스윕면이 추가 지오메트리 없이도 끝면에 맞추기 위해 연장되거나 잘려진다. 이 옵션은 나사 곡선형에 사용된다.

◆ 안내 곡선( )

프로파일을 경로따라 스윕할 때, 프로파일을 안내해 주는 역할을 한다. 그래픽 영역에서 안내 곡선을 선택한다.

- 위( )로 이동이나 아래( )로 이동을 사용한다. 안내 곡선의 순서를 조절한다. 안내 곡선을 선택하고 프로파일 순서를 조절한다.
- **면 병합** : 안내 곡선을 사용하는 스윕의 실행 속도를 개선하려면 이 옵션을 선택하면 안된다.
- **단면 표시( )** : 스윕 단면을 표시한다. 화살표( )를 선택하여 단면 수로 프로파일을 보고 문제를 해결한다.

- 스윕 피처를 오른쪽 클릭, 피처 편집을 한다.
- 안내 곡선 아래서 단면 표시를 클릭한다.
- 위 · 아래 화살표를 클릭하여 미리보기를 한다.

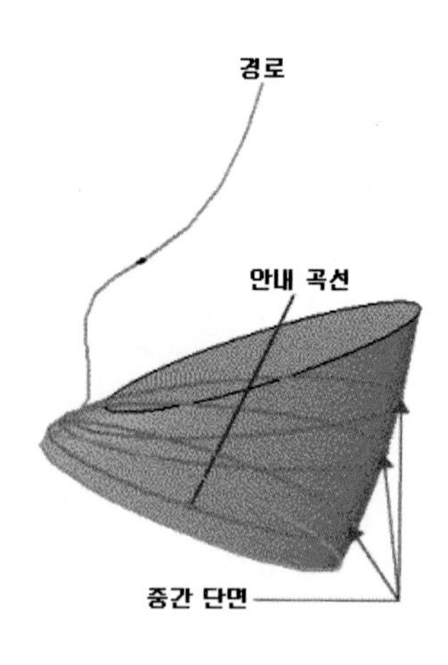

◆ 탄젠시 시작/끝

- **시작 탄젠시 유형** : 옵션에서 없음은 탄젠시가 적용되지 않는다.
- **경로 인접** : 끝점과 시작점에서 경로에 수직으로 스윕을 작성한다.
- **끝 탄젠시 유형** : 옵션에서 없음은 탄젠시가 적용되지 않는다.
- **방향 벡터(↗)** : 스윕이 선택한 선형 모서리 또는 축에 접하거나 선택한 평면의 기준에 접한다. 방향 벡터를 선택한다.
- **모든 면** : 스윕이 시작 또는 끝에서 기존 형상의 인접면에 접한다. 이 옵션은 스윕이 기존 형상에 붙어 있을 때만 사용할 수 있다.
- **방향 벡터(끝 탄젠시 유형에서 방향 벡터를 선택했을 때만 사용할 수 있음)** : 끝 탄젠시를 조절할 모서리선, 축, 평면을 선택한다.

◆ 얇은 피처

- **얇은 피처 유형** : 얇은 피처 스윕 유형을 선택한다. 다음 옵션이 있다.
- **한 방향으로** : 두께 값을 사용하여 프로파일에서 한 방향으로 돌출한 얇은 피처를 작성한다. 필요하면 반대 방향을 클릭한다.
- **중간 평면** : 양쪽 방향에 같은 두께 값을 적용하여 프로파일을 기준으로 양쪽 방향으로 얇은 피처를 작성한다.
- **두 방향으로** : 프로파일에서 두 방향으로 얇은 피처를 작성한다. 두께와 두께에 각기 값을 지정한다.

얇은 피처로 스윕하기의 예

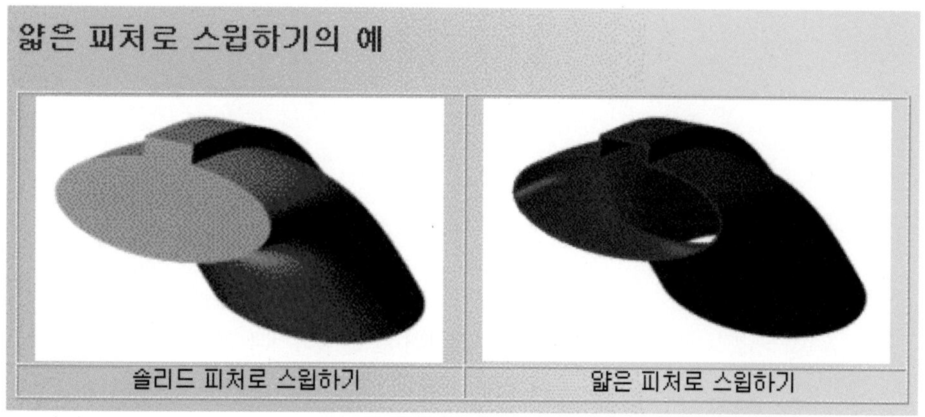

솔리드 피처로 스윕하기	얇은 피처로 스윕하기

◆ 피처 영역

- **모든 바디** : 피처를 재생성할 때마다 피처가 모든 바디에 적용된다. 피처와 교차하는 모델에 새 바디를 삽입하면 피처가 추가된 새 바디에도 적용된다.
- 선택한 바디에 피처가 적용된다. 피처와 교차하는 모델에 새 바디를 삽입할 경우, 피처 편집을 사용하여 돌출 피처를 편집하고 이 바디를 선택하고 선택한 바디 목록에 추가해야 한다. 선택한 바디 목록에 새 바디를 추가하지 않으면, 새 바디에 피처가 적용되지 않는다.
- **자동 선택(선택한 바디를 클릭할 경우 활성화됨)** : 멀티바디 파트가 있는 모델을 처음 작성할 때, 적절한 파트를 모두 자동으로 처리한다. 자동 선택 옵션을 선택하는 것이 모든 바디 옵션을 선택하는 것보다 작업 속도가 빠르다. 이것은 자동 선택을 사용하면 처음 목록에 있던 바디만 처리하고 전체 모델을 다시 생성하지 않기 때문이다. 선택한 바디를 클릭하고 자동 선택을 선택하지 않으면 포함시킬 바디를 그래픽 영역에서 선택해야 한다.

● 로프트 곡면

① 로프트의 각 프로파일 단면에 사용할 평면을 작성한다.

- 평면은 서로 평행하지 않아도 된다.
- 작성한 평면에 단면 프로파일을 스케치한다. 단일 3D 스케치 안의 모든 단면과 안내 곡선 스케치를 작성할 수 있다.
- 필요하면 안내 곡선을 그린다.

프로파일 **안내 곡선있는 프로파일**

② 곡면 도구 모음에서 로프트 곡면( )을 클릭하거나 삽입, 곡면, 로프트를 클릭한다.

③ PropertyManager 옵션을 설정한다.

④ 확인을 클릭한다.

◆ 로프트 PropertyManager

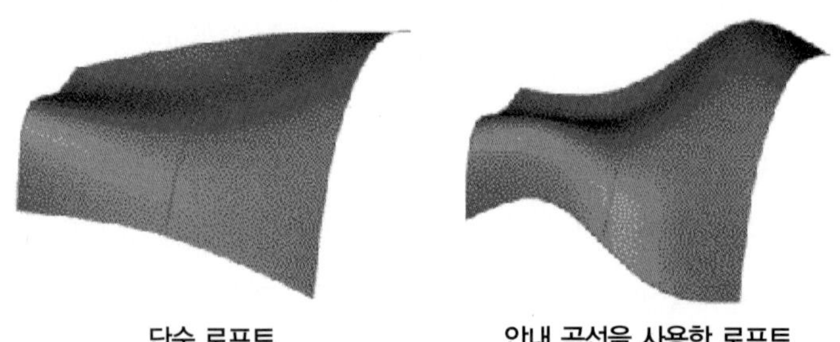

단순 로프트 **안내 곡선을 사용한 로프트**

- **프로파일**( ) : 로프트 작성에 사용할 프로파일을 지정한다. 연결할 스케치 프로파일, 면, 모서리선들을 선택한다. 프로파일을 선택한 순서에 따라 로프트가 작성된다.
- 프로파일마다 로프트 경로를 이을 점을 선택한다.
- 위( )로 이동이나 아래( )로 이동을 사용한다. 프로파일의 순서를 조절한다. 프로파일을 선택하고 프로파일 순서를 조절한다.
- 로프트 미리보기에 원하는 로프트가 표시되지 않으면, 프로파일에서 다른 점을 선택하거나 스케치의 순서를 조절하여 바로 잡는다.

① 시작/끝 구속

- **시작 구속과 끝 구속** : 구속을 적용하여 시작 프로파일과 끝 프로파일에 탄젠시를 조절한다.
- **기본(최소 세 개의 프로파일)** : 첫 번째와 마지막 프로파일 사이에 스크라이브된 포물선의 근사치를 구한다. 포물선으로부터의 탄젠시가 맞는 조건을 지정하지 않았을 때 좀 더 예측 가능하고 자연스러운 로프트 곡면을 작성한다.
- **없음** : 탄젠시 구속이 적용되지 않는다(0 곡률).
- **방향 벡터** : 방향 벡터로 사용하는 선택한 요소에 준하여 탄젠시 구속을 적용한다. 방향 벡터를 선택하고, 구배 각도와 시작 탄젠시 길이나 끝 탄젠시 길이를 지정한다.
- **프로파일에 수직** : 시작 프로파일이나 끝 프로파일에 수직인 탄젠트 구속을 적용한다. 구배 각도를 지정하고 시작 탄젠시 길이나 끝 탄젠시 길이를 지정한다.
- **면에 탄젠트(로프트를 기존 지오메트리에 붙일 때)** : 인접해 있는 면들을 선택한 시작 프로파일이나 끝 프로파일에 탄젠트가 되도록 한다.
- **면에 곡률(로프트를 기존 지오메트리에 붙일 때)** : 선택한 시작 프로파일이나 끝 프로파일에 아주 매끄러운 곡률 연속 로프트를 적용한다.

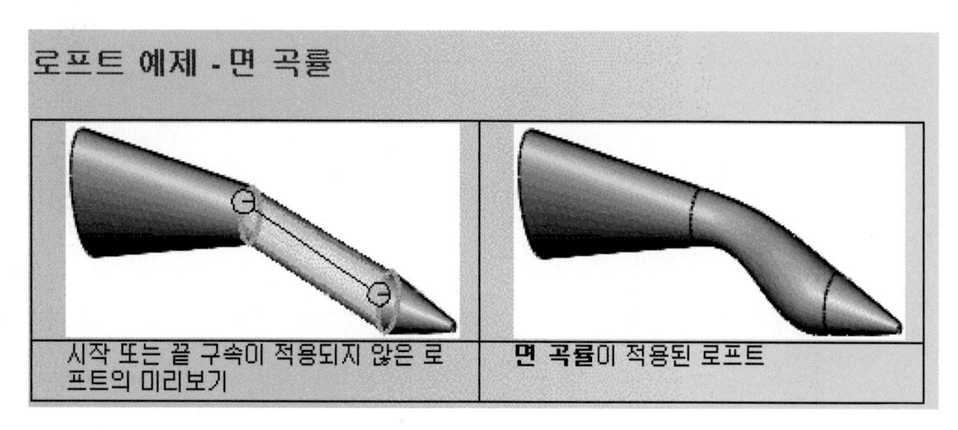

- **다음 면(시작 구속이나 끝 구속으로 면에 탄젠트 또는 면에 곡률을 선택했을 때만 사용할 수 있음)** : 사용할 수 있는 면 사이에 로프트를 전환한다.
- **방향 벡터(시작 구속이나 끝 구속으로 방향 벡터를 선택했을 때만 사용할 수**

있음) : 방향 벡터로 사용하는 선택한 요소에 준하여 탄젠시 구속을 적용한다. 로프트가 선택한 선형 모서리선 또는 축에 접하거나 선택한 평면의 기준에 접한다. 방향 벡터를 지정하기 위해 꼭지점 한 쌍을 선택할 수도 있다.

- **구배 각도(시작 구속이나 끝 구속으로 방향 벡터 또는 프로파일에 수직을 선택했을 때만 사용할 수 있음)** : 시작 프로파일이나 끝 프로파일에 구배 각도를 적용한다. 필요하면 반대 방향을 클릭한다. 안내 곡선을 따라 구배 각도를 적용할 수도 있다.
- **시작 탄젠시 길이와 끝 탄젠시 길이(시작 구속과 끝 구속으로 없음을 선택했을 때만 사용할 수 있음)** : 로프트에 영향을 주는 정도를 조절한다. 탄젠시 길이의 효과는 다음 단면까지로 제한된다. 필요하면 탄젠트 반대 방향( )을 클릭한다.
- **모두 적용** : 전체 프로파일 모든 구속을 조절하는 핸들을 표시한다. 개별 통제를 허용하는 여러 개의 핸들을 표시하려면 이 옵션을 선택하지 않는다. 핸들을 끌어 탄젠트 길이를 조절한다.

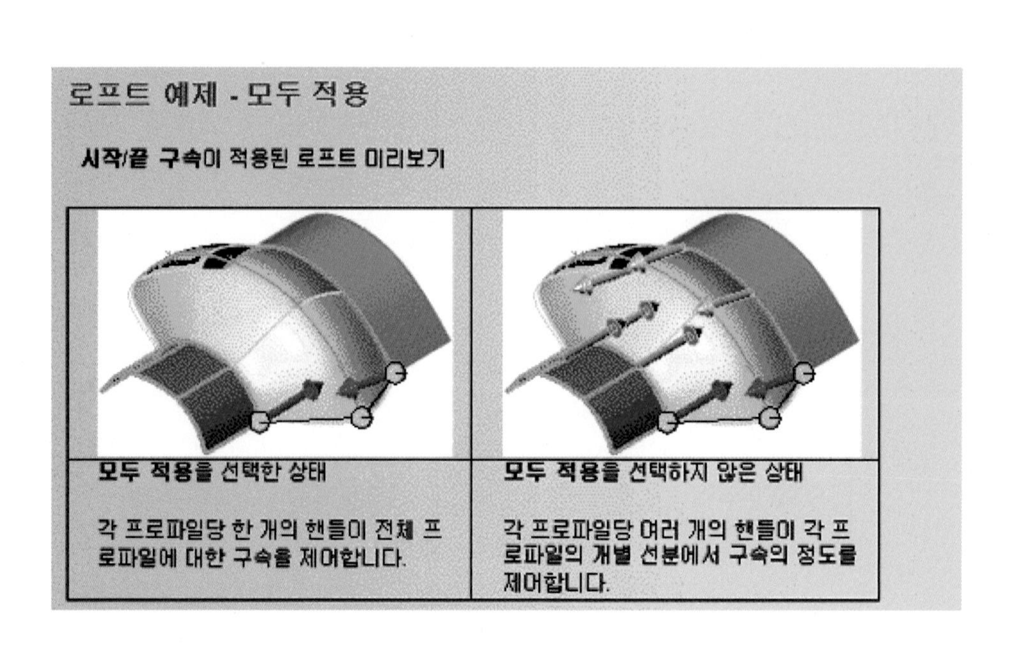

- 곡면 붙이기

곡면 붙이기 도구를 사용하여 여러 개의 면이나 곡면을 한 개로 붙인다.

① 곡면 붙이기 주의 사항

- 곡면의 테두리는 겹치지 않고 접해야 한다.
- 곡면이 같은 평면에 있지 않아도 된다.
- 전체 곡면 바디를 선택하거나 여러 개의 인접 곡면 바디를 선택한다.

② 곡면을 붙이는 방법

- 곡면 도구( ) 모음에서 곡면 붙이기를 클릭하거나 삽입, 곡면, 붙이기를 클릭한다.
- 인접, 교차하지 않는 곡면을 작성한다.
- 붙일 곡면과 면( )으로 면과 곡면을 선택한다.
- 막힌 곡면에서 솔리드 모델을 작성하려면 솔리드 형성 시도를 선택한다.

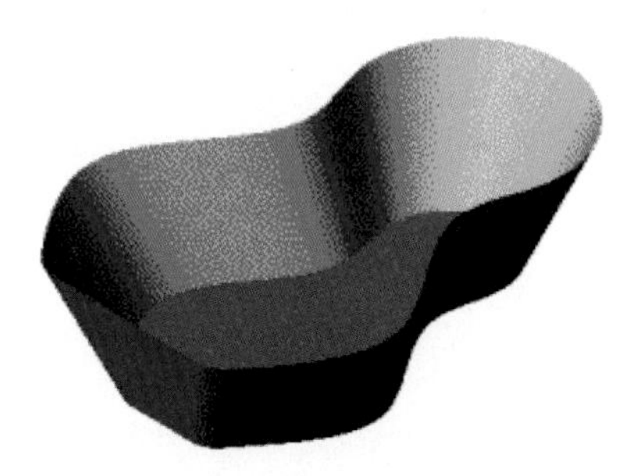
인접, 교차하지 않는 곡면을 작성한다.

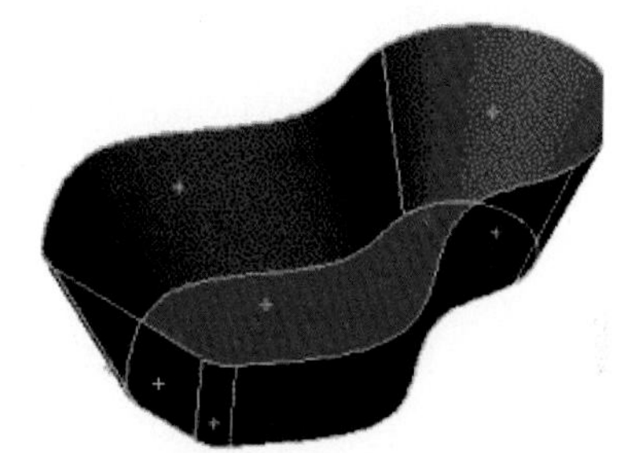
붙이려는 면을 선택한다.

- 붙이려는 면을 선택한다.
- 확인을 클릭한다.

◆ 씨드 면 옵션 사용하기

- 씨드 면 옵션을 사용하여 곡면을 붙이려면 방사면을 사용해야 한다.
- 방사곡면을 만든다. 방사면 작성하기는 곡면 도구 모음에서 방사면( )을 클릭하거나 삽입, 곡면, 방사면을 클릭한다.

- 방사 방향 참조로 방사할 곡면 방향에 평행한 면이나 평면을 그래픽 영역에서 선택한다.
- 방사할 모서리(![icon])로 그래픽 영역에서 모서리 한 개나 연속 모서리선을 선택한다.

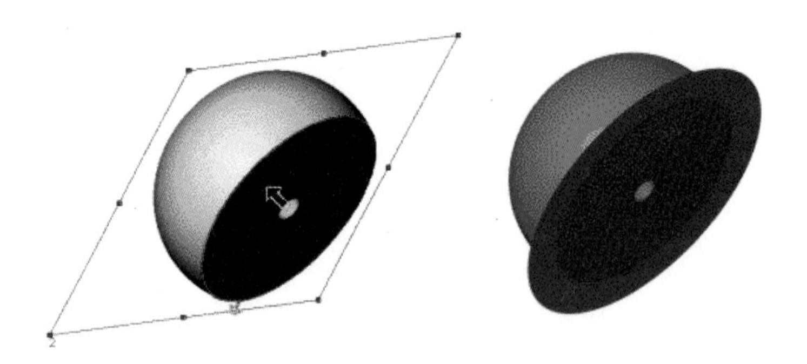

- 필요한 경우 방사 반대 방향을 클릭하여 반대 방향으로 곡면을 방사한다.
- 모델에 접면이 있고 파트를 따라 연속되는 곡면을 만들고자 하면 접면을 따라 연장 옵션을 선택한다.
- 방사 거리를 지정하여 방사 곡면의 너비를 설정한다.
- 확인을 클릭한다.
- 곡면 도구 모음에서 곡면 붙이기를 클릭하거나 삽입, 곡면, 붙이기를 클릭한다.
- 붙일 곡면과 면으로 방사면을 선택한다.
- 씨드 면을 클릭하고, 방사면으로 붙일 모델에서 면을 선택한다.
- 확인을 클릭한다.

● 몰드 도구-룰드 곡면

불러온 지오메트리를 작업할 때는, 곡면 수정을 위해 SolidWorks에서 구배 도구를 사용할 수 없다. 이런 경우에, 룰드 곡면 도구를 사용하여 선택한 모서리에서 직각을 이루는 곡면이나 테이퍼 곡면을 작성한다. 인터락 곡면 작성을 위해서 룰드 곡면을 사용할 수도 있다.

◆ 룰드 곡면 만들기

- 몰드 도구 모음에서 룰드 곡면(![icon])을 클릭하거나 삽입, 몰드, 룰드 곡면을 클릭한다.
- PropertyManager의 유형 아래에서 옵션을 선택한다.

- **곡면에 탄젠트** : 룰드 곡면이 모서리를 공유하는 곡면에 접한다.
- **곡면에 수직** : 룰드 곡면이 모서리를 공유하는 곡면에 수직이다.
- **벡터에 테이퍼** : 룰드 곡면이 지정한 벡터에 테이퍼한다.
- **벡터에 직각** : 룰드 곡면이 지정한 벡터에 직각을 이룬다.
- **스윕** : 선택한 모서리를 안내 곡선으로 사용하는 스윕 곡면을 작성하여 룰드 곡면이 작성된다.
- 거리/방향 아래에서 거리를 지정한다.
- 벡터에 테이퍼나 벡터에 직각, 스윕을 선택하면 참조 벡터로 모서리선, 면, 또는 평면을 선택한다.
- 필요한 경우 반대 방향으로 를 클릭한다.
- 벡터에 테이퍼를 선택하면 각도를 지정한다.
- 스윕의 경우에만 좌표계 입력을 선택하고 참조 벡터의 좌표계를 지정할 수 있다.
- 모서리 선택 아래에 룰드 곡면의 베이스로 사용된 모서리선과 분할선을 선택한다.
- 필요하면 대체면을 클릭한다.
- 옵션 아래에서 곡면을 수작업으로 잘라내고 붙이려면 잘라내기/붙이기 확인란 선택을 지운다.
- 연결 곡면을 제거하려면 연결 곡면을 지운다. 연결 곡면은 일반적으로 예리한 코너에 작성한다.
- 확인()을 클릭한다.

● 구배 분석

① 구배 분석 개요와 설정

플라스틱 파트 설계자와 금형 제작업체가 파트면에 적절한 구배를 적용했는지 확인하기 위해 사용하는 도구가 구배 분석이다. 구배 분석 기능을 사용하여 구배 각도를 확인하고 면에서 각도 변화를 살펴보고 파트에 분할선, 오목면과 볼록면의 위치를 확인할 수 있다.

- DraftXpert를 사용해서 구배 분석 작업을 할 수도 있다.
- **끌 방향** : 끌 방향을 지정하기 위해 평면면, 직선 모서리선 또는 축을 선택한다.
- **면 분류** : 이 옵션을 선택하면 분석이 구배 각에 기준하여 모델면을 검사한다. 계

산을 클릭하면 면이 각각 다른 색으로 표시된다. 이 옵션을 선택하지 않으면, 분석이 면 각의 윤곽선 맵을 만든다.

참고 모든 구배 분석 유형에 끌 방향과 구배 각도를 둘 다 지정해야 한다.

- **반대 방향**( ) : 끌 방향을 반대 방향으로 변경한다.
- **구배 각도**( ) : 참조 구배 각도를 입력한 다음, 참조 각도를 현재 모델에 사용된 각도에 비교한다.
- 분류에서 계산을 클릭하면 선택한 구배의 유형에 따라 그 결과가 다르게 표시된다. 구배 유형이나 변수를 변경할 때마다 다시 계산해 주어야 한다.
- 면 분류를 지정하면 구배 분석 결과가 색 설정 아래에 나열된다.
- **양각 구배** : 지정한 참조 구배 각도를 사용하여 면을 양각 구배로 표시한다. 양각 구배란 끄는 방향에 기준하여 볼 때 면의 각도가 참조 각보다 더 큼을 의미한다.

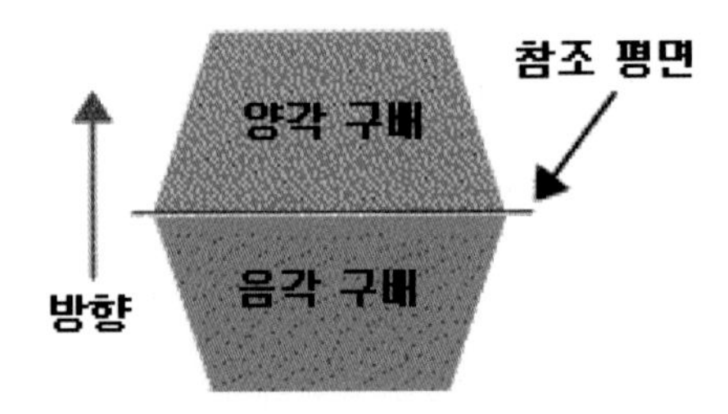

- **음각 구배** : 지정한 참조 구배 각도를 사용하여 면을 음각 구배로 표시한다. 음각 구배란 끄는 방향에 기준하여 볼 때 면의 각도가 참조 각보다 더 작음을 의미한다.
- **필요한 구배** : 교정이 필요한 면을 표시한다. 이 면들은 음각 참조 각보다 크고 양각 참조 각보다 작은 각을 가진 면이다.
- **불규칙면** : 구배의 두 가지 유형 즉, 양각 구배와 음각 구배를 둘 다 가진 면들을 표시한다. 일반적으로, 이러한 면들은 분할선을 그릴 때 필요한 면이다.

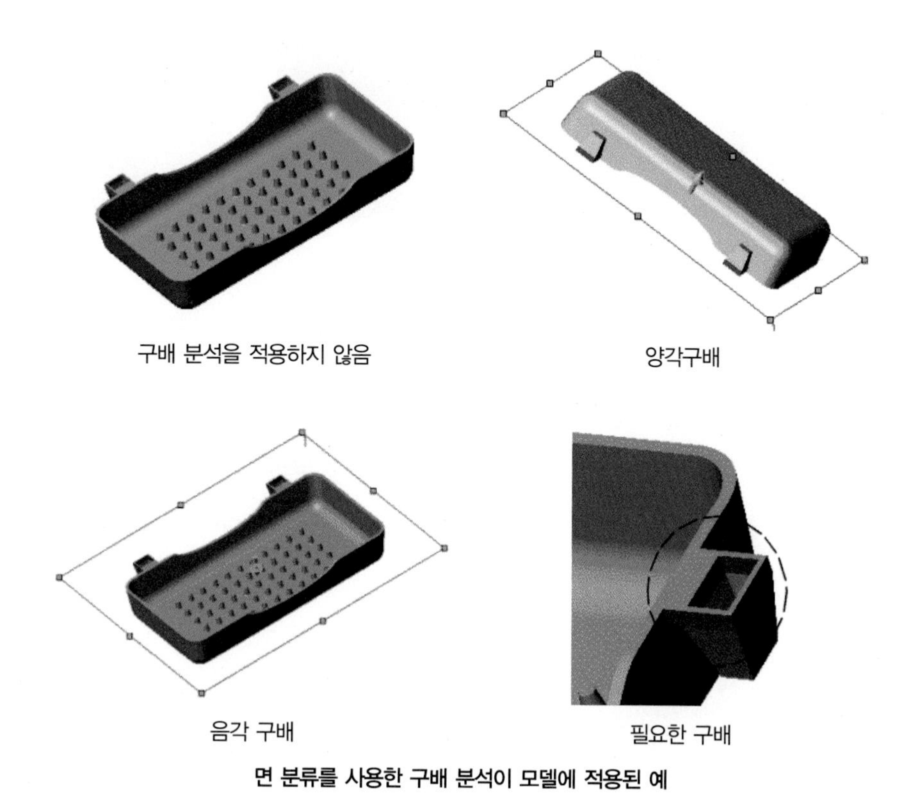

구배 분석을 적용하지 않음 양각구배

음각 구배 필요한 구배

면 분류를 사용한 구배 분석이 모델에 적용된 예

- 경사면 찾기에서 구배가 추가된 모델의 휘어진 면을 분석할 때만 사용한다.
- 참조 각에 따라 기준에 만족하는 곡선면에 점이 있으며 참조 각에 의해 지정된 기준에 미치지 못하는 곡선에 다른 점이 있다.
- 휘어진 면이 있는 모델에서는 곡선을 둘레의 모든 영역이 참조 각을 만족하거나 초과할 수 있다.
- 어떤 경우에는 휘어진 면 둘레에 있는 점들이 모두 참조 각에 미치거나 초과하여 경사면 찾기를 선택해도 아무런 결과를 찾아내지 못하는 경우도 있다.
- **양각 구배** : 지정한 참조 구배 각도를 사용하여 면을 양각 구배로 표시한다.
- **음각 구배** : 지정한 참조 구배 각도를 사용하여 면을 음각 구배로 표시한다.
- 곡면 구배를 분석할 때, 추가적인 면 분류 기준이 추가된다.
- **구배있는 곡면 면** : 곡면에는 안쪽과 바깥쪽 면이 있으므로, 곡면면은 양각 구배와 음각 구배에 추가되지 않는다.
- 구배있는 곡면면은 구배를 포함하여 음각 곡면과 양각 곡면을 모두 나열한다.

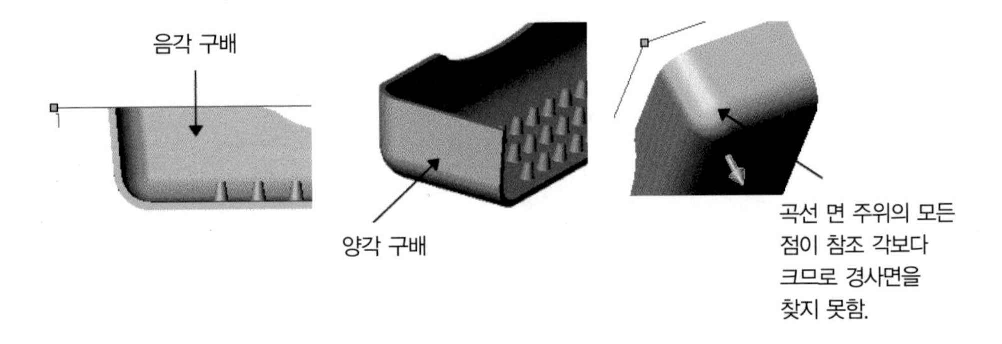

- 색상 윤곽선에서 면 분류를 선택 취소하여 색상 윤곽선 맵을 작성한다.
- 색 윤곽선이 면에 기준한 각이 변경되면 모델면에 변경을 표시해 준다.
- 참조 각(구배 각도)에 기준하여 PropertyManager에 축척이 중심점 0과 함께 음수와 양수를 표시한다. 표시 방법은 두 가지가 있다.
- **균일 표시** : 균일 표시는 양각 구배, 음각 구배, 필요한 구배 면을 나타내기 위해 세 가지 색을 사용한다.
- 보기 도구 모음에 있는 모서리 표시 음영을 지정하여 색 윤곽선을 계산하는 동안 모델의 개별 면들을 볼 수 있다.

② 구배 각도 지정을 위해 구배 분석 적용하기

- 모델을 열고, 몰드 도구 모음에서 구배 분석( )을 클릭하거나 도구, 구배 분석을 클릭한다.

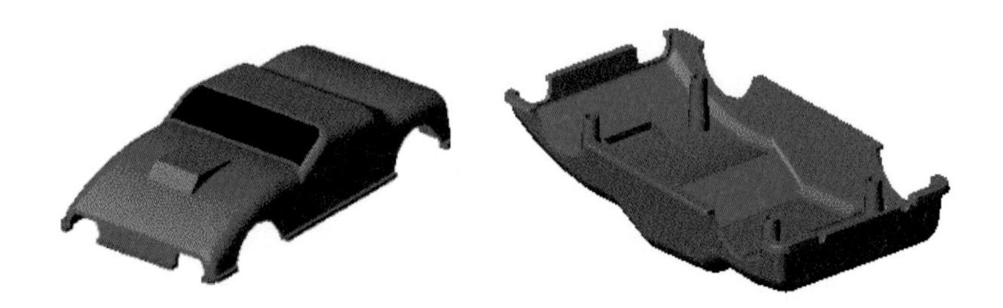

- 분석 변수 아래에서 다음과 같이 한다.
- 평면면이나 직선 모서리 또는 축을 선택하여 끌 방향을 지정한다.
- 끌기 방향을 확인한다. 끌기 방향을 바꾸려면 반대 방향( )을 클릭한다. 그래픽 영역에서 핸들을 사용하여 방향을 바꿀 수도 있다.

- 구배 각도를 입력한다.
- 면 분류를 클릭하여 면 구배 분석을 실행한다.

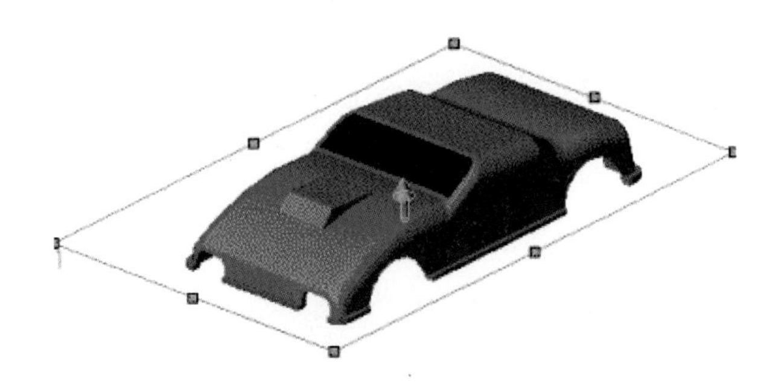

- 필요하면 경사면 찾기 확인란을 클릭한다.
- 모델에 휘어진 면이 있을 때 경사면을 사용한다. 경사면 찾기를 선택하면 끄는 방향에 지정한 구배 각도보다 작은 각을 가진 면의 일부를 가진 면을 표시해 준다.
- 경사면 찾기를 선택하면 두 가지 유형이 추가로 표시된다.
- 경사면 찾기를 선택하면 양각 경사면, 음각 경사면이 나타난다.
  이 유형들은 양각 구배나 음각 구배와 같은 다른 면 유형들과 같은 기능을 가지나 경사면에만 적용된다.
- 계산을 클릭한다.

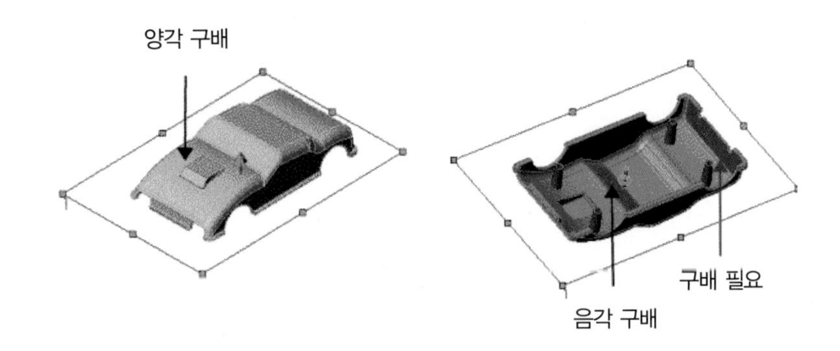

- 모델이 구배 각도에 적절한 색을 표시한다.
- 결과를 확인한다. 여기서 색은 사용자의 컴퓨터 설정에 따라 아래 보기와 다르게 표시될 수도 있다.

- 모델에 휘어진 면이 있고 경사면 찾기 확인란을 선택한 상태면, 경사면까지를 표시한다.
- 곡면 구배를 분석할 때, 추가적인 면 분류 기준이 추가된다.
- **구배있는 곡면면** : 곡면에는 안쪽과 바깥쪽 면이 있으므로, 곡면면은 양각 구배와 음각 구배에 추가되지 않는다.
- 구배있는 곡면면은 구배를 포함하여 음각 곡면과 양각 곡면을 모두 나열한다.

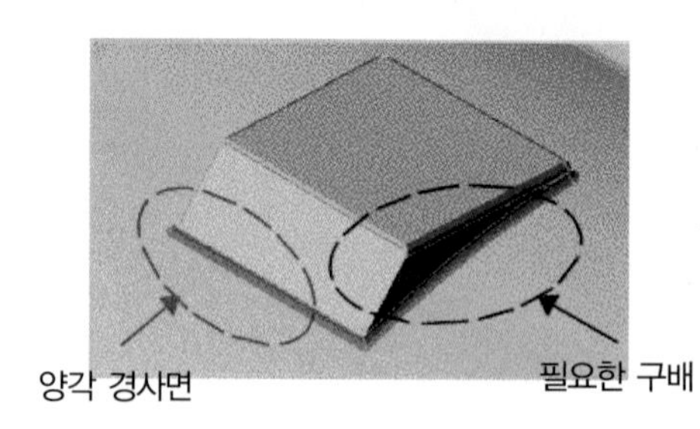

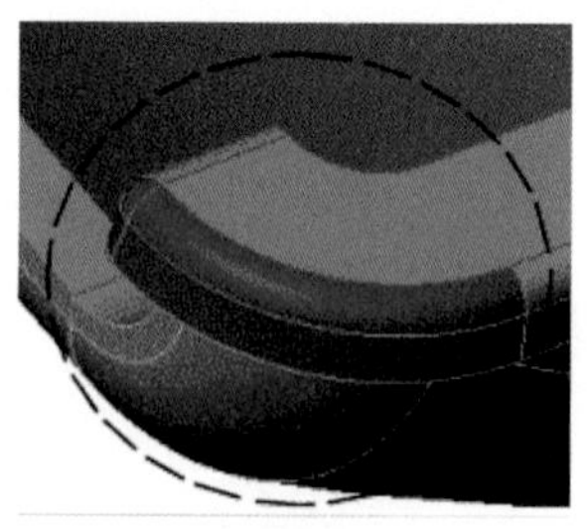

- 기본색을 바꿀 수 있으며 표시 또는 숨기기를 전환할 수 있다.

참고 해석 변수 아래에서 단계를 완성하기 이전 또는 이후에 색을 변경하거나 표시를 전환할 수 있다.

- 색 변경하기 색상 편집을 클릭하거나 색 대화상자에서 색을 선택하고 확인을 클릭한다.
- 구배 유형 표시/숨기기 표시 또는 숨기기를 클릭하여 전환한다.
- 구배 문제를 가진 작은 면들을 구분할 수 있도록 하기 위해 각 구배 유형별로 표시 또는 숨기기 기능을 조합할 수 있다.
- 확인을 클릭하고 구배 분석을 종료한다. 파트와 함께 구배 분석 색을 저장하려면 확인을 클릭한다.

● 몰드 도구–분할선

① 분할선은 몰드 파트의 모서리선을 따라 코어와 캐비티 사이에 생성된다. 분할선은 분할 곡면을 작성하는데 사용되며, 또한 곡면을 나눌 때도 사용된다. 모델이 축척되고 구배를 적용한 이후에 분할선을 작성한다.

② 작성 요소는

- 단일 파트에서 여러 분할선 피처
- 부분 분할선 피처

③ 구배 분석 중 발견된 양다리면을 +/− 경계를 따라 또는 지정한 구배 각도로 분할할 수 있다. 스케치 선분, 꼭지점 한 쌍, 또는 곡면 상에 있는 자유 곡선을 선택하여 면을 분할할 수 있다.

④ 분할선을 선택하지 않았을 때도 분할선을 표시하도록 하려면 분할선 보기(보기 도구 모음), 분할선을 클릭한다.

⑤ 파트에서 첫 분할선을 작성하면 캐비티 곡면 바디 폴더와 코어 곡면 바디 폴더가 자동으로 작성되며 적절한 곡면이 배치된다.

⑥ 분할선 작성하기

- 몰드 도구 모음에서 분할선을 클릭하거나 삽입, 몰드, 분할선을 클릭한다.
- PropertyManager에서 다음 옵션을 선택하고 확인을 누른다.

⑦ 금형 변수

ㄱ) **끌 방향** : 캐비티 바디에서 코어와 캐비티를 분할하기 위해 끌 방향을 지정한다. 평면, 면, 또는 모서리선을 선택한다.

ㄴ) 모델에 화살표가 나타난다.

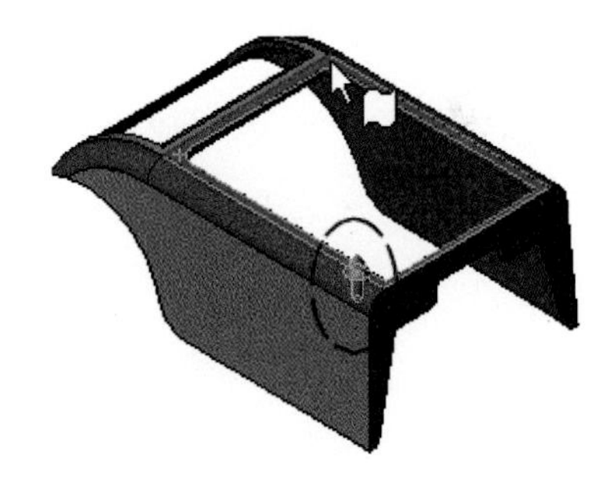

ㄷ) 화살표 방향을 확인하고 필요한 경우, 반대 방향을 클릭한다.

ㄹ) **구배 각도** : 값을 설정한다. 지정한 값보다 적은 구배를 가진 면이 해석 결과에 구배 없음으로 보고된다.

ㅁ) **코어/캐비티 분할 사용** : 코어/캐비티 분할을 지정하는 분할선을 작성한다.

ㅂ) **면 분할** : 구배 분석 중에 발견된 양다리면을 자동으로 분할한다. 다음 중 하나를 선택한다.

- **+/− 구배 전이** : 양각 구배와 음각 구배 사이의 전이점에 있는 양다리면을 분할한다.
- **지정한 각도** : 지정한 구배 각도에서 양다리 면을 분할한다.

ㅅ) **구배 분석** : 구배 분석을 실행하고 분할선을 작성한다. 구배 분석을 클릭한 후 구배 분석 아래에 네 개의 블록이 다른 색을 표시한다(양각 구배, 구배 없음, 음각 구배, 양다리면 · 그래픽 영역에서 모델면이 이 구배 분석 색으로 변경된다).

ㅇ) 음각 구배와 양각 구배가 모두 있어야 한다. 구배를 추가하려면 취소를 눌러 PropertyManager를 닫고 다음 중 한 가지를 선택하여야 한다.

- SolidWorks 모델을 열고 몰드 도구 모음에서 구배( )를 클릭하거나 삽입, 몰드, 구배를 클릭한다.
- SolidWorks 모델을 열고 몰드 도구 모음에서 룰드 곡면( )을 클릭하거나 삽입, 몰드, 룰드 곡면을 클릭한다.

ㅈ) 몰드 도구 모음에서 구배 분석( )을 클릭하여 구배 분석을 실행할 수도 있다.

⑧ 분할선

- **모서리( )** : 분할선으로 선택한 모서리선 이름을 표시한다. 모서리선에서 그래픽 영역에서 속성 표시기가 있는 모서리선을 구분할 이름을 선택한다.
- 그래픽 영역에서 모서리선을 선택하여 모서리선에 추가하거나 목록에서 제거한다.
- 오른쪽을 클릭하고 선택 없애기를 선택하여 모서리선에 있는 모든 선택을 취소한다.
- 분할선이 완전하지 못하면 그래픽 영역에서 모서리선의 끝점에 빨간색 화살표가 표시되며 선택할 수 있는 다음 모서리선이 표시된다.
- **분할선 선택 모서리 추가** : 빨간색 화살표로 표시된 모서리선을 모서리선에 추가한다.
- 선택 모서리 추가 대신 Y를 누를 수도 있다.
- **다음 모서리 선택** : 빨간색 화살표가 표시되어 선택 가능한 다음 모서리를 표시해 준다.

- 다음 모서리 선택 대신 N를 누를 수도 있다.
- **선택 모서리 확대** : 모서리 선택 영역을 확대한다.

⑨ 분할할 요소

- **꼭지점이나 스케치 선분** : 그래픽 영역에서 꼭지점이나 스케치 선분 또는 자유 곡선을 선택하여 분할할 면을 지정한다.
- 모델에 볼록면과 오목면 사이를 지나는 연결 모서리선이 있을 때는 분할선이 자동으로 선택되며 모서리선에 나열된다.
- 모델에 여러 개의 체인이 있으면 가장 길이가 긴 체인이 자동으로 선택된다.
- 다른 모서리선 체인을 자동으로 선택하려면 오른쪽 클릭하고 선택 취소를 선택한다.
- 모서리를 선택한다.
- 파급( )을 클릭하여 모서리 아래에 있는 모든 모서리선을 모서리선에 표시한다.
- 모든 모서리에 자동으로 적용
- 일일히 모서리를 모두 선택하려고 할 때는 오른쪽 클릭하고 선택 취소를 선택한다.
- PropertyManager의 분할선 아래에서 모서리선에 원하는 모서리가 모두 선택될 때까지 선택 모서리 추가와 다음 모서리 선택을 클릭한다.

● **몰드 도구-툴링**

분할 곡면을 지정한 후, 툴링 도구를 사용하여 모델의 코어와 캐비티를 작성하며, 툴링을 작성하려면 곡면 바디 폴더에 최소한 세 개의 곡면 바디가 있어야 한다.

① 툴링 작성하기

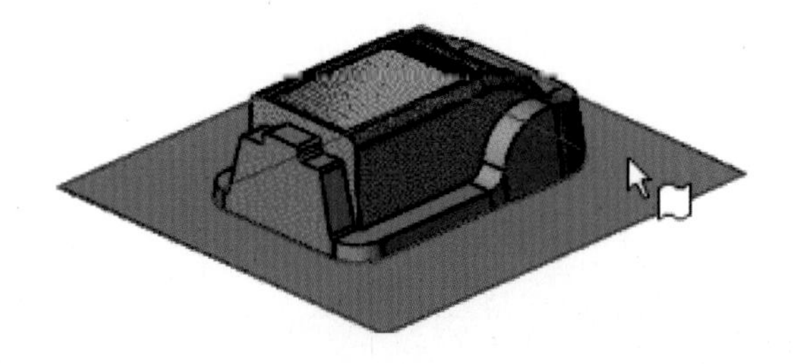

- 코어와 캐비티를 분리하는 선을 스케치할 면이나 평면을 선택한다.

- 툴링( )(몰드 도구 모음)을 클릭하거나 삽입, 몰드, 툴링을 클릭한다. 스케치가 선택한 면에 자동으로 열린다.
- 모델 모서리를 벗어나되 분할 곡면 범주를 벗어나지 않도록 직사각형을 스케치 한다.

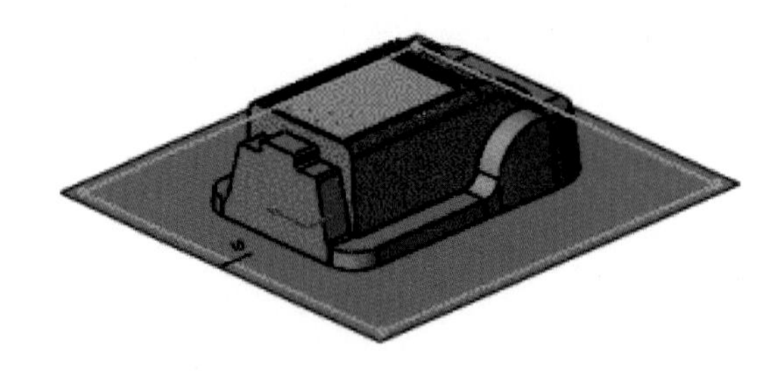

- 스케치를 닫고 툴링 PropertyManager를 연다.
- 코어( ) 아래에 코어 곡면 바디가 표시된다.
- 캐비티( ) 아래에 캐비티 곡면 바디가 표시된다.
- 분할 곡면 아래에 분할 곡면 바디가 표시된다.
- 특정 툴링에 여러 개의 떨어진 코어와 캐비티 곡면 바디를 지정할 수 있다.
- PropertyManager의 블록 크기 아래에서 방향1 깊이와 방향2 값을 지정한다.
- 코어와 캐비티 블록이 어긋나지 않도록 방지하는 곡면을 작성하려면 인터락 곡면을 선택하며, 인터락 곡면은 분할 곡면의 둘레를 따라 작성된다.
- 구배 각도를 입력한다. 인터락 곡면의 일반적인 구배 각도는 5°이다.
- 대부분의 모델은 자동 작성보다는 인터락 곡면을 직접 작성하는 것이 좋다.
- 확인( )를 클릭한다.

  두 개의 솔리드 바디가 나타난다. (코어 바디와 캐비티 바디)

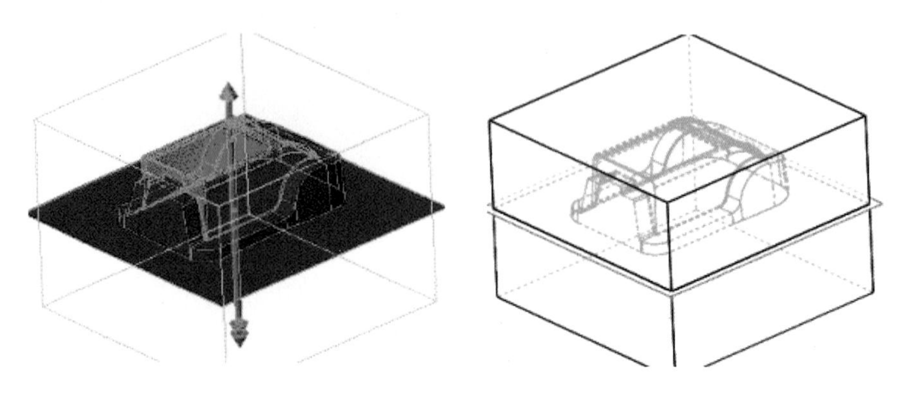

Chapter 2

기본 스케치 작성하기

이 장에서는 모델링을 하기 위해서 적용되는 기본적인 개념을 다루기로 한다.

1. 기본 스케치 작성하기
2. 기본 스케치 작업하기
3. 기하 관계 부가 활용하기
4. 치수 기입하기
5. 3차원으로 구현하기
6. 모델의 디스플레이와 표준 보기 방향
7. 모델 형상 수정하기
8. 돌출 타입 이해하기

1 기본 스케치 작성하기

1) 표준 도구 모음에서 새 문서, 메뉴 바에서 파일〉새 문서를 클릭한다.

2) SolidWorks 새 문서 대화상자가 나타나면 파트를 선택하고 확인을 클릭한다.

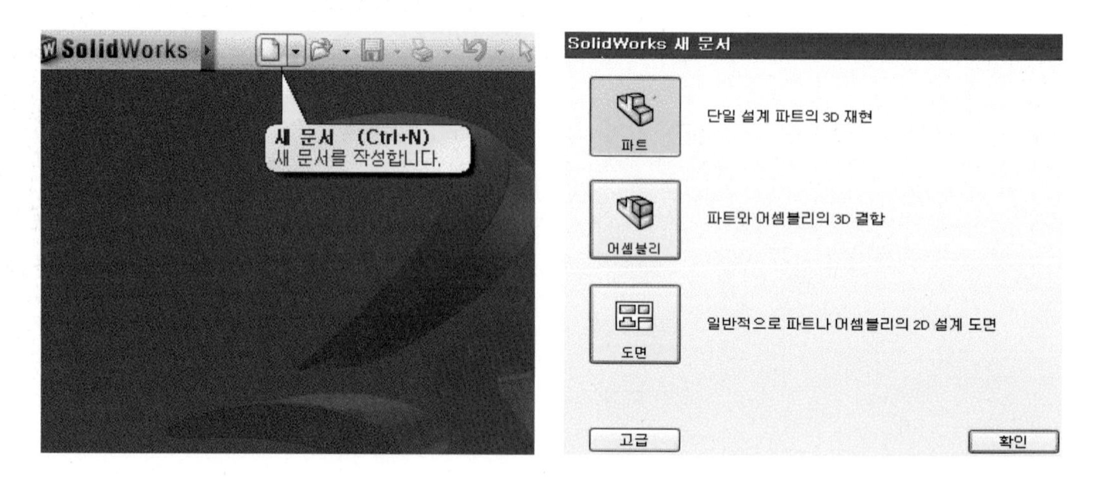

SolidWorks 2007 이상 버전에서는 기계 설계 자동화 소프트웨어로서 사용자들에게 친숙하고 편리한 기능을 갖추고 있으며, 그래픽 사용자 인터페이스를 채택하였다. 또한 사용이 편리하므로 기계 설계 디자이너는 다양한 피처 및 치수를 활용함으로써 구상한 설계를 빠르게 구현하여 모델 및 상세도를 만들 수 있다.

이 장에서는 SolidWorks 기본 스케치 작성 개념과 용어를 설명하기로 한다. 윈도우 바탕화면에서 프로그램 열기를 한다.

2 기본 스케치 작업하기

1) 작업 평면을 선택한 후 피처매니저(FeatureManager)에 있는 정면도를 마우스로 선택한다.

2) 바탕화면 상단 표시 메뉴 경계선에 마우스 포인트를 놓고 마우스 우측 버튼 누르고 commandmanager에 선택 후 기본 스케치 메뉴를 선택한다. 도구상자에서 스케치 아이콘( )을 클릭한다. 그러면 작업 창이 그림 1과 같이 스케치 모드로 변한다.

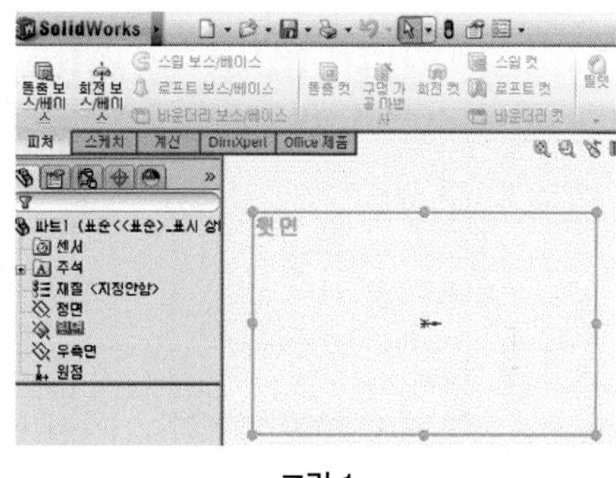

그림 1

3) 표시 메뉴줄에서 선을 선택하고 수직선과 수평선을 긋는다. 이때 선과 선이 이어지는 부위에 파란 사각점이 나타난다. 직사각형 도형 정의가 완료되면 확인 버튼( )을 클릭하고 마우스를 바탕화면에 위치하고 클릭한다. 그러면 그림 2와 같이 파란선으로 정의된다.

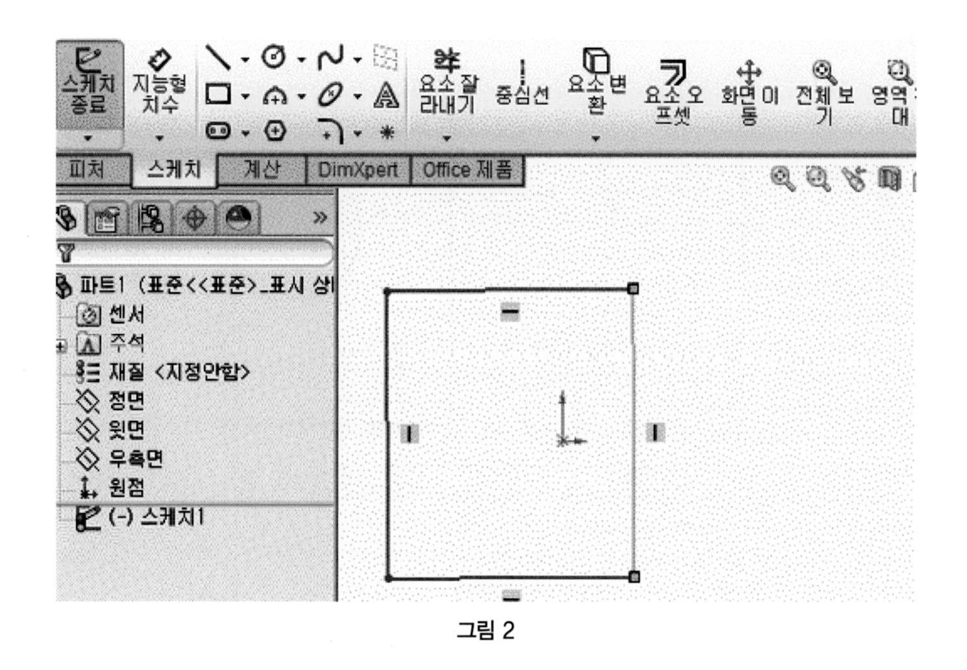

그림 2

4) 3점호(Arc) 아이콘( )을 선택하여 마우스를 사각형의 오른쪽 수직선에 놓고 호의 끝점을 클릭한 후 마우스를 직선 위로 움직여 호의 다른 끝점을 클릭한다. 이때 클릭한 3점호를 마우스로 누른 상태에서 크기를 조절한다. 그림 3과 같이 2개의 호를 그린다.

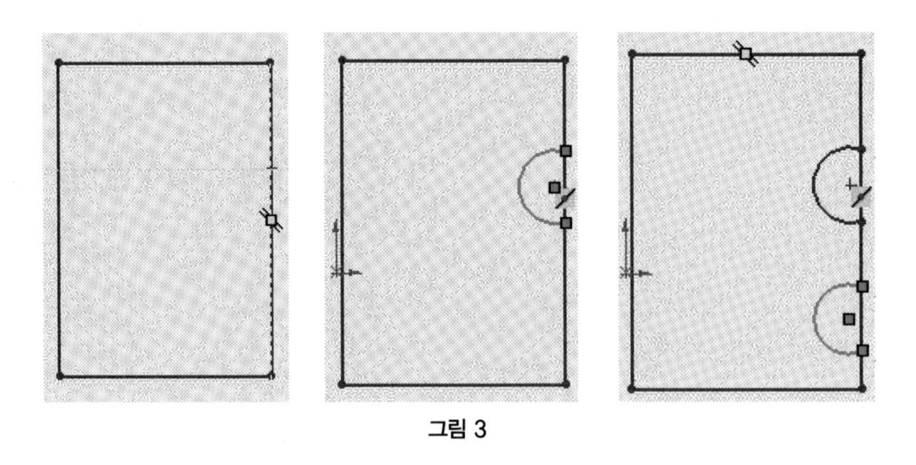

그림 3

5) 스케치 잘라내기 아이콘( )을 선택하여 그림 4와 같이 호안에 있는 직선 2개를 지운다. 그림 5와 같이 마우스 포인트를 호 또는, 선을 선택한 후 마우스를 누른 상태에서 잡아끌면 크기를 조정할 수 있다. 이때 원점은 고정되어 움직이지 않는다.

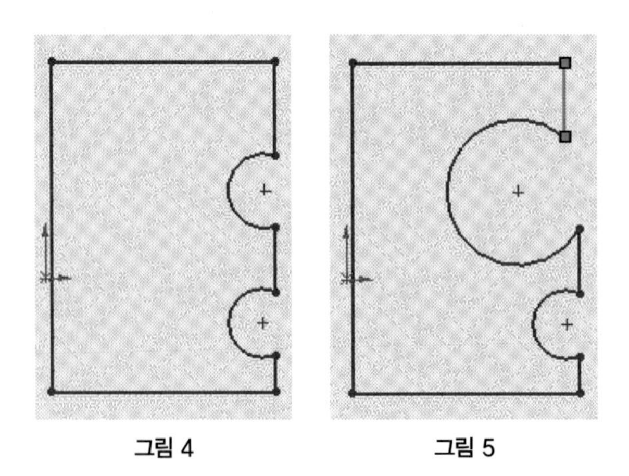

그림 4　　그림 5

3 기하 관계 부가 활용하기

1) 메뉴에서 도구-구속 조건-부가를 선택하거나 표시 메뉴의 구속 조건 아이콘(⊥)을 선택한다. 또는 우측 마우스를 누르고 구속 조건 부가를 선택한다.
2) 요소를 선택하면 선택 요소에 나타나며 여기서 동등을 클릭하고 확인 버튼(✔)을 클릭한다. 이때 원의 크기가 기준 원과 같아진다.

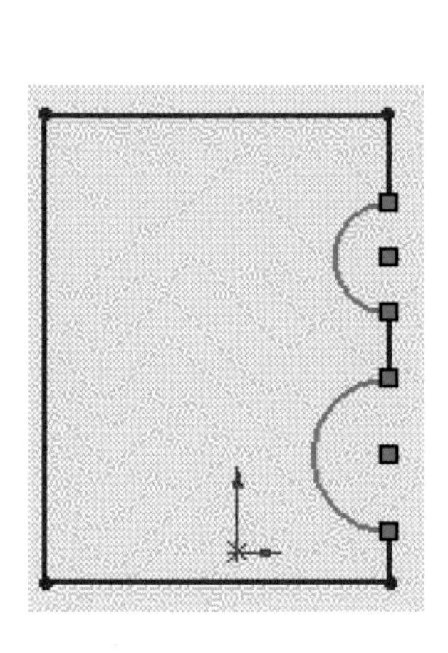

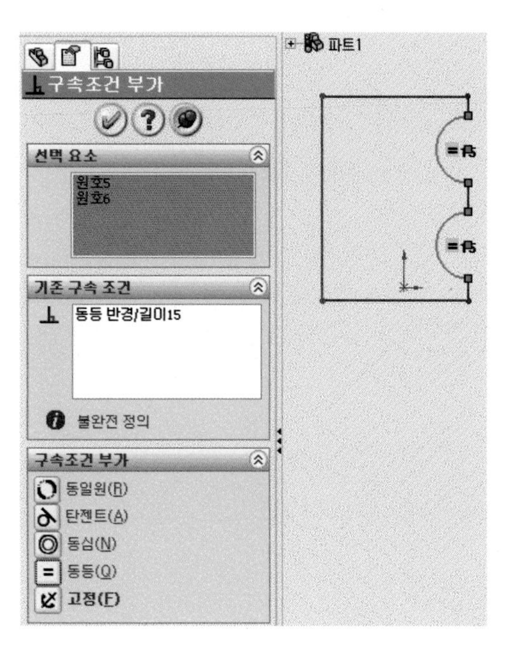

4 치수 기입하기

치수는 SolidWorks에서 기하 형상을 구속하고 정의할 수 있으며 현재값을 보여준다.

1) 메뉴의 도구에서 사용자 정의-치수/구속 조건을 선택한다.

2) 치수 아이콘을 선택한 후 치수 기입할 요소를 선택한다.

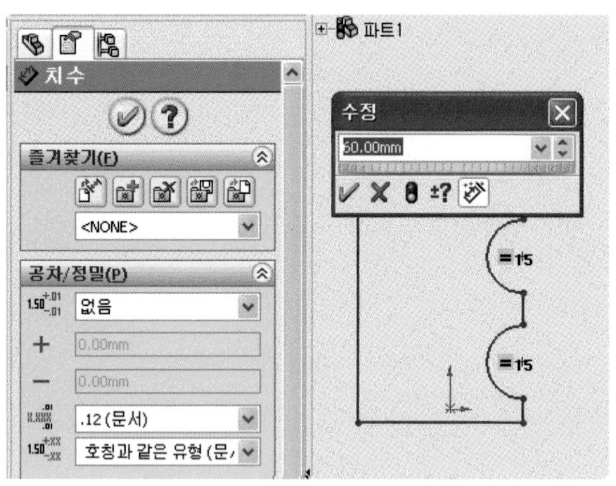

수정 표시창에 원하는 치수를 기입한다.

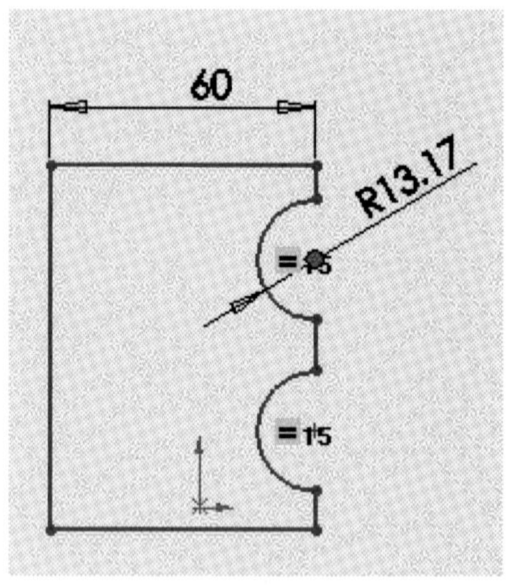

그림 6

3) 위 그림과 같이 스케치 요소가 완전 정의되면 검정색으로 변한다.

5 3차원으로 구현하기

1) 표시 메뉴의 돌출 보스/베이스( )를 선택한다.

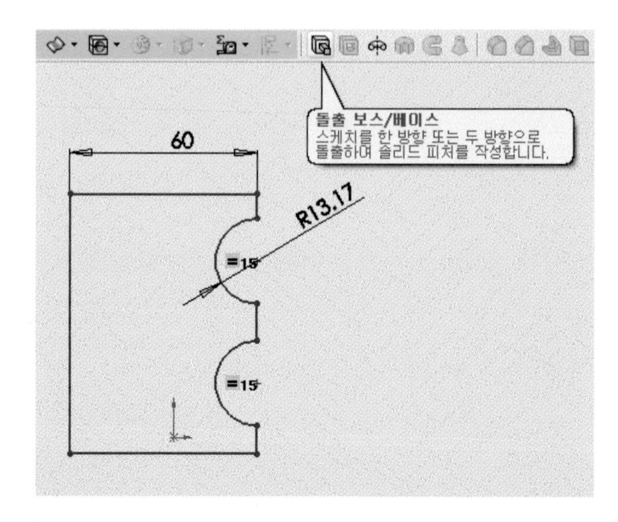

2) 돌출 아이콘을 선택하면 스케치 평면에 수직한 방향으로 스케치 형상이 돌출된다. 이때 블라인드 형태 표시창에서 돌출 방향( )을 선택하거나 마우스를 이용하여 방향을 설정하고 치수를 기입한 후 확인 버튼을 클릭한다.

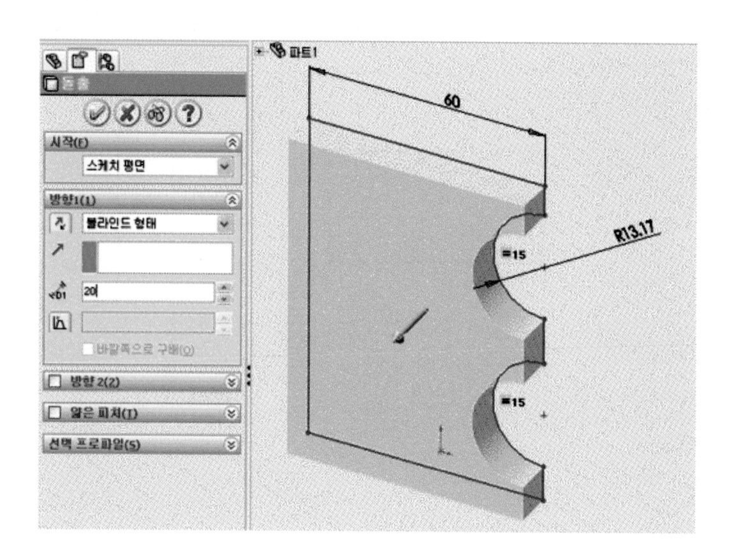

6 모델의 디스플레이와 표준 보기 방향

1) 파트 또는 어셈블리 작업시 기본 설정 디스플레이 모드는 음영 처리 상태이다. 디스플레이 모드는 사용자 임의로 조정할 수 있다.

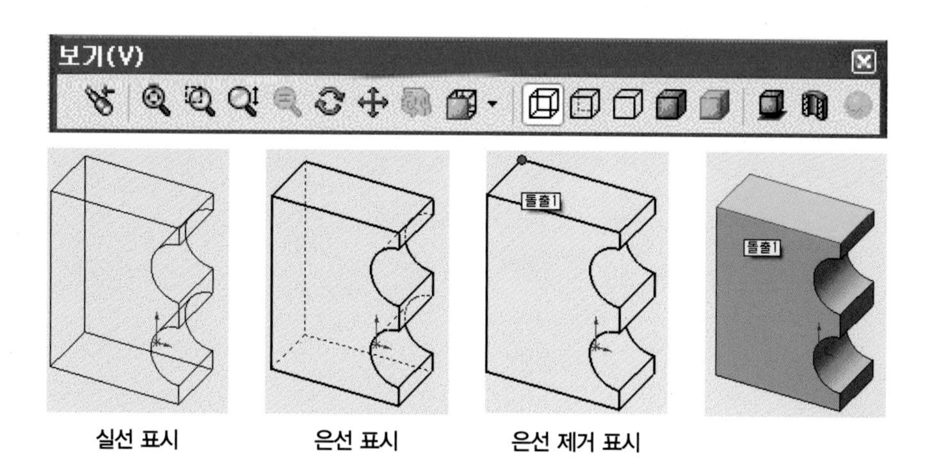

실선 표시 은선 표시 은선 제거 표시

2) 표준 보기 방향

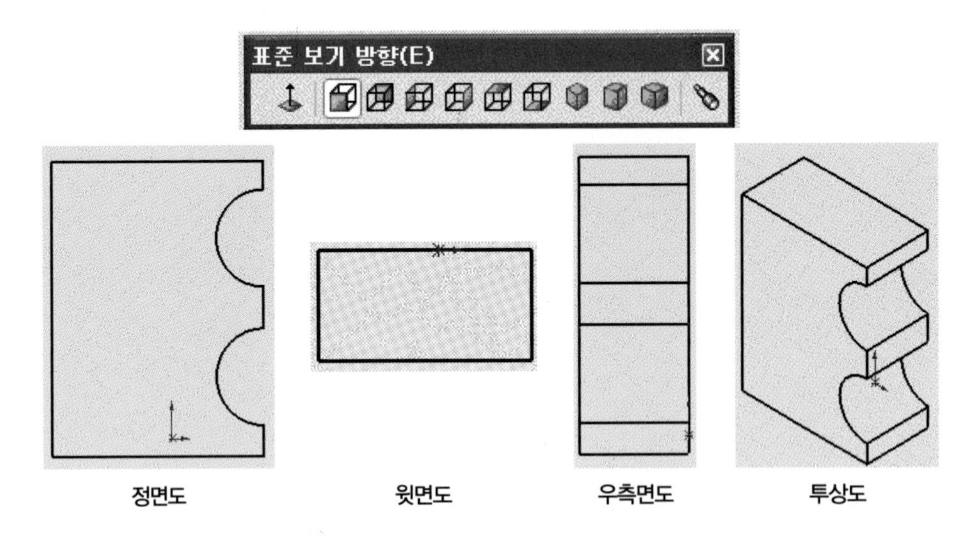

7 모델 형상 수정하기

SolidWorks는 모델링을 구현한 후 쉽게 스케치 형상을 수정할 수 있다. 스케치 수정 방법에는 스케치 방법과 정의 편집 방법 등 2가지가 있다.

1) 마우스를 모델링에 옮겨놓고 마우스 우측 버튼을 누르면 그림과 같이 부메뉴의 창이 뜬다.
2) 부메뉴의 스케치 편집을 선택하면 스케치 편집 화면으로 변한다.
3) 표시 메뉴의 표준 보기( )를 선택하거나 보기 메뉴에서 정면도를 선택하여 스케치 편집을 한다.

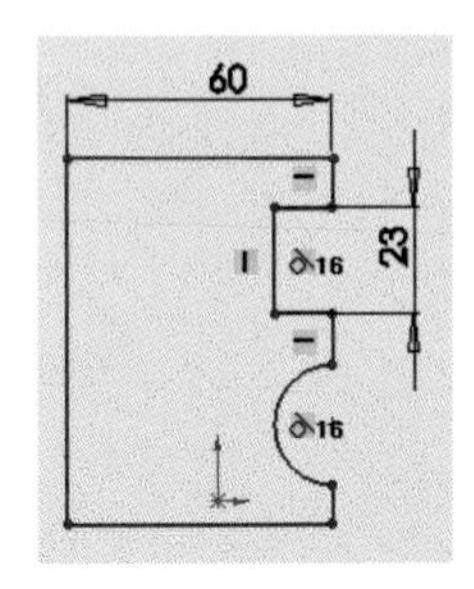

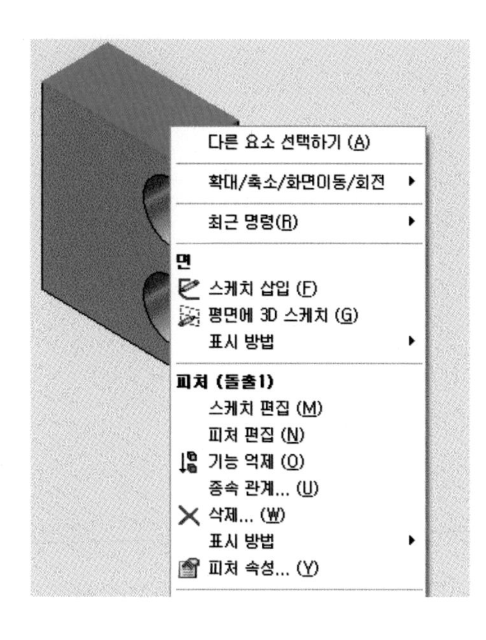

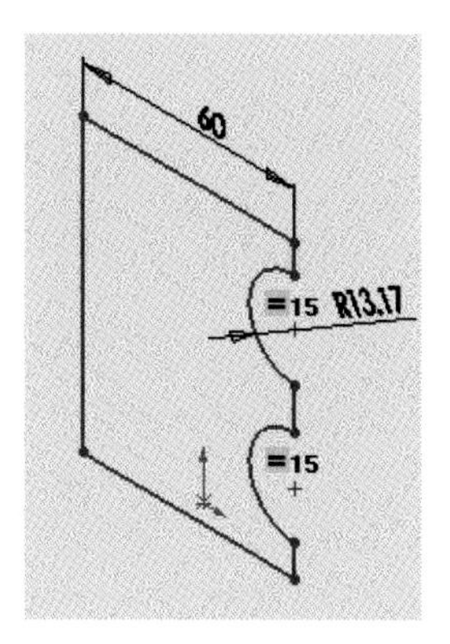

4) 치수를 수정하기 전에 구속 부가 조건이 부여되어 있는 속성 매니저 창이 나타나면 구속 조건을 DEL키를 이용하여 삭제한다.

5) 치수를 변경하기 위해서는 해당 치수를 더블클릭하여 그림 a와 같이 수정한다.

6) 편집을 원활하게 하기 위해서 바탕화면에 마우스를 위치하고 부메뉴의 구속 조건을 선택한 후 그림 b와 같이 모두 삭제한다.

7) 스케치 모드를 빠져나와 돌출한다.

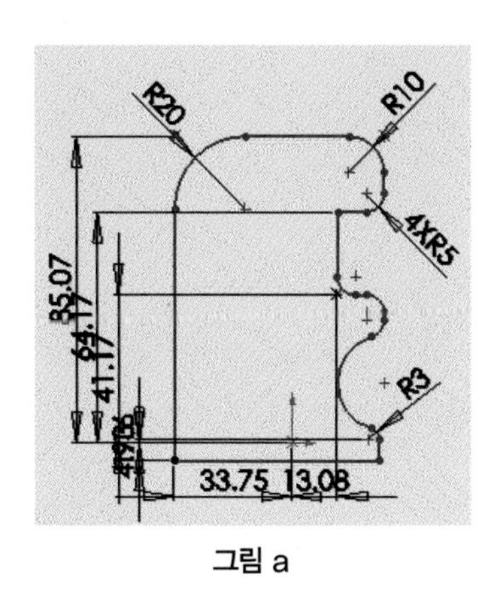

그림 a

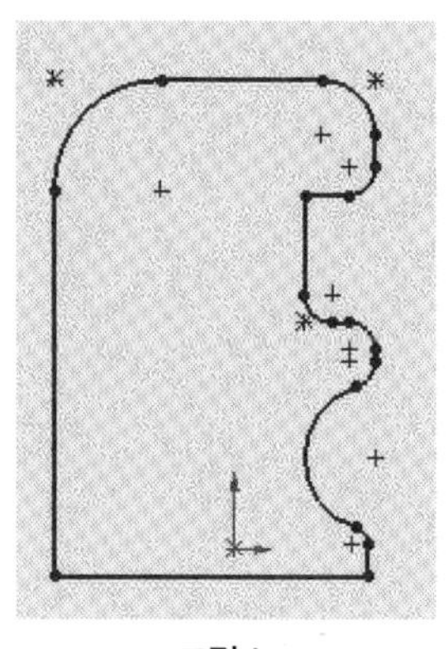

그림 b

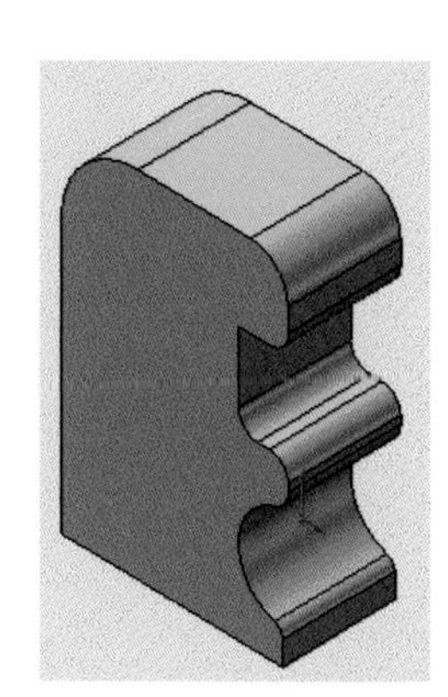

8 돌출 타입 이해하기

1) 블라인드 요소에 부여하는 치수만큼 수행

2) 관통 치수에 관계없이 요소 관통

3) 다음까지 스케치가 있는 기준면에서 다음면까지의 작업 수행

4) 꼭지점까지 지정한 스케치면까지 작업 수행

5) 곡면까지 지정한 면까지 작업 수행

6) 곡면으로 오프셋 지정한 면에서부터 부여한 치수만큼 남기고 작업 수행

7) 중간평면 부여한 치수만큼 양방향으로 작업 수행

8) 제 2방향 중간 평면과는 다른 개념으로 다른 방향에 대하여 제 1방향과 다른 설정값을 부여할 수 있다.

Chapter 3

피처 기능 이해하기

이 장에서는 모델링을 하기 위해서 사용되는 피처 기능 개념을 다루기로 한다.

1. 필렛 명령 사용하기
2. 모따기 명령 사용하기
3. 구멍가공 마법사 익히기
4. 구배주기
5. 쉘(Shell) 명령어 사용하기
6. 3차원에서 순서의 중요성과 불필요한 형상 제거하기
7. 리브(Rib, 보강대) 사용하기
8. 회전체 만들기
9. 다양한 패턴 제어하기
10. 브래킷 부품 만들기
11. 대칭복사 이용 스케치 작성하기
12. 도면 작업하기
13. 곡선도구 모음 활용하기

1 필렛 명령 사용하기

필렛 명령은 모서리 부분 및 면의 각진 부분을 R값을 주어 라운드 형상으로 만드는 명령이다. 필렛 방법은 부동 반경, 유동 반경, 면 필렛 등이 있다. 먼저 부동 반경을 알아본다.

1) 풀다운 메뉴에서 삽입−피처−필렛을 선택하거나 피처도 상자에서 필렛 아이콘( )을 선택한다.

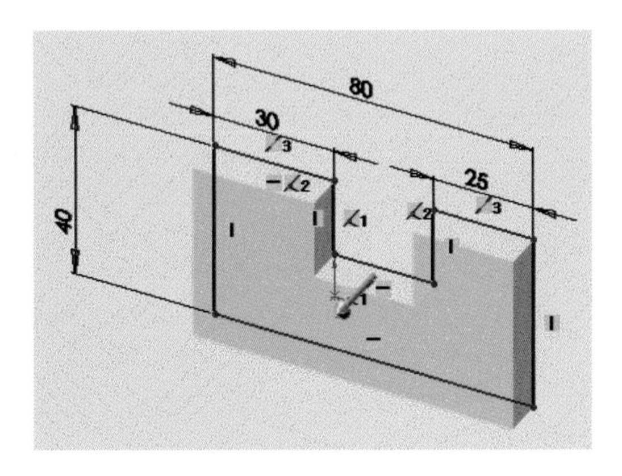

2) 속성 매니저 창이 나타나면 필렛 유형 중 부동 반경으로 설정하고 필렛할 모서리 2개 곳을 마우스로 클릭한다.

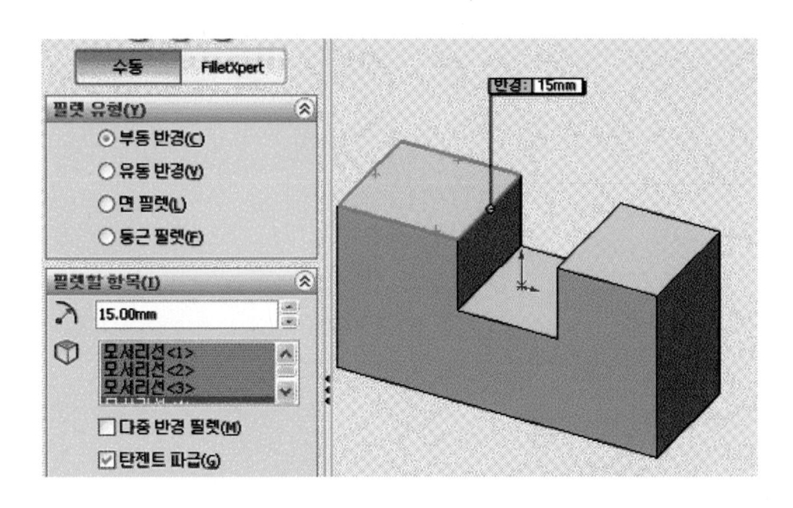

3) 두 모서리의 필렛값이 다를 경우 다중 반경 필렛으로 각 모서리마다 반지름 값을 입력한다.

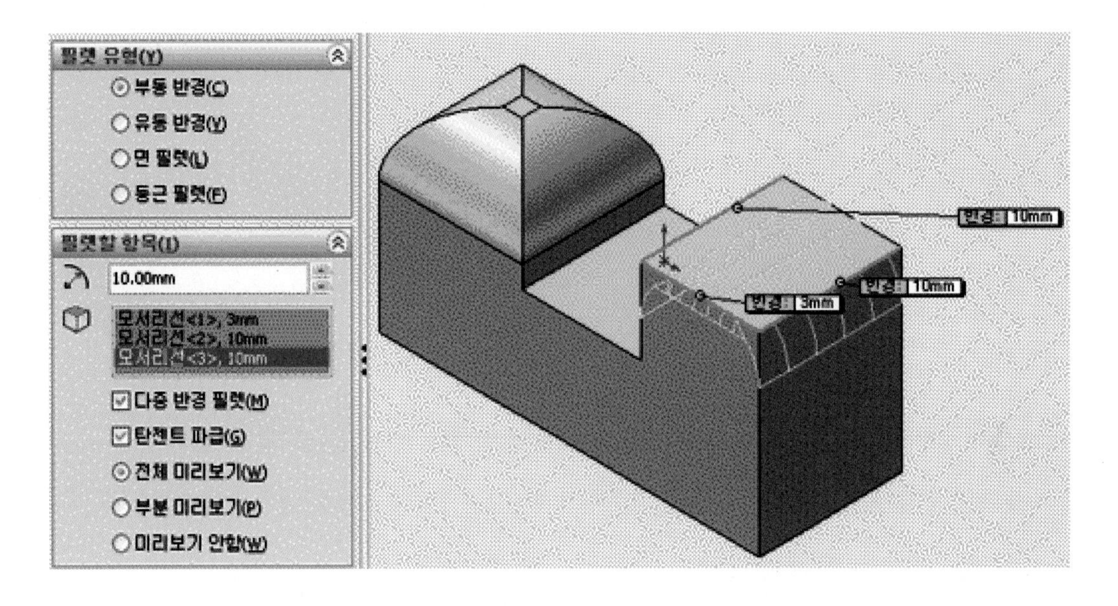

4) 유동 반경에 대해서 알아보기로 한다. 선택한 모서리 각각의 꼭지점에 원하는 R값을 다르게 부여함으로써 모서리를 따라 R값이 변한다.

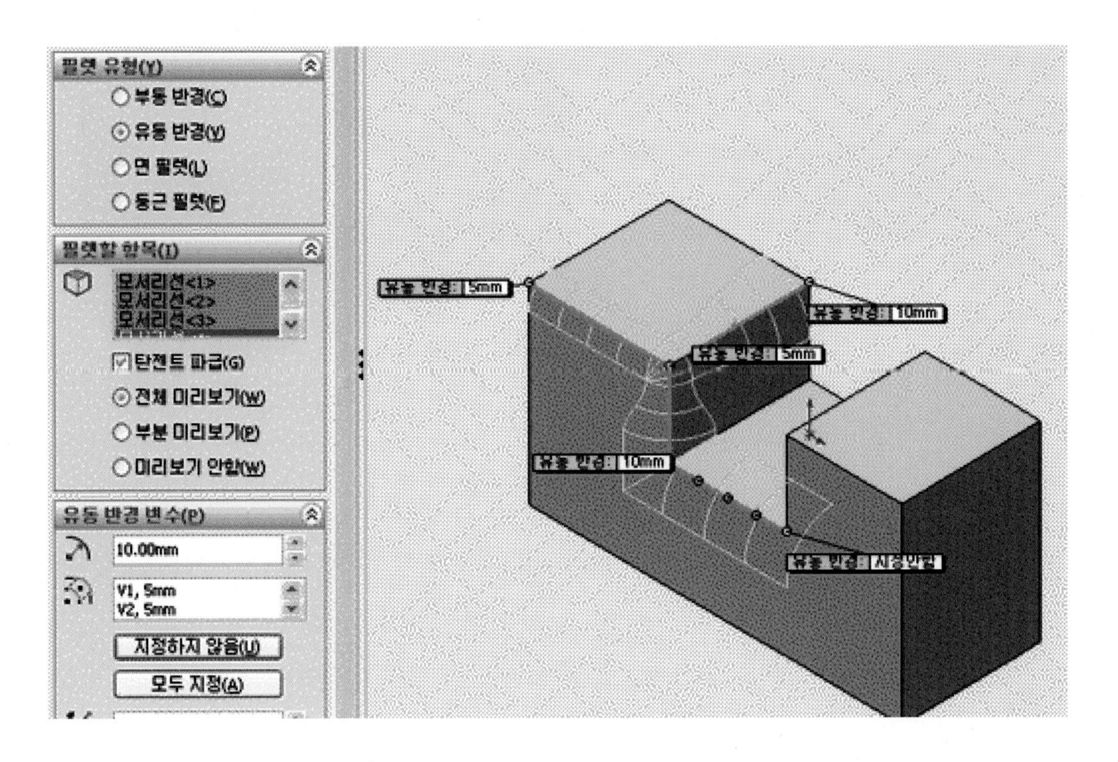

유동 반경은 첫 번째 모서리를 선택하고 유동 반경 변수 창의 지정하지 않음을 클릭한 후 변경되는 모서리 값을 부여한 후 확인 버튼을 클릭한다.

그림은 유동 반경의 확인 버튼 결과이다 이때 주의할 사항은 반경값이 면의 길이보다 작아야 한다.

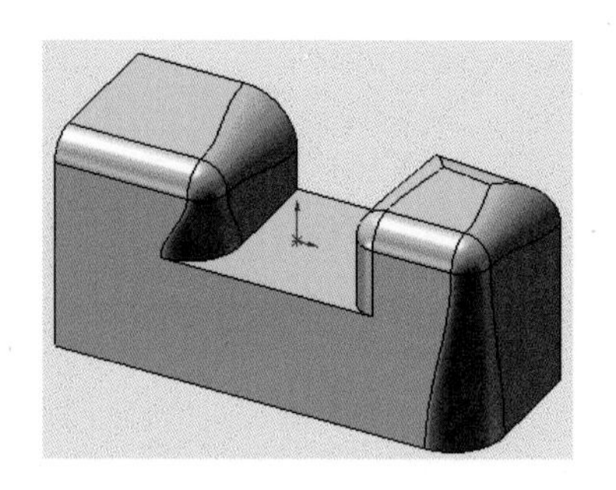

5) 면 필렛에 대해서 알아본다. 모델의 2개의 면을 선택한다. 필렛 옵션으로 선유지 칸에 필렛한 면⟨1⟩과 면⟨2⟩를 선택한 후 확인 버튼을 누른다.

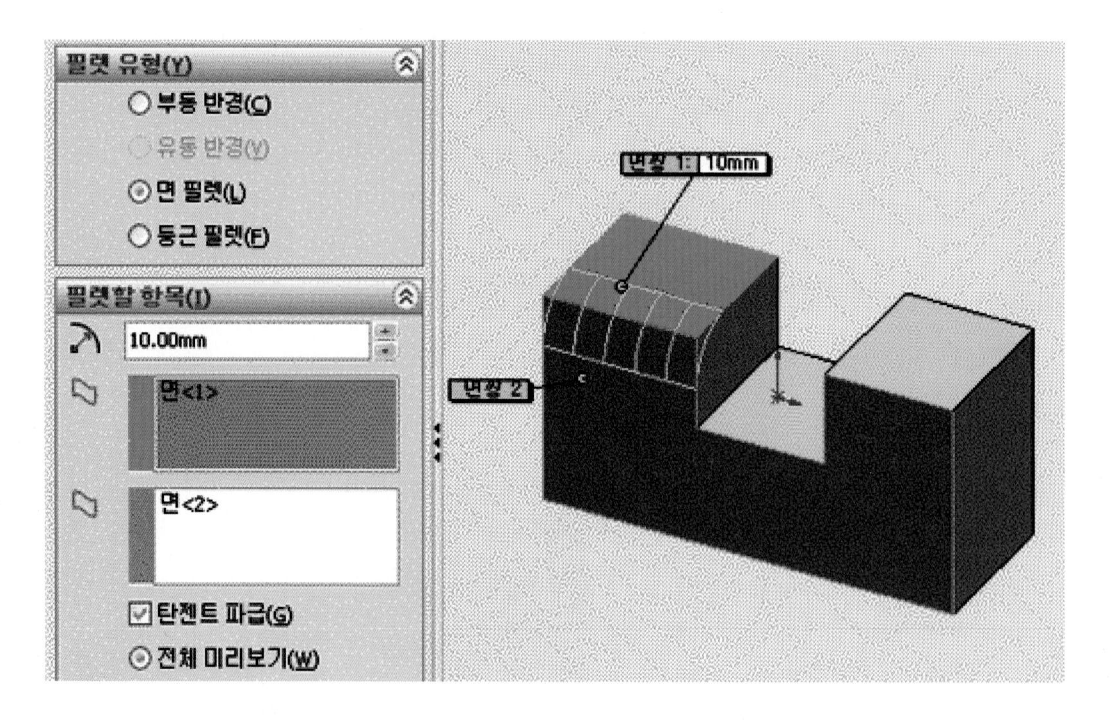

6) 코너 필렛에 대해서 알아본다. 필렛 유형을 부동 반경으로 설정하고 코너 둥글리기를 선택한 후 R값을 입력한다.

2 모따기 명령 사용하기

모델링을 형성하고 풀다운 메뉴에서 을 선택하여 모따기 대화상자에 각도 45도 길이 7mm 를 입력하고 확인 버튼을 선택한다.

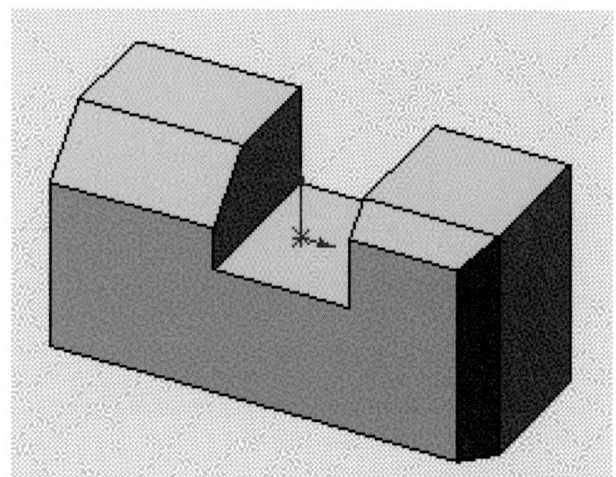

3 구멍 가공 마법사 익히기

1) 구멍 가공 마법사는 구멍(hole)을 표준화된 형상을 이용하여 생성시키는 명령이다. 3D 스케치 구멍을 생성시킬 평면을 선택하고, 표준 메뉴에서 삽입, 피처, 구멍 가공 마법사를 선택하거나 피처 도구상자에서 가공 마법사 아이콘을 클릭한다.

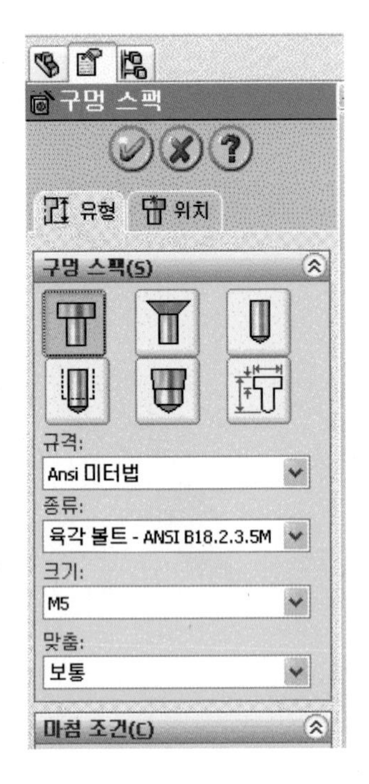

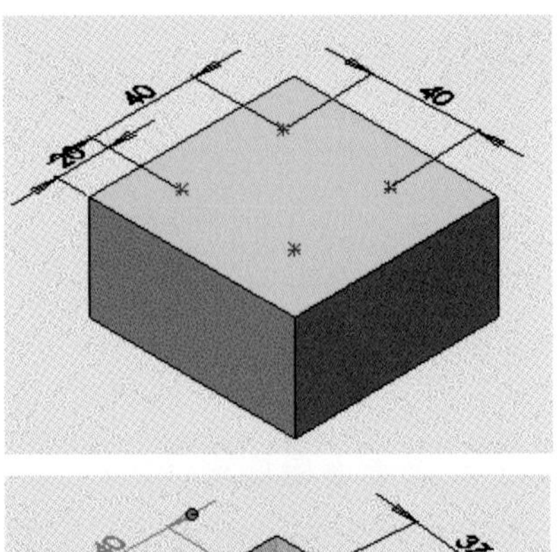

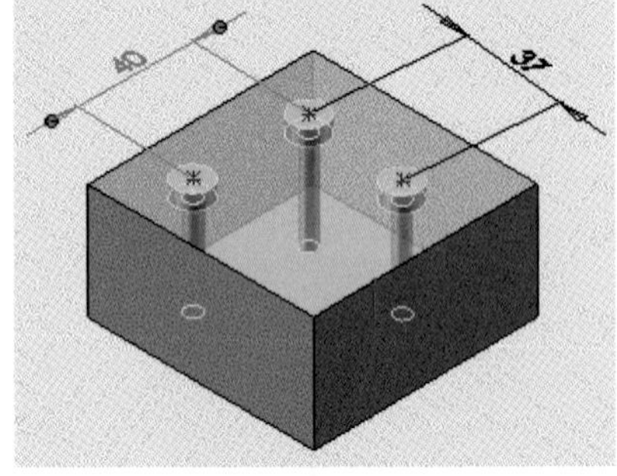

2) 스케치 모드를 오프하고 구멍 유형을 편집하며 위치를 선택한 후 치수 기입을 한다.

3) 구멍 위치를 확인하고 확인 버튼을 클릭한다.

4 구배 주기

1) 구배 주기(Draft)는 일정한 기울기를 갖는 피처를 생성한다. 구배 명령은 면에 기울기를 주고 싶을 때 사용한다. 특히 플라스틱 성형 제품이나, 주물 단조 공정에서 제품이 금형으로부터 빠져 나오기 쉽게 금형과 접하는 면에 구배를 줄때 사용한다.

2) 풀다운 메뉴에서 삽입, 피처, 구배 주기를 선택하거나 피처 아이콘을 선택한다.

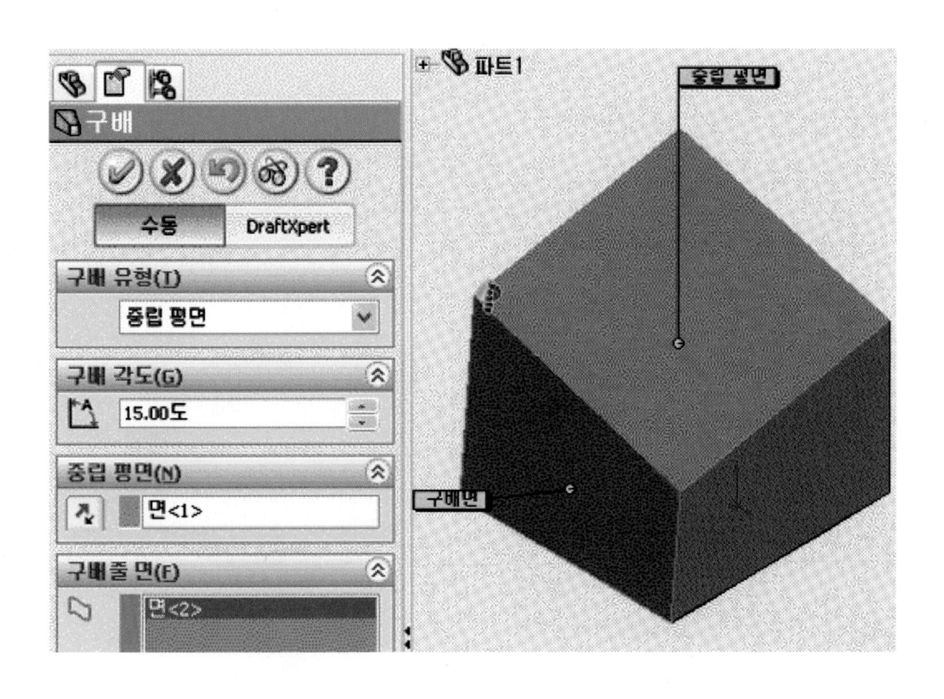

3) 구배 대화상자에서 구배 유형을 중립 평면으로 설정한다. 그리고 구배줄 면을 선택한 후 이웃하는 면을 중립면으로 한다.
4) 원하는 구배 각도를 설정한다.
5) 확인 체크를 클릭한다.

5 쉘(Shell) 명령어 사용하기

1) 쉘 명령은 모델링한 형상에 두께를 주는 명령으로 원하는 두께를 남겨 두고 파내는 기능이다. SolidWorks에서는 특정한 면을 제거하지 않고도 쉘 작업이 가능하다.
2) 풀다운 메뉴에서 삽입, 피처, 쉘을 선택하거나 쉘 피처 아이콘을 선택한다.
3) 쉘 대화상자의 변수에서 쉘 두께를 5mm로 하고 제거할 면을 선택한 후 확인 버튼을 클릭한다.

4) 살 두께를 다르게 부여할 경우에는 다중 두께 세팅에서 해당하는 면을 선택한 후 살 두께 (10mm)를 설정한 후 확인 버튼을 클릭한다.
5) 3D CAD에서는 2D CAD와는 달리 작업 순서가 아주 중요하다. 작업 순서에 의해 전체 형상이 변경될 수 있다.

6 3차원에서 순서의 중요성과 불필요한 형상 제거하기

1) 피처 매니저에서 모델의 생성 순서를 변경함으로써 형상이 달라진다.
2) 피처 형상을 제거할 때에는 스케치 요소의 제거와 마찬가지로 키보드의 Delete키나 삭제 아 이콘을 사용하여, 아주 쉽게 형상 제거가 가능하다.
3) 솔리드 모델에서 삭제하고자 하는 형상을 클릭하거나 또는 피처 매니저에서 해당 피처를 삭제하기 위하여 선택한 후 단축 아이콘을 누른다.

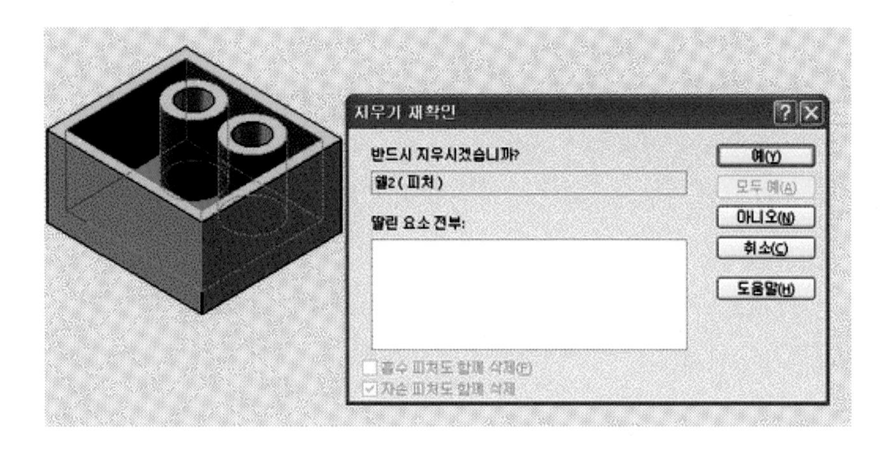

7 리브(Rib, 보강대) 사용하기

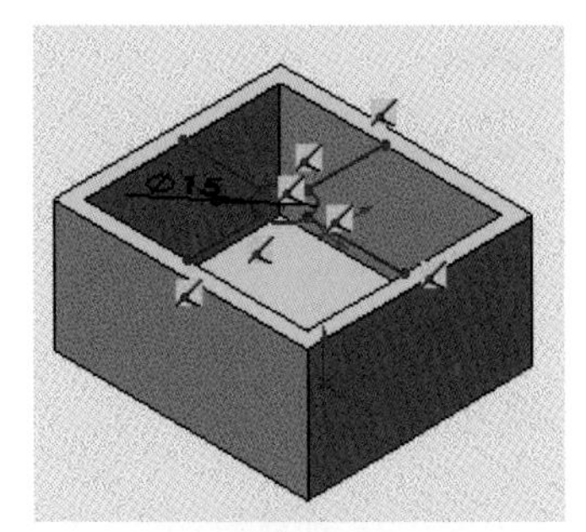

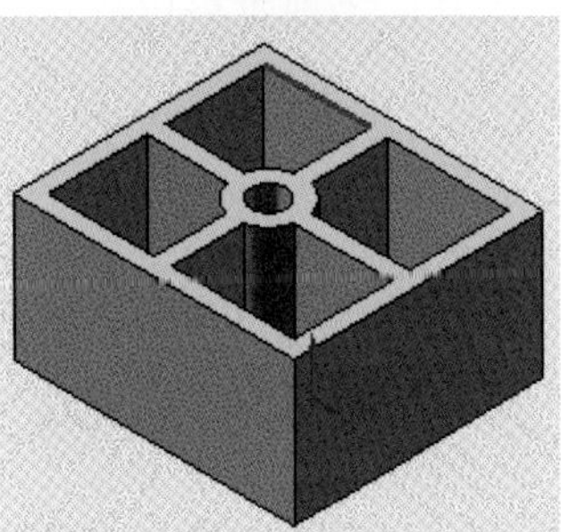

1) 리브 명령은 다양한 형태의 보강대를 생성할 때 쓰이는 기능으로써 두께와 구배, 방향 등을 자유롭게 설정할 수 있으므로 두께가 얇은 플라스틱형 제품 설계 시 많은 도움이 된다.
2) 먼저 리브를 작업할 모델 윗면을 선택한다.
3) 스케치 평면으로 하기 위하여 마우스로 클릭하고, 3D 스케치 아이콘을 선택한 후 원하는 스케치를 한다.
4) 불필요한 선을 자르기한 후 스케치 작업을 원활히 하기 위하여 면에 수직 보기 아이콘을 클릭한 다음, 그림과 같이 리브의 단면 형태를 스케치한다. 4개의 직선은 모두 한쪽 끝이 바깥 모서리와 일치하고, 다른 한쪽 끝은 원과 일치시킨다. 리브 생성은 다른 스케치 경우와는 달리 스케치 형상이 닫혀있지 않아도 된다.
5) 풀다운 메뉴에서 삽입, 피처, 리브를 선택하거나 리브 피처 아이콘을 선택한다.
6) 피처 매니저에서 리브 스케치를 선택한 후 리브 보강대 대화상자에서 리브 두께(10mm), 돌출 방향 및 구배 등을 설정한 후 확인 체크를 클릭한다.

8 회전체 만들기

(1) 솔리드 회전체 만들기

1) 회전축을 중심으로 스케치 단면을 회전시켜 회전체를 만드는 명령이다. 여기서 회전축은 중심이 된다. 회전체를 만들기 위해서는 반드시 중심선이 1개 있어야 한다.

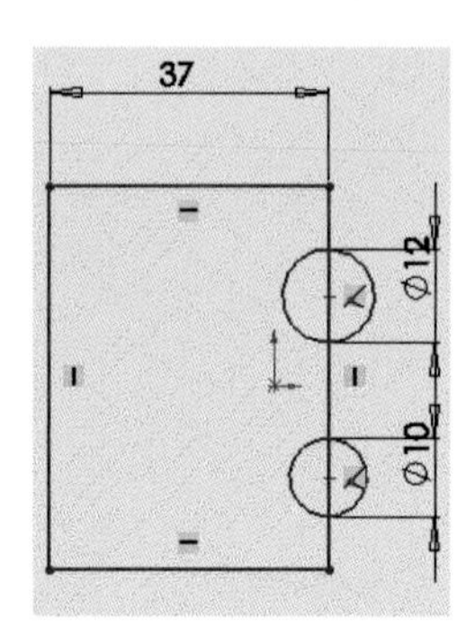

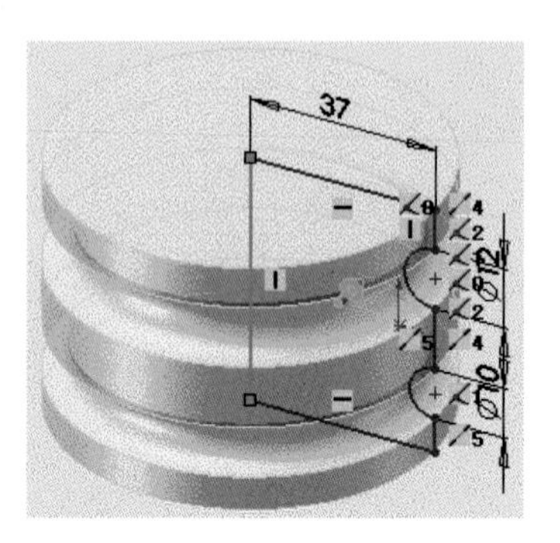

2) 정면도를 스케치 평면으로 선택하고 스케치 모드로 들어간다. 그림과 같이 회전체의 중심축이 될 중심선을 먼저 스케치하고, 회전시킬 수 있도록 반 단면을 스케치한다.
3) 풀다운 메뉴에서 삽입, 베이스, 회전을 선택하거나 피처 도구상자에서 회전체 아이콘( )을 선택한다.
4) 스케치 형상이 열려진 상태는 메시지가 나타나며, 이때 SolidWorks가 스케치한 형상의 양끝 점을 직선으로 이어 스케치 형상을 자동으로 닫게 예를 누른다.
5) 대화상자에서 회전 변수를 한 방향으로, 각도를 360도로 하고 확인 체크를 클릭한다.

(2) 얇은 피처 회전체 만들기

일정한 두께를 가진 라인이 중심선을 중심으로 회전하면서 회전체를 생성시킨다.

풀다운 메뉴에서 삽입, 베이스, 회전을 선택하거나 피처 도구상자에서 회전체 아이콘을 클릭한다. 스케치 형상이 열려진 상태이므로 메시지가 나타난다. SolidWorks가 스케치한 형상의 양끝 점을 직선으로 이어 스케치 형상을 자동으로 닫게 아니오를 누른다.

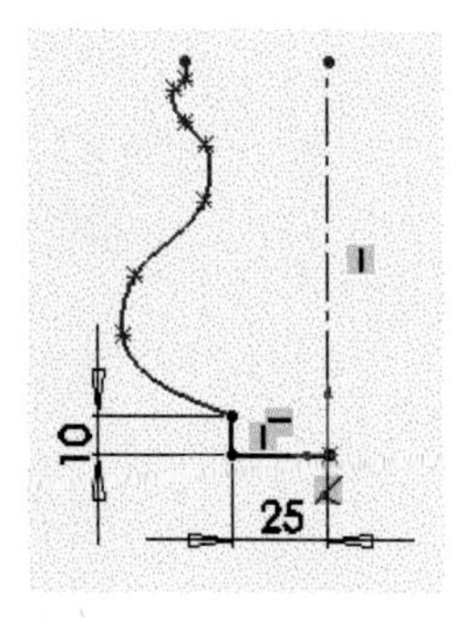

정면도를 스케치 평면으로 선택하고 스케치 모드로 들어간다. 위 그림과 같이 회전체의 중심축이 될 중심선을 먼저 스케치하고, 회전시킬 반 단면을 스케치한다.

대화상자에서 회전 변수를 한 방향으로 각도를 360으로 정한다. 얇은 피처를 체크하고 방향을 한 방향으로, 두께를 1mm로 정한다. 확인 체크를 클릭한다.

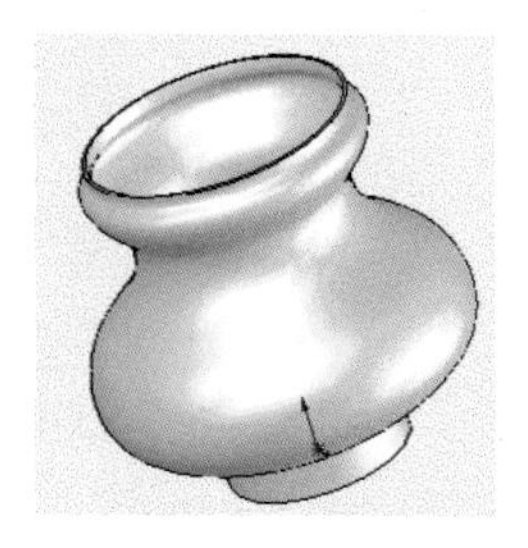

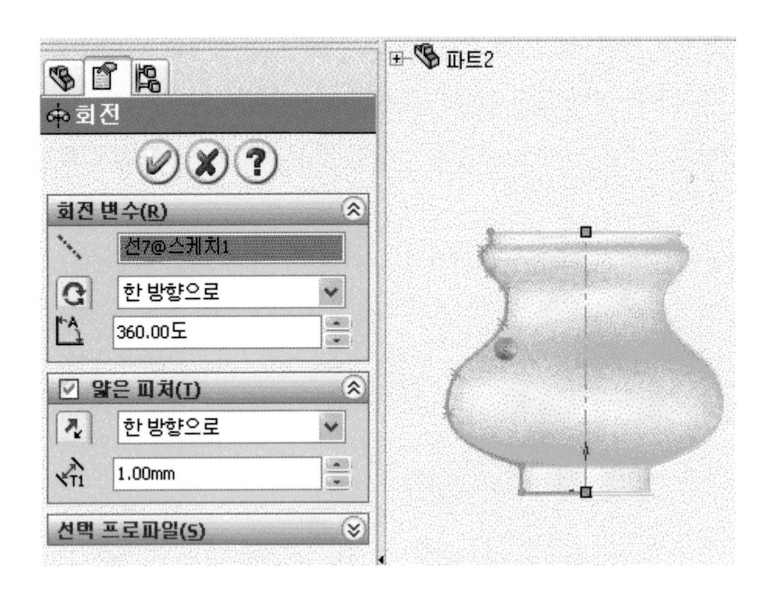

(3) 모델의 단면 보기

단면 보기 기능은 실제 컷 명령을 실행하여 직접 자르지 않고도 원하는 부분의 단면을 볼 수 있다. 아래 그림과 같이 모델링한 형상을 변경한다. 풀다운 메뉴에서 보기, 표시, 단면 보기를 선택하거나 뷰 도구상자에서 단면 보기 아이콘( )을 클릭한다. 단면도 대화상자가 나타나면 단면 속성 보기 탭에서 절단 평면/면으로 피처 매니저에서 정면도를 클릭한다. 절단 위치는 절단 평면에서의 옵셋 거리를 말한다. 여기서는 0mm로 정한다.

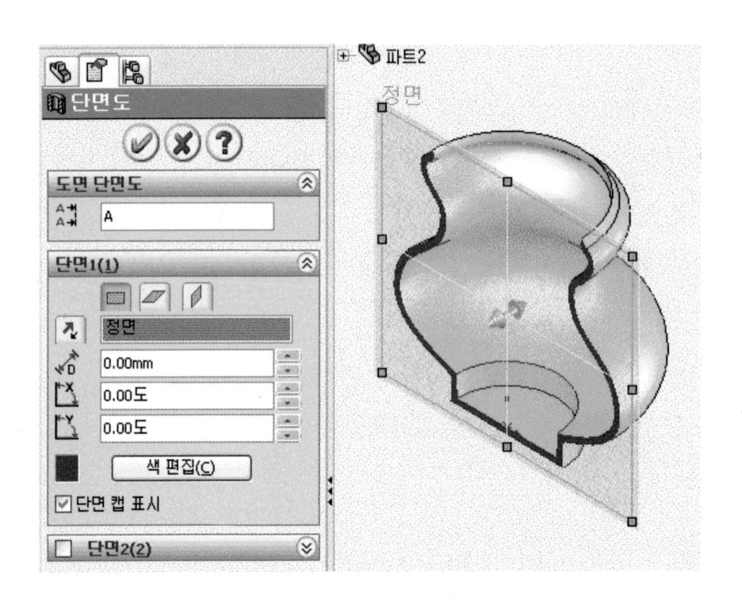

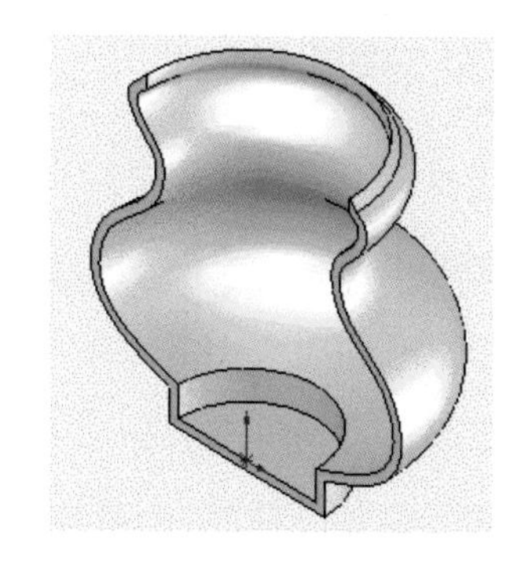

디스플레이를 눌러 잘려진 방향이 맞는지 확인한다. 방향이 반대로 되어 있으면 원하는 면 뒤집기를 체크한다. 확인을 눌러 대화상자를 빠져 나온다. 솔리드 형상이 정면도로 잘려진 것처럼 보인다. 단면 보기 아이콘을 한 번 더 클릭하면 원래의 솔리드 형상으로 다시 보여준다.

(4) 기타 아이콘 찾기

SolidWorks창 내에 기본으로 세팅된 도구상자에는 SolidWorks가 갖고 있는 모든 기능의 아이콘들이 나와 있는 것은 아니다. 많이 쓰이지 않는 아이콘들은 사용자 정의라는 창고에 보관되어 있다. 풀다운 메뉴에서 도구, 사용자 정의를 누르거나 또는 도구상자 위로 마우스를 옮기고 오른쪽 마우스 버튼을 클릭하면 사용자 정의 대화상자가 나타난다. 명령 탭을 마우스로 클릭하고 영역에서 뷰를 클릭하면 뷰와 관련한 모든 버튼이 디스플레이된다. 예를 들어 스윕 곡면 아이콘을 마우스로 드래그하여 뷰 도구상자로 옮겨 놓는다. 자주 사용하지 않는 아이콘은 이와 반대로 사용자 정의 상자에서 명령 영역으로 옮겨 놓으면 된다.

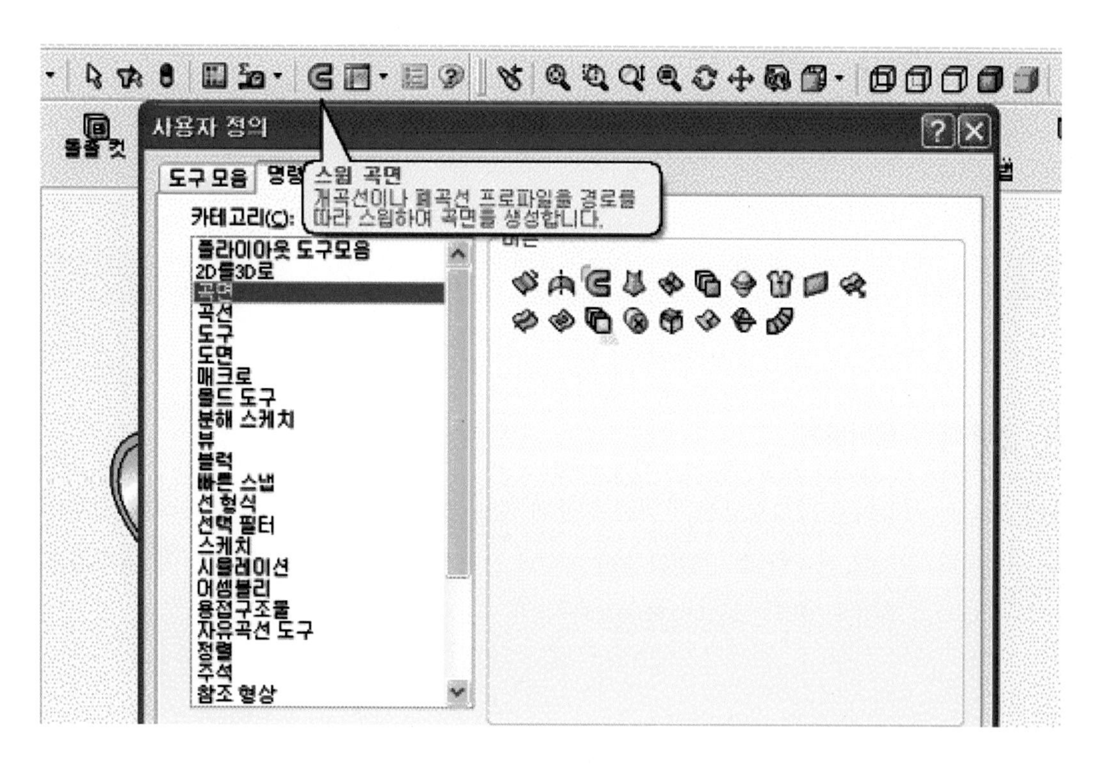

(5) 단축키 만들기

풀다운 메뉴에서 도구, 사용자 정의를 누르거나 또는 도구상자 위로 마우스를 옮기고 오른쪽 마우스 버튼을 클릭하면 사용자 정의 대화상자가 나타난다. 키보드 탭을 마우스로 클릭하고 영역에서 파일을 선택하고, 명령에서 새 파일을 선택하면 새 문서를 생성하는 현재 키가 Ctrl+N 으로 설정되어 있음을 알 수 있다. 단축키를 삭제하고 원하는 키 이름을 키보드에서 입력하고 확인을 눌러 대화상자를 빠져 나온다.

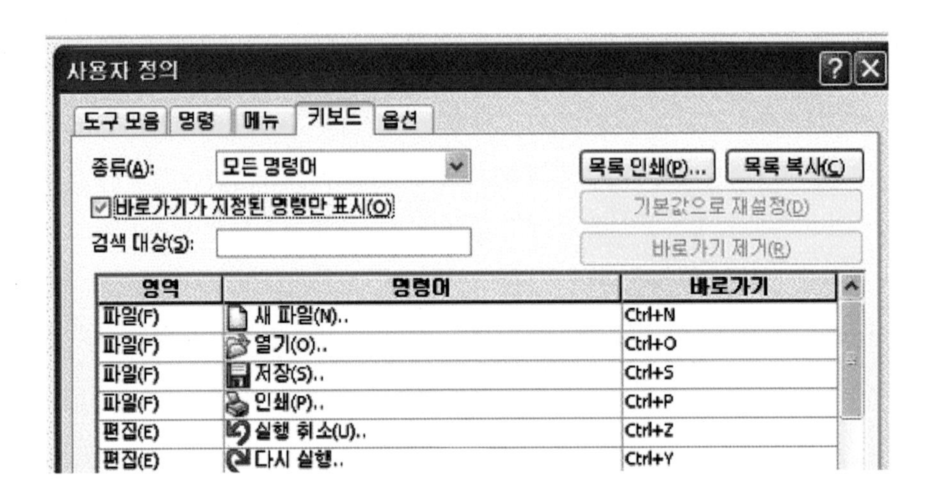

9 다양한 패턴 제어하기

(1) 선형 패턴 제어하기

선형 패턴에 사용하는 명령으로서 선택한 형상에 대해 한 방향 또는 두 방향으로 복사한 개체를 생성한다. 방향을 설정할 수 있고 각각의 개수와 간격을 임의로 조절할 수 있으며, 방향성은 형상의 모서리 중심선 치수를 이용할 수 있다.

1) 가로 250mm, 세로 150mm 두께 10mm로 직육면체를 생성한다.

2) 넓은 면을 스케치면으로 설정하고 타원 아이콘을 클릭하여 스케치면에 장축 40mm, 단축 아이콘 25mm인 타원을 스케치한다. 타원의 위치치수는 그림과 같이 기입한다.

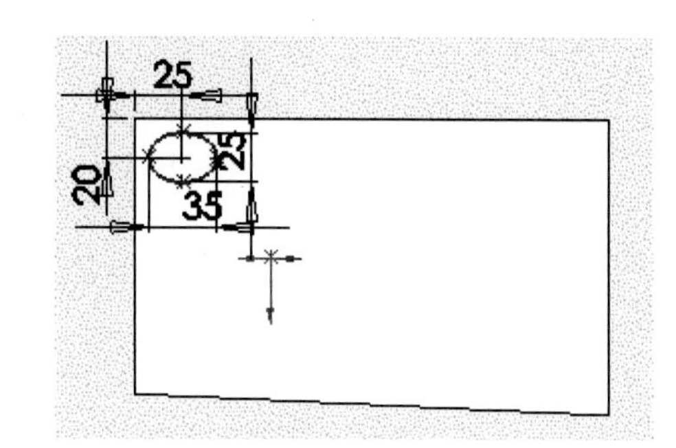

3) 돌출 아이콘을 클릭하여 5mm만큼 돌출시킨다.

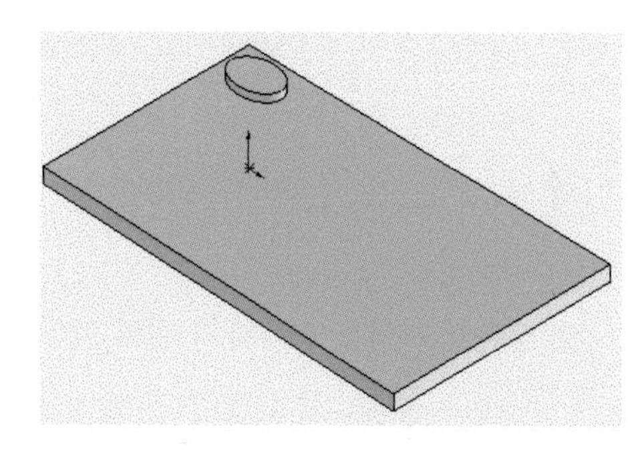

4) 풀다운 메뉴에서 삽입–피처–돔을 선택하거나 피처 도구상자에서 돔 아이콘을 클릭하여 돔 대화상자에서 높이를 10mm로 하고 돔 면으로 타원 기둥의 윗면을 마우스로 클릭하고 확인을 누른다.

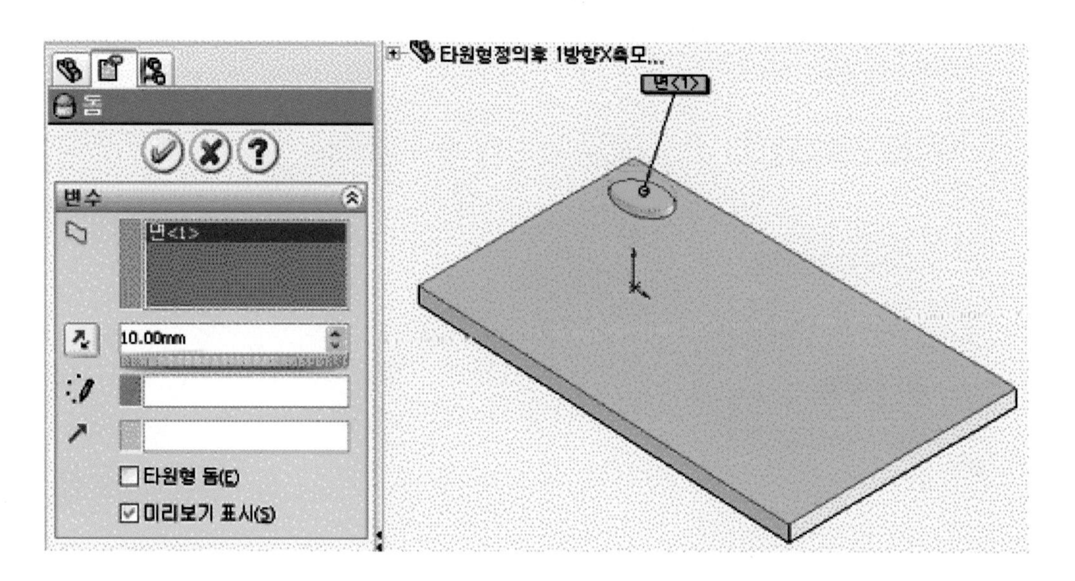

5) 돔 면의 모서리에 필렛 3mm를 부여한다.

6) 풀다운 메뉴에서 삽입-패턴-대칭 복사-선형 패턴을 생각하거나 피처 도구상자에서 선형 패턴 아이콘을 클릭하여 선형 패턴 대화상자가 나타난다.

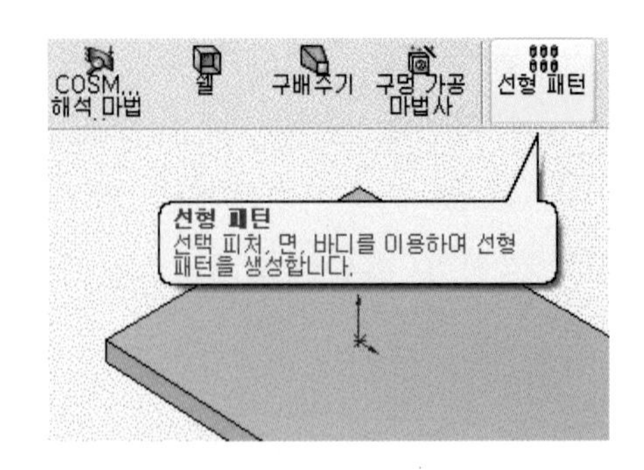

7) 제1방향으로 직육면체의 긴 모서리를 선택하고 패턴 간격은 50mm, 패턴 개수는 5개로 정한다.

8) 제2방향으로 직육면체의 짧은 모서리를 선택하고, 패턴 간격은 30mm, 패턴 개수는 3개로 정한다.

9) 패턴할 피처를 선택하기 위해 피처 매니저 탭을 클릭하고 패턴할 피처로 피처 매니저에서 보스 돌출1, 돔1, 필렛1을 선택한다.

10) 제1방향(가로), 제2방향(세로) 설정값을 화면으로 확인한다.

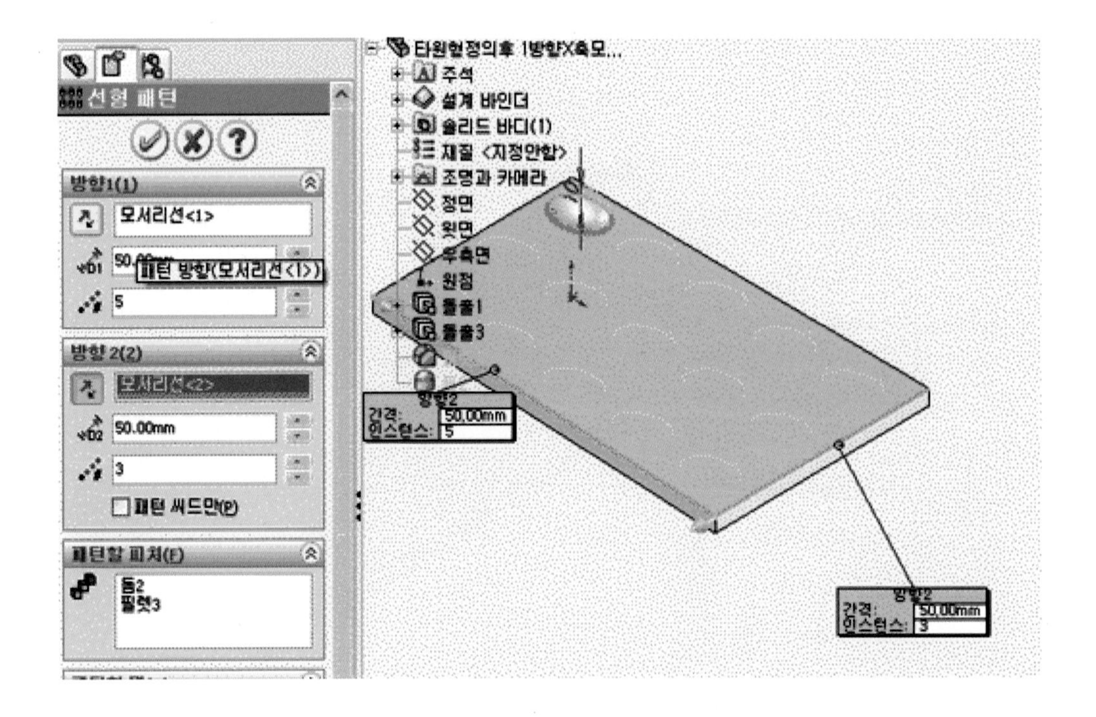

11) 패턴할 피처 선택에서 미리보기 배열 확인 후 패턴할 피처 선택 즉 바디, 필렛면, 돌출 윗면(상면), 화면 확인 후 체크한다.

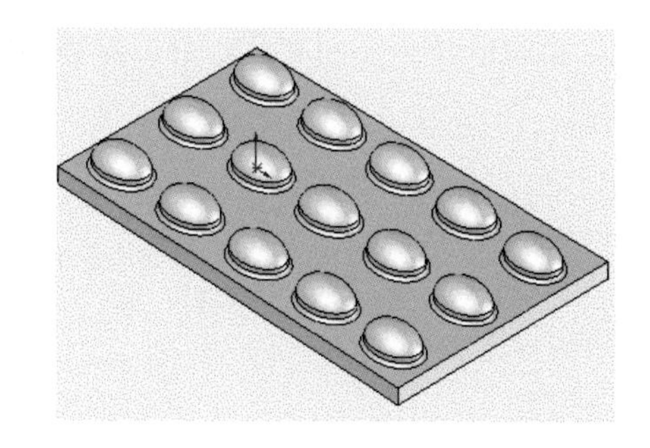

(2) 원형 패턴 제어하기

1) 윗면에 직경 75mm의 원을 스케치 후 10mm 돌출한다.
2) 돌출 면에 직경 5mm를 스케치한다.
3) 보기–임시축을 클릭한다.
4) 원형 패턴시 사용하는 기능으로 풀다운 메뉴에서 삽입–패턴/대칭–원형 패턴을 선택하거나 원형 패턴 아이콘을 클릭한다.
5) 변수에서 패턴의 중심축으로 임시축을 선택한다.
6) 원형 각도, 패턴 개수, 동등 간격을 체크한다.
7) 패턴할 피처를 선택한다.

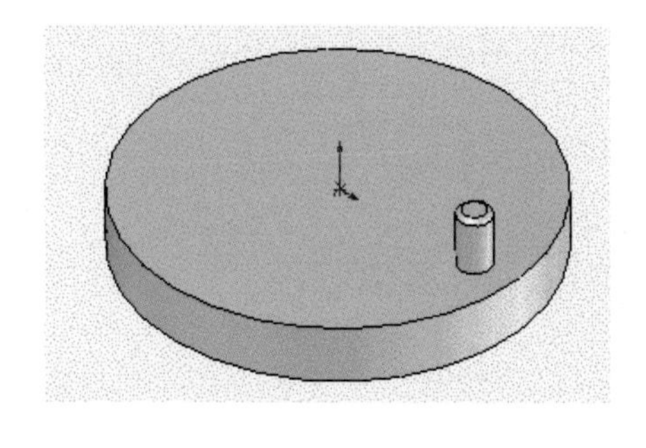

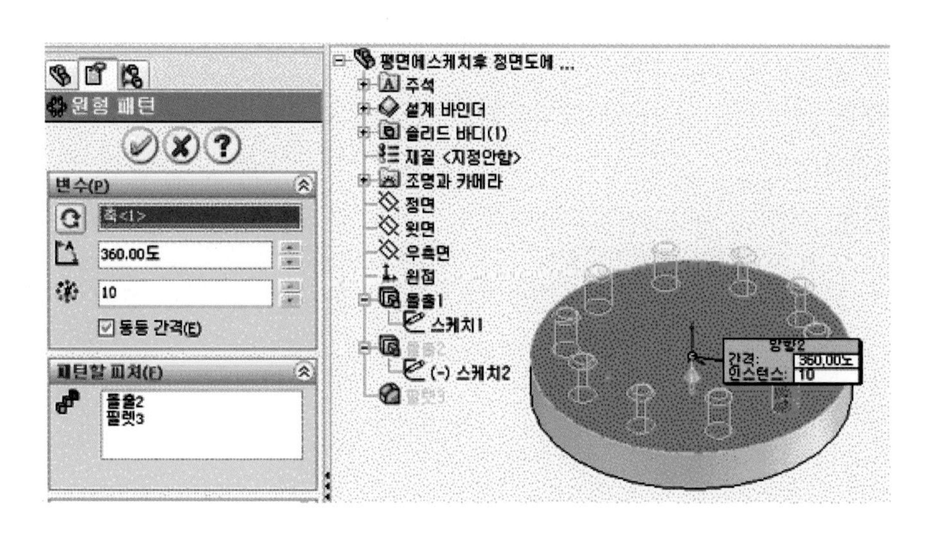

8) 패턴할 면을 선택하고 확인을 클릭한다.

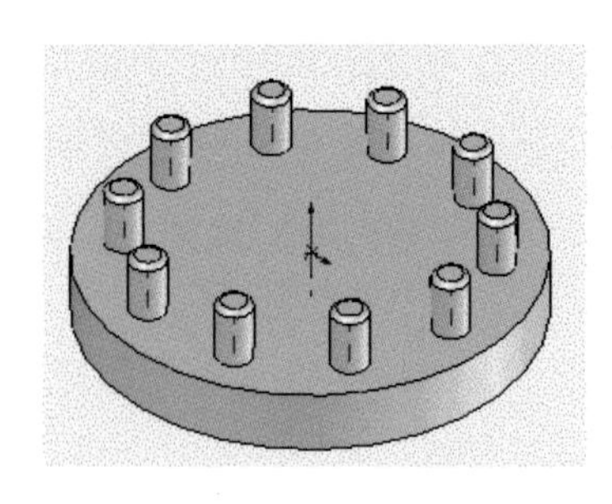

10 브래킷 부품 만들기

(1) 스케치 작성하기

1) 스케치 도구 모음에서 스케치를 클릭한 다음, 화면에서 정면을 클릭하여 정면에 스케치를 연다.
2) 스케치 도구 모음에서 중심선을 클릭한다. 모양의 마우스 포인터가 화면에 나오면 포인터를 빨간색의 원점의 y축 상에 위치시키면 파란색 은선이 나타난다. 이 선을 추론선(interring line)이라 하며 마우스의 포인터가 y축 선상에 있음을 나타낸다. 마우스의 왼쪽 버튼을 누른 상태에서 끌어 원점을 관통하는 임의의 점에 포인터를 위치시키고 마우스 버튼을 놓는다.
3) y축과 같은 방법으로 마우스 포인터를 x축 선상에 놓고 원점을 관통하는 수평 중심선을 그린다.

주의 중심선을 그리는 명령어가 한번 실행되면 연속적으로 중심선을 그릴 수 있는데, 이것은 시스템 옵션_일반에서 선택하여 일회 명령이 선택 해제되어 있기 때문이다. 명령어를 종료시키려면 그래픽 영역에서 마우스의 오른쪽 버튼을 클릭하여 나타난 pop-up 메뉴에서 선택을 클릭하거나 중심선을 다시 클릭하면 된다.

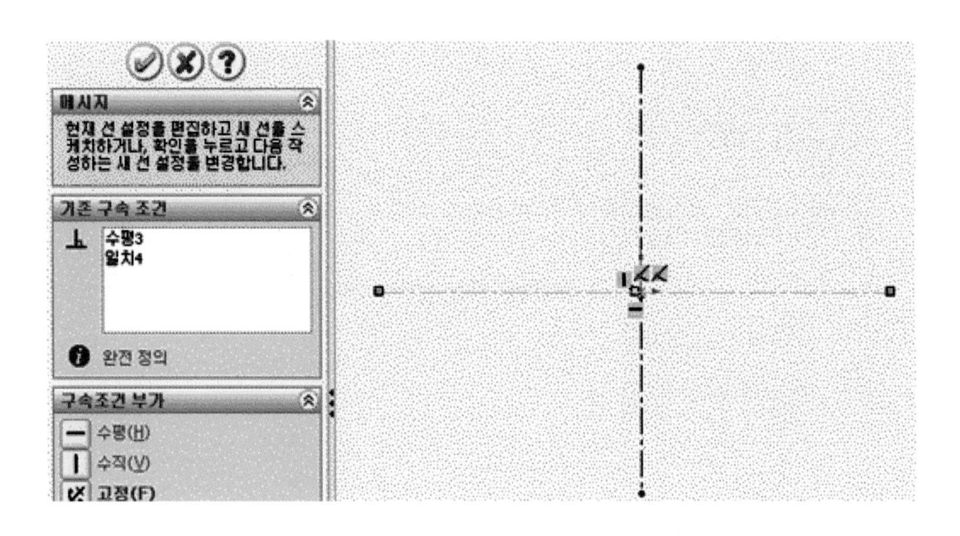

4) 스케치 도구 모음에서 원을 클릭한 후에 마우스 포인터를 빨간색의 원점에 위치시키고, 마우스 왼쪽 버튼을 누른 상태에서 끌어 그림과 같이 R이 약 30정도 되었을 때 버튼을 놓거나 변수에 R값 30을 입력한다.

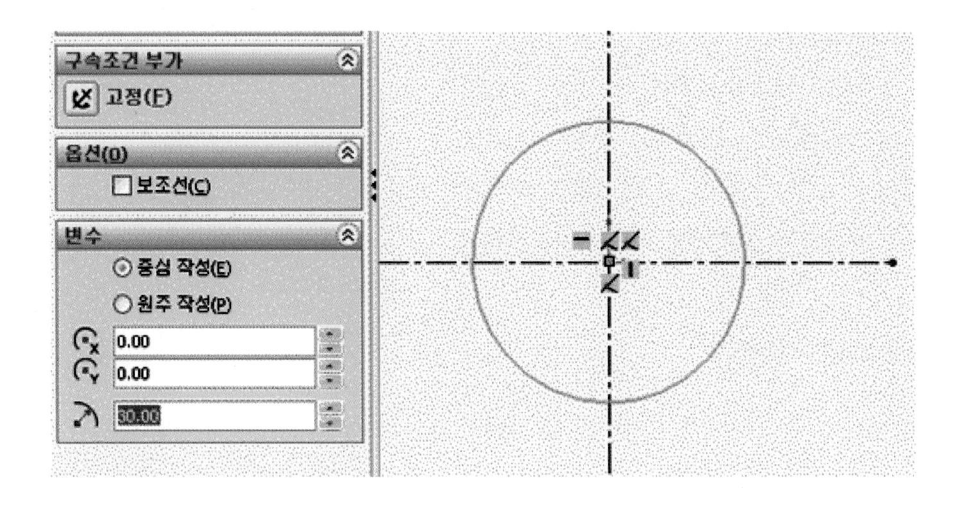

주의 마우스 포인터로 원점을 가리킬 때 모양이 나타나는데 이것은 마우스 포인터가 정확하게 원점과 일치해 있는 것을 의미한다.

5) 계속해서 이미 그린 원의 오른쪽 수평 중심선 위에 원을 그린다.

6) Ctrl 키를 누른 상태에서 수직 중심선, 수평 중심선에 있는 원을 클릭하여 선택한 다음, 대칭복사를 클릭한다.

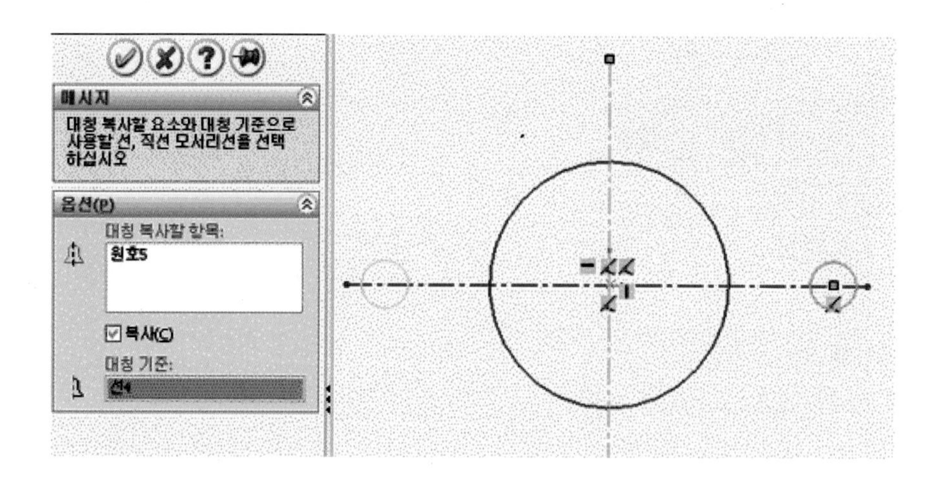

(2) 치수 부여하기

스케치 도구 모음에서 지능형 치수 아이콘( )을 클릭한 다음, 작은 원을 클릭하여 수정 상자가 화면에 나타나면, 직경 90과 40중심간 거리 160을 입력하고 확인을 클릭한다. 치수 기입이 완료되면 그림과 같이 스케치를 구성하고 있는 선들의 색이 모두 검은색으로 변하는데 이것은 스케치의 정의가 완전히 정의된 것을 의미한다.

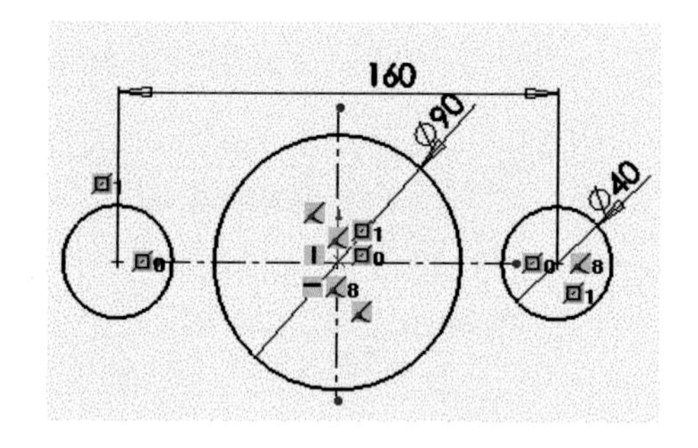

(3) 빠른 스냅 부여하기

1) 스케치 도구 모음에서 선 아이콘을 클릭한 다음, 마우스 오른쪽 버튼을 클릭하여 나타난 pop-up 메뉴에서 빠른 스냅〉탄젠트 스냅을 차례로 클릭한다. 이것은 호에 선을 그릴 때 자동으로 탄젠트 구속 조건이 부여되도록 한다.

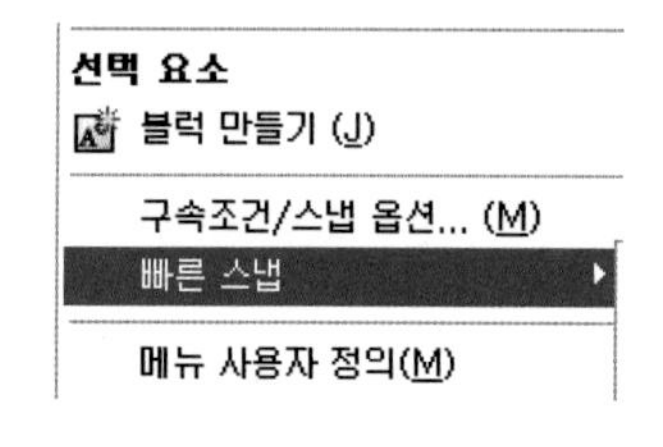

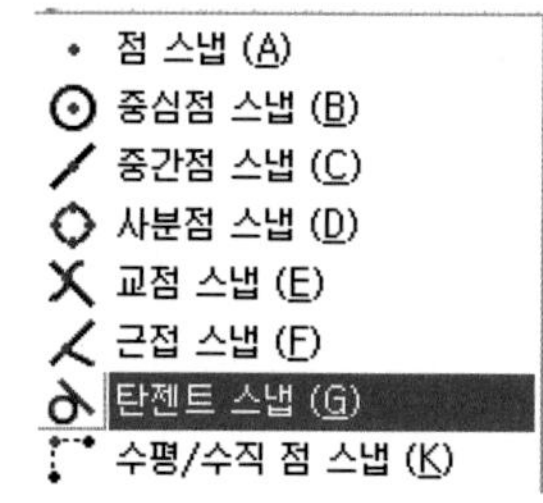

2) 원호 a에서 마우스 왼쪽 버튼을 누른 상태에서 마우스 포인터를 끌어 원호에 버튼을 놓아 직선을 그린다. 오른쪽 그림 a에서 직선의 양끝과 원에 탄젠트 구속 조건이 자동으로 부여된 것을 보여주고 있다.

3) 동일한 방법으로 그림 a와 같이 두 원에 인접하는 직선을 그린다.

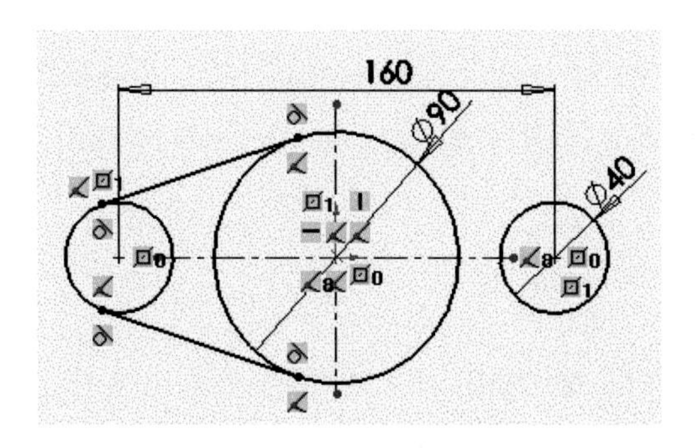

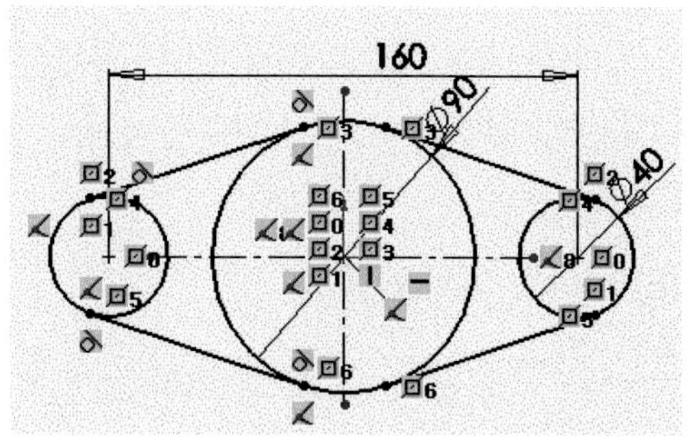

4) Ctrl키를 누른 상태에서 대칭 요소를 선택한 후 수직 중심선을 클릭하고 그림 b와 같이 대칭복사를 클릭한다.

(4) 스케치 잘라내기

1) 스케치 도구 모음에서 스케치 잘라내기 아이콘( )을 클릭한 다음, 잘라내기 창에서 근접 잘라내기를 선택하고 불필요한 요소를 클릭하여 잘라낸다.

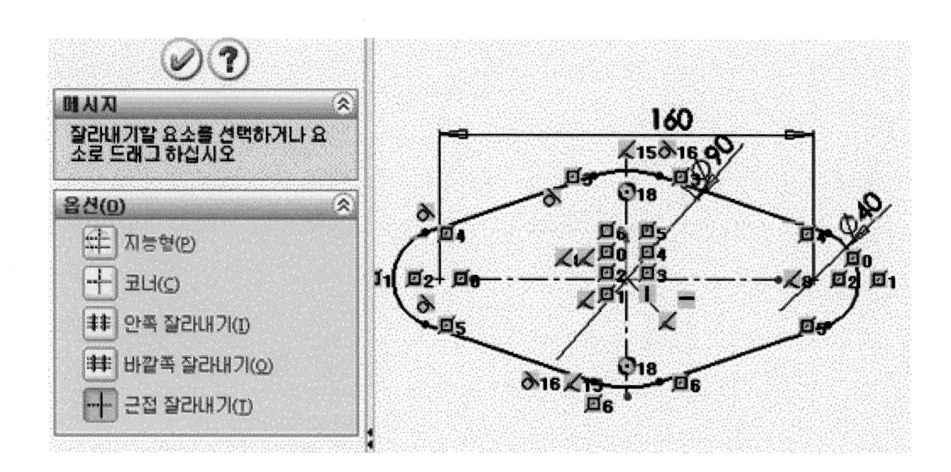

2) 지름 치수 96을 마우스 오른쪽 버튼을 클릭하여 pop-up 메뉴가 나타나면 속성을 클릭한다.
3) 치수 속성 대화상자가 나타나면, 지름 치수를 클릭하여 선택 해제시킨 후 확인 버튼을 클릭하여 지름 치수 90을 반경 치수 45로 변경시킨다.
4) 스케치의 오른쪽에 있는 지름 치수 20도 동일한 방법으로 반경 치수 18로 변경시킨다. 여기서 지름 치수로 변경시키는 이유는 나중에 이 모델로 도면을 생성시키고 치수를 자동으로 부여할 때, 지름 치수가 아닌 반경 치수로 도면에 표시되도록 하기 위한 것이다.

(5) 베이스 피처 만들기

선 또는 호와 같이 2차원 평면에서 2차원 좌표의 정보만을 가지고 있는 것을 스케치 요소(Entity)라 하는데 반해 사면체, 육면체 또는 원기둥과 같이 3차원 체적을 가지고 있는 현상을 피처라하며(서피스는 체적이 아닌 3차원 좌표 정보만을 갖고 있어 피처라하지 않는다) SolidWorks에서는 제일 처음 만든 피처를 베이스 피처라 한다. 이번 절에서는 지금까지 작성한 스케치를 이용하여 베이스 피처를 생성하는 방법을 배우도록 한다.

1) 피처 도구 모음에서 돌출 보스/베이스 아이콘( )을 클릭하여 돌출 창이 나타나면, 깊이에 20을 입력한 다음, 확인을 클릭하여 돌출1 피처를 완성한다. 위의 과정을 마치면 그림과 같은 베이스 피처가 만들어진다.

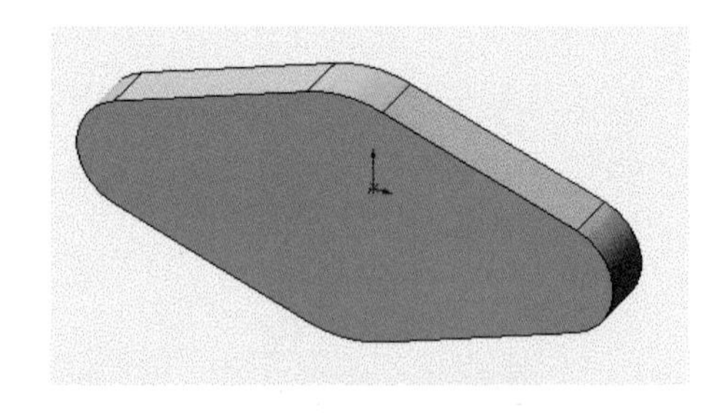

2) 스케치 평면 변경하기 파트 모델링 작업을 시작할 때에 정면 평면에서 스케치를 하였기 때문에 위의 그림처럼 정면을 바라보게 되는데 이 면이 윗면을 바라보게 하려면 스케치 평면을 정면에서 윗면 평면으로 변경하면 된다.
3) FeatureManager 디자인 트리에서 돌출1의 앞에 있는 +부호를 클릭하여 돌출1 폴더를 확장시킨 다음, 스케치1을 마우스 오

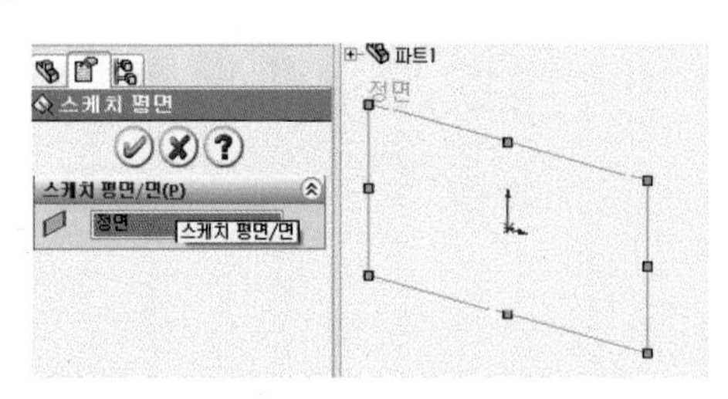

른쪽 버튼을 클릭하여 pop-up 메뉴가 나타나면, 스케치 평면 편집을 선택한다.

4) 스케치 평면 창이 나타나면, 파트1 앞에 있는 +부호를 클릭하여 파트1 폴더를 확장시킨다.

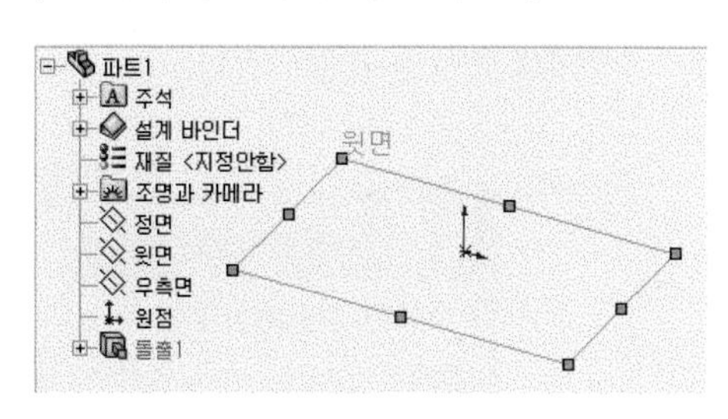

5) FeatureManager 디자인 트리에서 윗면을 선택하고 확인을 클릭하여 스케치 평면을 변경하는 작업을 완료한다.

6) 우측의 그림은 스케치 평면이 정면에서 윗면 평면으로 변경된 베이스 피처이다.

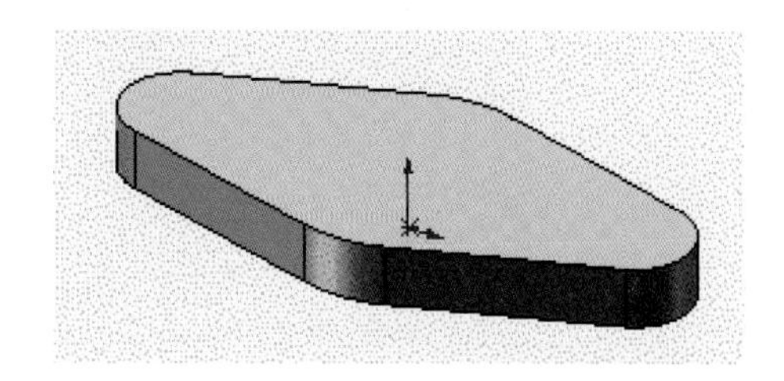

(6) 보스 피처 만들기

앞서 설명 했듯이 제일 먼저 만든 피처를 베이스 피처라 하고 이 베이스 피처에 덧붙여 만든 피처를 보스 피처라 한다. 이 피처에서는 돌출, 회전, 스윕, 로프트 그리고 구배 주기 피처 등이 있다 이번 절에서는 보스 돌출 피처를 만드는 방법을 배운다.

1) 그림에서 평면을 클릭한 후에 스케치 도구 모음에서 3D 스케치 아이콘( )을 클릭하여 평면을 스케치 평면으로 선택한다.

2) 면에 수직으로 보기 아이콘( )을 클릭한 다음, 윗면을 클릭하여 뷰 방향을 윗면으로 전환한다.

3) 스케치 도구 모음에서 원 아이콘( )을 클릭한 후에 마우스 포인터를 빨간색의 원점에 위치시키고 마우스 인쪽 버튼을 누른 상태에서 끌어 그림과 같이 R이 약 30정도되었을 때 버튼을 놓는다.

4) 지능형 치수를 클릭한 후에 원을 클릭하고 수정 상자가 나타나면 70을 입력하고 확인을 클릭한다.

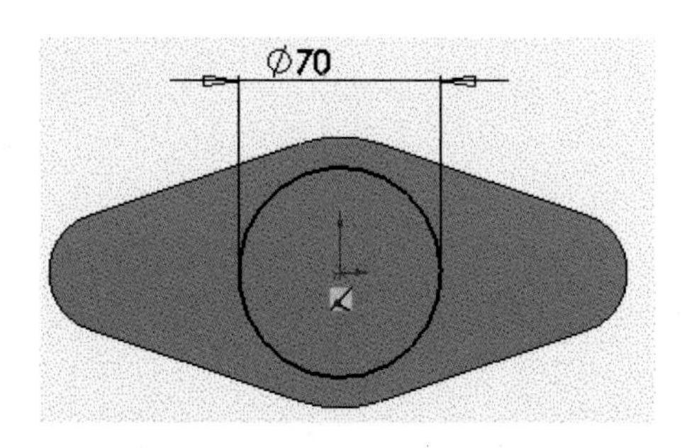

5) 표준 보기 방향을 클릭하여 돌출 창이 나타나면, 깊이에 65를 입력하고 확인을 클릭하여 돌출2 피처를 완성시킨다.

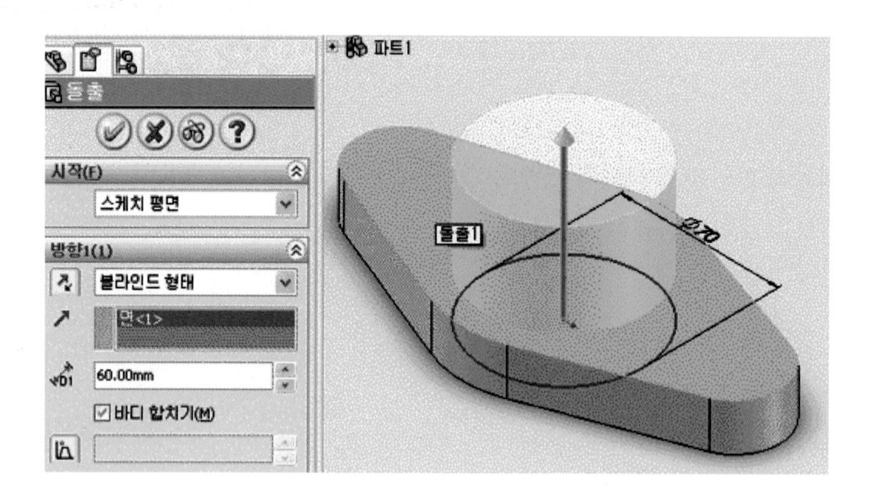

(7) 돌출 컷 피처 만들기

1) 윗면을 클릭한 후에 스케치 도구 모음에서 스케치 아이콘( )을 클릭하여 보스 윗면에 스케치를 연다.

2) 2스케치 도구 모음에서 원을 클릭한 다음, 마우스 포인터를 빨간색의 원점에 위치시키고 마우스 왼쪽 버튼을 누른 상태에서 끌어 R이 약 20 정도되었을 때 버튼을 놓는다.

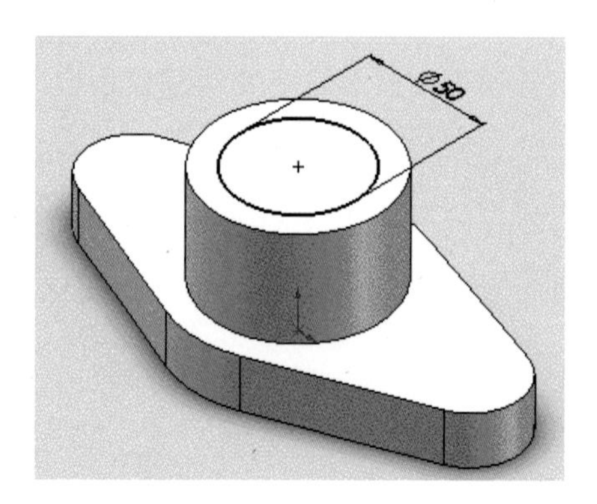

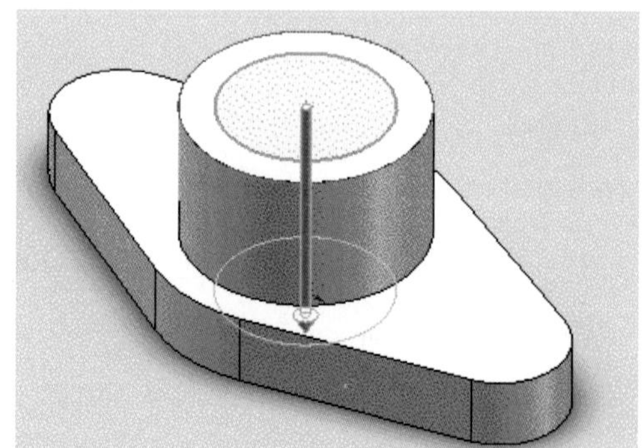

3) 지능형 치수를 클릭한 후 원을 선택하고 치수 수정 상자가 화면에 나타나면 50을 입력하고 확인을 클릭한다.

4) 돌출 컷 아이콘( )을 클릭하여 컷-돌출 창이 나타나면 마침 조건을 관통으로 선택한 후에 확인을 클릭하여 컷-돌출1 피처를 완성한다.

5) 옆 그림은 컷-돌출 피처가 완성된 모델이다.

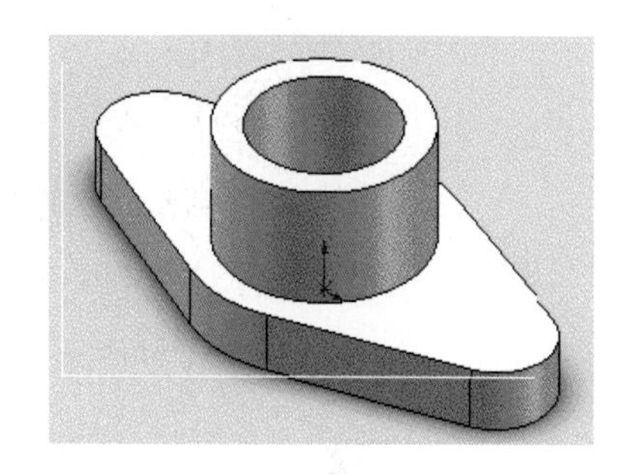

(8) 보강대 피처 만들기

1) FeatureManager 디자인 트리에서 정면을 클릭한 후에 스케치 도구 모음에서 스케치를 클릭하여 정면 평면에 스케치 아이콘( )을 연다.

2) 표준 보기 방향 아이콘( )을 클릭한 다음, 정면을 클릭하여 뷰의 방향을 정면으로 바꾼다.

3) 스케치 도구 모음에서 선을 클릭하고 마우스 포인터를 그림과 같이 선을 보스부의 실루엣 모서리에 놓는다.

4) 마우스 왼쪽 버튼을 누른 채로 끌어 베이스 피처의 위쪽 모서리에 위치시키고 마우스 버튼을 놓아 선의 양끝이 두 모서리에 일치하는 직선을 그린다.

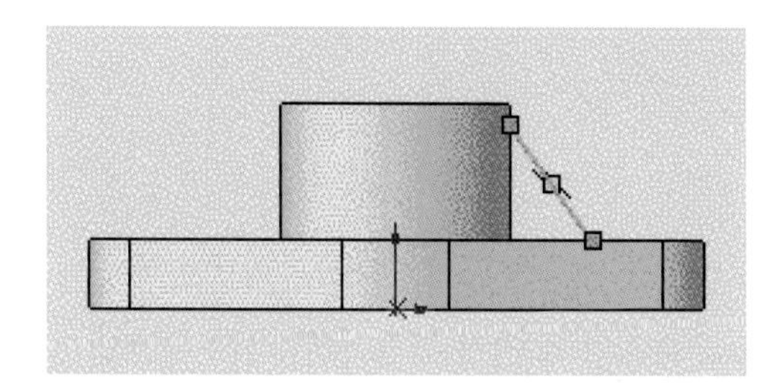

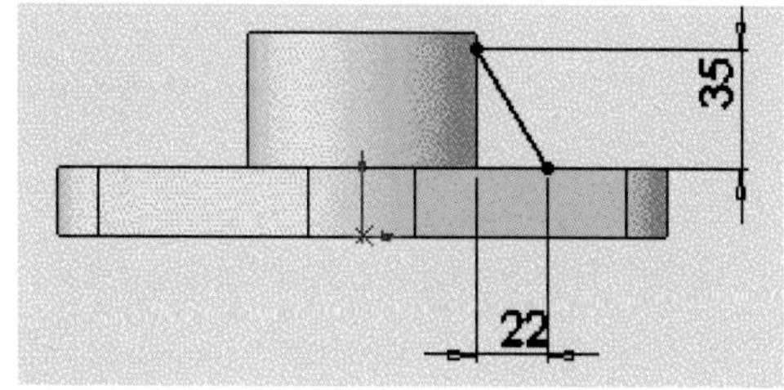

5) 지능형 치수 아이콘( )을 클릭하고 그림과 같이 치수를 기입한다.

6) 표준 보기 방향을 클릭한 다음, 등각 보기를 클릭하여 뷰 방향을 등각 보기로 바꾼다.

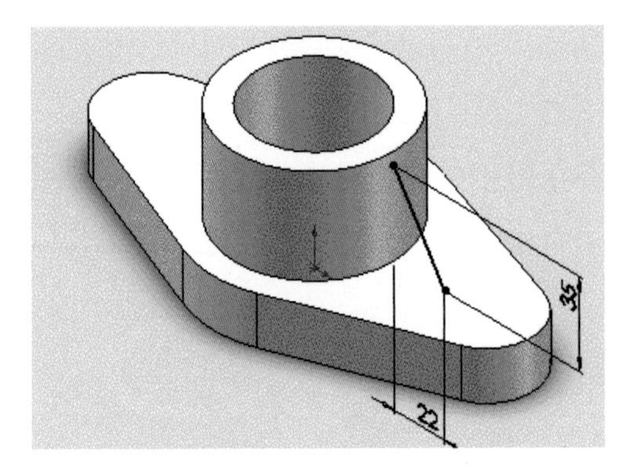

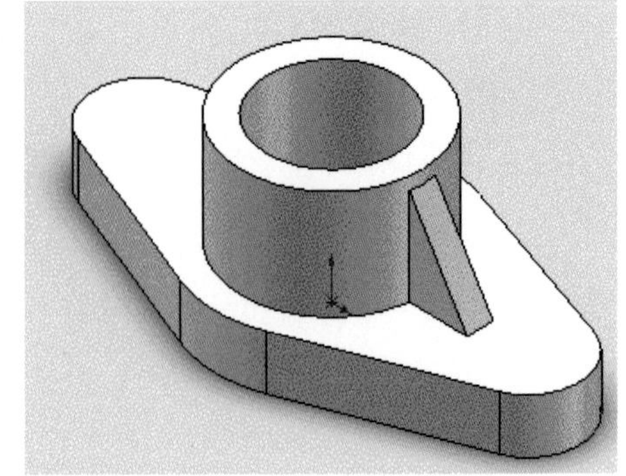

7) 피처 도구 모음에서 보강대 아이콘(icon)을 클릭한 후에 보강대 창이 나타나면, 돌출 방향이 양면으로 설정되어 있는지 확인하고 확인을 클릭하여 보강대1 피처를 완성한다.

(9) 대칭 복사 피처 만들기

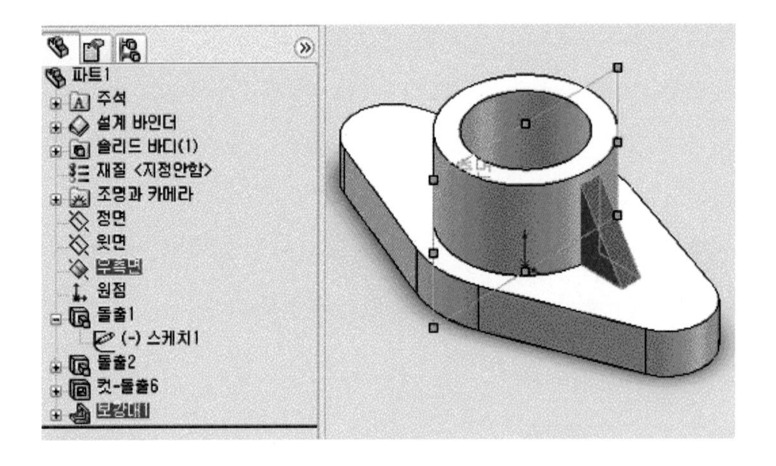

1) Ctrl 키를 누르고 FeatureManager 디자인 트리에서 우측면과 보강대1 피처를 선택한다.
2) 피처 도구 모음에서 대칭 복사 아이콘(icon)을 클릭하여 대칭 복사 창이 나타나면 면/평면 대칭 복사에 우측면, 대칭 복사 피처에 보강대1이 입력된 것을 확인하고 확인을 클릭하여 대칭 복사1 피처를 완성한다.

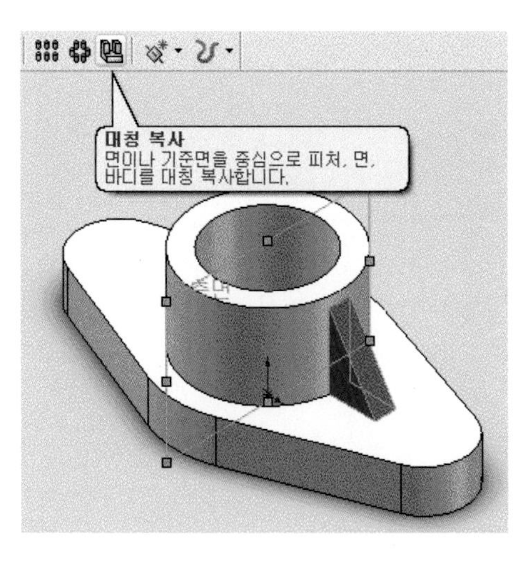

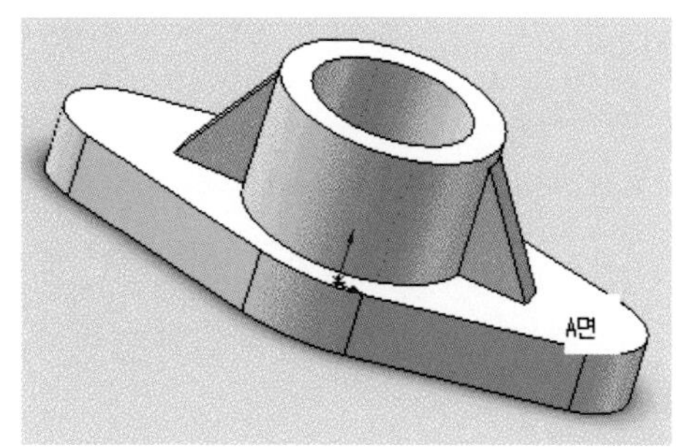

(10) 구멍 피처 만들기

1) 윗 그림에서 A면을 클릭한 후에 피처 도구 모음에서 메뉴의 삽입-피처-구멍 가공 마법사를 클릭한다.
2) 구멍 정의 대화상자가 나타나면 탭을 클릭하고 구멍 유형이 기본형으로 되어 있는지 확인하고 마침 조건 유형을 관통으로 변경하고 단면 치수 상자에서 지름의 치수값을 빠르게 두 번 클릭한 후 에 20을 입력 후 확인 버튼을 클릭한다.

3) 피처 도구 모음에서 대칭 복사 아이콘( )을 클릭하여 대칭 복사 창이 나타나면 Ctrl 키를 누르고 FeatureManager 디자인 트리에서 우측면과 탭 구멍 피처를 선택하여 대칭시킨다.

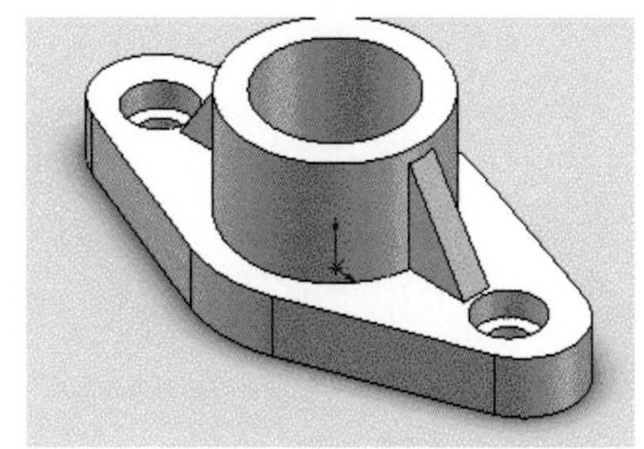

(11) 시스템 및 문서 속성 옵션 설정하기

부품을 모델링 하기 전에 시스템 옵션을 잘 설정하려면 모델인 작업을 용이하게 할 수 있다.

1) 메뉴 바에서 도구〉옵션을 클릭한다.
2) 시스템 옵션 대화상자의 일반 메뉴에 관한 내용이 화면에 표시되면 아래 그림과 같이 치수 수치 입력을 선택하여 일회 명령이 선택 해제되었는지 확인한다.

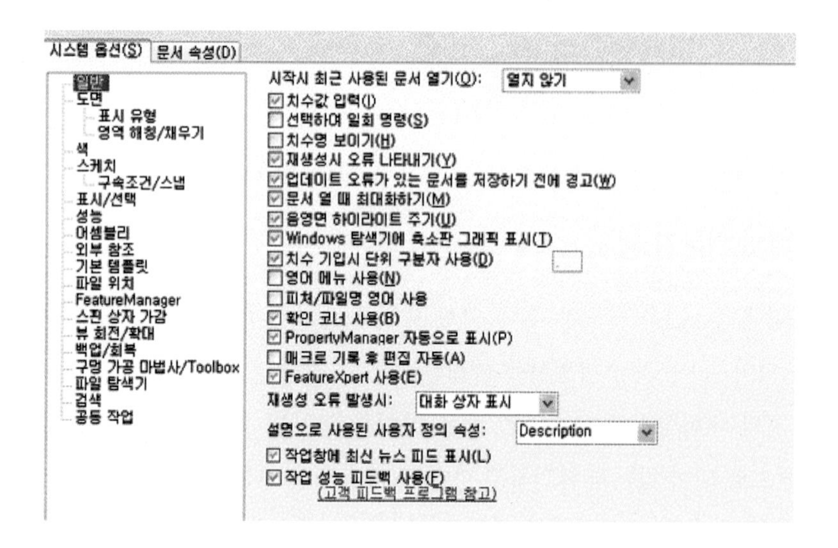

3) 시스템 옵션의 상자 안에서 스케치를 클릭한 후에 아래 그림과 같이 선택되어 있는지 확인하고 확인 버튼을 클릭하여 대화상자를 빠져나온다.

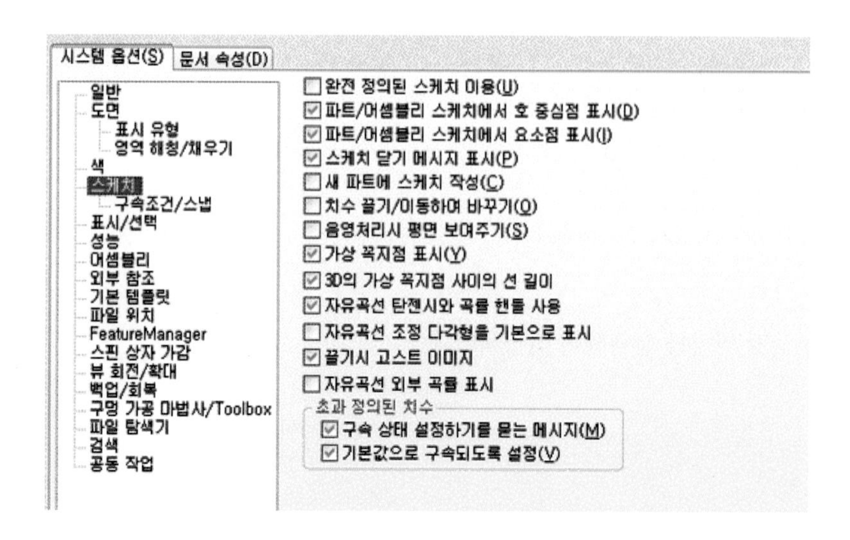

4) 문서 속성에 관련된 옵션을 변경하려면 새 문서를 생성한 다음, 사용자에게 필요한 옵션을 설정하고 템플릿 파일에 저장해야만 한다.

5) 표준 도구 모음에서 새 문서를 클릭하거나 메뉴 바에서 새 문서를 클릭한다.

6) SolidWorks 새 문서 대화상자가 나타나면, 파트를 선택하고 확인 버튼 클릭한다.

7) 메뉴 바에서 보기〉도구 모음을 클릭한 후에 표준, 보기, 피처 그리고 스케치가 선택되었는지 확인한다. SolidWorks의 기능을 빨리 그리고 효율적으로 사용하고자 하면 이 도구 모음을 잘 활용하면 된다.

8) 메뉴 바에서 도구〉옵션을 클릭한다. 여기서는 문서 속성에 관한 옵션을 선택한다.

9) 문서 속성 대화상자에서 문서 속성 탭을 클릭한 후에 치수 기입 규격 상자 안에서 화살표 버튼을 누르고 ISO를 선택한다.

10) 도면화에서 치수를 클릭한 후에 최종 치수로부터 7.00mm로 바꾸고 화살표 유형을 설정한다.

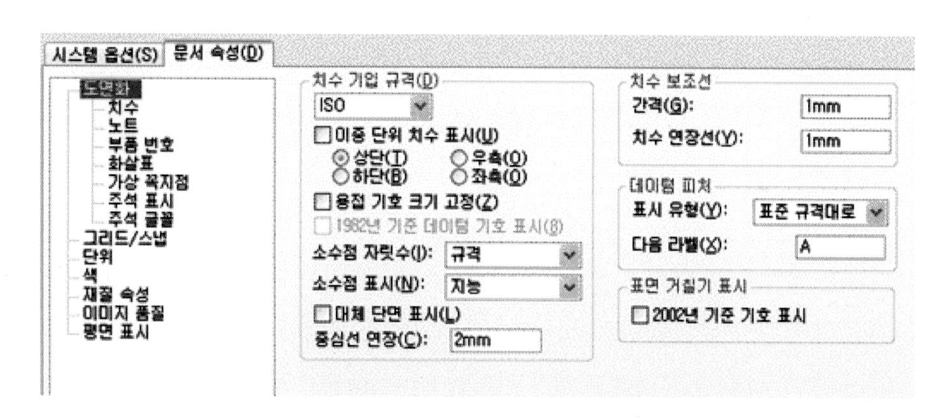

11) 도면화의 화살표를 클릭한 후에 크기의 상자 안에서 높이에는 1mm, 너비에는 5mm, 길이에는 8mm를 입력하고 첨부의 상자에서 테두리/꼭지점과 화살표 없이 상자 안이 화살표를 그림과 같이 closed fill 화살표로 바꾼다.

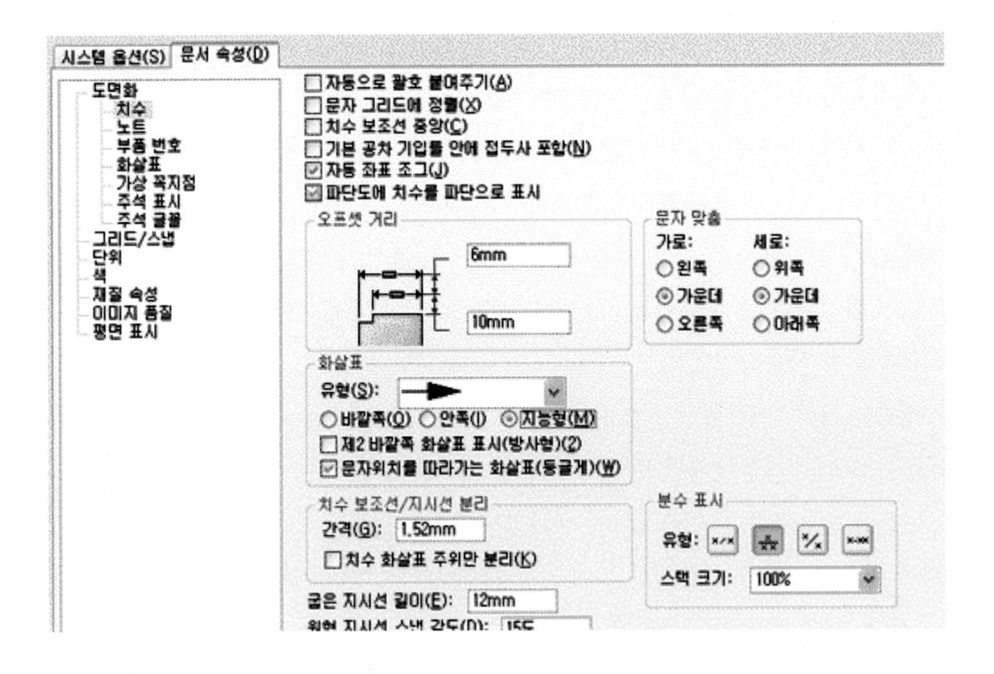

12) 문서 속성 대화상자 안에서 이미지 품질을 클릭한 다음, 음영 및 구배 품질 은선 해상도의 상자 안에서 슬라이더를 오른쪽 끝으로 이동시킨다. 마찬가지로 실선 및 고품질 해상도의 상자 안에서 슬라이더를 오른쪽 끝으로 이동시킨 후 확인을 클릭하여 대화상자를 빠져 나온다.

13) 메뉴 바에서 파일〈다른 이름으로 저장을 클릭하고 다른 이름으로 저장 대화상자가 나오면 파일 형식(t)에서 part template 파일(*.prtdot)를 선택한 다음에 리스트 상자 안에 이미 있는 파트 prtdot를 선택하고 저장 위치를 Program Files〉SolidWorks〉date〉Templates로 설정하고 저장(s)을 클릭한다. 파트 prtdot 파일은 이미 있다. 기존의 파일을 바꾸시겠습니까? 라는 메시지가 나오면, 예 버튼을 선택하여 파트 템플릿 파일의 저장을 완료한다.

14) 메뉴 바에서 파일〉닫기를 클릭하여 파트 템플릿 파일을 닫는다.

11 대칭 복사 이용 스케치 작성하기

1) 표준 도구 모음에서 새 문서, 메뉴 바에서 파일〉새 문서를 클릭한다.
2) 마우스 우측 버튼을 누르고 구속 부가 조건에서 중심선 대각선과 원점을 선택한 후 구속 조건 부가의 중간점을 클릭한다.

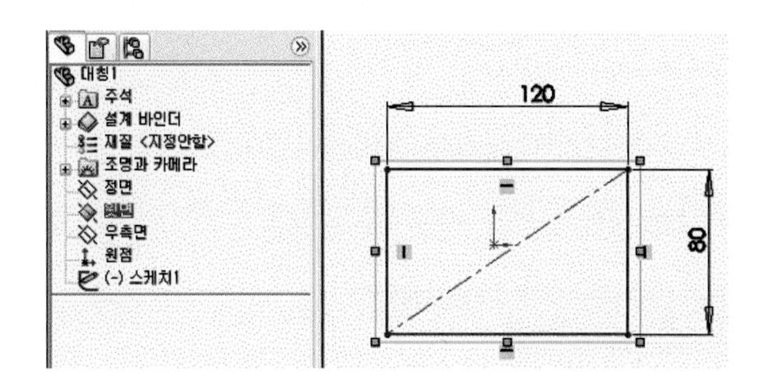

피처 매니저에서 윗면을 선택하고 치수 120, 80을 입력한다.

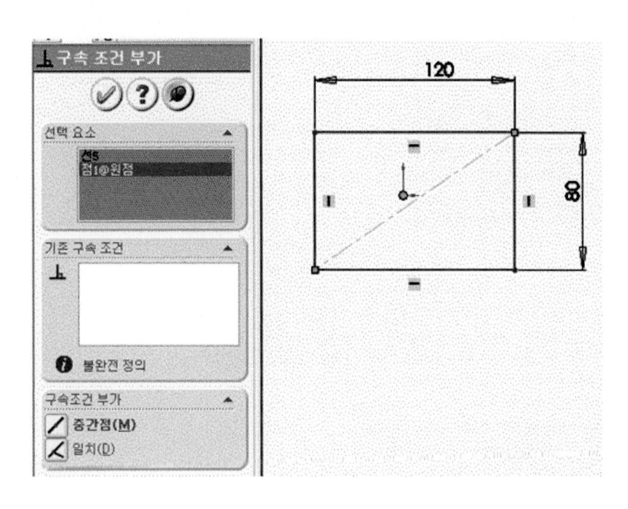

원점과 일치시킨다.

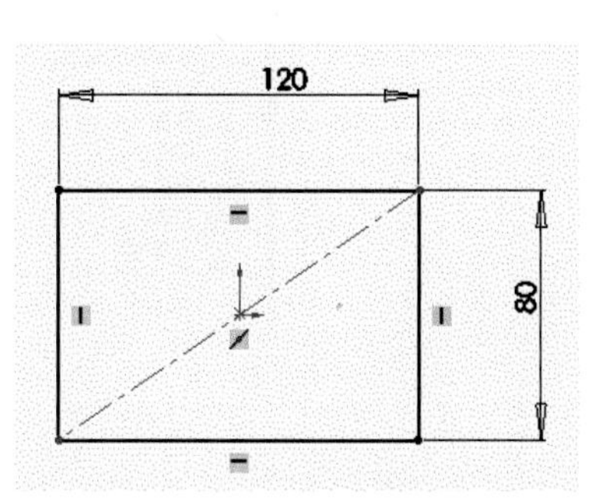

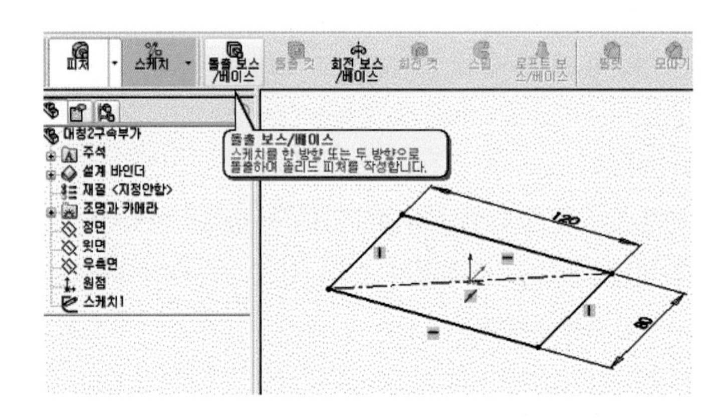

3) 메뉴 표시줄에서 돌출 보스/베이스를 선택하여 돌출시킨다.

4) 제1방향을 체크하고 돌출 높이값 10mm를 입력한 후 확인 버튼(✓)을 선택한다.

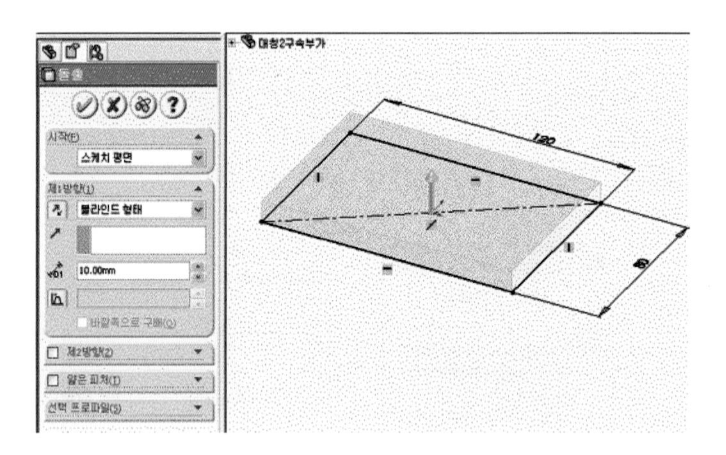

5) 돌출 윗면을 선택하고 그림과 같이 사각형을 정의하고 치수 기입을 한다.

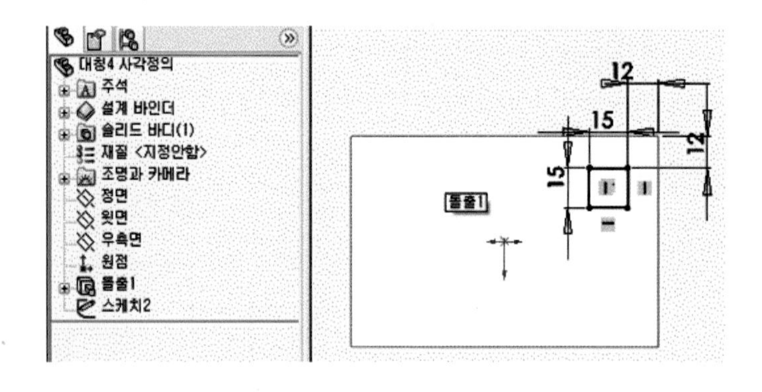

6) 사각형 치수 기입이 완성되면 사각형 스케치를 선택하고 제1방향을 체크하고 돌출 높이 값 10mm를 입력한 후 확인 버튼(✔)을 선택한다.

7) 사각형을 필렛하기 위하여 메뉴 표시줄에서 피처 매니저를 선택하고 필렛 아이콘을 선택한다. 필렛 항목에서 필렛값을 입력하고 부동 반경을 체크한 후 모서리를 선택하여 확인 버튼(✔)을 선택한다.

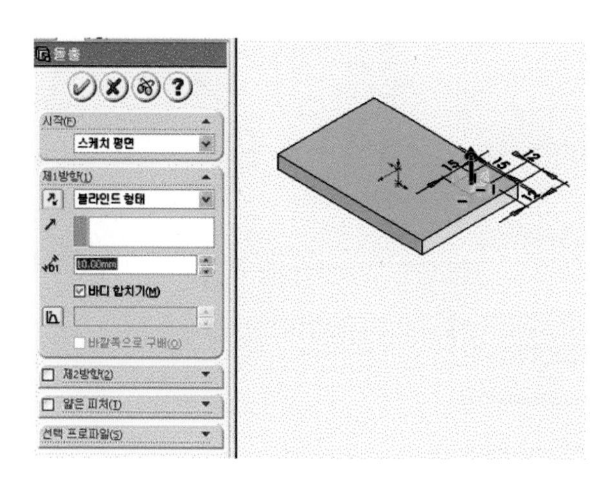

8) 아래 그림은 필렛 작업 후의 작업 상태이다.

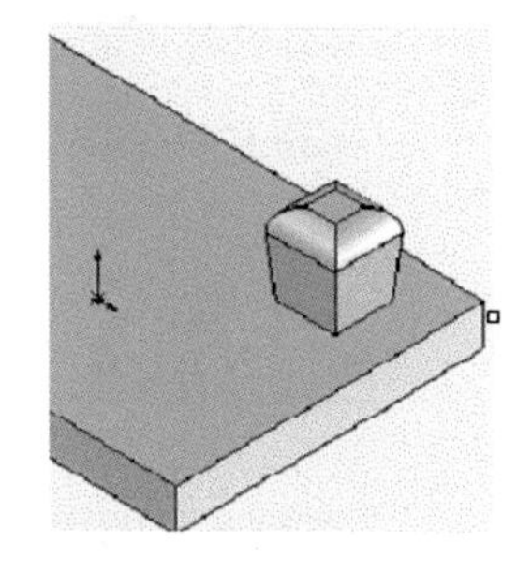

9) 메뉴 표시줄에서 대칭복사 아이콘을 선택한다.

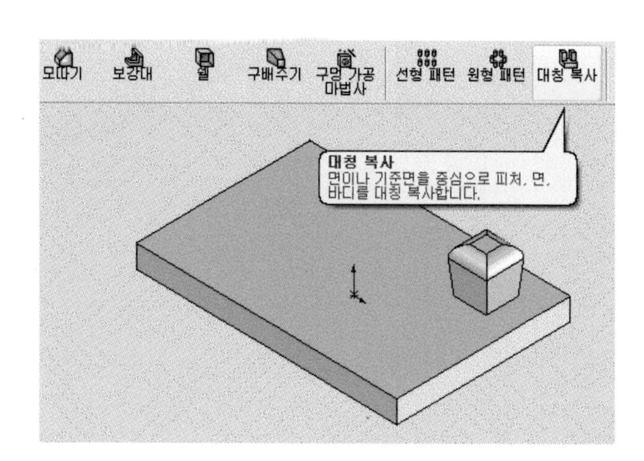

10) 좌측의 FeatureManager에서 정면도를 선택 후 대칭 복사 피처에 커서를 놓고 바탕화면의 FeatureManager 디자인 트리에서 복사할 피처를 선택 후 확인 버튼을 클릭한다.

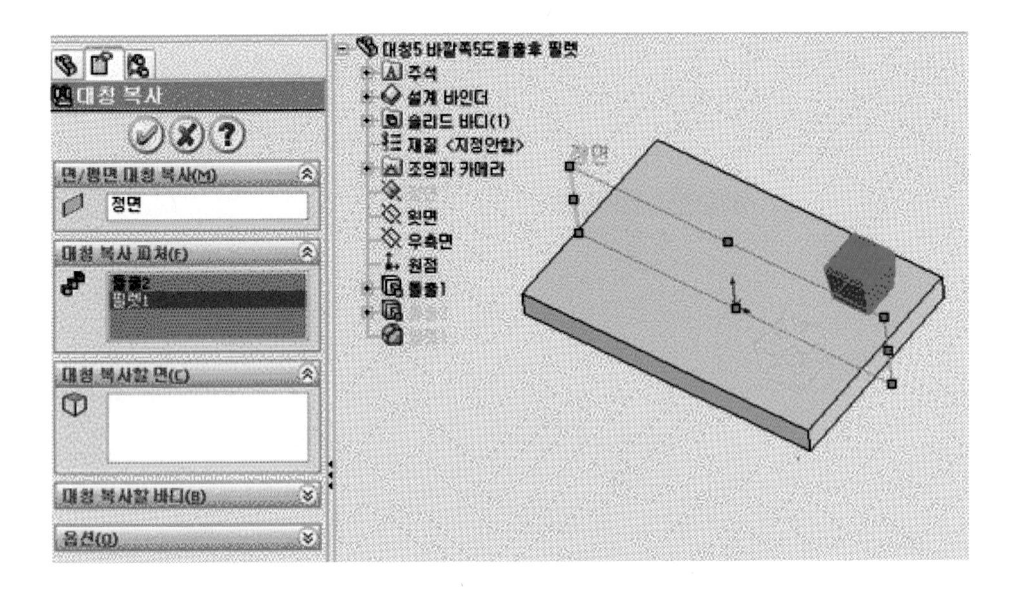

11) 화면 좌측의 FeatureManager에서 우측면도를 선택 후 대칭 복사 피처에 커서를 놓고 바탕화면의 FeatureManager 디자인 트리에서 복사할 피처(대칭 복사1)를 선택 후 확인 버튼을 클릭한다.

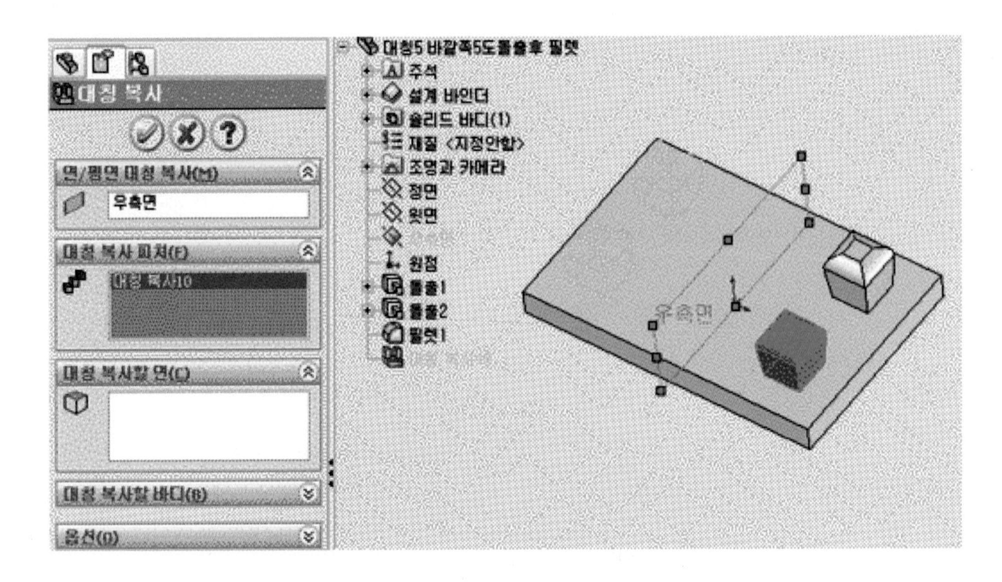

12) 아래 그림은 대칭 복사 작업 후의 상태이다.

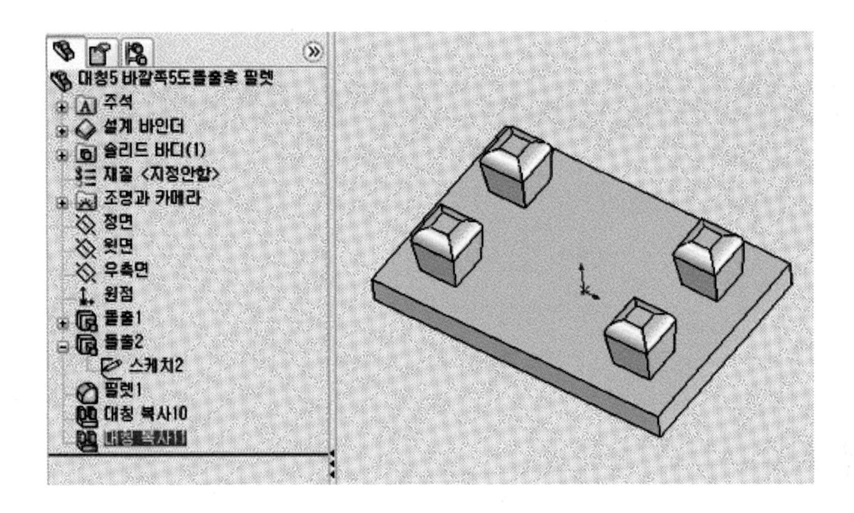

12 도면 작업하기

1) 도면 창은 파트, 어셈블리에서 모델링한 제품을 2차원 도면화 작업이다.

2) 표준 도구 모음에서 새 문서( )를 클릭하여 도면을 클릭한다.

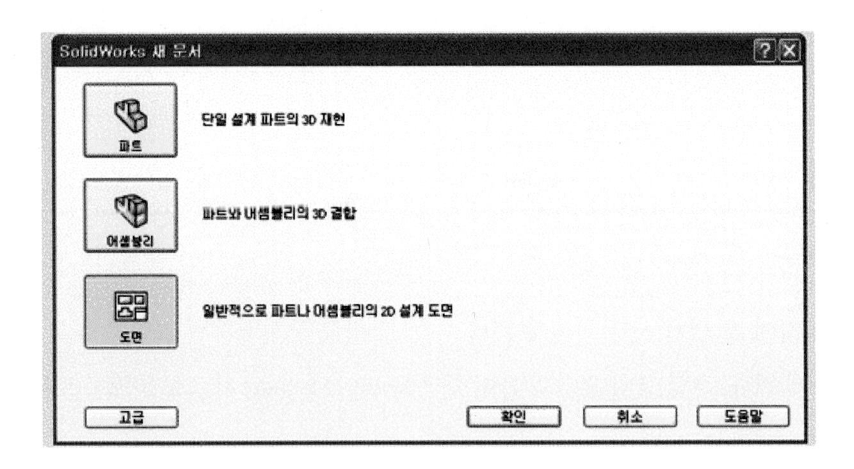

3) 시트 형식 표준은 Solidworks에서 기본으로 제공하는 템플릿이며 많은 템플릿을 내장하고 있다. 도면 작업을 하기에 앞서 원하는 형식의 템플릿을 선택한다.

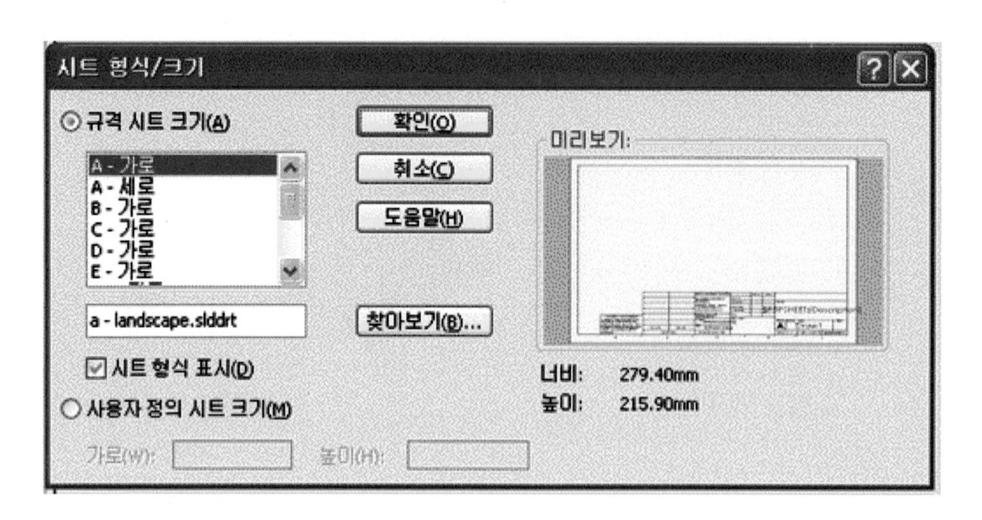

4) 사용자 정의 시트 형식은 사용자가 직접 만든 템플릿을 불러와서 사용한다.

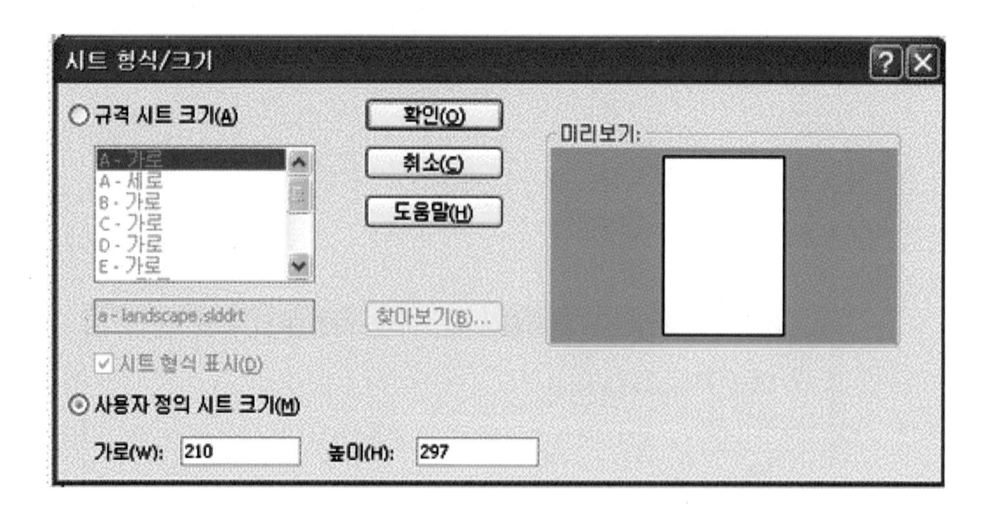

5) 도면 작업 창 열기 시트 형식 표준의 A-가로 방향을 선택하면 그림과 같은 도면 창이 나타나게 된다. 작업 창의 왼쪽 부분이 도면 FeatureManager이고 오른쪽이 도면 시트이다.

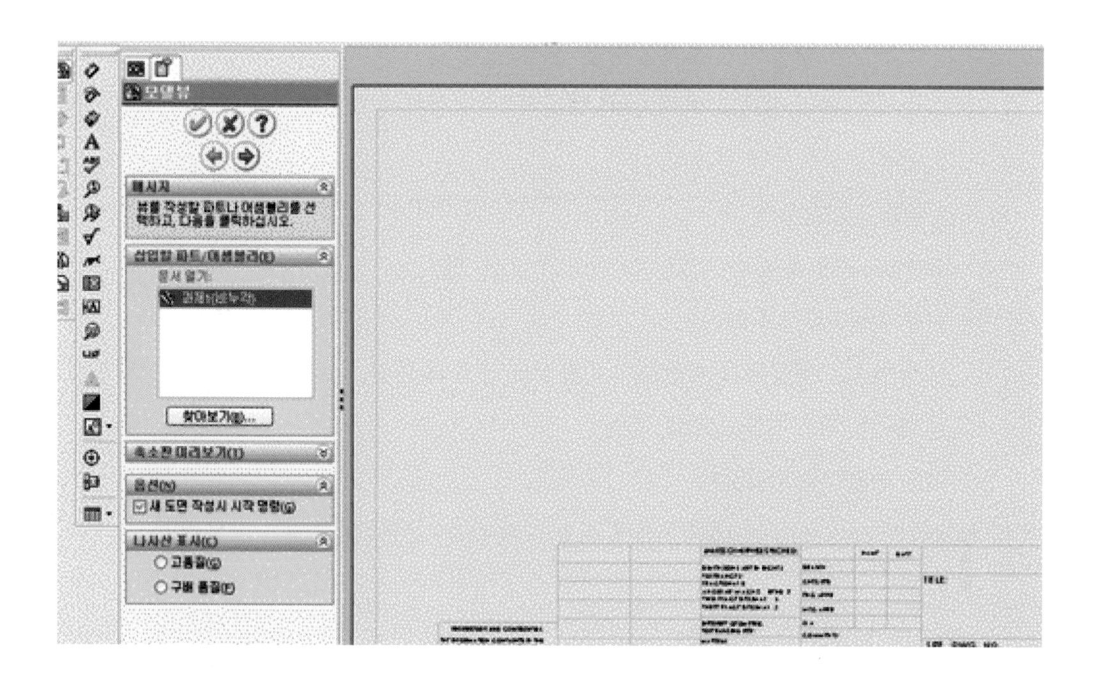

6) 도면 작업 창을 열면 작업에 필요한 대부분의 도구 모음이 나타난다. 이때 아래 항목은 기본 메뉴이며 보기 메뉴의 도구-사용자 정의에서 꺼낸다.

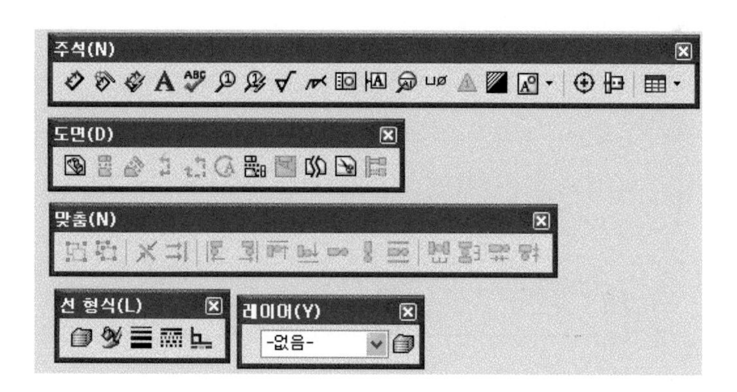

7) 도면 템플릿 편집하기

도면 작업에서는 자신만의 양식이나 자주 쓰이는 양식을 만들어두는 것이 편리하며, 템플릿의 편집은 시트 형식 상태에서만 가능하다. 처음 도면 작업 창을 열었을 경우 템플릿을 편집하기 위해서는 시트 형식 상태로 변환해야 한다. 도면 작업 창의 빈 공간에 마우스를 두고 오른쪽 버튼을 클릭하여 시트 형식 편집을 선택한다. 주석 도구 모음에 있는 버튼의 기능을 이용하여 표제란 등을 수정, 편집할 수 있다. 템플릿 편집을 마친 뒤에는 반드시 시트 편집 상태로 빠져 나와 템플릿 빈 공간에서 오른쪽 마우스 버튼을 클릭하여 시트 편집을 선택하면 된다.

8) 도면 템플릿 저장하기

SolidWorks는 템플릿을 저장할 때 다음 두 가지 방법을 지원한다.

① 시트 형식으로 저장하기

이 방법으로 템플릿을 저장하기 위해서는 메뉴의 파일, 시트 형식 저장을 선택한다. 파일 형식은 파일이름.slddrt가 된다.

② 다른 이름으로 저장하기

SolidWorks 새 문서 대화상자에 저장한 파일이 나타나 템플릿을 바로 띄울 수 있어 편리하다.

9) 부품도를 3각법으로 자동 배치하기

SolidWorks는 도면 작업 창으로 불러들인 부품에 대해서 정면도, 평면도, 측면도가 자동 생성된다. 작업 방식은 끌어놓기 방식이다.

① 파트를 불러오기 위해 보기 메뉴의 삽입–도면 뷰–모델 혹은 도구 모음에서 모델 뷰 아이콘을 클릭한다. 파트를 불러온다.

② 기본 옵션(정면도)은 그대로 두고 마우스로 바탕화면에서 평면도, 우측면도를 차례로 클릭한다.

③ 마우스를 뷰의 객체에 접근하면 이동 표시가 나타난다. 객체를 이동하여 정렬을 한다.

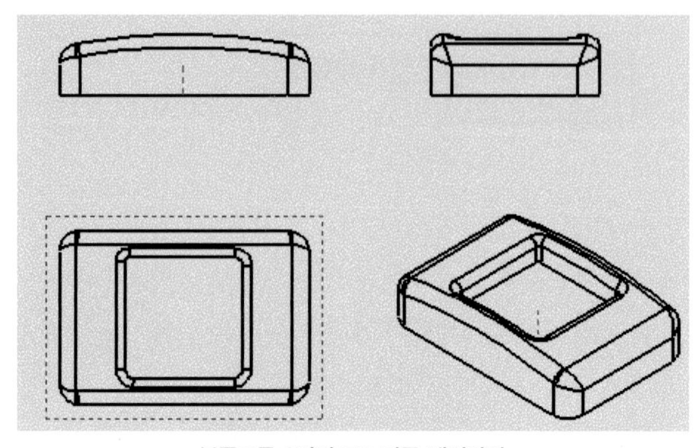

부품도를 3각법으로 자동 배치하기

10) 도면의 배율하기

도면 배율은 도면을 배치하기 전에 설정할 수도 있지만 도면 배치 후에도 작업자 임의대로 간단하게 설정할 수 있다.

① 도면 시트의 빈 공간에서 마우스를 두고 오른쪽 버튼을 클릭하면 팝업 창이 뜬다.

② 속성 항목을 선택하면 설정 대화상자가 나타나고 배율 항목의 값을 변화시킴으로써 도면 축척을 할 수 있다.

③ 또한 투상법 유형 항목이 있는데, 제1각법, 제3각법의 도면 배치를 선택할 수 있다.

④ 마우스 오른쪽 버튼을 클릭할 때, 마우스 포인터가 도면의 빈 공간이 아니고 도면 뷰 영역에 위치했다면 나타나는 팝업 창은 다르다.

11) 명명도를 이용하여 원하는 뷰 추출하기

도면을 자동적으로 배치하지 않고 자신이 원하는 뷰만 선택하여 배치할 수 있다.

① 도면 도구 모음의 명명도을 클릭하든가 메뉴의 삽입, 도면 뷰, 명명도를 선택한 후 파트 창의 모델을 클릭한다.

② 왼쪽에 나타나는 명명도 ProperyManger의 뷰 방향에서 윗면을 선택하면 평면도가 생기면서 마우스를 따라 움직인다. 적당한 곳에 마우스를 클릭하면 평면도의 위치가 지정된다.

12) 투상도 생성하기

배치되어 있는 도면 중에서 선택한 도면의 상하.좌우 각 방향에서의 투영된 도면을 사용자 임의로 배치시킬 수 있다.

① 도면 도구 모음의 투상도를 선택하고 투영할 객체를 원하는 뷰를 선택한다.

② 도면 뷰를 먼저 선택한 후 도구 모음의 투상도 아이콘을 선택하여도 상관없다. 이때 마우스의 위치에 따라 생성되는 투상도가 달리 지는데, 즉 선택한 뷰를 정면도로 간주하고 마우스가 오른쪽에 있으면 오른쪽면도, 위에 있으면 평면도 등이 생성된다.

13) 단면도 생성하기

SolidWorks에서는 부품의 잘릴 부분만 지정해 주면 자동으로 단면도가 생성되며, 잘린 단면에 대해서는 자동으로 해칭 작업이 이루어진다.

① 단면도를 생성하기 위해서는 먼저 절단선을 그려야 한다. 스케치 도구 모음의 중심선 또는 선을 클릭하여 도면 위에 절단선을 그린다. 여러 개를 그릴 때는 모든 선들이 연결되어 있어야 한다.

② 절단선을 선택한 상태로 도면 도구 모음에 있는 단면도를 클릭하면 절단선에 의한 단면도가 생성된다. 단면도가 위치할 자리를 설정한 후 마우스를 클릭하면 작업은 종료된다. 아래 그림은 단면도 예이다.

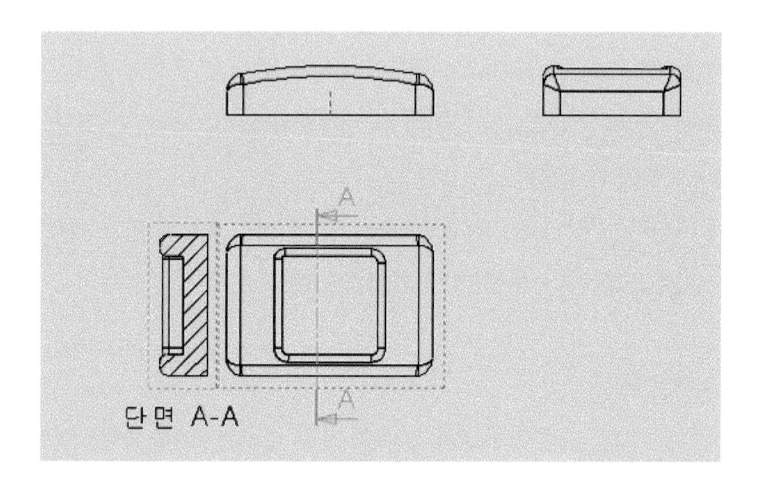

③ 절단 방향은 물론 바꿀 수 있으며, 방법은 단면도 버튼을 누른 후 단면도의 위치를 설정하기 전에 단면도 propertyManager의 선 옵션 대화상자에서 방향 뒤집기 항목을 체크함으로써 절단 방향을 바꿀 수 있다.

④ 일단 단면도의 위치가 설정된 경우에는 절단선을 마우스로 더블 클릭하면 절단선의 화살표 방향이 바뀌게 된다. 혹은 절단선을 마우스로 선택하면 단면도 PropertyManager가 나타나는데 마찬가지로 방향 뒤집기 항목을 체크함으로써 단면 방향을 바꿀 수 있다.

14) 해칭 패턴 수정하기

SolidWorks는 잘린 단면에 대해서 자동으로 해칭 작업이 지원된다.

① 앞의 단면도에서 해칭이 이루어진 부분을 마우스 오른쪽 버튼으로 눌러 나타나는 팝업 창에서 속성을 선택한다.

② 영역 해칭 속성 대화상자가 나타나고 여기에서 패턴, 배율, 각도 등을 설정하고 확인을 체크하면 된다.

③ 단면도 버튼을 이용한 자동 해칭이 아닌 임의의 면에 부분 해칭을 할 경우는 메뉴의 삽입, 영역 해칭을 사용한다.

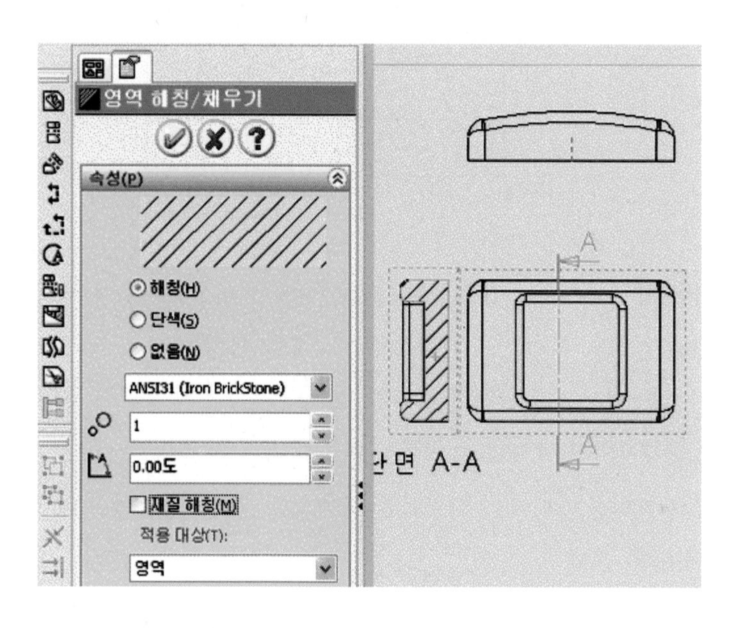

15) 뷰 정렬하기

SolidWorks에서는 생성된 각 뷰의 위치를 정렬시킬 수 있다.

① 명명도로 생성한 등축 뷰를 평면도와 수평으로 정렬시킨다.

② 먼저 등축 뷰를 선택하고 마우스 오른쪽 버튼을 눌러 생성된 팝업 창에서 정렬을 선택한다.

③ 정렬 양식으로 중심에 수평으로 정렬을 선택하고 정렬할 기준이 되는 뷰로 평면도를 수평으로 정렬되는 관계를 가지게 되며 둘 중 하나라도 도면에서 위, 아래로 움직이면 같이 움직이게 된다.

④ 정렬된 뷰의 관계를 끊고자 할 때에는 같은 방식을 적용하여 파단 배열을 선택하면 된다.

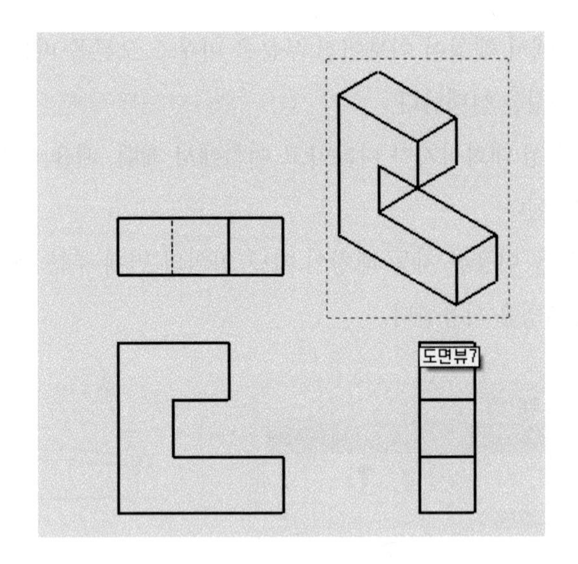

16) 보조도 생성하기

① 기울어진 면 또는 특정면을 기준으로 보조도를 생성한다.

② 기준이 되는 모서리를 선택하고 삽입-도면 뷰-보조 투상도를 클릭한다.

③ 마우스를 움직이면서 보조도 위치를 결정한다.

④ 보조도의 방향을 나타내는 화살표를 마우스로 클릭하면 보조도의 방향을 변경하면 방향이 바뀌게 된다.

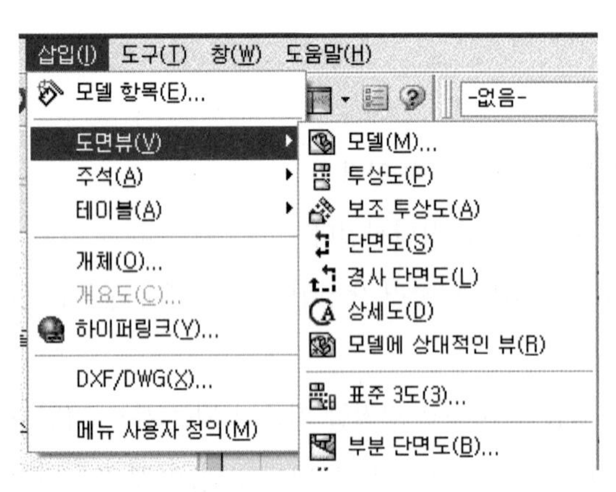

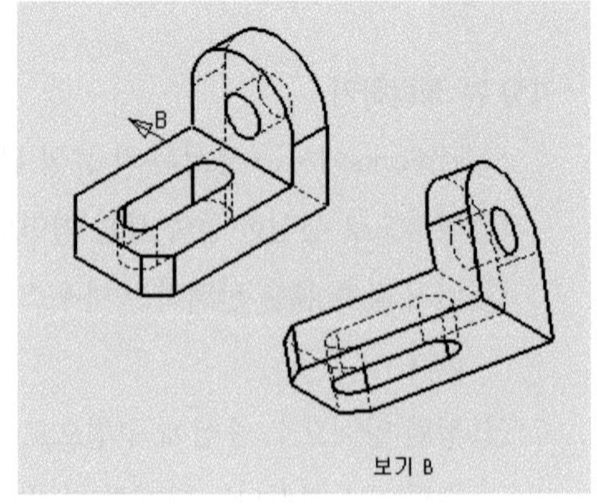

17) 부분도 생성하기

① 부분도는 생성된 뷰를 필요한 부분만 축출하는 기능이다.

② 필요한 부분을 스케치 도구 모음에서 표현할 모양의 스케치로 지정한다.

③ 보조 메뉴의 삽입-도면 뷰-부분도를 클릭한다. 이때 나머지 부분은 없어진다.

18) 상세도 생성하기

① 도면의 임의 부분을 상세하게 표현하는 것이다.

② 스케치 도구 모음에서 표현할 모양의 스케치로 지정한다.

③ 삽입-도면 뷰-상세도를 클릭한다.

④ 원하는 위치를 지정한다.

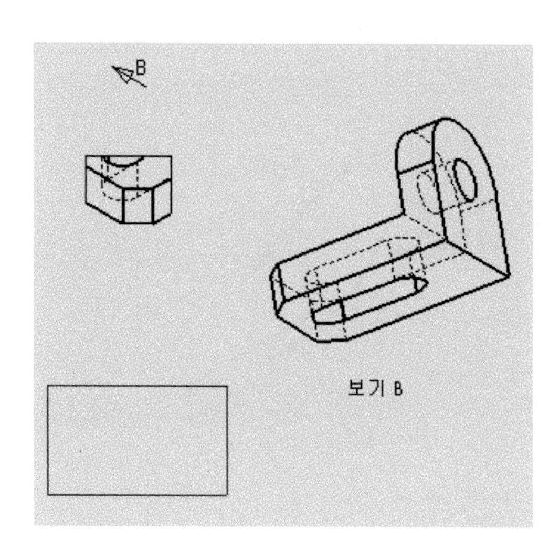

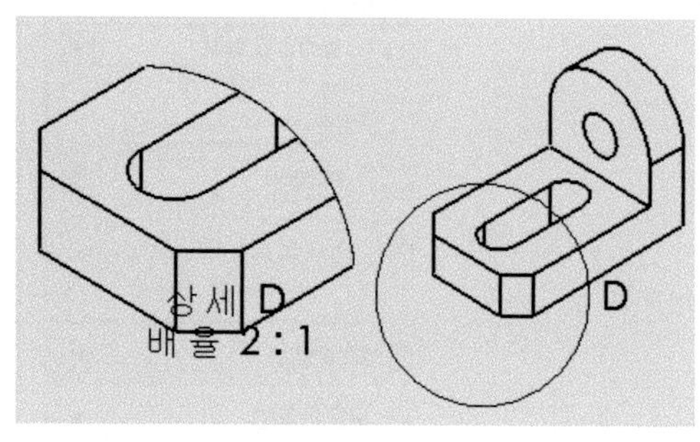

13 곡선 도구 모음 활용하기

(1) Split Line(분할선) 명령어 사용

1) FeatureManager 디자인 트리에서 정면을 선택하고 스케치 도구상자에서 아이콘( )을 클릭한 후 그림과 같이 스케치를 한다.

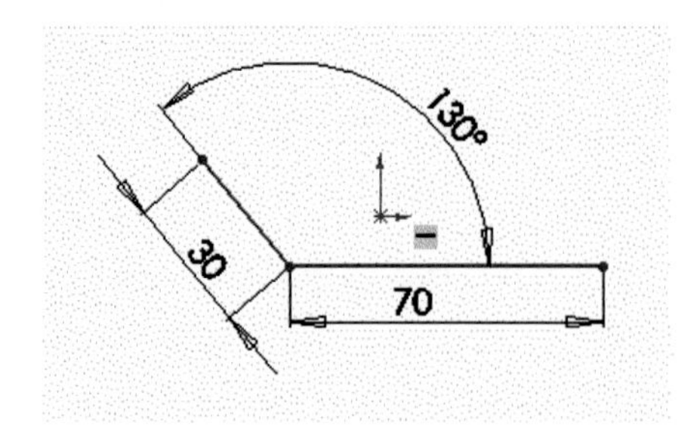

2) 돌출 보스/베이스 아이콘( )을 선택한 다음 블라인드 형태의 방향1에서 을 클릭하여 반대 방향으로 하고 얇은 피처를 체크하고 확인( )을 클릭한다.

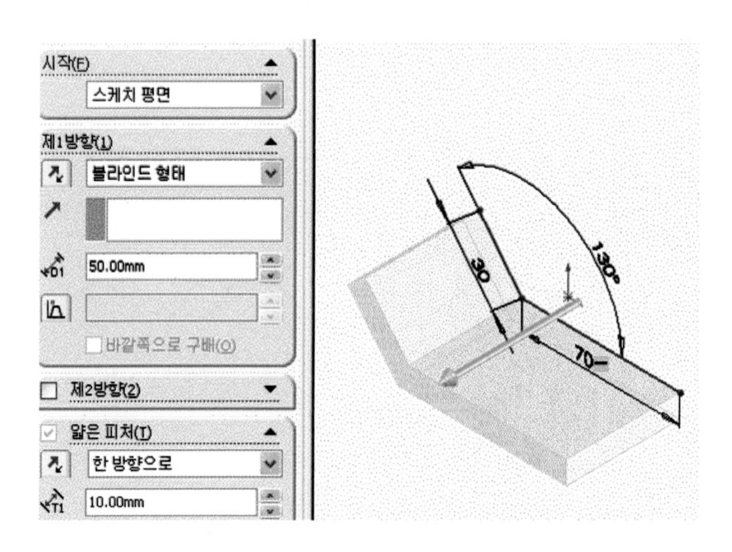

3) FeatureManager 디자인 트리에서 윗면을 선택하고 도구상자에서 스케치 아이콘( )을 클릭한 후 윗면에 스케치를 한다.

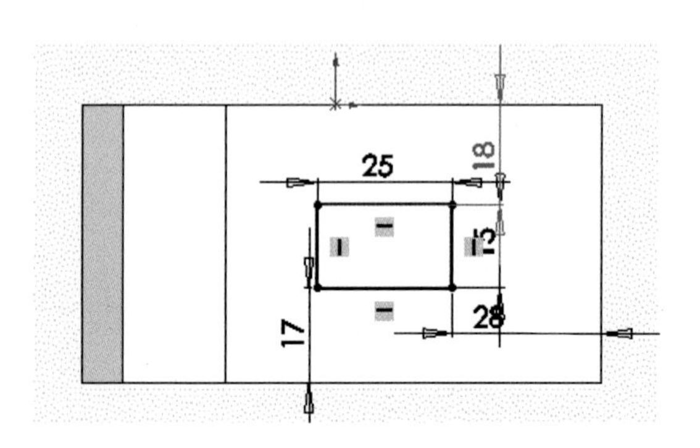

4) 그림은 정면에서 투영한 것이다.

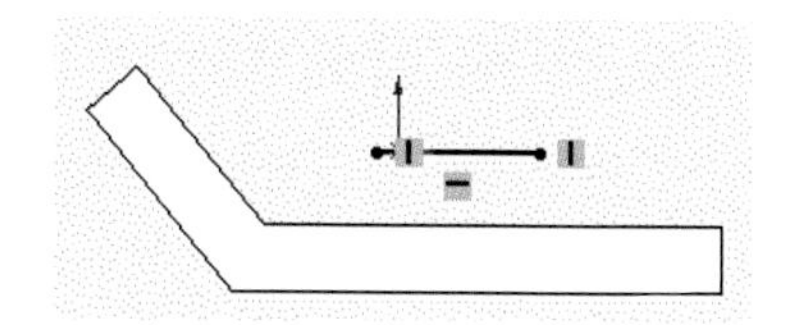

5) 보기 메뉴의 삽입-곡선-분할선 아이콘( )을 선택한 후 분할 유형에서 바닥면에 투영할 곡선을 선택하고 바닥면을 클릭한다. 확인 버튼( )을 클릭한다.

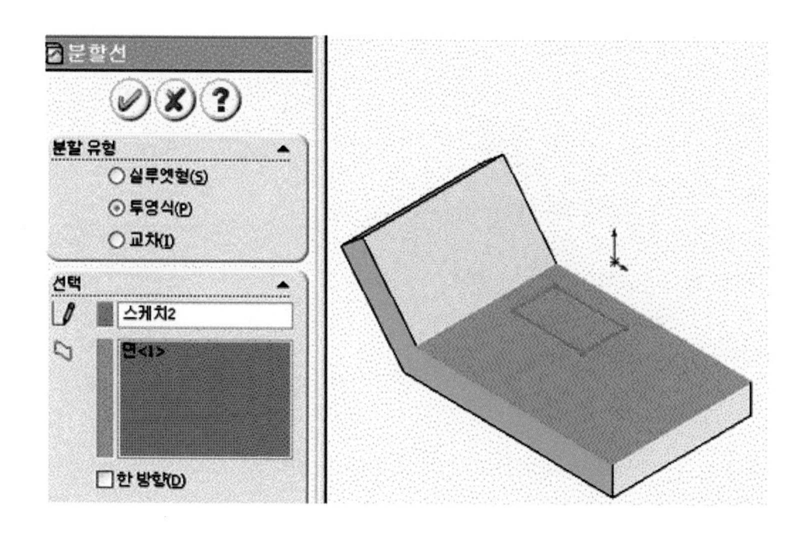

6) 그림은 원하는 면에 객체를 투영시켜 면을 분할한 상태이다.

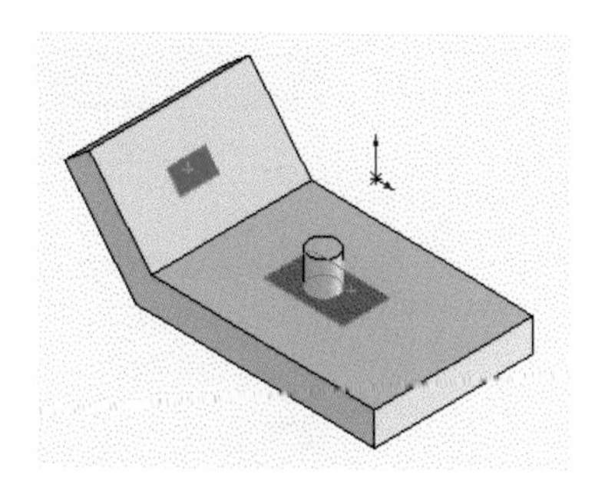

7) FeatureManager 디자인 트리에서 정면을 선택하고 스케치 도구상자에서 아이콘( )을 클릭한 후 면에 스케치를 한다.

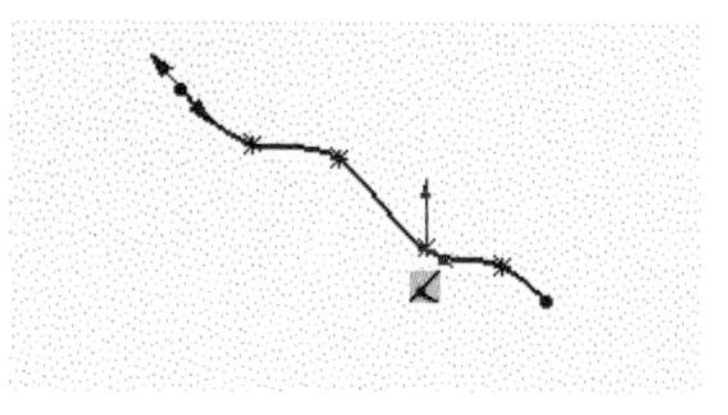

8) 피처에서 돌출 보스/베이스 아이콘( )을 선택한 다음 블라인드 형태의 방향1에서 을 클릭하여 앞면으로 향하게 한 후 돌출 치수 50을 입력하고 확인 버튼( )을 클릭한다.

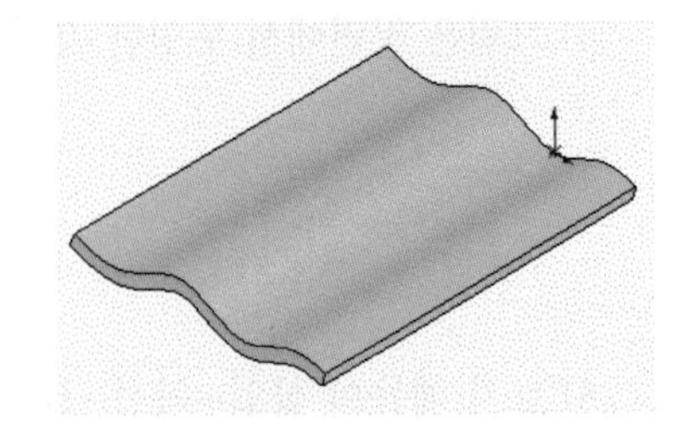

9) FeatureManager 디자인 트리에서 윗면을 선택하고 스케치를 한다. 분할 전에는 정면에서 보면 원호가 곡면에 걸쳐있는 모양을 볼 수 있다.

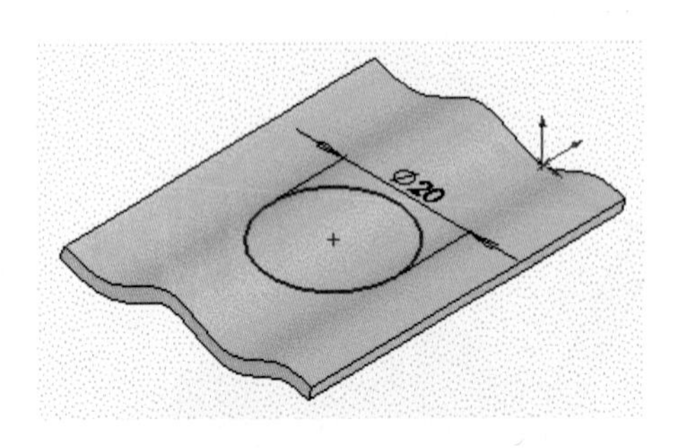

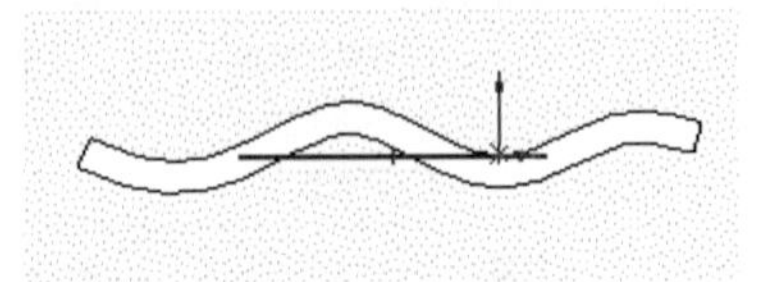

10) 보기 메뉴의 삽입-곡선-분할선 아이콘( )을 선택한 후 분할 유형에서 바닥면에 투영할 곡선을 선택하고 바닥면을 클릭한다. 확인 버튼( )을 클릭한다.

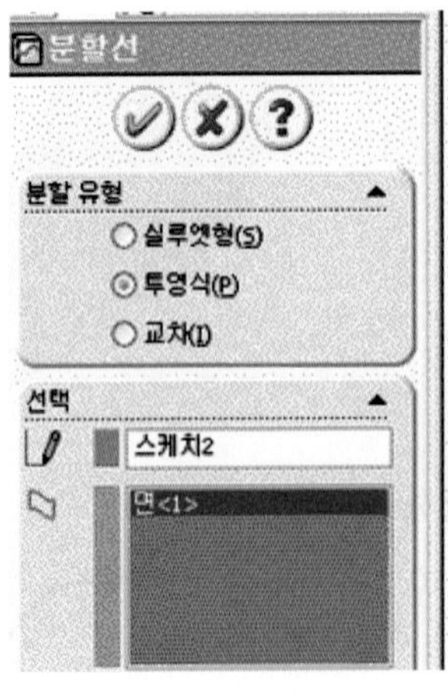

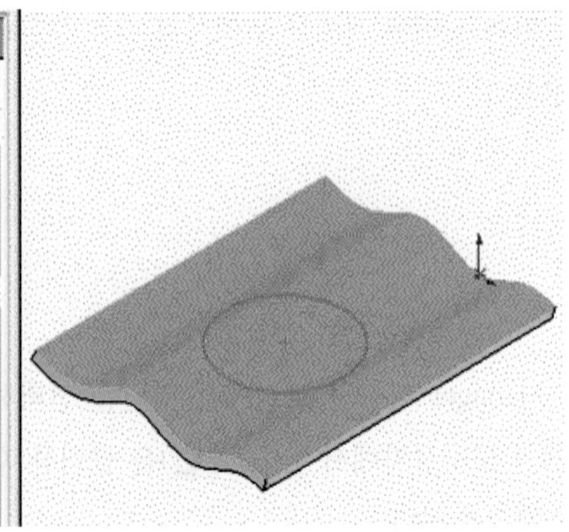

11) 분할 후의 스케치 모양은 곡면을 따라 투영된 상태를 알 수 있다.

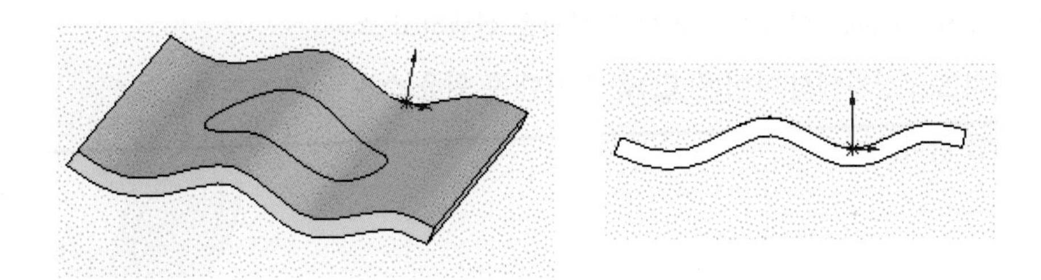

12) 투영된 스케치를 자르기 위하여 보기 메뉴의 돌출 컷 아이콘( )을 클릭한 후 방향을 중간 평면으로 체크하고 확인 버튼( )을 클릭한다.

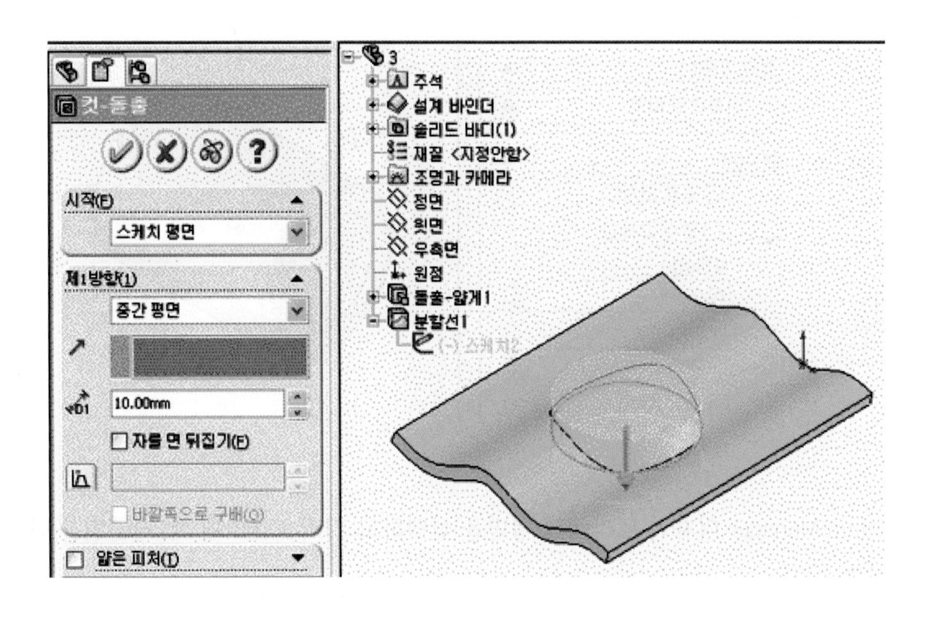

13) 그림은 돌출 컷을 실행한 상태이다.

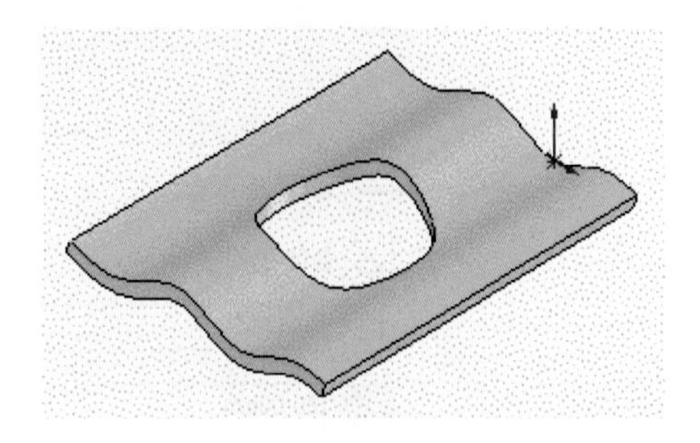

(2) 조인 곡선 명령어 사용하기

1) FeatureManager 디자인 트리에서 정면을 선택하고 스케치 도구상자에서 아이콘( )을 클릭한 후 원을 스케치를 한다.

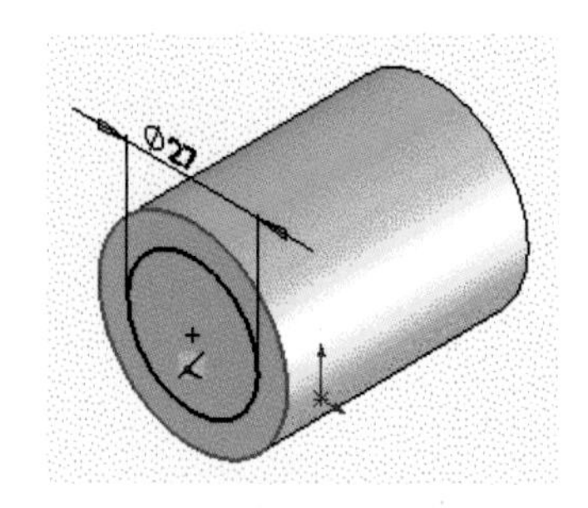

2) 보기 메뉴에서 삽입-곡선 나선형 곡선 아이콘( )을 선택하고 정의 기준에서 높이와 피치를 체크, 높이와 피치값을 입력하고 확인 버튼( )을 클릭한다.

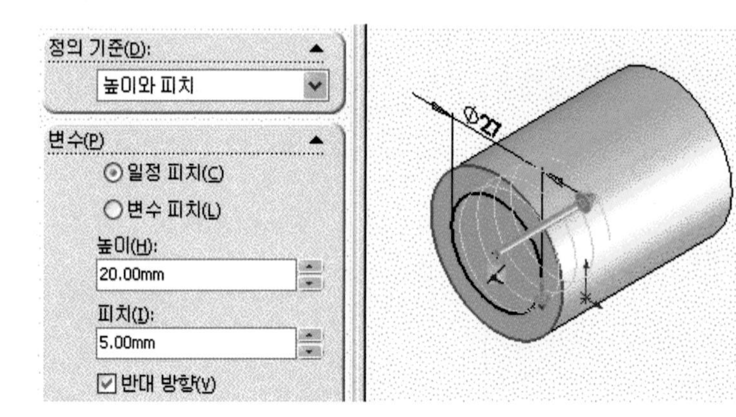

3) FeatureManager 디자인 트리에서 정면을 선택하고 거리 20mm에 제1기준면을 만든다.

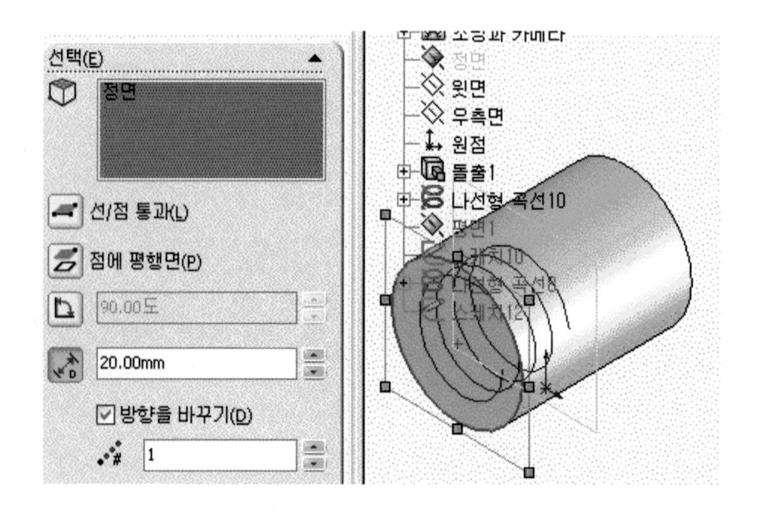

4) FeatureManager 디자인 트리에서 제1기준면을 선택하고 스케치 도구상자에서 아이콘( )을 클릭한 후 원을 스케치를 한다.

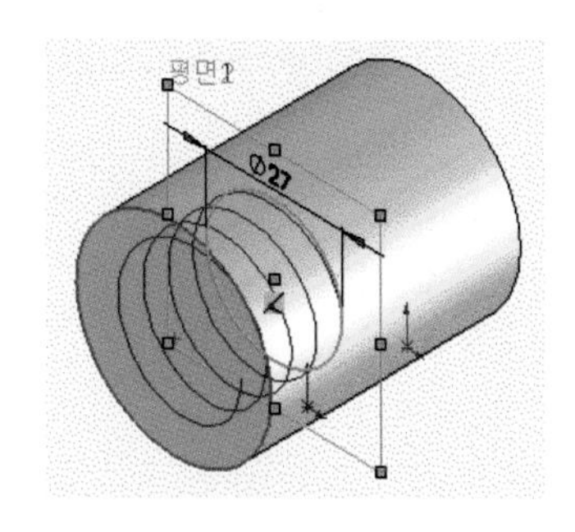

5) 그림은 제1기준면에 나선형 곡선을 스케치한 모양이다.

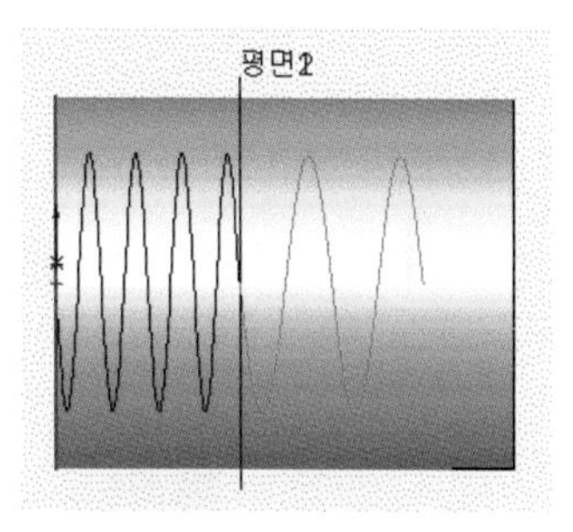

6) 보기 메뉴에서 삽입–곡선–조인 곡선 아이콘( )을 선택하고 Ctrl키를 누른 상태에서 곡선1과 곡선2를 선택한 후 확인 버튼( )을 클릭한다.

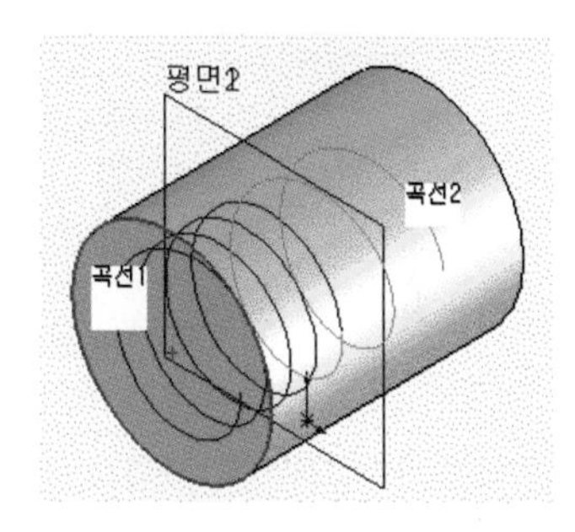

7) FeatureManager 디자인 트리에서 제1기준면을 선택하고 스케치 도구상자에서 아이콘( )을 클릭한 후 중심선을 선택하여 세로선과 하단에 가로선을 긋고 그림과 같이 일치 시킨다. 보기 메뉴의 도구–스케치 도구–동적 대칭 복사를 선택하고 중심선 가로선을 클릭한다.

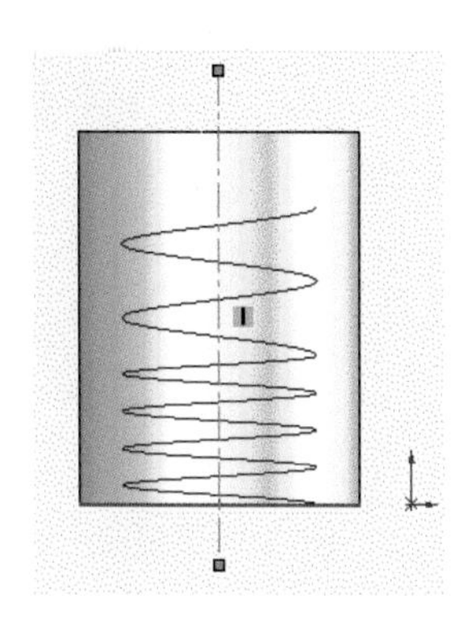
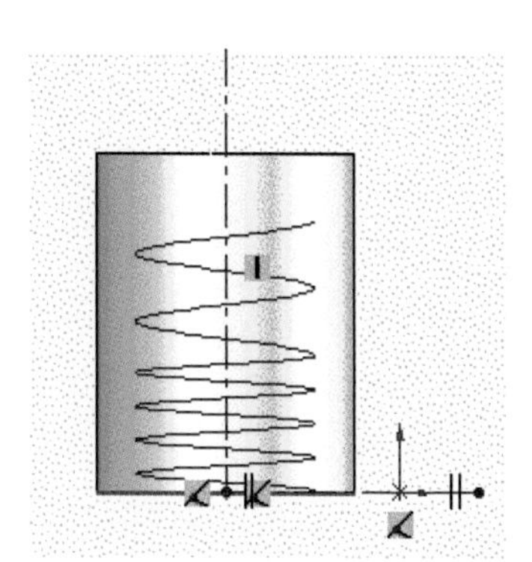

8) 스케치 도구상자에서 아이콘( )을 클릭한 후 그림과 같이 삼각나사 모양을 스케치한다.

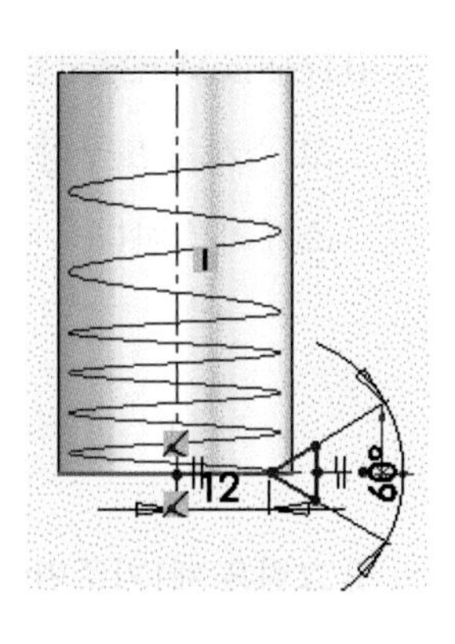

9) 보기 메뉴의 삽입-자르기-회전 컷 아이콘( )을 선택하고 프로파일을 스케치선, 경로를 조인 곡선을 선택한 후 그림과 같이 자르기를 한다.

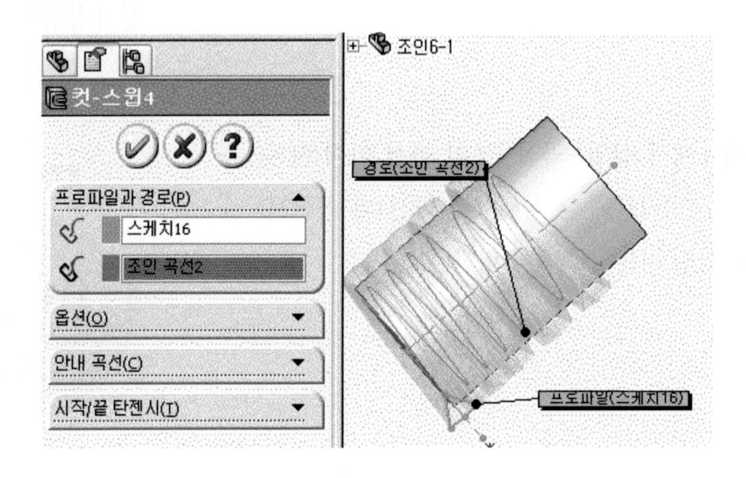

10) 그림은 완성된 모델링이다.

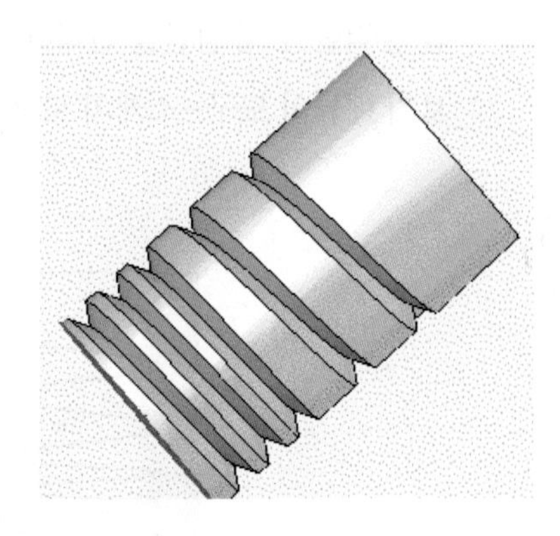

(3) Surface 명령 사용하기

1) FeatureManager 디자인 트리에서 정면을 선택하고 스케치 도구상자에서 아이콘( )을 클릭한 후 원을 스케치 한다. 그림과 같이 스케치 자르기를 한다.

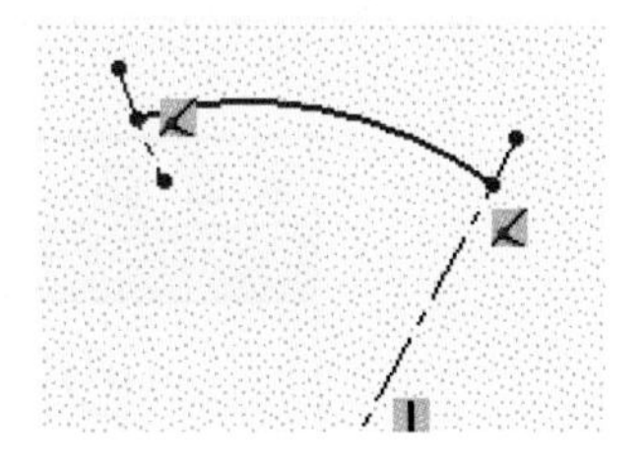

2) 보기 메뉴에서 회전 아이콘( )을 선택한 후 중심축을 클릭하여 그림과 같이 회전 곡면을 만든다. 이때 "스케치를 자동으로 닫겠습니다" 에서 아니오를 선택한다.

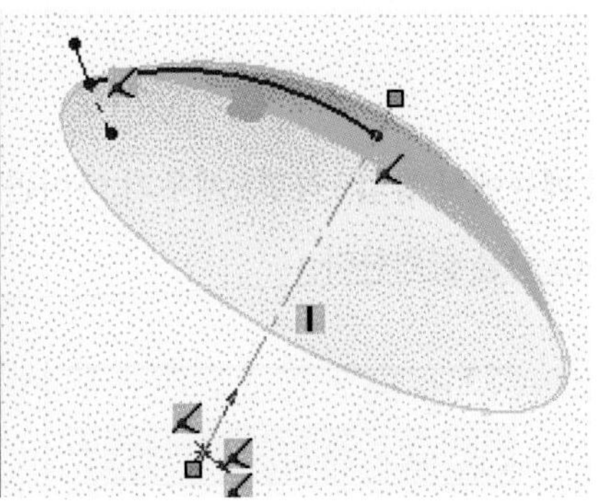

3) FeatureManager 디자인 트리에서 윗면을 선택하고 그림과 같이 스케치를 한다.

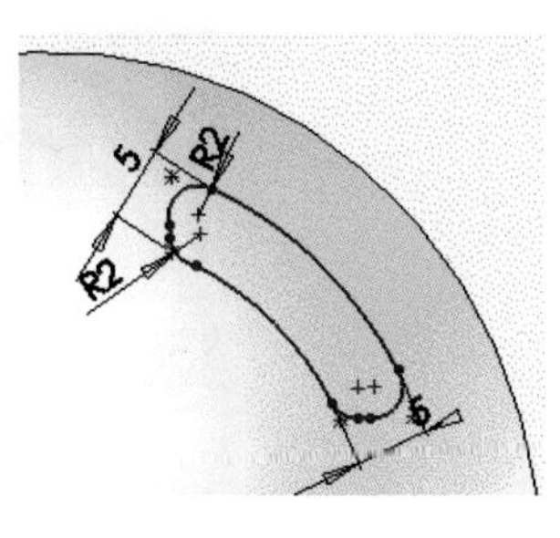

4) 보기 메뉴에서 삽입–곡면–오프셋 아이콘( )을 선택하고 변수 곡면을 클릭한 후 방향을 아래로 향하고 확인 버튼( )을 클릭한다.

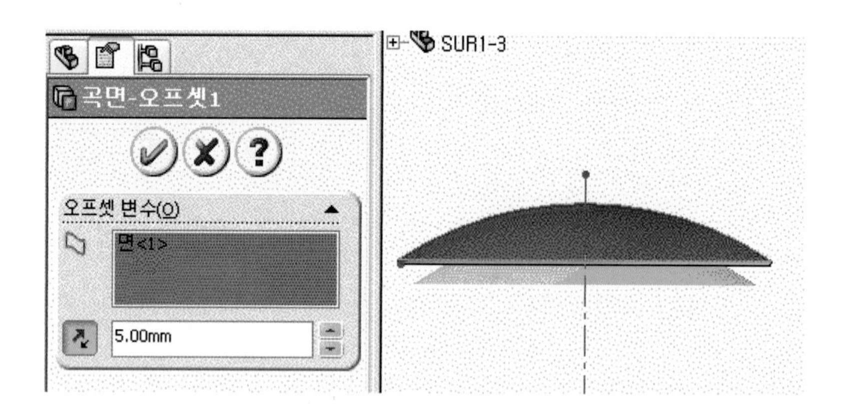

5) 보기 메뉴에서 삽입–곡면–채우기 아이콘( )을 선택하고 곡면 P1, P2를 선택하고 확인 버튼( )을 클릭한다.

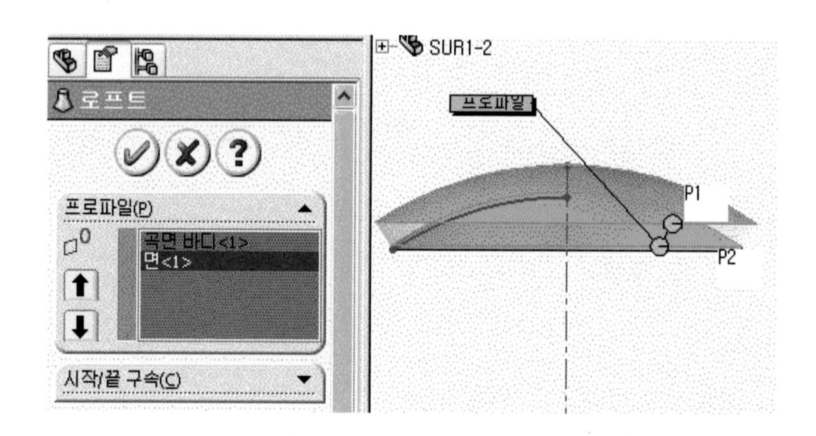

6) 그림은 로프트 곡면 완성 상태이다.

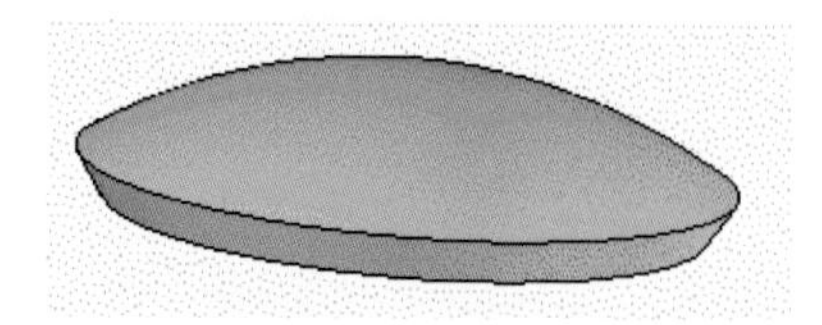

7) 보기 메뉴의 삽입–곡선–투영 곡선 아이콘( )을 클릭한 후 선택에서 스케치를 면에 투영을 체크, 곡면을 클릭 후 확인 버튼( )을 클릭한다. 또는 기준면을 만든 후 스케치하여 돌출 컷을 한다.

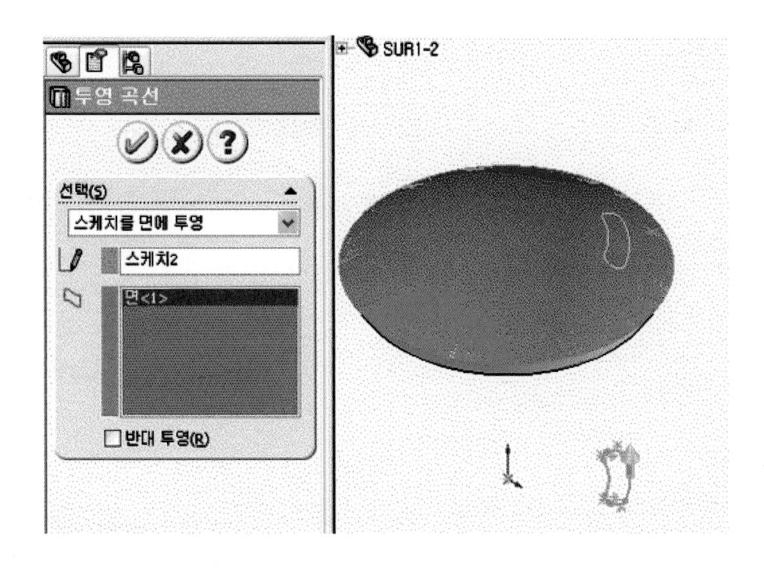

8) 보기 메뉴의 돌출 컷 아이콘( )을 클릭한 후 Property Manager에서 시작면을 면/평면을 선택하고 방향을 관통으로 체크하고 확인 버튼( )을 클릭한다.

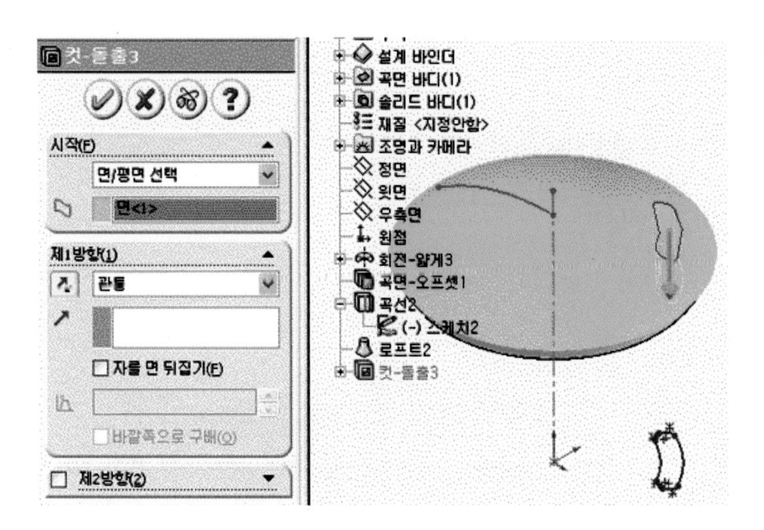

9) 정면도를 선택하고 보기 메뉴에서 보기－임시축을 선택한다. 보기 메뉴의 원형 패턴 아이콘( )을 선택하고 변수를 임시축, 동등 간격 패턴할 피처를 확인 후 확인 버튼( )을 클릭한다.

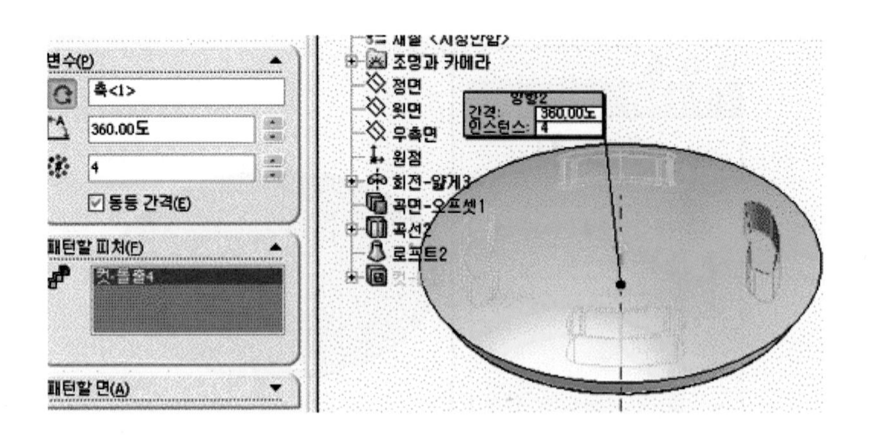

10) 그림은 원형 패턴 완성으로 원점 숨기기, 보기 메뉴의 임시축을 클릭한 상태이다.

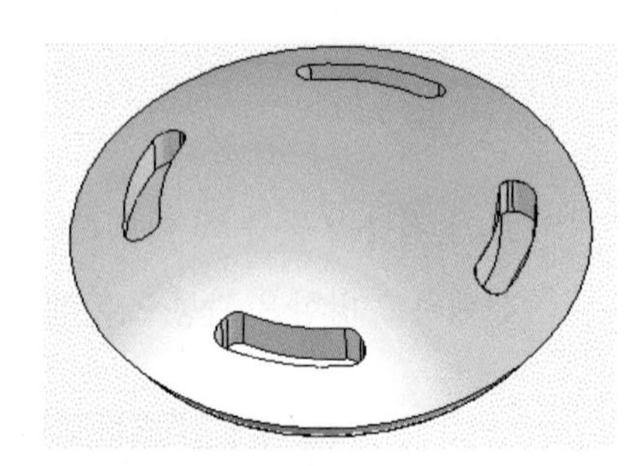

11) FeatureManager 디자인 트리에서 정면을 선택하고 스케치 도구상자에서 아이콘( )을 클릭한 후 면에 스케치를 한다.

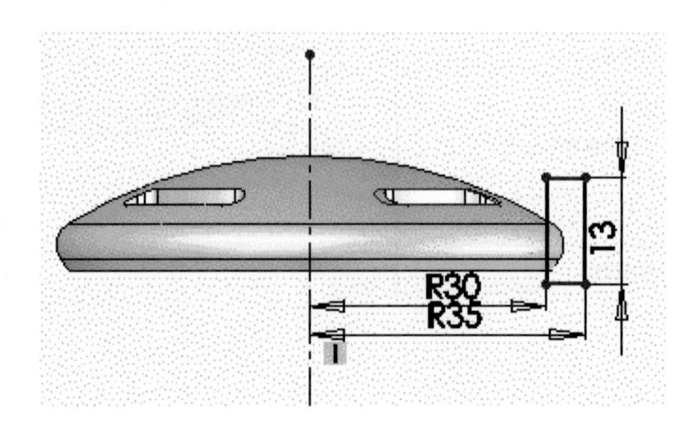

12) 보기 메뉴의 회전 보스/베이스 아이콘( )을 클릭한 후 선택하여 확인 버튼( )을 클릭한다.

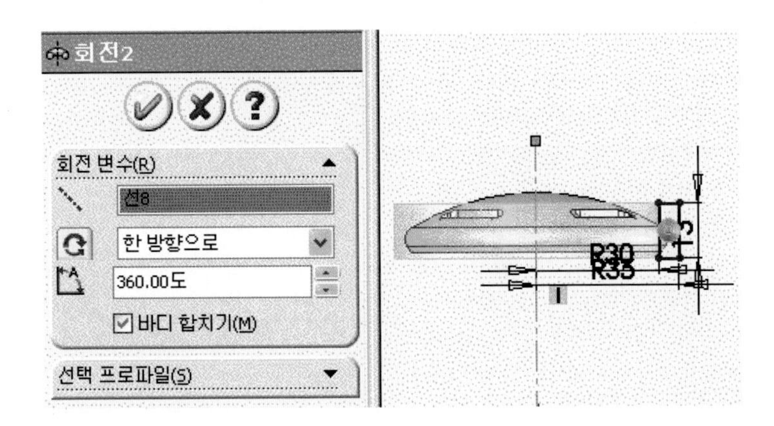

13) 그림과 같이 보기 메뉴의 필렛 아이콘( )을 선택한 후 각각 필렛 요소를 필렛한다.

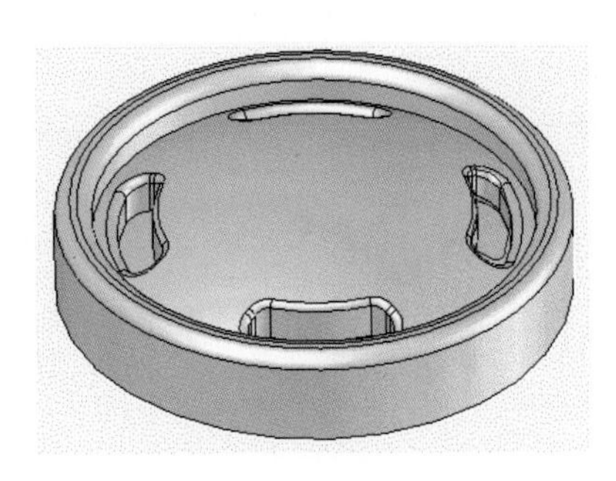

Chapter 4

베어링 블록, 배관, 휠, 스프링, 볼트, 원형 패턴 만들기

이 장에서는 배관, 커피메이커, 스프링, 볼트, 원형 패턴 모델링을 하면서
회전 및 스윕 피처를 작성하는 방법을 배운다.

1. 베어링 블록 만들기
2. 배관 고정구 만들기
3. 손잡이 핸들 만들기
4. 경사면 부품 만들기 및 오프셋 돌출하기
5. 휠 만들기
6. 볼트 만들기
7. 핸드 휠 만들기
8. 2D 과제1 모델링하기
9. 2D 과제2 모델링하기
10. Roller Bracket 모델링하기
11. Handle Link 모델링하기
12. 2D 과제3 모델링하기

1 베어링 블록 만들기

(1) 새 파트 만들기

1. 표준 도구 모음에서 새 문서, 메뉴 바에서 파일〉새 문서를 클릭한다.

2. 작업 평면을 선택한 후 피처 매니저(FeatureManager)에 있는 정면도를 마우스로 선택한다.

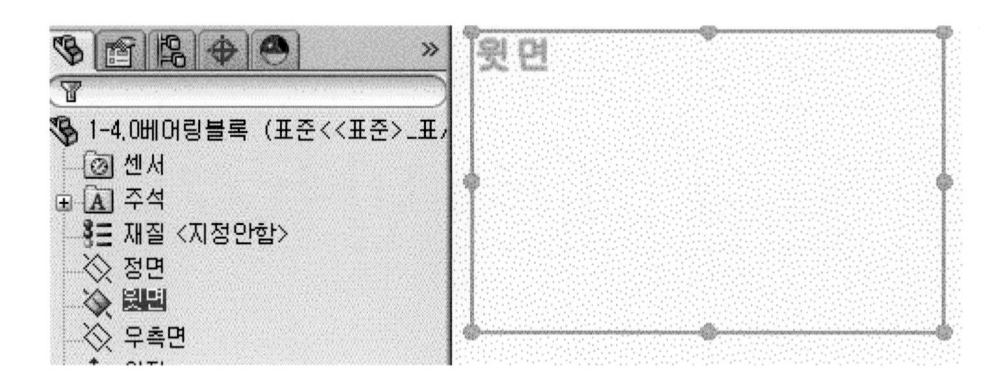

(2) 스케치하기

1. 바탕화면 상단 표시 메뉴 경계선에 마우스 포인트를 놓고 마우스 우측 버튼으로 누르고 Command Manager에 선택 후 기본 스케치 메뉴를 선택한다.

2. 정면에 스케치 아이콘( )을 열고 그림과 같이 스케치한다.

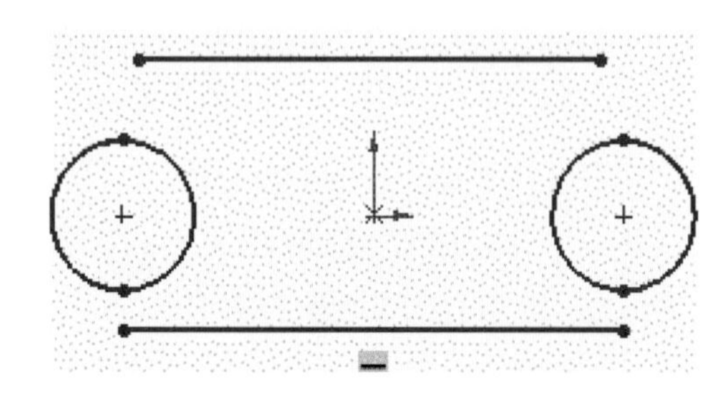

3 Ctrl키를 이용하여 스케치 원과 선을 선택하고 그림과 같이 부가 조건 탄젠트(인접)를 클릭한다.

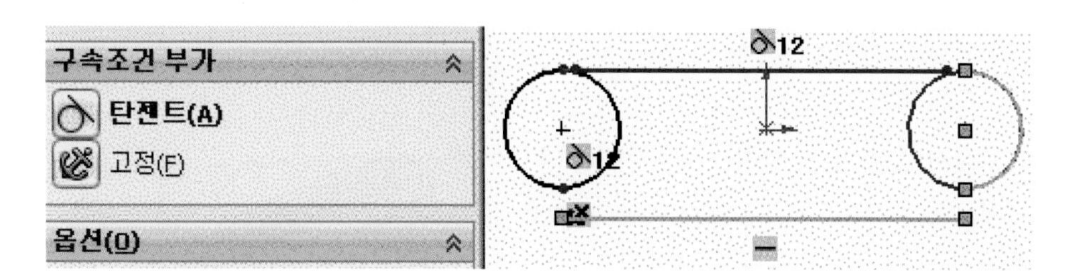

4 메뉴에서 아이콘( )을 선택하여 그림과 같이 잘라내기한다.

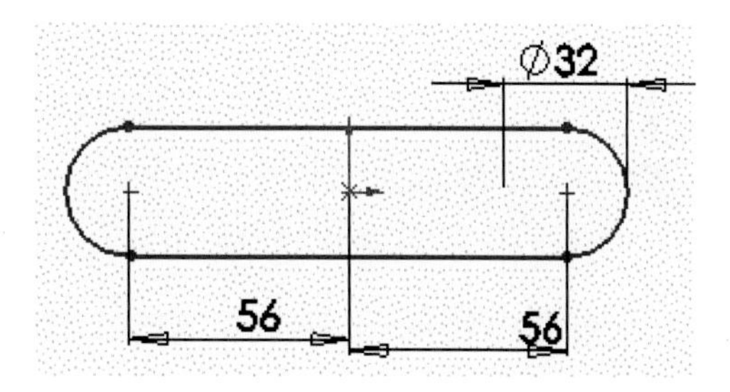

5 피처에서 돌출 보스/베이스 아이콘( )을 선택한 다음 블라인드 형태의 방향 1에서 을 클릭 후 16mm 돌출한다.

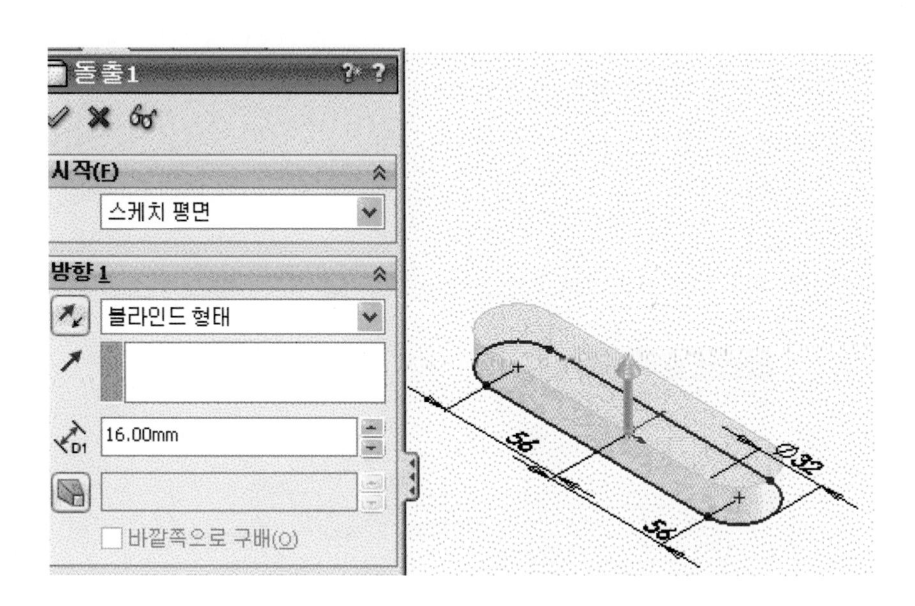

6 평면에 스케치 아이콘( )을 열고 그림과 같이 스케치한다.

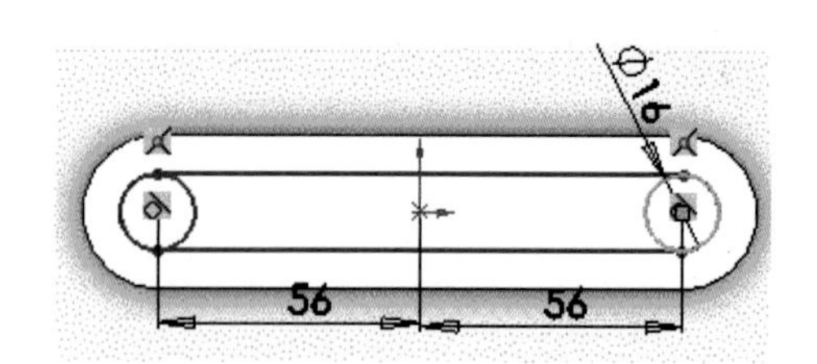

7 피처에서 돌출 보스/베이스 아이콘( )을 선택한 다음 블라인드 형태의 방향 1에서 을 클릭 후 18mm 돌출한다.

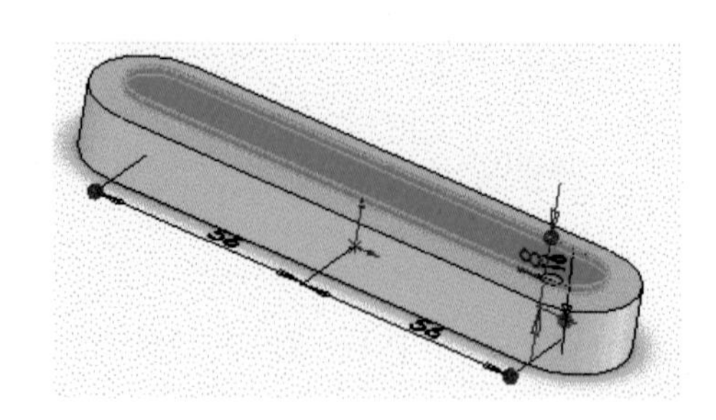

8 FeatureManager 디자인 트리에서 정면을 선택한다. 스케치 도구상자에서 스케치 아이콘( )을 클릭한 후 정면에 그림 같이 스케치한다.

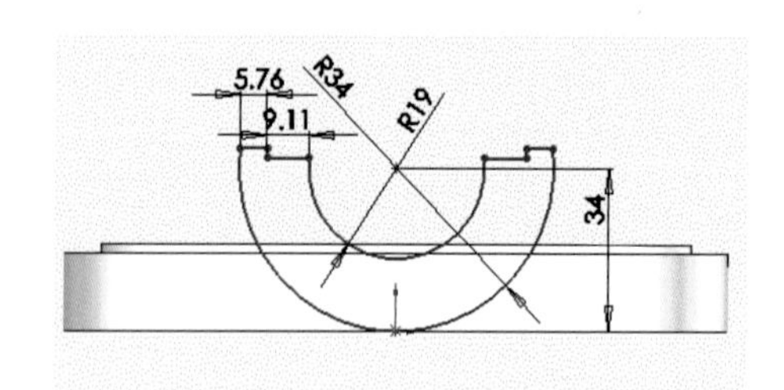

9 피처에서 돌출 보스/베이스 아이콘( )을 선택한 다음 블라인드 형태의 방향 1에서 을 클릭 후 돌출 방향을 중간 평면으로 설정 후 44mm 돌출한다.

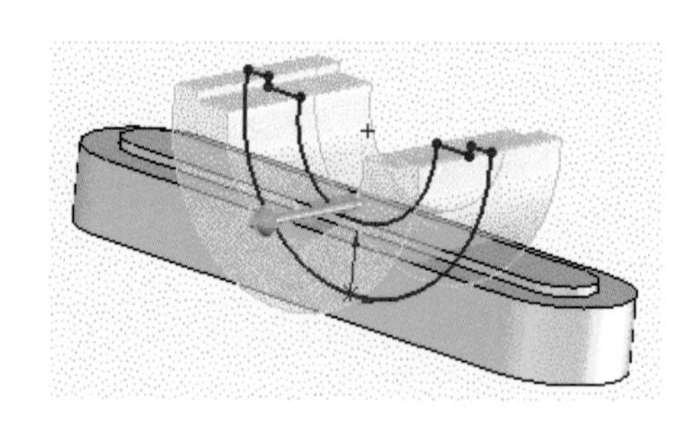

10 정면을 선택 후 ø38를 스케치한 후 돌출 컷 아이콘( )을 선택하고 관통을 한다.

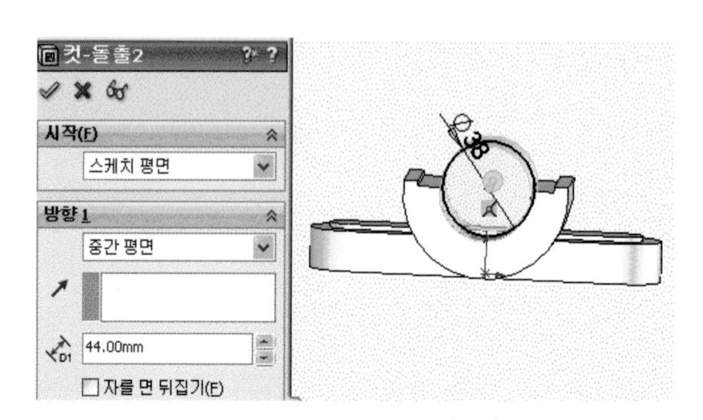

11 FeatureManager 디자인 트리에서 평면을 선택하고 그림과 같이 스케치한다.

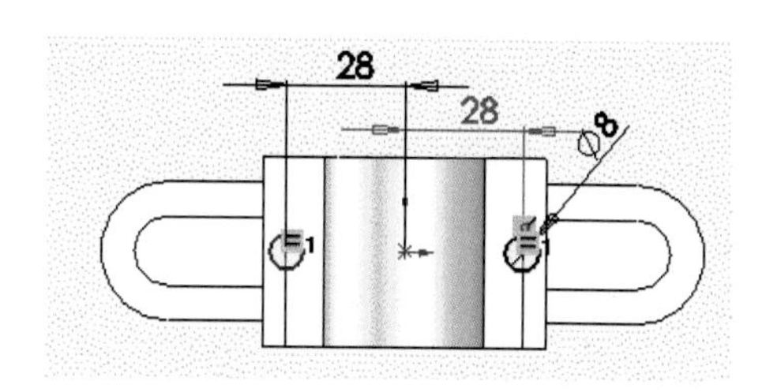

12 메뉴에서 아이콘( )을 선택하고 돌출 컷 한다.

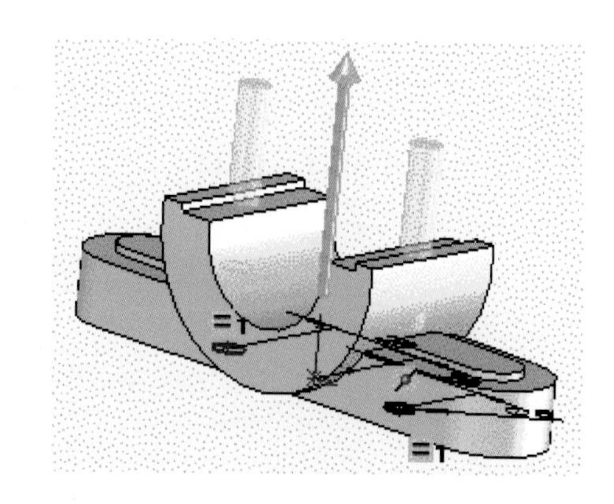

13 FeatureManager 디자인 트리에서 윗면을 선택한다. 스케치 도구상자에서 스케치 아이콘( )을 클릭한 후 평면에 그림과 같이 스케치한다.

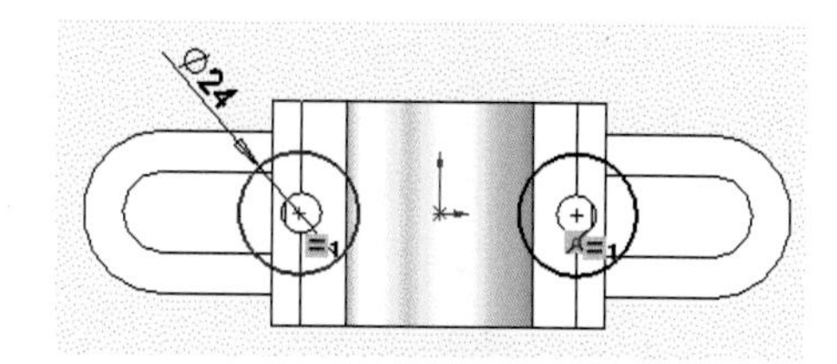

14 피처에서 돌출 보스/베이스 아이콘( )을 선택한 다음 블라인드 형태의 방향 1에서 을 클릭 후 돌출 방향을 중간 평면으로 설정 후 38mm 돌출한다.

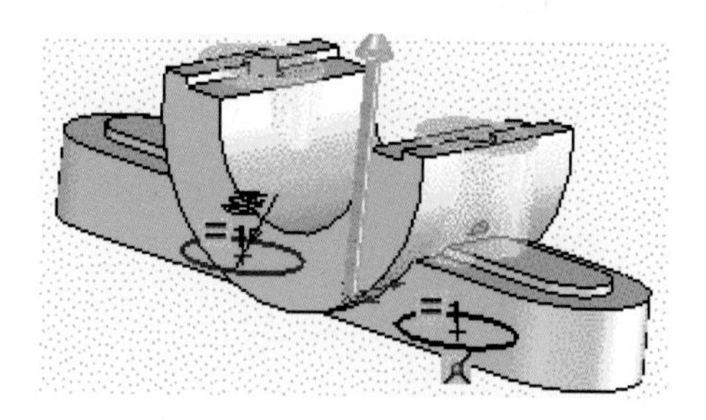

15 FeatureManager 디자인 트리에서 정면을 선택하고 그림과 같이 스케치한다.

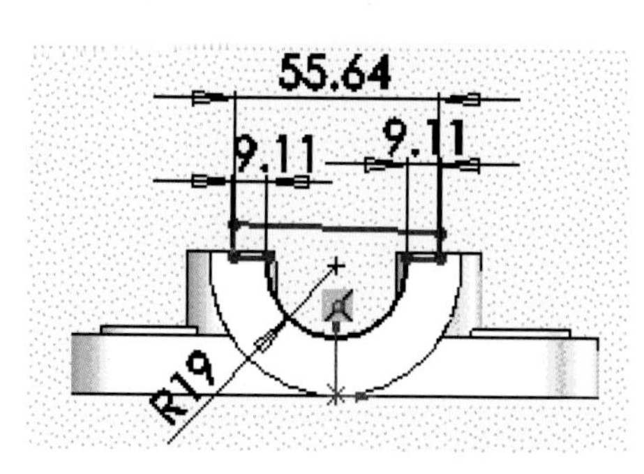

16 스케치 곡선을 선택하고 아이콘( )을 선택 후 돌출 컷한다.

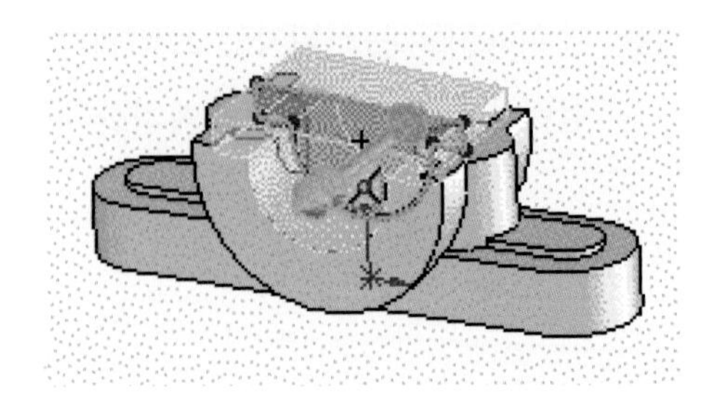

17 FeatureManager 디자인 트리에서 참조 형상의 아이콘( )을 선택하고 밑면에서 19mm 위치에 기준면을 만든다.

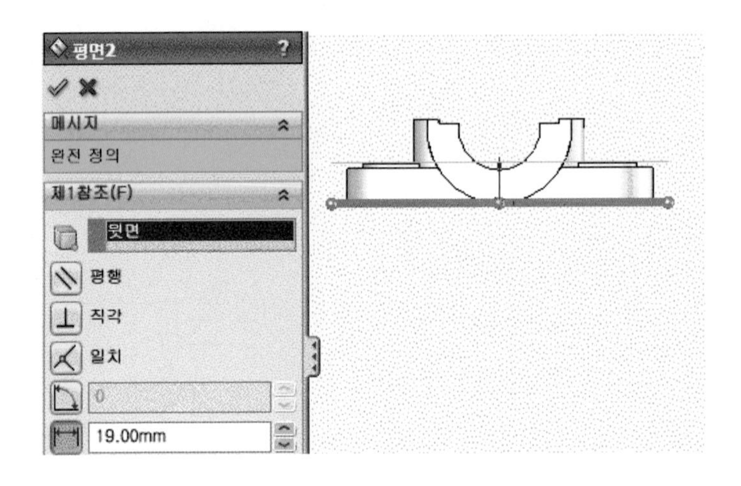

18 FeatureManager 디자인 트리에서 기준면을 선택하고 ϕ3mm를 그림과 같이 스케치한다.

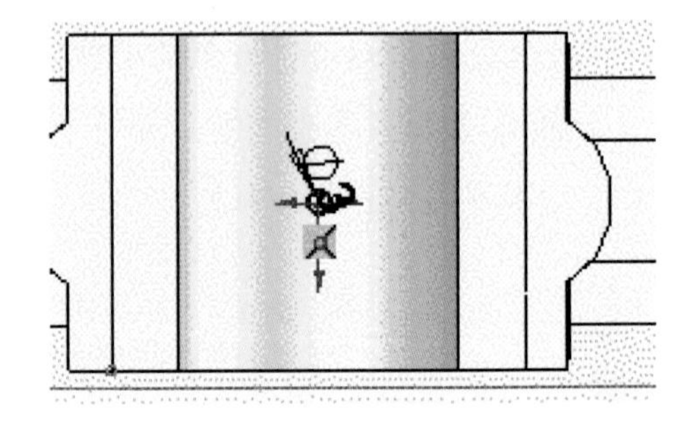

19 스케치 곡선을 선택하고 아이콘( )을 선택 후 그림과 같이 돌출 컷한다.

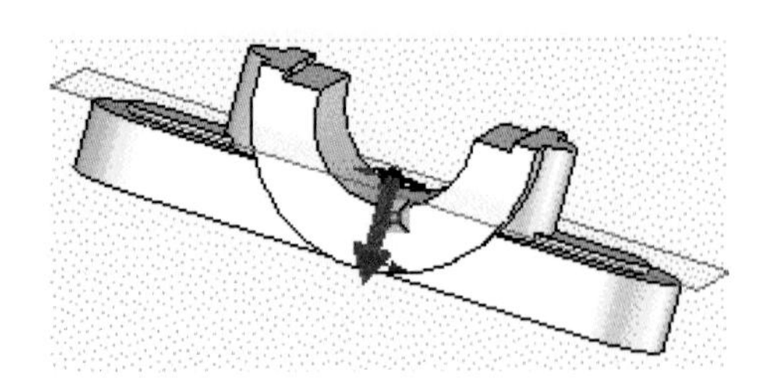

20 FeatureManager 디자인 트리에서 윗면을 선택하고 그림과 같이 스케치한다.

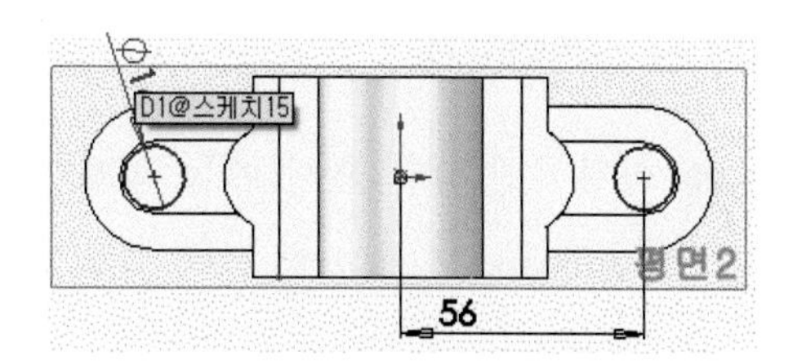

21 피처에서 돌출 보스/베이스 아이콘( )을 선택한 다음 블라인드 형태의 방향 1에서 을 클릭 후 돌출 방향을 중간 평면으로 설정 후 38mm 돌출한다.

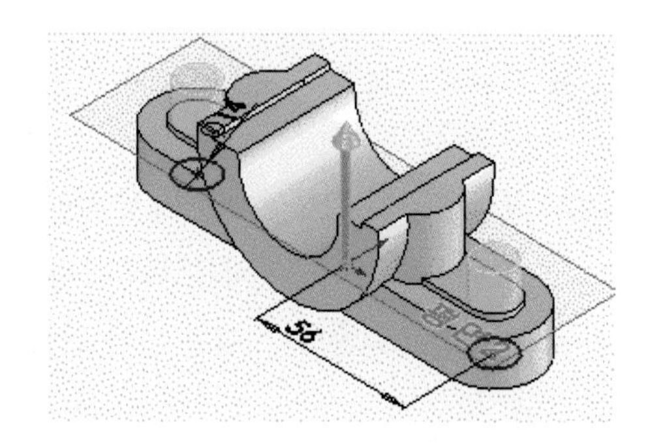

2 배관 고정구 만들기

(1) 새 파트 만들기

1 표준 도구 모음에서 새 문서, 메뉴 바에서 파일〉새 문서를 클릭한다.

2 작업 평면을 선택한 후 피처 매니저(FeatureManager)에 있는 정면도를 마우스로 선택한다.

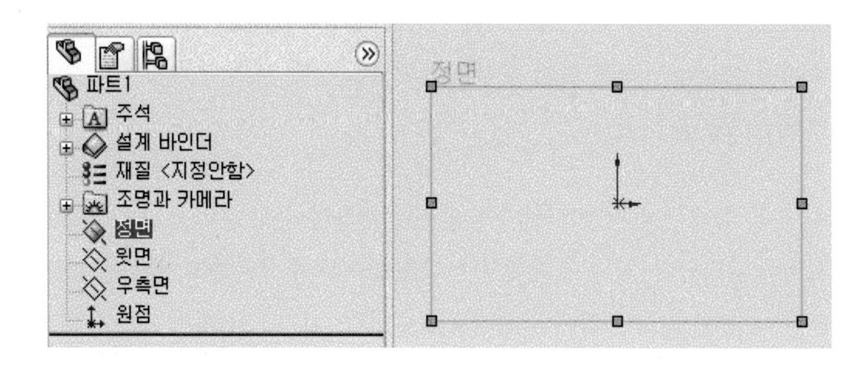

(2) 원 스케치하기

1. 바탕화면 상단 표시 메뉴 경계선에 마우스 포인트 놓고 마우스 우측 버튼 누르고 Command Manager에 선택 후 기본 스케치 메뉴를 선택한다. 도구상자에서 스케치 아이콘( )을 클릭한다.

2. 정면에 스케치를 열고 스케치 도구 모음에서 원을 클릭한다.

3. 원점과 동일 직선상에 원의 중심이 오도록 원을 그린다. 원을 스케치하기 위하여 커서를 원점의 오른쪽에 일직선상에 위치시키면 그림 a와 같이 파란색의 추론선(inferring line)이 화면에 나온다. 이것은 원의 중심이 원점과 일직선상에 있는 것을 의미한다.

4. 지능형 치수를 클릭하고 그림 b와 같이 치수를 기입한다.

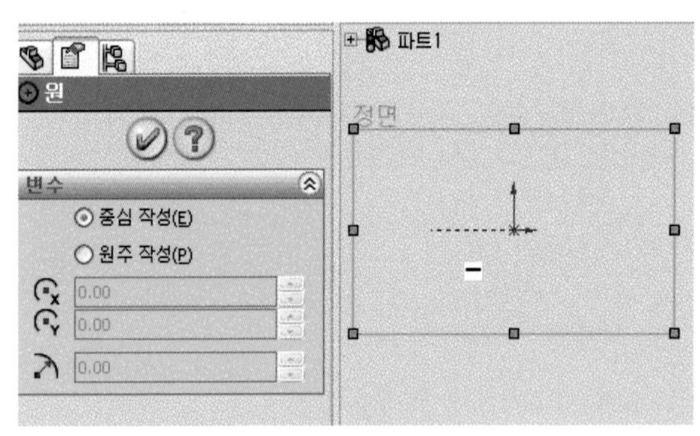

그림 a 추론선

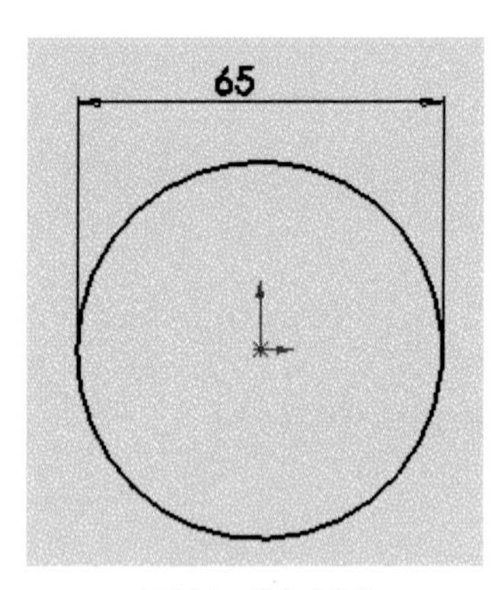

그림 b 치수 기입

5. 바탕화면에 커서를 놓고 우측 마우스를 선택하면 구속 조건이 나타난다. 부가 조건을 선택하여 선택 요소에 원점과 원의 중심을 선택하고 구속 조건 부가에서 수평으로 체크한 후 확인 버튼( )을 누른다.

6. Ctrl키를 누른 상태에서 원점과 원의 중심을 선택하면 속성 창이 Feature Manage 디자인 트리 위치에 나타난다. 구속 조건에서 수평을 클릭하여 선택하고, 확인을 클릭하여 속성 창을 빠져 나온다. 그러면 원이 검은색으로 변한다. 이것은 스케치 정의가 완료되었음을 의미한다.

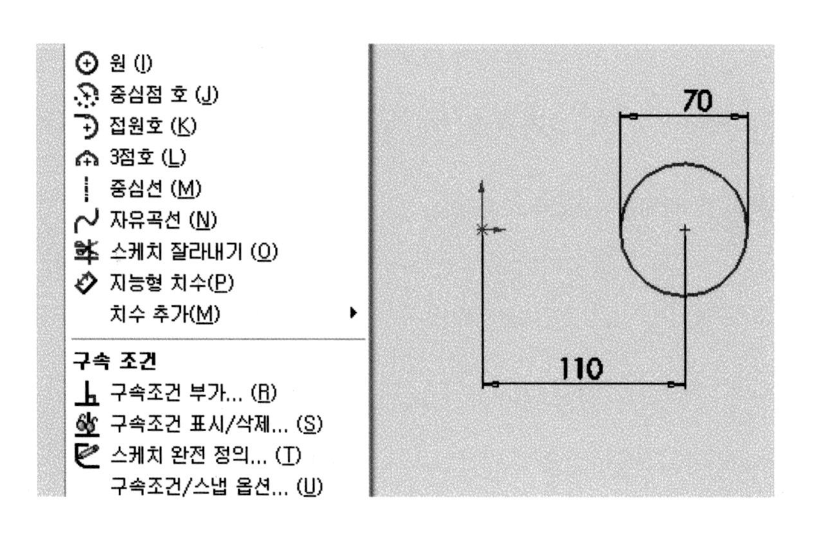

7 아래 그림은 구속 부가 조건에서 원점과 원의 중심이 수평을 유지한 결과이다.

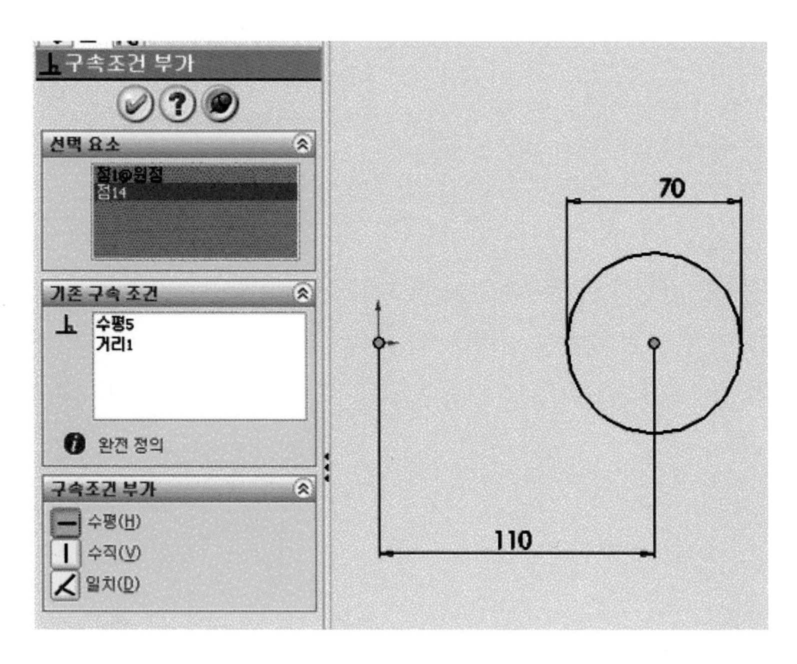

8 Feature Manage 디자인 트리에서 윗면을 선택하고 스케치를 클릭하여 윗면에 스케치를 연다.

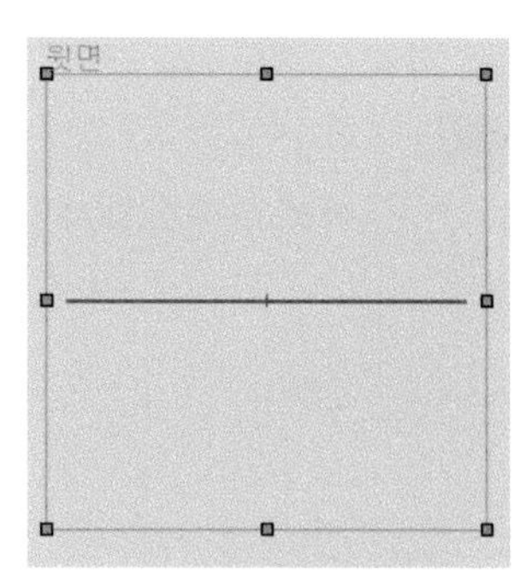

9 표준 보기 방향 아이콘( )을 클릭한 다음, 윗면을 클릭하여 뷰 방향으로 윗면으로 만들고 뷰 모두 모음에서 확대/축소를 클릭하여 원점이 보일 때까지 축소한다.

10 스윕 경로를 스케치한다. 경로는 열려 있거나 닫혀 있어도 되지만 다른 것과 교차되는 곡선은 안 된다. 경로나 생성되는 스윕은 모두 스스로를 교차하여 지나가서는 안 된다. 경로의 끝점은 단면과 같은 평면상에 놓여져 있어야 한다.

11 스케치 도구 모음에서 선을 클릭하고 윗면에서 약 85mm 정도의 수직선을 그린다.

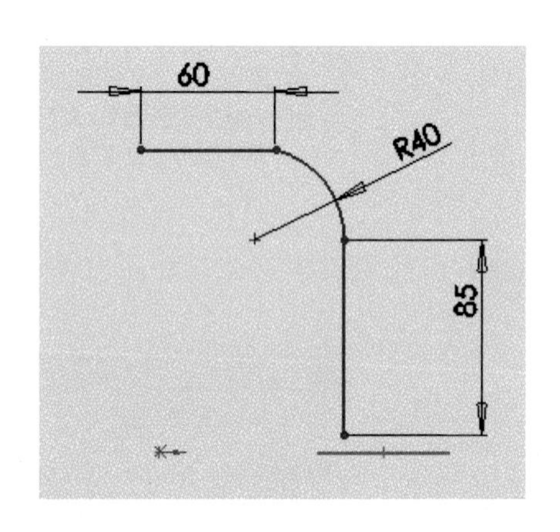

12 다음에 점 원호를 클릭하고 오른쪽 그림과 같이 각도 90, 반경이 약 40mm되는 호를 그린다.

13 다시 선을 클릭하고 약 60mm의 수평선을 그린다.

14 지능형 치수를 클릭하고 그림과 같이 치수를 부여하고, 표준 보기 방향을 클릭하여 등각 보기로 뷰 방향을 변경한다.

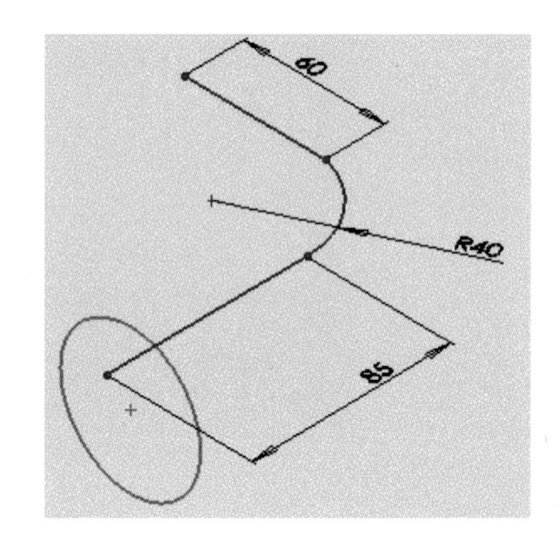

15 다음 그림에서 Ctrl키를 누르고 원의 중심과 선의 끝점을 클릭하여 구속 조건으로 일치를 선택하고 대화상자 닫기를 클릭한다.

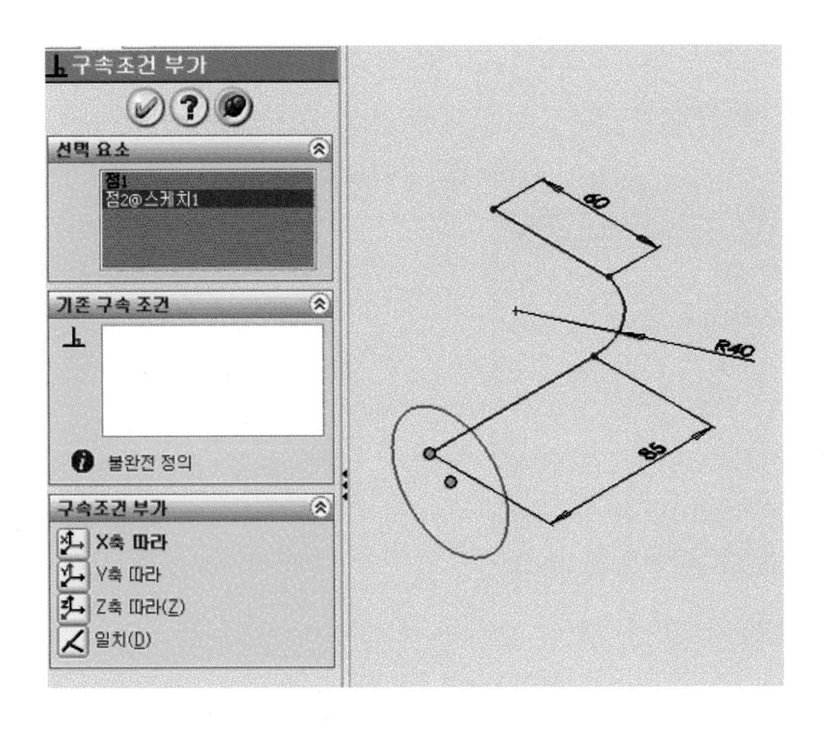

(3) 스윕 피처 만들기

1. 두 개의 스케치를 이용하여 스윕 피처를 만든다.

2. Ctrl키를 누른 상태에서 단면 A 경로 B를 선택한다.

3. 피처 도구 모음에서 스윕을 클릭한다.

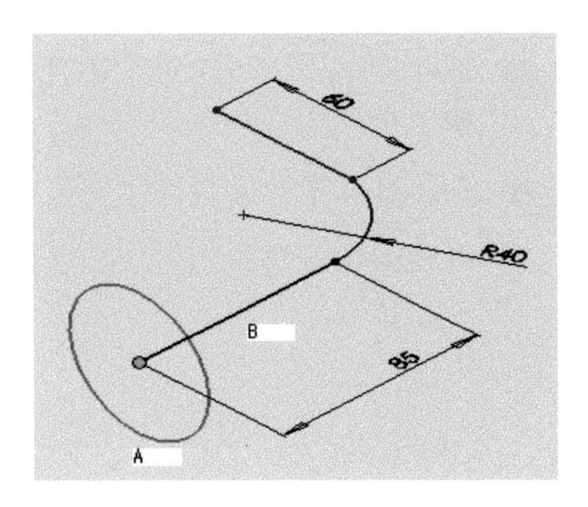

4 스윕 창이 나타나면, 프로파일에 스케치1, 경로에 스케치2가 입력되어 있는지 확인하고 확인 버튼을 클릭한다.

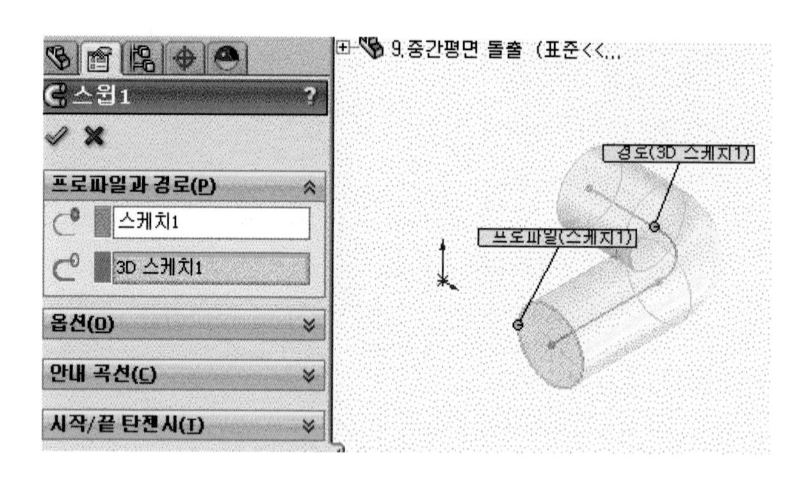

(4) 회전 프로파일 스케치하기

회전 피처는 중심선 축을 기준하여 단면 스케치를 회전시켜 생성되는 피처이다.

1 그림 1과 같이 스윕1 피처의 긴 쪽 끝면을 선택한 후 선택한 면에 스케치를 연다.

2 표준 보기 방향을 클릭한 다음, 정면을 클릭 후 뷰의 방향을 정면으로 변경한다.

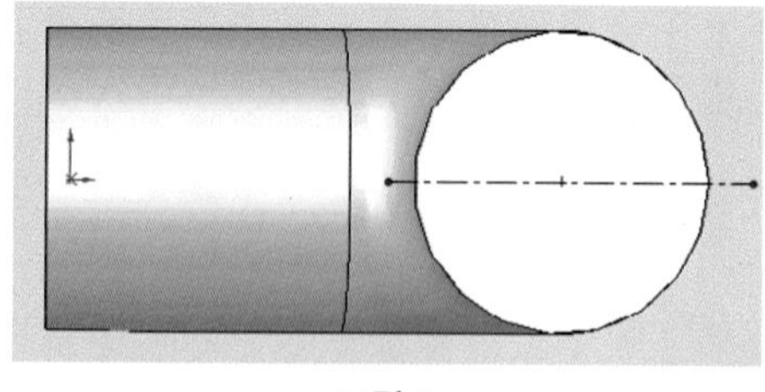

그림 1

3 스케치 도구 모음에서 중심선을 클릭한 후에 원점을 관통하는 수평 중심선을 스케치한다.

4 선을 클릭하고 그림 2와 같이 스케치를 그린다. 이때 주의할 점은 스케치의 아래 수평선이 원점과 동일직선 상으로 한다.

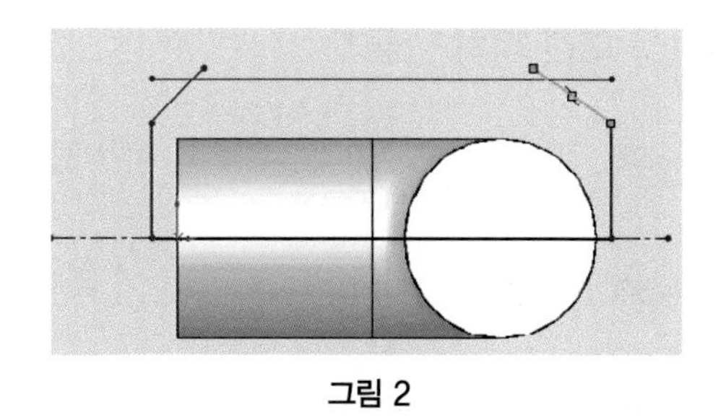

그림 2

5 그림 3과 같이 불필요한 선을 제거한다.

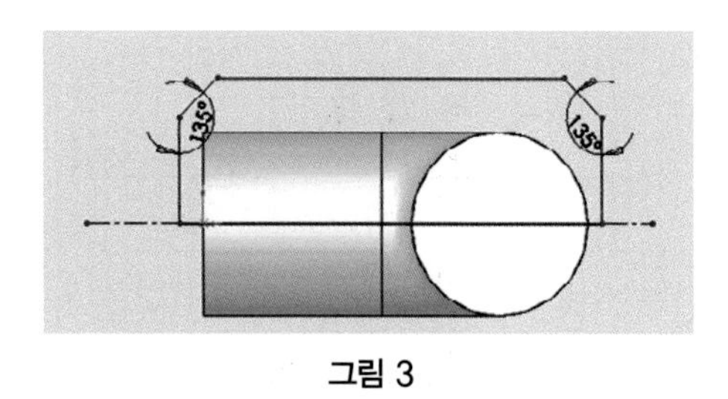

그림 3

6 속성 창에서 동등을 선택하고 대화상자 닫기를 클릭하여 선 A와 B의 길이를 같게 한다.

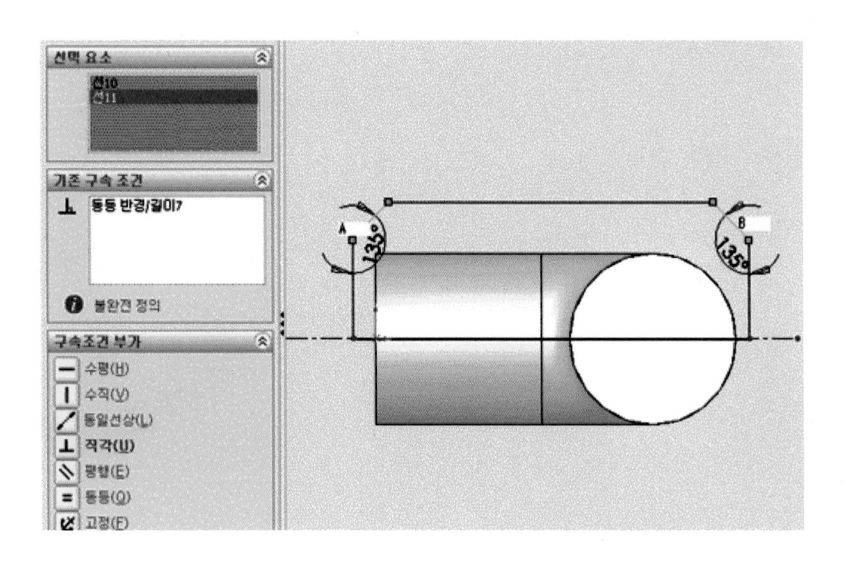

7 지능형 치수를 클릭하고 그림과 같이 치수를 부여한다.

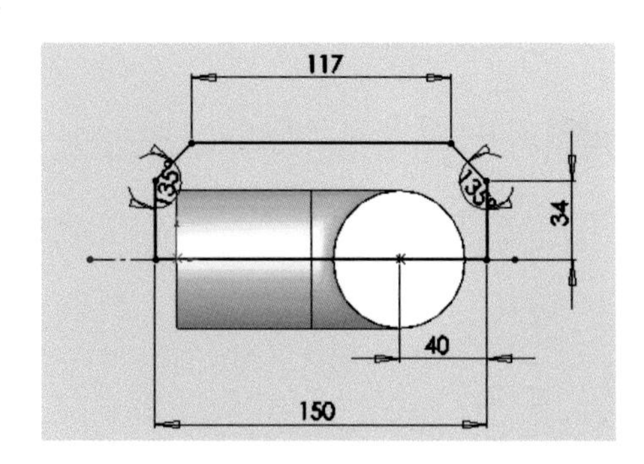

(5) 회전 피처 만들기

1. 그림에서 중심선을 클릭 후 피처 도구 모음에서 회전 보스/베이스 아이콘( )을 클릭한다.

2. 각도에 360이 입력되어 있는지 확인 후 확인 버튼을 클릭하여 회전 피처를 생성한다.

3. 표준 보기 방향을 클릭한 후 등각 보기로 변경한다.

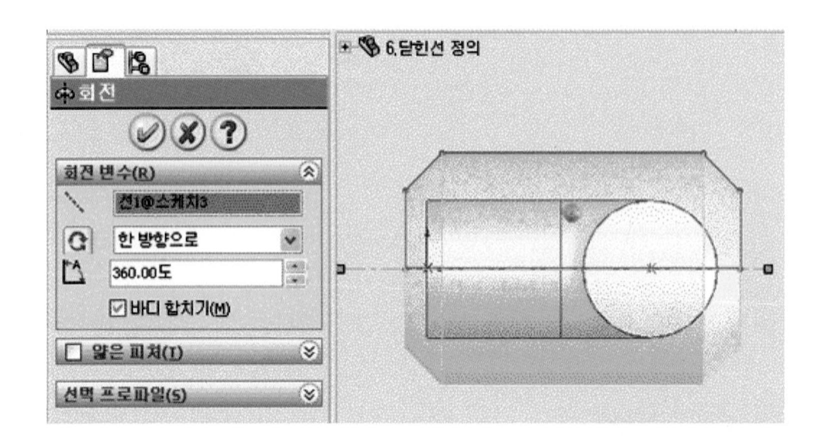

4. 옆 그림은 스윕한 결과이다.

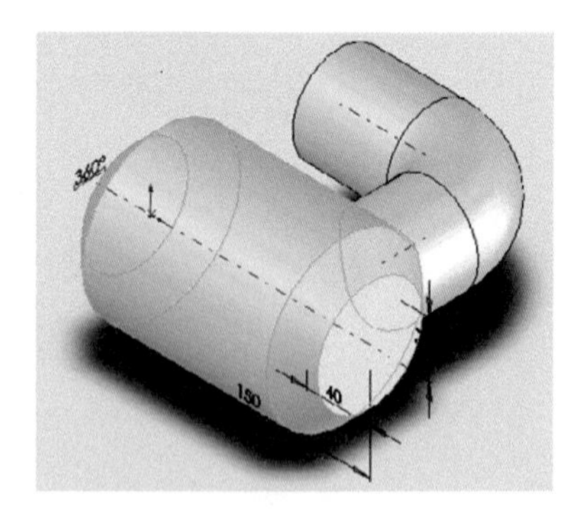

(6) 스케치 기준면 만들기

1. Ctrl키를 누르고 FeatureManager 디자인 트리에서의 정면과 회전 피처의 임시축을 선택한다.

2 그림 1과 같이 정면을 선택하고 곡면상의 A부분을 클릭한 다음 도구-스케치 도구-요소 변환을 선택하거나 스케치 요소변환 아이콘( )을 선택한다.

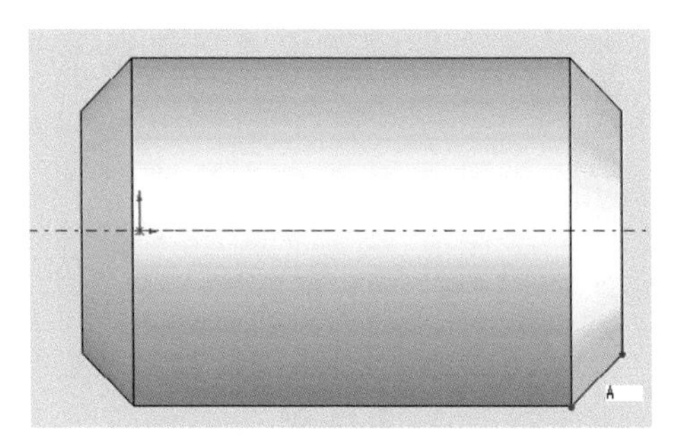

그림 1

3 곡면 A를 선택하고 3D 스케치에서 점을 중앙에 스케치한다.

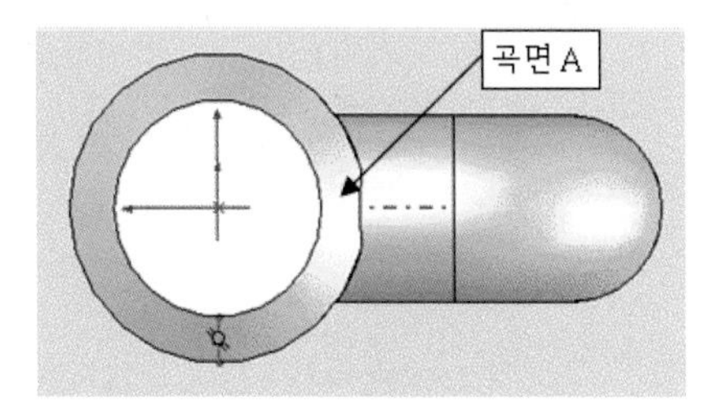

4 스케치를 닫고 점과 곡면 A부분을 선택한 후 참조 현상의 기준면을 클릭하여 경사면에 새로운 기준면을 만든다.

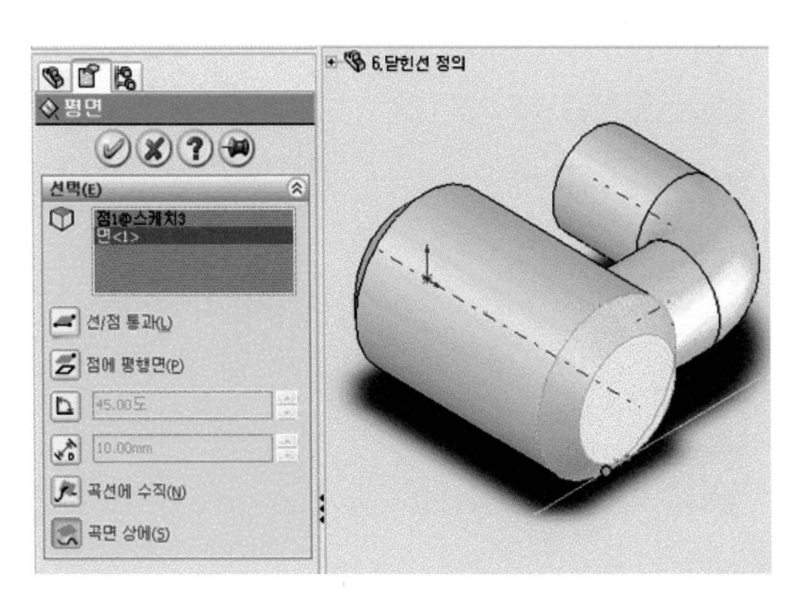

5 표준 보기 방향을 클릭한 후 뷰 방향을 등각 보기로 변경한다.

6 새로운 기준면에 원을 스케치한다.

7 직경15mm를 입력한다.

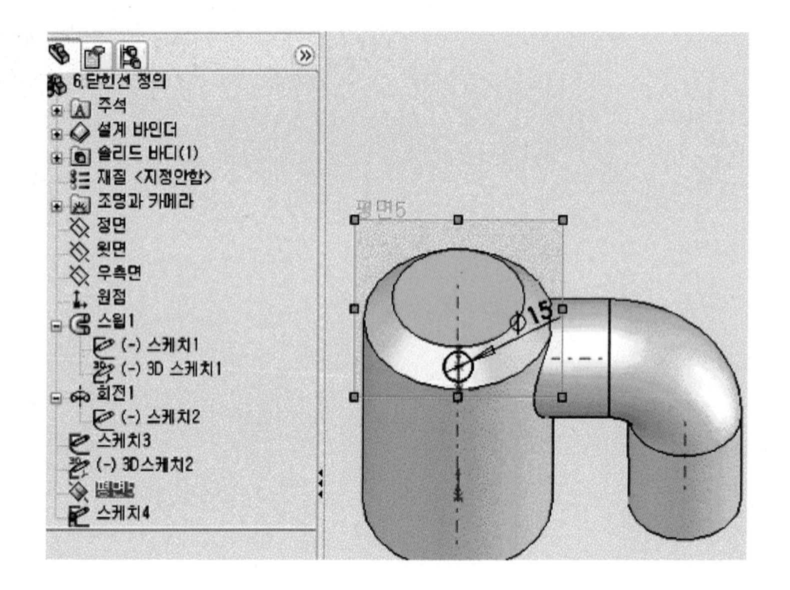

8 돌출 베이스/보스 아이콘( )을 클릭하여 제1방향 깊이에 60mm를, 제2방향을 선택하여 활성화시킨 후에 깊이에 7mm를 입력한다.

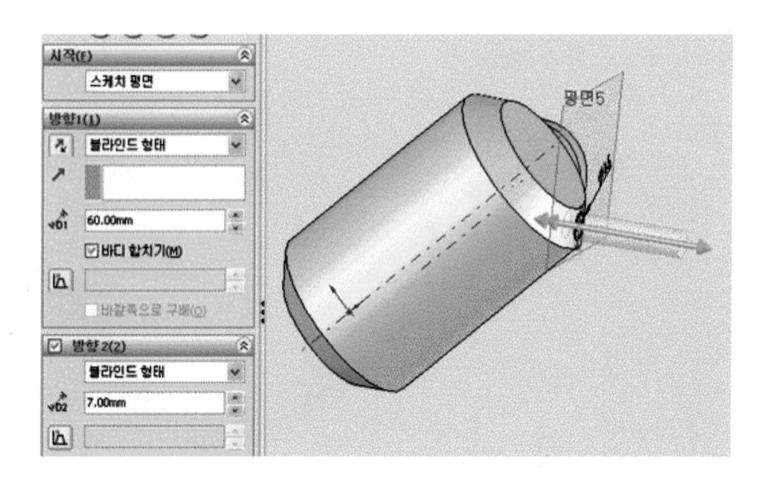

9 확인 버튼을 클릭하여 피처를 완성한다.

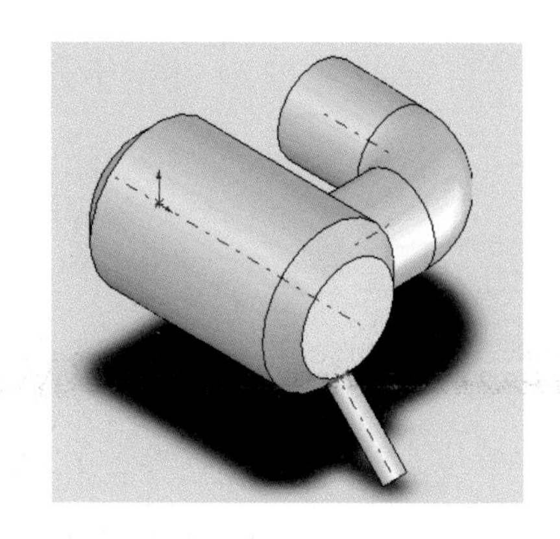

(7) 면에 쉘 피처 만들기

1 옆 그림과 같이 뷰 회전 방향을 선택한다.

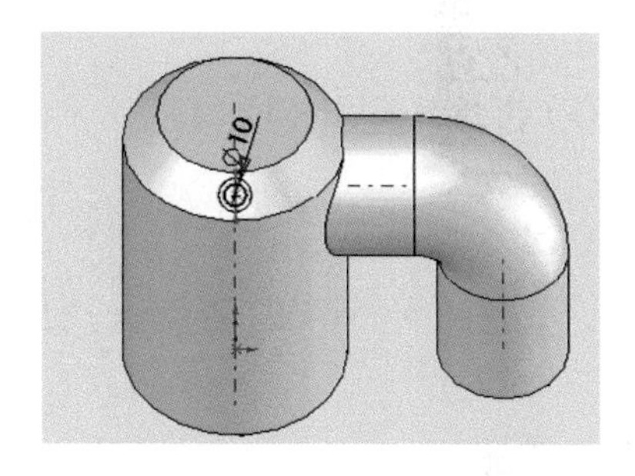

2 Ctrl키를 누른 상태에서 오른쪽 그림과 같이 돌출면을 선택한다.

3 직경 10mm를 입력한다.

4 옆 그림은 직경 10mm를 돌출 컷( )을 한 결과이다.

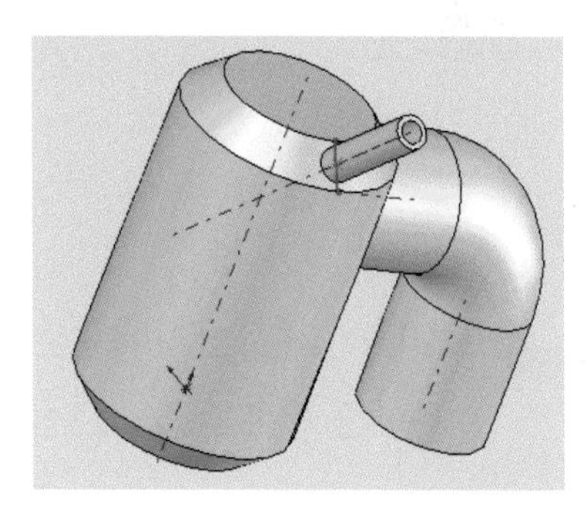

3 손잡이 핸들 만들기

(1) 새 파트 만들기

1 표준 도구 모음에서 새 문서, 메뉴 바에서 파일〉새 문서를 클릭한다.

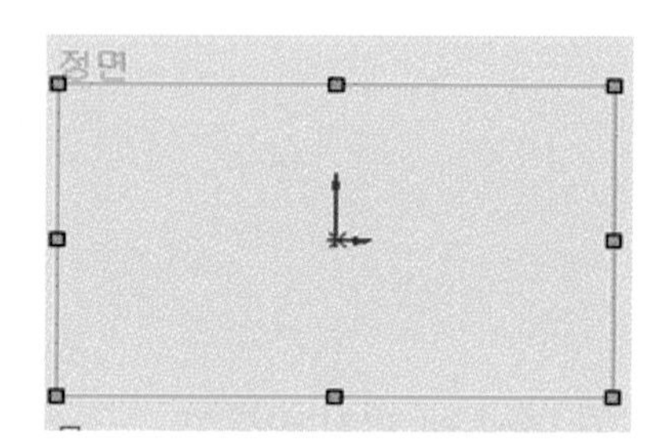

2 작업 평면을 선택한 후 피처 매니저(FeatureManager)에 있는 정면을 마우스로 선택한다.

(2) 손잡이 피처 생성하기

1 스케치 아이콘에서 3점호 아이콘( )과 선 아이콘( )을 이용하여 그림 1과 같이 스케치 완성한다.

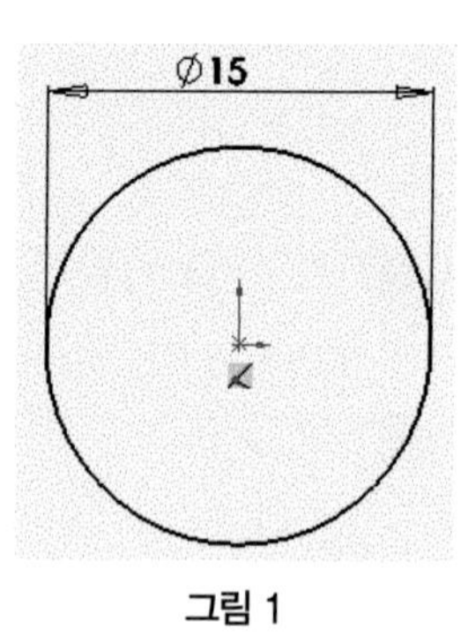

그림 1

2 피처에서 돌출 보스/베이스 아이콘( )을 선택한 다음 블라인드 형태에서 방향을 중간 평면으로 깊이를 10mm으로 하고 확인을 누른다.

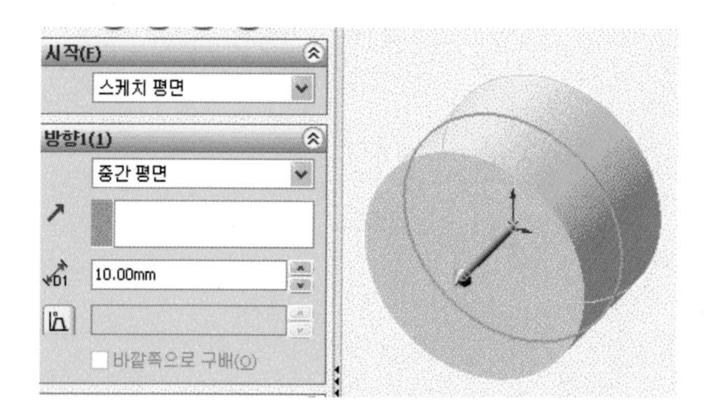

3 메뉴 바에서 보기-임시축을 클릭하여 임시축이 보이도록 한다.

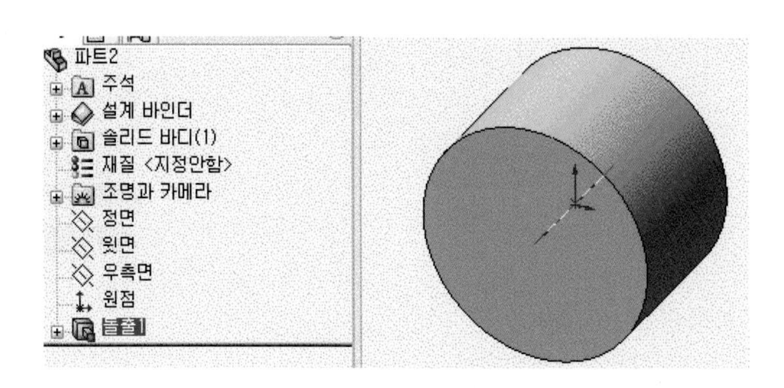

4 FeatureManager 디자인 트리에서 평면(윗면)을 선택 후 스케치 도구 모음에서 스케치 아이콘( )을 선택하고 윗면을 클릭하여 뷰의 방향을 윗면( )으로 한다.

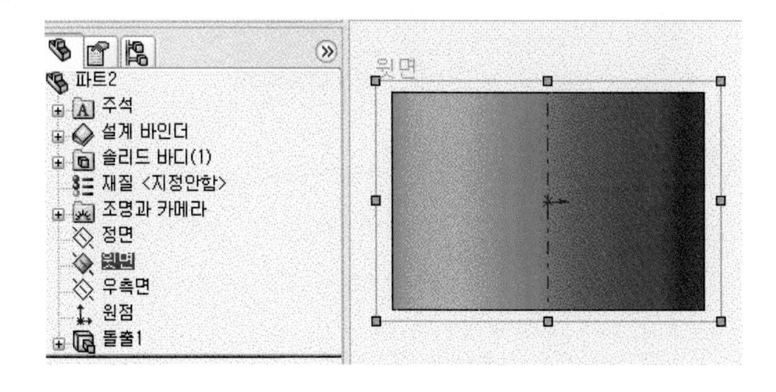

5 그림과 같이 스케치 도구 모음에서 중심선을 선택하고 원점에서 수평 중심선( )을 긋는다.

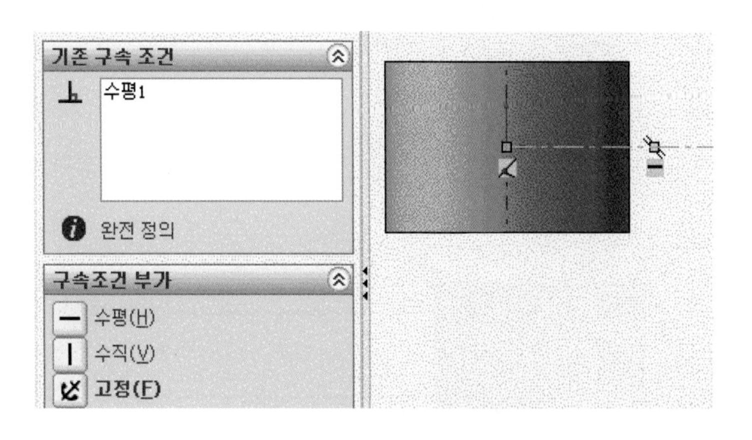

6 수평 중심선을 클릭한 후 스케치 도구 모음에서 동적 대칭 복사 아이콘(🅑)을 클릭하여 수평 중심선을 대칭 복사한다.

7 그림은 동적 대칭을 표시하고 있다.

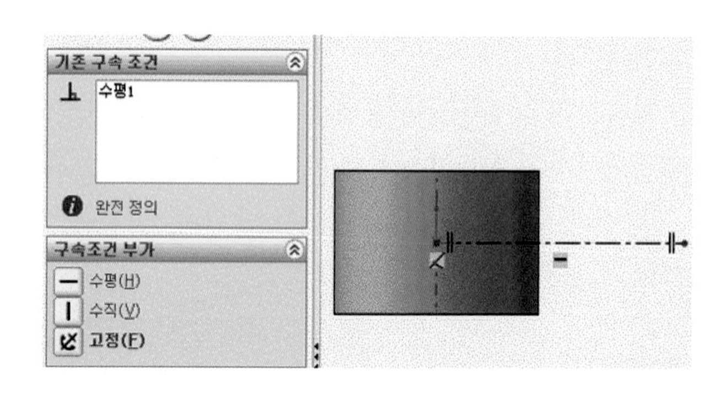

8 스케치 도구 모음에서 선 아이콘(╲)을 클릭한 다음, 그림과 같이 스케치한 후 스케치 도구 모음에서 접원호를 클릭하여 직선에 인접하는 원호를 그린다.

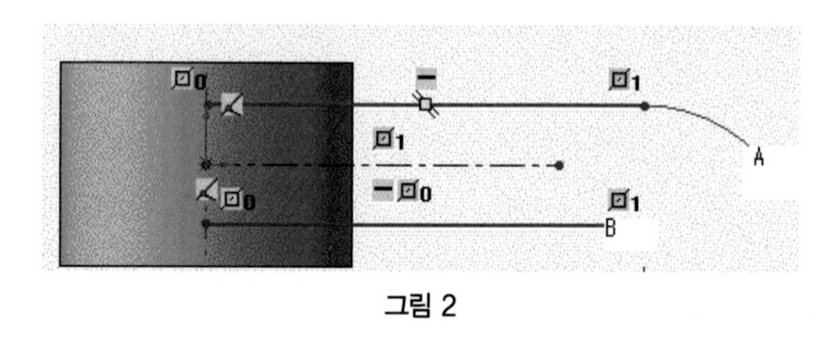

그림 2

9 그림 2에서 A와 B를 마우스로 연결시키고 연결 부위를 잡아끌기를 한다.

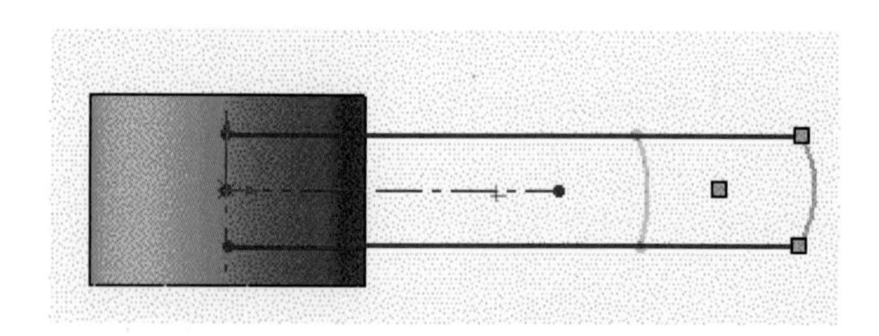

10 연결 부위 수평선과 접원호를 부가 조건에서 인접시키고 치수 기입을 한다.

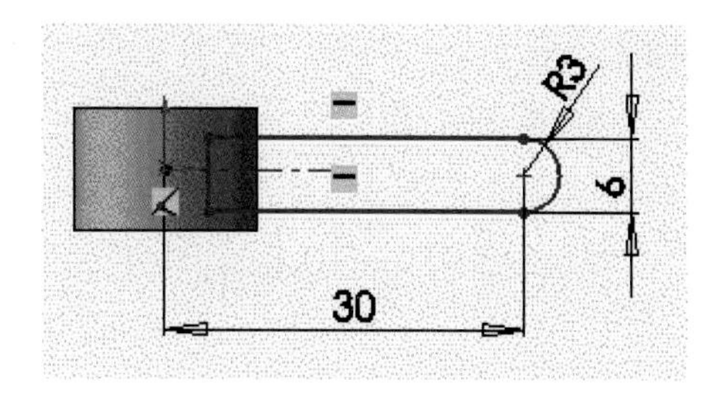

11 표준 보기 방향에서 등각 방향으로 선택한 다음 돌출 보스/베이스 아이콘( )을 선택한 후 블라인드 형태에서 방향을 중간 평면으로 깊이를 10mm로 하고 확인을 누른다.

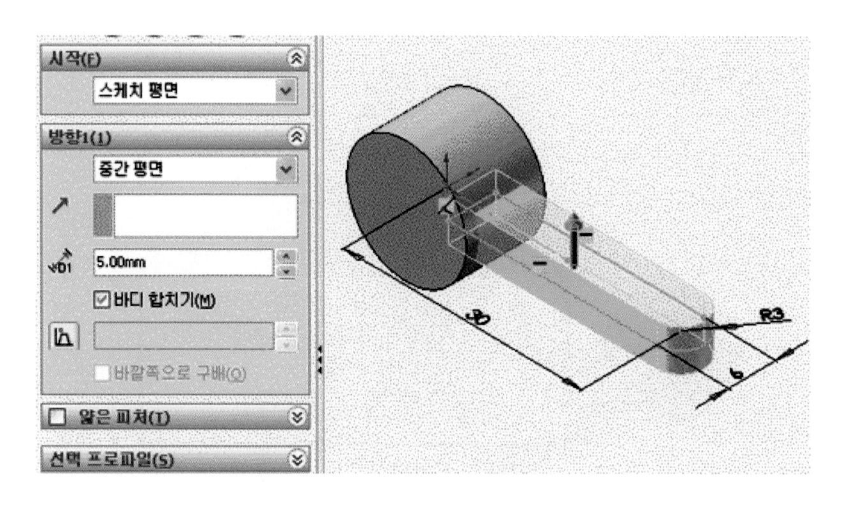

(3) 면 방향 전환하기

1 정면도, 평면도를 스케치 목적에 적합하게 바꾸어가며 스케치한다.

2 표준 보기 방향을 클릭한 다음 방향은 정면을 선택한다.

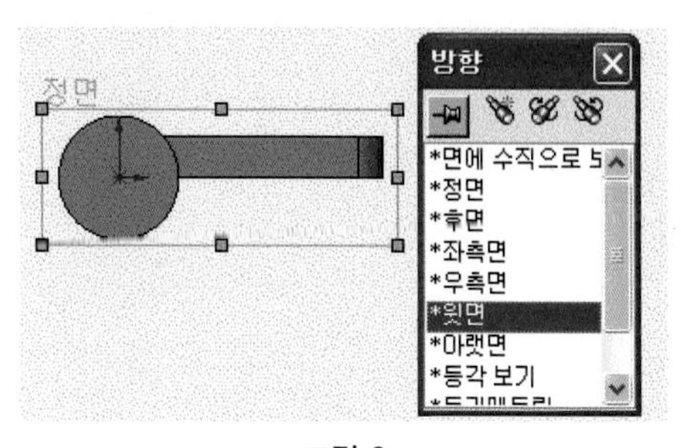

그림 3

3 그림 3에서 그래픽 영역의 아무 곳에 마우스 포인터를 위치시킨 후 스페이스 바를 눌러 뷰 방향 상자가 나타나면, 윗면을 선택하고 그림과 같이 표준도 업데이트를 클릭한다.

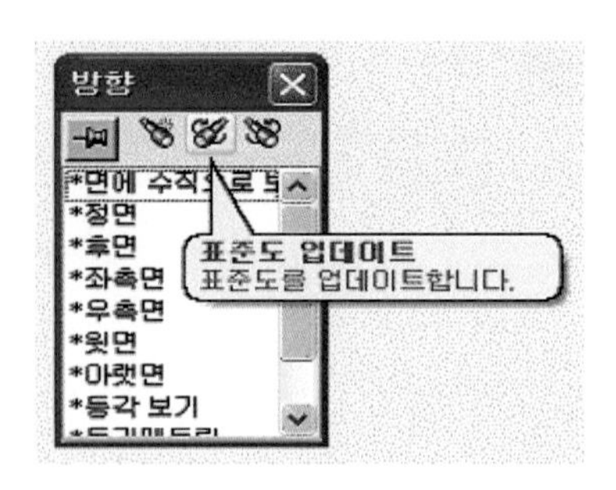

4 표준 뷰를 바꾸면 모델 도면에 있는 모든 명명도의 방향이 바뀝니다. 그래도 바꾸시겠습니까? 라는 경고 메시지 상자가 나타나면, 예 버튼을 클릭하여 표준 뷰의 정면 방향을 윗면 방향으로 바꾼다.

5 표준 보기 방향을 클릭한 후 뷰 방향을 등각 보기로 바꾼다.

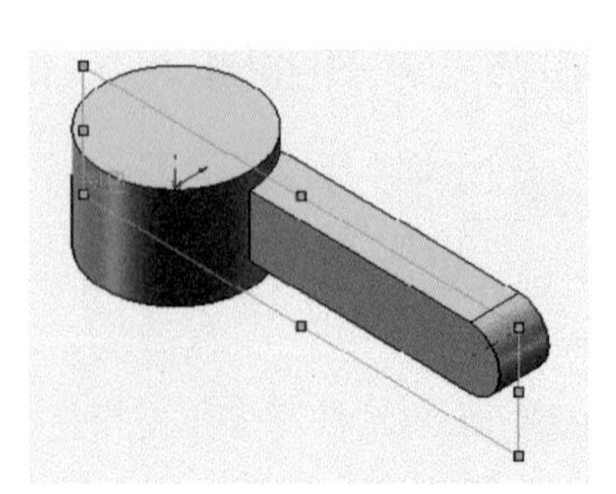

(4) 필렛 작업하기

1. 풀다운 메뉴-보기-표시-은선 표시를 클릭하여 뷰를 실선 표시로 변경한다.

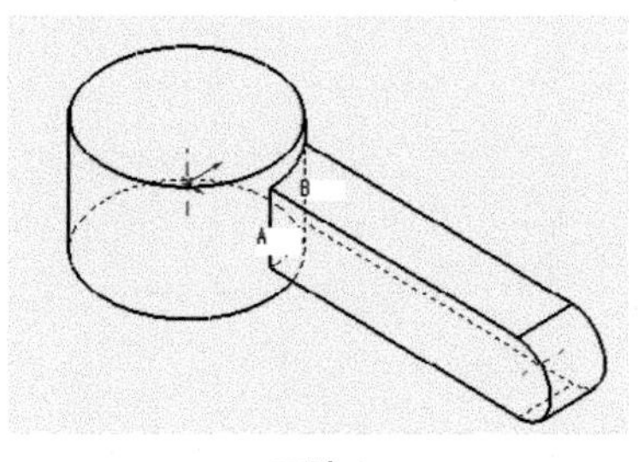

그림 4

2. Ctrl키를 누르고 모서리 a와 b를 클릭한 다음, 피처 도구 모음에서 피처에서 필렛 아이콘 ( )을 선택하고 반경 60을 입력하고 확인 버튼( )을 클릭한다.

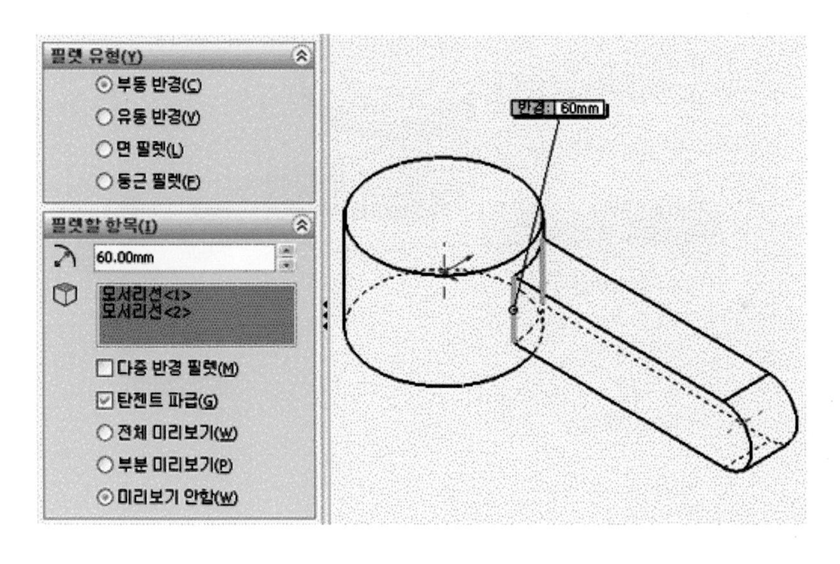

3. 옆의 그림은 반경 60mm 필렛을 실행한 결과이다.

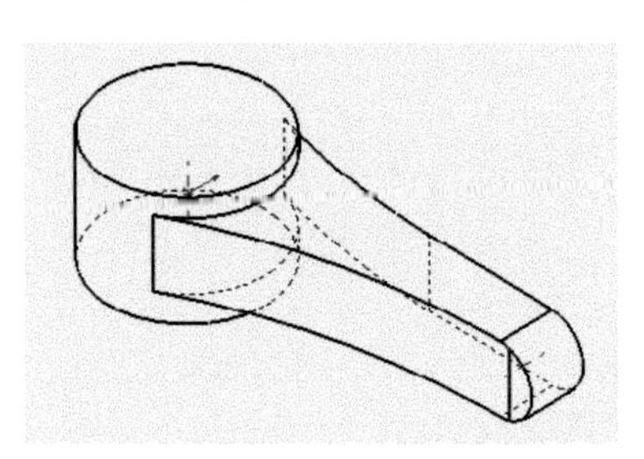

4 도구 모음에서 A, B 모서리 표시 음영을 클릭하여 뷰의 모서리 표시 음영으로 변경한다.

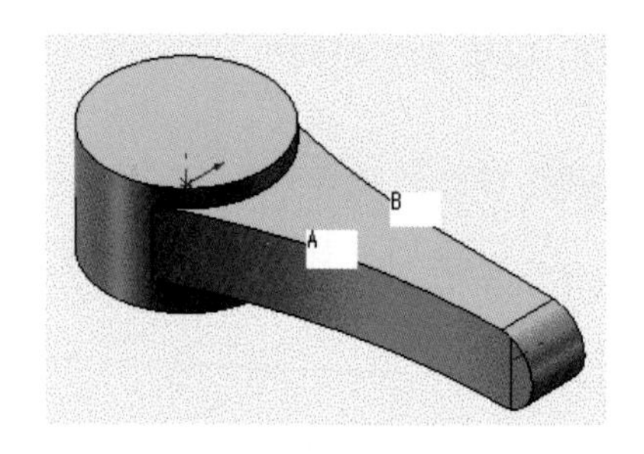

5 Ctrl키를 누르고 모서리 a와 b를 선택한 후 피처에서 필렛 아이콘( )을 선택하고 반경 2.5mm를 입력 후 확인 아이콘( )을 클릭한다.

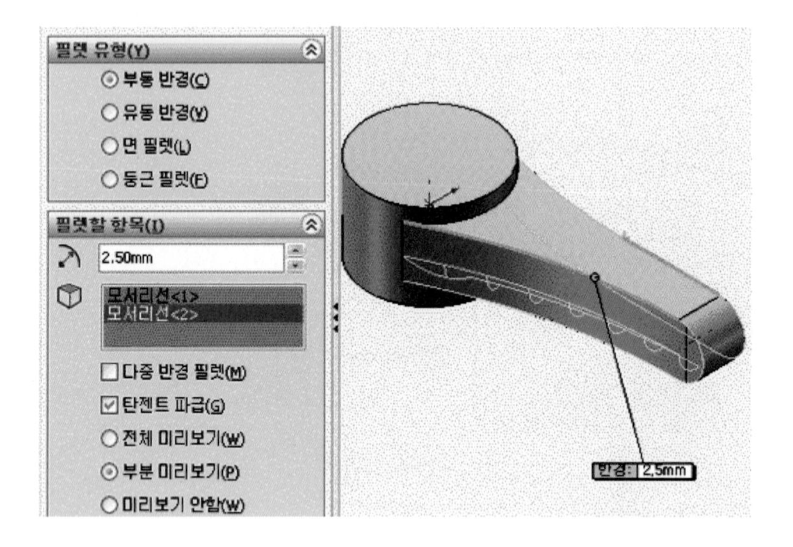

6 옆 그림은 필렛 결과이다.

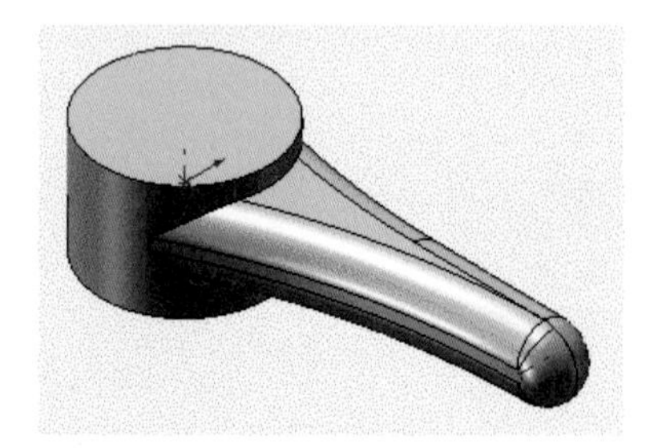

7 그림에서 구멍 피처를 만들기 위하여 보스의 윗면을 선택하고 치수 7mm로 원을 스케치한다.

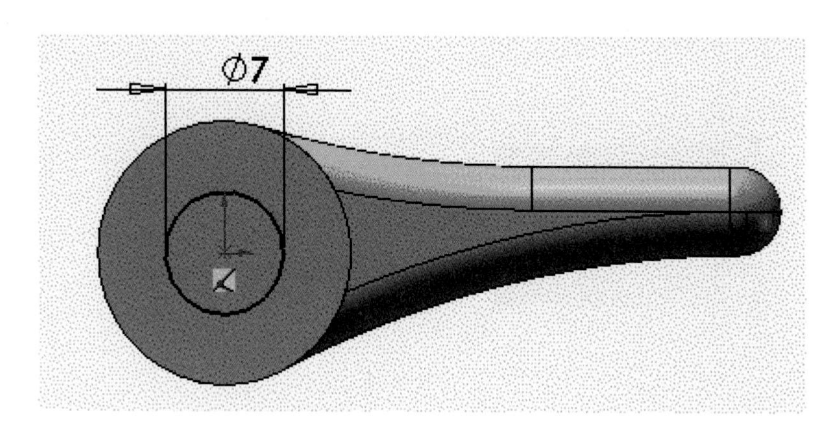

8 스케치 원을 돌출 컷 아이콘을 선택하고 확인 버튼을 클릭한다.

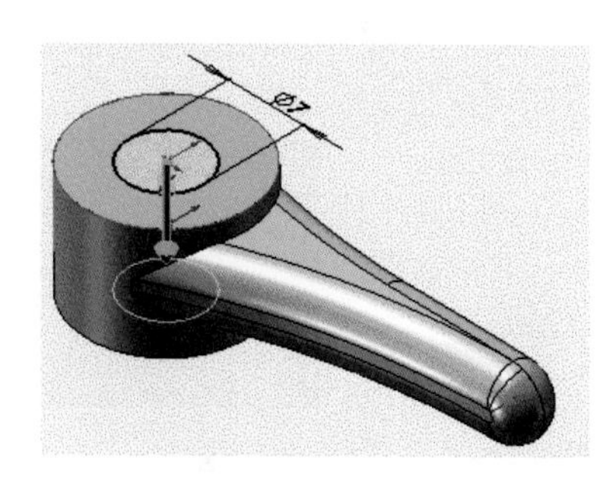

9 옆 그림은 돌출 컷 결과이다.

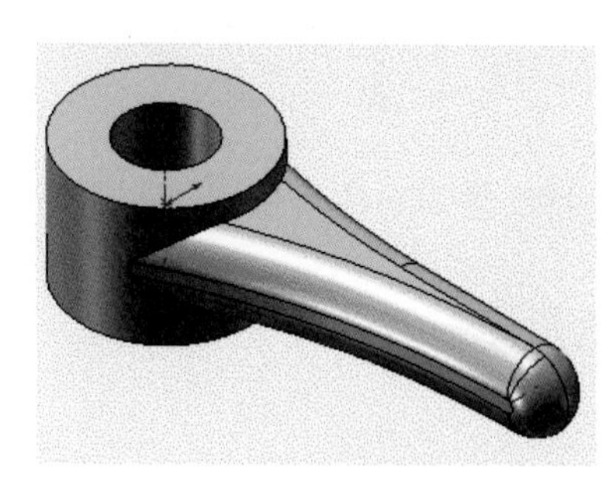

10 보스측면에 구멍을 뚫기 위하여 FeatureManager 디자인 트리에서 그림 a와 같이 윗면을 선택하고 스케치 아이콘( )을 클릭한 후 그림 b와 같이 스케치한다.

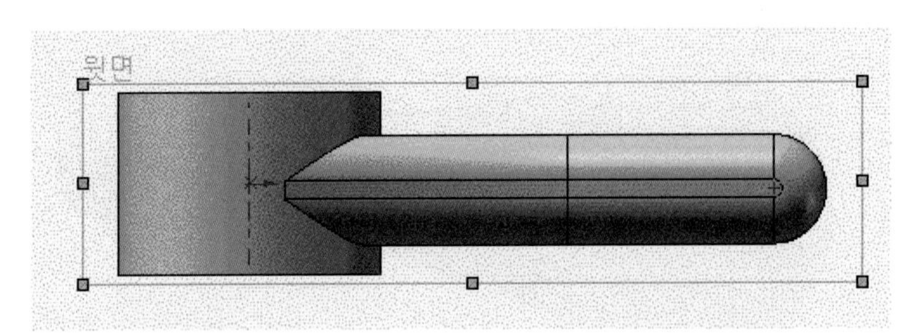

그림 a

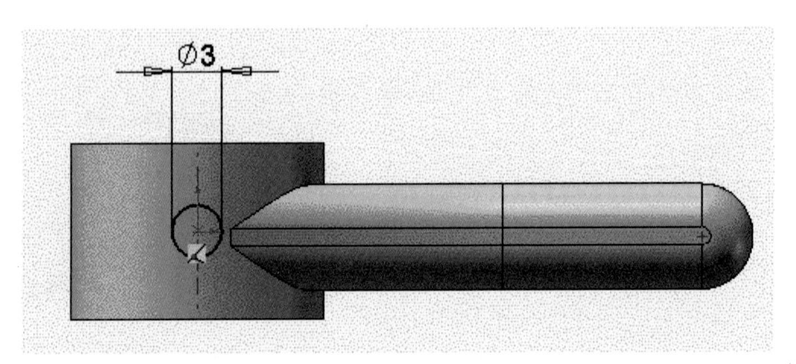

그림 b

11 옆 그림은 돌출 컷( ) 결과이다.

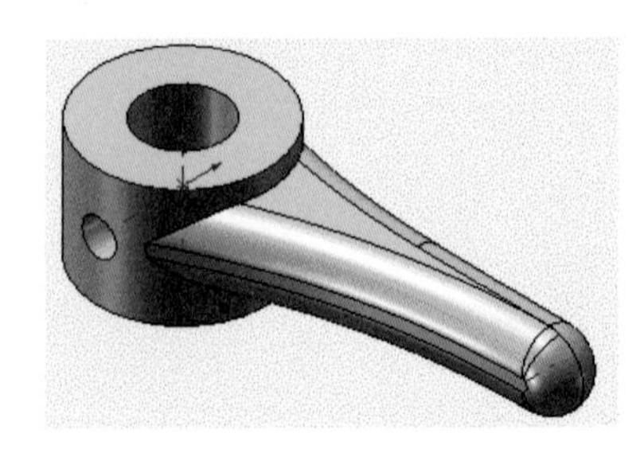

4 경사면 부품 만들기 및 오프셋 돌출하기

(1) 새 파트 만들기

1 표준 도구 모음에서 새 문서, 메뉴 바에서 파일〉새 문서를 클릭한다.

2 FeatureManager 디자인 트리에서 윗면을 선택한다.

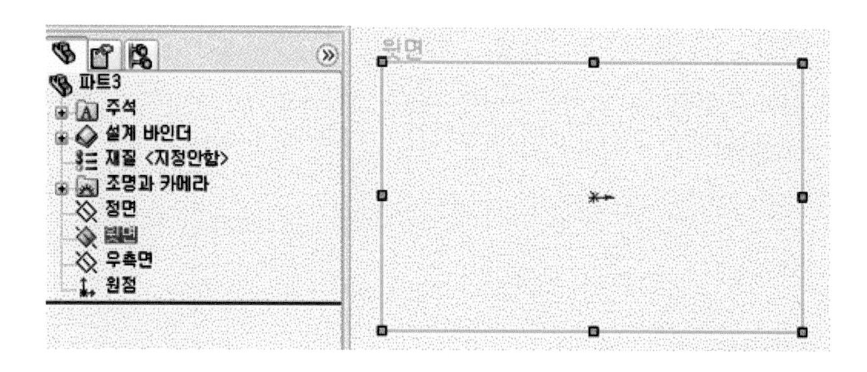

(2) 스케치하기

1 스케치 도구상자에서 스케치 아이콘( ) 을 클릭한 후 평면에 직사각형 스케치를 하고 중심선을 그림과 같이 대각선을 그린다.

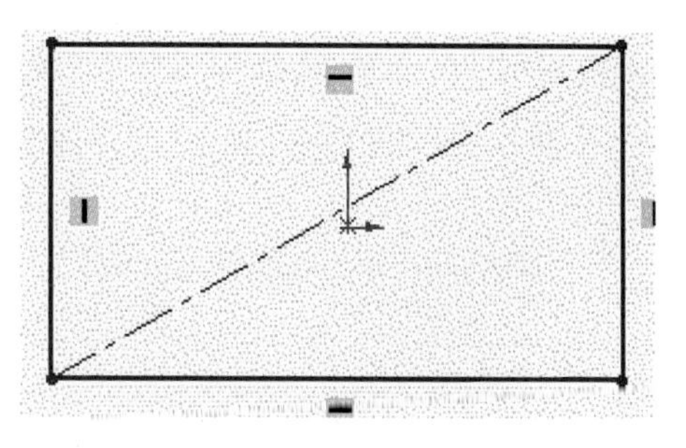

2. Ctrl키를 누른 상태에서 원점과 중심선을 선택한 후에 중간점을 선택하고 대화상자 닫기를 클릭하여 원점이 대각선의 중심점에 놓이도록 한다.

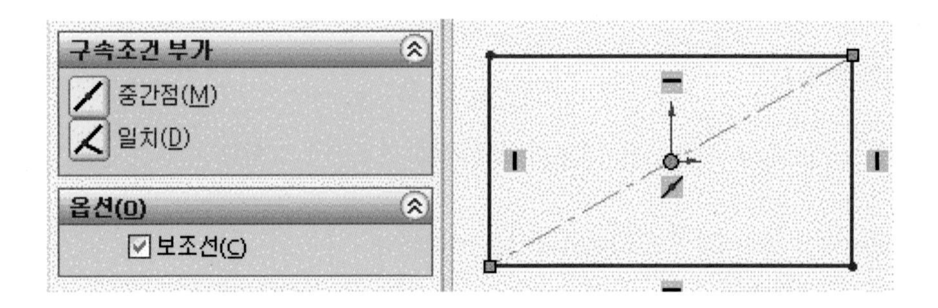

3. 그림과 같이 각각의 지능형 치수 아이콘( )을 클릭하고 치수를 입력한다.

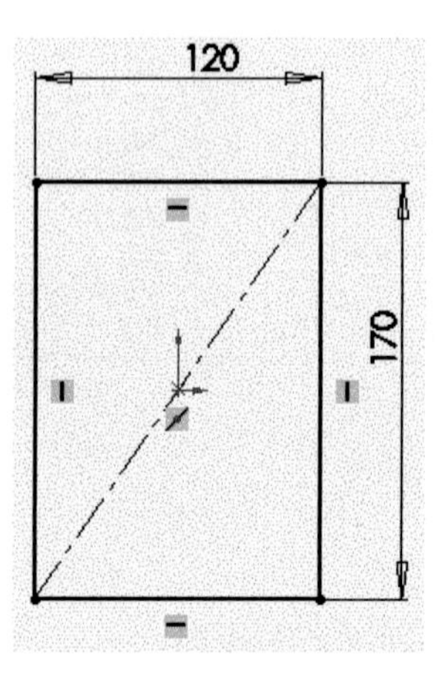

4. 피처에서 돌출 보스/베이스 아이콘( )을 선택한 다음 블라인드 형태에서 방향을 중간 평면으로 깊이를 17mm으로 하고 확인 버튼( )을 클릭한다.

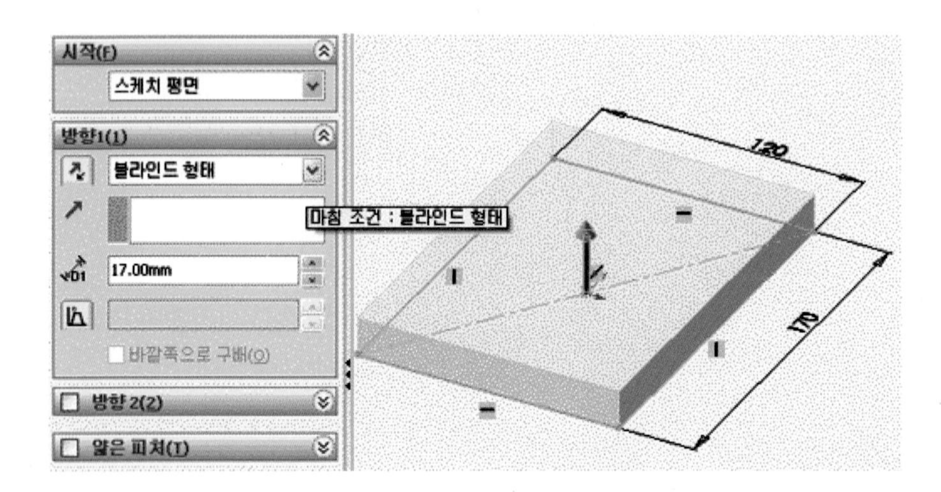

5 Ctrl키를 누른 상태에서 모서리 A와 B를 선택한 후 참조 현상을 클릭하고 기준면을 클릭한다.

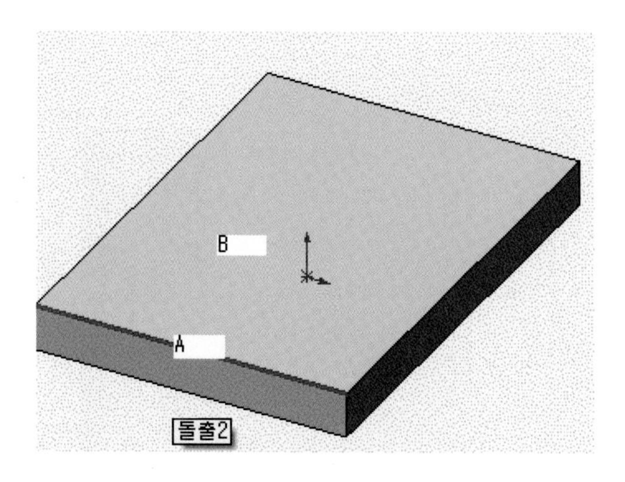

6 평면 창이 나타나면 각에 대한 평면이 선택되어 있는지 확인한 후에 35를 입력하고 확인 버튼(✔)을 클릭하여 평면1을 만든다.

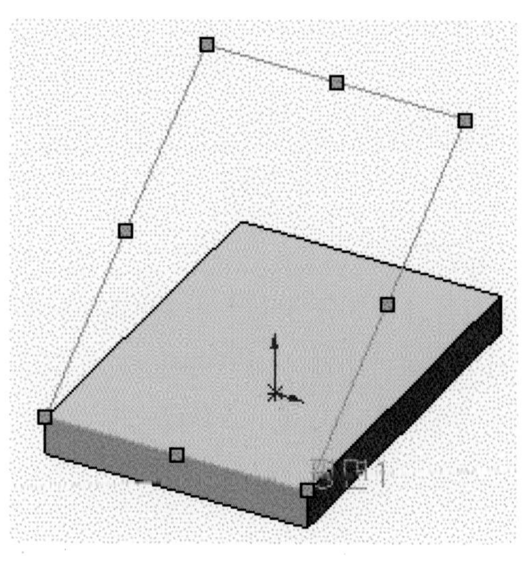

7 평면1이 선택되어 있는 것을 확인하고 면에 수직으로 보기 아이콘( )을 클릭하여 뷰 방향을 평면1에 수직인 방향으로 전환하고 스케치 도구 모음에서 중심선을 선택하여 원점을 지나는 선을 긋는다.

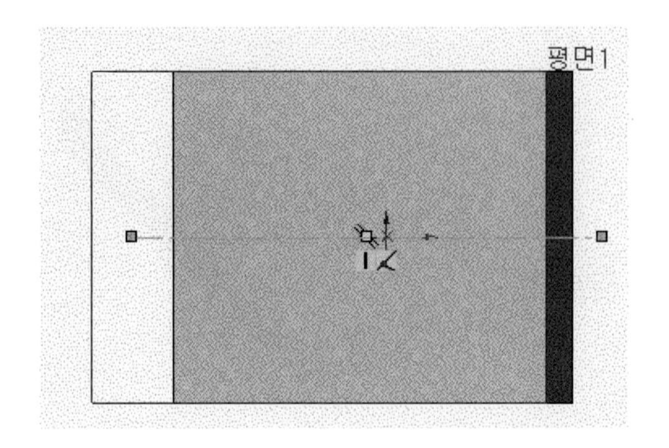

8 메뉴의 도구-스케치 도구에서 동적 대칭 복사 아이콘( )을 클릭하여 중심선을 대칭 복사선으로 만든다.

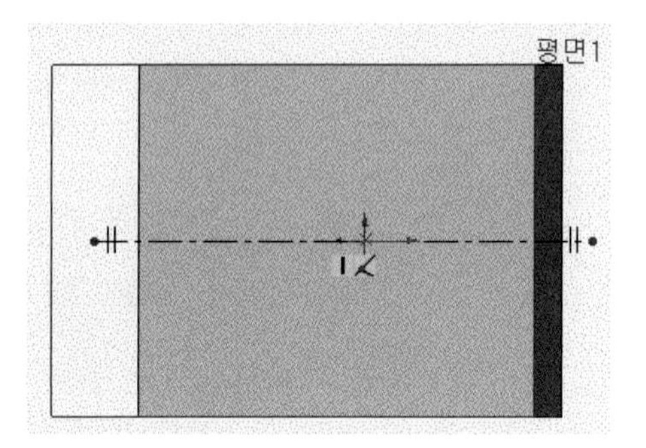

9 스케치 도구 모음에서 선 아이콘( )을 클릭하고 돌출1 피처의 아래 모서리 임의의 곳에서 시작하여 아래의 대칭 복사선까지 수평선을 그린다. 그러면 수평선 모서리에 자동으로 동일선상 구속 조건이 부여된다. 수평선의 오른쪽 끝에서 시작해서 아래를 향하는 수직선을 그린다.

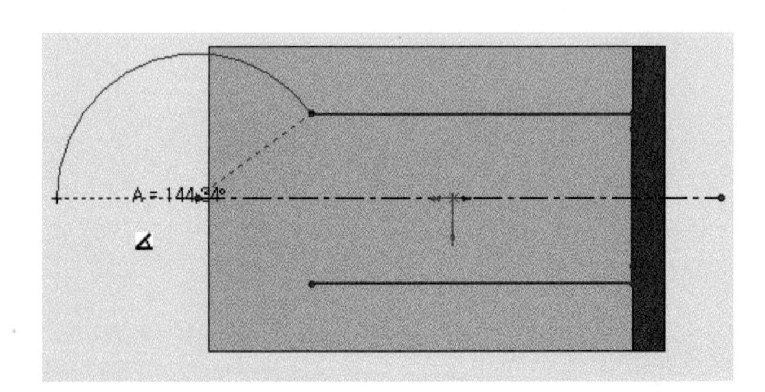

10 스케치 도구 모음에서 중심점 호를 클릭하고 수평선 끝점을 선택하여 대칭 복사로 중심선 끝점까지 드래그한다.

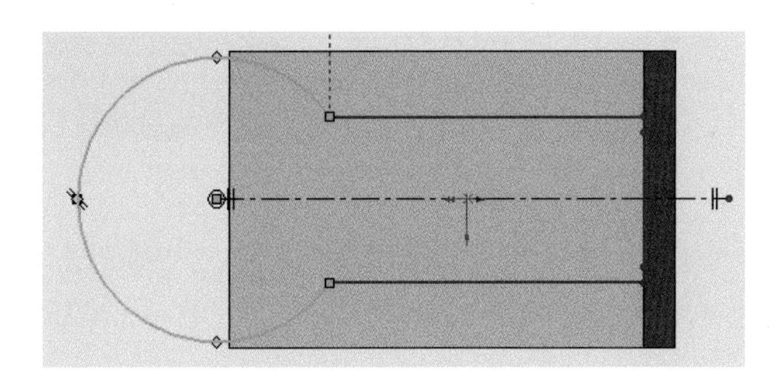

11 그림과 같이 각각의 지능형 치수 아이콘( )을 클릭하고 치수를 입력한다.

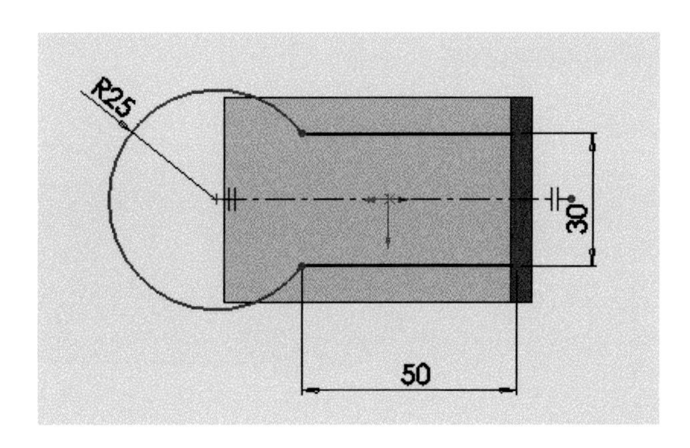

12 피처에서 돌출 보스/베이스 아이콘( )을 선택한 다음 블라인드 형태에서 반대 방향으로 하고 깊이를 20mm으로 하고 확인 버튼( )을 클릭한다.

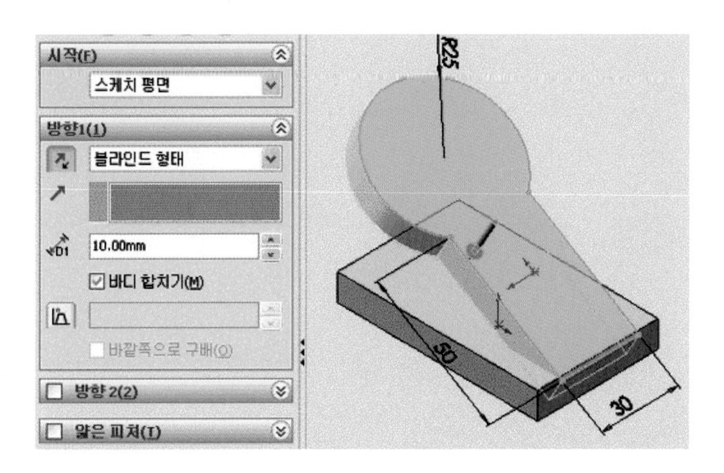

13 그림과 같이 돌출 피처의 앞면을 클릭하고 표준 보기 방향을 클릭한 후 면에 수직 보기를 클릭하며, 임의 원을 스케치한다.

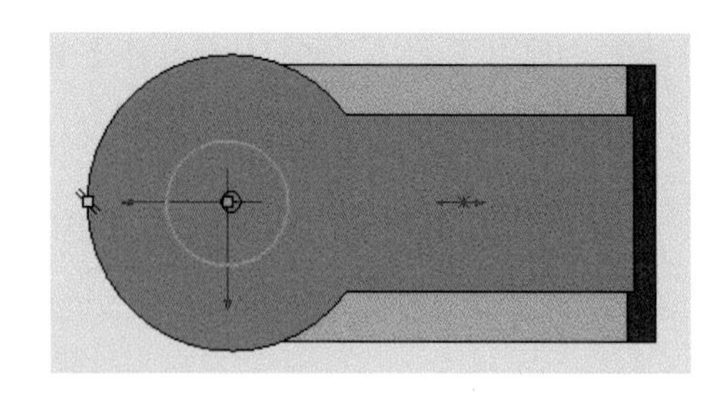

14 스케치 도구상자에서 스케치 아이콘(⊕)을 클릭한 후 평면에 원을 스케치하고 Ctrl키를 누른 상태에서 작은 원A와 모서리 B를 선택하여 구속 조건에서 동심을 선택한다.

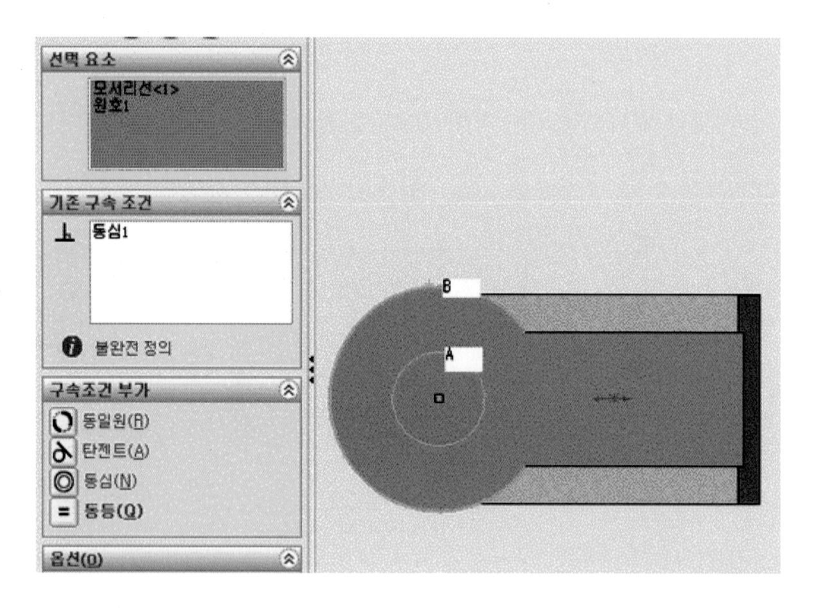

15 그림과 같이 각각의 지능형 치수 아이콘(◈)을 클릭하고 치수를 입력한다.

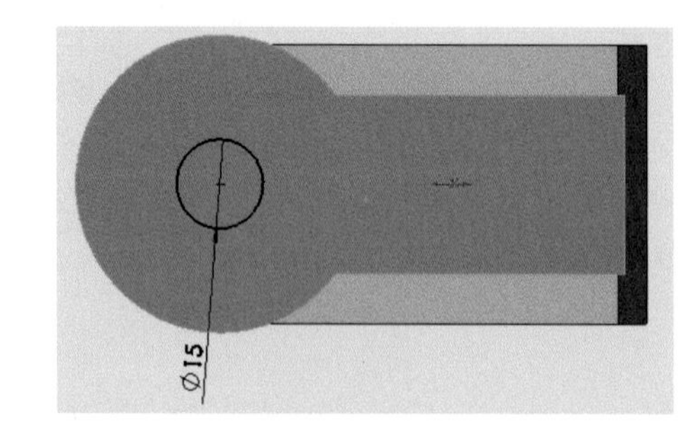

16 피처에서 돌출 보스/베이스 아이콘( )을 선택한 다음 블라인드 형태의 방향 1에서 을 클릭하여 반대 방향으로 하고 A면을 선택하여 돌출 방향을 그림에서와 같이 아래 방향으로 한다. 이때 블라인드 형태를 곡면까지로 선택하고 B면을 선택한 후 확인 버튼( )을 클릭한다.

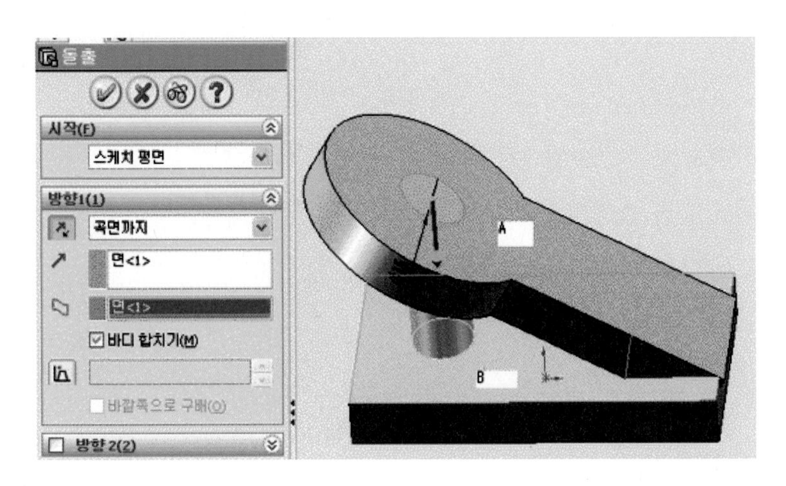

17 옆 그림은 돌출 완성 후의 그림이다.

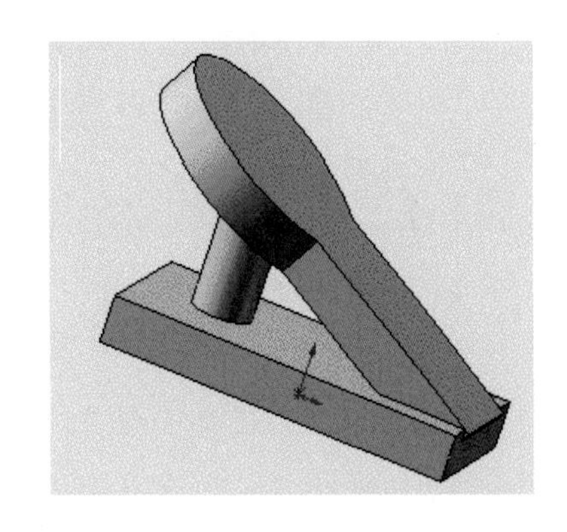

18 보스측면에 보강대 피처를 만들기 위하여 FeatureManager 디자인 트리에서 그림과 같이 경사면을 선택하고 도구상자에서 스케치 아이콘( )을 클릭한 후 중심선 아이콘( )을 선택하여 면에 스케치한다.

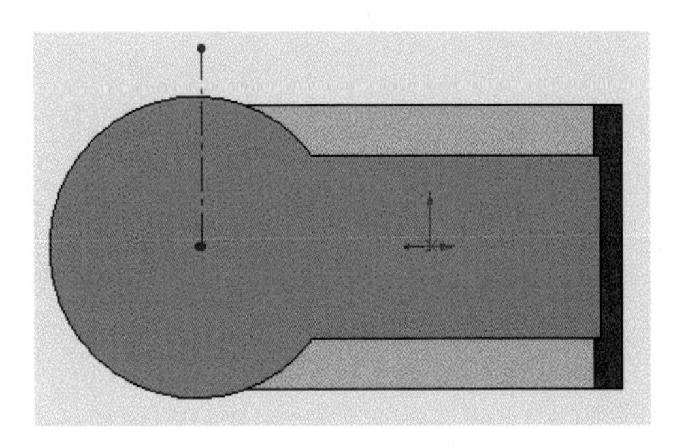

19 면에 수직으로 보기 아이콘(　)을 클릭한 후 우측면을 클릭하여 보기 방향을 우측면으로 변경한다. 도구상자에서 스케치 아이콘(　)을 클릭한 후 수직선을 그린다.

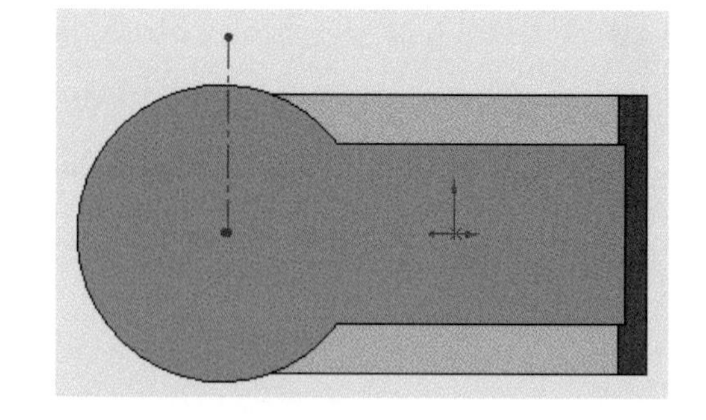

20 그림에서 원의 모서리를 클릭한 후 보기 메뉴에서 도구-스케치 도구 요소 변환 아이콘(　)을 선택한다. 그러면 원의 모서리가 스케치 요소로 변환된다.

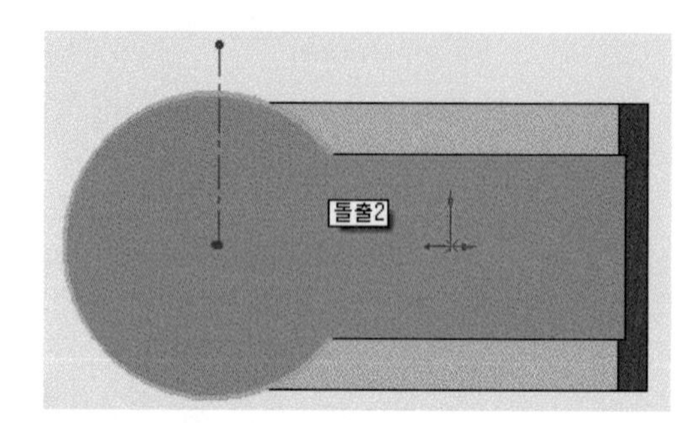

21 수직 중심선을 선택하고 메뉴의 도구-스케치 도구에서 동적 대칭 복사 아이콘(　)을 클릭하여 중심선을 대칭 복사선으로 만든다.

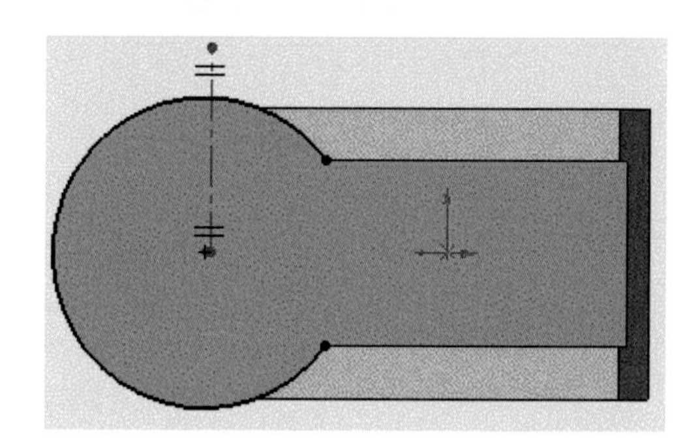

22 스케치 아이콘에서 선 아이콘(　)을 선택하여 그림과 같이 그림 상단에서 시작하여 원 모서리까지 드래그한다.

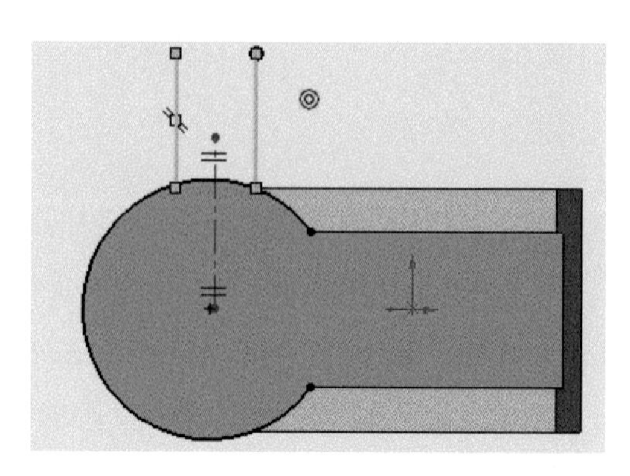

23 스케치 도구 모음에서 접원호 아이콘( )을 클릭하고 그림과 같이 수직선의 끝점에서 시작하여 대칭 복사 중심선까지 드래그하여 중심선의 끝점에서 마우스 버튼을 놓는다.

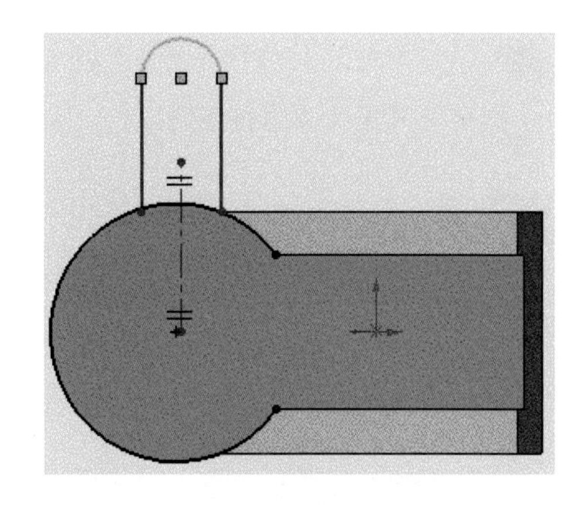

24 그림은 드래그하여 중심선의 끝점에서 동적 대칭 복사한 결과이다.

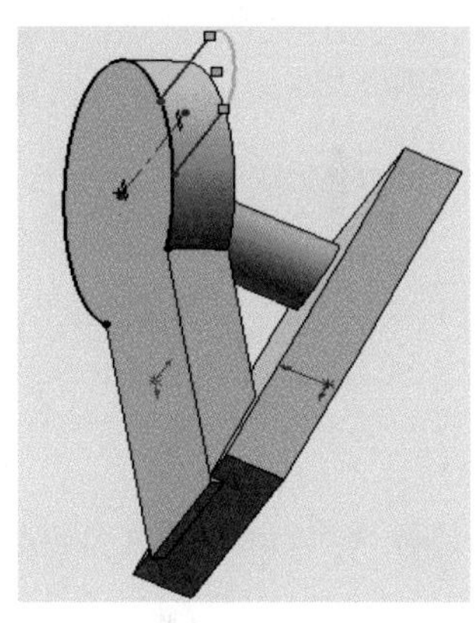

25 아이콘( )을 선택한 다음 블라인드 형태의 방향 1에서 을 클릭하여 반대 방향으로 하고 그림과 같이 아래방향으로 선택한 후 돌출 요소를 선택하여 확인 버튼( )을 클릭한다.

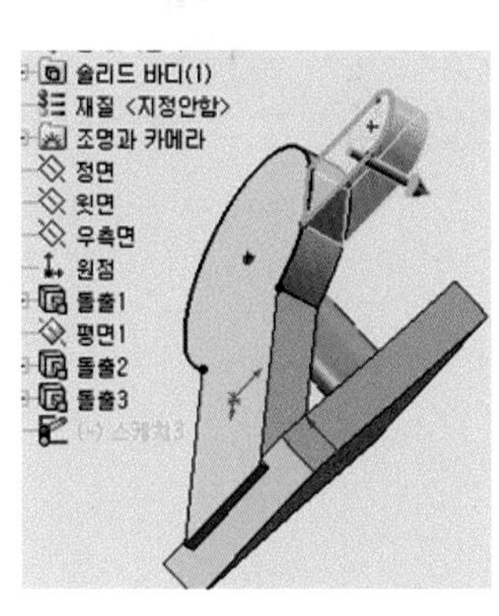

26 그림은 돌출을 실행한 결과이다.

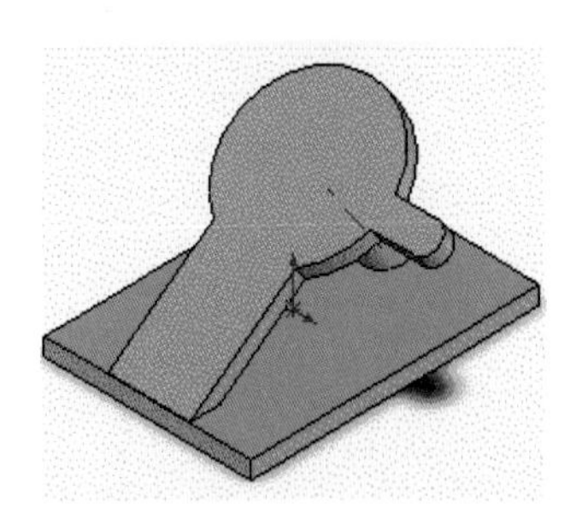

27 그림과 같이 모서리 부분을 R10mm로 입력한 후 Ctrl키를 누른 상태에서 필렛 요소를 선택하여 필렛 작업을 한다.

28 옆 그림은 필렛 작업의 결과이다.

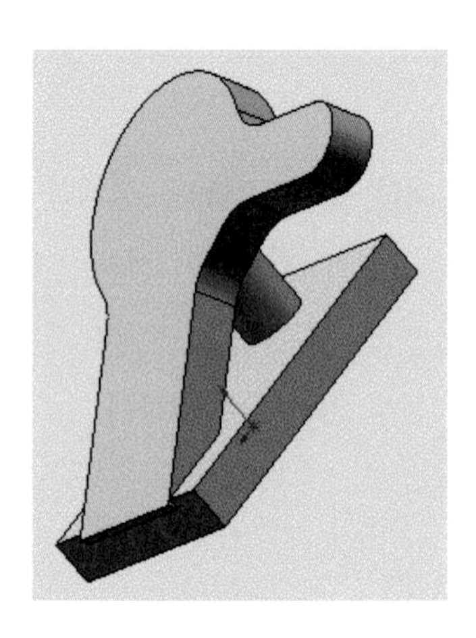

5 휠 만들기

(1) 새 파트 만들기

1. 표준 도구 모음에서 새 문서, 메뉴 바에서 파일〉새 문서를 클릭한다.

2. FeatureManager 디자인 트리에서 윗면을 선택한다.

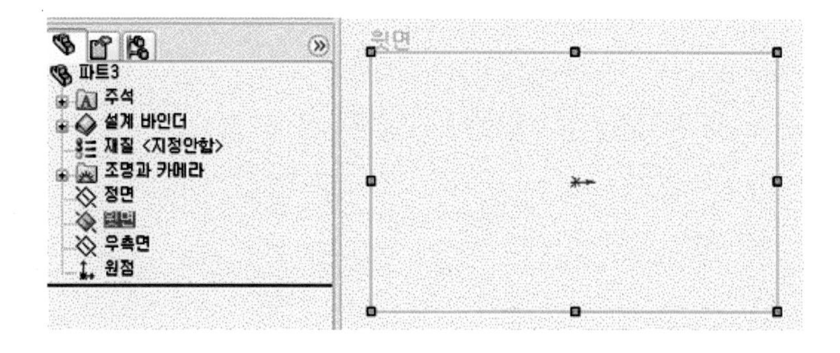

3. 스케치 도구상자에서 스케치 아이콘( )을 클릭한 후 평면에 직사각형 스케치를 하고 중심선을 그림과 같이 대각선을 그린다.

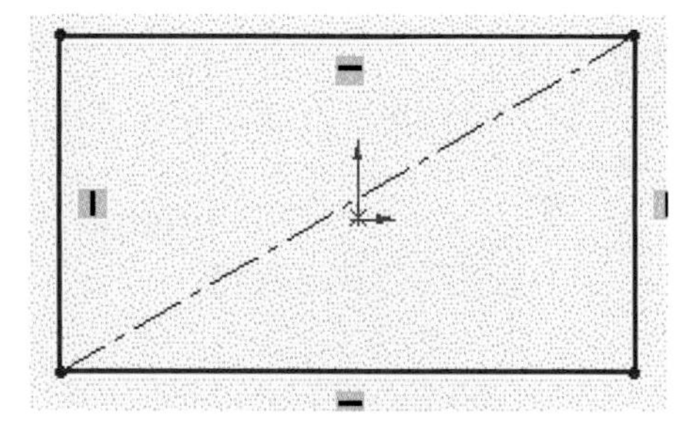

4. Ctrl키를 누른 상태에서 원점과 중심선을 선택한 후에 중간점을 선택하고 대화상자 닫기를 클릭하여 원점이 대각선의 중심점에 놓이도록 한다.

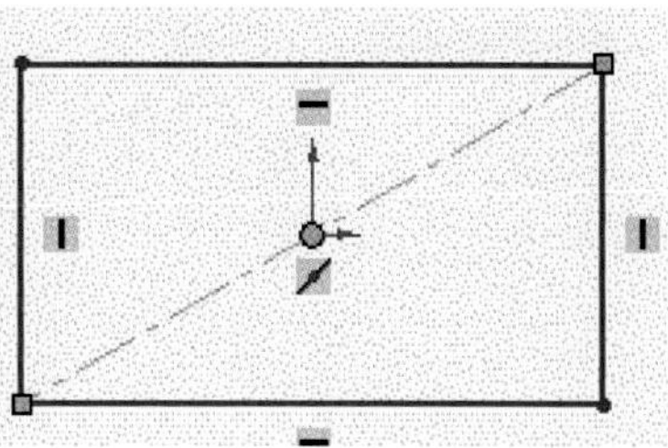

(2) 기본 스케치하기

1. FeatureManager 디자인 트리에서 정면을 선택하고 스케치 도구 모음에서 실선을 클릭한 후 원점을 관통하는 수평/수직 중심선을 그린다.

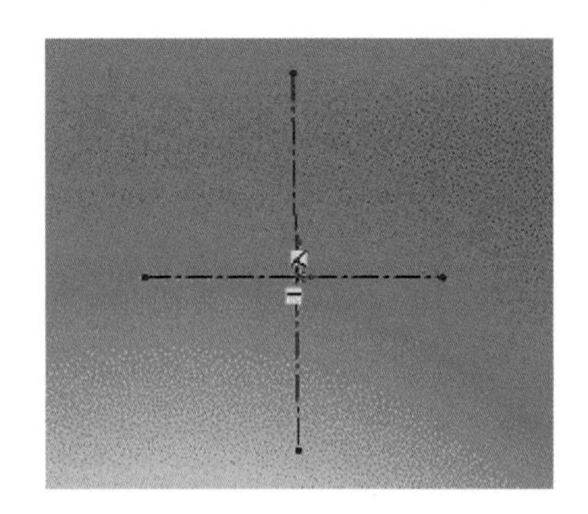

2. 스케치 도구 모음에서 선 아이콘(↘)을 클릭한 후에 오른쪽 그림과 같이 스케치를 한다.

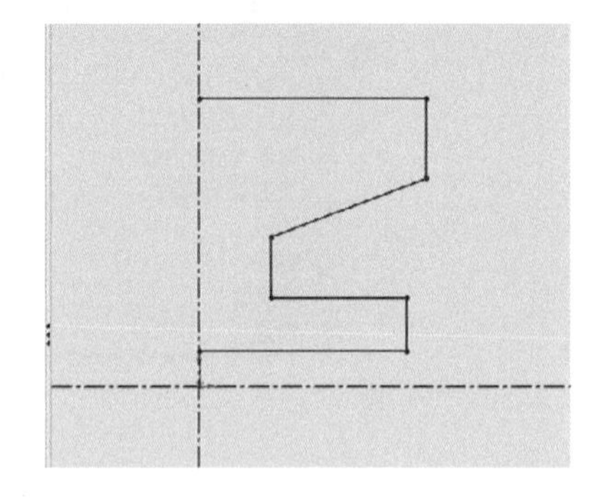

3. 스케치 도구 모음에서 대칭 복사 아이콘(⚠)을 클릭한 후 대칭 기준선으로 수직 중심선을 선택하면 위 그림과 같이 대칭되는 형상이 나타나면 확인 버튼(☑)을 누른다.

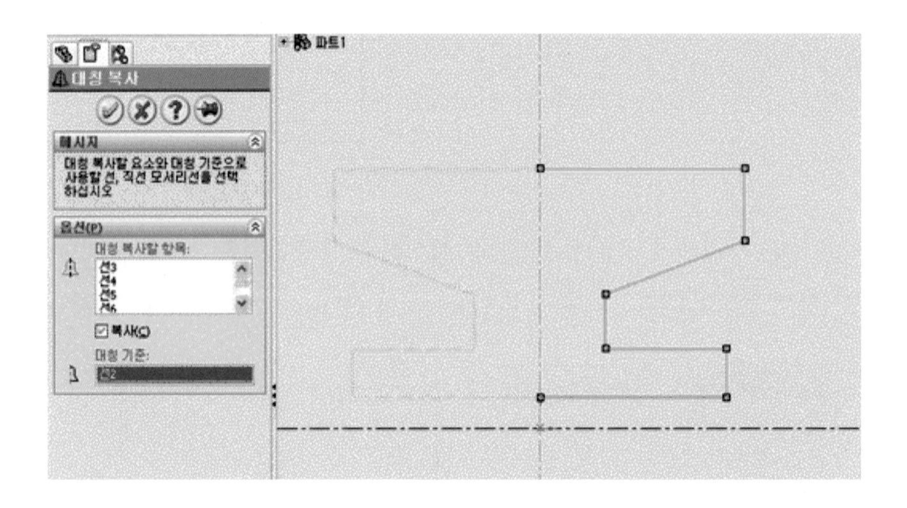

4 그림과 같이 치수 기입을 한다.

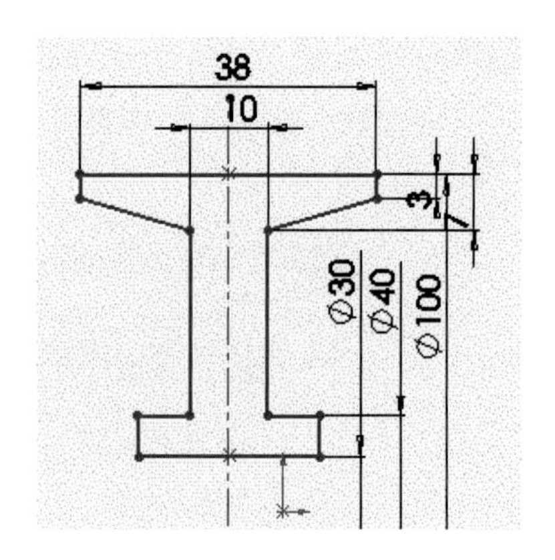

5 피처 도구 모음에서 회전/보스베이스 아이콘( )을 클릭한다. 회전축으로 A 수평 회전축 중심선을 클릭하고 확인 버튼( )을 누른다.

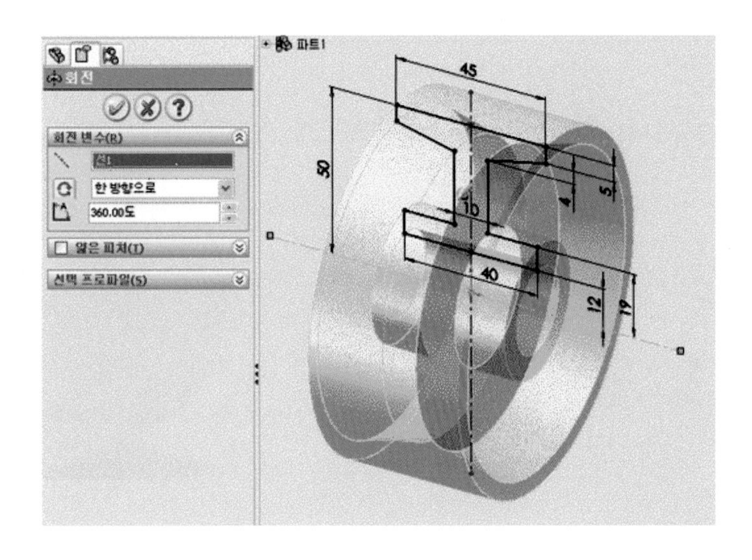

6 옆 그림은 스케치를 회전한 결과이다.

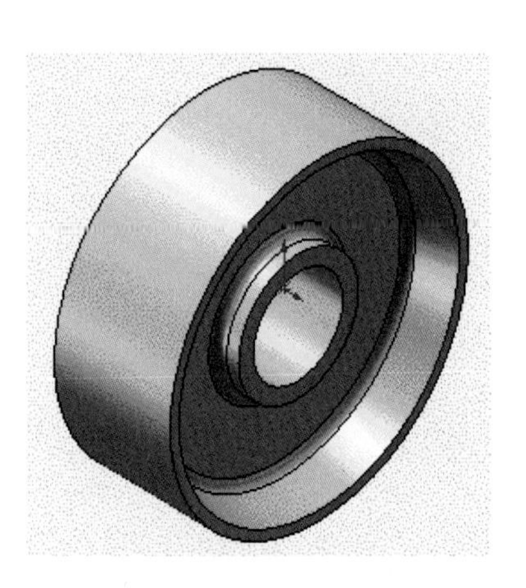

7 피처 도구 모음에서 필렛 아이콘( )을 선택한 후에 필렛 항목을 선택하고 필렛 반경으로 10mm를 입력한 후 확인 버튼( )을 누른다.

8 그림은 필렛이 완성된 형상의 모양이다.

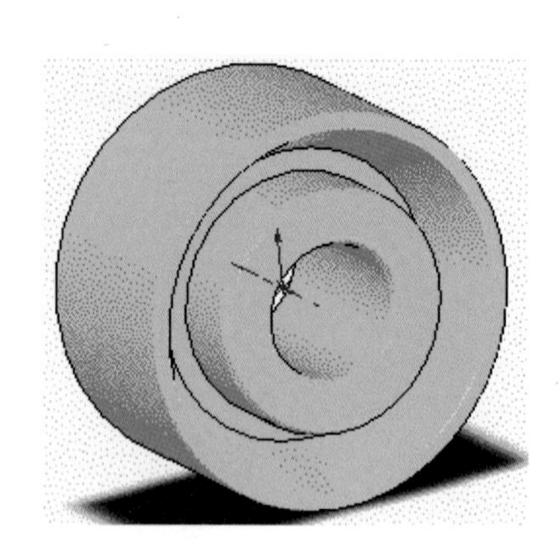

6 볼트 만들기

(1) 새 파트 만들기

1 표준 도구 모음에서 새 문서, 메뉴 바에서 파일〉새 문서를 클릭한다.

2 작업 평면을 선택한 후 피처 매니저(FeatureManager)에 있는 정면도를 마우스로 선택한다.

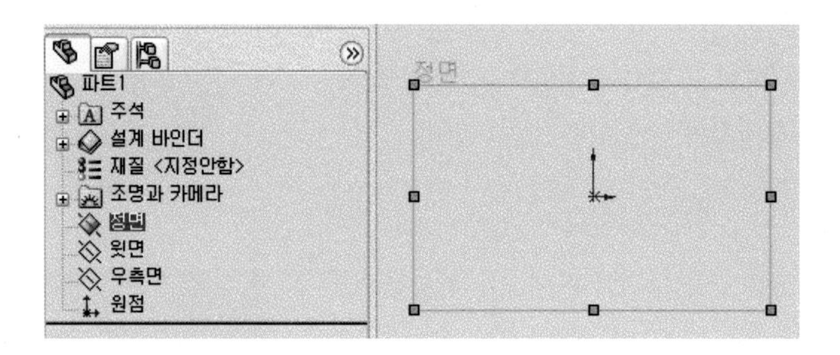

(2) 기본 스케치하기

1 스케치 도구 모음에서 원 아이콘( )을 클릭하고 원점과 원의 중심이 일치하도록 스케치 후에 지능형 치수( )로 직경 24mm를 부여 한다.

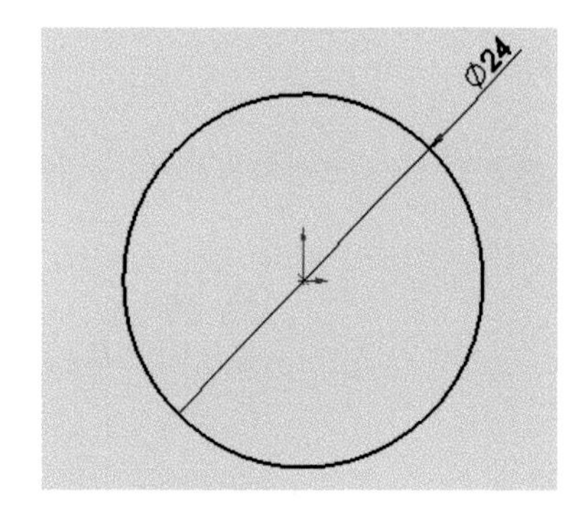

2 피처에서 돌출 보스/베이스 아이콘( )을 클릭한 다음에 블라인드 형태로 깊이는 42mm를 입력하고 확인 버튼( )을 누른다.

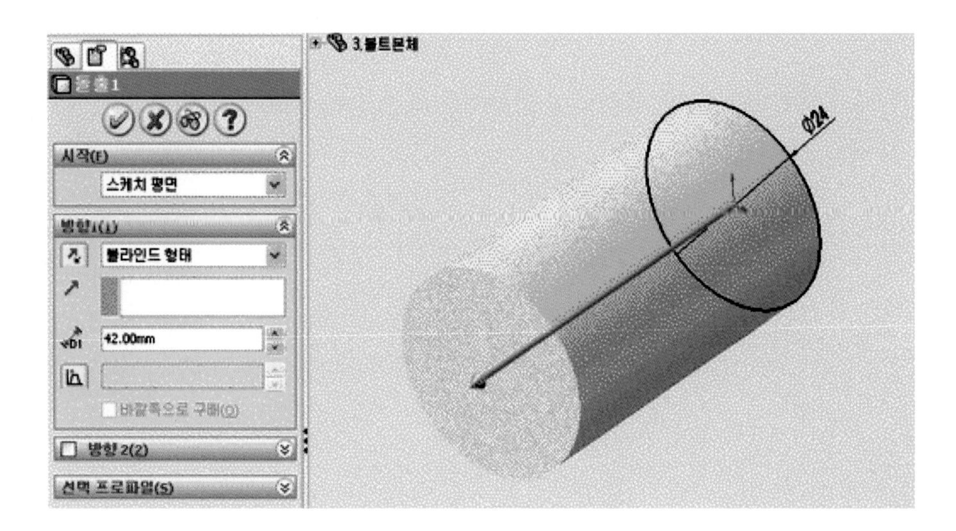

3 FeatureManager 디자인 트리에서 그림과 같이 정면을 선택하고 피처-참조 형상-기준면 아이콘( )을 클릭한다. 그림과 같이 제1기준면을 만든 후 나사를 생성하기 위해 원을 스케치한다.

4 나선형 곡선을 만들기 위하여 메뉴에서 삽입-곡선-나선형 곡선을 클릭하여 나선형 곡선 창이 나오면 정의 기준으로 높이와 피치를 선택하고 높이는 38mm를 입력 피치는 3.00mm를 입력 후에 확인 버튼( )을 클릭한다.

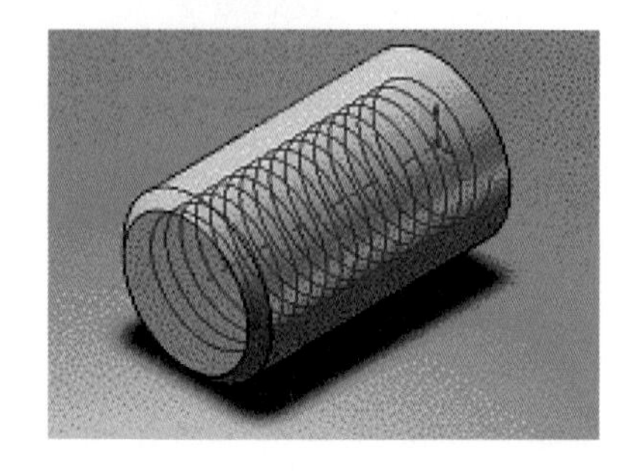

5 나사산 스케치를 만들기 위하여 피처 매니저(FeatureManager)의 윗면(평면)을 선택한다.

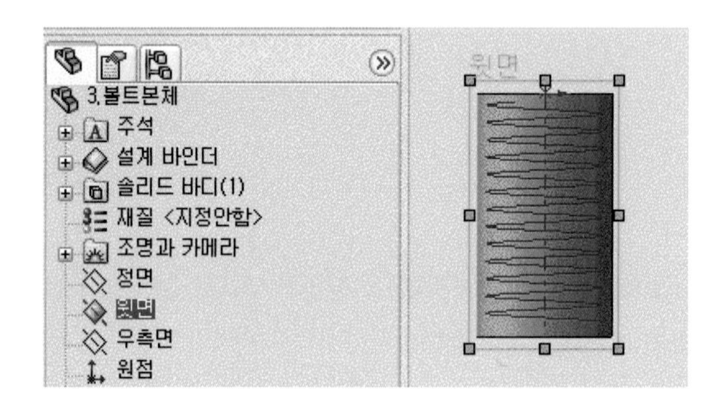

6 메뉴에서 보기-임시축을 클릭하여 임시축이 화면 창에 나오도록 한다.

7 스케치 도구 모음에서 중심선 아이콘(⁝)을 클릭하여 아래 모서리와 일치하는 수평 중심선을 스케치한다.(수평 중심선과 모서리 끝점이 일치하도록 구속 조건으로 일치를 부여한다.)

8 스케치 도구 모음에서 선 아이콘( )을 클릭한 다음에 그림과 같이 스케치하고 지능형 치수 아이콘( )을 이용하여 치수를 그림과 같이 부여한다.

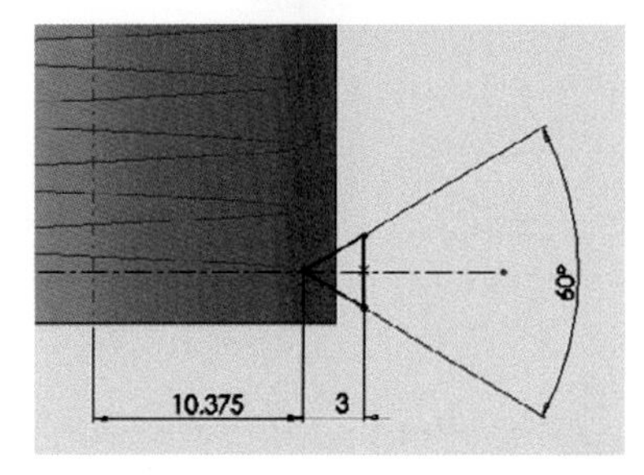

9 스윕 피처를 만들기 위해 View 방향을 등각 보기로 한 다음에 보기 메뉴에서에서 자르기 스윕 아이콘( )을 선택한다. 스윕 창이 나오면 프로파일로 전 단계에서 스케치한 스케치3을 선택한다.

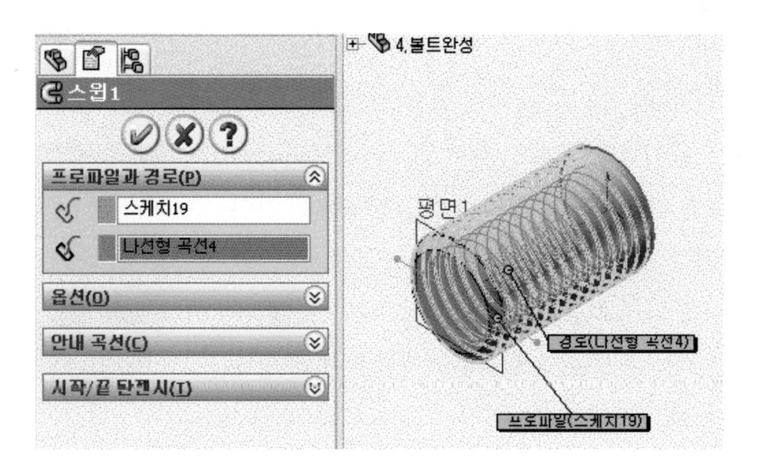

10 피처( )에서 모따기 아이콘( )을 선택한다. 모따기 창이 나오면 선택 파일로 나사 A를 선택한 다음 거리 2.00mm, 각도 45도를 입력하고 확인 버튼( )을 누른다.

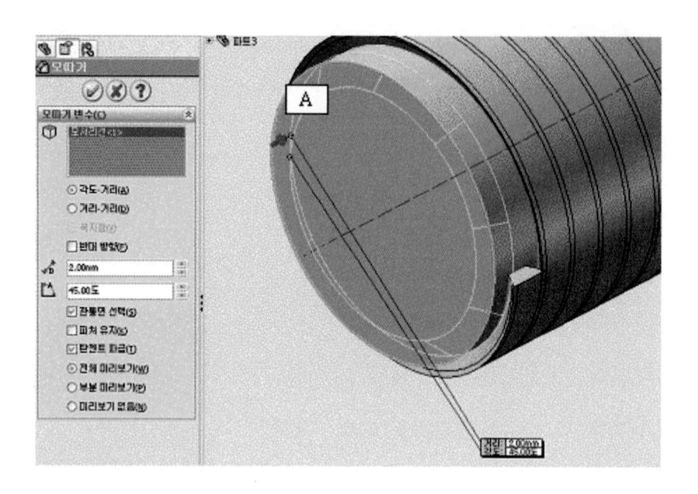

11 옆 그림은 완성 그림이다.

12 볼트 몸통 만들기를 위해 피처 매니저(FeatureManager)에서 정면도를 선택한다. 스케치 도구 모음에서 원 아이콘( )을 선택 후에 원의 중심을 원점으로 하여 지름 24mm의 원을 그리고 돌출 베이스/보스 아이콘( )을 선택하여 깊이를 26.5mm로 입력하고 방향은 반대 방향으로 하여 확인 버튼( )을 누른다.

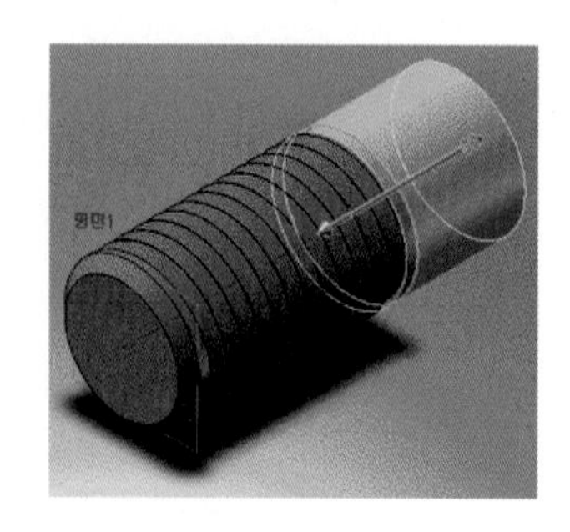

13 육각볼트 머리를 만들기 위하여 볼트 몸통의 뒷면을 선택하여 스케치 아이콘( )을 클릭한다. 표준 보기 방향을 면에 수직으로 보기로 한 후 스케치 도구 모음에서 다각형( )으로 선택한 후 다각형을 스케치한다.

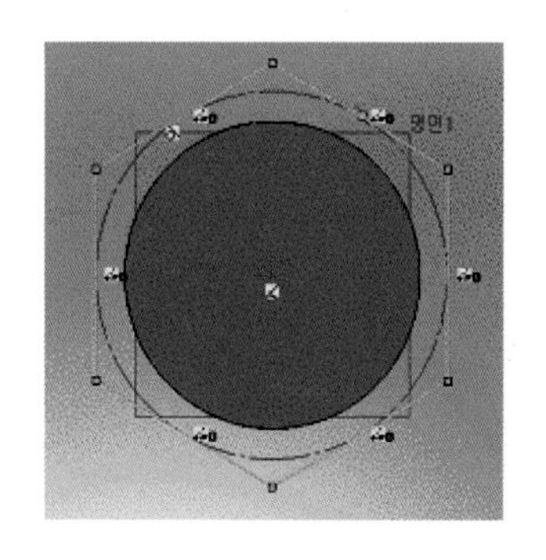

14 다각형 창이 나오면 변수에 6을 입력하고 내접원을 선택한 다음 원점을 중심으로 한 다각형을 스케치한다. 스케치를 인접시키고 치수 32mm를 입력한다.

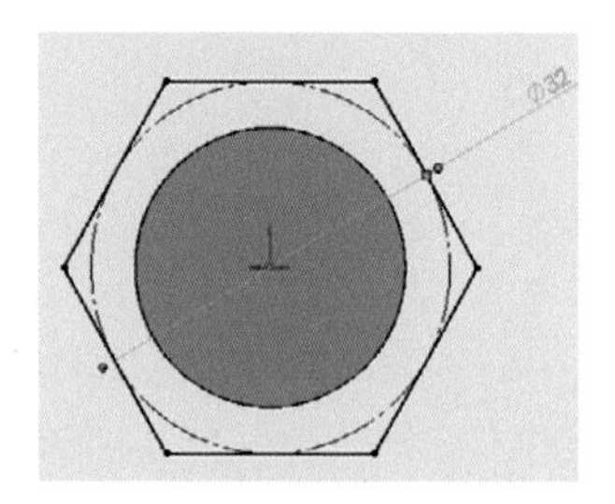

15 돌출 베이스/보스 아이콘( )을 선택하고 돌출 창이 나타나면, 깊이에 15mm를 입력하고 확인 버튼( )을 누른다.

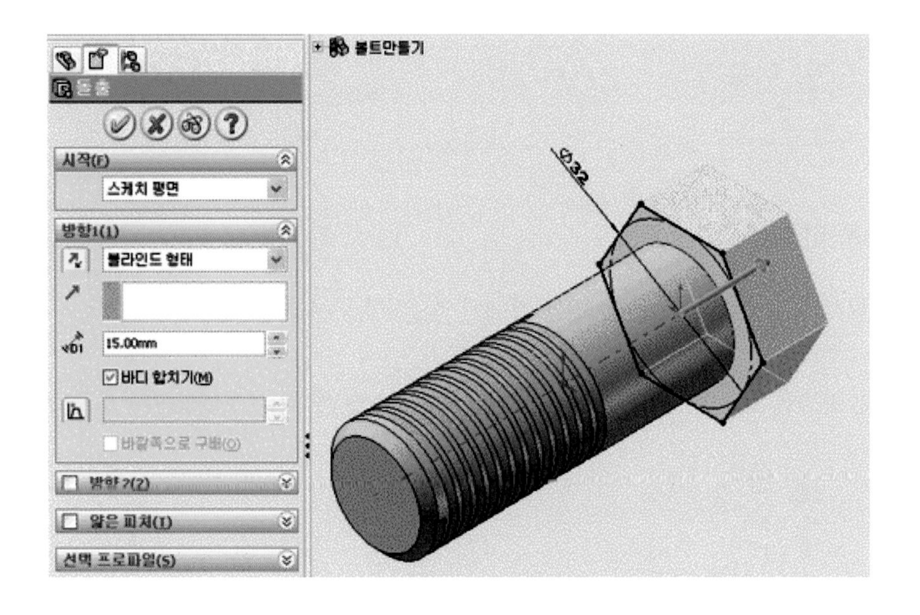

16 볼트 머리에 기준면을 만들고 원을 스케치한 후 피처에서 돌출-컷 아이콘( )을 사용하여 마침 조건을 관통으로 하고 자를면 뒤집기를 클릭한다. 구배 켜기/끄기 버튼을 클릭하여 구배 각도 50을 입력하고 확인 버튼을 선택한다.

17 그림은 볼트의 완성 그림이다.

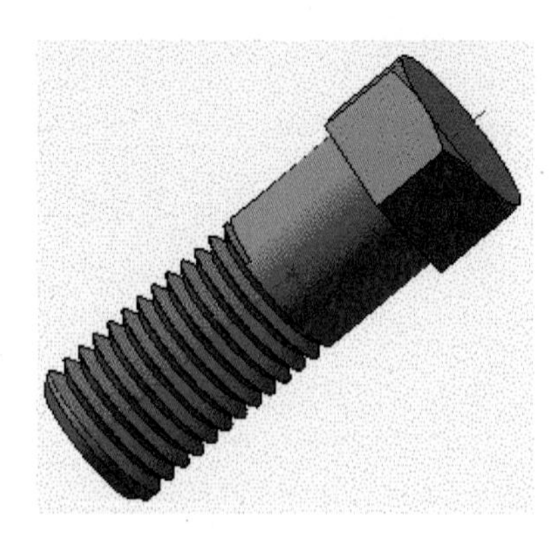

7 핸드 휠 만들기

(1) 새 파트 만들기

1 표준 도구 모음에서 새 문서, 메뉴 바에서 파일〉새 문서를 클릭한다.

2 작업 평면을 선택한 후 피처 매니저(FeatureManager)에 있는 정면을 마우스로 선택한다.

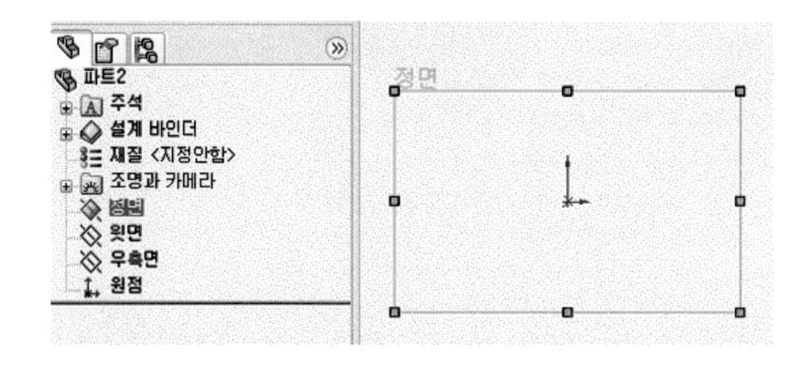

(2) 기본 피처 생성하기

1 피처에서 회전 보스/베이스 아이콘( )을 선택한 다음 회전 창이 나오면 360도를 입력하고 확인 버튼( )을 클릭한다.

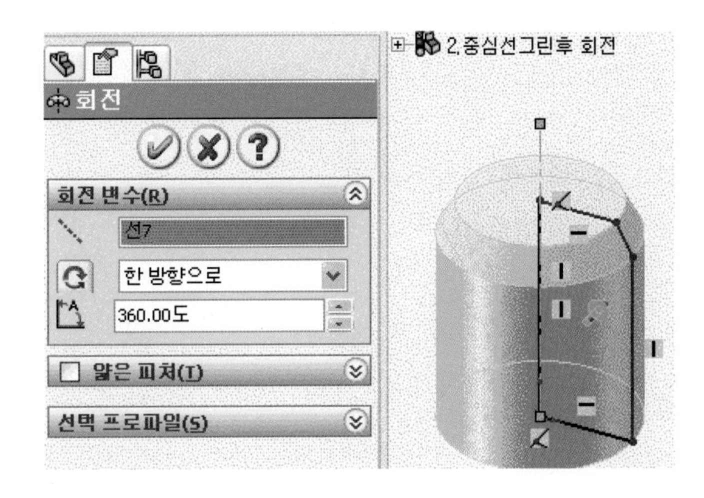

2 스케치 아이콘에서 3점호 아이콘( )과, 선 아이콘( )을 이용하여 그림과 같이 스케치를 완성한다.

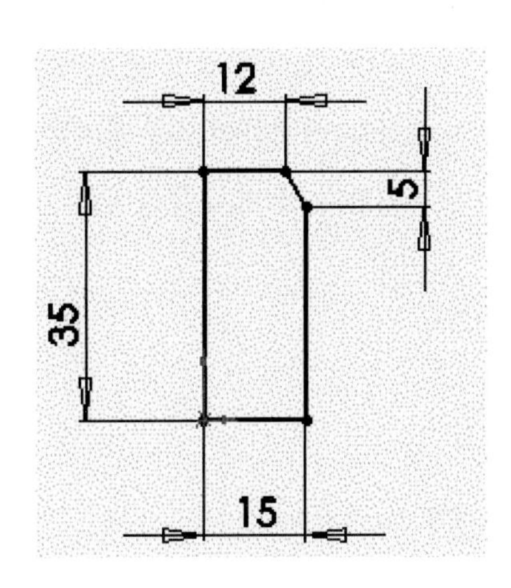

3 FeatureManager 디자인 트리에서 우측면을 선택하고 보기 메뉴에서 보기-임시축을 선택하여 그림과 같이 화면상에 표시한다.

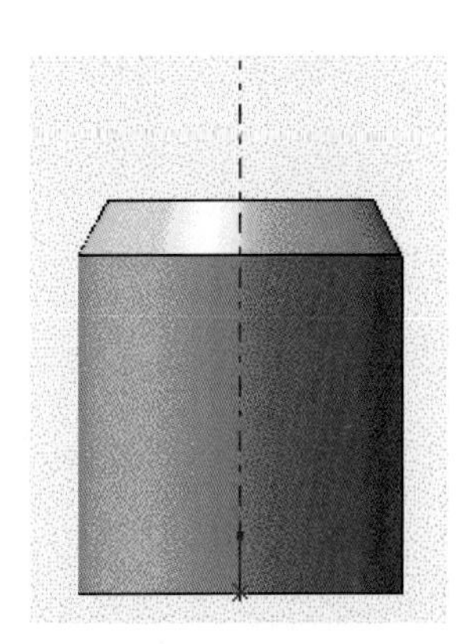

4 임시축에서 직선을 시작으로 그림과 같이 스케치한 후 스케치 이음을 부가 조건에서 인접을 한다.

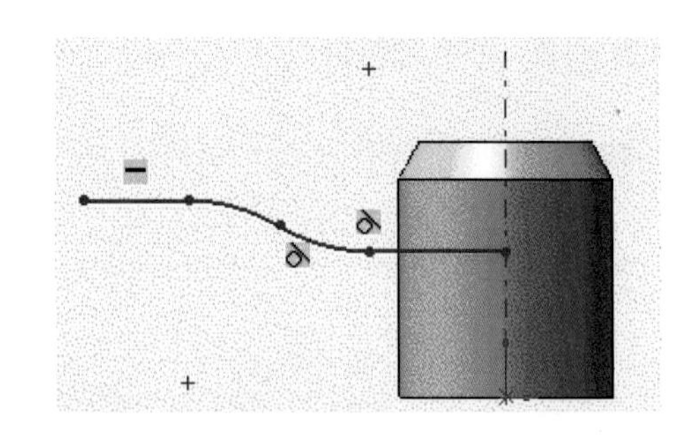

5 그림과 같이 각각의 지능형 치수 아이콘(◈)을 클릭하고 치수를 입력한다.

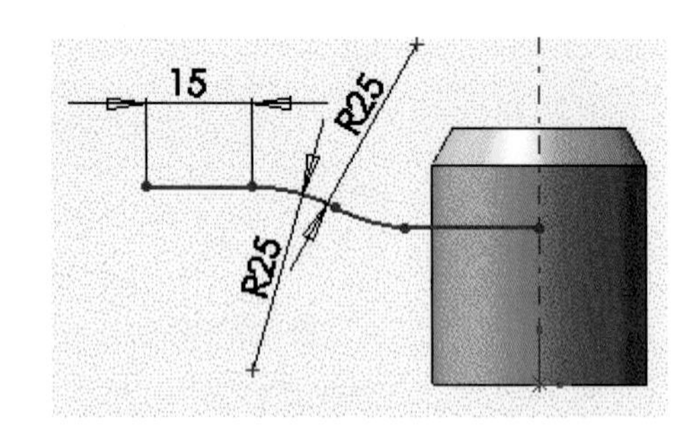

6 표준 보기 방향을 선택하고 등각 보기를 한다. 그림과 같이 보기 메뉴에서 참조 형상을 선택하여 기준면 아이콘(◈)을 클릭한다. 스케치 끝점에 기준면을 만든다.

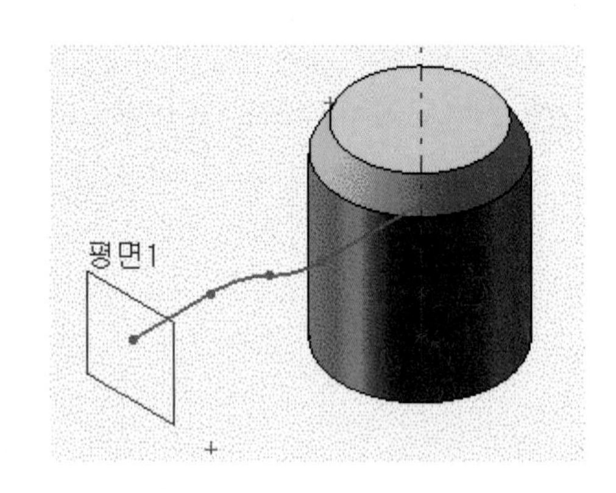

7 FeatureManager 디자인 트리에서 기준면을 선택하고 면에 수직으로 보기 아이콘(◈)을 클릭하여 뷰 방향을 수직인 방향으로 설정하고 그림과 같이 스케치한다.

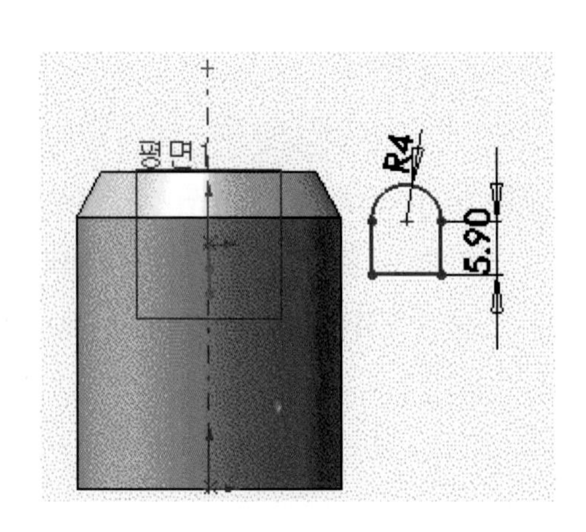

8 보기 메뉴에서 요소 이동 아이콘( )을 클릭하여 객체를 이동한 후 부가 조건에서 일치를 선택하고 확인 버튼( )을 클릭한다.

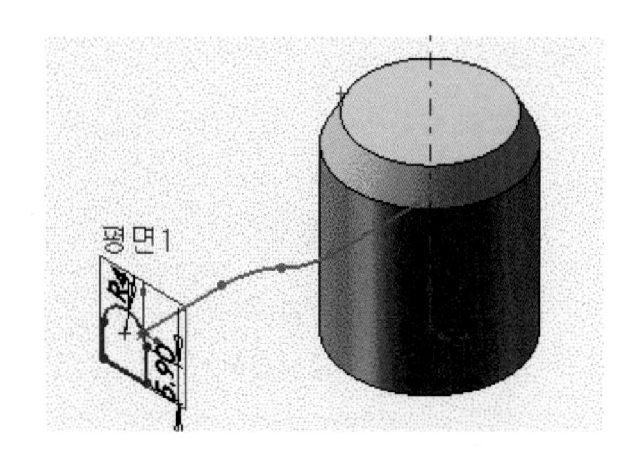

9 스웝 피처를 만들기 위해 보기 메뉴에서 아이콘( )을 선택하여 프로파일을 선택하고 경로를 곡선으로 하여 확인 버튼( )을 클릭한다. 이때 스웝이 안되면 옵션에서 기본값 계속 유지를 선택한다.

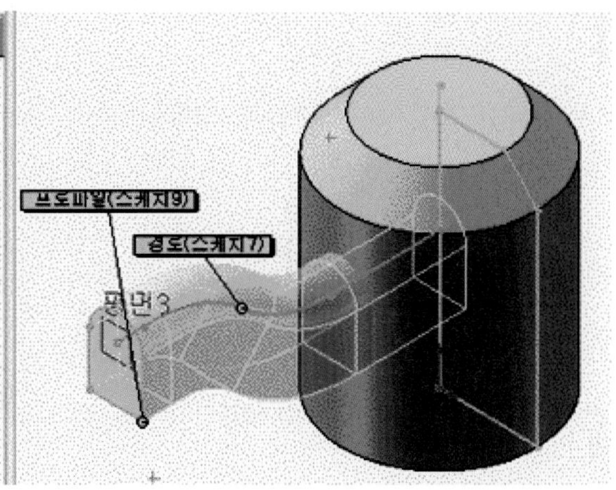

10 그림과 같이 필렛 아이콘( )을 선택하여 라운딩을 한다.

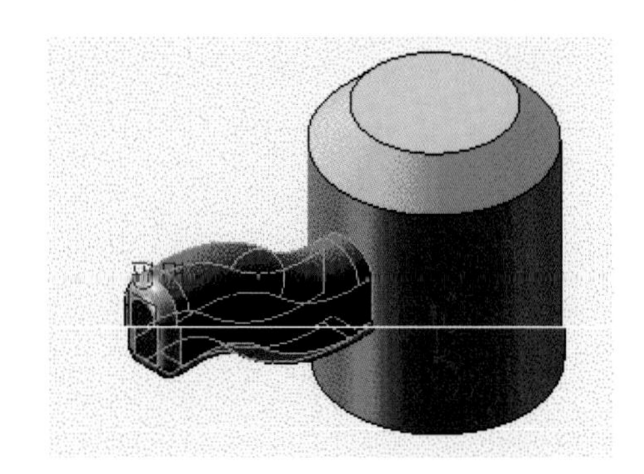

11 보기 메뉴에서 원형 패턴 아이콘( )을 클릭하여 중심축을 선택하여 각도 120과 인스턴스 개수를 3으로 입력하고 확인 버튼( )을 클릭한다.

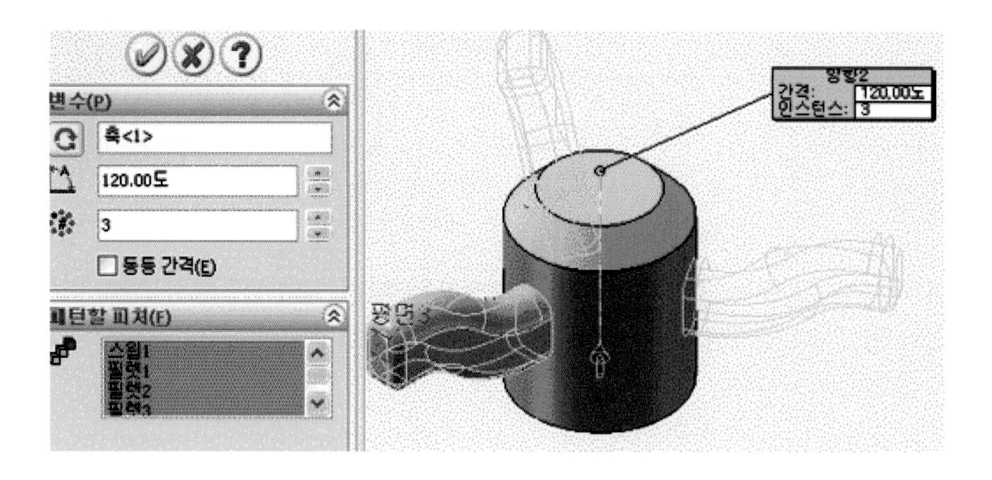

12 그림과 같이 필렛 아이콘( )을 선택하여 그림과 같이 필렛을 한다.

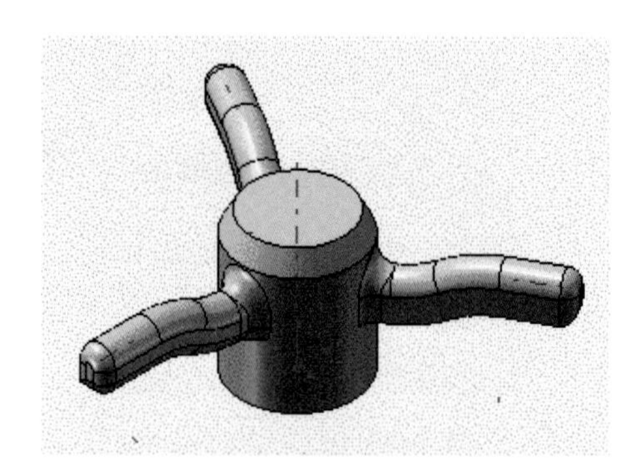

13 FeatureManager 디자인 트리에서 우측면을 선택하고 기준면과 직각 방향으로 그림과 같이 스케치한다.

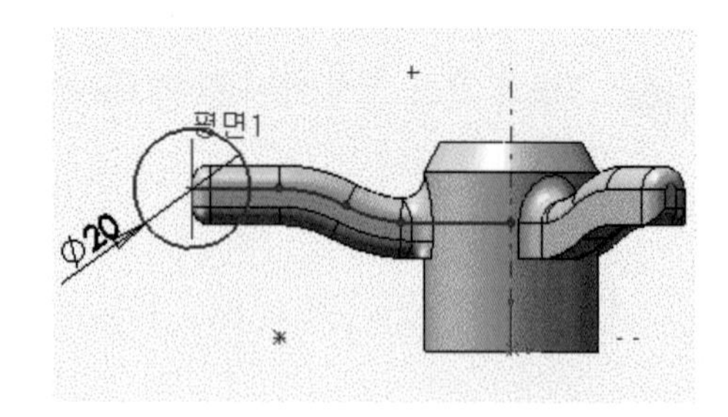

14 보기 메뉴에서 회전보스/베이스 아이콘( )을 선택하여 중심축을 선택한 후 360을 입력하고 확인 버튼( )을 클릭한다.

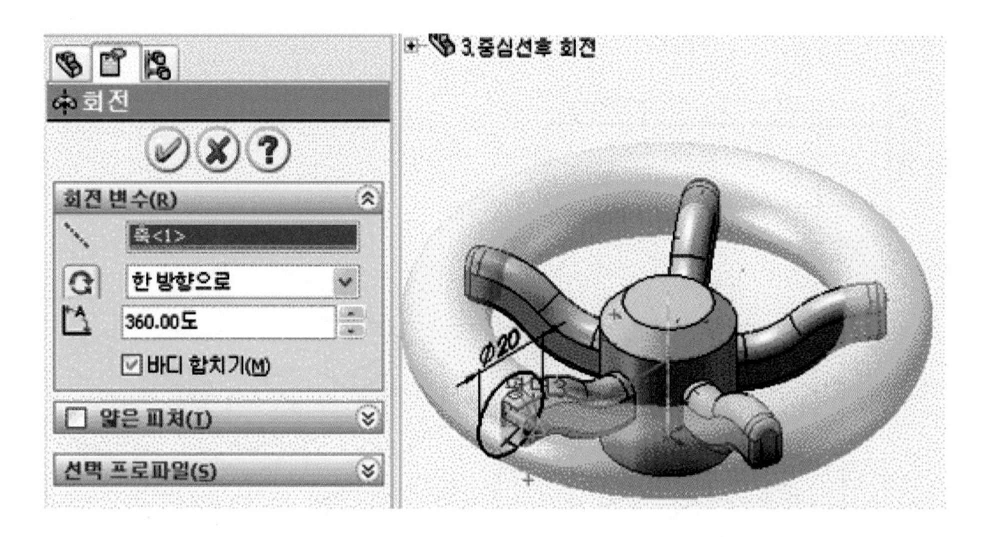

15 옆 그림은 완성된 모델링이다.

8 2D 과제1 모델링하기

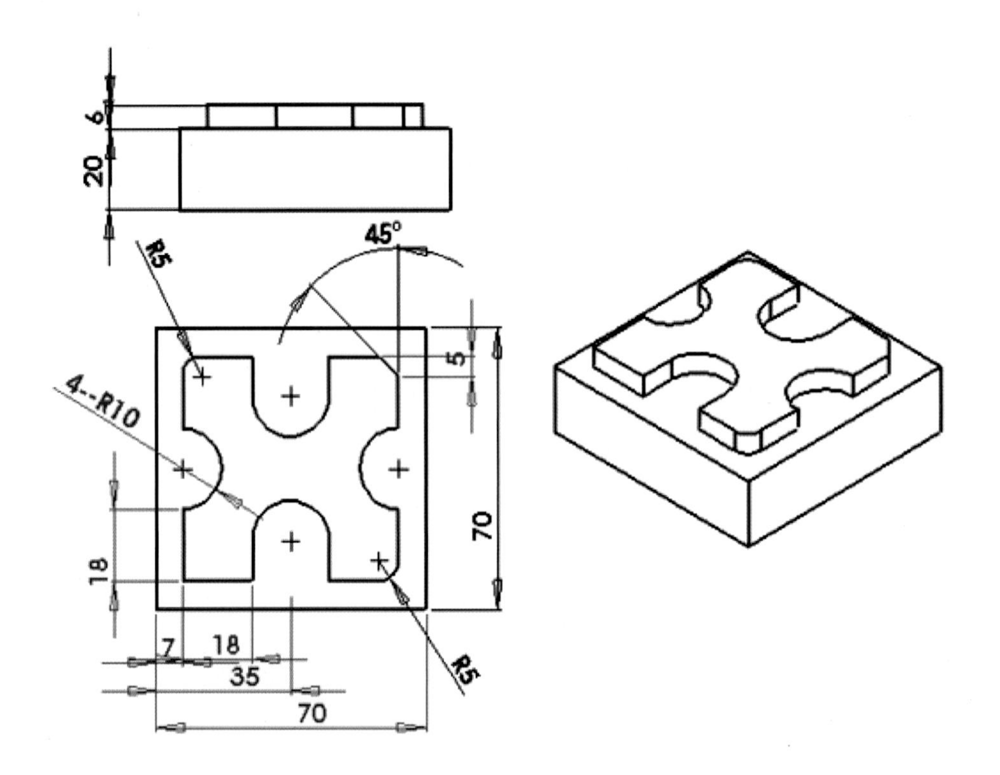

(1) 새 파트 만들기

1. 표준 도구 모음에서 새 문서, 메뉴 바에서 파일〉새 문서를 클릭한다.

2. FeatureManager 디자인 트리에서 윗면을 선택한다.

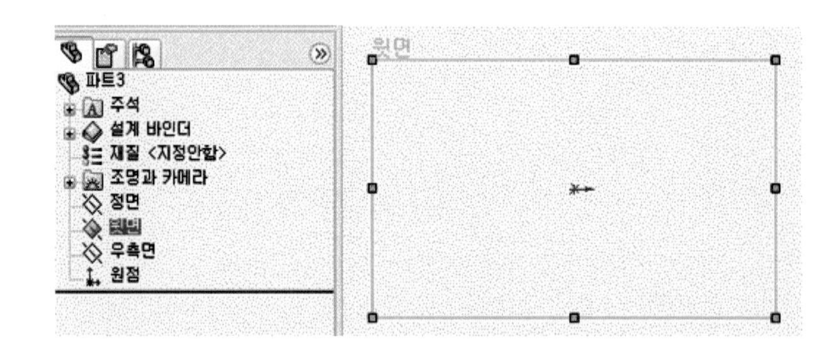

(2) 기본 피처 생성하기

1 스케치 아이콘에서 선 아이콘( )을 이용하여 그림과 같이 스케치 완성한다.

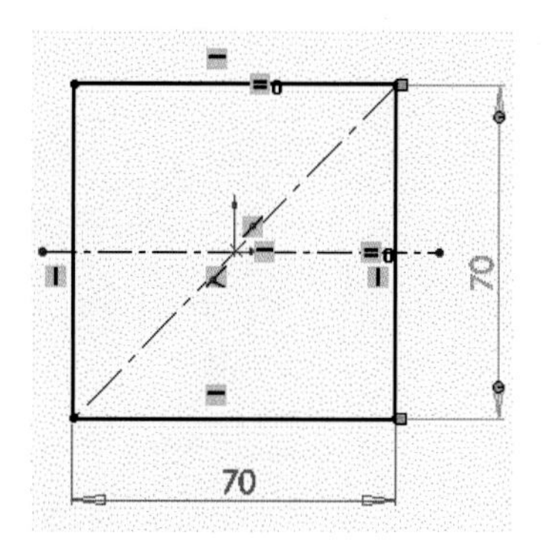

2 피처에서 돌출 보스/베이스 아이콘( )을 선택한 다음 블라인드 형태의 방향 1에서 을 클릭하여 아래로 향하게 한 후 돌출 치수를 입력하고 확인 버튼( )을 클릭한다.

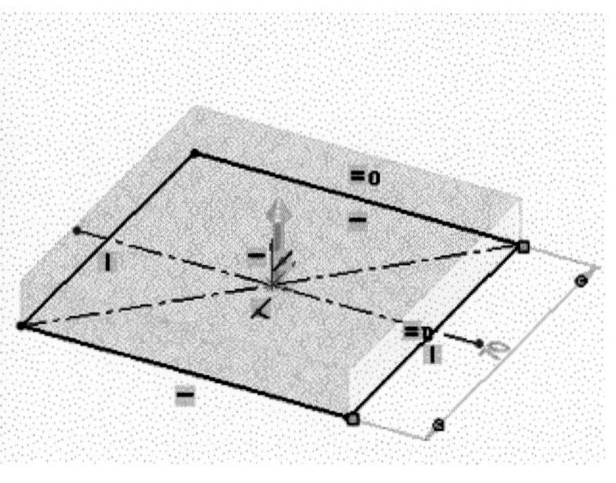

3 FeatureManager 디자인 트리에서 윗면을 선택하고 도구상자에서 스케치 아이콘( )을 클릭한 후 윗면에 스케치한다. 지능형 치수 아이콘( )을 클릭하여 치수를 입력하고 보기 메뉴에서 자르기 아이콘( )을 선택하여 근접 자르기로 체크한 후 그림과 같이 스케치 자르기를 한다.

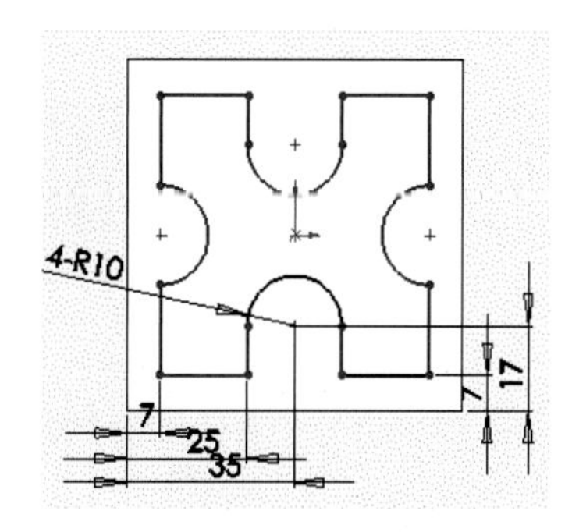

4 피처에서 돌출 보스/베이스 아이콘( )을 선택한 다음 블라인드 형태의 방향 1에서 을 클릭하여 윗면으로 향하게 한 후 돌출 치수를 입력하고 확인 버튼( )을 클릭한다.

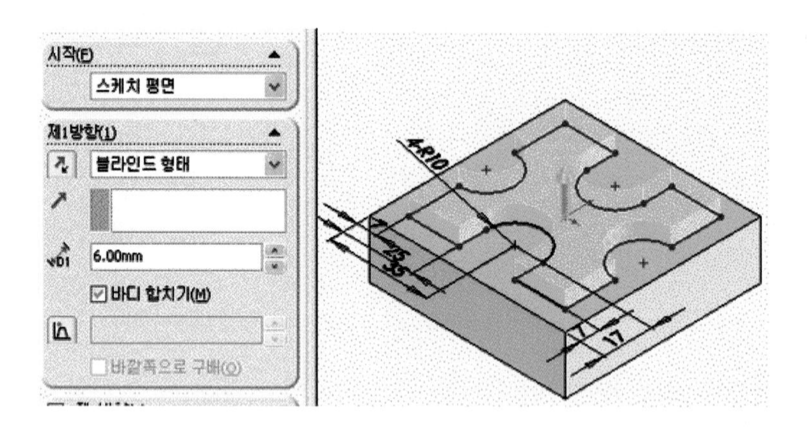

5 그림은 완성된 돌출 상태이다.

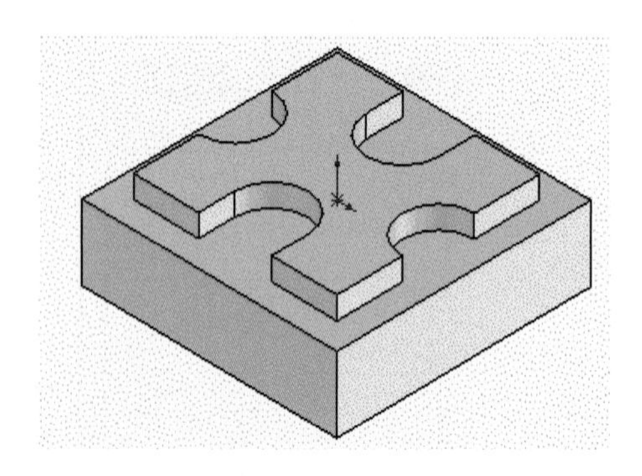

6 그림과 같이 보기 메뉴의 모따기 아이콘( )을 선택한 후 요소를 모따기한다.

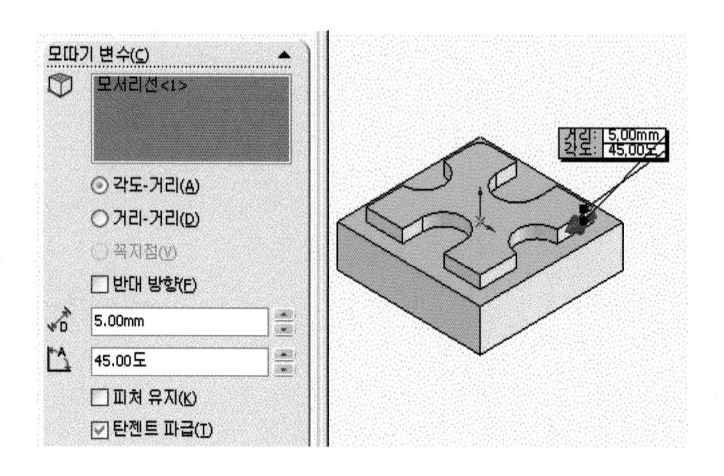

7 그림과 같이 보기 메뉴의 필렛 아이콘( )을 선택한 후 각각 필렛 요소를 필렛한다.

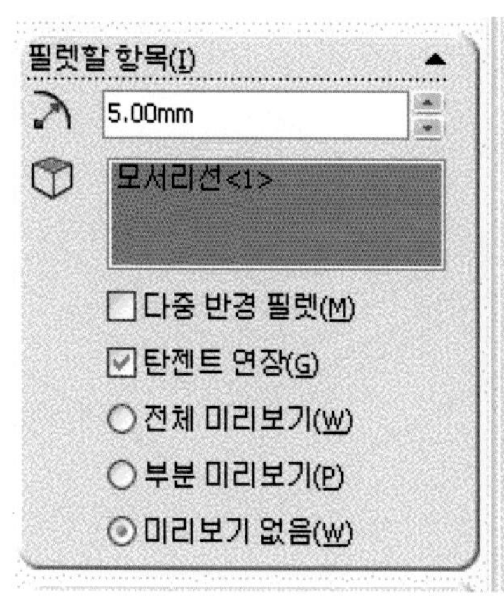

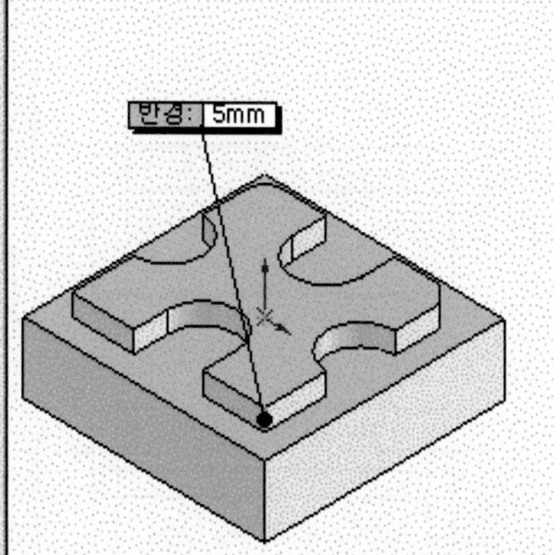

8 그림은 완성된 모델링이다.

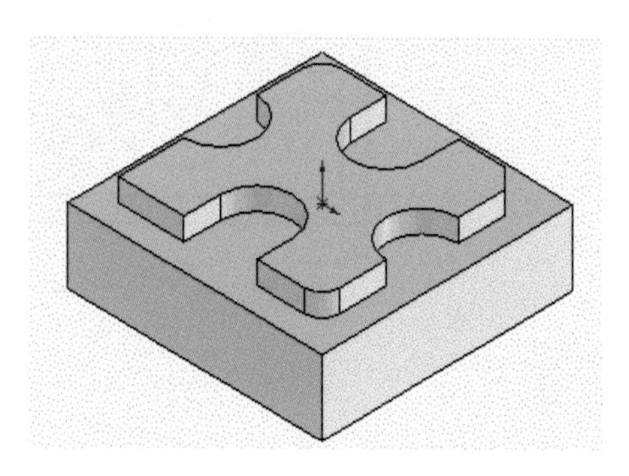

9 2D 과제2 모델링하기

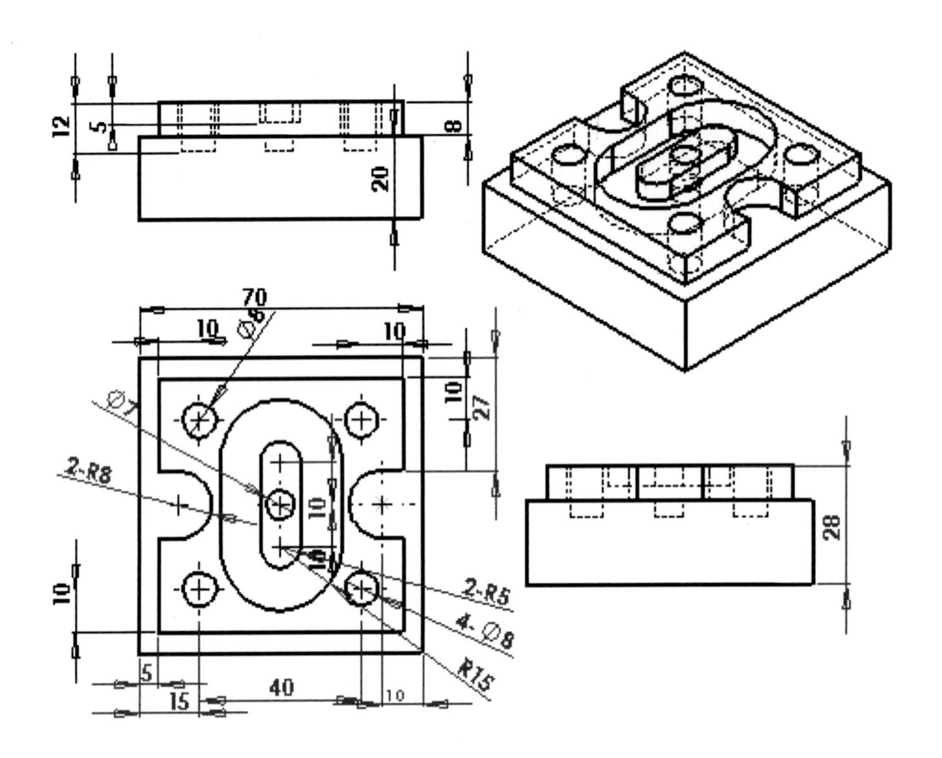

(1) 새 파트 만들기

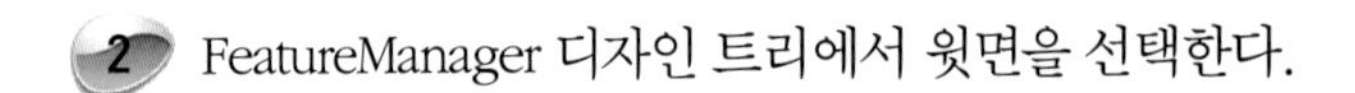

1 표준 도구 모음에서 새 문서, 메뉴 바에서 파일〉새 문서를 클릭한다.

2 FeatureManager 디자인 트리에서 윗면을 선택한다.

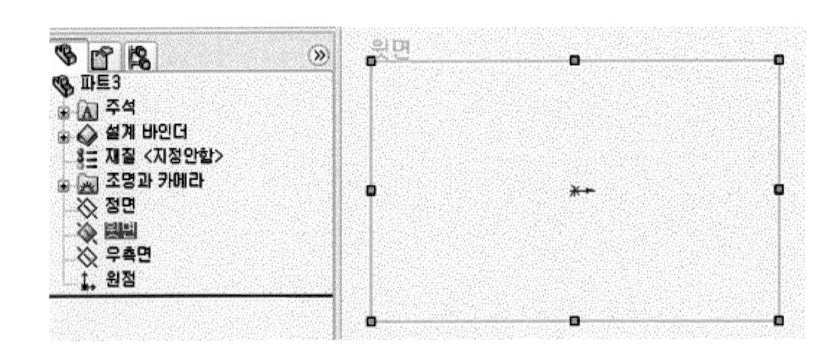

(2) 기본 피처 생성하기

1 스케치 아이콘에서 선 아이콘( )을 이용하여 그림과 같이 스케치하고 마우스 우측 버튼을 눌러 구속 부가 조건에서 중심선과 원점을 클릭하여 중간점으로 체크한다.

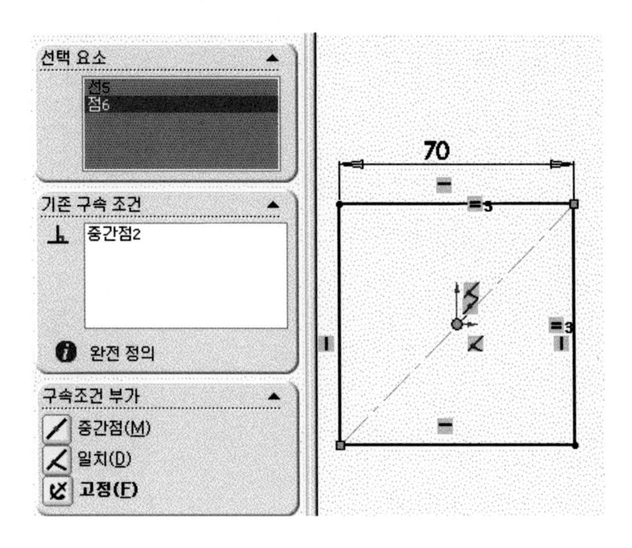

2 피처에서 돌출 보스/베이스 아이콘( )을 선택한 다음 블라인드 형태의 방향 1에서 을 클릭하여 아래로 향하게 한 후 돌출 치수를 입력하고 확인 버튼( )을 클릭한다.

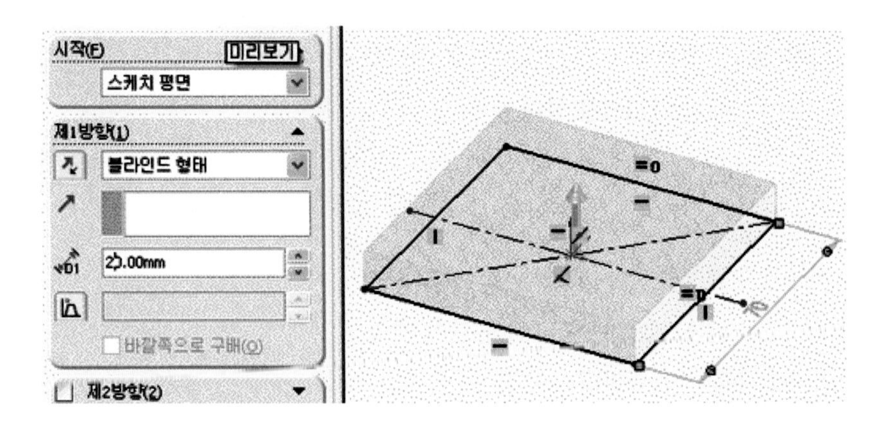

3 FeatureManager 디자인 트리에서 윗면을 선택하고 도구상자에서 스케치 아이콘( )을 클릭한 후 윗면에 스케치한다. 지능형 치수 아이콘( )을 클릭하고 치수를 입력하고 보기 메뉴에서 자르기 아이콘( )을 선택하여 근접 자르기로 체크한 후 그림과 같이 스케치 자르기를 한다.

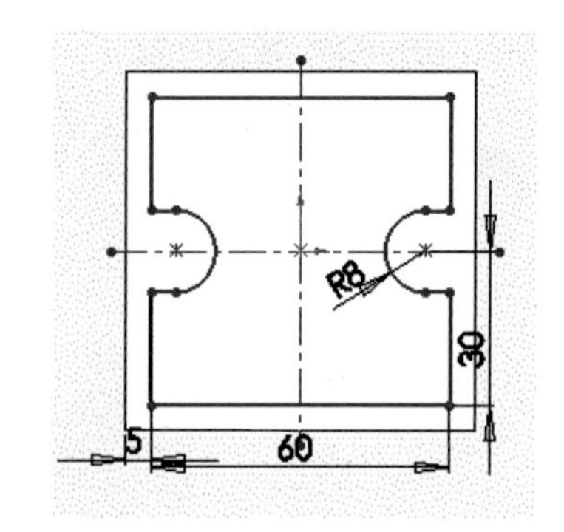

4 그림은 투상도를 나타낸 것이다.

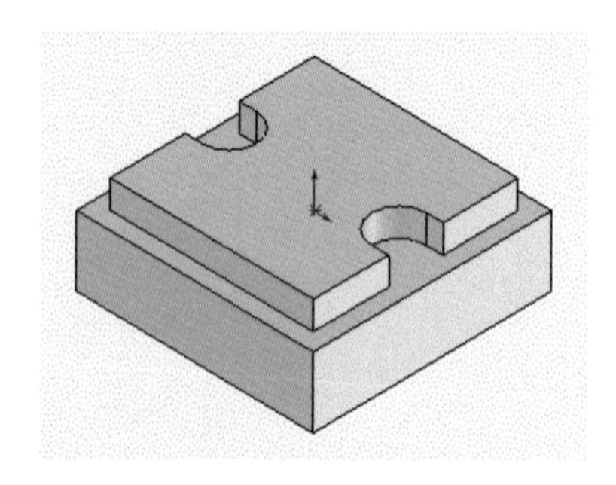

5 FeatureManager 디자인 트리에서 윗면을 선택하고 도구상자에서 스케치 아이콘( )을 클릭한 후 윗면에 스케치한다 치수를 입력하고 보기 메뉴에서 자르기 아이콘( )을 선택하여 근접 자르기로 체크한 후 그림과 같이 스케치 자르기를 한다.

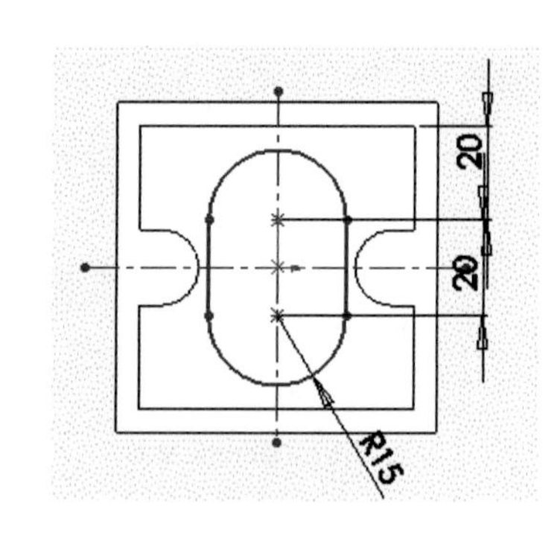

6 보기 메뉴의 돌출 컷 아이콘( )을 클릭한 후 돌출 컷 치수를 기입하고 방향을 그림과 같이 체크 후 확인 버튼( )을 클릭한다.

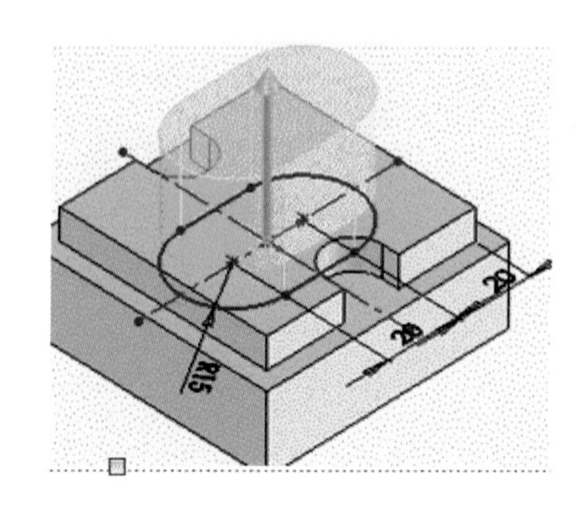

7 그림은 완성된 모델링이다.

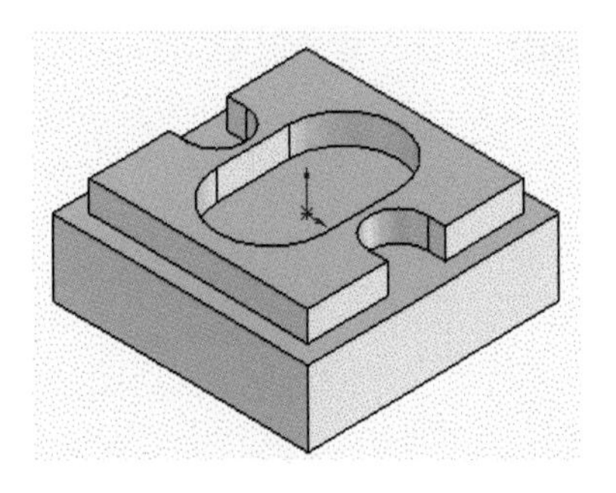

8 FeatureManager 디자인 트리에서 윗면을 선택하고 도구 상자에서 스케치 아이콘( )을 클릭한 후 윗면에 스케치한다. 치수를 입력하고 보기 메뉴에서 자르기 아이콘( )을 선택하여 근접 자르기로 체크한 후 그림과 같이 스케치 자르기를 한다.

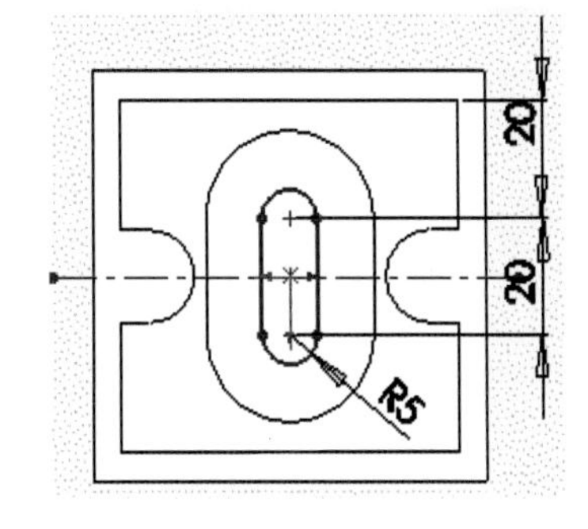

9 피처에서 돌출 보스/베이스 아이콘( )을 선택한 다음 블라인드 형태의 방향 1에서 을 클릭하여 윗면으로 향하게 한 후 돌출 치수를 입력하고 확인 버튼( )을 클릭한다.

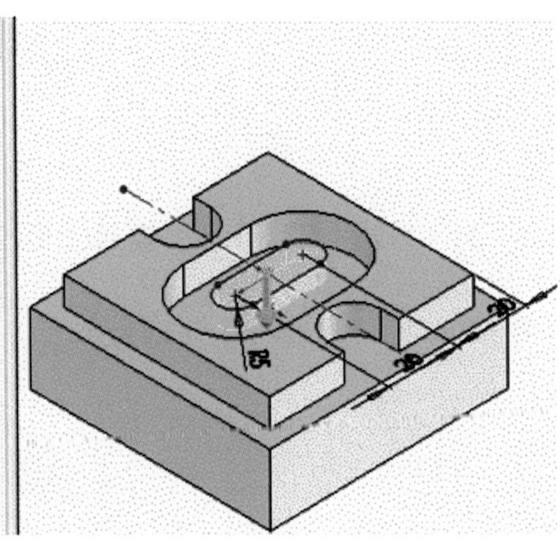

10 그림은 돌출이 완성된 상태이다.

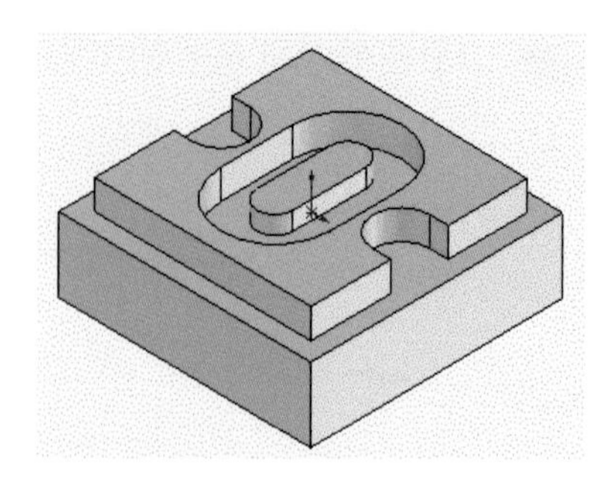

11 3D 윗면을 선택하고 그림과 같이 스케치한다.

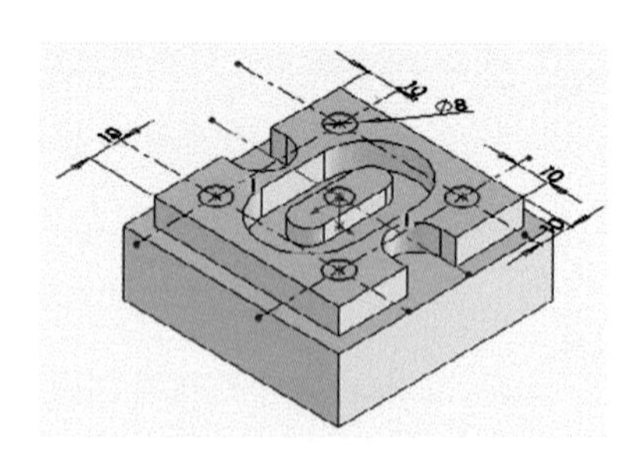

12 보기 메뉴의 돌출 컷을 클릭한 후 돌출 컷 아이콘( )을 윗방향으로 하여 확인 버튼( )을 클릭한다.

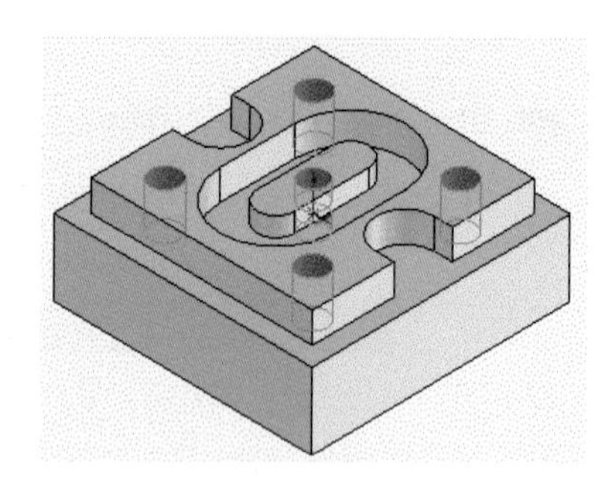

13 그림과 같이 보기 메뉴의 필렛 아이콘( )을 선택한 후 각각 1mm 필렛한다.

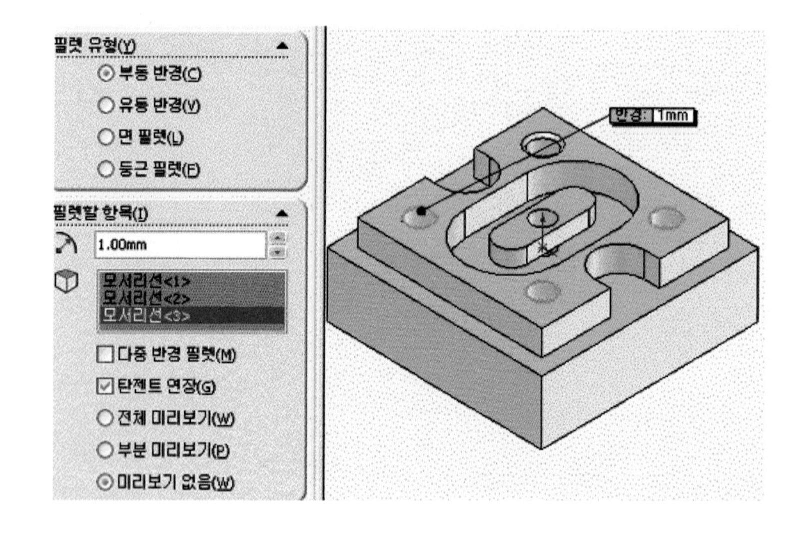

14 그림은 완성된 모델링 상태이다.

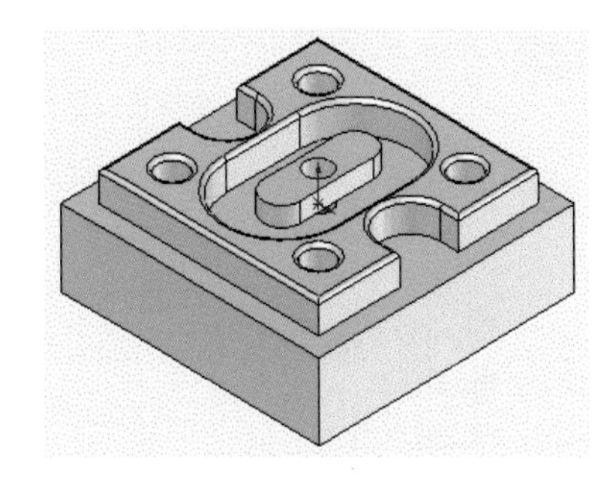

10 Roller Bracket 모델링하기

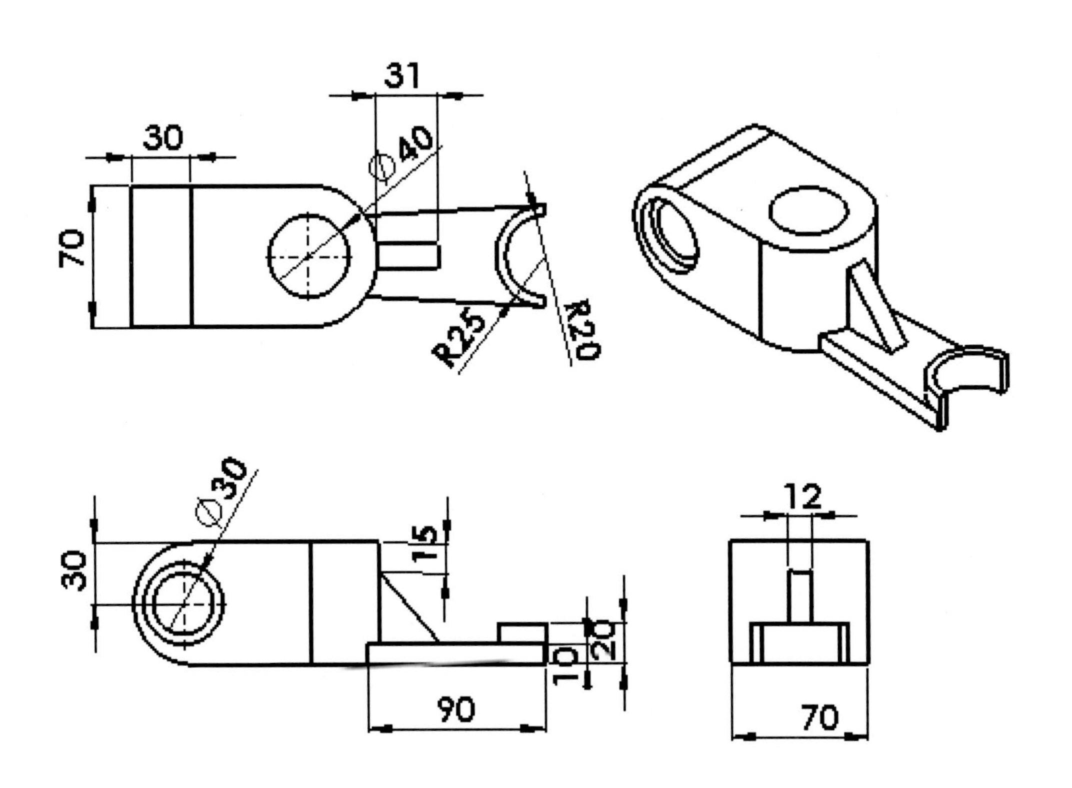

1 표준 도구 모음에서 새 문서, 메뉴 바에서 파일〉새 문서를 클릭한다.

2 FeatureManager 디자인 트리에서 윗면을 선택한다.

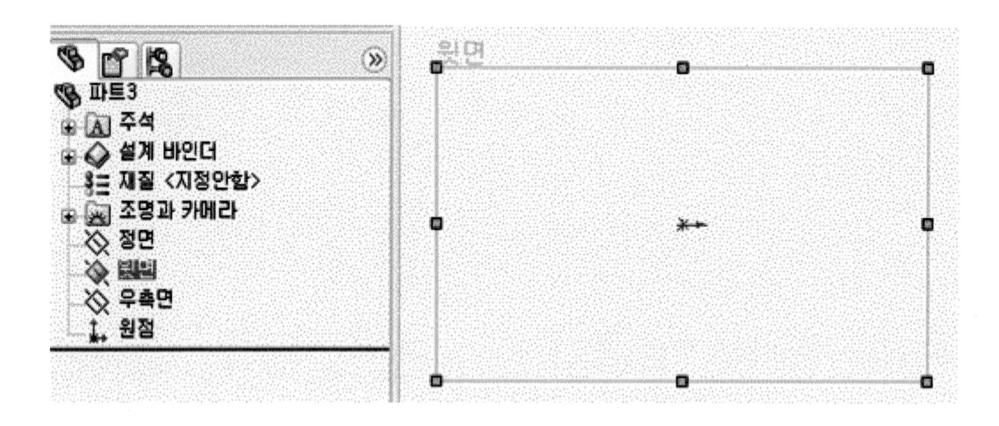

3 평면에 그림과 같이 스케치한다.

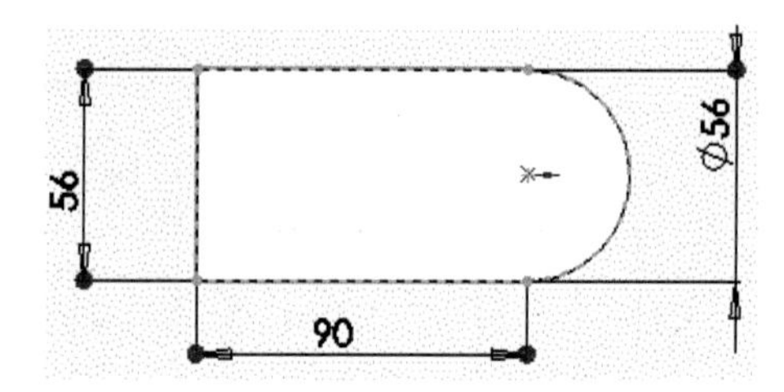

4 돌출 명령어를 선택하고 높이 60mm로 돌출한다.

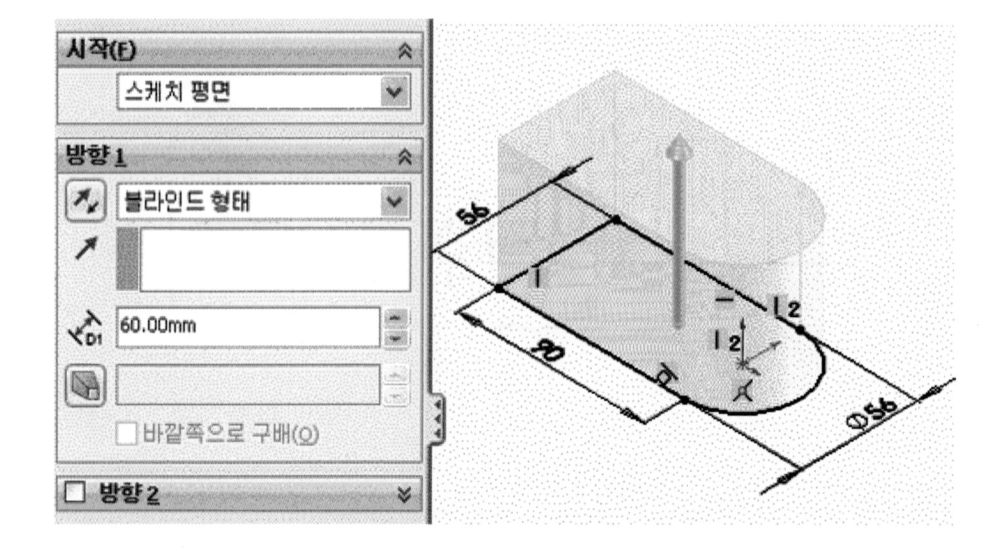

5 FeatureManager 디자인 트리에서 윗면을 선택하고 스케치한다.

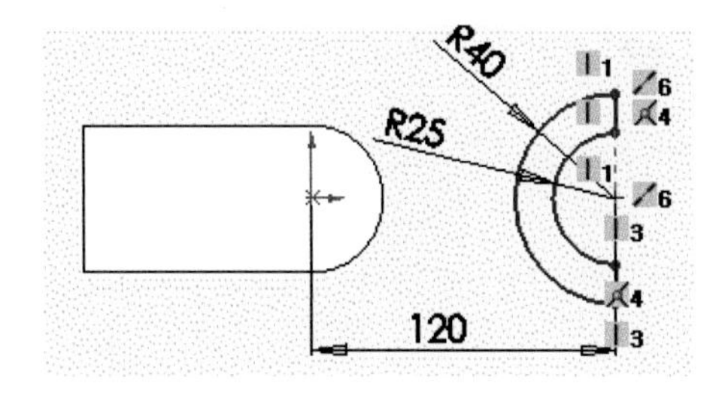

6 돌출 높이를 20mm로 한다.

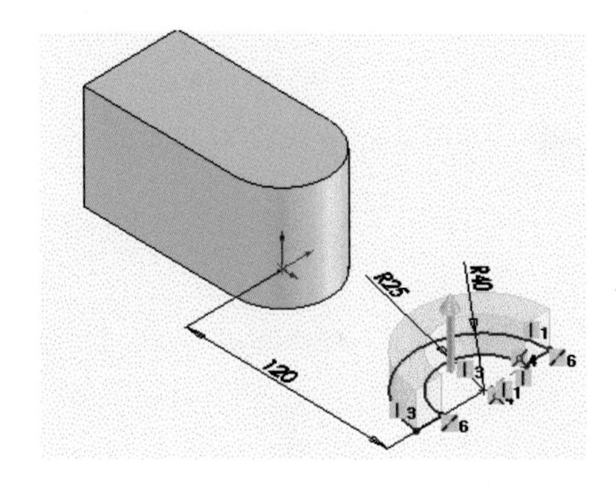

7 스케치 도구상자에서 스케치 아이콘( )을 클릭한 후 평면에 스케치한다.

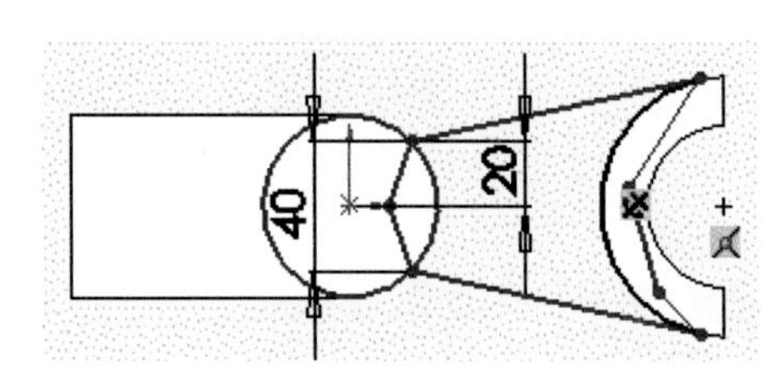

8 높이 10mm를 입력 후 돌출한다.

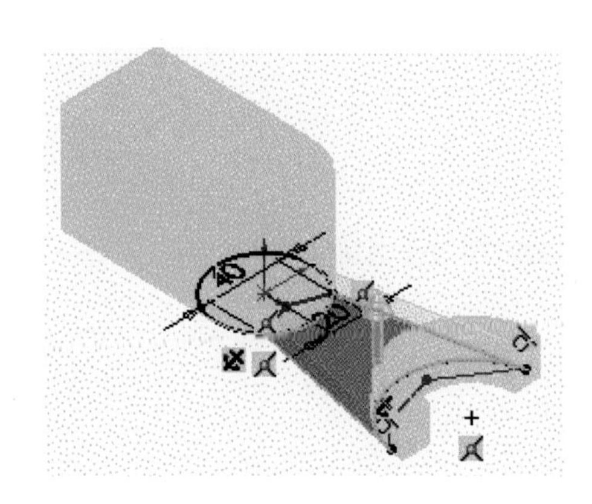

9 정면을 선택하고 그림과 같이 스케치한다.

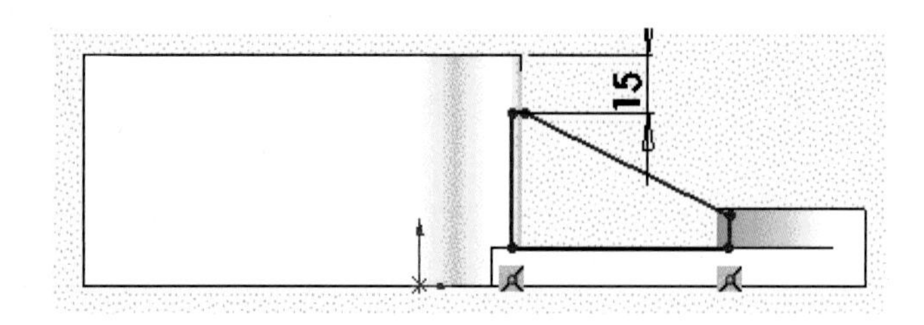

10 높이 10mm를 입력 후 돌출한다.

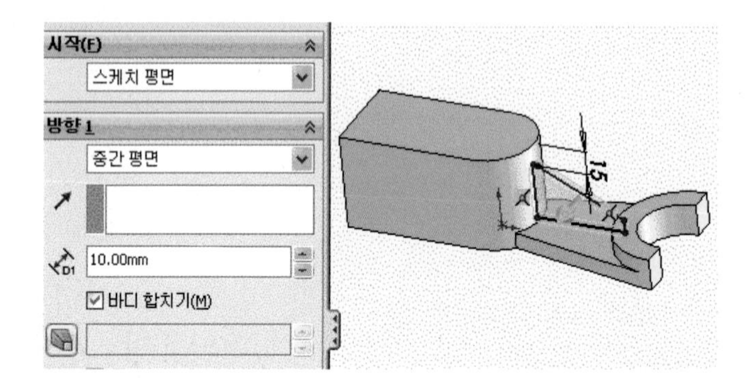

11 피처에서 돌출 컷 아이콘 선택 후 중간 평면을 선택하여 실행한다.

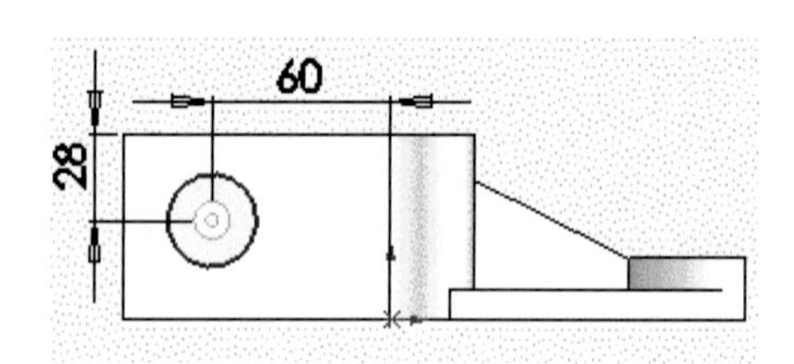

12 윗면을 선택하여 스케치한 후 돌출 컷한다.

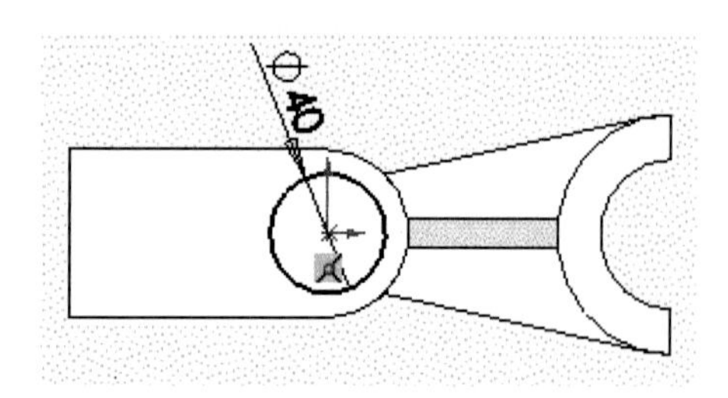

13 모서리를 28mm로 필렛한다.

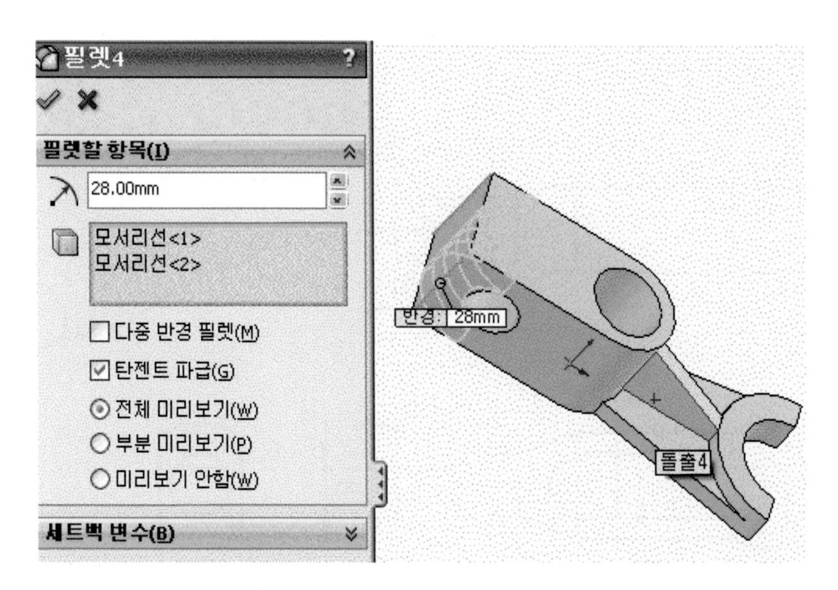

14 옆 그림은 완성된 모델링이다.

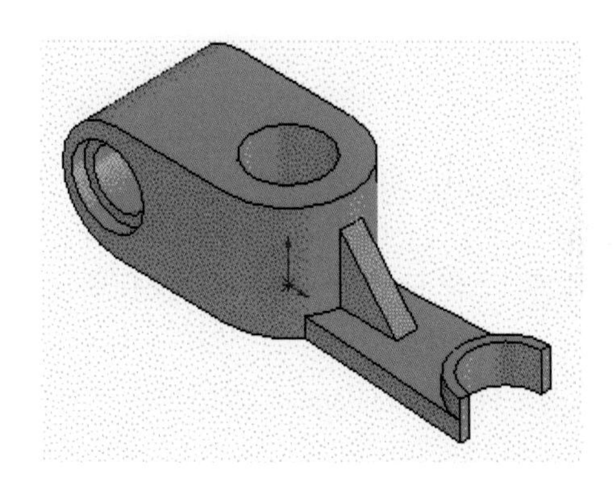

11 Handle Link 모델링하기

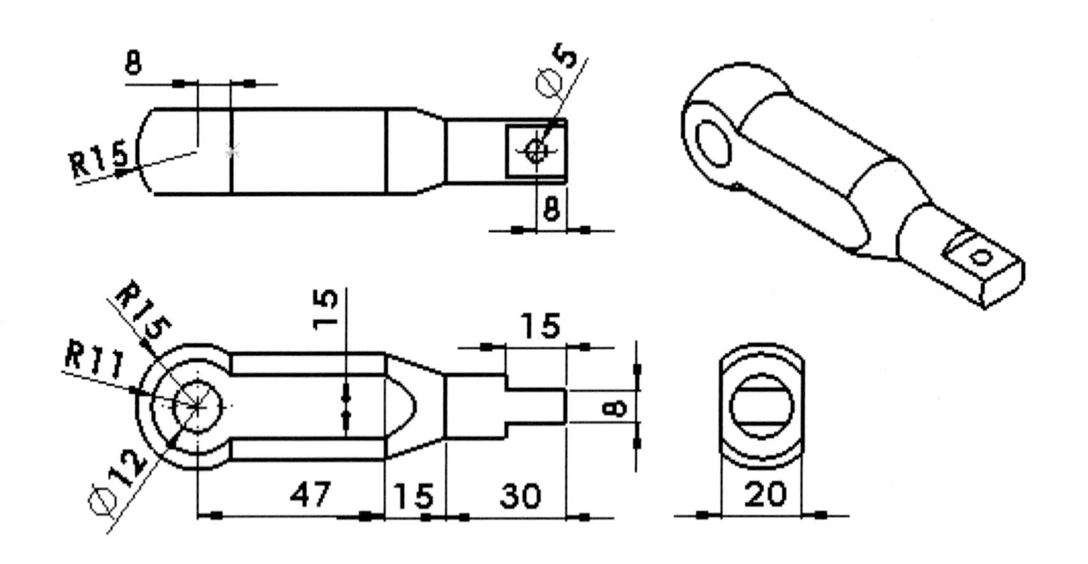

(1) 새 파트 만들기

1. 표준 도구 모음에서 새 문서, 메뉴 바에서 파일〉새 문서를 클릭한다.

2. FeatureManager 디자인 트리에서 윗면을 선택한다.

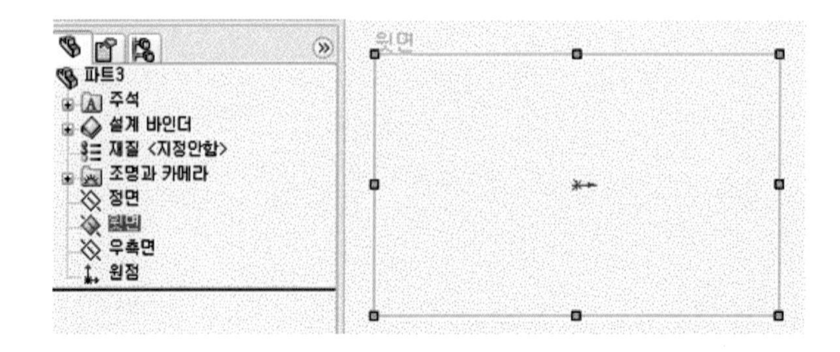

(2) 스케치 및 모델링하기

1 평면을 선택하여 스케치 도구에서 원 명령어를 선택한 후 그림과 같이 스케치한다. 중심선을 클릭 후 피처 도구 모음에서 회전보스/베이스 아이콘( )을 선택 후 실행한다.

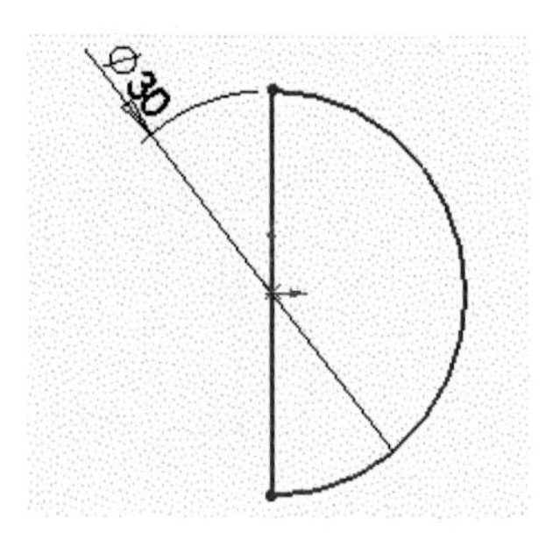

2 정면을 선택하여 스케치 도구에서 선 아이콘( )을 선택한 후 그림과 같이 스케치한다.

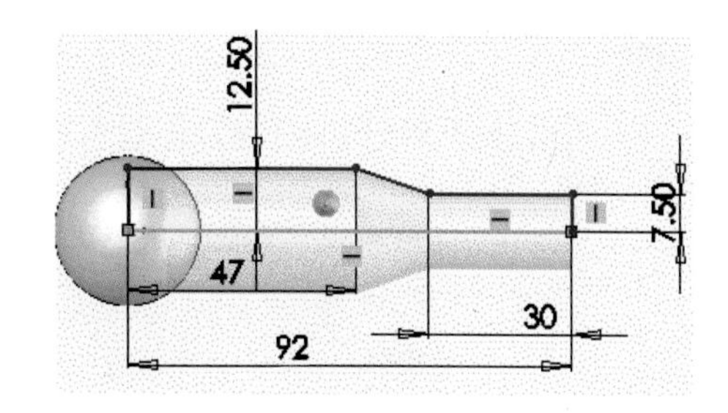

3 중심선을 클릭 후 피처 도구 모음에서 회전보스/베이스 아이콘( )을 선택 후 실행한다.

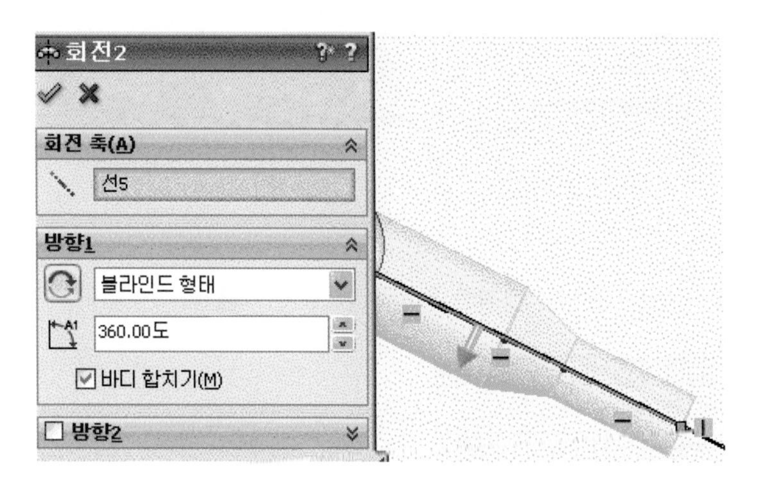

4 정면을 선택하여 중심에서 10mm 옵셋 후 기준면을 만든다. 기준면에 그림과 같이 자르기 선을 스케치한다.

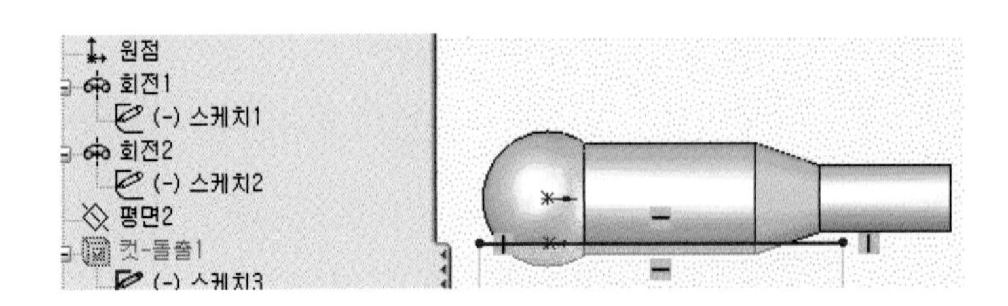

5 스케치 선을 폐곡선으로 만든다. 돌출 컷 아이콘(▣)을 선택하고 컷 깊이 10mm를 치수 기입한 후 확인 버튼(✔)을 클릭한다.

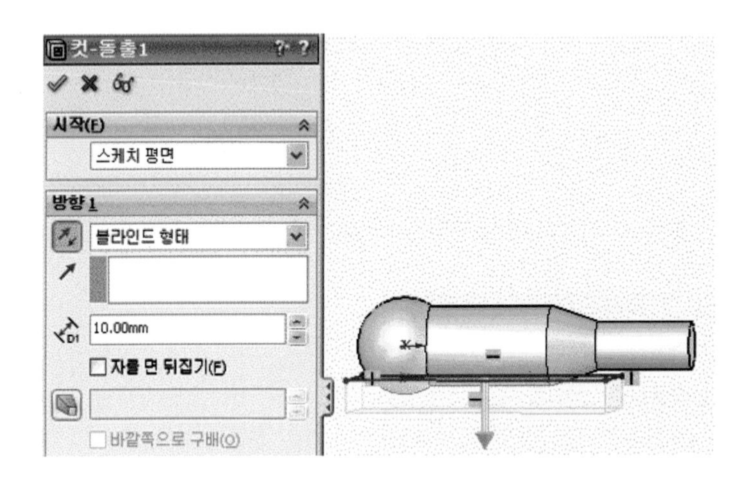

6 반대 방향도 그림과 같이 스케치한 후 돌출 컷 아이콘(▣)을 선택한다.

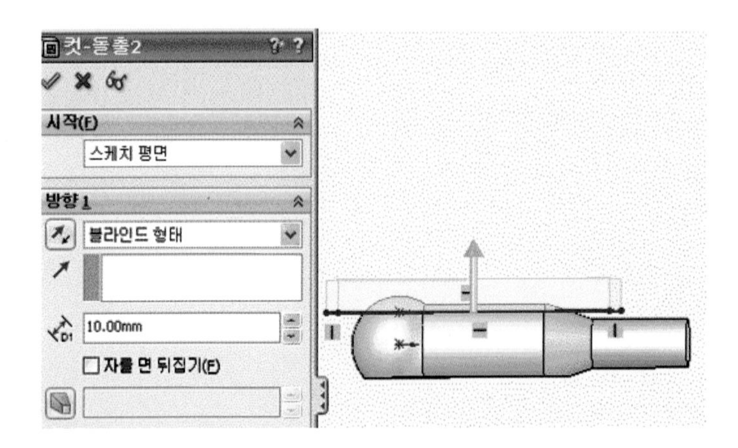

7 윗면을 선택하여 스케치 도구에서 선 아이콘( )을 선택한 후 그림과 같이 스케치한다. 돌출 컷 아이콘( )을 실행한다.

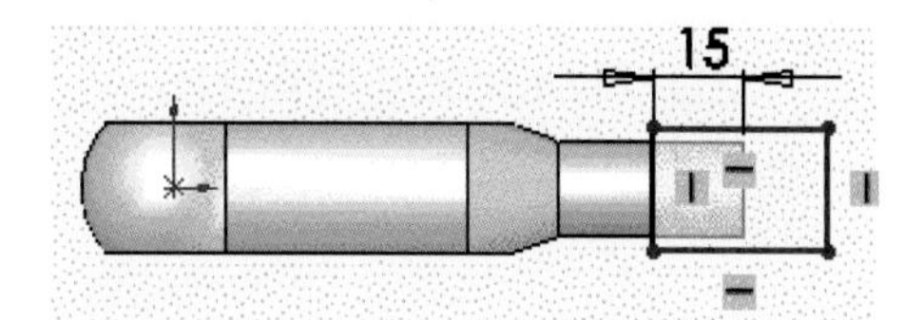

8 반대 방향을 선택하여 스케치 도구에서 선 아이콘( )을 선택한 후 그림과 같이 스케치한 후 돌출 컷 아이콘( )을 선택한다.

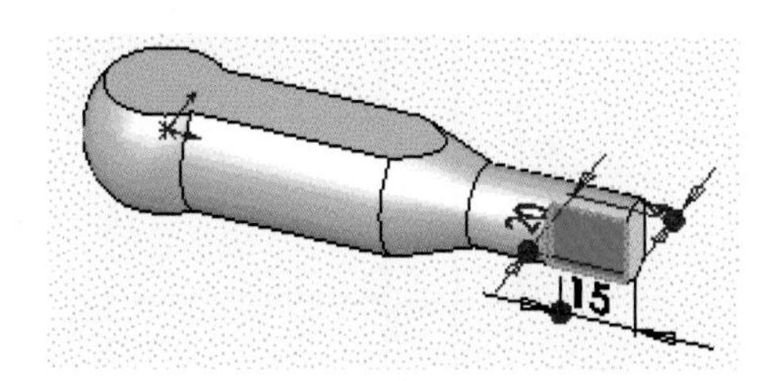

9 스케치 도구에서 선 아이콘( )을 선택한 후 그림과 같이 스케치하여 중간 평면으로 돌출 컷 아이콘( )을 선택한다.

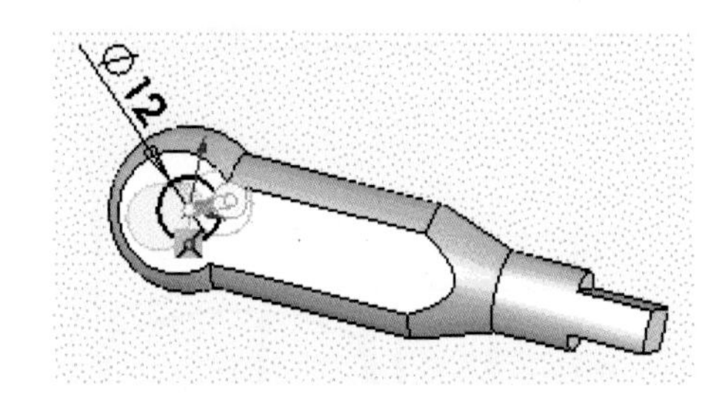

10 스케치 도구에서 선 아이콘( )을 선택한 후 그림과 같이 스케치하여 중간 평면으로 돌출 컷 아이콘( )을 선택한다.

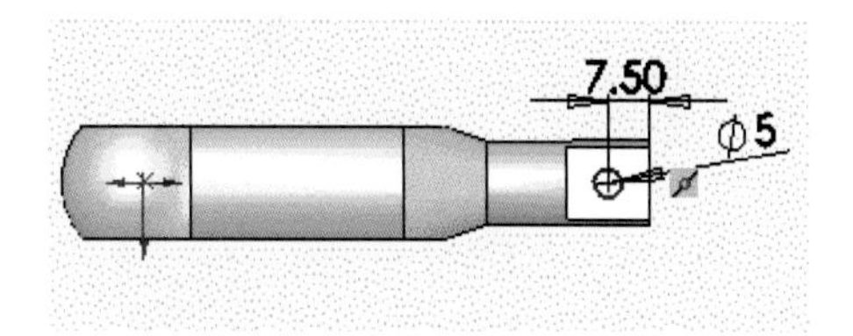

11 옆 그림은 완성 모델링이다.

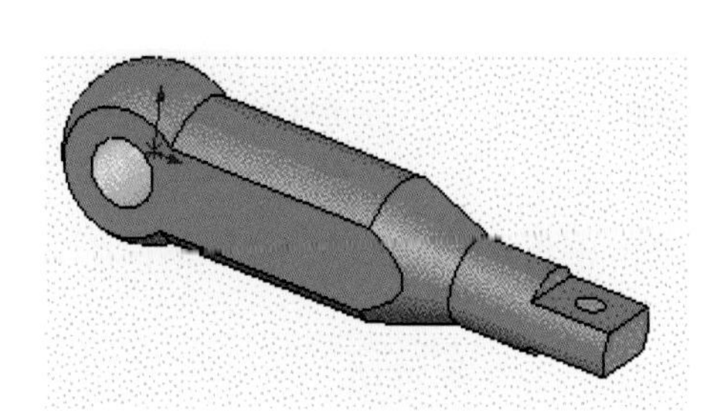

12 2D 과제3 모델링하기

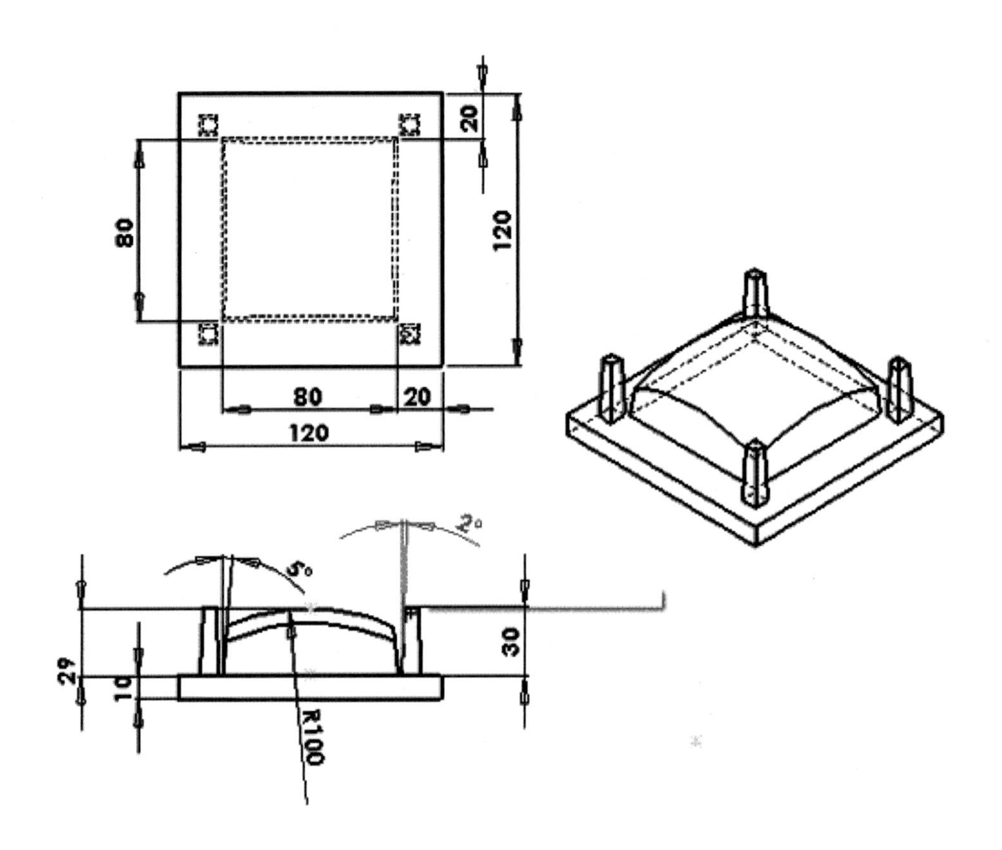

(1) 새 파트 만들기

1 표준 도구 모음에서 새 문서, 메뉴바에서 파일〉새 문서를 클릭한다.

2 FeatureManager 디자인 트리에서 윗면을 선택한다.

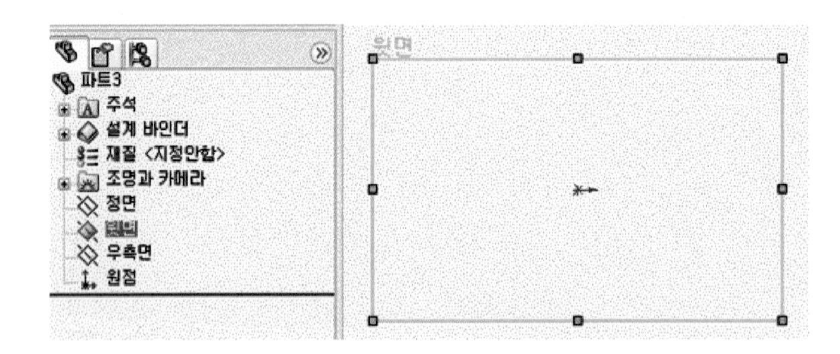

(2) 기본 피처 생성하기

1 스케치 아이콘에서 선 아이콘( )을 이용하여 그림과 같이 스케치하고 마우스 우측 버튼을 눌러 구속부가 조건에서 중심선과 원점을 클릭하여 중간점으로 체크한다.

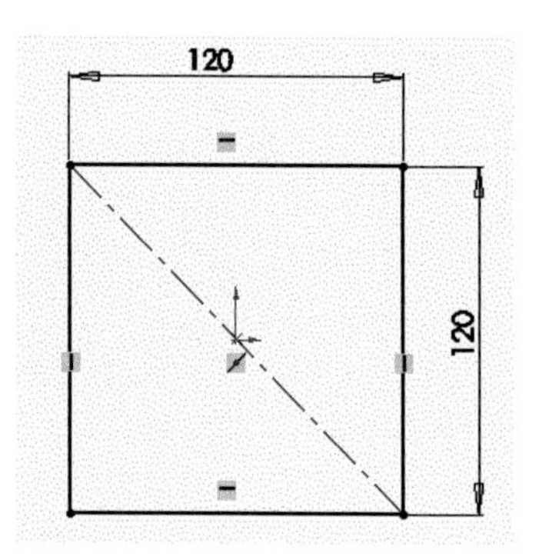

2 피처에서 돌출 보스/베이스 아이콘( )을 선택한 다음 블라인드 형태의 방향 1에서 을 클릭하여 아래로 향하게 한 후 돌출 치수를 입력하고 확인 버튼( )을 클릭한다.

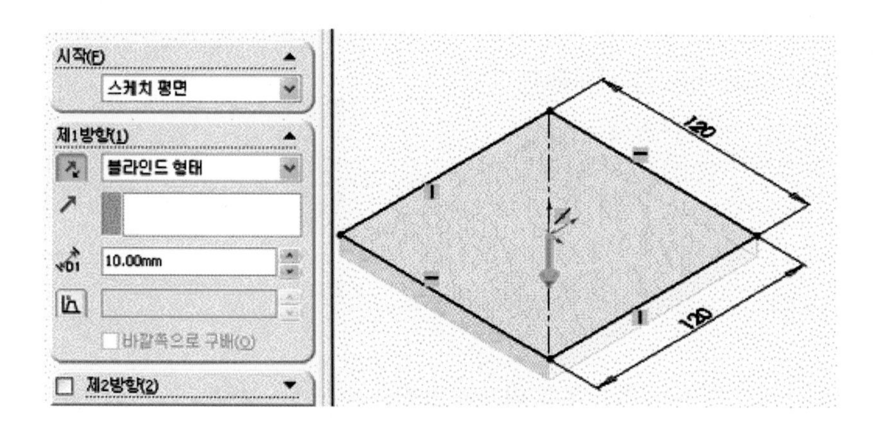

3 FeatureManager 윗면을 선택하고 그림과 같이 평면에 스케치 아이콘에서 선 아이콘( )을 선택하여 스케치를 하고 각각의 지능형 치수 아이콘( )을 클릭한 후 치수를 입력한다.

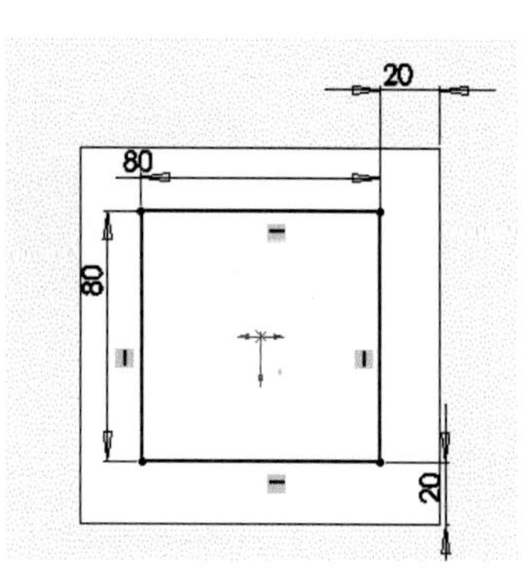

4 피처에서 돌출 보스/베이스 아이콘( )을 선택한 다음 블라인드 형태의 방향 1에서 을 클릭하여 윗면으로 향하게 한 후 각도를 5, 돌출 치수를 입력하고 확인 버튼( )을 클릭한다.

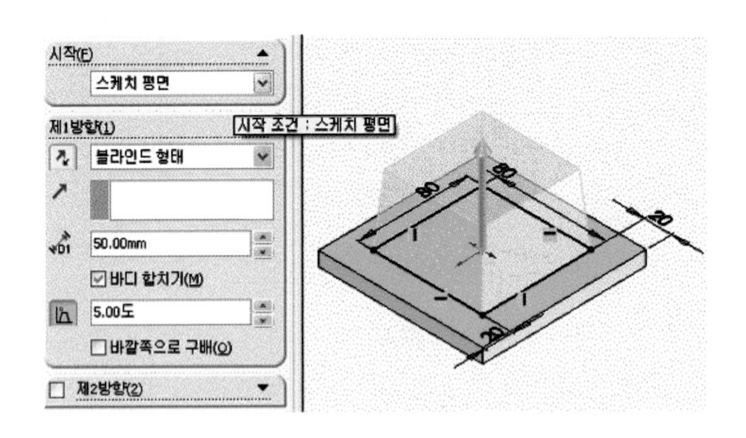

5 FeatureManager 정면을 선택하고 그림과 같이 수평선 높이 근접에 중심호를 스케치한다.

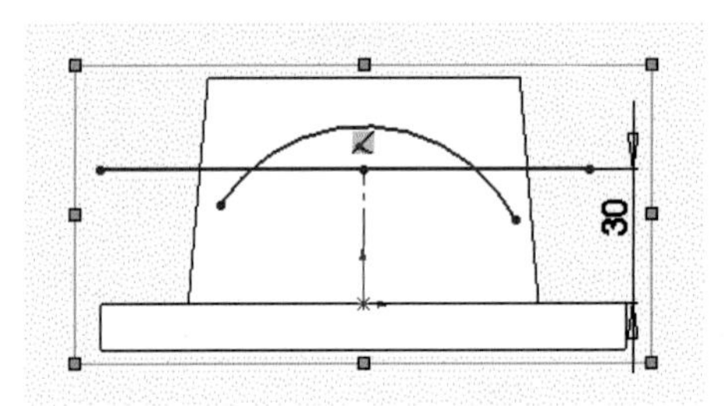

6 보기 메뉴에서 또는 마우스 우측 버튼을 클릭하여 구속 부가 조건 아이콘( )을 선택한 후 그림과 같이 수평선과 원호를 선택하여 일치시킨다.

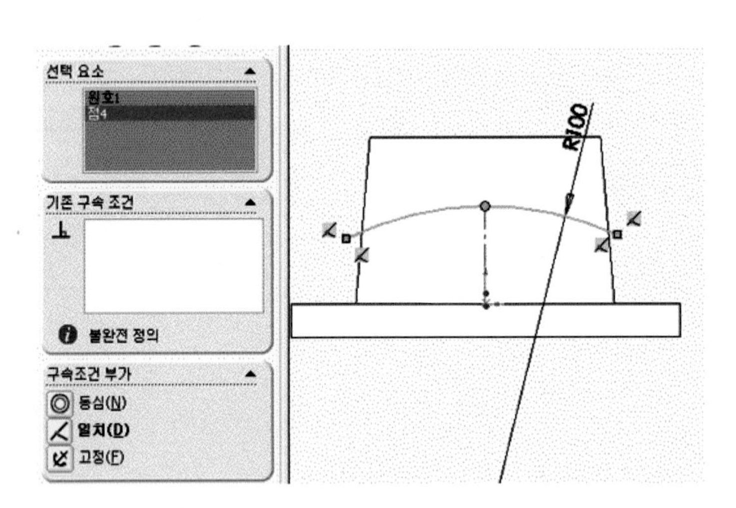

7 FeatureManager 디자인 트리에서 우측면을 선택하고 참조의 을 선택하여 제1기준면을 만든다.

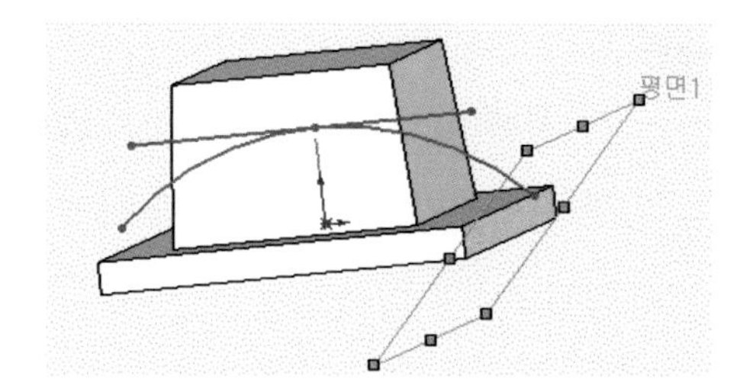

8 FeatureManager 디자인 트리에서 우측면을 선택하고 제1기준면에 원호를 스케치하고 구속 부가 조건 아이콘( )을 선택한 후 그림과 같이 우측 끝단에 원호를 선택하여 일치시킨다.

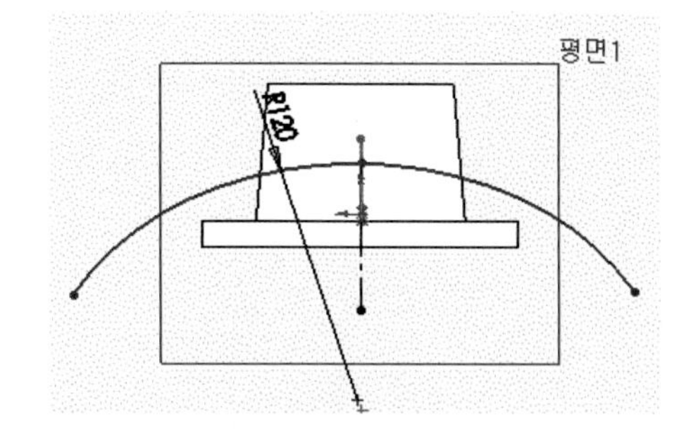

9 스케치를 닫고 우측면의 프로파일 수평선을 폐곡선으로 만든다.

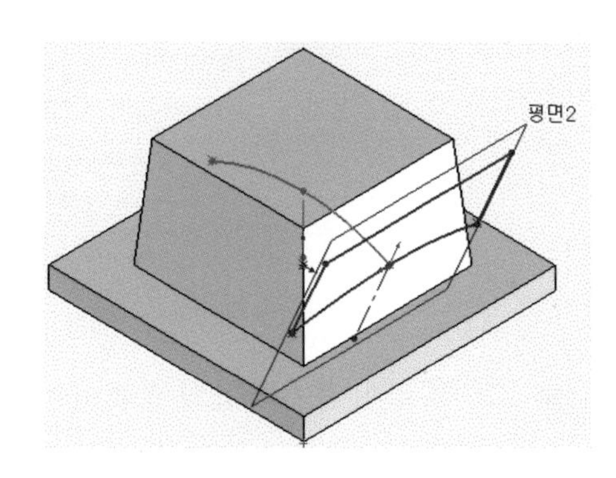

10 메뉴의 삽입-잘라내기-스윕 명령을 실행한 다음 프로파일에 폐곡선의 스케치 곡면을 선택하고, 경로에 정면의 안내선을 선택하여 확인 버튼( )을 클릭한다.

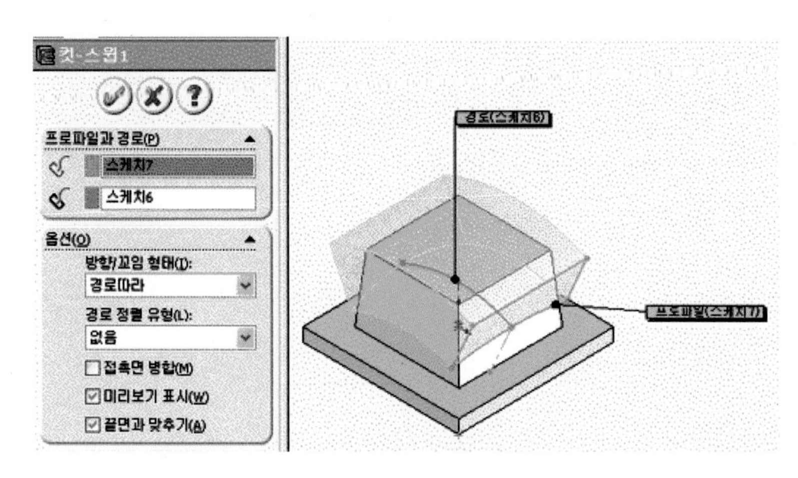

11 FeatureManager 디자인 트리에서 윗면을 선택하고 스케치 도구상자에서 아이콘( )을 클릭한 후 그림과 같이 스케치한다.

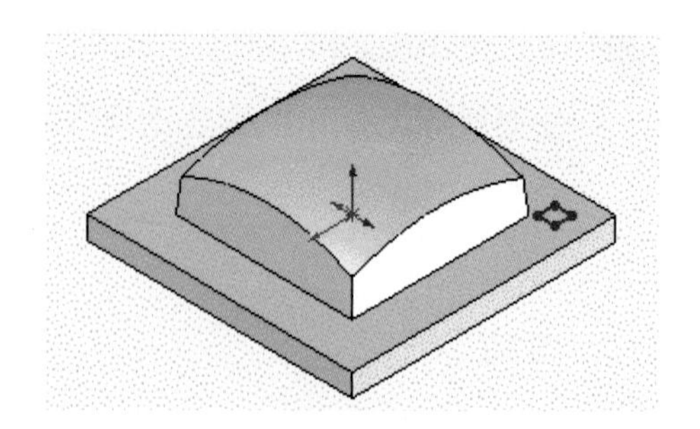

12 보기 메뉴의 돌출 컷 아이콘( )을 클릭한 후 방향을 윗면으로 향하게 하고 각도 2, 돌출 높이 30을 입력한다. 그림과 같이 체크한 후 확인 버튼( )을 클릭한다.

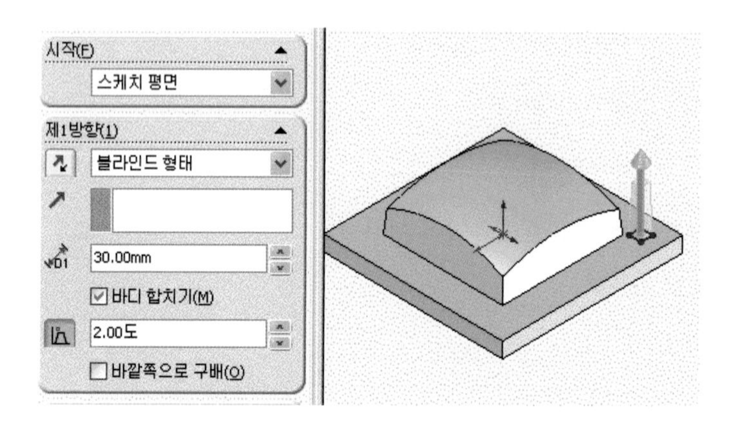

13 그림과 같이 보기 메뉴의 필렛 아이콘( )을 선택한 후 각각 필렛 요소를 필렛한다.

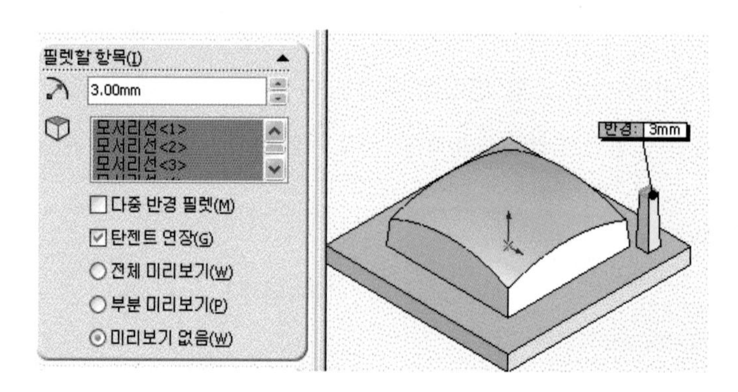

14 보기 메뉴에서 대칭 복사 아이콘( )을 클릭한 후 그림과 같이 면/평면에 FeatureManager 디자인 트리에서 정면을 선택하고 복사할 객체를 선택한다. 확인 버튼( )을 클릭한다.

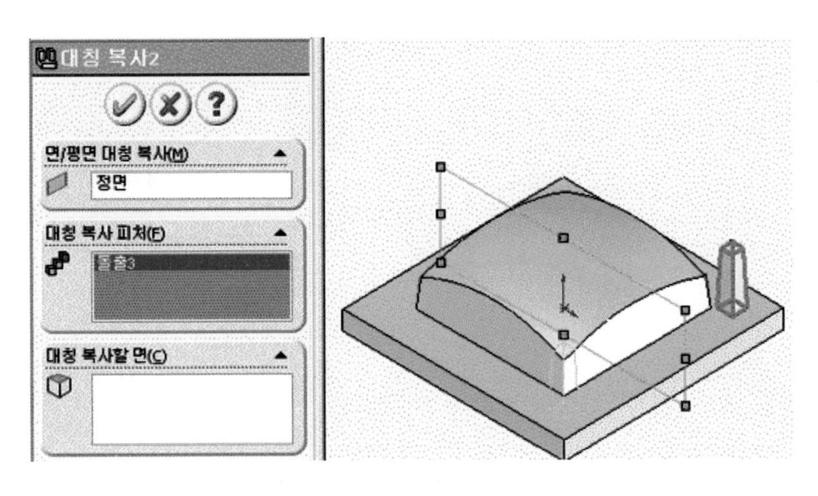

15 보기 메뉴에서 대칭 복사 아이콘( )을 클릭한 후 그림과 같이 면/평면에 FeatureManager 디자인 트리에서 우측면을 선택하고 복사할 객체를 선택한다. 확인 버튼( )을 클릭한다.

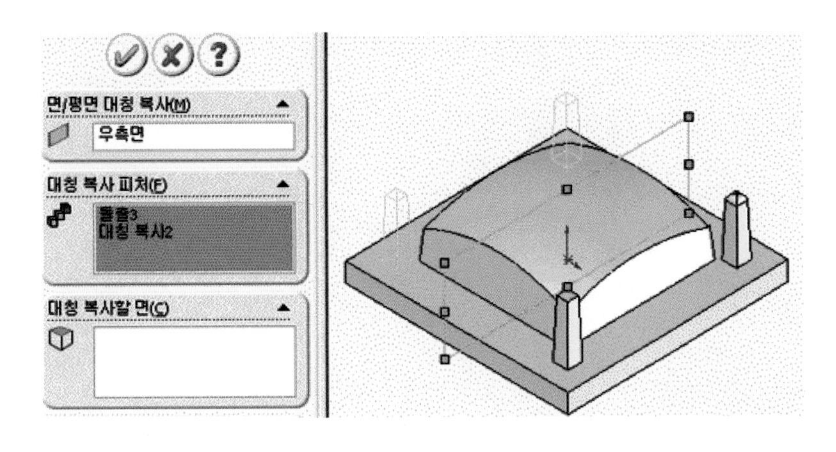

16 그림은 완성된 형상이다.

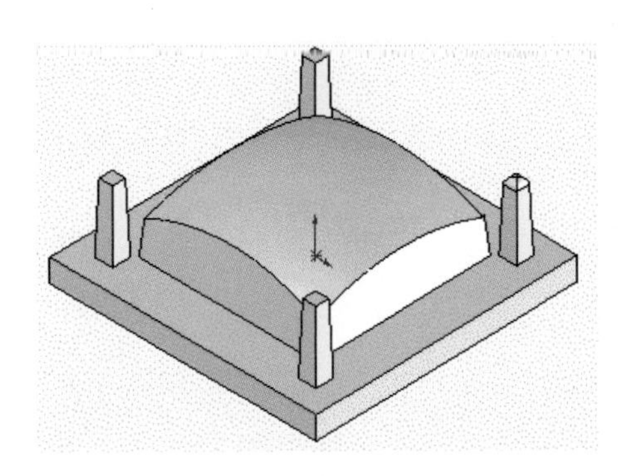

Chapter 5

Base 모델링하기

이 장에서는 앞에서 배운 각 장의 여러 가지 명령어를 이용하여 기본 과제를 모델링함으로써
응용 과제를 모델링할 수 있는 과정을 배운다.

1 과제1 따라하기

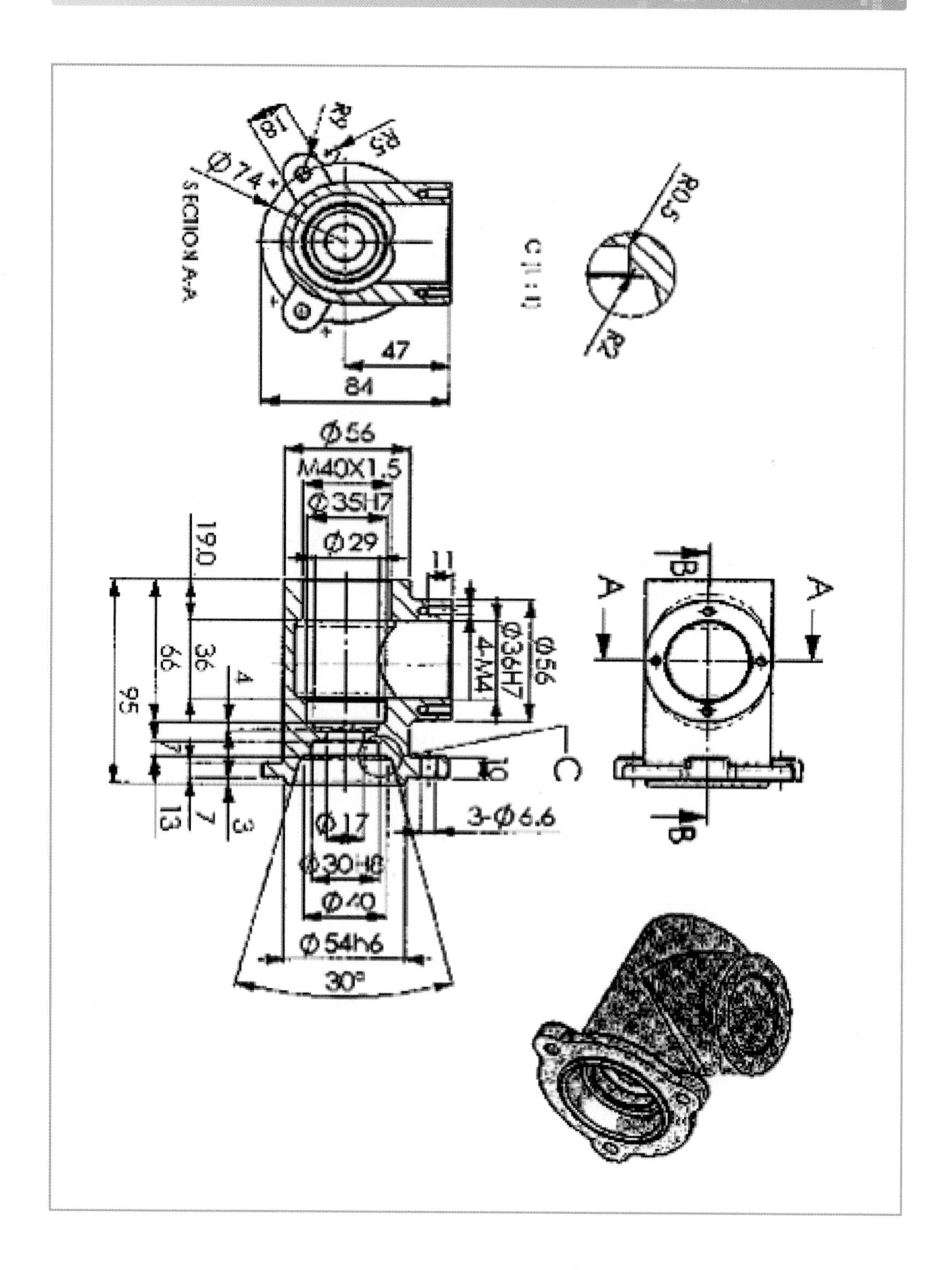
Ø56
M40X1.5
Ø35H7
Ø29
19.0
36
66
95
4
7
13
3
11
Ø36H7
Ø56
4-M4
10
C
3-Ø6.6
Ø17
Ø30H8
Ø40
Ø54h6
30°
47
84
Ø74
18
R9
R5
R0.5
R2
A
B

1 표준 도구 모음에서 새 문서, 메뉴 바에서 파일〉새 파일을 클릭한다.

2 SolidWorks 새 문서 대화상자 나타나면, 파트를 선택하고 확인을 클릭한다.

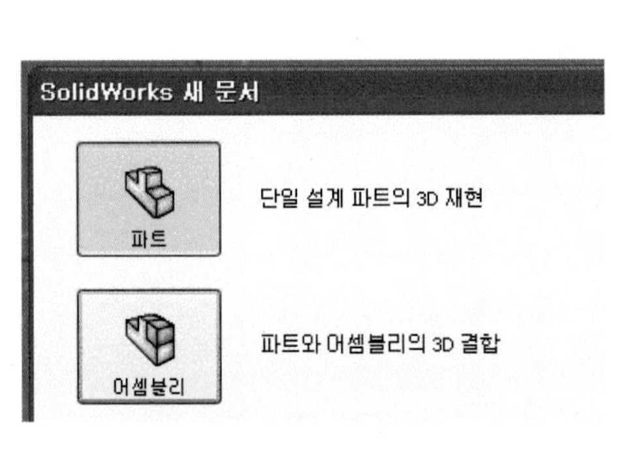

3 FeatureManager 디자인 트리에서 우측면을 선택하고 우측 보기를 한다.

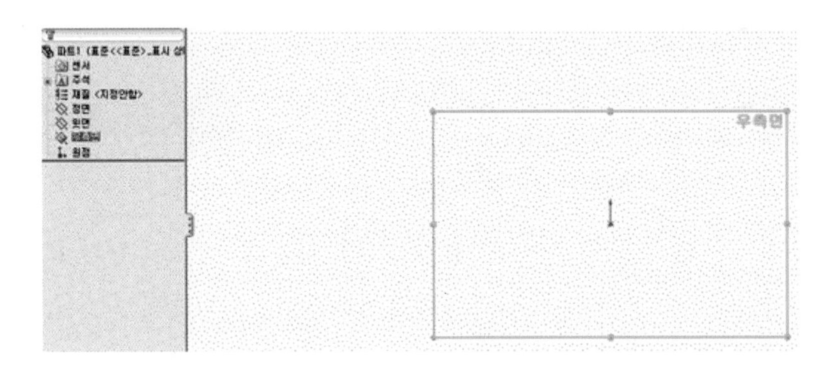

4 스케치 도구상자에서 스케치 아이콘( )을 클릭한 후 평면에 원을 스케치하고 지수 직경 56mm를 입력한다.

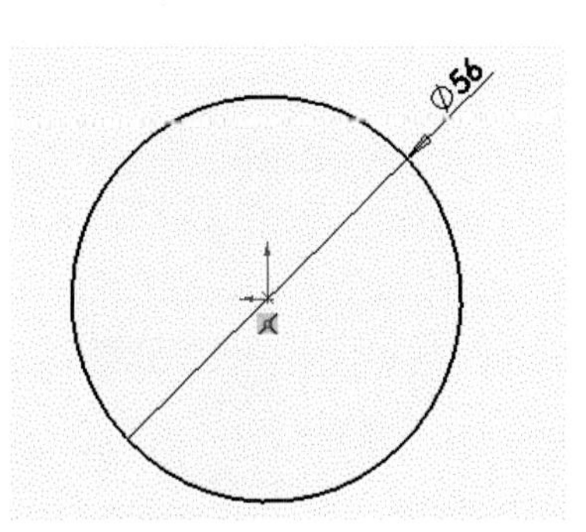

5 피처에서 돌출 보스/베이스 아이콘( )을 선택한 다음 블라인드 형태의 방향 1에서 을 클릭하여 반대 방향으로 하고 깊이를 92mm로 하고 확인 버튼( )을 클릭한다.

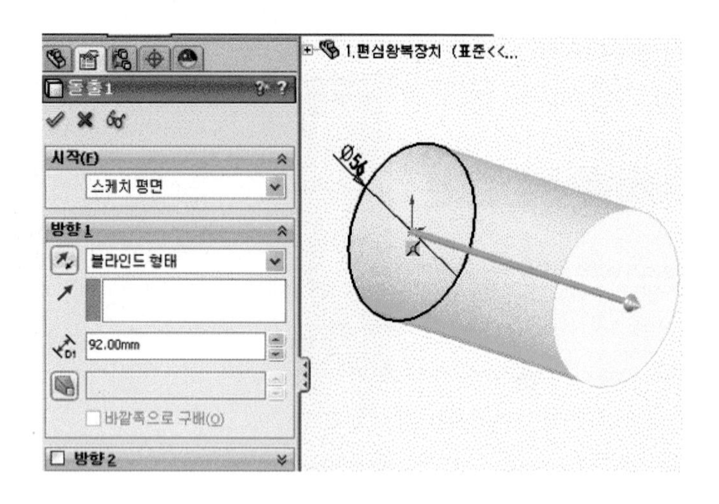

6 그림과 같이 평면에 원을 스케치하고 지능형 치수 아이콘( )을 클릭하여 치수 직경 56mm, 중심 거리 33mm 치수를 입력한다.

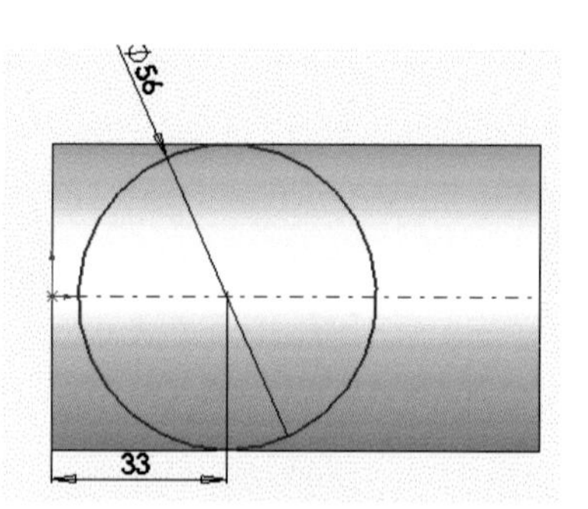

7 피처에서 돌출 보스/베이스 아이콘( )을 선택한 다음 블라인드 형태의 방향 1에서 을 클릭하여 돌출 높이를 47mm로 하고 확인 버튼( )을 클릭한다.

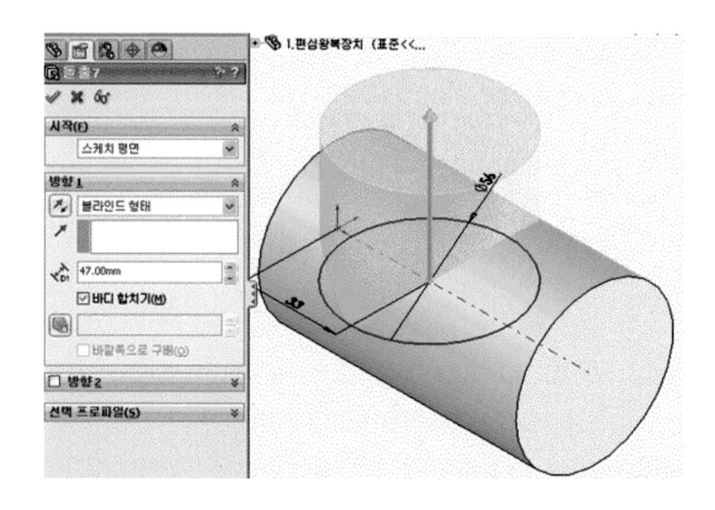

8 FeatureManager 디자인 트리에서 우측면을 선택하고 보스 우측 끝단을 선택하여 그림과 같이 스케치하고 치수 기입한다.

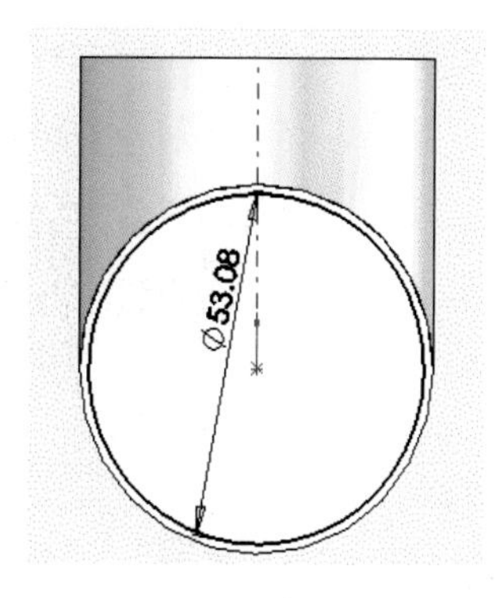

9 피처에서 돌출 보스/베이스 아이콘( )을 선택한 다음 블라인드 형태의 방향 1에서 을 클릭하여 돌출 높이를 3mm로 하고 확인 버튼( )을 클릭한다.

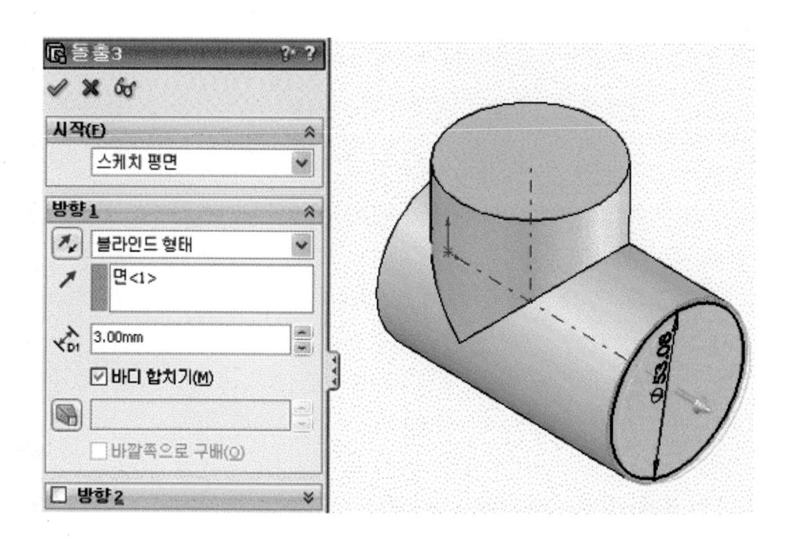

10 FeatureManager 디자인 트리에서 좌측면을 선택하고 나사 작업(M40×H7)을 하기 위해 보스 좌측 끝단을 선택하여 그림과 같이 스케치하고 치수 직경 38.5mm를 기입한다.

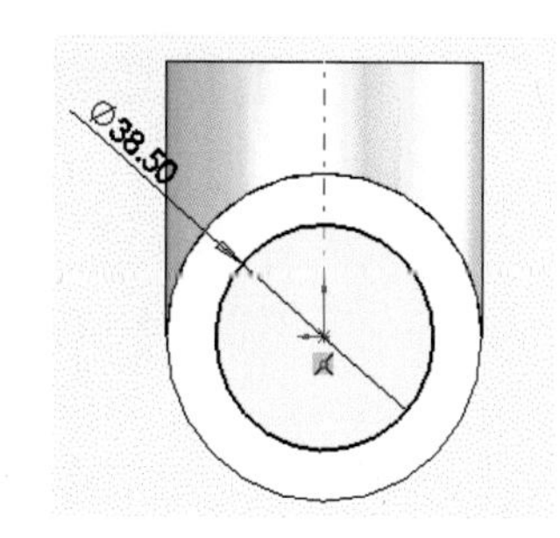

11 보기 메뉴에서 돌출 컷 아이콘(▣)을 선택한 블라인드 형태에서 치수를 19mm로 설정하고 확인 버튼(✔)을 클릭한다.

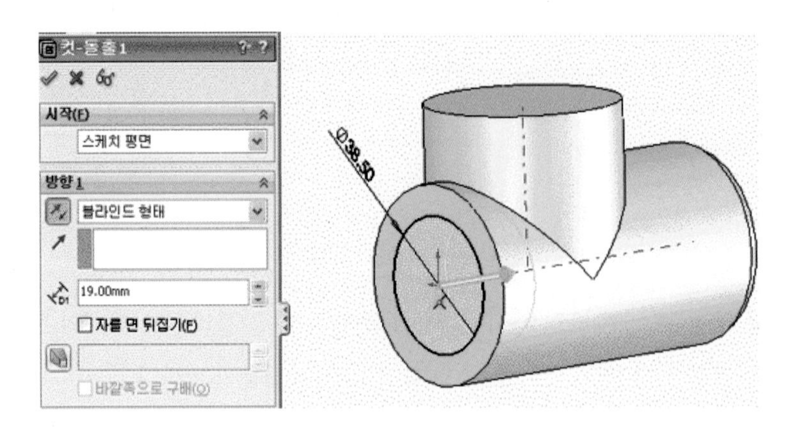

12 FeatureManager 디자인 트리에서 좌측면을 선택하고 보스 좌측 끝단을 선택하여 그림과 같이 스케치하고 치수 직경 35H7(공차+0.2)을 기입한다.

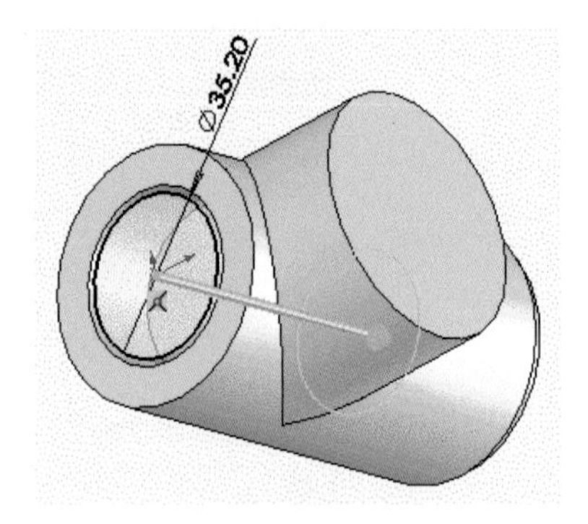

13 보기 메뉴에서 돌출 컷 아이콘(▣)을 선택한 블라인드 형태에서 치수를 66mm로 설정하고 확인 버튼(✔)을 클릭한다.

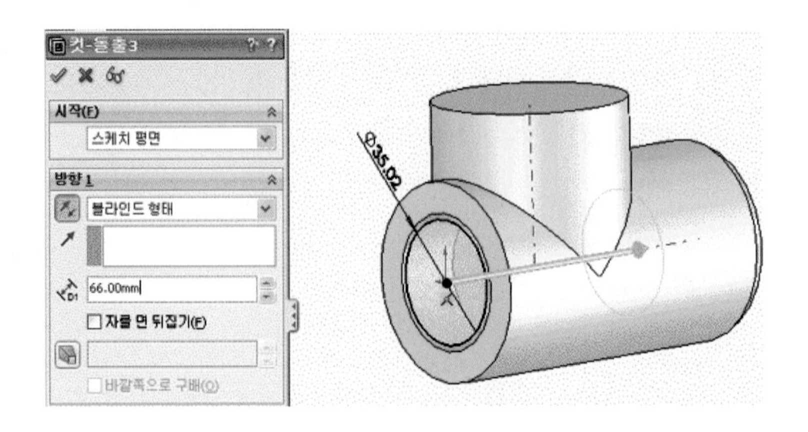

14 FeatureManager 디자인 트리에서 좌측면을 선택하고 보스 좌측 끝단을 선택하여 그림과 같이 스케치하고 치수 직경 29mm를 기입한다.

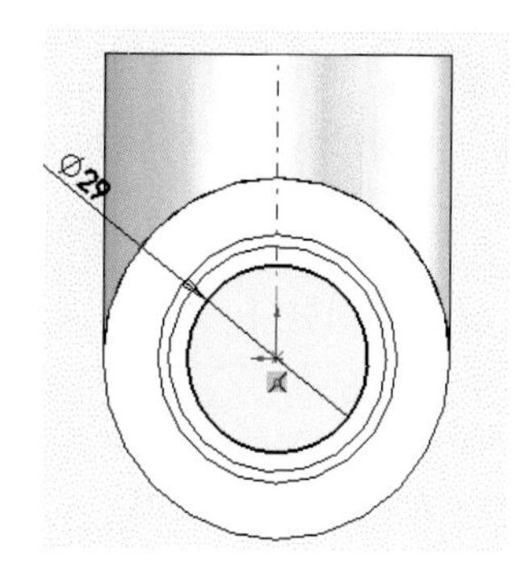

15 보기 메뉴에서 돌출 컷 아이콘( )을 선택한 블라인드 형태에서 치수를 70mm로 설정하고 확인 버튼( )을 클릭한다.

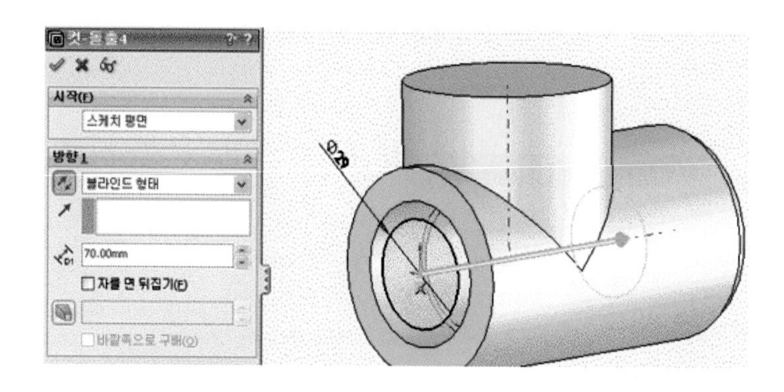

16 FeatureManager 디자인 트리에서 보스 우측면을 선택하고 우측 끝단에 기준면을 만든다. ø 54h6(공차−0.19) 치수를 입력하여 돌출 3mm로 한다.

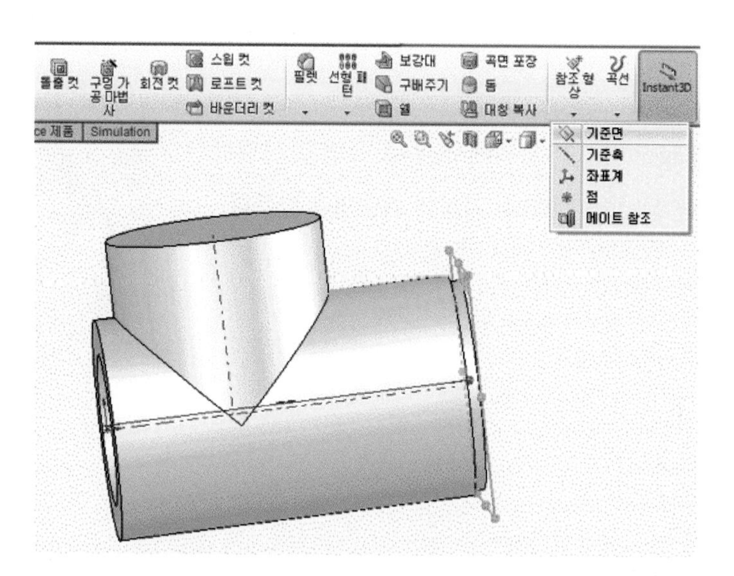

17 우측면에 생성된 평면1을 선택하고 그림과 같이 직경 17mm를 입력하고 깊이 중간 평면 양방향으로 30mm 정도 돌출 컷 아이콘( )을 설정하여 확인 버튼( )을 클릭한다.

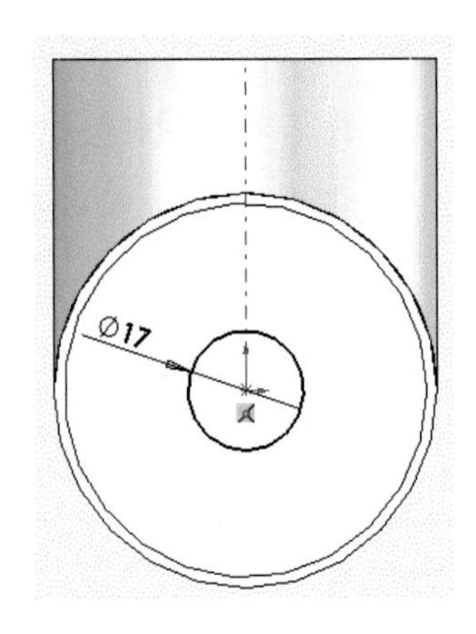

18 보기 메뉴에서 돌출 컷 아이콘( )을 선택한 블라인드 형태에서 치수 30H8(공차 +0.39)mm 설정하고 중간 평면 양방향으로 20mm를 치수 입력 후 확인 버튼( )을 클릭한다.

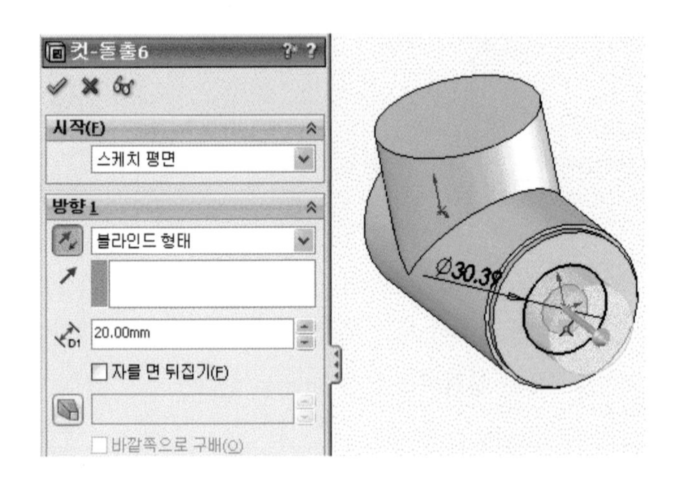

19 FeatureManager 디자인 트리에서 우측 측면을 선택하고 보스 좌측 끝단에서 10mm 지점에 기준면을 만든다.

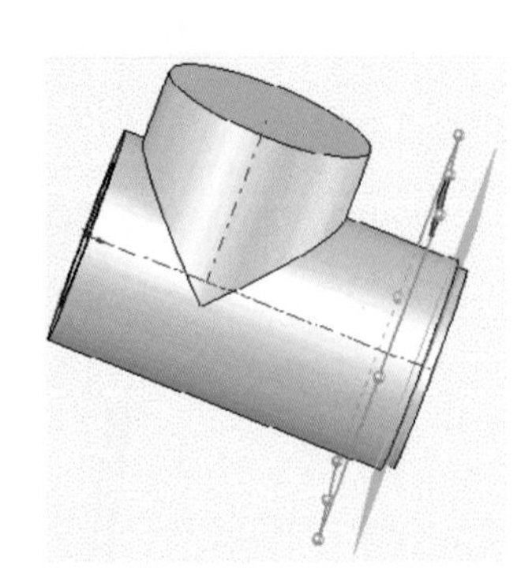

20 우측면에 생성된 평면을 선택하고 그림과 같이 직경 40mm를 입력하고 확인 버튼(✔)을 클릭한다.

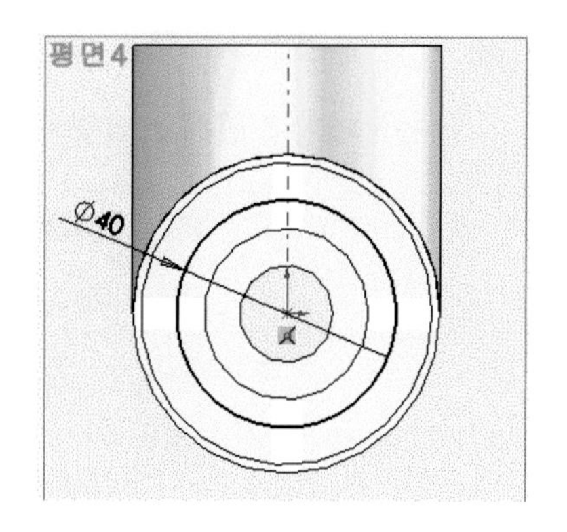

21 보기 메뉴에서 돌출 컷 아이콘(▣)을 선택한 블라인드 형태에서 치수 20mm, 구배각도 바깥쪽으로 30도를 설정하고 확인 버튼(✔)을 클릭한다.

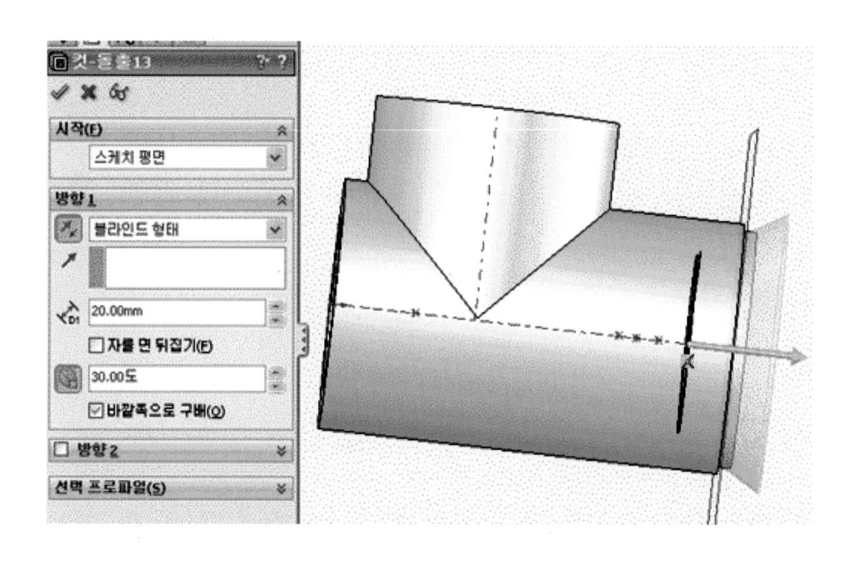

22 우측면 10mm 지점에 생성된 기준면을 선택하고 그림과 같이 직경 74mm를 입력하고 확인 버튼(✔)을 클릭한다.

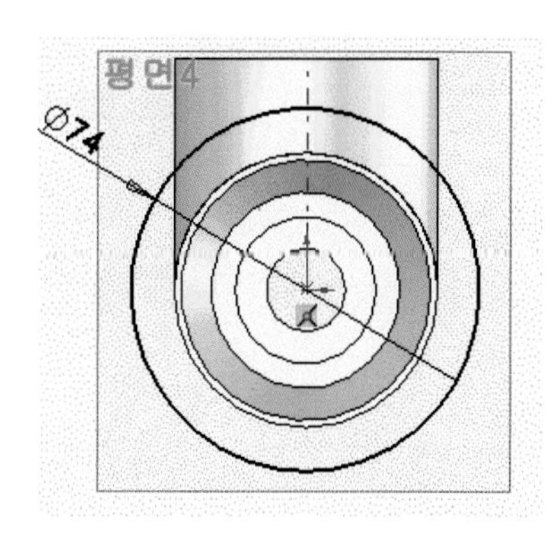

23 보기 메뉴에서 돌출 컷 아이콘( )을 선택한 블라인드 형태에서 치수 10mm, 얇은 피처 9mm, 방향을 반대로 설정하고 확인 버튼( )을 클릭한다.

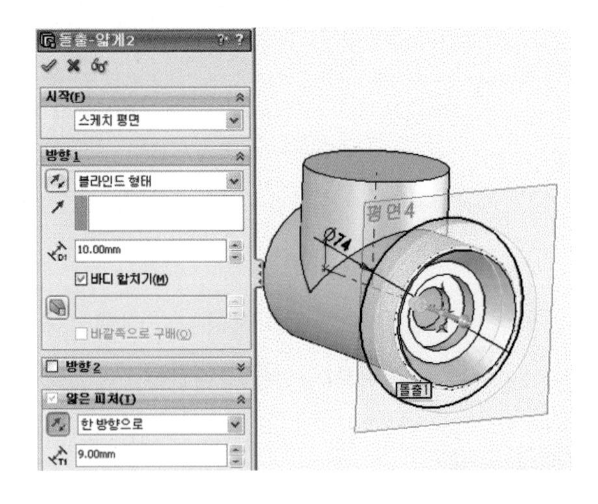

24 우측면 10mm 지점에 생성된 기준면을 선택하고 그림과 같이 스케치한다.

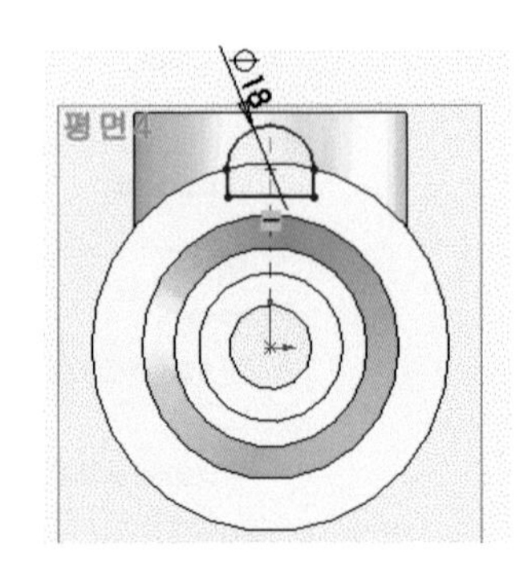

25 보기 메뉴에서 돌출 보스/베이스 아이콘( )을 선택한 후 블라인드 형태에서 치수를 10mm 설정하고 확인 버튼( )을 클릭한다.

26 우측면 10mm 지점에 생성된 기준면을 선택하고 치수 직경 6.6mm로 그림과 같이 스케치한다.

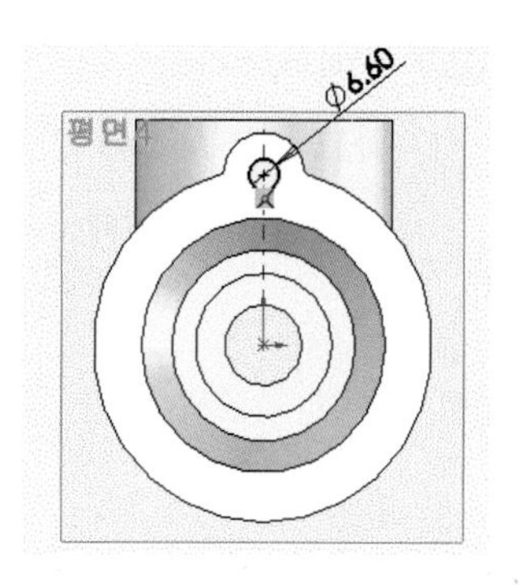

27 보기 메뉴에서 돌출 컷 아이콘(▣)을 선택한 블라인드 형태에서 치수 15mm 설정하고 확인 버튼(✔)을 클릭한다.

28 보기 메뉴에서 원형 패턴 아이콘(⚙)을 선택한 후 기준축을 임시축으로 설정한다. 각도를 360도 설정, 패턴 개수를 3으로 입력한 후 확인 버튼(✔)을 클릭한다.

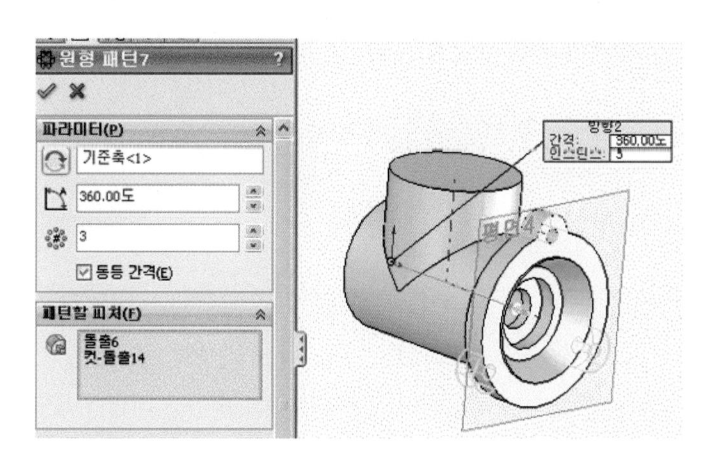

29 FeatureManager 디자인 트리에서 윗면을 선택하고 중간 보스에 그림과 같이 직경 36H7(공차 +0.2) 치수로 스케치한다.

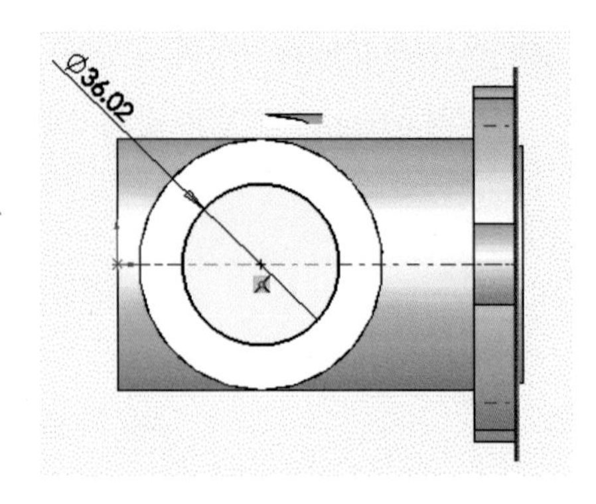

30 보기 메뉴에서 돌출 컷 아이콘( )을 선택한 블라인드 형태에서 치수 50mm 설정하고 확인 버튼( )을 클릭한다.

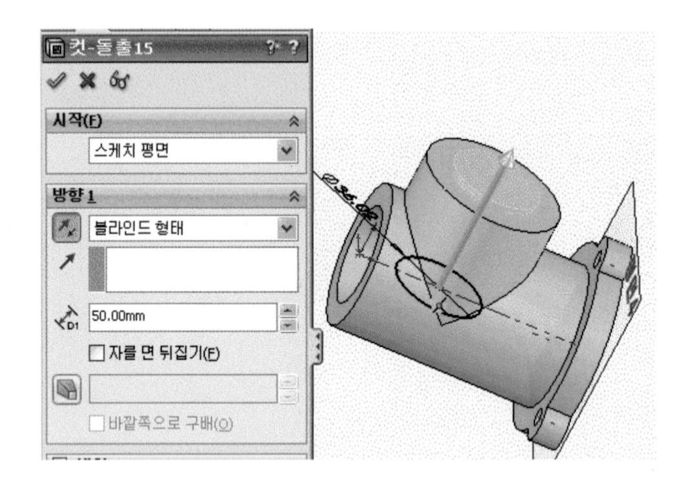

31 FeatureManager 디자인 트리에서 윗면을 선택하고 기준면을 그림과 같이 만든다.

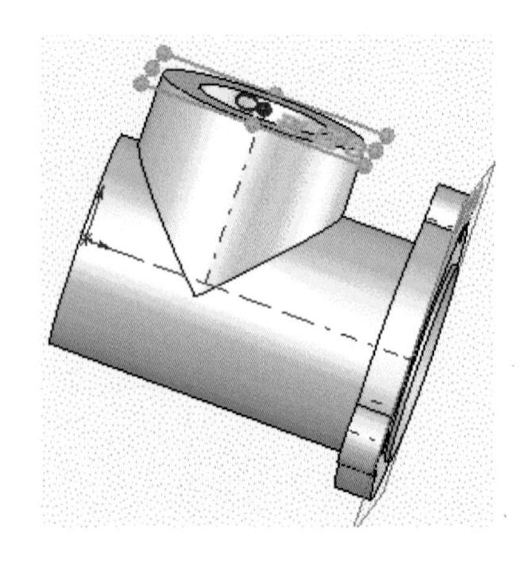

32 FeatureManager 디자인 트리에서 기준면을 선택하고 윗면을 선택하여 그림과 같이 직경 3.5mm 치수로 스케치한다.

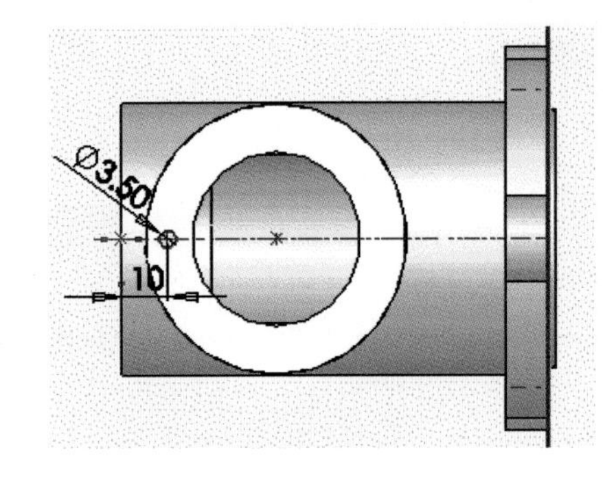

33 보기 메뉴에서 돌출 컷 아이콘()을 선택한 블라인드 형태에서 치수 10mm 설정하고 확인 버튼()을 클릭한다.

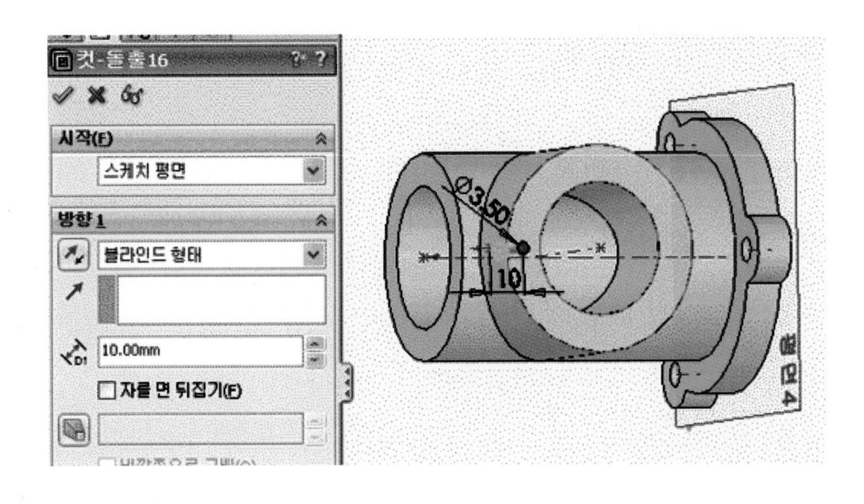

34 보기 메뉴에서 원형 패턴 아이콘()을 선택한 후 기준축을 임시축으로 설정한다. 각도를 360도 설정, 패턴 개수 4를 입력한 후 확인 버튼()을 클릭한다.

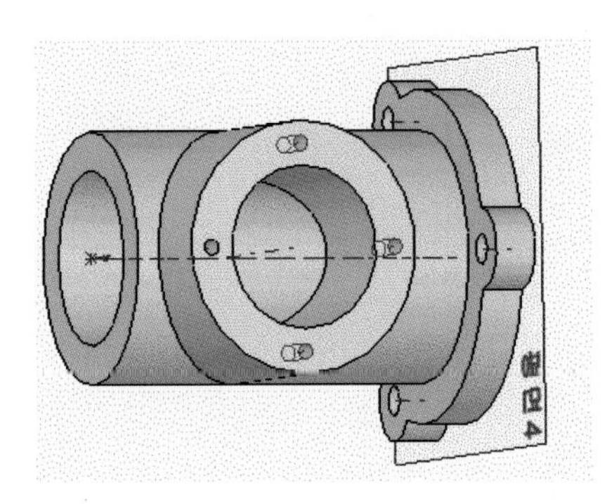

35 보기 메뉴에서 필렛 아이콘( )을 선택한 후 치수 5mm 설정하고 확인 버튼( )을 클릭한다.

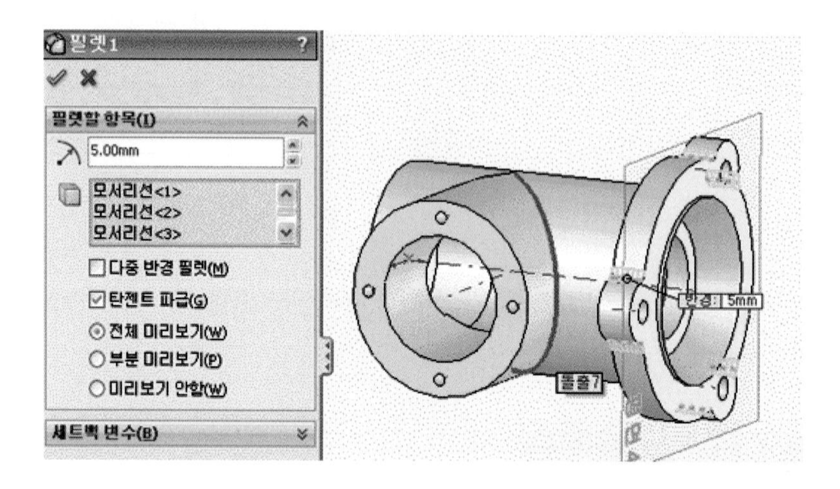

36 보기 메뉴에서 필렛 아이콘( )을 선택한 후 치수 9mm 설정하고 확인 버튼( )을 클릭한다.

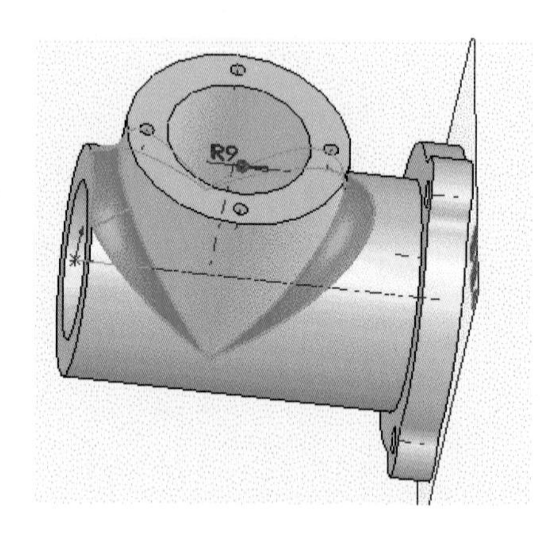

37 기타 필렛 작업 후 그림과 같이 모델링을 형성한다.

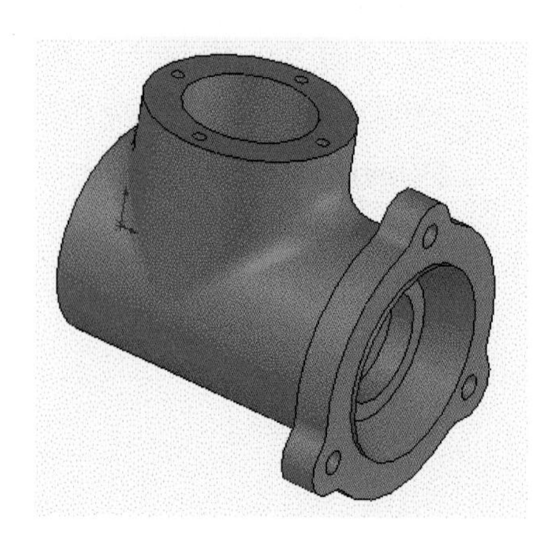

2 과제2 따라하기

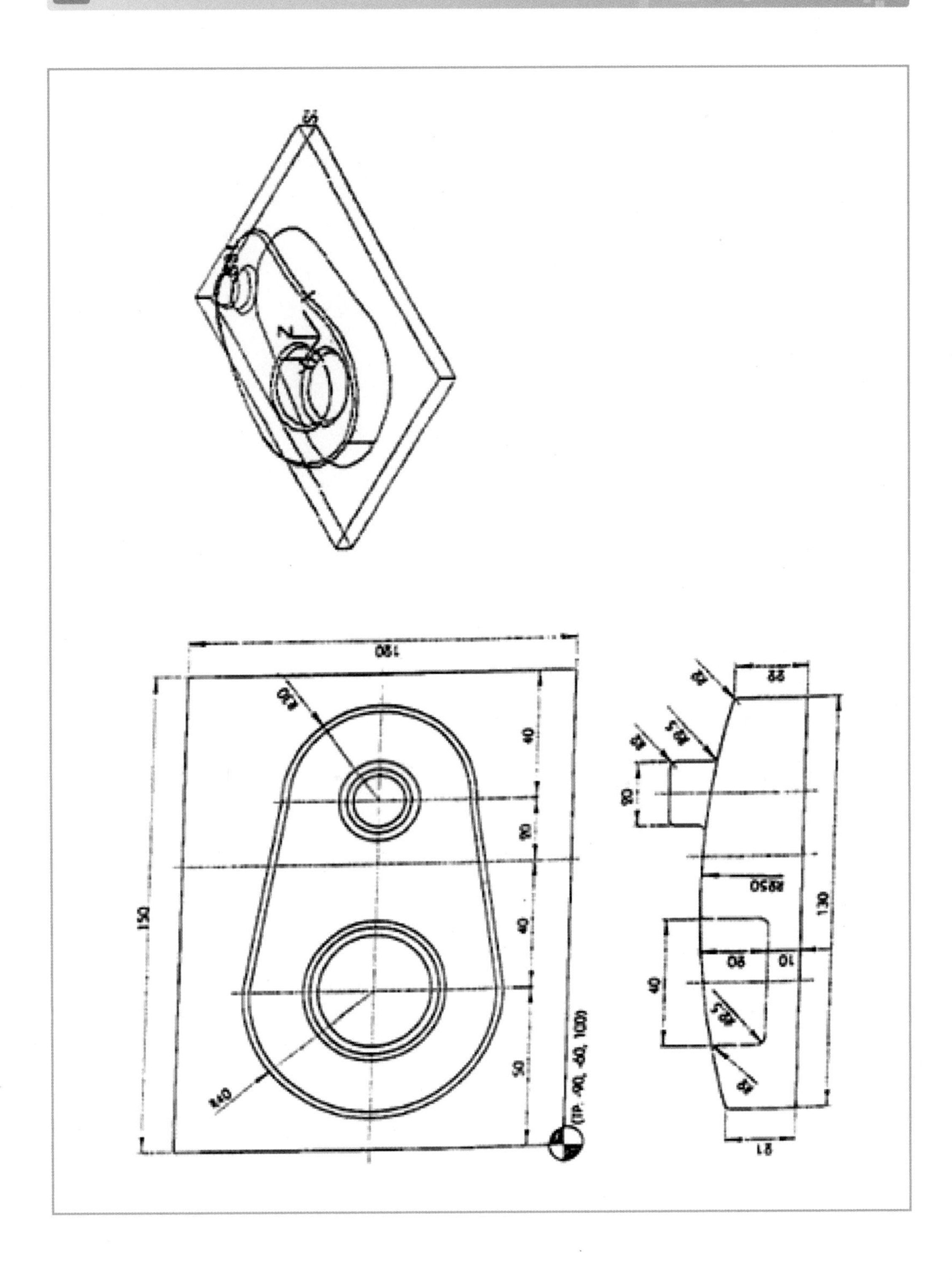

1. 표준 도구 모음에서 새 문서, 메뉴 바에서 파일〉새 파일를 클릭한다.

2. SolidWorks 새 문서 대화상자가 나타나면, 파트를 선택하고 확인을 클릭한다.

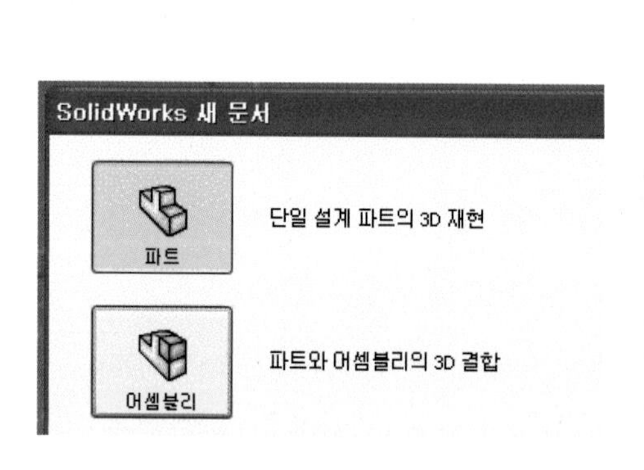

3. FeatureManager 디자인 트리에서 윗면을 선택한다.

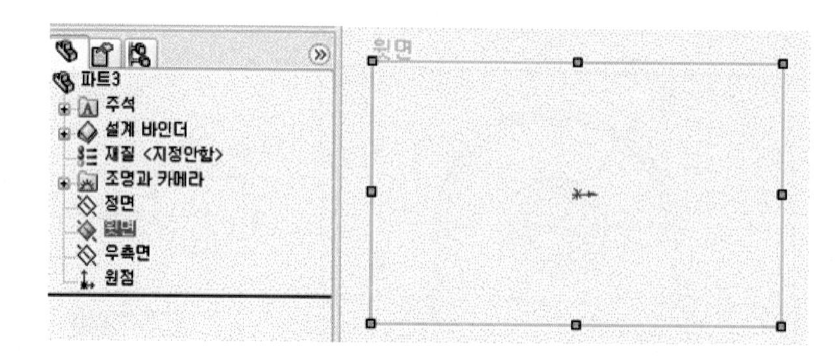

4. 스케치 도구상자에서 스케치 아이콘( )을 클릭한 후 평면에 직사각형 스케치를 하고 중심선을 그림과 같이 대각선을 그린다.

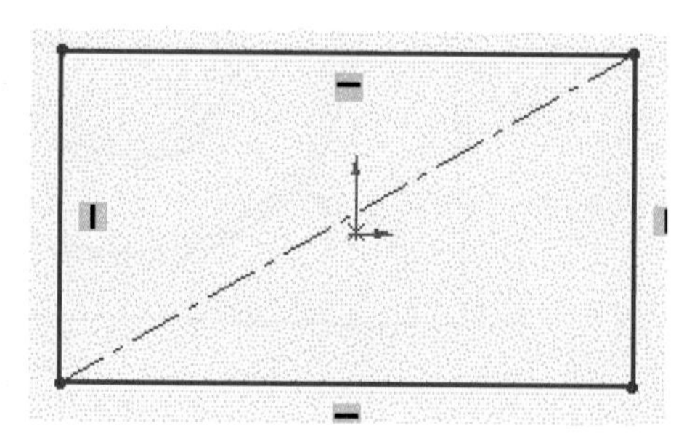

5 Ctrl키를 누른 상태에서 원점과 중심선을 선택한 후에 중간점을 선택하고 대화상자 닫기를 클릭하여 원점이 대각선의 중심점에 놓이도록 한다.

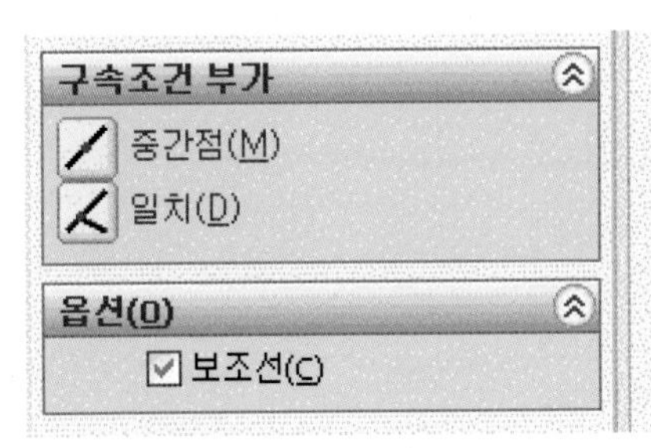

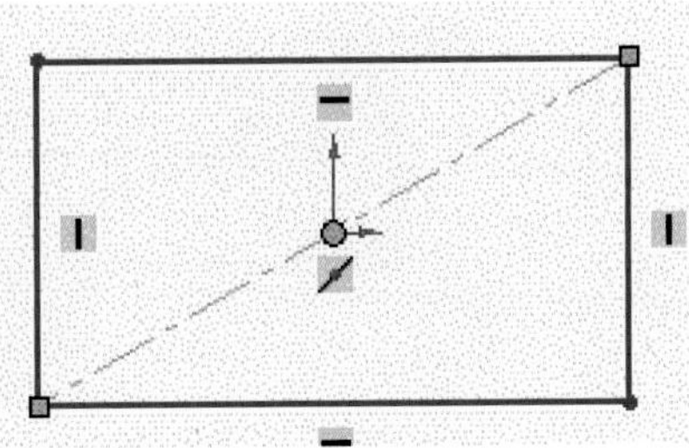

6 그림과 같이 각각의 지능형 치수 아이콘( )을 클릭하고 치수를 입력한다.

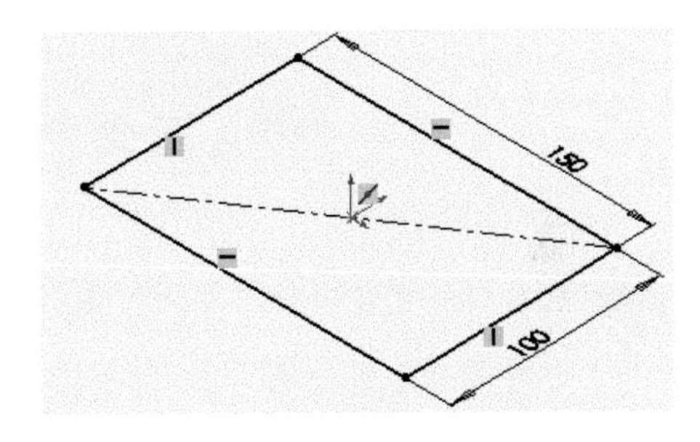

7 피처에서 돌출 보스/베이스 아이콘( )을 선택한 다음 블라인드 형태의 방향 1에서 을 클릭하여 반대 방향으로 하고 깊이를 10mm로 하고 확인 버튼( )을 클릭한다.

8 FeatureManager 디자인 트리에서 윗면을 선택하고 중심선을 긋고 원을 스케치한 다음 그림과 같이 원에 인접되는 직선을 스케치한다.

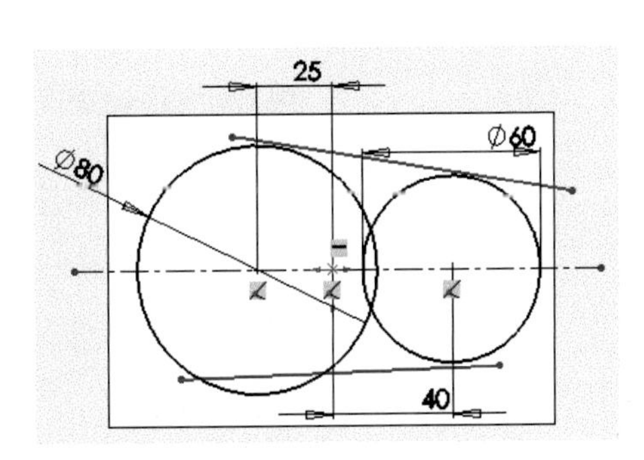

9 원과 직선을 선택하여 구속 조건 부가에서 탄젠트(인접)를 클릭한다. 마우스 우측 버튼을 누르면 보기 메뉴에서 구속 부가 조건을 선택하여 인접을 해도 된다.

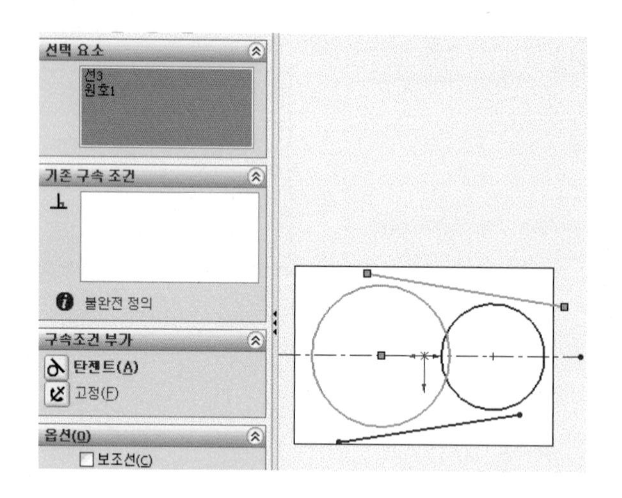

10 보기 메뉴에서 자르기 아이콘( )을 선택하여 불필요한 스케치를 삭제한다. 이때 경계선이 없으면 삭제 아이콘, 또는 Del키를 이용하여 지우기를 한다.

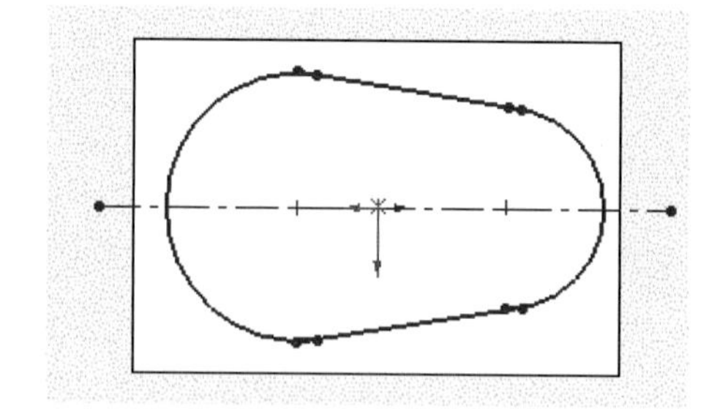

11 피처에서 돌출 보스/베이스 아이콘( )을 선택한 다음 블라인드 형태의 방향 1에서 을 클릭하여 윗면으로 향하게 한 후 돌출 치수를 여유 있게 입력하고 확인 버튼( )을 클릭한다.

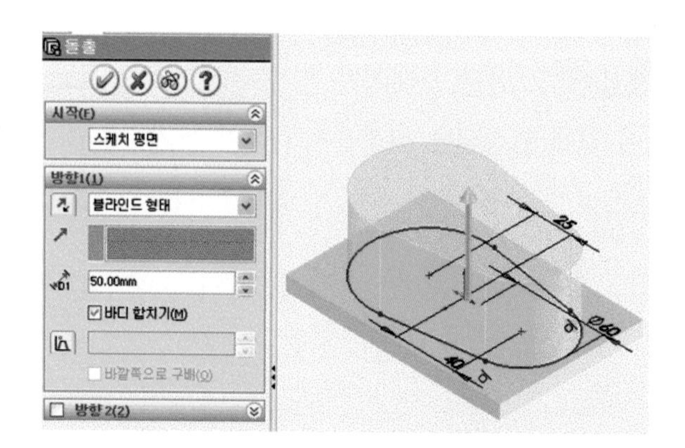

12 오른쪽 그림은 돌출한 상태이다.

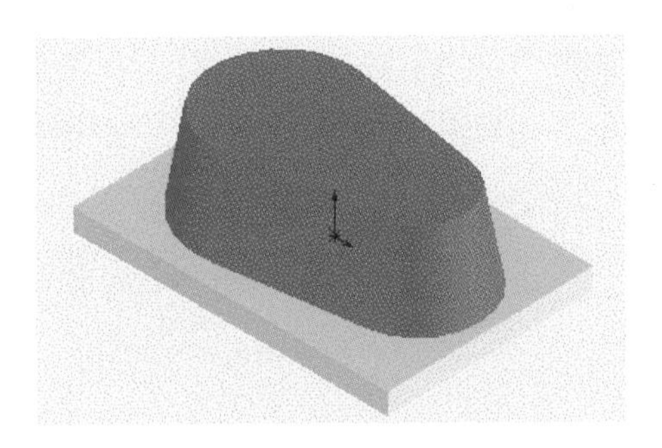

13 FeatureManager 디자인 트리에서 정면을 선택하고 스케치 아이콘에서 선( )과 중심선( )을 선택하여 중심선 중앙에 원을 스케치를 하고 그림과 같이 원과 수평선을 선택하여 부가 조건에서 탄젠트(인접)를 클릭한다.

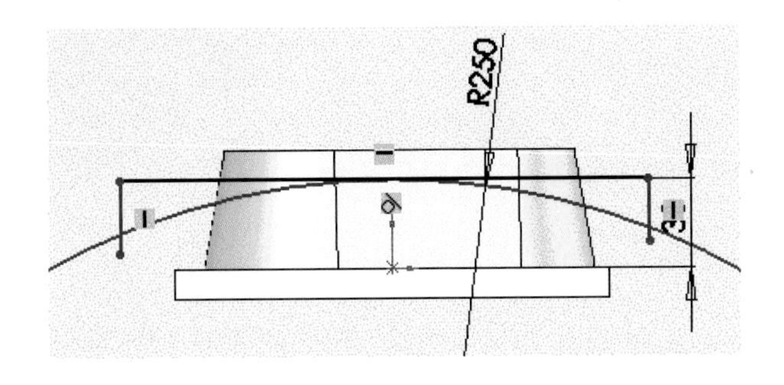

14 보기 메뉴에서 자르기 아이콘( )을 선택하여 불필요한 스케치를 삭제하여 그림과 같이 안내선을 만든다. 이때 경계선이 없으면 삭제 아이콘, 또는 Del키를 이용하여 지우기를 한다.

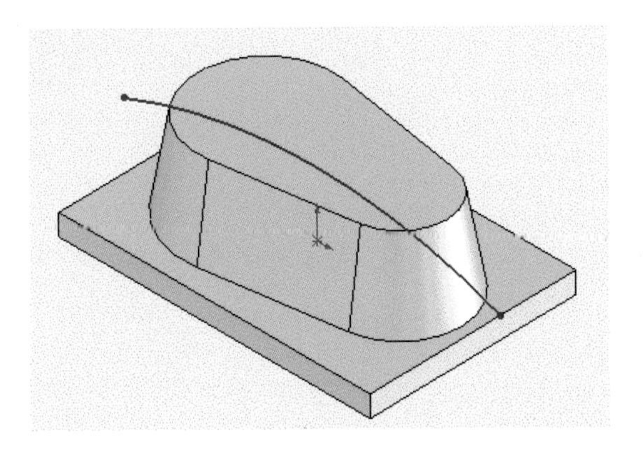

15 FeatureManager 디자인 트리에서 우측면을 선택 후 스케치를 닫는다. 기준면을 생성하기 위해 참조의 기준면 명령을 실행하여 우측의 끝점을 선택한 후 확인 버튼을 클릭한다.

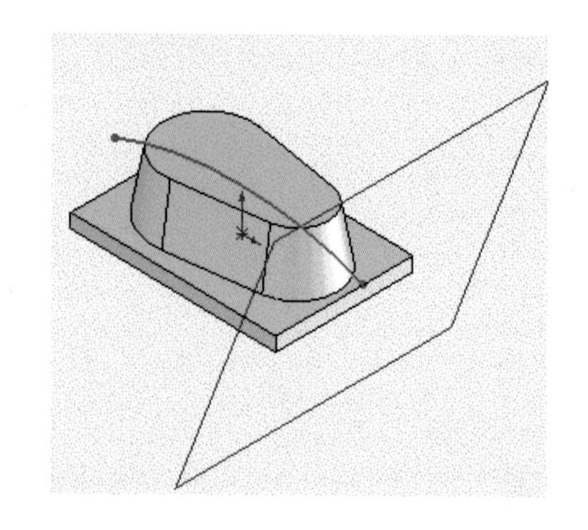

16 FeatureManager 디자인 트리에서 제2기준면을 선택하고 그림과 같이 중심원 아이콘(⊕)을 중심선 중앙에 스케치한다.

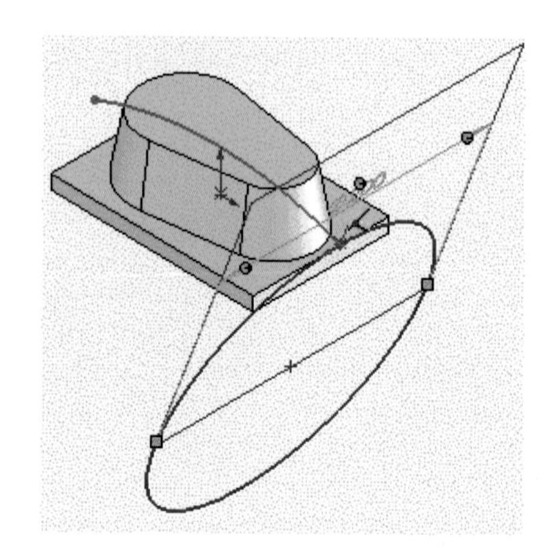

17 안내 곡선 우측 끝점과 원을 선택하여 부가 조건에서 일치를 선택하고 확인(✔)을 하고 불필요한 스케치 선을 자르기한다.

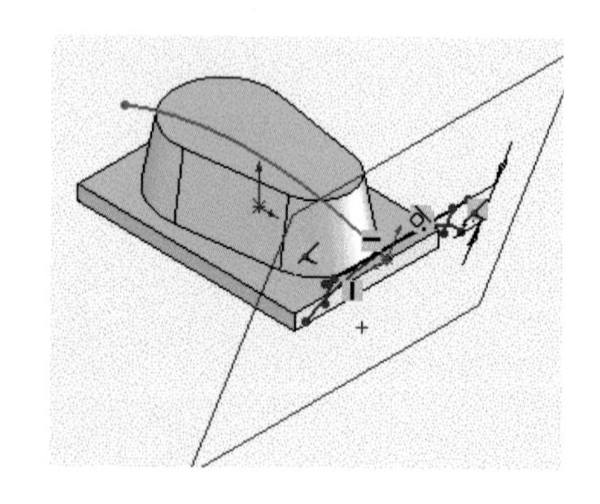

18 자르기 스윕 곡면을 생성하기 위해 그림과 같이 폐곡선을 만든다.

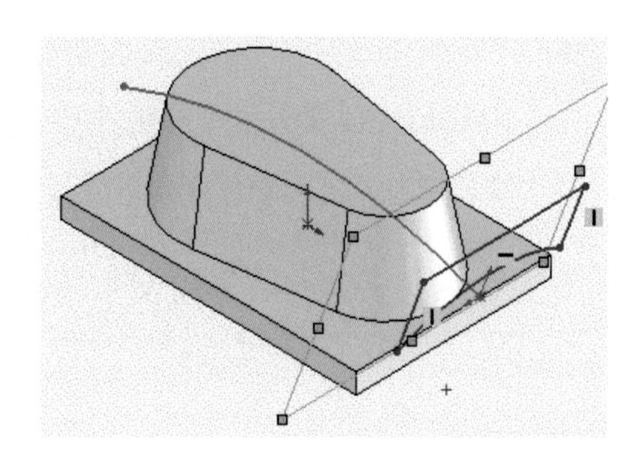

19 스케치 모드를 닫고 보기 메뉴의 삽입-자르기-스윕 명령을 실행하여 프로파일을 폐곡선으로 선택하고 경로를 곡선으로 선택한 후 확인 버튼(✔)을 클릭한다.

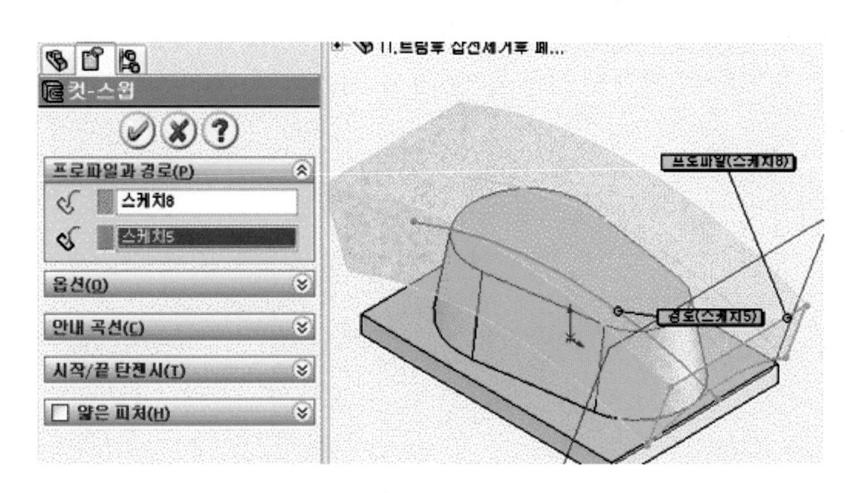

20 오른쪽 그림은 자르기 스윕 후의 상태이다.

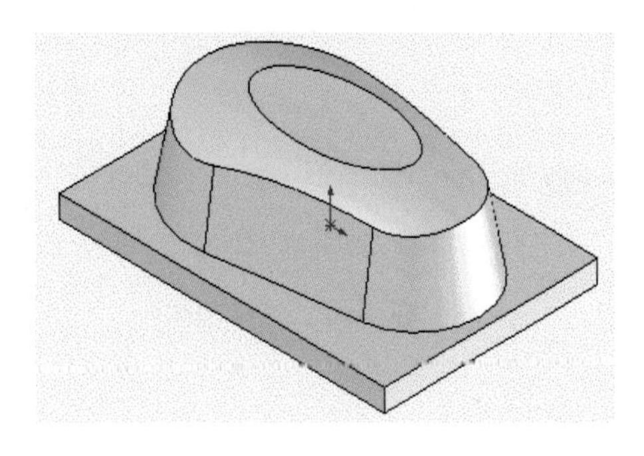

21 FeatureManager 디자인 트리에서 윗면을 선택하고 3D 윗면을 선택한 후 그림과 같이 스케치하여 치수를 기입한다.

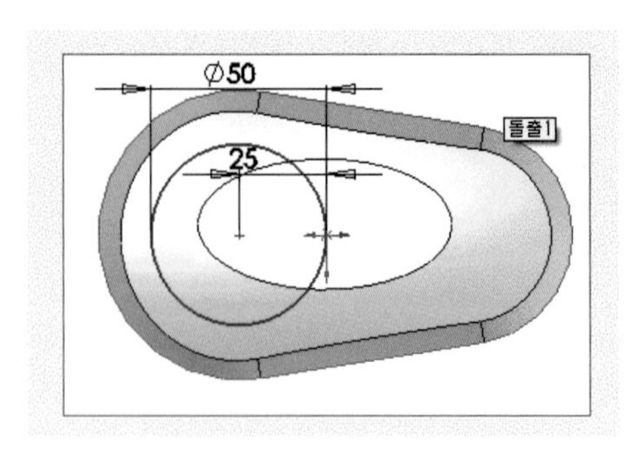

22 보기 메뉴의 돌출 컷 아이콘( )을 선택하고 깊이 치수 기입을 한 다음 방향에서 아래로 향하게 하여 확인 버튼( )을 클릭한다.

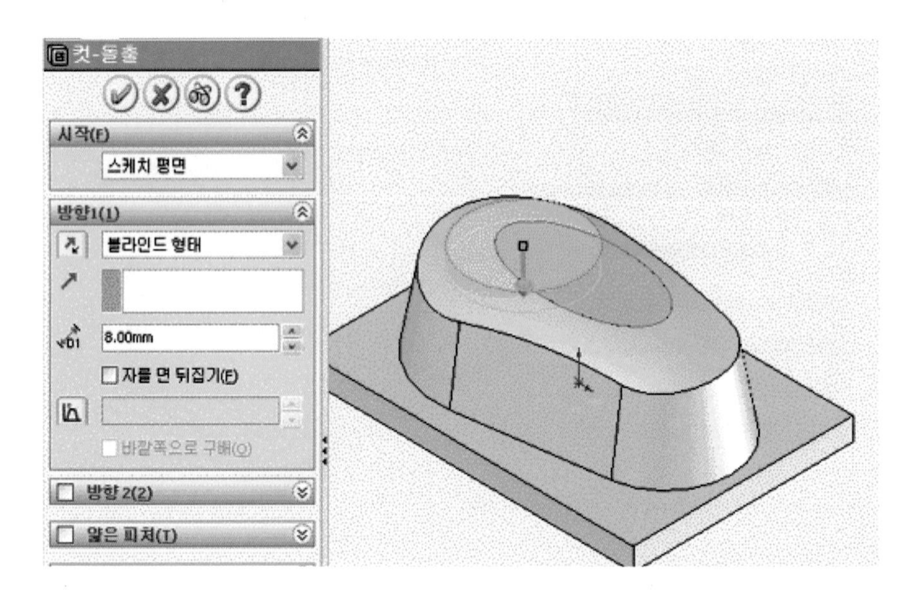

23 FeatureManager 디자인 트리에서 윗면을 선택하고 그림과 같이 스케치 도구에서 원을 선택하여 스케치한다.

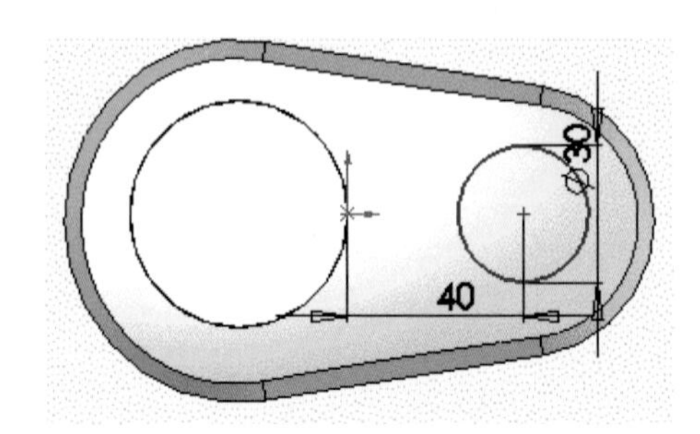

24 피처에서 돌출 보스/베이스 아이콘( )을 선택한 다음 블라인드 형태의 방향 1에서 을 클릭하여 윗면으로 향하게 한 후 돌출 치수를 입력하고 확인 버튼( )을 클릭한다.

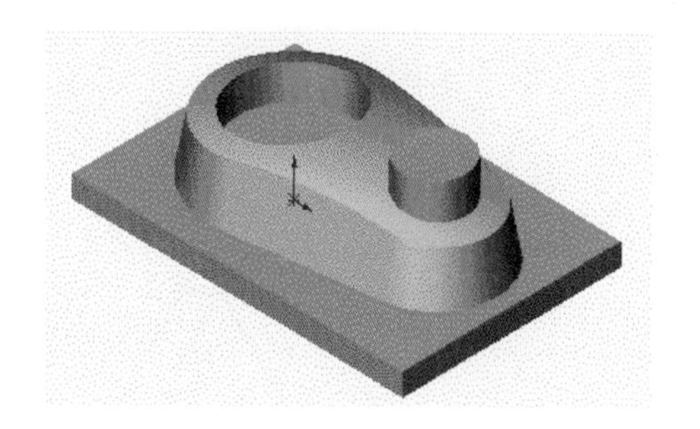

25 보기 메뉴의 필렛 아이콘( )을 선택한 후 각각 필렛 요소를 필렛한다.

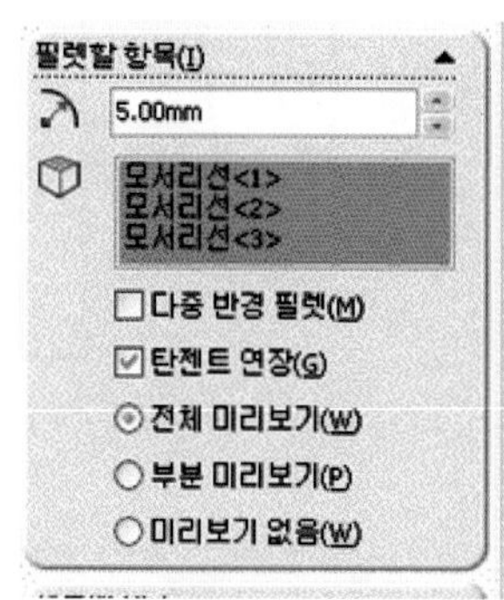

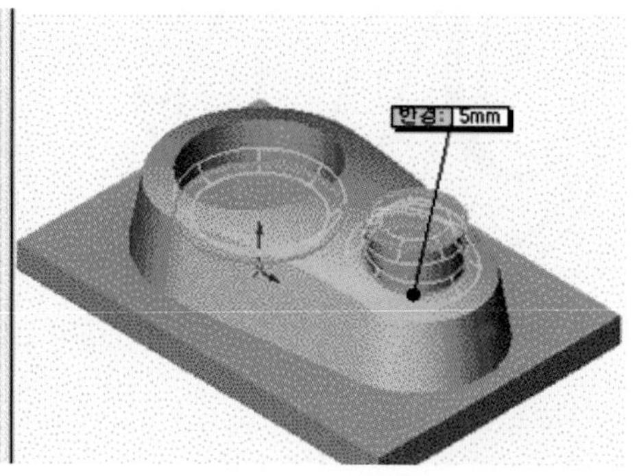

26 오른쪽 그림은 완성된 스케치 형태이다.

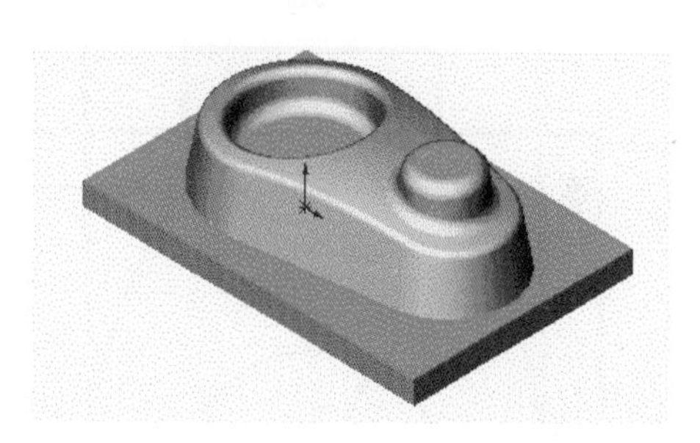

3 과제3 따라하기

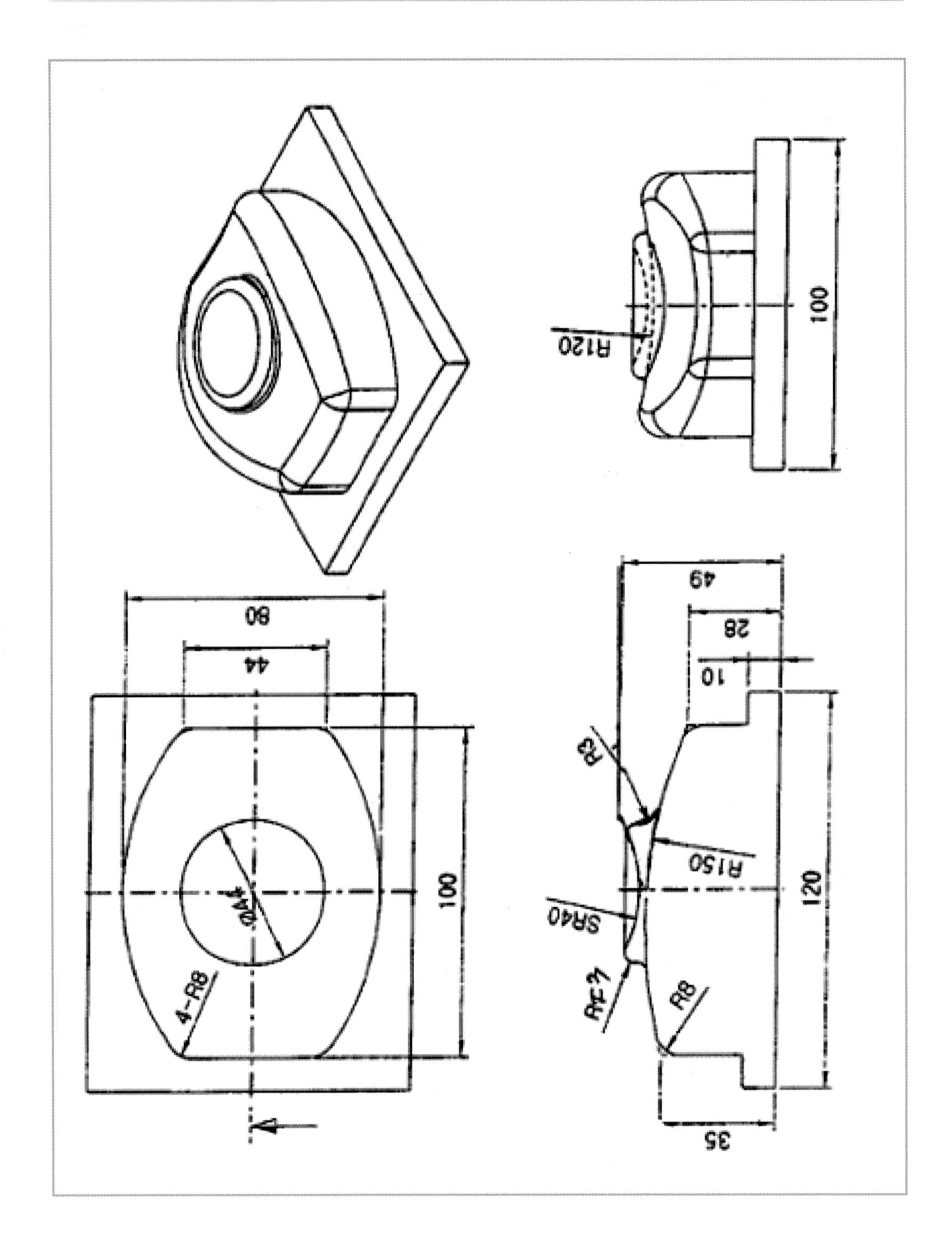

1 FeatureManager 디자인 트리에서 윗면을 선택한다.

2 스케치 도구상자에서 스케치 아이콘( )을 클릭한 후 평면에 직사각형 스케치를 하고 중심선을 선택하여 대각선으로 그린다.

3 Ctrl키를 누른 상태에서 원점과 중심선을 선택한 후에 중간점을 선택하고 대화상자 닫기를 클릭하여 원점이 대각선의 중심점에 놓이도록 한다.

4 그림과 같이 각각의 지능형 치수 아이콘( )을 클릭하고 치수를 입력한다.

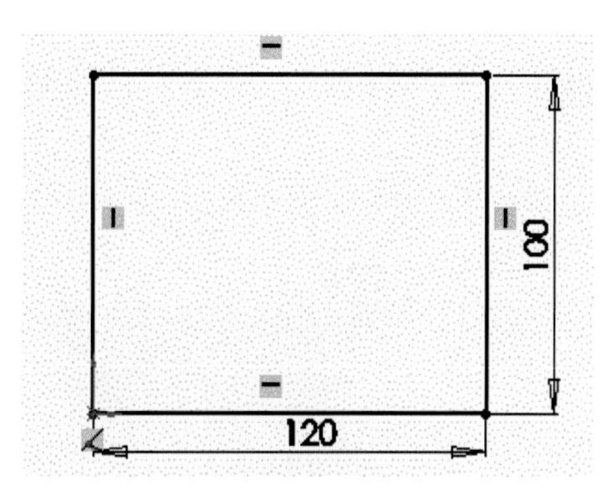

5 피처에서 돌출 보스/베이스 아이콘( )을 선택한 다음 블라인드 형태의 방향 1에서 을 클릭하여 반대 방향으로 하고 깊이를 10mm로 하고 확인 버튼( )을 클릭한다.

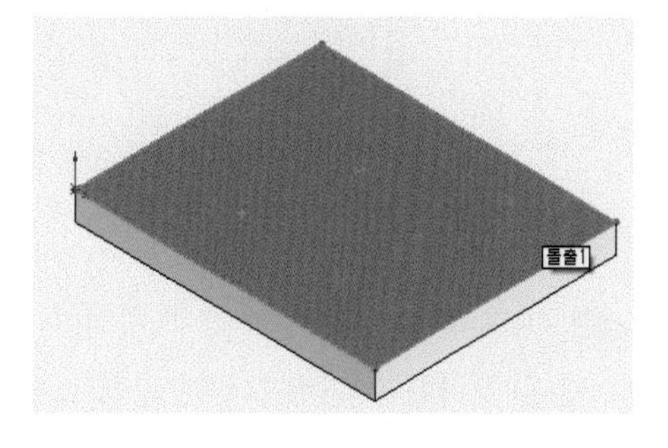

6 FeatureManager 디자인 트리에서 윗면을 선택하고 중심선을 긋고 원을 스케치한 다음 그림과 같이 치수 기입을 한다.

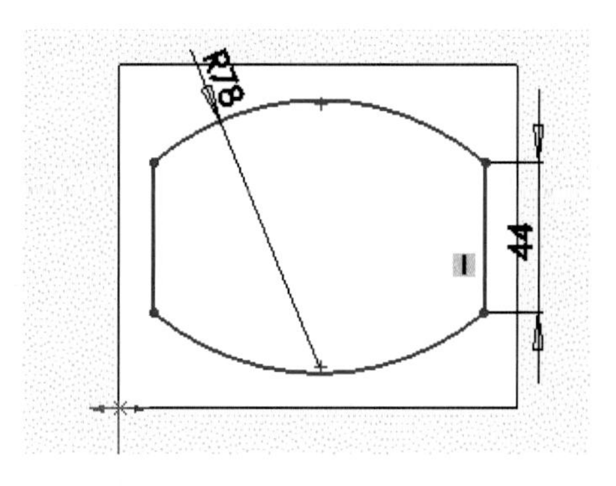

7 피처에서 돌출 보스/베이스 아이콘( )을 선택한 다음 블라인드 형태의 방향 1에서 을 클릭하여 윗면으로 향하게 한 후 돌출 치수를 입력하고 확인 버튼( )을 클릭한다.

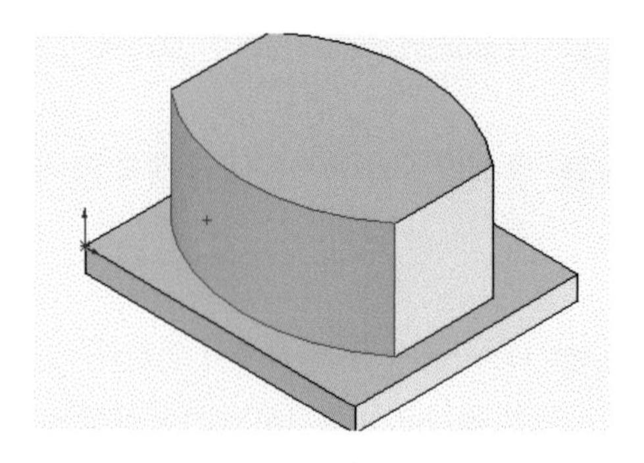

8 FeatureManager 디자인 트리에서 정면을 선택하고 참조의 을 선택하여 제1기준면을 만든다.

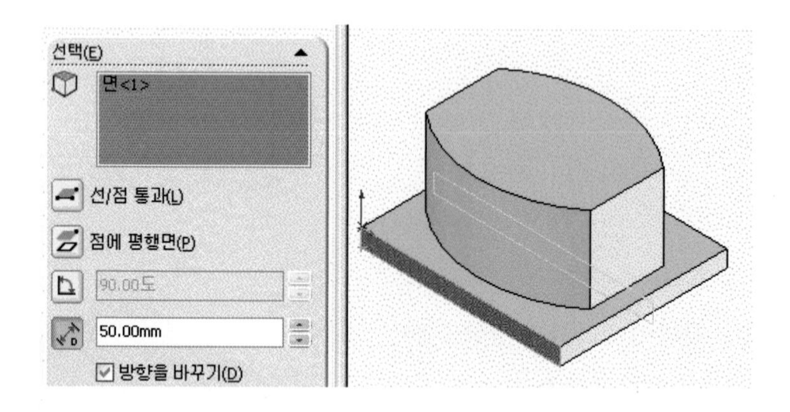

9 FeatureManager 디자인 트리에서 기준면을 선택하고 스케치 도구상자에서 아이콘( )을 클릭한 후 면에 그림과 같이 스케치한다.

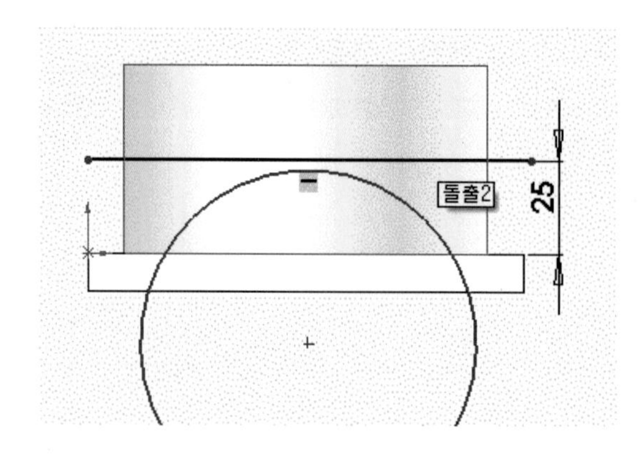

10 바탕화면에 마우스 포인트를 놓고 마우스 우측 버튼을 눌러 부가 조건을 클릭한 후 Ctrl키를 누른 상태에서 수평선과 원을 선택하여 인접을 한다. 그림과 같이 R150mm를 스케치한다.

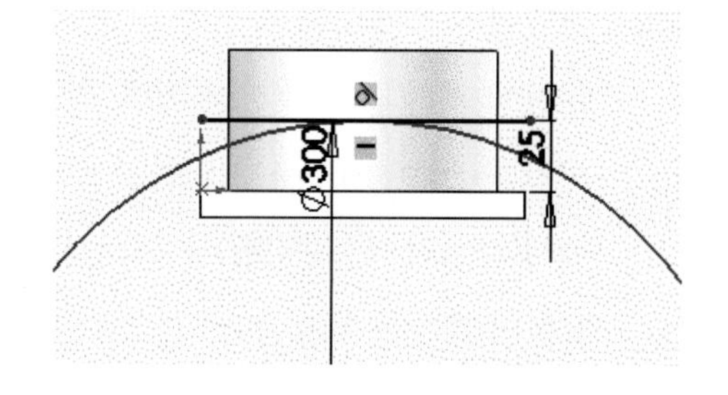

11 보기 메뉴에서 자르기 아이콘(✂)을 선택하여 불필요한 스케치를 삭제한다. 이때 경계선이 없으면 삭제 아이콘, 또는 Del키를 이용하여 지우기를 한다.

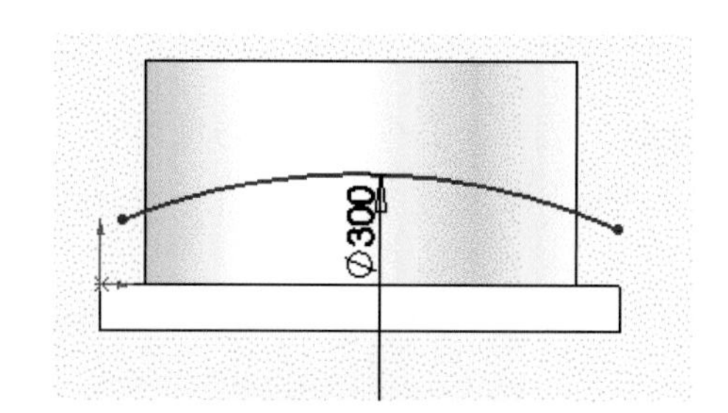

12 FeatureManager 디자인 트리에서 우측면을 선택하고 참조의 ◇을 선택하여 제2 기준면을 만든다.

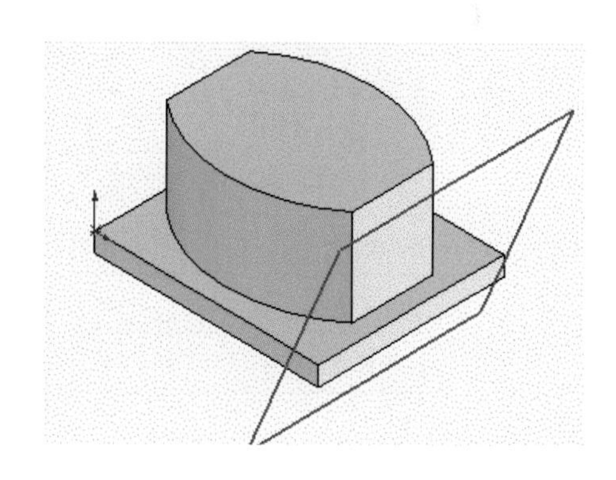

13 FeatureManager 디자인 트리에서 제2기준면을 선택하고 스케치 도구상자에서 아이콘(✎)을 클릭한 후 면에 그림과 같이 스케치한다.

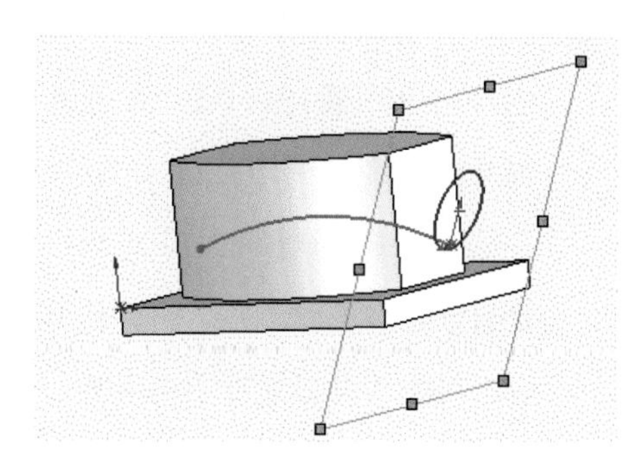

14 정면에서 스케치한 곡선(안내 곡선) 우측 끝점에 제2기준면에 스케치한 원을 일치시킨 후 R120 치수를 기입하고 보기 메뉴에서 자르기 아이콘( )을 선택하여 불필요한 스케치를 삭제한다.

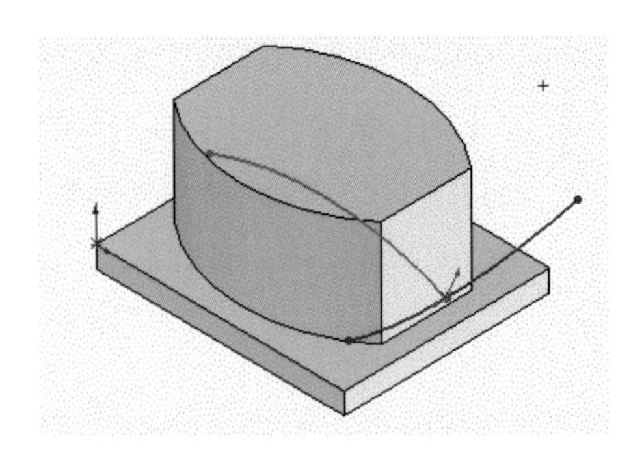

15 스케치 모드를 닫고 메뉴의 삽입-잘라내기-스윕 명령을 실행하여 프로파일을 폐곡선으로 선택하고 경로를 곡선을 선택한 후 확인 버튼( )을 클릭한다.

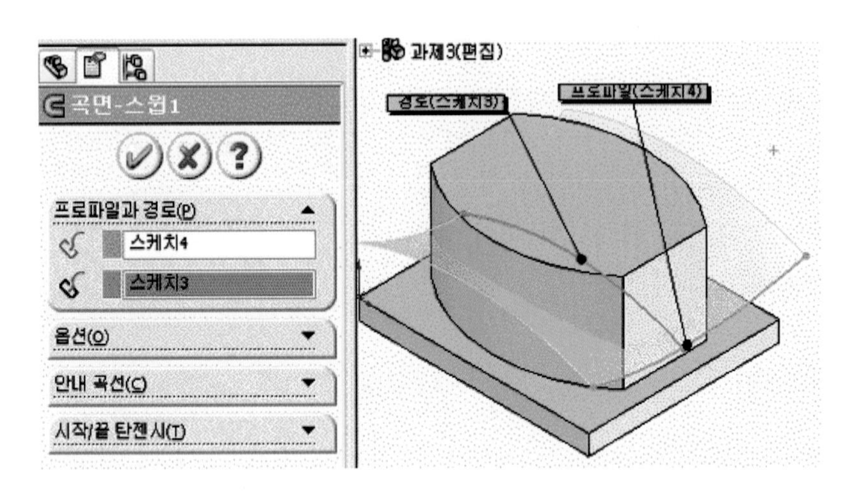

16 보기 메뉴의 삽입-자르기-곡면으로 자르기 아이콘( )을 선택하고 곡면 컷 변수에서 방향을 윗방향으로 클릭한 후 곡면을 클릭하여 선택하고 확인 버튼( )을 클릭한다. 마우스 우측 버튼을 클릭하여 숨기기를 하면 그림과 같이 된다.

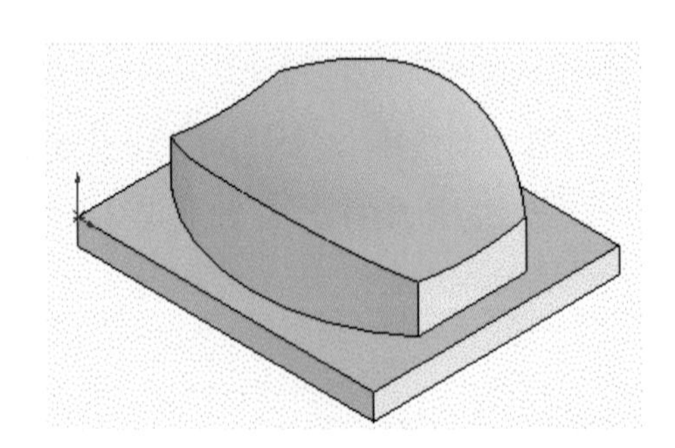

17 FeatureManager 디자인 트리에서 윗면을 선택하고 그림과 같이 스케치하여 치수를 기입한다.

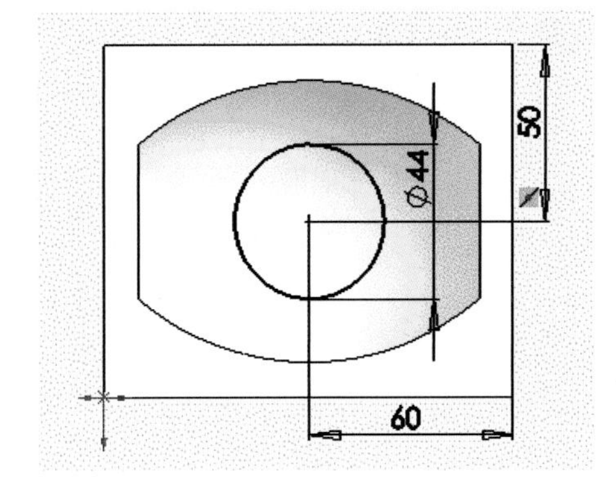

18 보기 메뉴의 돌출 보스/베이스 아이콘( )을 선택한 다음 블라인드 형태의 방향 1에서 을 클릭하여 윗면으로 향하게 한 후 돌출 치수 39를 입력하고 확인 버튼( )을 클릭한다.

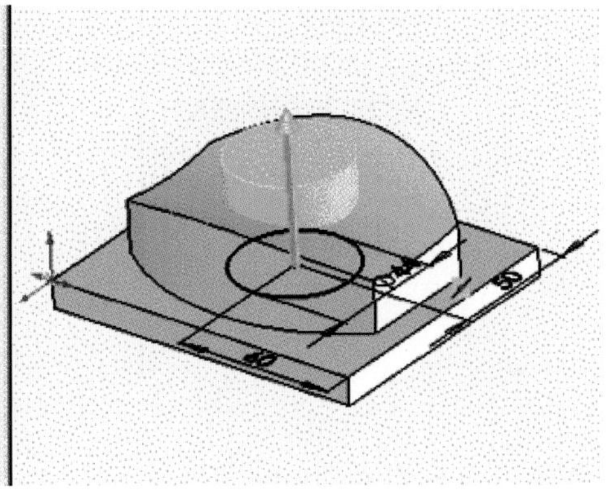

19 FeatureManager 디자인 트리에서 윗면을 선택하고 참조의 을 선택하여 소재 바닥에서 36mm 기준면을 만든다.

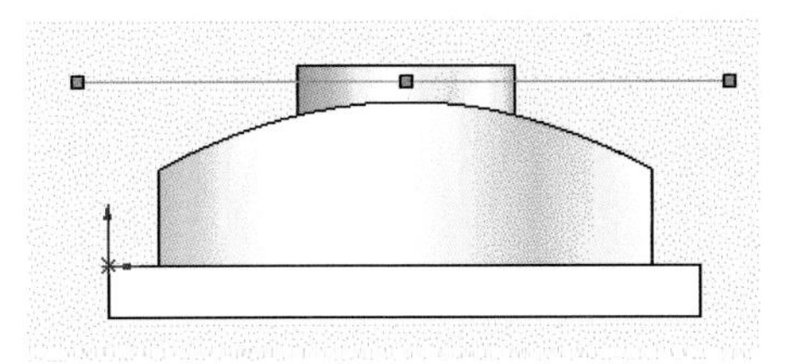

20 FeatureManager 디자인 트리에서 정면을 선택하고 그림과 같이 스케치 도구에서 원을 선택하여 스케치한다.

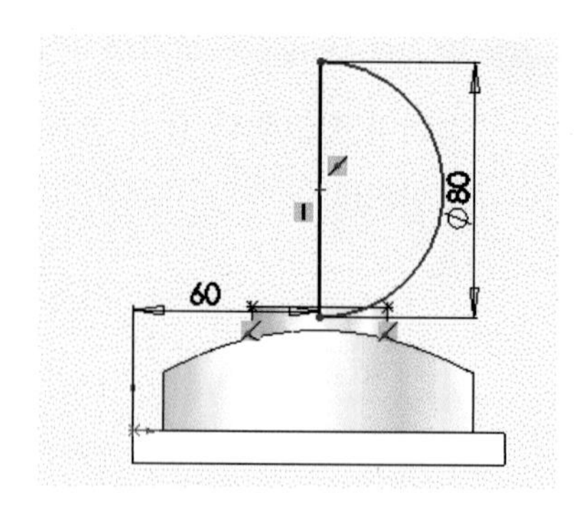

21 스케치 모드를 닫고 FeatureManager 디자인 트리에서 정면을 선택하고 보기 메뉴에서 아이콘( )을 선택 후 360도 회전시킨다.

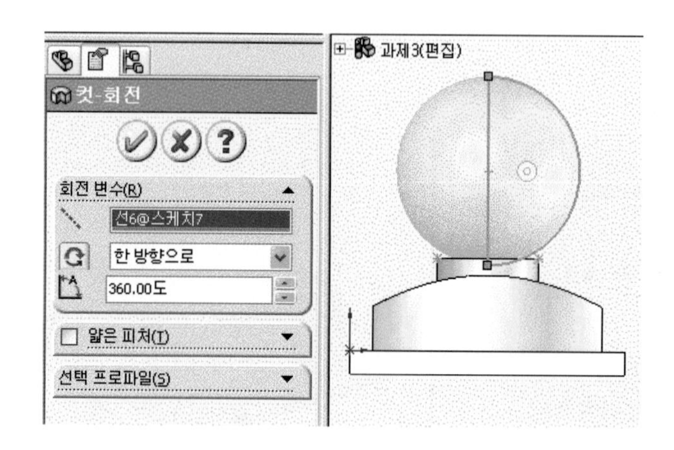

22 그림은 자르기 회전 컷 상태이다.

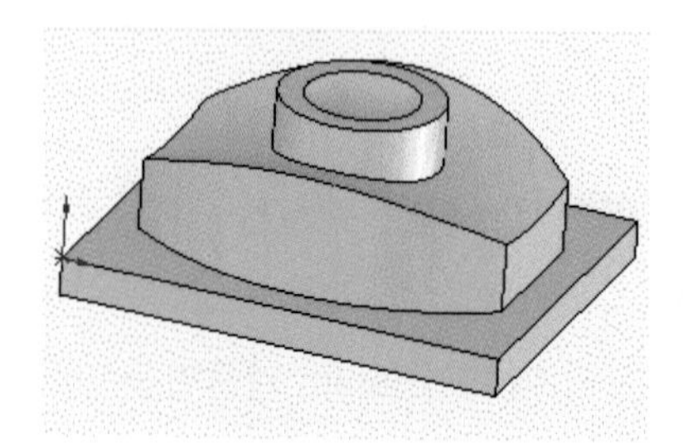

23 보기 메뉴의 필렛 아이콘( )을 선택한 후 각각의 요소를 필렛한다.

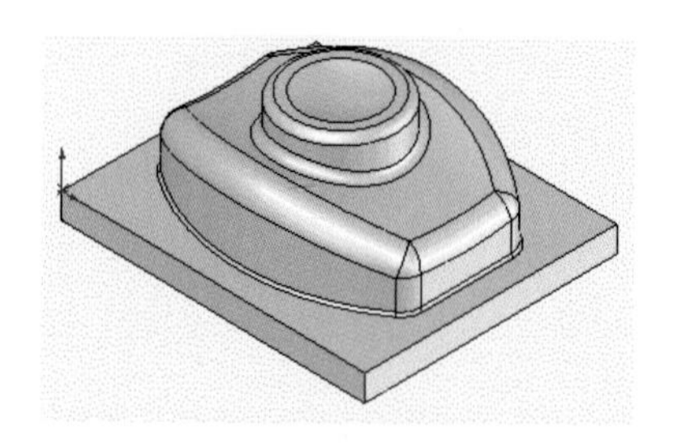

4 과제4 따라하기

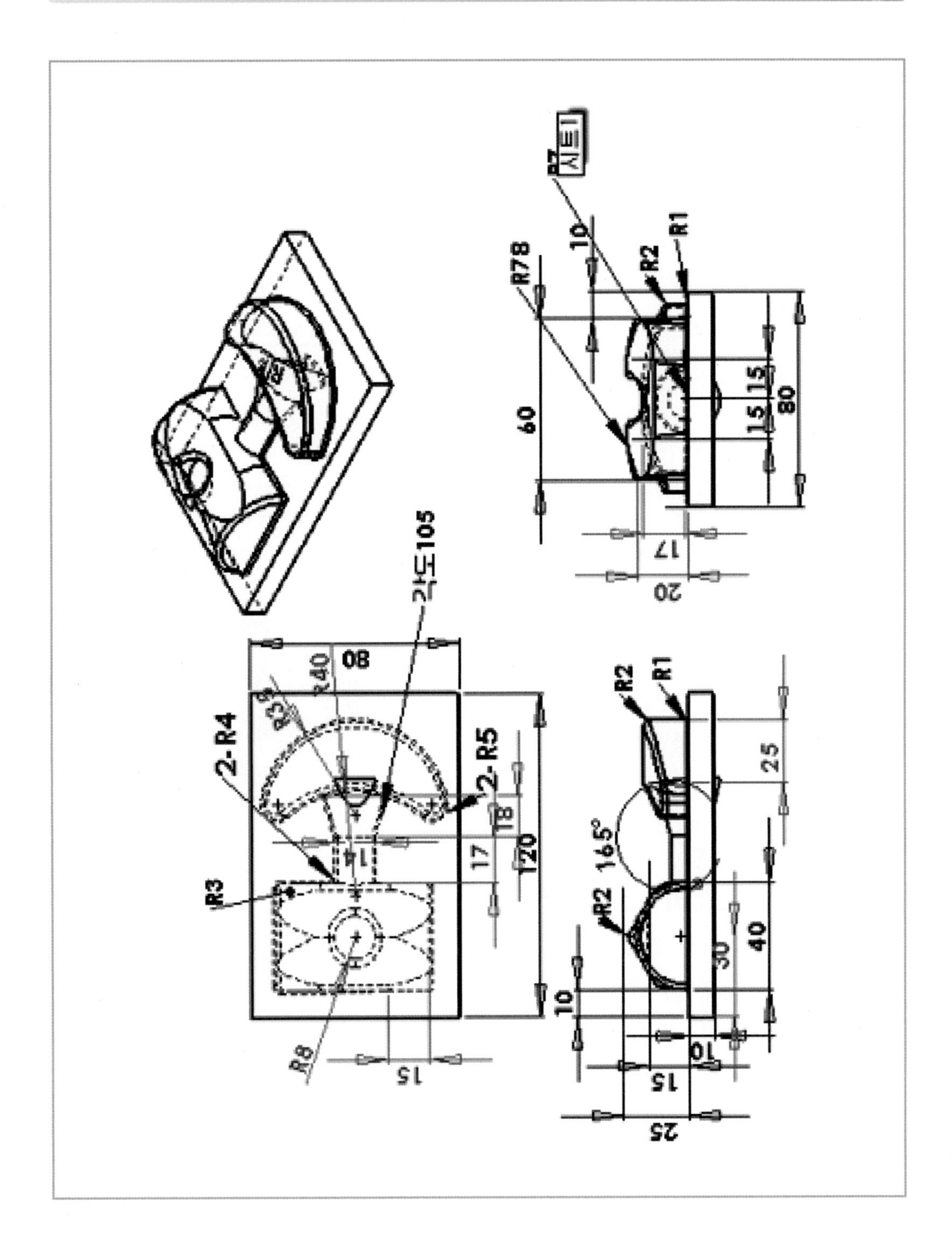

1. FeatureManager 디자인 트리에서 윗면을 선택한다.

2. 스케치 도구상자에서 스케치 아이콘( )을 클릭한 후 평면에 직사각형 스케치를 하고 중심선을 선택하여 대각선으로 그린다.

3. Ctrl키를 누른 상태에서 원점과 중심선을 선택한 후에 중간점을 선택하고 대화상자 닫기를 클릭하여 원점이 대각선의 중심점에 놓이도록 한다.

4. 그림과 같이 각각의 지능형 치수 아이콘( )을 클릭하고 치수를 입력한다.

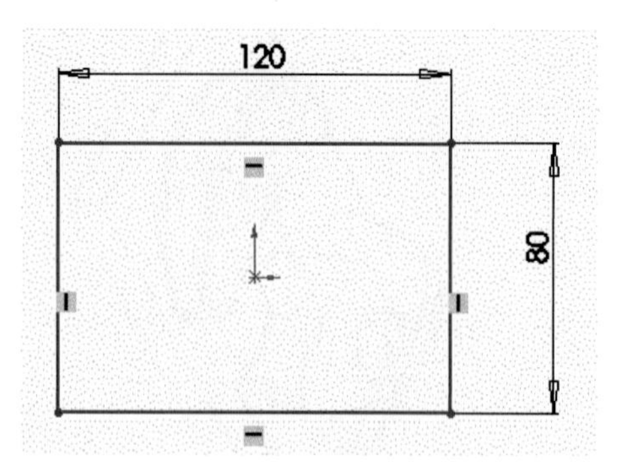

5. 피처에서 돌출 보스/베이스 아이콘( )을 선택한 다음 블라인드 형태의 방향 1에서 을 클릭하여 반대 방향으로 하고 깊이를 10mm로 하고 확인 버튼( )을 클릭한다.

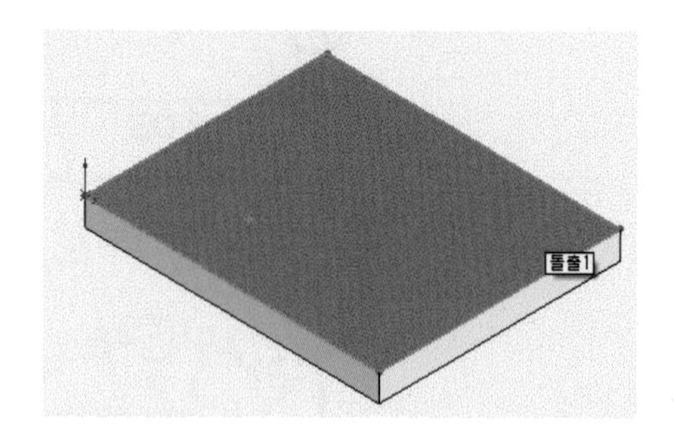

6. FeatureManager 디자인 트리에서 윗면을 선택하고 중심선을 긋고 원을 스케치한 다음 그림과 같이 치수 기입을 한다.

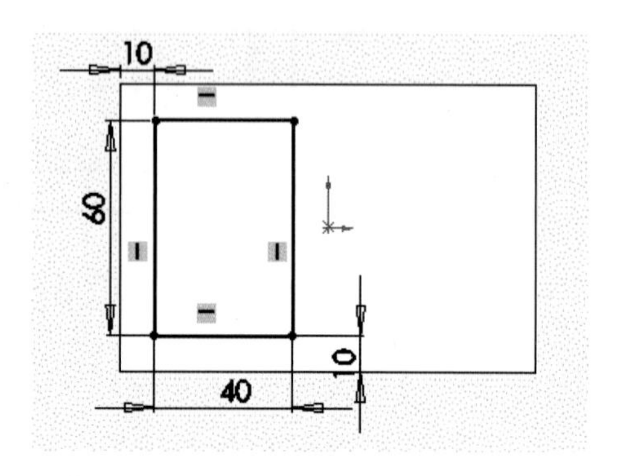

7 피처에서 돌출 보스/베이스 아이콘( )을 선택한 다음 블라인드 형태의 방향 1에서 을 클릭하여 반대 방향으로 하고 높이를 30mm로 하고 확인 버튼( )을 클릭한다.

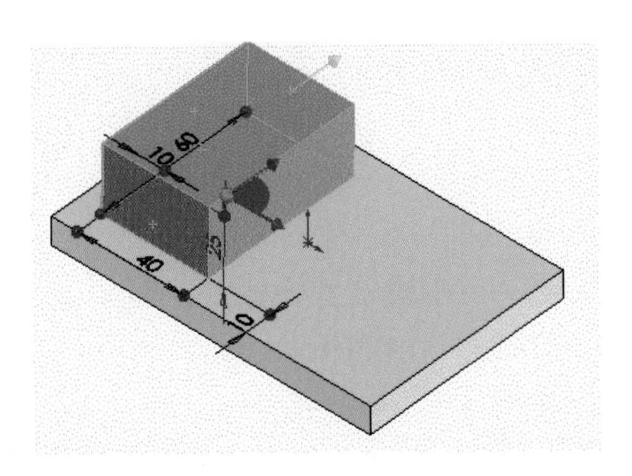

8 FeatureManager 디자인 트리에서 우측면을 선택하고 참조의 을 선택하여 제1기준면을 만든 후 그림과 같이 스케치한다.

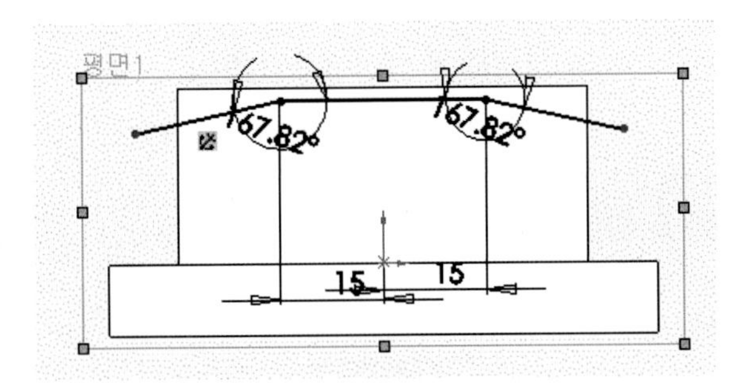

9 FeatureManager 디자인 트리에서 정면을 선택하고 참조의 을 선택하여 제2기준면을 만든다. 그림과 같이 원을 스케치하고 부가 조건에서 일치를 클릭 후 확인 버튼을 클릭한다.

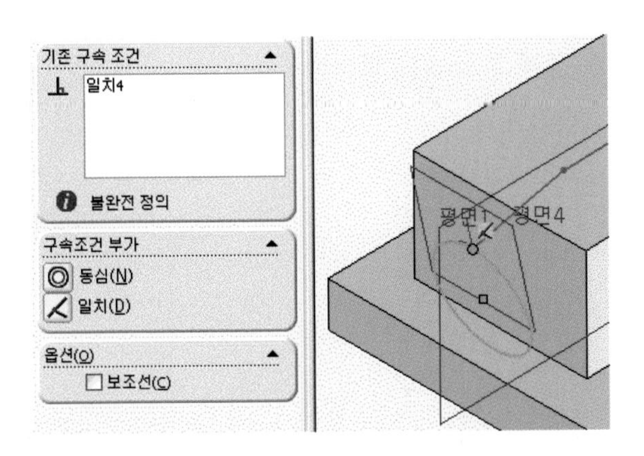

10 그림과 같이 치수 기입을 한다.

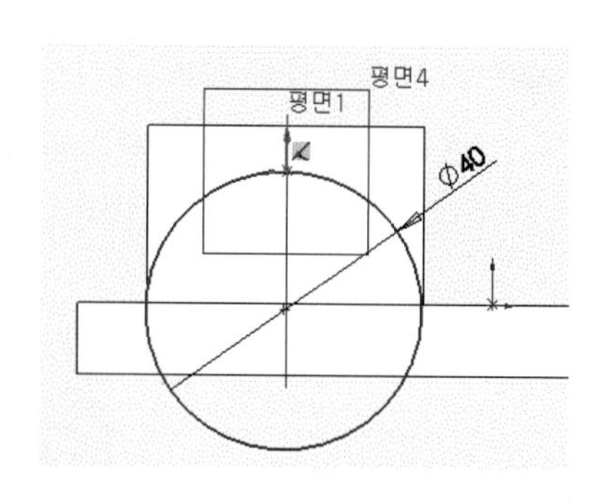

11 보기 메뉴에서 자르기 아이콘( )을 선택하여 불필요한 스케치를 삭제한다. 이때 경계선이 없으면 삭제 아이콘, 또는 Del키를 이용하여 지우기를 한다.

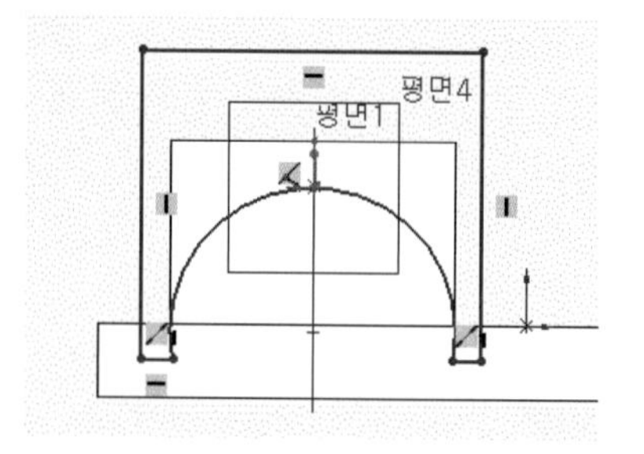

12 스케치 모드를 닫고 메뉴의 삽입-잘라내기-스윕 명령을 실행하여 프로파일을 폐곡선으로 선택하고 경로를 곡선을 선택한 후 확인 버튼( )을 클릭한다.

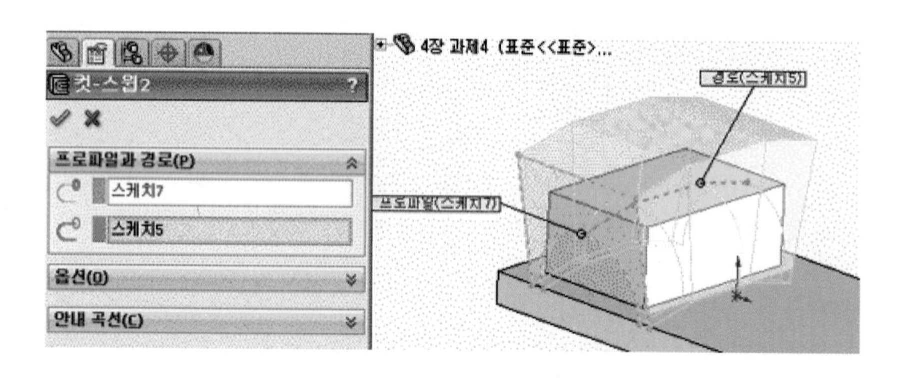

13 그림은 컷-스윕을 실행 후 소재를 재생성 한 상태이다.

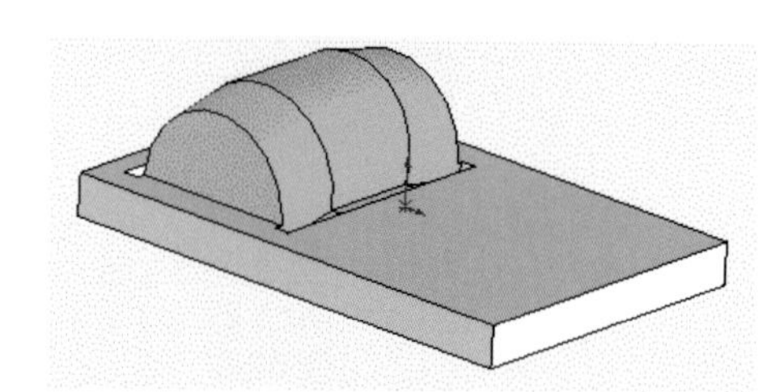

14 FeatureManager 디자인 트리에서 정면을 선택하고 참조의 을 선택하여 그림과 같이 기준면을 만든다.

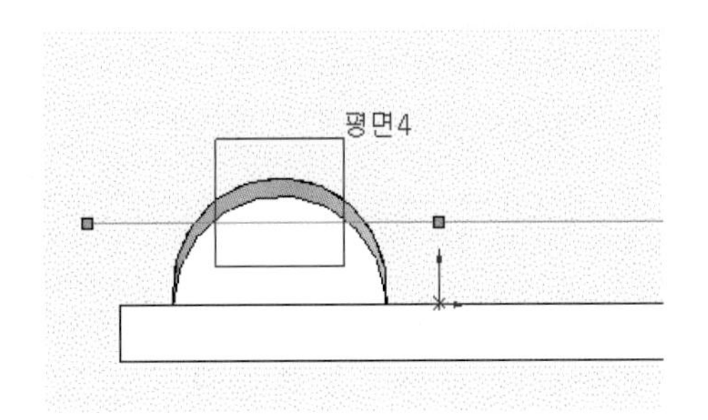

15 FeatureManager 디자인 트리에서 생성된 정면을 선택하고 그림과 같이 스케치에서 점을 선택하여 2점을 스케치한 후 선을 연결하여 폐곡선을 만든다.

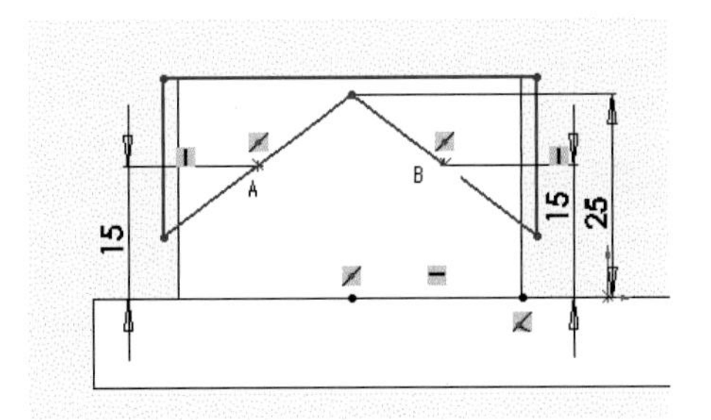

16 보기 메뉴의 돌출 컷 아이콘( )을 클릭한 후 방향을 중간 평면으로 한 후 치수를 기입하고 그림과 같이 체크 후 확인 버튼( )을 클릭한다.

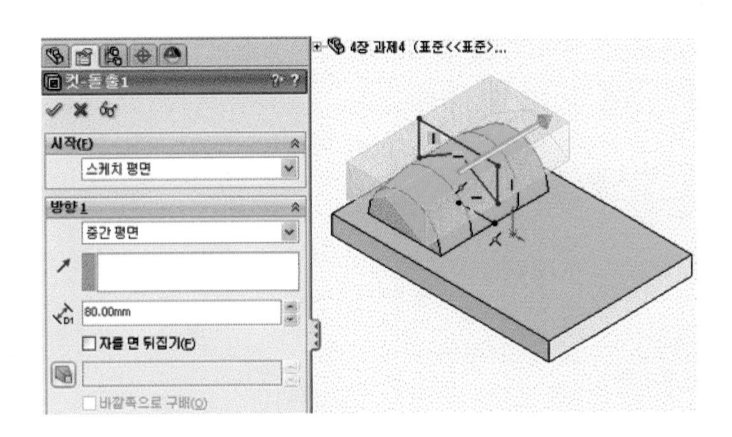

17 그림은 컷-돌출을 실행한 결과이다.

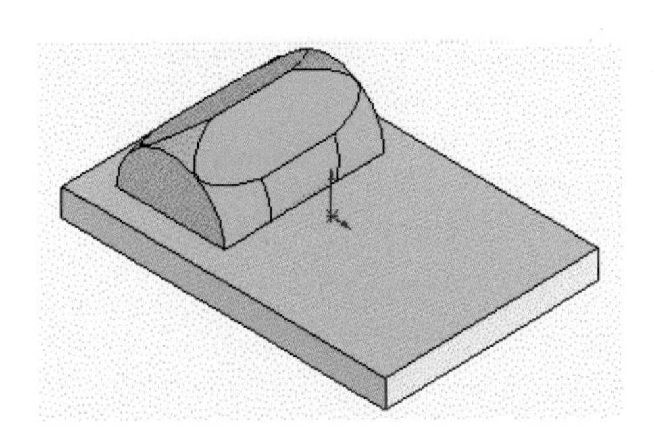

18 FeatureManager 디자인 트리에서 윗면을 선택하고 참조의 을 선택하여 소재 바닥에서 15mm 기준면을 만든다.

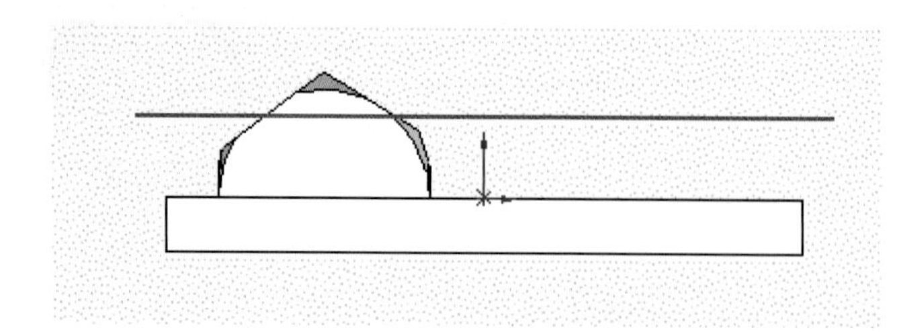

19 FeatureManager 디자인 트리에서 생성된 기준면을 선택하고 그림과 같이 스케치 도구에서 원을 선택하여 스케치한다.

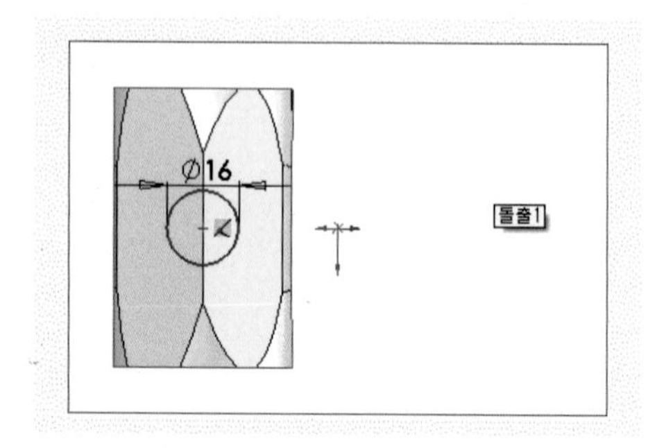

20 보기 메뉴의 돌출 컷 아이콘( )을 클릭한 후 방향을 윗면으로 향하게 하고 그림과 같이 체크한 후 확인 버튼( )을 클릭한다.

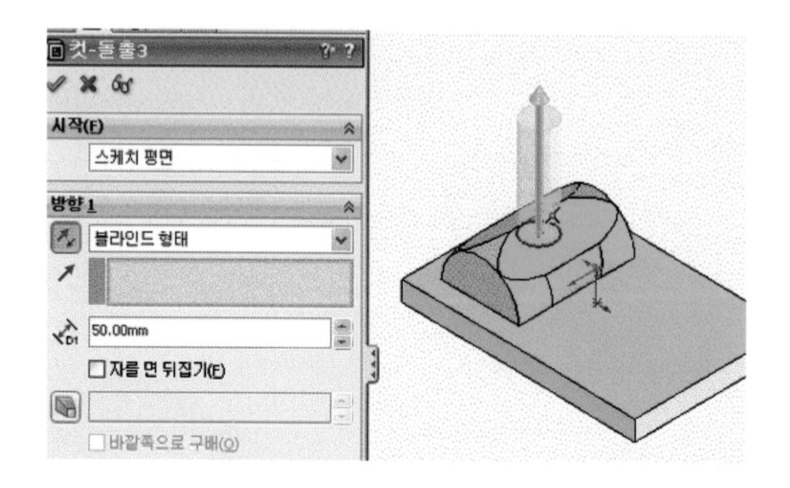

21 FeatureManager 디자인 트리에서 정면을 선택하고 그림과 같이 스케치한다.

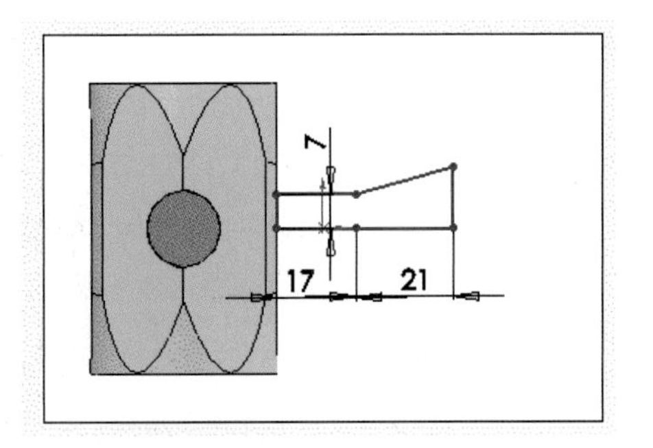

22 피처에서 회전 아이콘( )을 선택한 다음 중심선을 선택하고 방향을 중간 평면으로 한 다음 각도를 180도 입력 후 확인 버튼( )을 클릭한다.

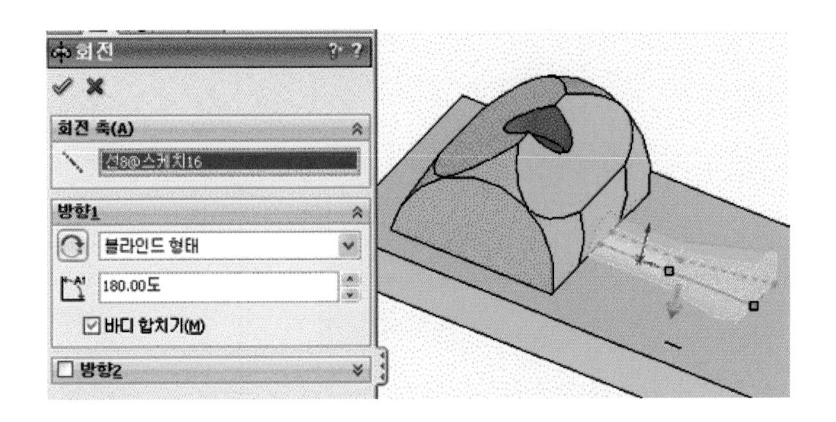

23 그림은 회전한 결과이다.

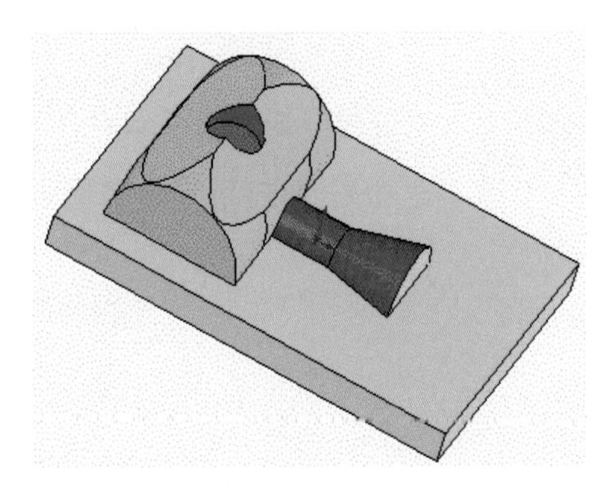

24 FeatureManager 디자인 트리에서 윗면을 선택하고 스케치 도구상자에서 아이콘( )을 클릭한 후 면에 스케치한 후 그림과 같이 치수 기입을 한다.

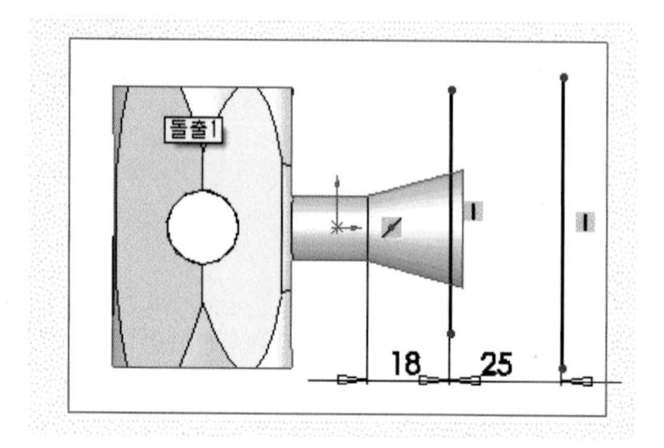

25 스케치 아이콘에서 원호를 이용하여 그림과 같이 스케치한다.

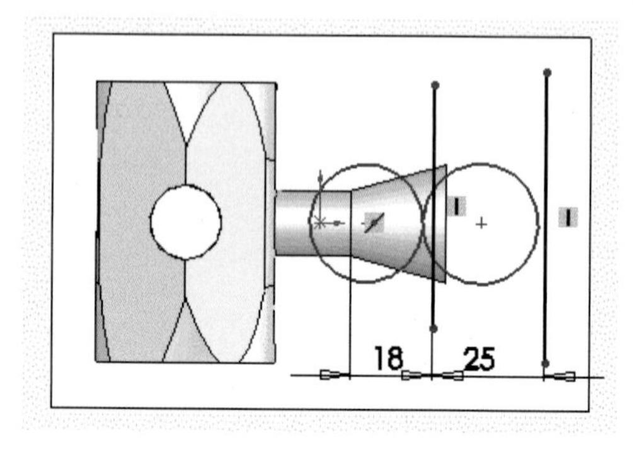

26 보기 메뉴에서 또는 마우스 우측 버튼을 클릭하여 구속 부가 조건 아이콘( )을 선택한 후 그림과 같이 수직선과 원호를 선택하여 인접시킨다.

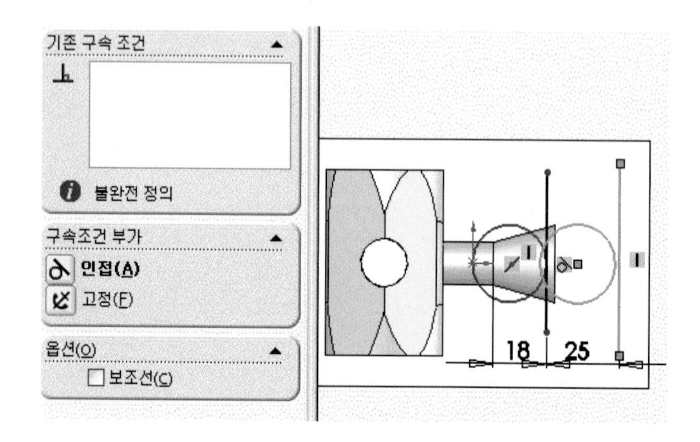

27 치수를 기입하고 보기 메뉴에서 자르기 아이콘( )을 선택하여 근접 자르기로 체크한 후 그림과 같이 스케치 자르기를 한다.

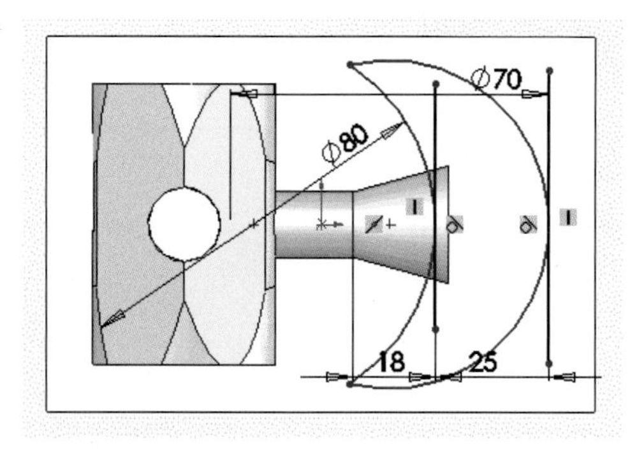

28 피처에서 돌출 보스/베이스 아이콘( )을 선택한 다음 블라인드 형태의 방향 1에서 을 클릭하여 윗면으로 향하게 한 후 돌출 치수를 입력하고 확인 버튼( )을 클릭한다.

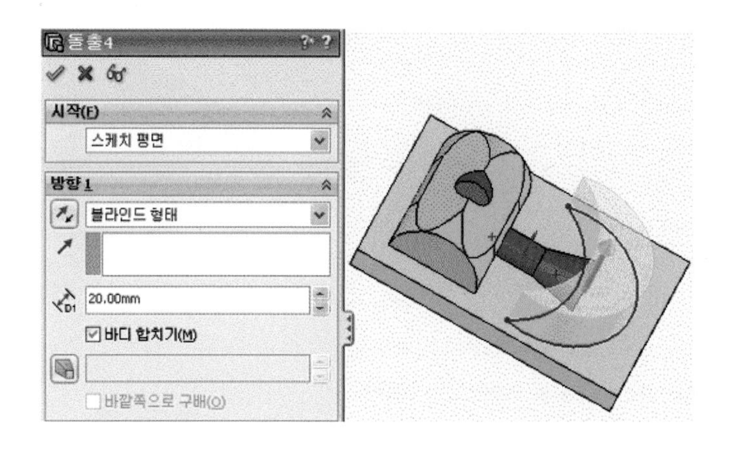

29 FeatureManager 디자인 트리에서 정면을 선택하고 스케치 도구상자에서 아이콘( )을 클릭한 후 면에 그림과 같이 스케치한 후 자르기를 한다. 그림과 같이 치수 기입을 하고 폐곡선으로 만든다.

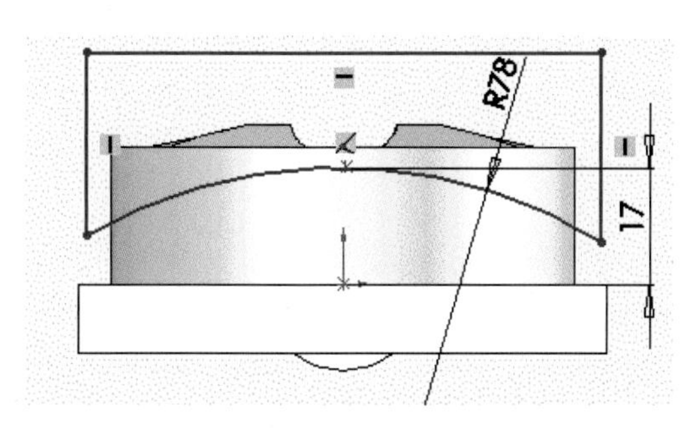

30 보기 메뉴의 돌출 컷 아이콘( )을 클릭한 후 방향을 그림과 같이 향하게 하고 확인 버튼( )을 클릭한다.

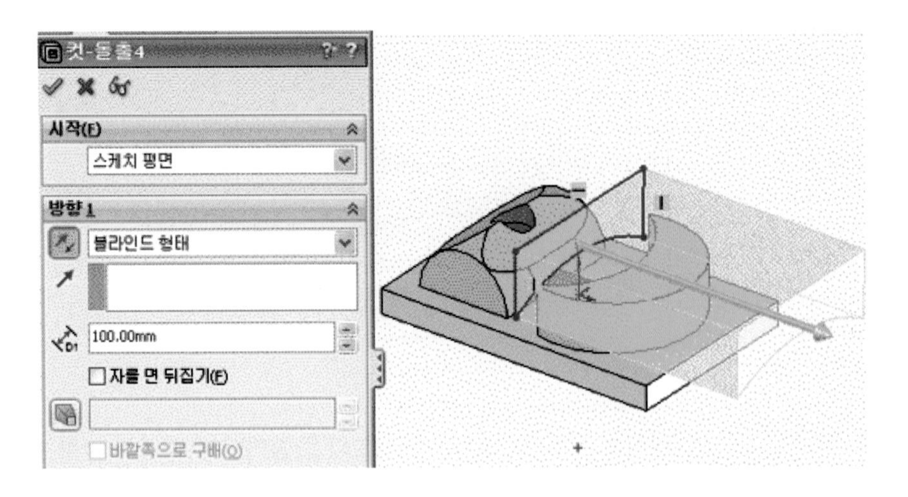

31 그림은 돌출 컷( ) 상태이다.

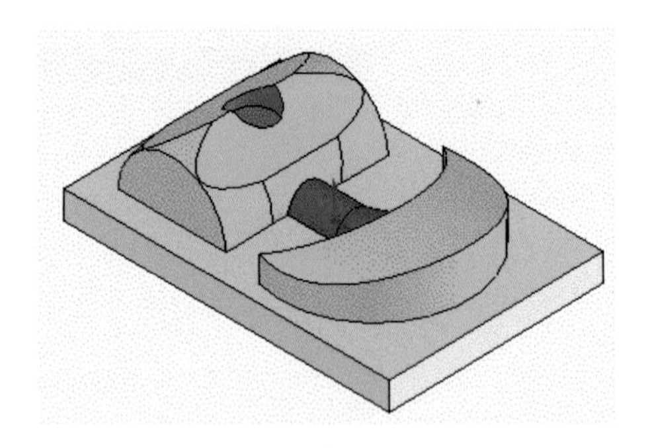

32 보기 메뉴의 필렛 아이콘( )을 선택한 후 각각의 요소를 필렛한다.

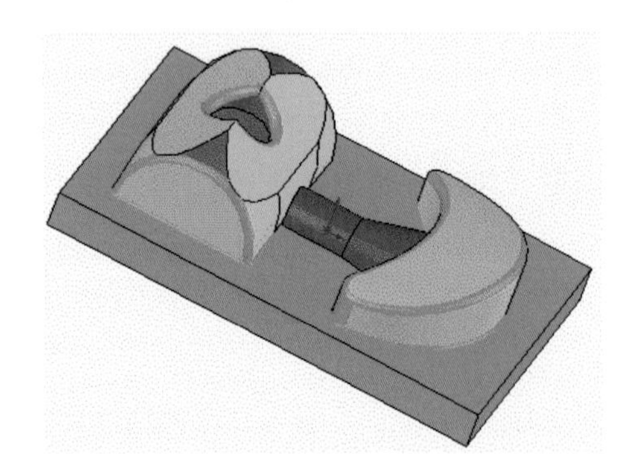

5 과제5 따라하기

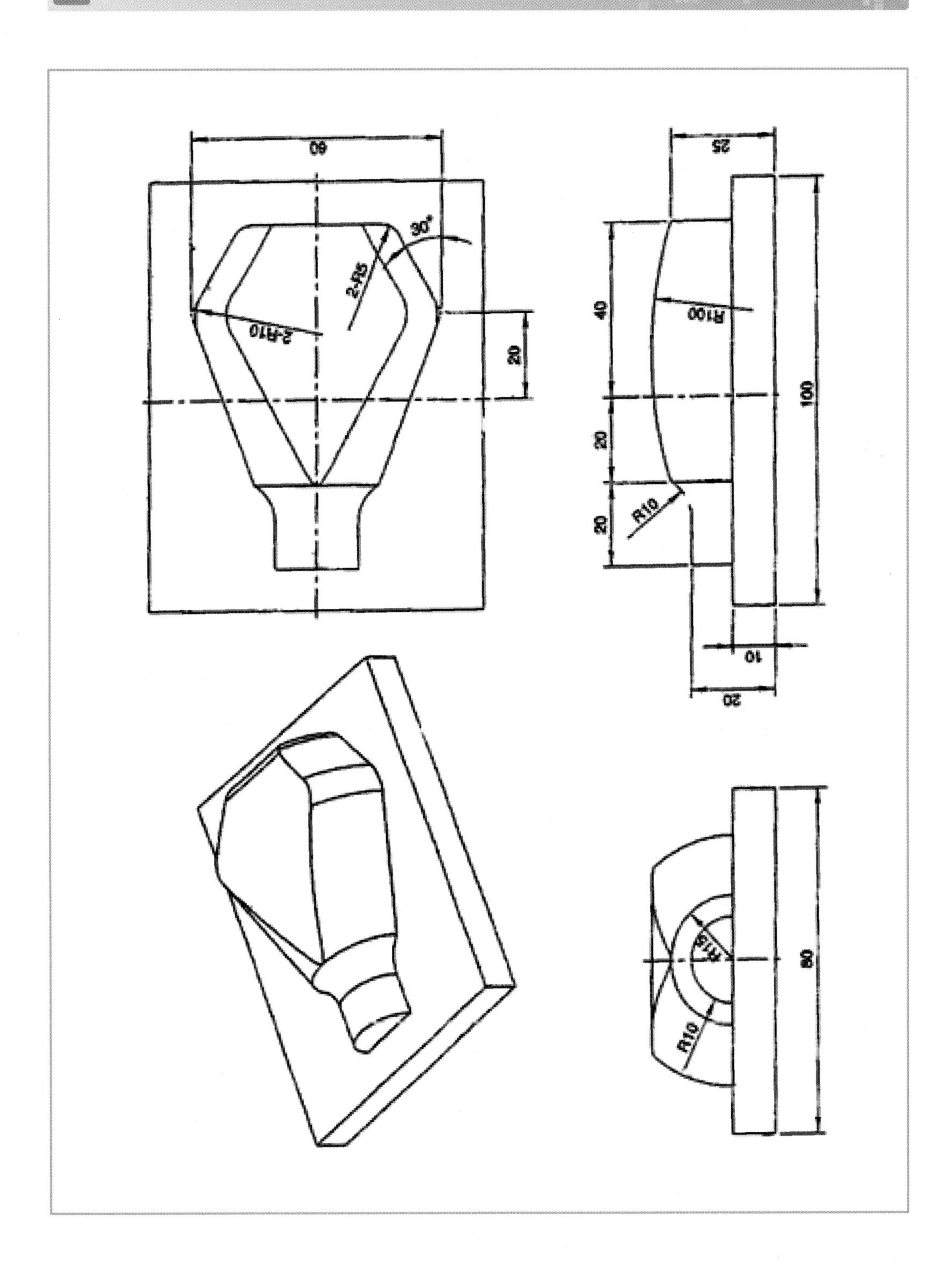

1 FeatureManager 디자인 트리에서 윗면을 선택한다.

2 스케치 도구상자에서 스케치 아이콘( )을 클릭한 후 평면에 직사각형 스케치를 하고 중심선을 선택하여 대각선으로 그린다.

3 Ctrl키를 누른 상태에서 원점과 중심선을 선택한 후에 중간점을 선택하고 대화상자 닫기를 클릭하여 원점이 대각선의 중심점에 놓이도록 한다.

4 그림과 같이 각각의 지능형 치수 아이콘( )을 클릭하고 치수를 입력한다.

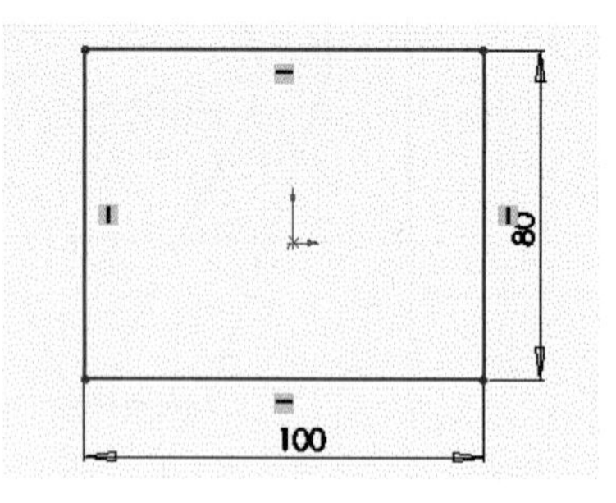

5 피처에서 돌출 보스/베이스 아이콘( )을 선택한 다음 블라인드 형태의 방향 1에서 을 클릭하여 반대 방향으로 하고 깊이를 10mm로 하고 확인 버튼( )을 클릭한다.

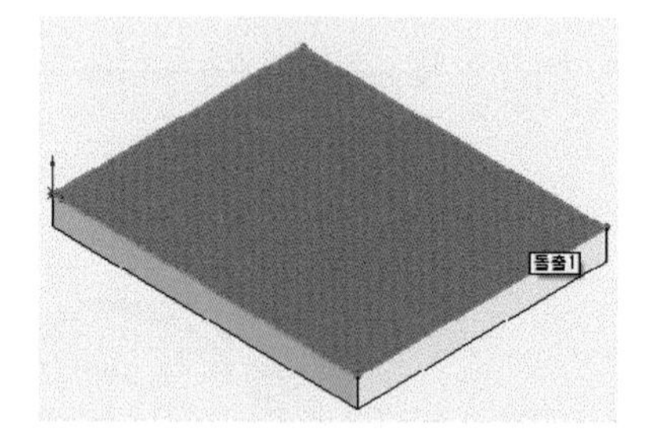

6 FeatureManager 디자인 트리에서 윗면을 선택하고 중심선을 긋고 원을 스케치한 다음 그림과 같이 치수 기입을 한다.

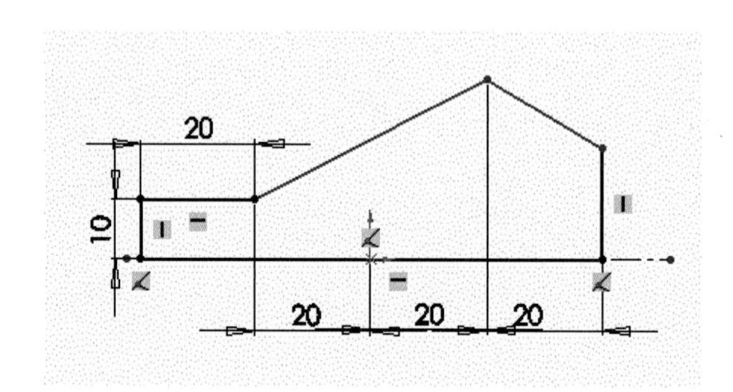

7 피처에서 회전 아이콘( )을 선택한 다음 중심선을 선택하고 방향을 한방향으로 한 다음 각도를 180도 입력 후 확인 버튼( )을 클릭한다.

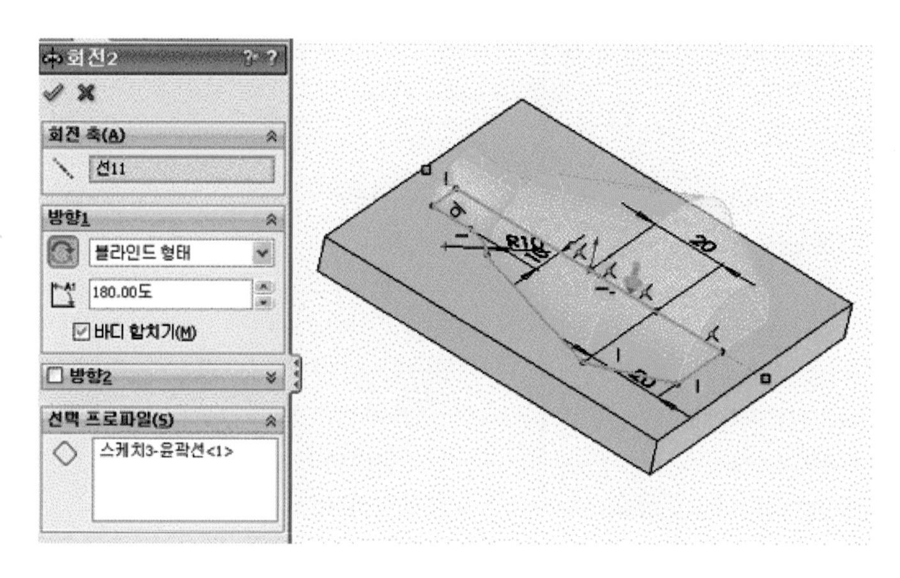

8 FeatureManager 디자인 트리에서 정면을 선택하고 그림과 같이 스케치 후 치수 기입을 한다.

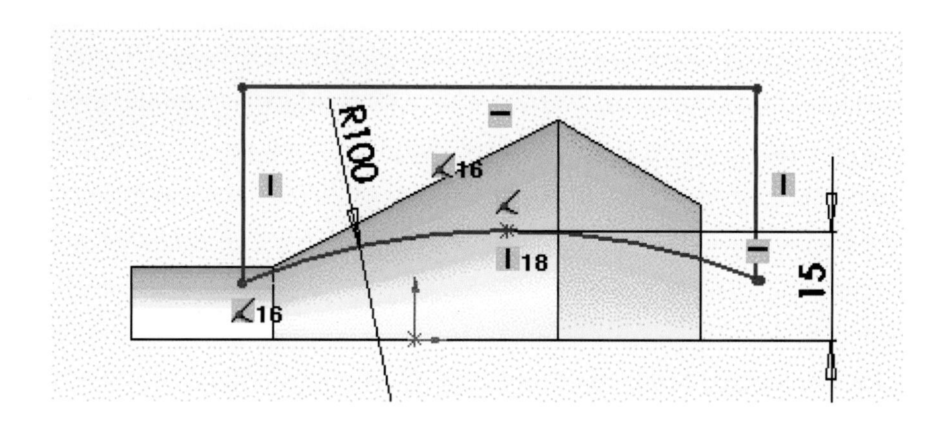

9 보기 메뉴의 돌출 컷 아이콘( )을 클릭한 후 방향을 중간 평면으로 향하게 하고 그림과 같이 체크한 후 확인 버튼( )을 클릭한다.

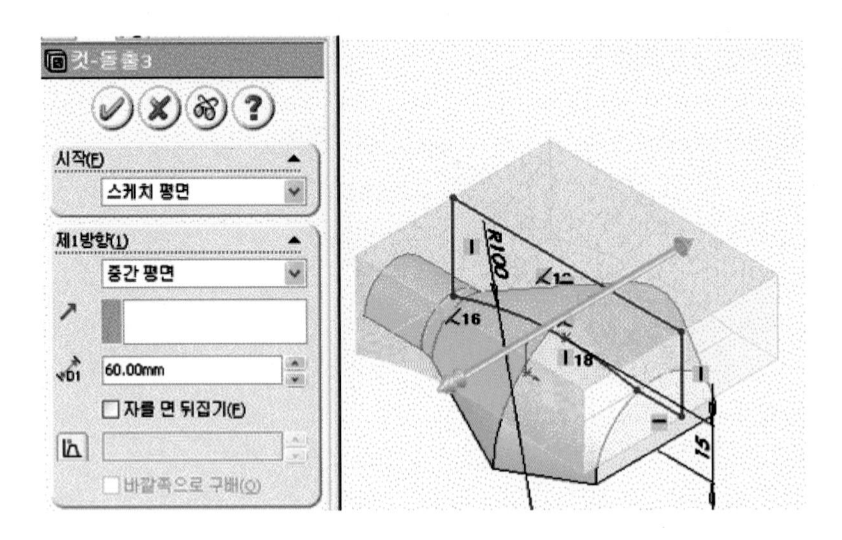

10 보기 메뉴의 필렛 아이콘( )을 선택한 후 각각의 요소를 필렛한다.

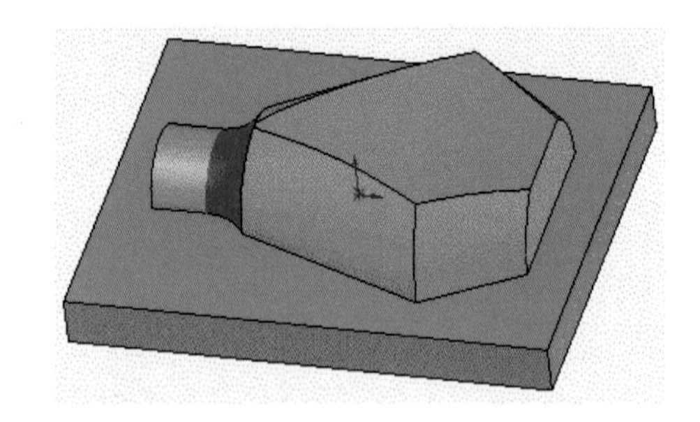

6 과제6 따라하기

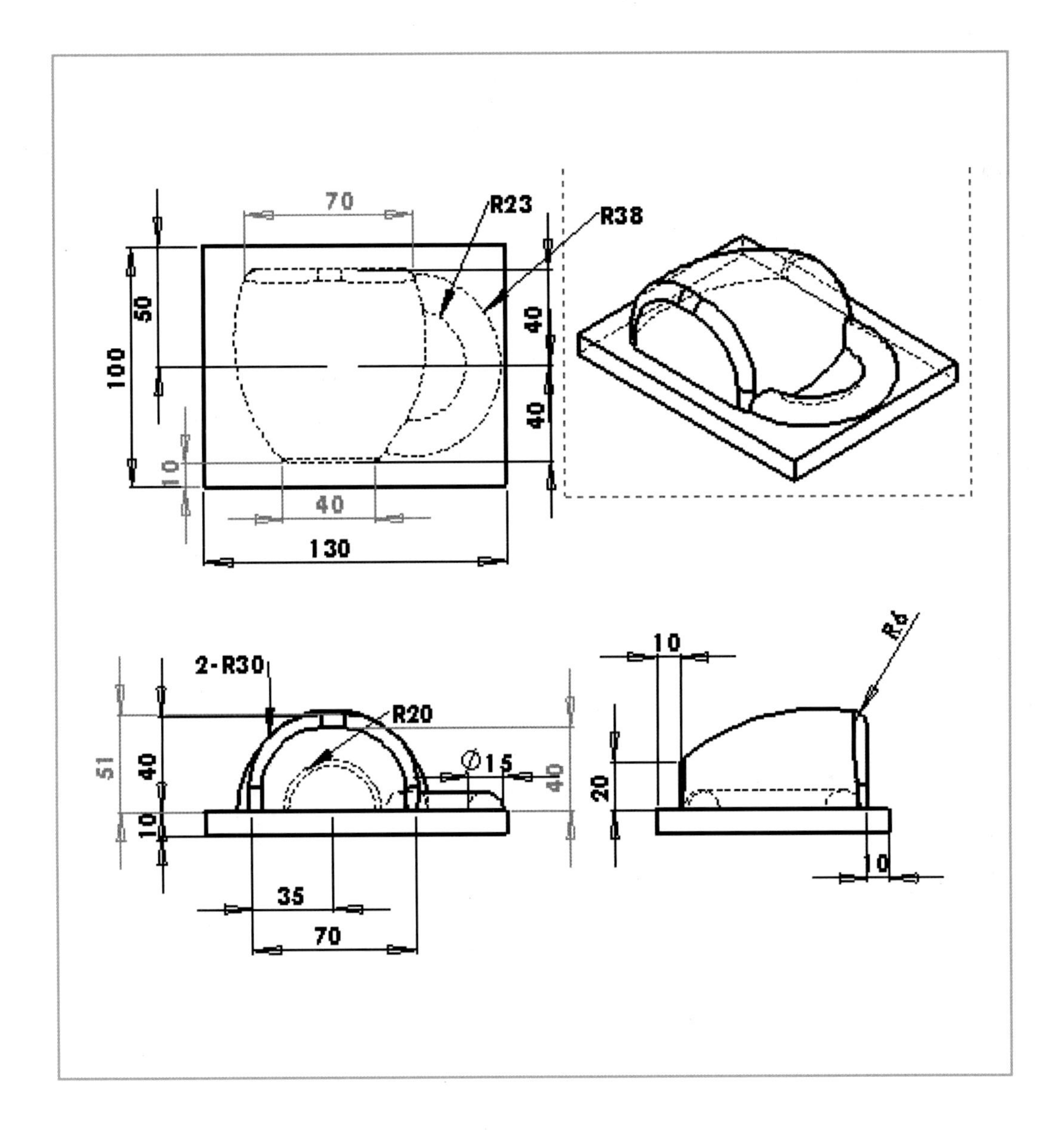
70
R23
R38
50
100
40
40
10
40
130
2-R30
R20
Ø15
51
40
10
40
35
70
10
R6
20
10

1. FeatureManager 디자인 트리에서 윗면을 선택한다.

2. 스케치 도구상자에서 스케치 아이콘( )을 클릭한 후 원점과 수평으로 중심선을 선택하여 원을 스케치한다.

3. 보기 메뉴에서 또는 마우스 우측 버튼을 클릭하여 구속 부가 조건 아이콘( )을 선택한 후 그림과 같이 원점과 원호 중심이 수평이 되도록 한다.

4. 그림과 같이 각각의 지능형 치수 아이콘( )을 클릭하고 치수를 입력한다.

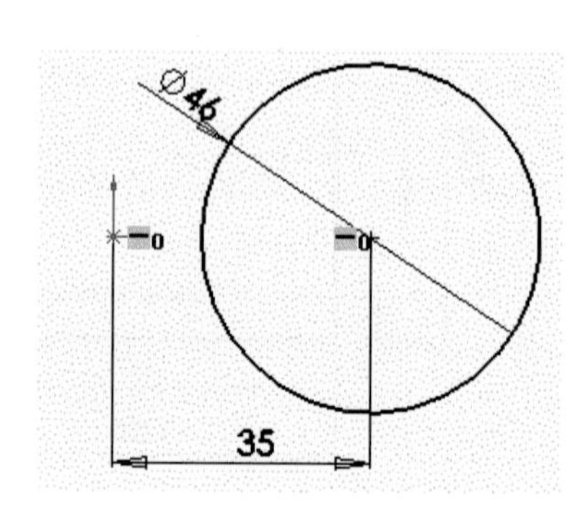

5. FeatureManager 디자인 트리에서 정면을 선택하고 스케치 도구상자에서 아이콘( )을 클릭한 후 그림과 같이 정면에 스케치를 한다.

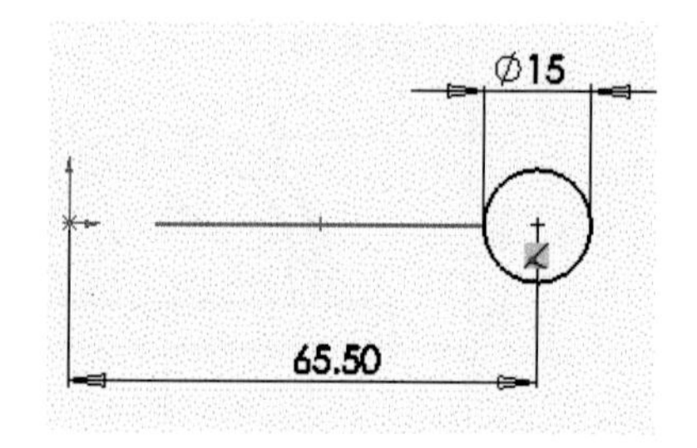

6. 면에 수직으로 보기 아이콘( )을 선택하여 뷰 방향을 등각 방향으로 한다.

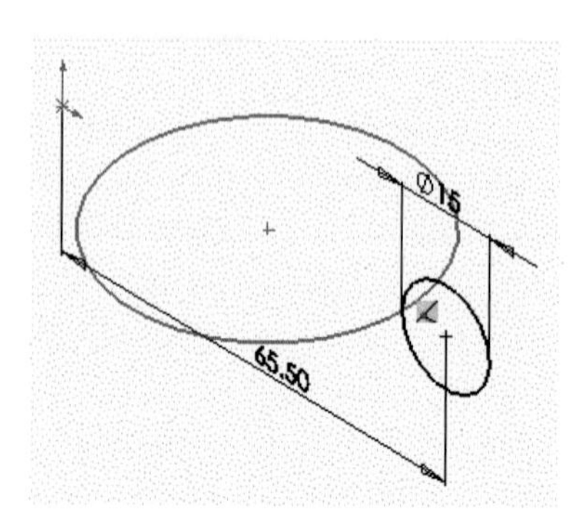

7 피처 메뉴에서 스윕 아이콘(아이콘)을 선택한 후 평면에 스케치한 큰 원을 경로로 지정하고 정면에 스케치한 작은 원을 프로파일로 지정하여 확인 버튼(✔)을 클릭한다.

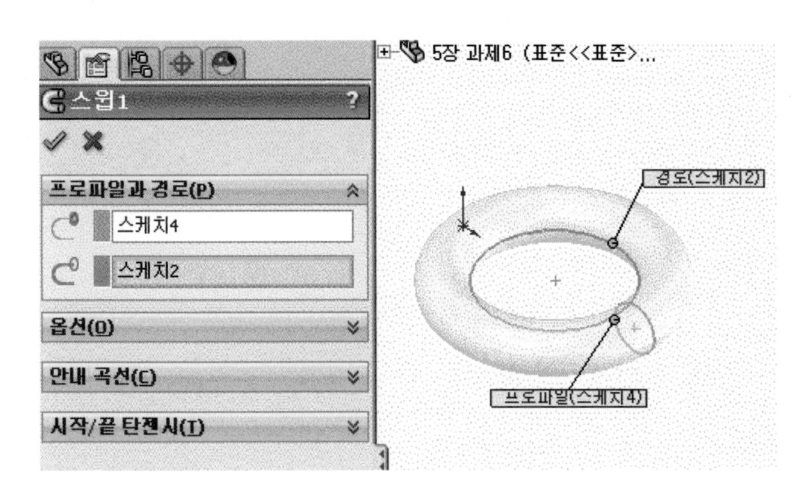

8 FeatureManager 디자인 트리에서 평면을 선택하고 참조의 아이콘을 선택하여 제1기준면을 만든 후 그림과 같이 스케치한다.

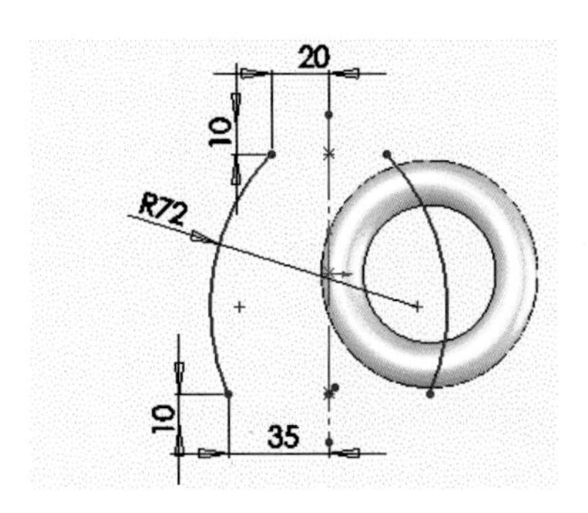

9 FeatureManager 디자인 트리에서 정면을 선택하고 참조의 아이콘을 선택하여 원점에서 40mm 거리에 제1기준면을 만든다.

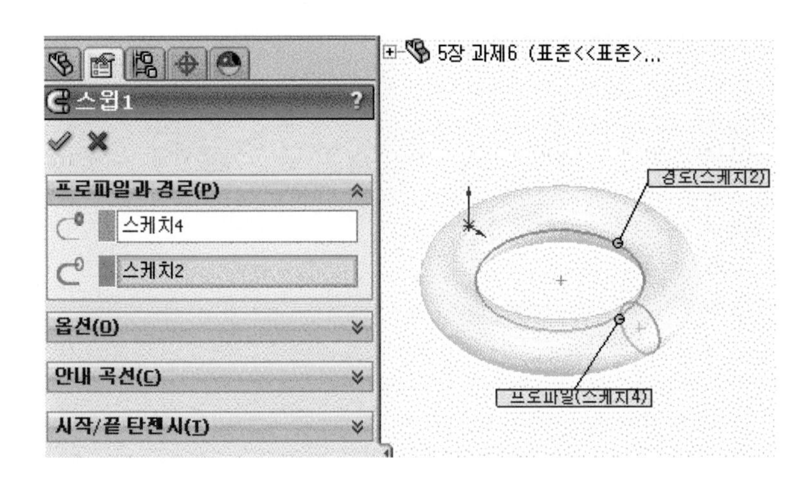

10 FeatureManager 디자인 트리에서 기준면을 선택하고 그림과 같이 중심에서 5mm 양방향 거리에 원을 스케치하고 치수 기입을 한다.

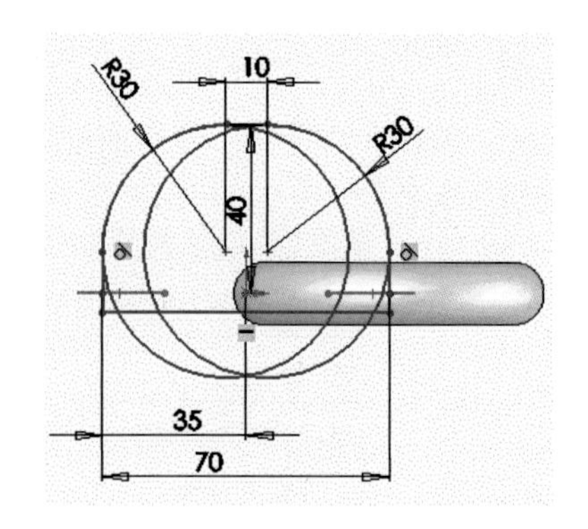

11 보기 메뉴에서 자르기 아이콘(✂)을 선택하여 불필요한 스케치를 삭제한다. 그림에서 A, B의 선분을 원과 인접시킨다.

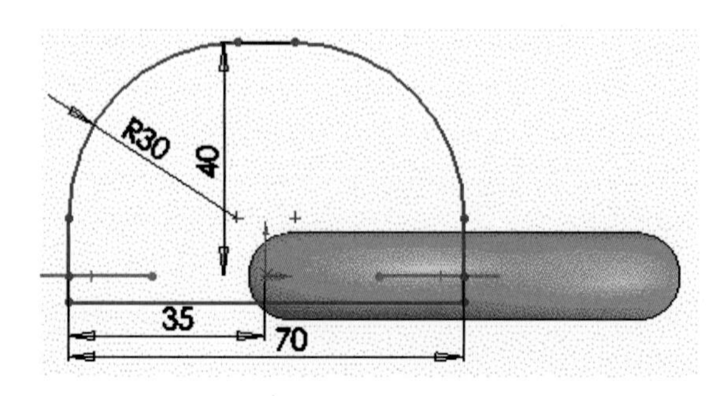

12 FeatureManager 디자인 트리에서 정면을 선택하고 참조의 ◈을 선택하여 원점에서 반대 방향으로 40mm 거리에 제2기준면을 만든다.

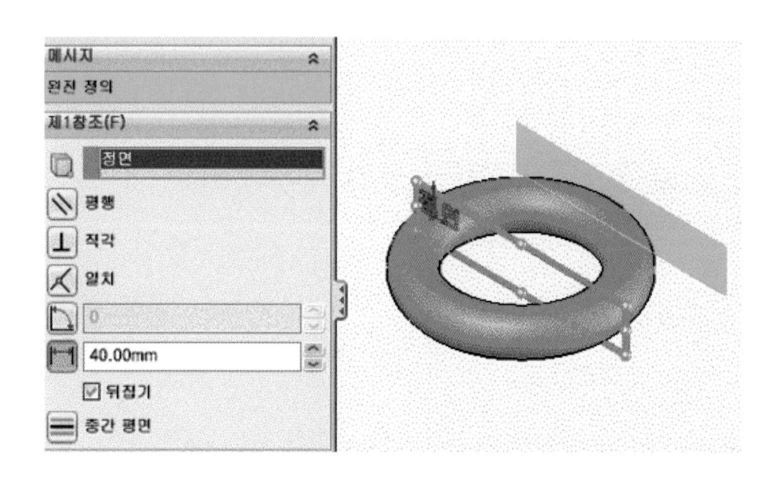

13 FeatureManager 디자인 트리에서 제2기준면을 선택하고 그림과 같이 스케치하고 치수 기입을 한다.

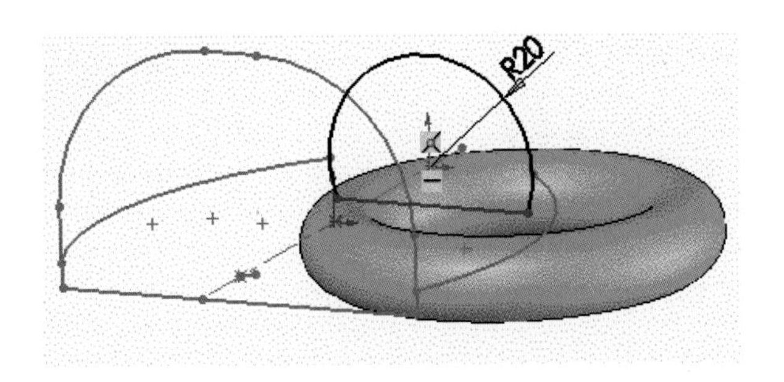

14 면에 수직으로 보기 아이콘( )을 클릭하여 뷰 방향을 등각 방향으로 전환한다.

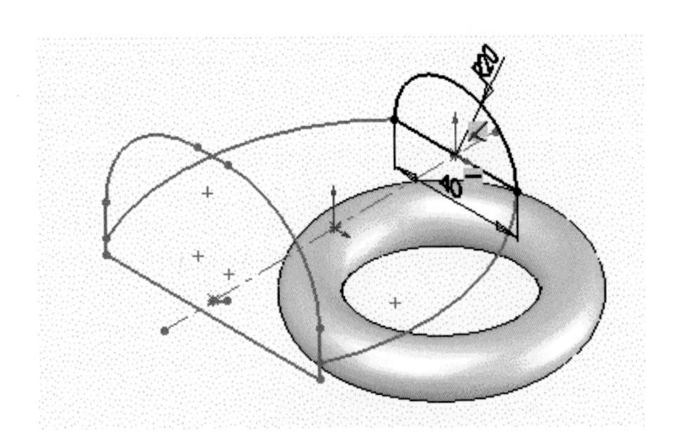

15 보기 메뉴의 로프트 아이콘( )을 선택한 후 프로파일은 정면에서 스케치한 요소를 선택하고 안내곡선은 스케치 도구의 단일 윤곽선 선택 후 평면에서 스케치한 요소를 선택하고 확인 버튼( )을 클릭한다.

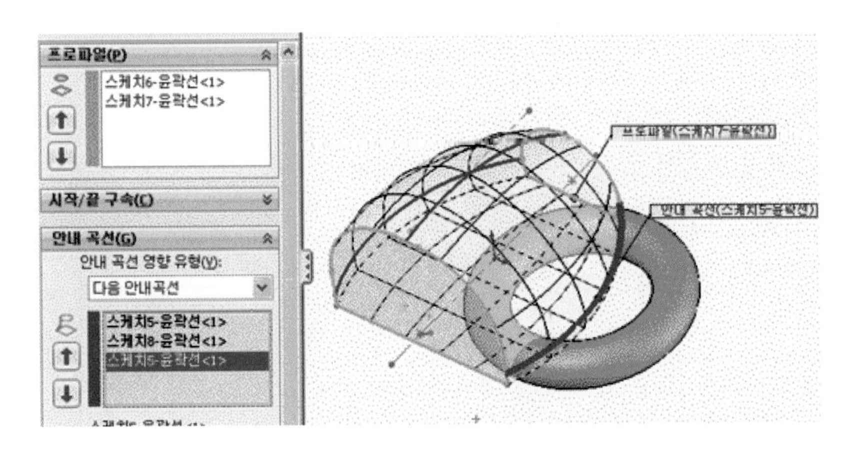

16 그림은 로프트를 실행한 상태이다.

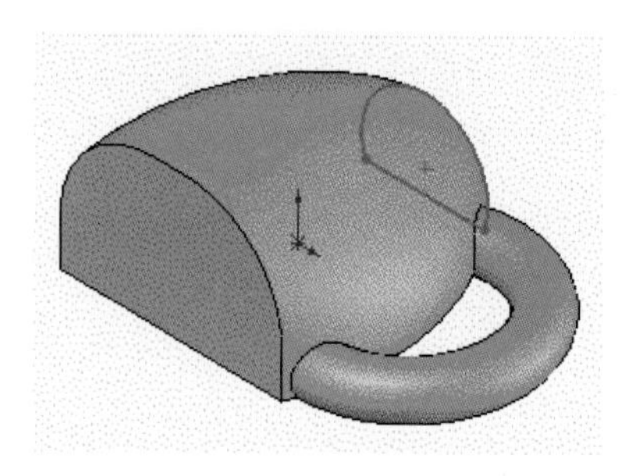

17 FeatureManager 디자인 트리에서 윗면을 선택한다.

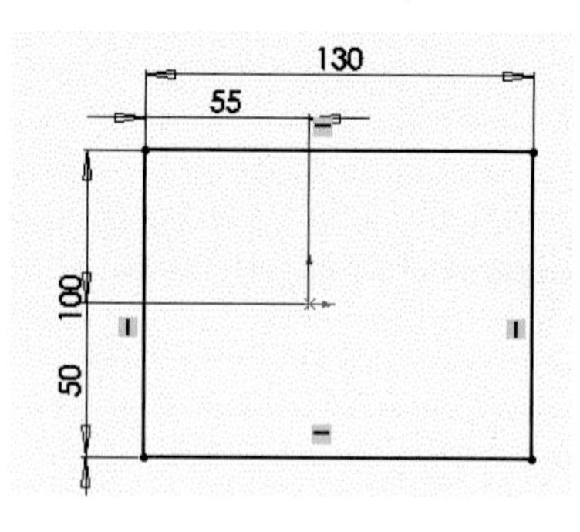

18 피처에서 돌출 보스/베이스 아이콘( )을 선택한 다음 블라인드 형태의 방향 1에서 을 클릭하여 아래 방향으로 향한 후 돌출 치수를 입력하고 확인 버튼( )을 클릭한다.

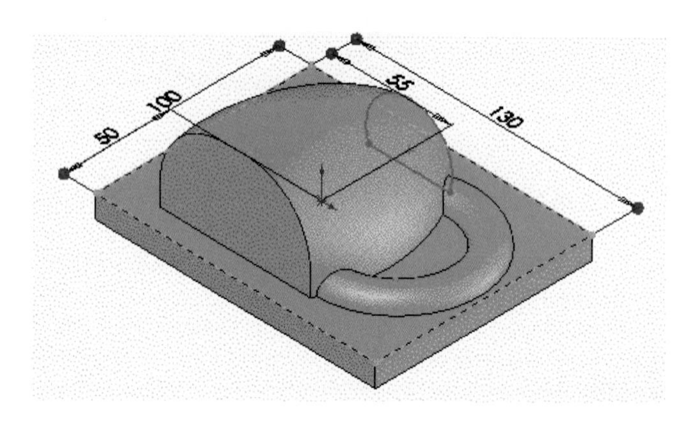

19 그림은 보기 메뉴의 필렛 아이콘( )을 선택한 후 각각 필렛 요소를 필렛을 실행 후의 완성 모델링 상태이다.

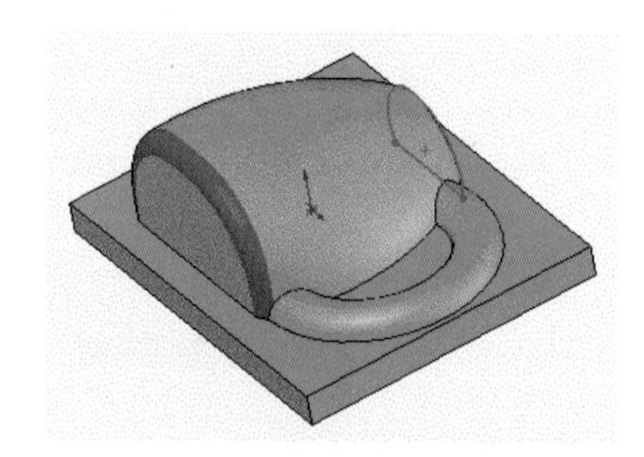

7 과제7 따라하기

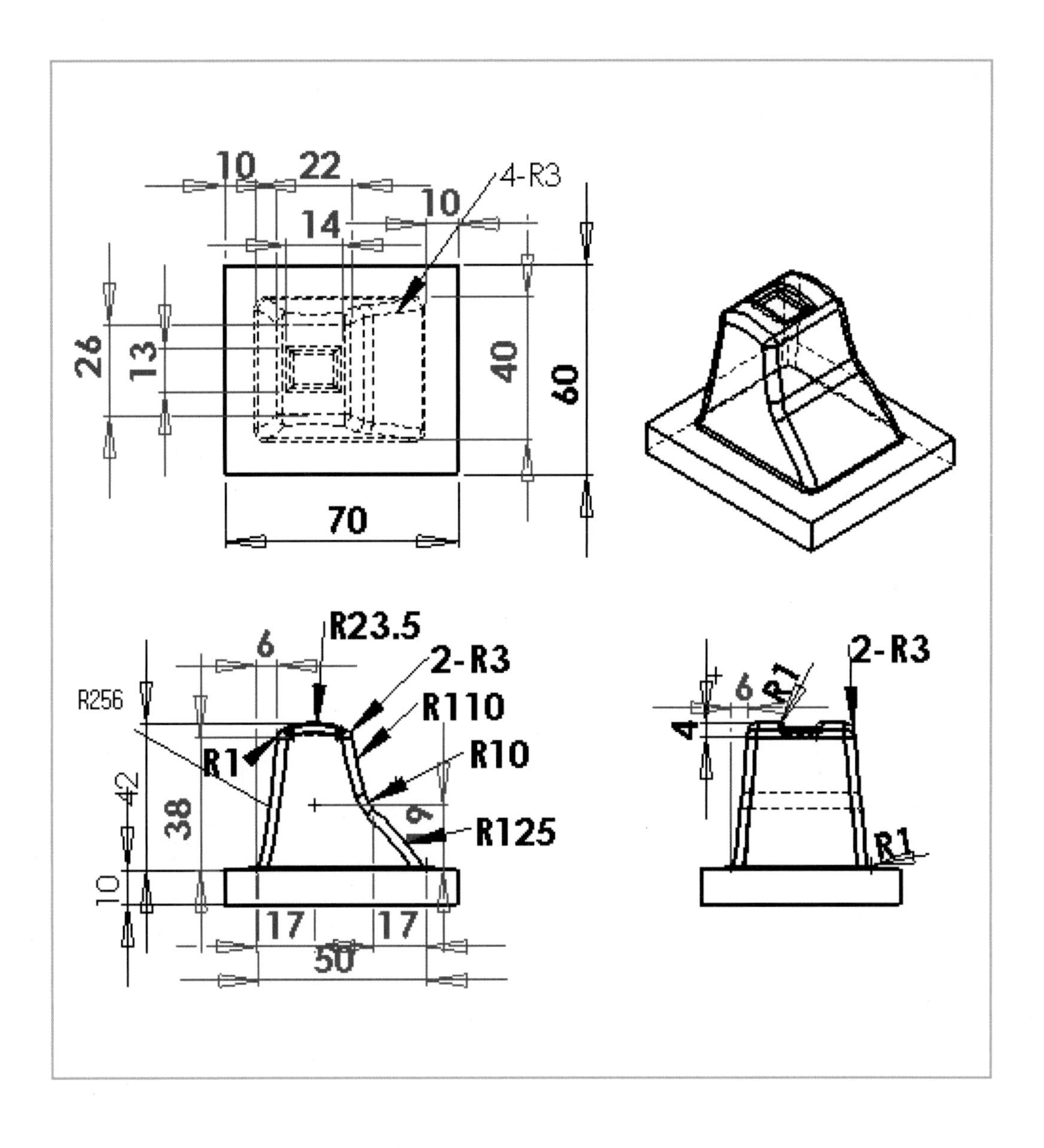
10
22
4-R3
10
14
26
13
40
60
70
R23.5
6
2-R3
R110
R256
R1
R10
42
38
9
R125
10
17
17
50
2-R3
6
R1
4
R1

1 FeatureManager 디자인 트리에서 윗면을 선택한다.

2 스케치 도구상자에서 스케치 아이콘( )을 클릭한 후 평면에 직사각형 스케치를 하고 중심선을 선택하여 대각선으로 그린다.

3 Ctrl키를 누른 상태에서 원점과 중심선을 선택한 후에 중간점을 선택하고 대화상자 닫기를 클릭하여 원점이 대각선의 중심점에 놓이도록 한다.

4 그림과 같이 각각의 지능형 치수 아이콘( )을 클릭하고 치수를 입력 후 아래 방향으로 돌출한다.

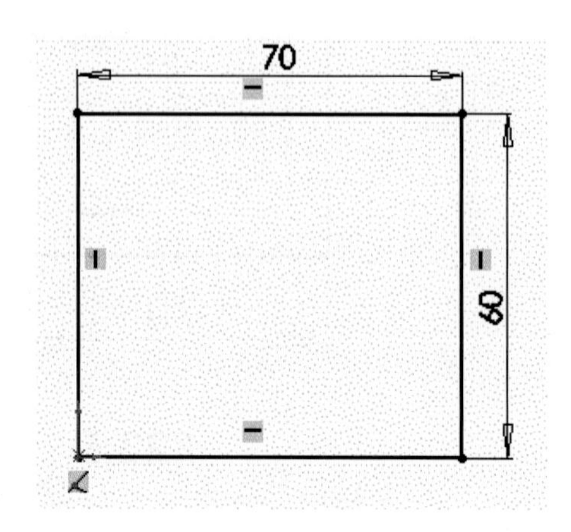

5 FeatureManager 디자인 트리에서 정면을 선택하고 스케치 도구상자에서 아이콘( )을 클릭한 후 3점 호와 아이콘( )과, 선 아이콘( )을 이용하여 그림과 같이 스케치한다.

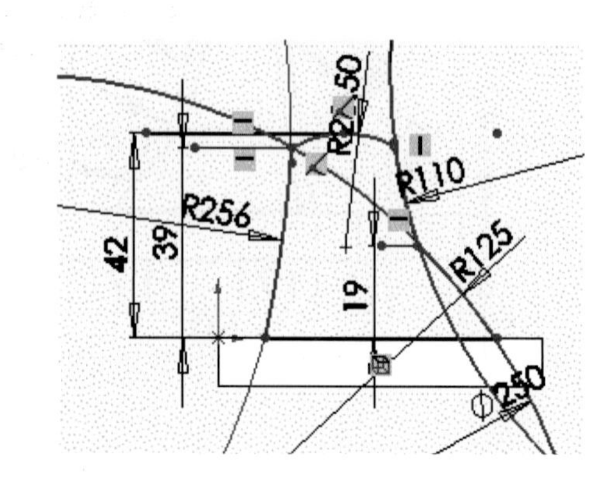

6 보기 메뉴에서 자르기 아이콘( )을 선택하여 근접 자르기로 체크한 후 그림과 같이 스케치 자르기를 한다.

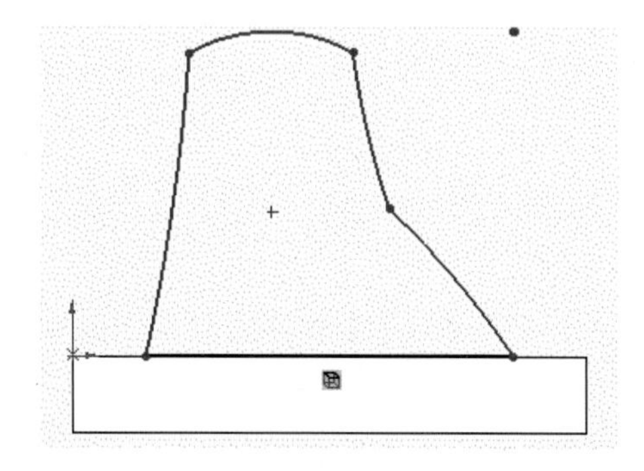

7 피처에서 돌출 보스/베이스 아이콘( )을 선택한 다음 블라인드 형태의 방향 1에서 을 클릭하여 중간 평면으로 하여 40mm를 입력하고 확인 버튼( )을 클릭한다.

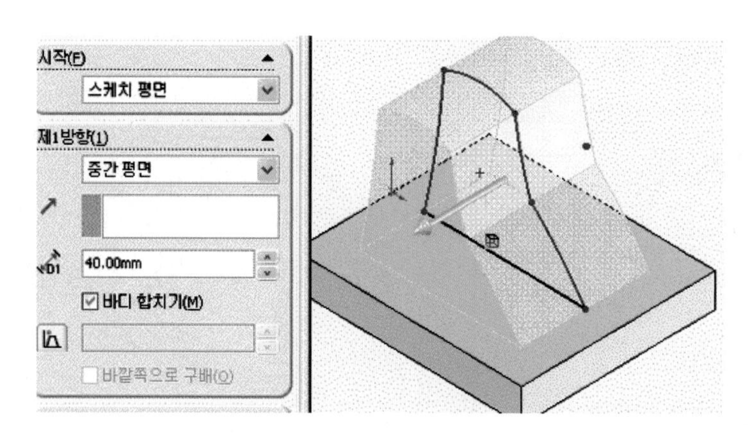

8 FeatureManager 디자인 트리에서 윗면을 선택하여 제1기준면을 만든다. 기준면에 그림과 같이 스케치한다.

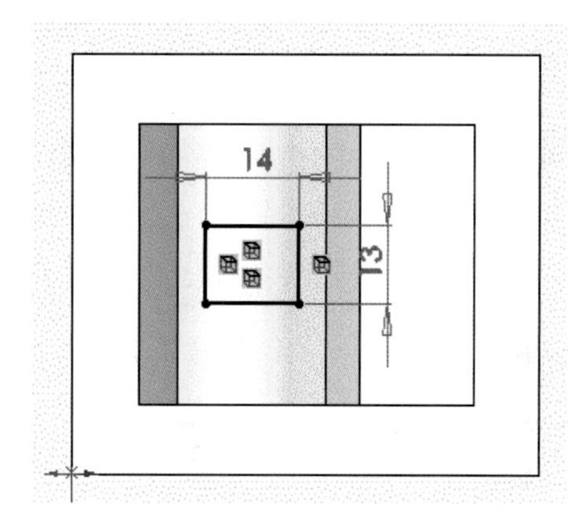

9 그림은 정면 보기 상태이다.

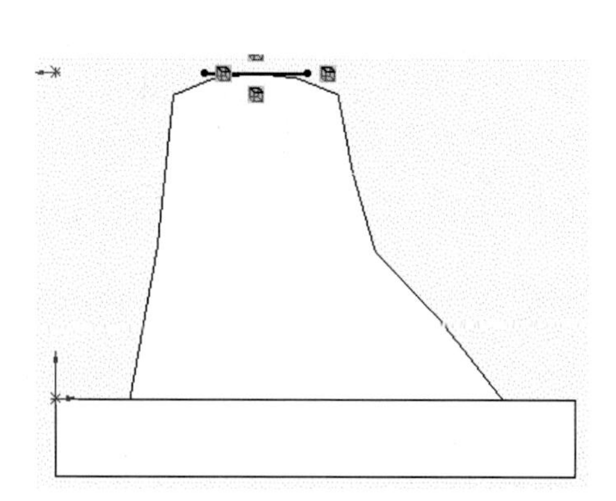

10 보기 메뉴의 돌출 컷 아이콘(▣)을 클릭한 후 방향을 아래로 향하게 하고 그림과 같이 체크한 후 확인 버튼(✓)을 클릭한다.

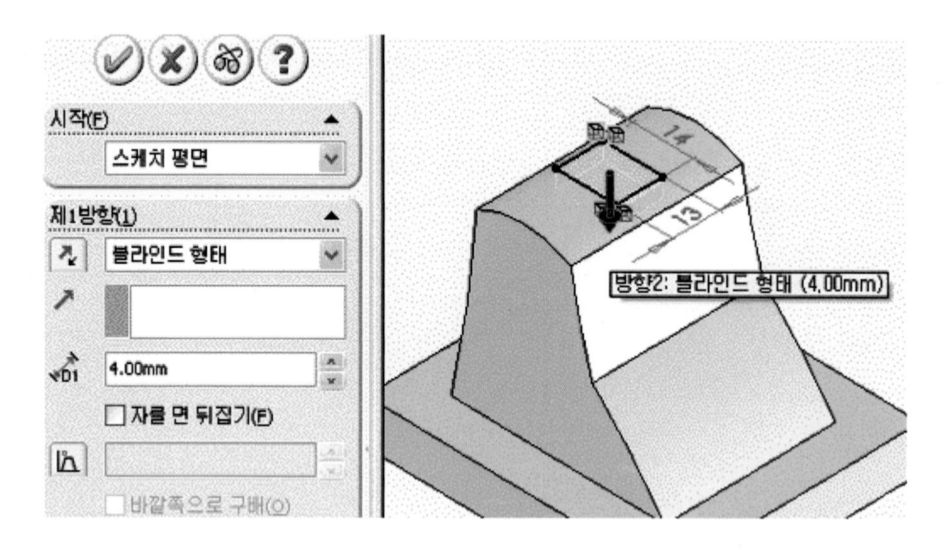

11 그림은 돌출 컷(▣)을 실행한 상태이다.

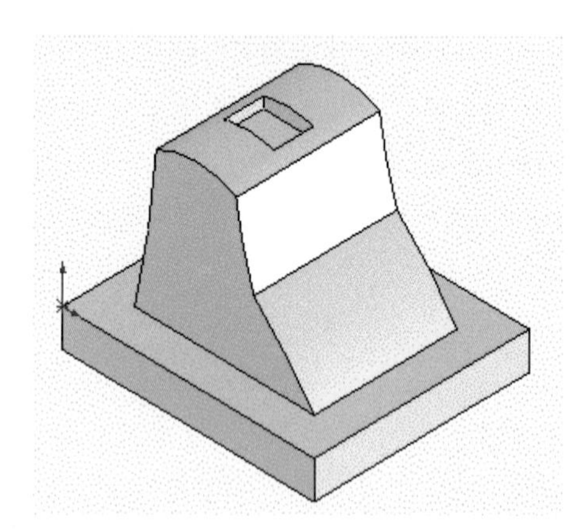

12 보기 메뉴에서 구배 주기 아이콘( )을 선택하여 구배 유형에 중립 평면, 구배 각도 6도, 중립 평면에 바닥면, 구배줄 면을 체크한 후 확인 버튼( )을 클릭한다.

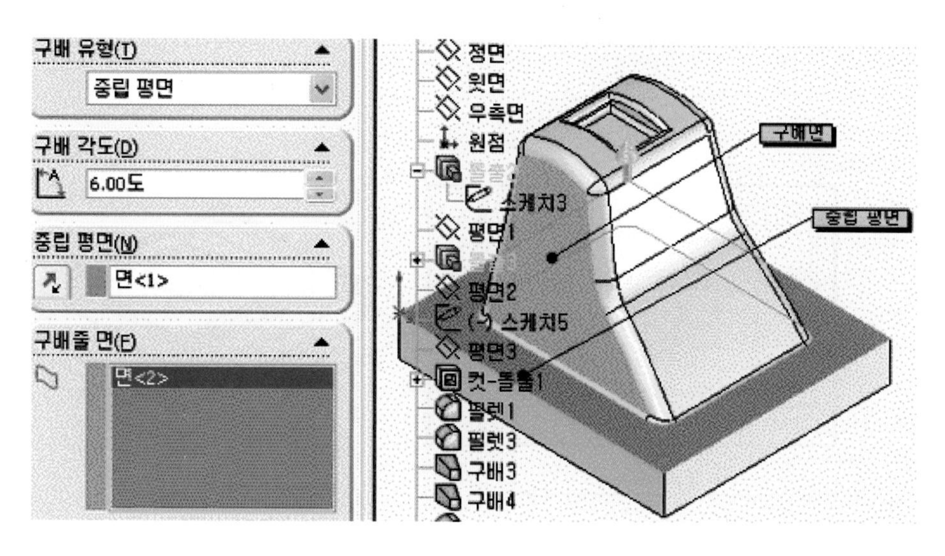

13 그림은 보기 메뉴의 필렛 아이콘( )을 선택한 후 각각 필렛 요소를 실행하여 완성된 모델이다.

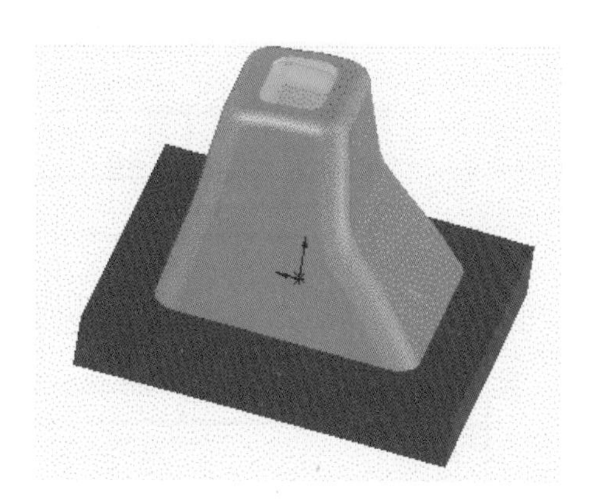

8 과제8 따라하기

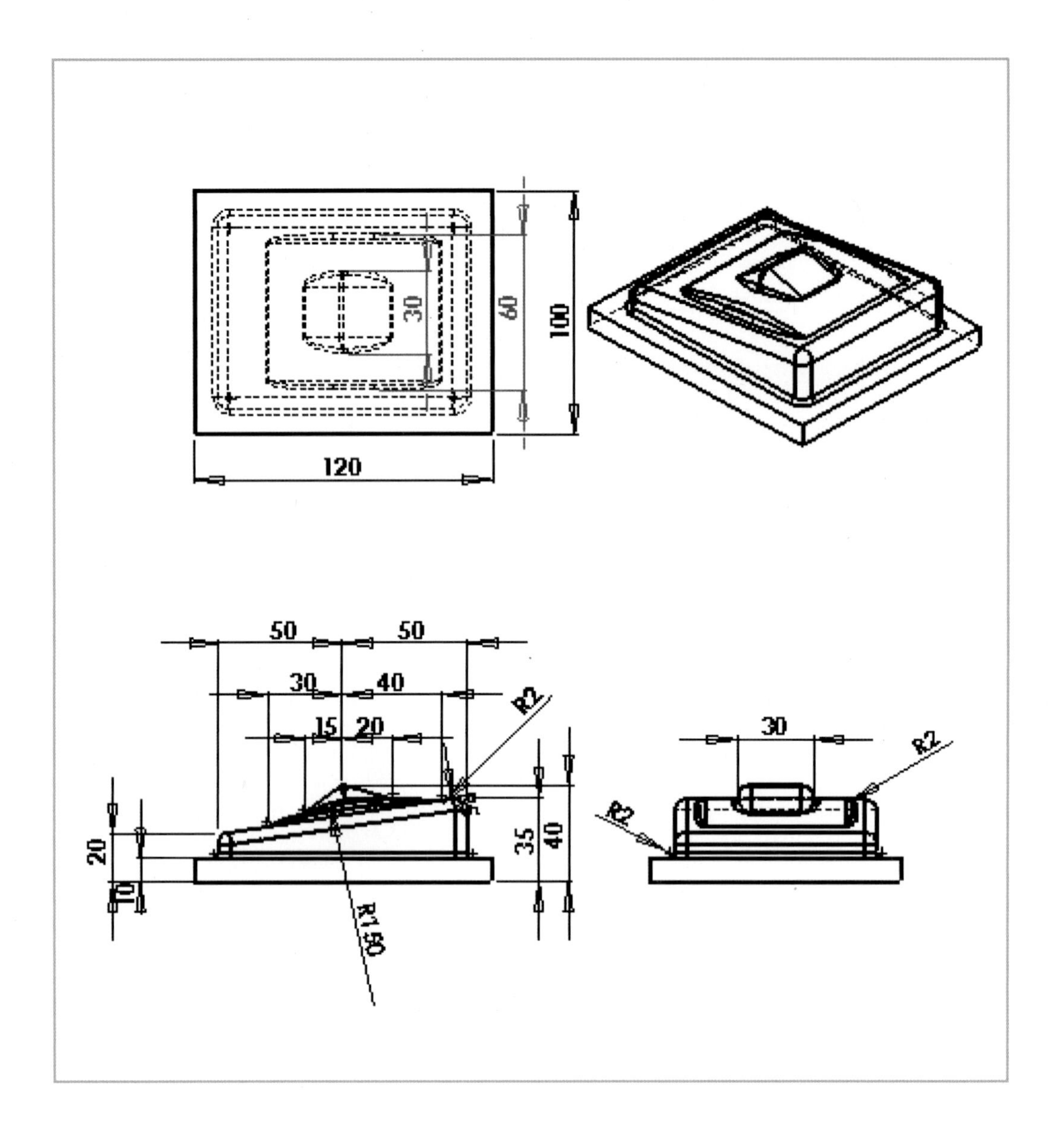

1 FeatureManager 디자인 트리에서 윗면을 선택한다.

2 스케치 도구상자에서 스케치 아이콘( )을 클릭한 후 평면에 직사각형 스케치를 하고 중심선을 선택하여 대각선으로 그린다.

3 Ctrl키를 누른 상태에서 원점과 중심선을 선택한 후에 중간점을 선택하고 대화상자 닫기를 클릭하여 원점이 대각선의 중심점에 놓이도록 한다.

4 그림과 같이 각각의 지능형 치수 아이콘( )을 클릭하고 치수를 입력 후 아래 방향으로 돌출한다.

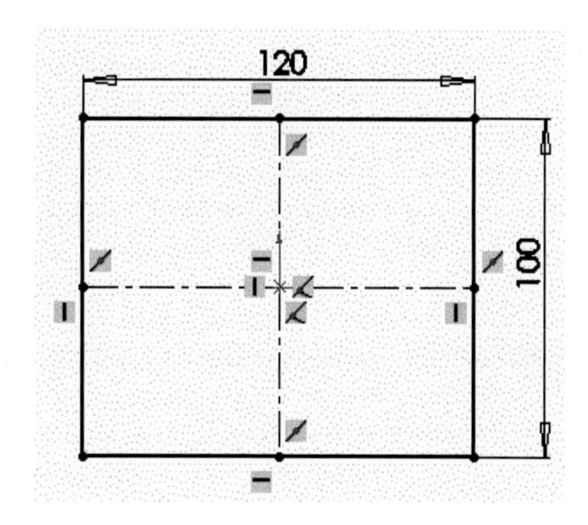

5 FeatureManager 디자인 트리에서 정면을 선택하고 스케치 도구상자에서 아이콘( )을 클릭하고 면에 스케치를 한 후 그림과 같이 치수 기입을 한다.

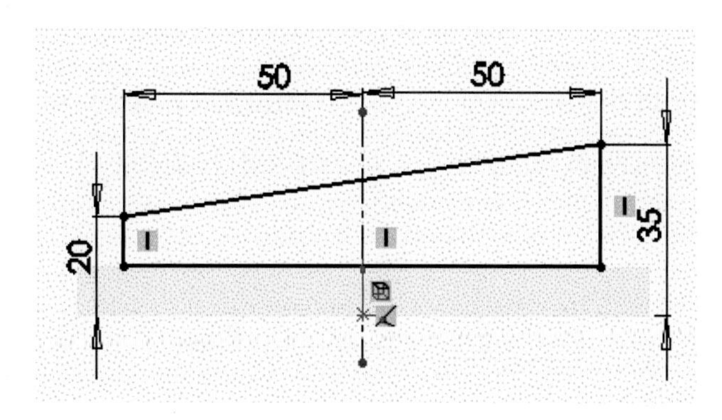

6 피처에서 돌출 보스/베이스 아이콘( )을 선택한 다음 블라인드 형태의 방향 1에서 을 클릭하여 중간 평면으로하여 40mm를 입력하고 확인 버튼( )을 클릭한다.

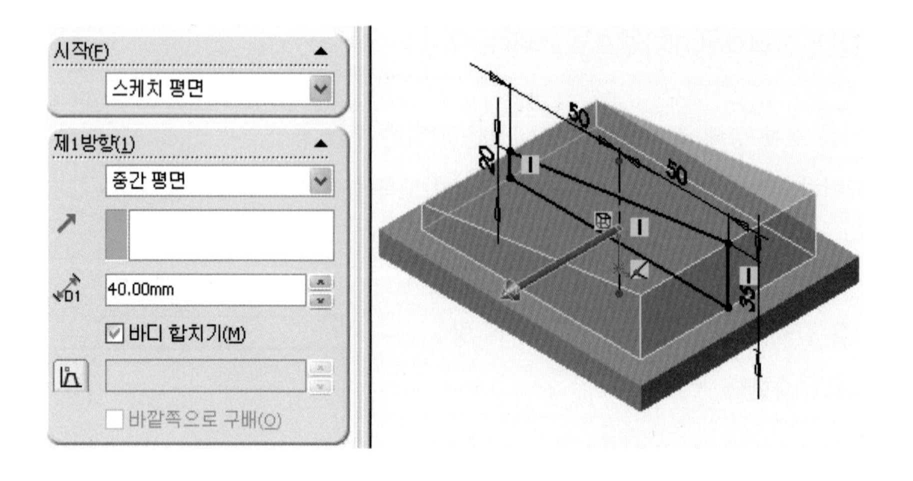

7 보기 메뉴의 필렛 아이콘( )을 선택한 후 각각 필렛을 실행한다.

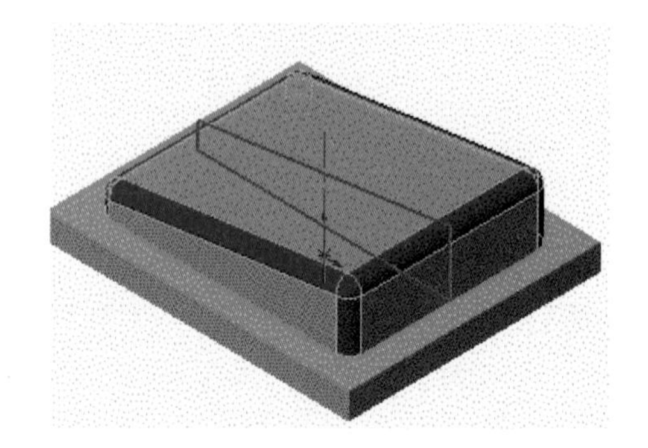

8 FeatureManager 디자인 트리에서 정면을 선택하고 A점과 B점을 이용하여 스케치 아이콘에서 3점 호 아이콘( )을 선택 후 호를 스케치한다. 돌출을 하기 위해 폐곡선으로 만든다.

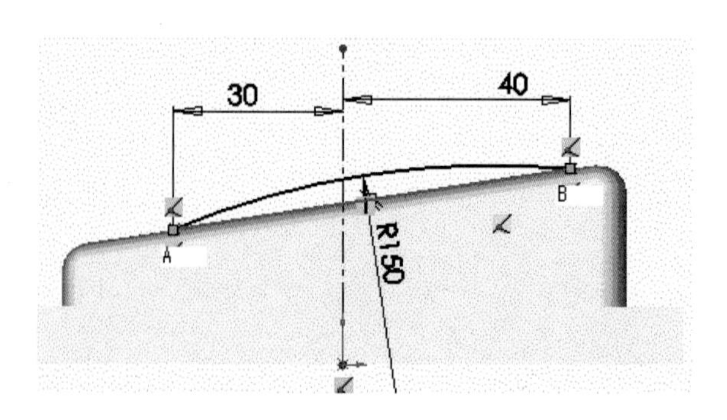

9 피처에서 돌출 보스/베이스 아이콘( )을 선택한 다음 블라인드 형태의 방향 1에서 을 클릭하여 중간 평면으로하여 30mm를 입력하고 확인 버튼( )을 클릭한다.

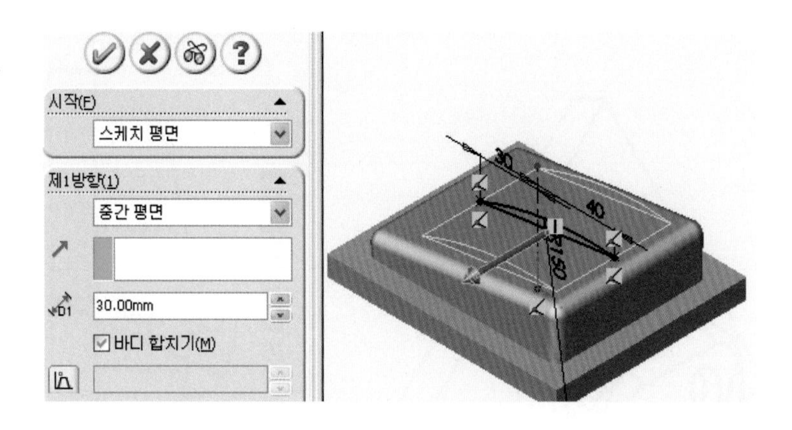

10 FeatureManager 디자인 트리에서 정면을 선택하고 A점과 B점의 치수를 이용하여 그림과 같이 스케치한다. 돌출을 하기 위해 폐곡선으로 만든다.

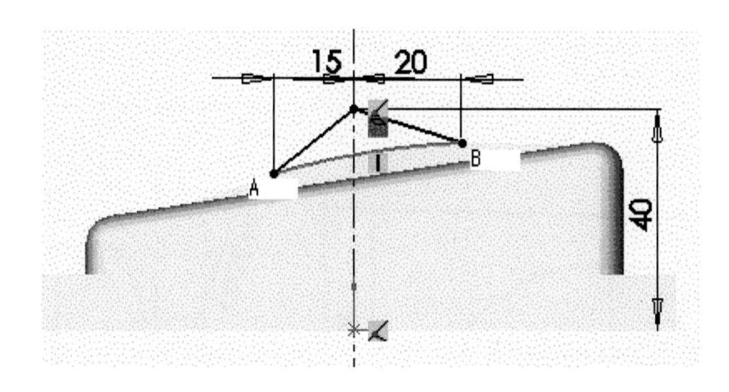

11 피처에서 돌출 보스/베이스 아이콘( )을 선택한 다음 블라인드 형태의 방향 1에서 을 클릭하여 중간 평면으로하여 30mm 를 입력하여 돌출 후 필렛을 한다.

9 과제9 따라하기

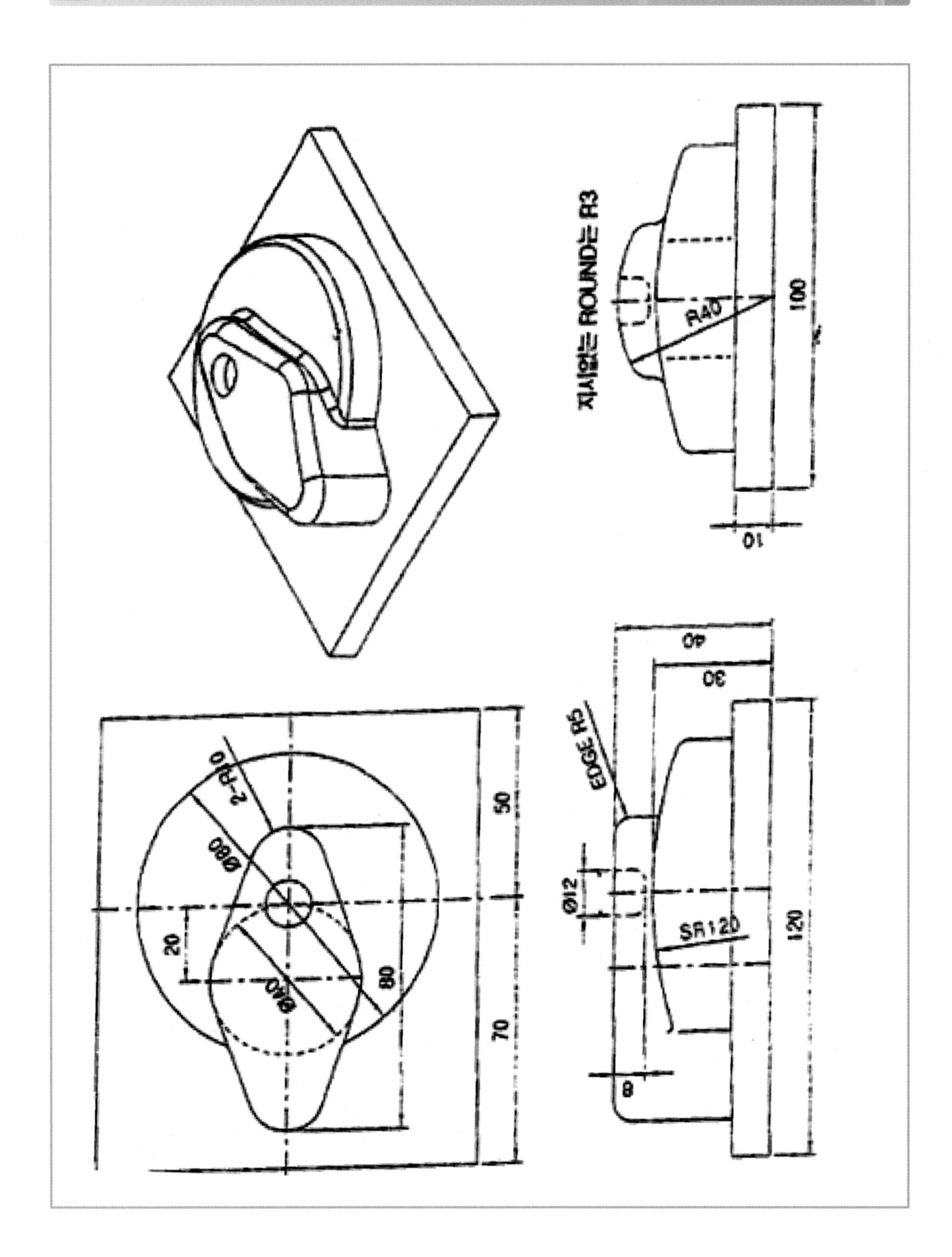

지시없는 ROUND는 R3
R40
100
10
40
30
EDGE R5
Ø12
SR120
120
8
2-R10
Ø80
Ø40
20
80
50
70

1 FeatureManager 디자인 트리에서 윗면을 선택한다.

2 스케치 도구상자에서 스케치 아이콘( )을 클릭한 후 평면에 직사각형 스케치를 하고 중심선을 선택하여 대각선으로 그린다.

3 Ctrl키를 누른 상태에서 원점과 중심선을 선택한 후에 중간점을 선택하고 대화상자 닫기를 클릭하여 원점이 대각선의 중심점에 놓이도록 한다.

4 그림과 같이 각각의 지능형 치수 아이콘( )을 클릭하고 치수를 입력 후 아래 방향으로 돌출을 한다.

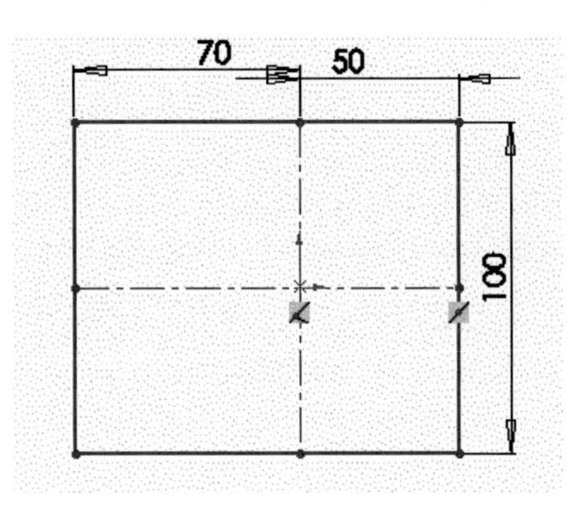

5 FeatureManager 디자인 트리에서 정면을 선택하고 스케치 도구상자에서 아이콘( )을 클릭하고 면에 스케치를 한 후 그림과 같이 치수 기입을 한다. 곡면을 회전하기 위해 폐곡선으로 만든다.

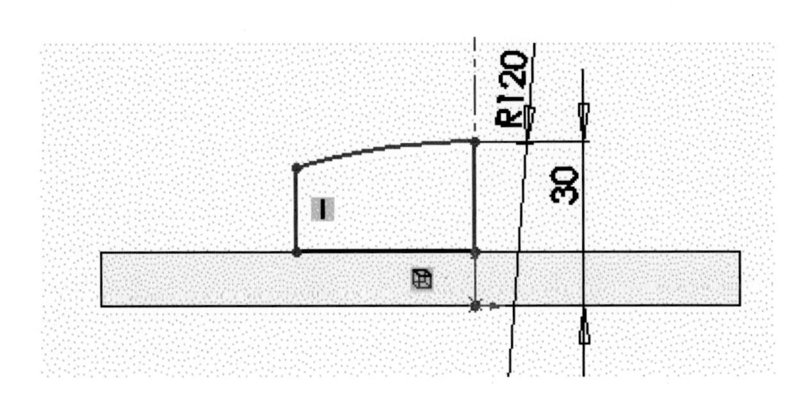

6 피처에서 회전 아이콘( )을 선택한 다음 중심선을 선택하고 한 방향으로 각도를 360도 입력 후 확인 버튼( )을 클릭한다.

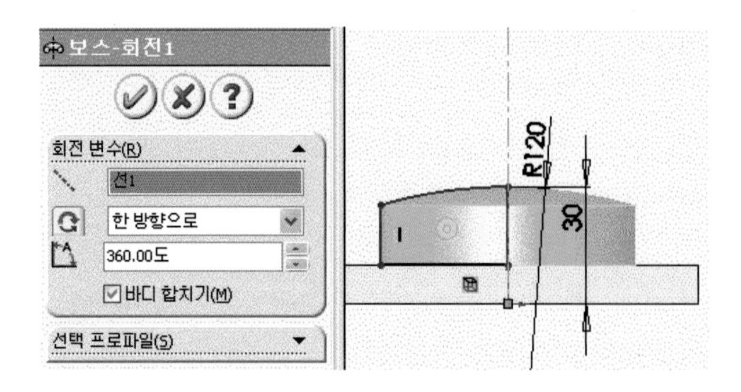

7 FeatureManager 디자인 트리에서 윗면을 선택하고 스케치 도구상자에서 아이콘( )을 클릭하고 면에 스케치를 한 후 그림과 같이 치수 기입을 한다.

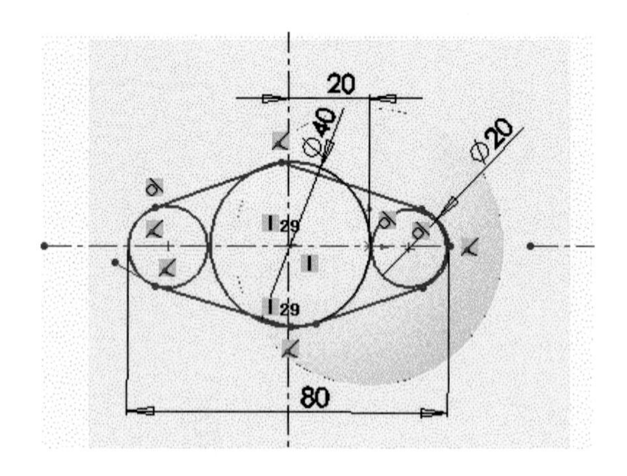

8 부가 조건에서 선과 원을 인접시키고 보기 메뉴에서 자르기 아이콘( )을 선택하여 근접 자르기로 체크한 후 그림과 같이 스케치 자르기를 한다.

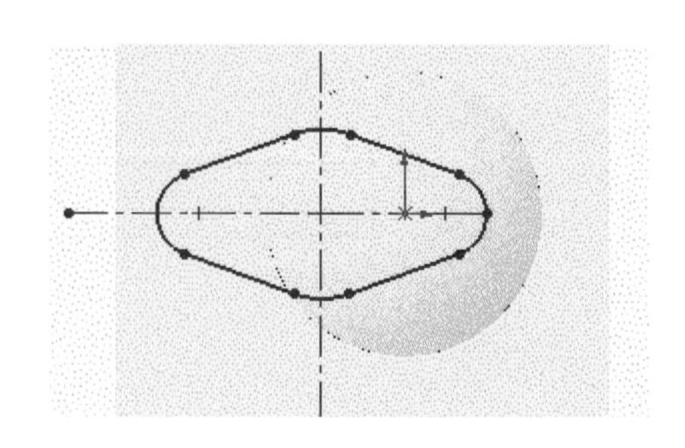

9 피처에서 돌출 보스/베이스 아이콘( ) 을 선택한 다음 블라인드 형태의 방향 1에서 을 클릭하여 방향을 위로한 후 돌출 치수를 입력하고 확인 버튼( )을 클릭한다.

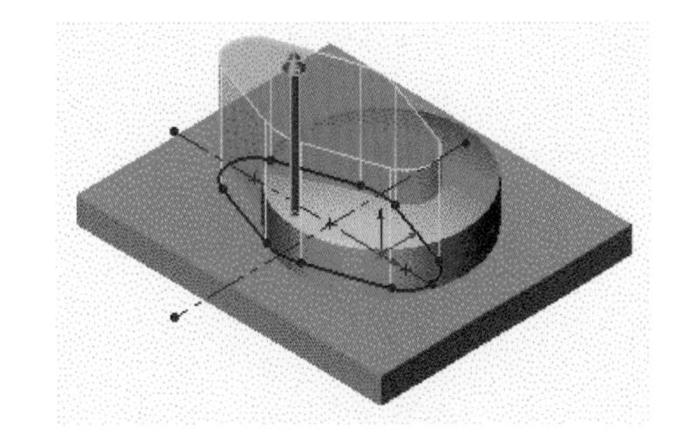

10 그림은 돌출( )을 실행한 결과이다.

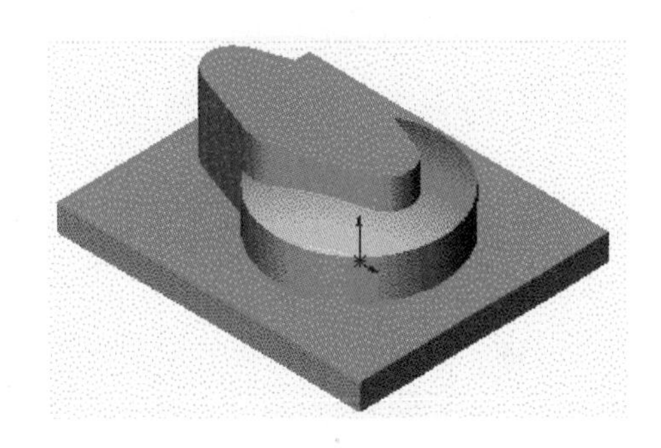

11 FeatureManager 디자인 트리에서 우측면을 선택하고 그림과 같이 스케치한다.

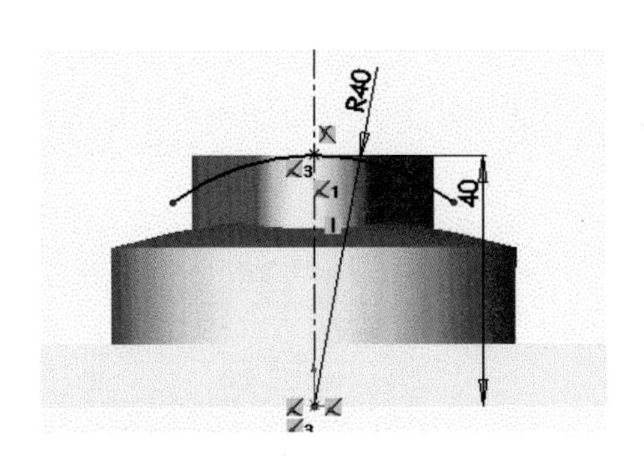

12 스케치 모드를 닫고 FeatureManager 디자인 트리에서 정면을 선택하고 보기 메뉴에서 삽입-자르기-돌출 아이콘( )을 선택하여 1방향을 관통으로 한 후 확인 버튼을 클릭한다.

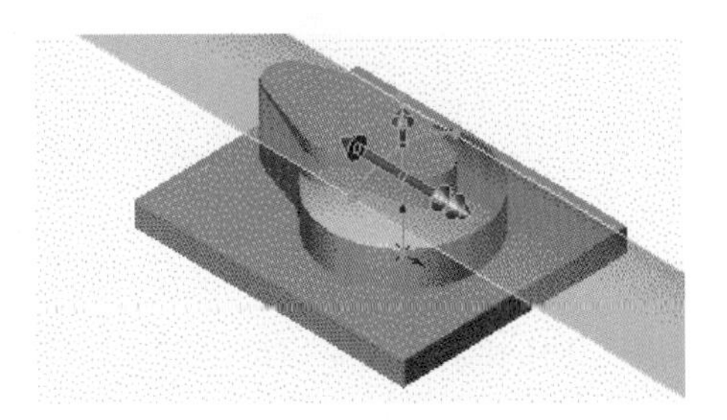

13 그림은 자르기 돌출 컷을 실행한 상태이다.

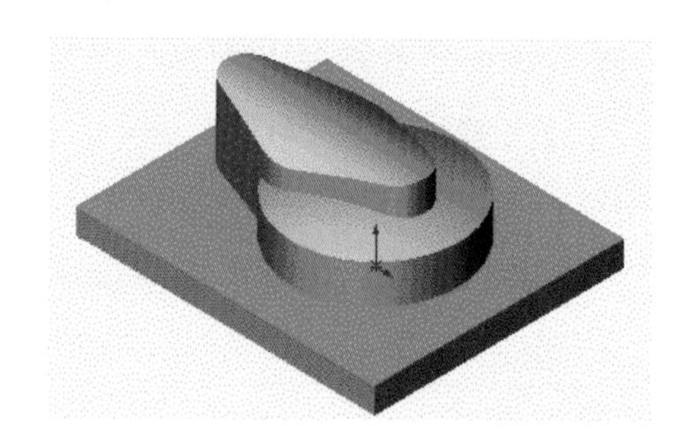

14 FeatureManager 디자인 트리에서 윗면을 선택하고 그림과 같이 스케치한다.

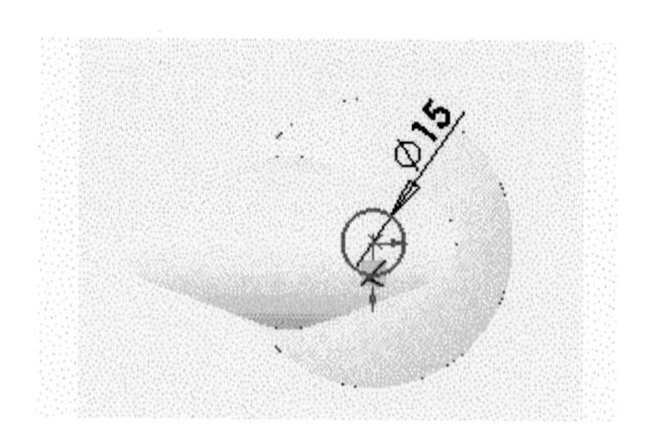

15 보기 메뉴의 돌출 컷 아이콘( )을 클릭한 후 방향을 윗면으로 향하게 하고 그림과 같이 체크한 후 확인 버튼( )을 클릭한다.

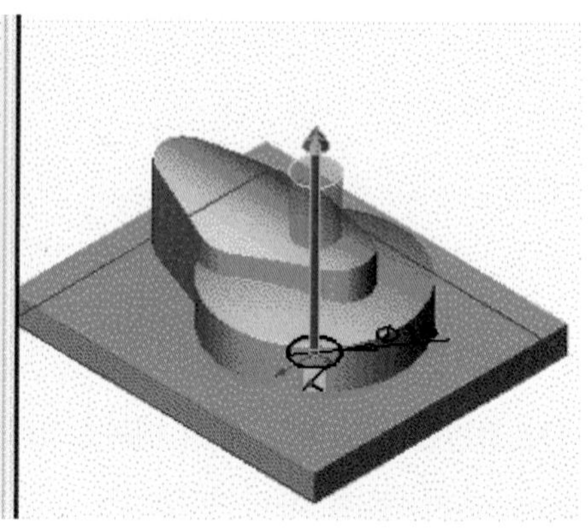

16 보기 메뉴의 필렛 아이콘( )을 선택한 후 각각 필렛을 실행하여 완성된 모델이다.

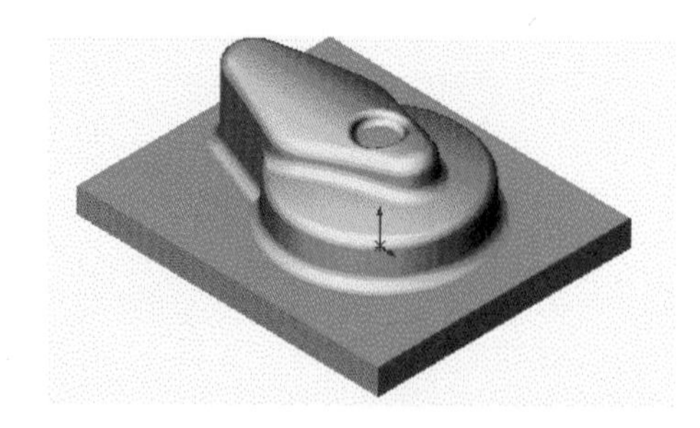

10 과제10 따라하기

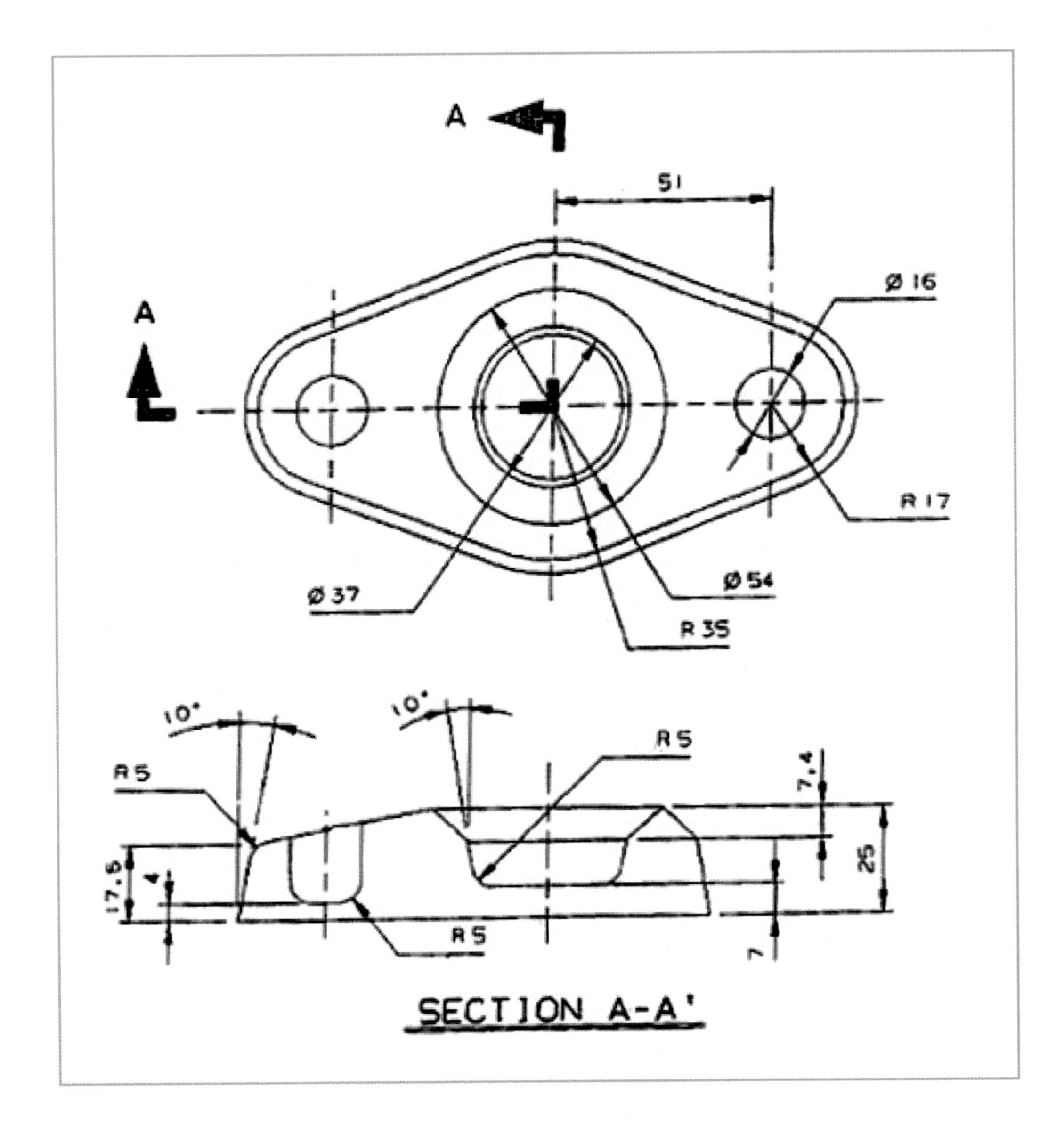

1. FeatureManager 디자인 트리에서 윗면을 선택한다.

2. 스케치 도구상자에서 스케치 아이콘( )을 클릭한 후 원점과 수평으로 중심선을 선택하여 원을 스케치한다.

3. 보기 메뉴에서 또는 마우스 우측 버튼을 클릭하여 구속 부가 조건 아이콘( )을 선택한 후 그림과 같이 원점과 원호 중심이 수평이 되도록 한다.

4. 그림과 같이 스케치하고 지능형 치수 아이콘( )을 클릭하여 치수를 입력한다.

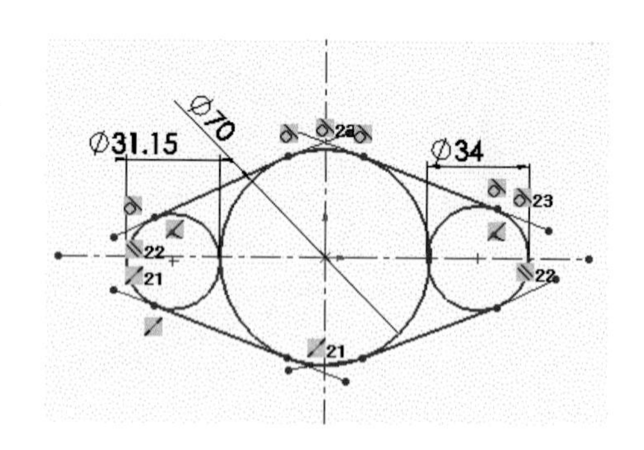

5. 부가 조건에서 선과 원을 인접시키고 보기 메뉴에서 자르기 아이콘( )을 선택하여 근접 자르기로 체크한 후 그림과 같이 스케치 자르기를 한다.

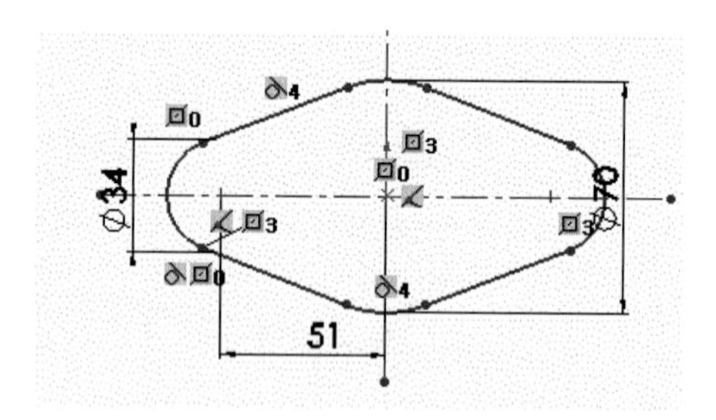

6. 피처에서 돌출 보스/베이스 아이콘( )을 선택한 다음 블라인드 형태의 방향 1에서 을 클릭하여 방향을 위로한 후 돌출 치수를 입력하고 확인 버튼( )을 클릭한다.

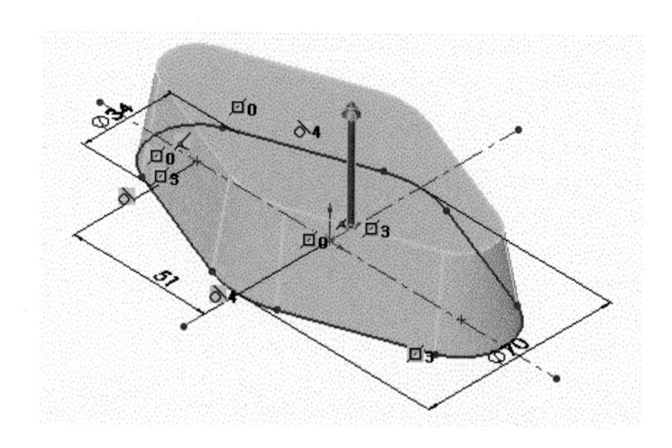

7 FeatureManager 디자인 트리에서 정면을 선택하고 스케치 도구상자에서 아이콘( )을 클릭한 후 면에 스케치를 한 후 그림과 같이 치수 기입을 한다. 곡면을 회전하기 위해 폐곡선으로 만든다.

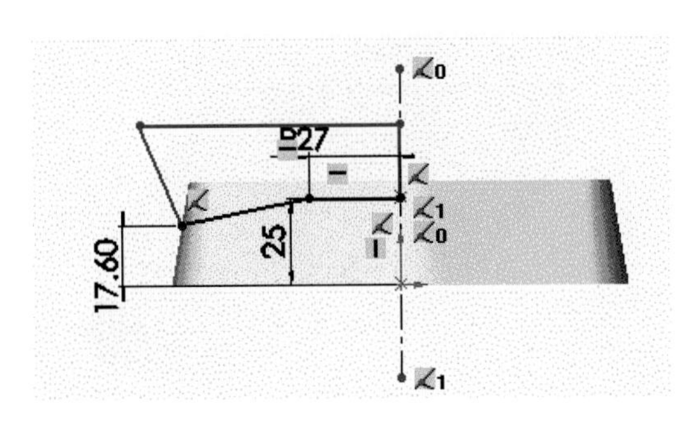

8 스케치 모드를 닫고 FeatureManager 디자인 트리에서 정면을 선택하고 보기 메뉴에서 삽입-자르기-스윕 아이콘( )을 실행한다.

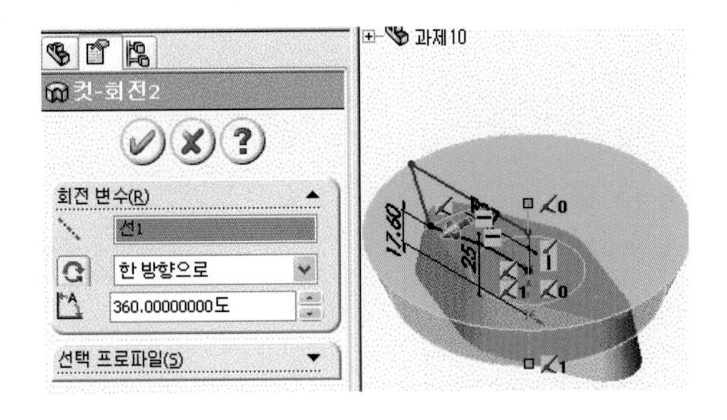

9 FeatureManager 디자인 트리에서 정면을 선택하고 스케치 도구상자에서 아이콘( )을 클릭한 후 면에 스케치를 한 후 그림과 같이 치수 기입을 한다. 곡면을 회전하기 위해 폐곡선으로 만든다.

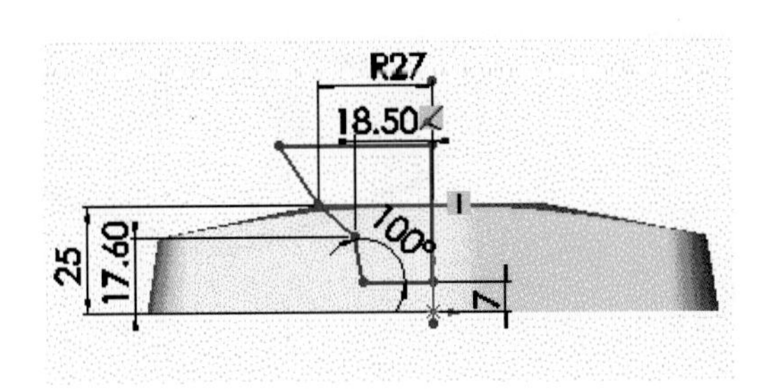

10 스케치 모드를 닫고 FeatureManager 디자인 트리에서 정면을 선택하고 보기 메뉴에서 삽입-잘라내기-스윕 아이콘( )을 실행한다.

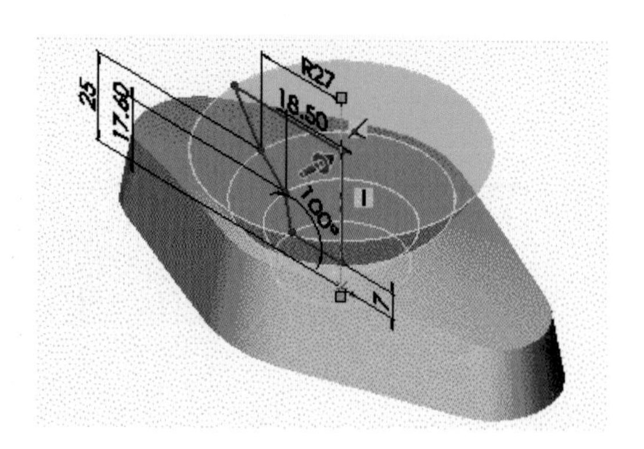

11 FeatureManager 디자인 트리에서 윗면을 선택하고 참조의 을 선택하여 13mm 높이에 그림과 같이 기준면을 만든다.

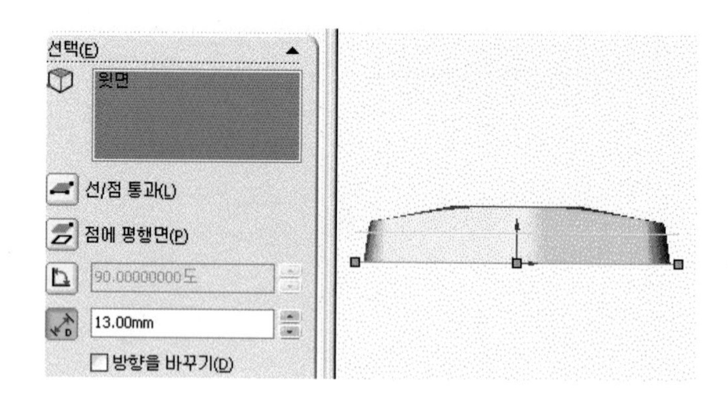

12 FeatureManager 디자인 트리에서 기준면을 선택하고 그림과 같이 스케치 부가 조건 동등으로 원을 스케치한다.

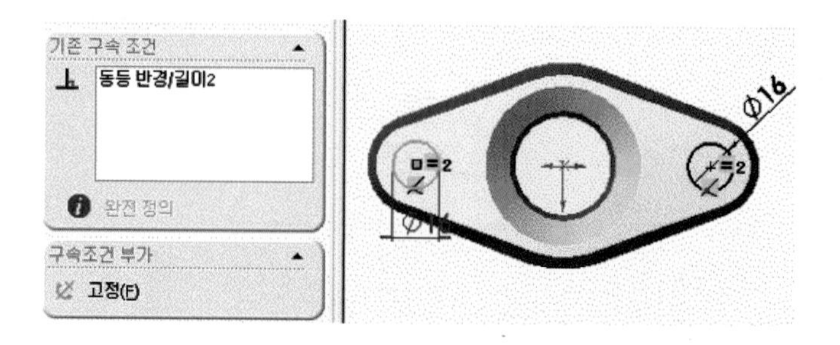

13 FeatureManager 디자인 트리에서 정면을 선택하고 그림과 같이 스케치한다. 돌출을 하기 위해 폐곡선으로 만든다.

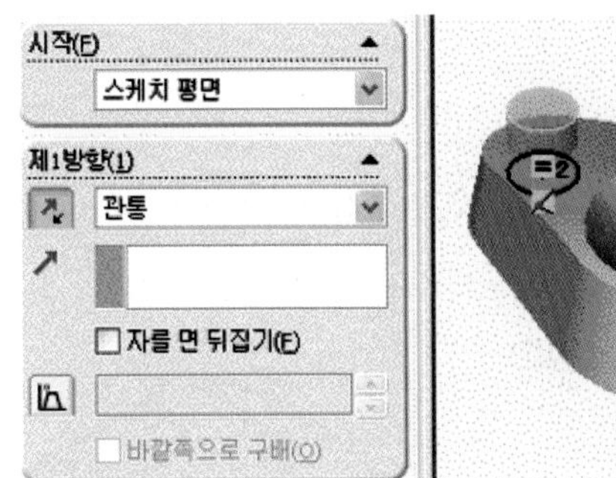

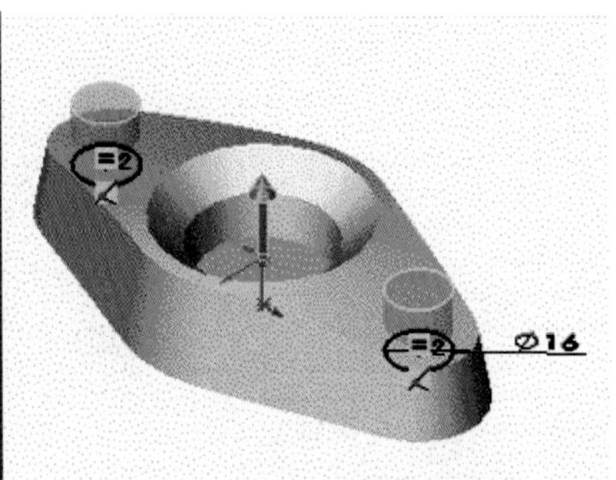

14 그림은 보기 메뉴의 필렛 아이콘( )을 선택한 후 각각 필렛 작업을 완료한 상태이다.

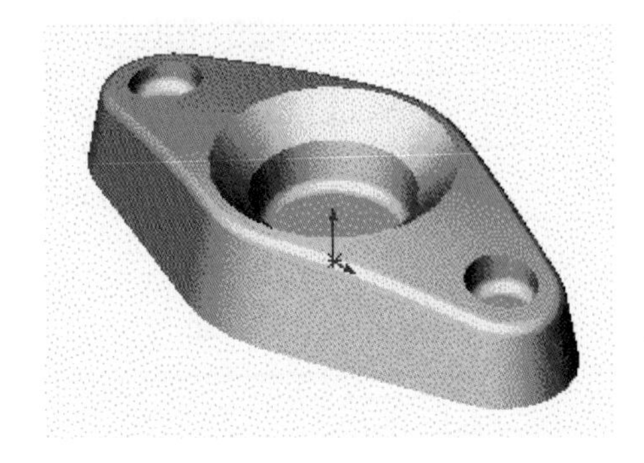

15 FeatureManager에서 윗면을 선택하고 그림과 같이 직사각형을 스케치한 후 중심선을 원점과 일치시키고 아래방향으로 돌출한다.

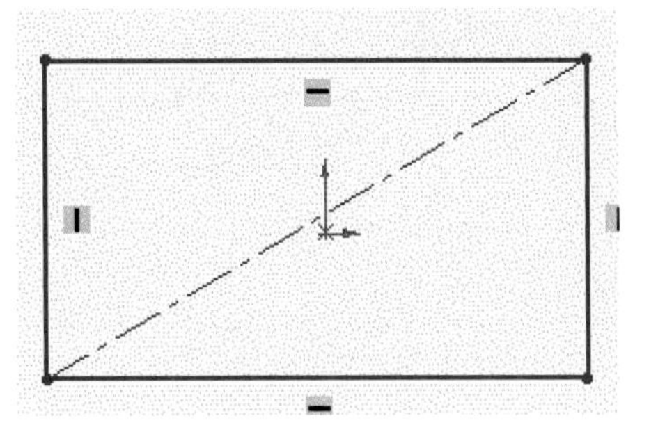

16 그림은 보기 메뉴의 필렛 아이콘( )을 선택한 후 각각 필렛 요소를 실행하여 완성된 모델이다.

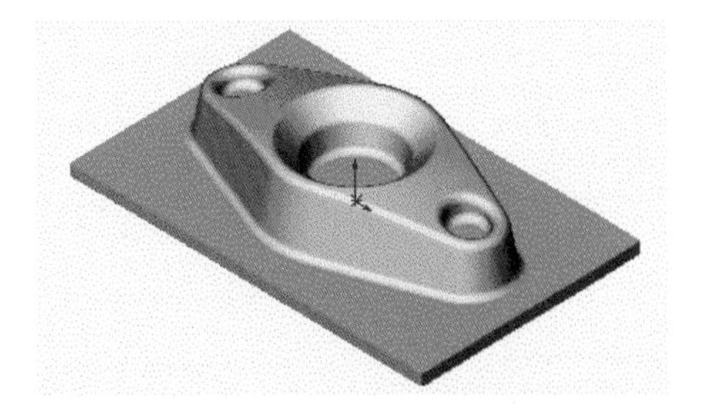

11 과제11 따라하기

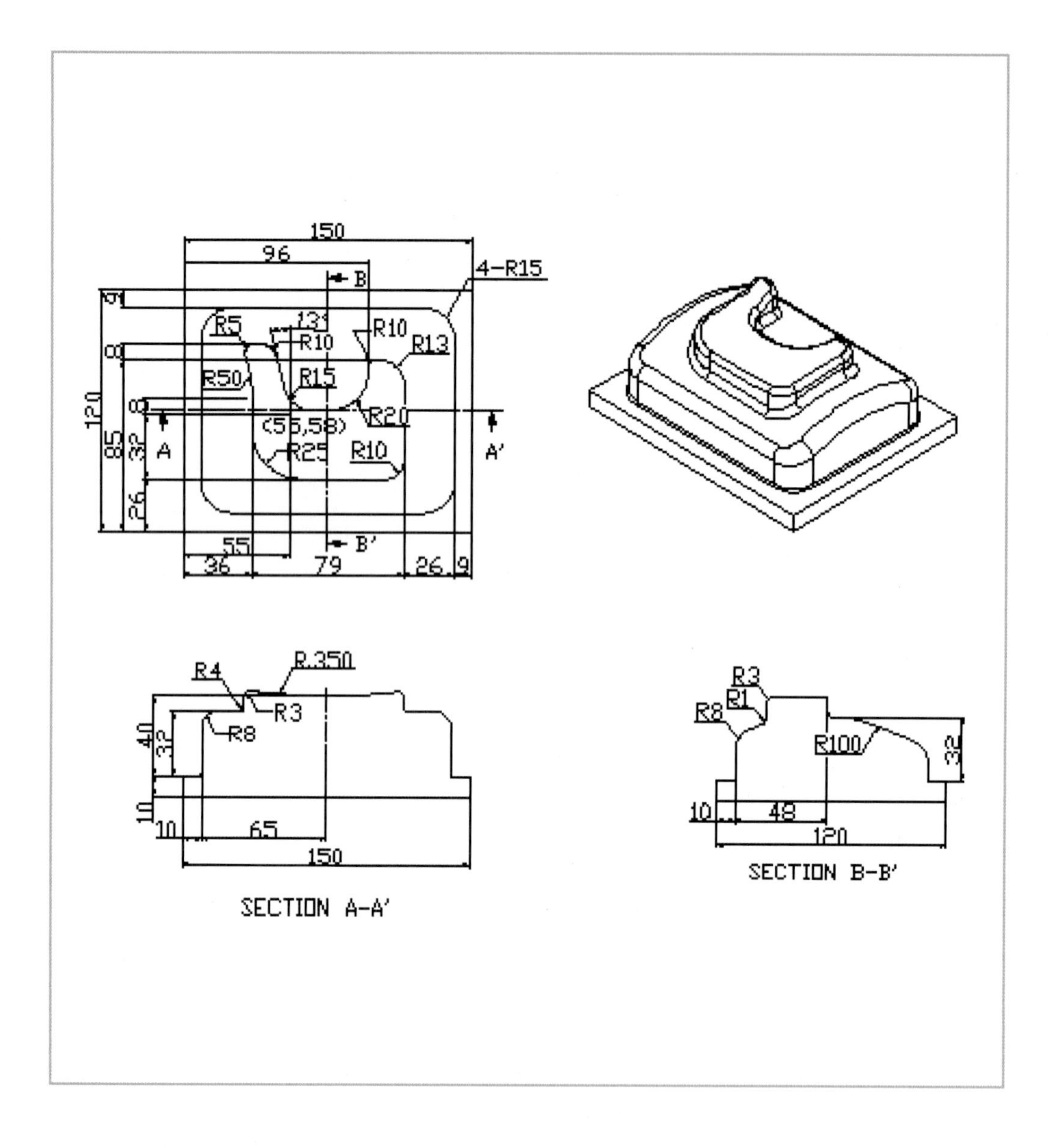

150
96
B
4-R15
9
R5
13
R10
R10
R13
8
R50
R15
120
8
R20
(55,58)
85
32
A
R25
R10
A'
26
55
B'
36
79
26
9
R4
R.350
R3
40
32
R8
10
10
65
150
SECTION A-A'
R3
R1
R8
R100
32
10
48
120
SECTION B-B'

1. FeatureManager 디자인 트리에서 윗면을 선택한다.

2. 스케치 도구상자에서 스케치 아이콘( )을 클릭한 후 평면에 직사각형 스케치를 하고 중심선을 선택하여 대각선으로 그린다.

3. Ctrl키를 누른 상태에서 원점과 중심선을 선택한 후에 중간점을 선택하고 대화상자 닫기를 클릭하여 원점이 대각선의 중심점에 놓이도록 한다.

4. 그림과 같이 각각의 지능형 치수 아이콘( )을 클릭하고 치수를 입력 후 아래 방향으로 돌출을 한다.

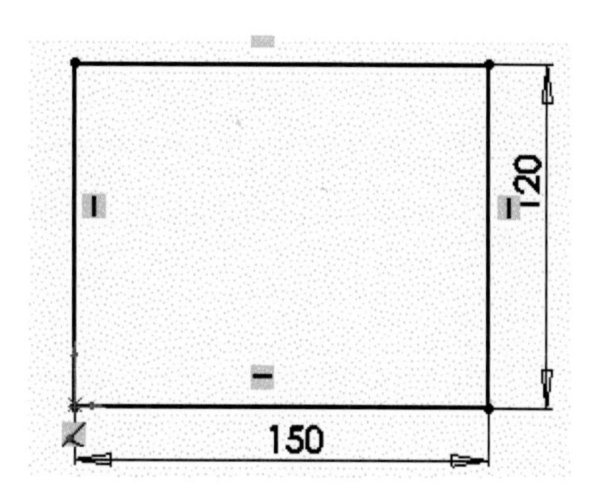

5. FeatureManager 디자인 트리에서 우측면을 선택하고 참조의 을 선택하여 끝면에 그림과 같이 기준면을 만든다.

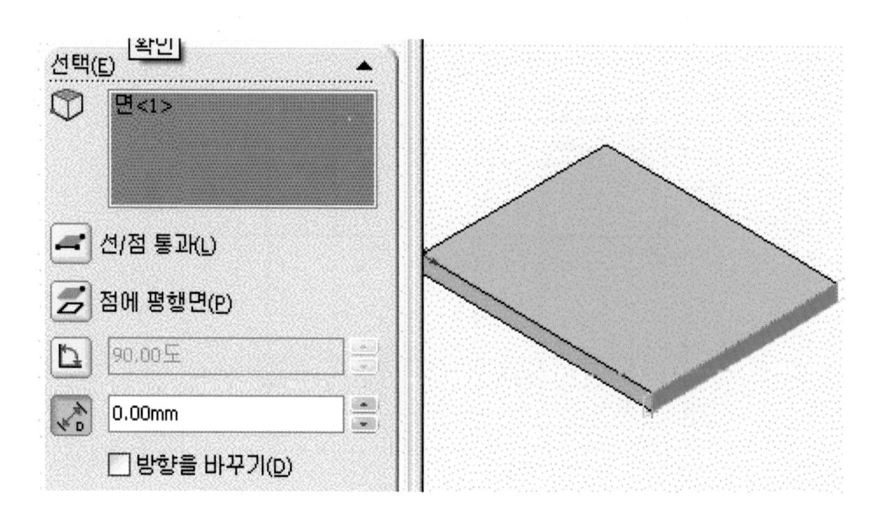

6 FeatureManager 디자인 트리에서 기준면을 선택하고 스케치 도구상자에서 아이콘( )을 클릭한 후 면에 스케치를 한다. 그림과 같이 치수 기입한 후 곡면을 돌출하기 위해 폐곡선으로 만든다.

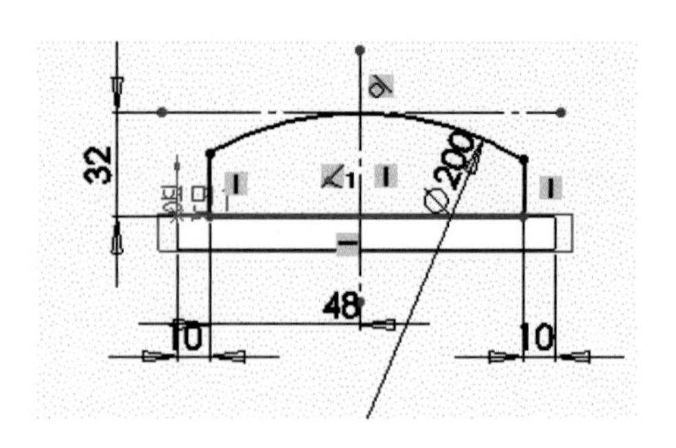

7 피처에서 돌출 보스/베이스 아이콘( )을 선택한 다음 블라인드 형태의 방향 1에서 ( )을 클릭하여 방향 설정 후 돌출 치수를 입력하고 확인 버튼( )을 클릭한다.

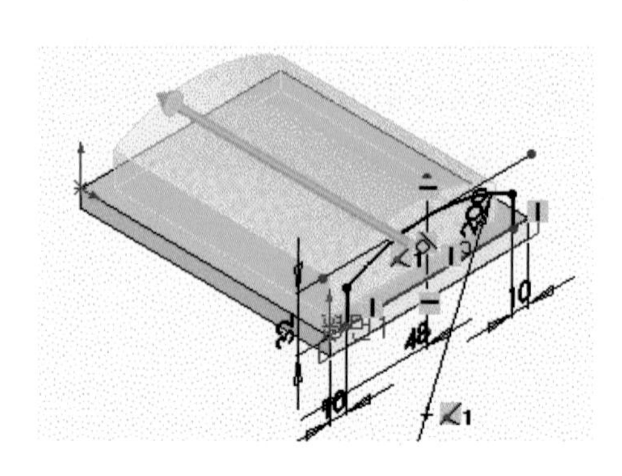

8 FeatureManager 디자인 트리에서 윗면을 선택하고 스케치 도구상자에서 아이콘( )을 클릭한 후 그림과 같이 스케치한다.

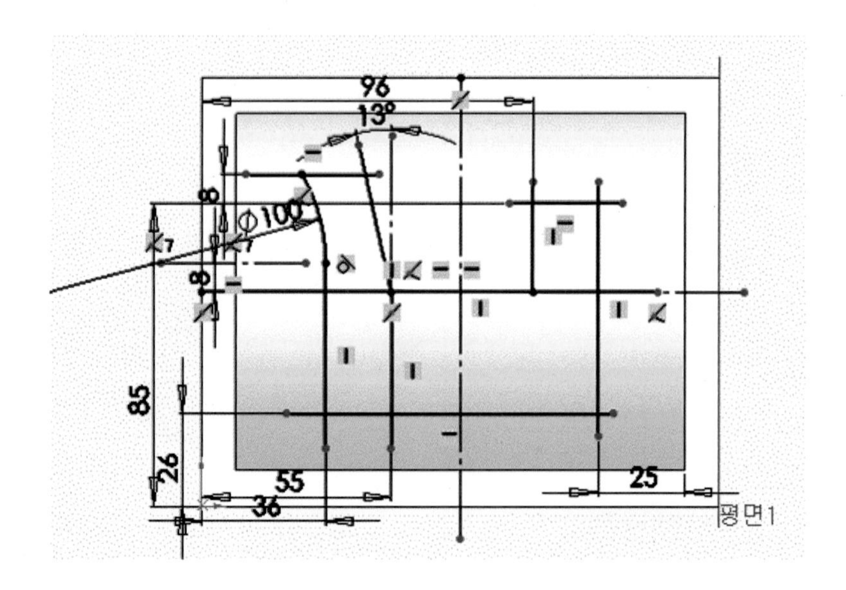

9 보기 메뉴에서 자르기 아이콘( )을 선택하여 근접 자르기로 체크한 후 그림과 같이 스케치 자르기를 한다.

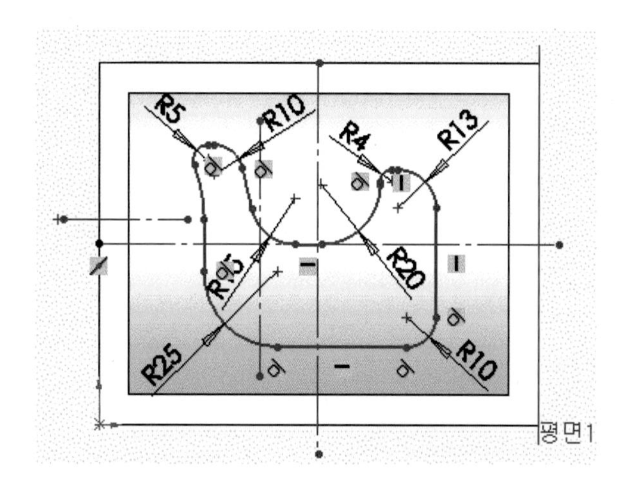

10 피처에서 돌출 보스/베이스 아이콘( )을 선택한 다음 블라인드 형태의 방향 1에서 을 클릭하여 방향을 위로한 후 돌출 치수를 입력하고 확인 버튼( )을 클릭한다.

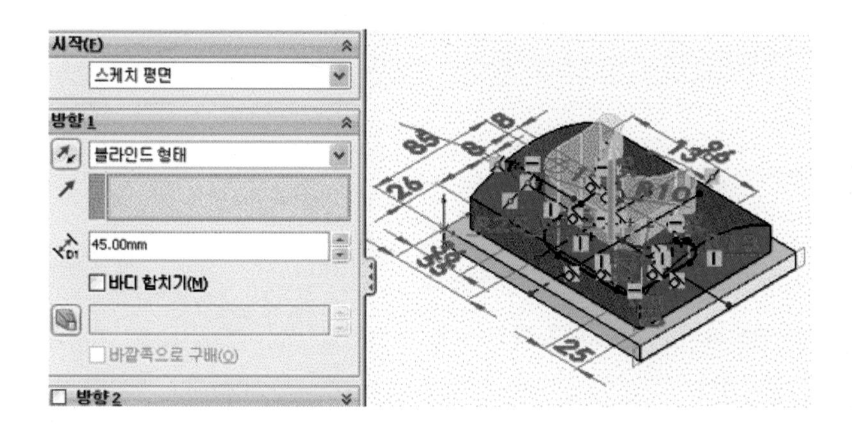

11 FeatureManager 디자인 트리에서 정면을 선택하고 참조의 을 선택하여 그림과 같이 기준면을 만든다.

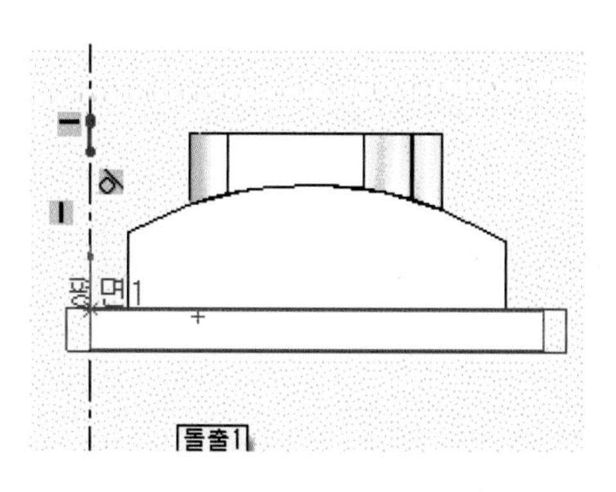

12 FeatureManager 디자인 트리에서 기준면을 선택하고 면에 스케치를 한 후 그림과 같이 치수 기입을 한다.

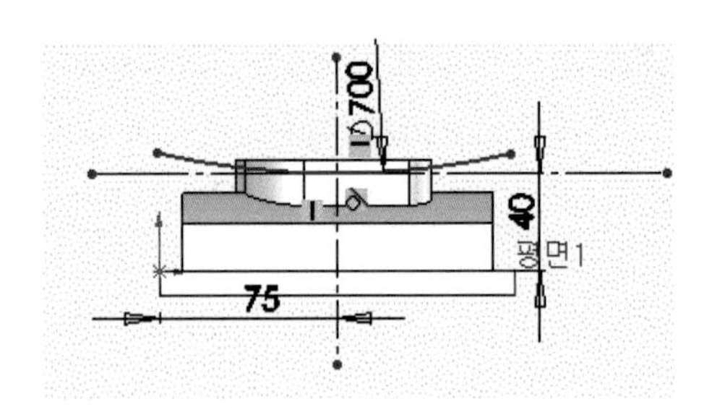

13 스케치 모드를 닫고 FeatureManager 디자인 트리에서 정면을 선택하고 보기 메뉴에서 삽입-곡면-돌출 아이콘( )을 실행한다.

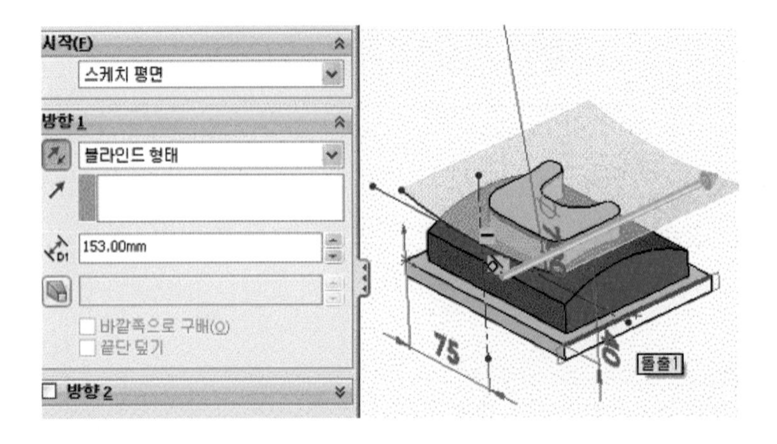

14 보기 메뉴의 삽입-자르기-곡면( )으로 자르기를 선택하고 곡면 컷 변수에서 방향을 위 방향으로 클릭한다. 바탕화면에서 곡면 돌출 피처를 선택하고 확인 버튼( )을 클릭한다.

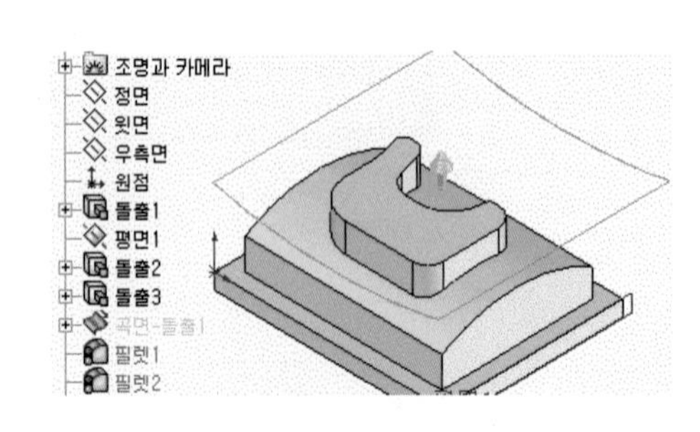

15 보기 메뉴의 필렛 아이콘( )을 선택한 후 각각의 요소를 필렛한다.

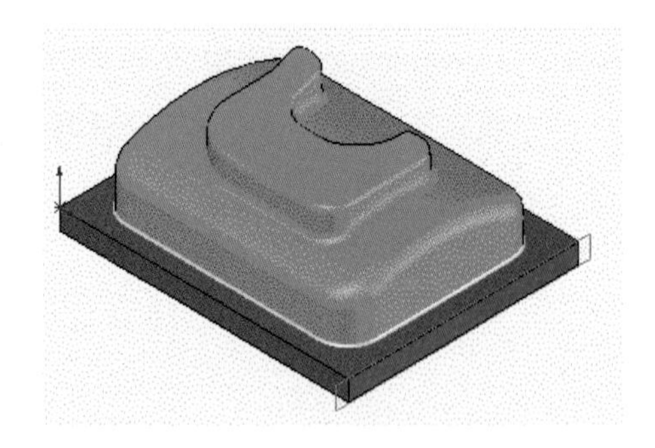

12 과제12 따라하기

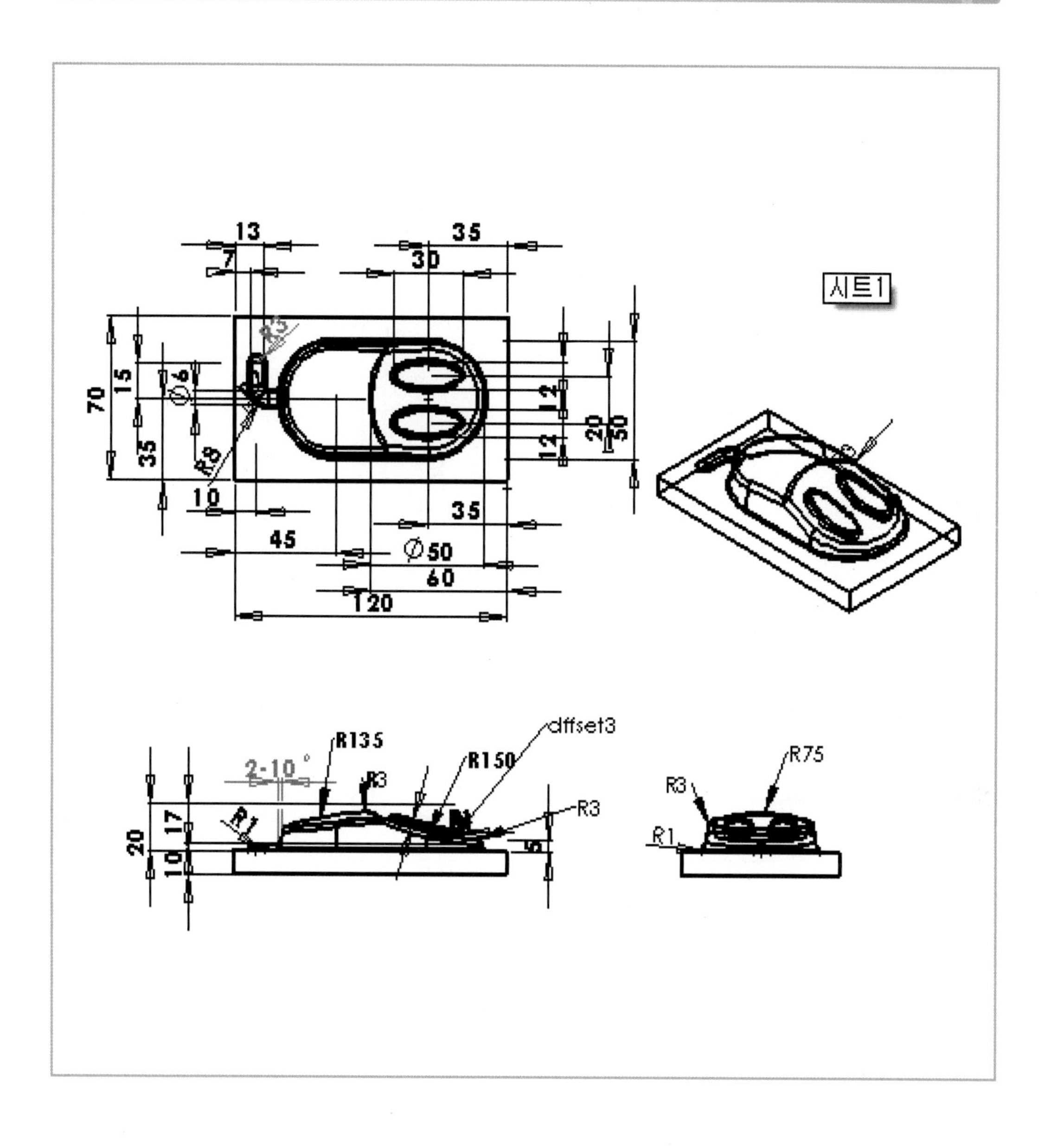
13
35
7
30
시트1
R3
70
15
Ø6
12
20
50
12
35
R8
10
35
45
Ø50
60
120
R135
offset3
R150
2-10°
R3
R3
17
20
R1
10
5
R75
R3
R1

1 FeatureManager 디자인 트리에서 윗면을 선택한다.

2 스케치 도구상자에서 스케치 아이콘( )을 클릭한 후 평면에 직사각형 스케치를 하고 중심선을 선택하여 대각선으로 그린다.

3 Ctrl키를 누른 상태에서 원점과 중심선을 선택한 후에 중간점을 선택하고 대화상자 닫기를 클릭하여 원점이 대각선의 중심점에 놓이도록 한다.

4 그림과 같이 각각의 지능형 치수 아이콘( )을 클릭하고 치수를 입력 후 아래 방향으로 돌출을 한다.

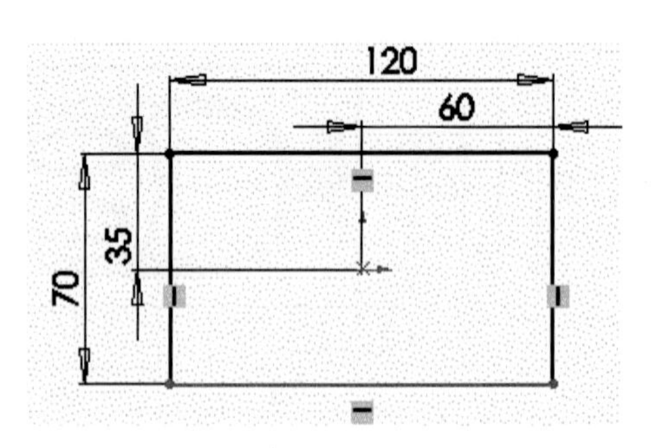

5 FeatureManager 디자인 트리에서 윗면을 선택하고 스케치 도구상자에서 아이콘( )을 클릭한 후 면에 스케치를 한다. 잘라내기를 한 후 그림과 같이 치수 기입을 한다.

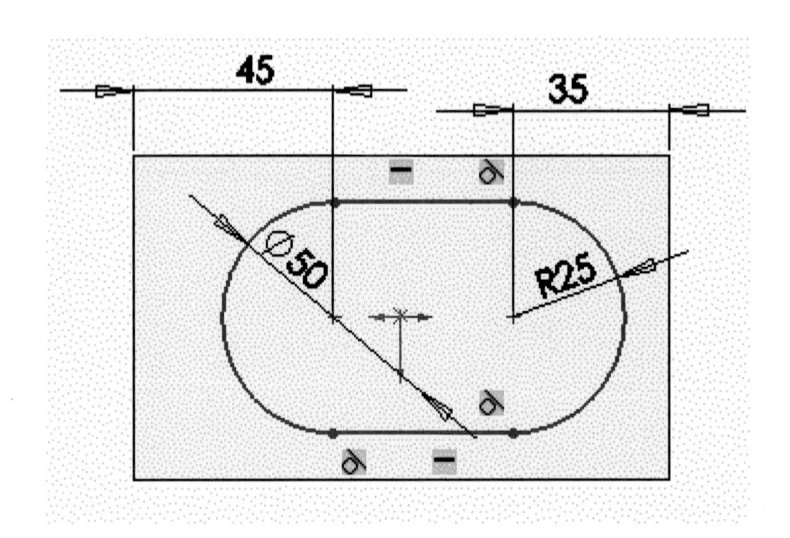

6 피처에서 돌출 보스/베이스 아이콘( )을 선택한 다음 블라인드 형태의 방향 1에서 을 클릭하여 방향 설정 후 돌출 치수를 입력하고 확인 버튼( )을 클릭한다.

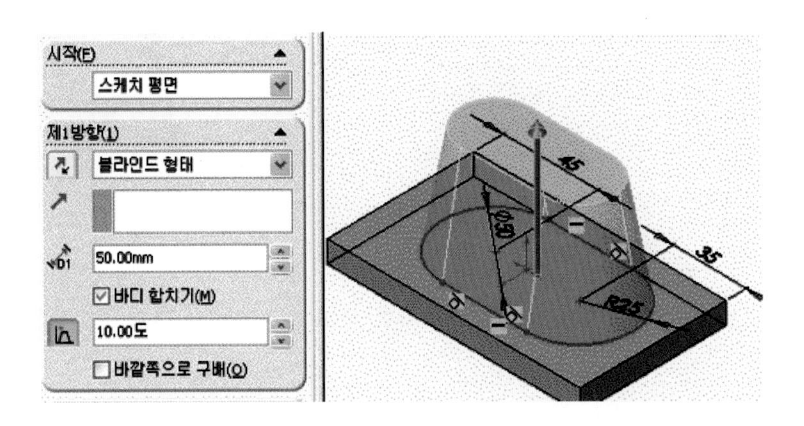

7 FeatureManager 디자인 트리에서 정면을 선택하고 스케치 도구상자에서 아이콘( )을 클릭한 후 그림과 같이 스케치한다.

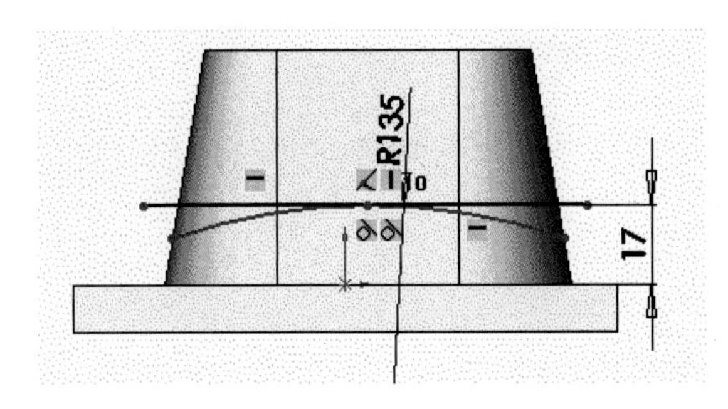

8 FeatureManager 디자인 트리에서 우측면을 선택하고 참조의 을 선택하여 커브 선 끝점에 그림과 같이 기준면을 만든다.

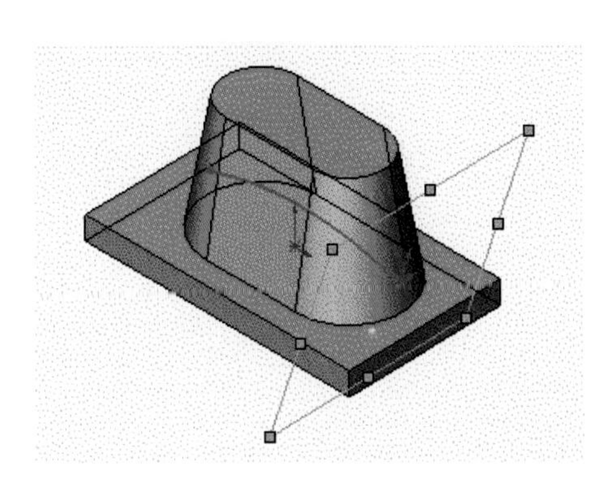

9 그림과 같이 스윕 컷 아이콘()을 위하여 폐곡선으로 만든다.

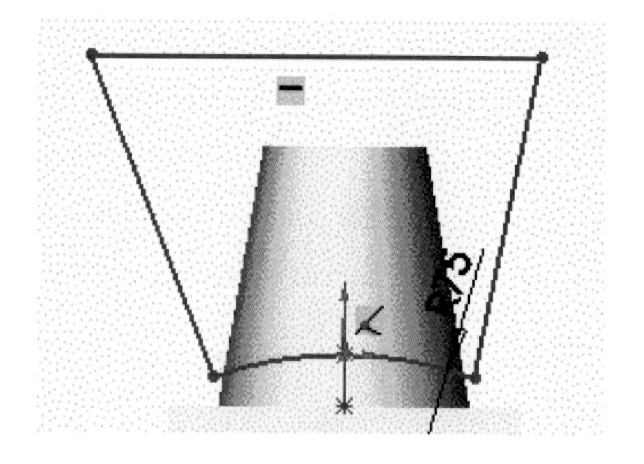

10 스케치 모드를 닫고 FeatureManager 디자인 트리에서 정면을 선택하고 메뉴에서 삽입-잘라내기-스윕 컷()을 실행한다.

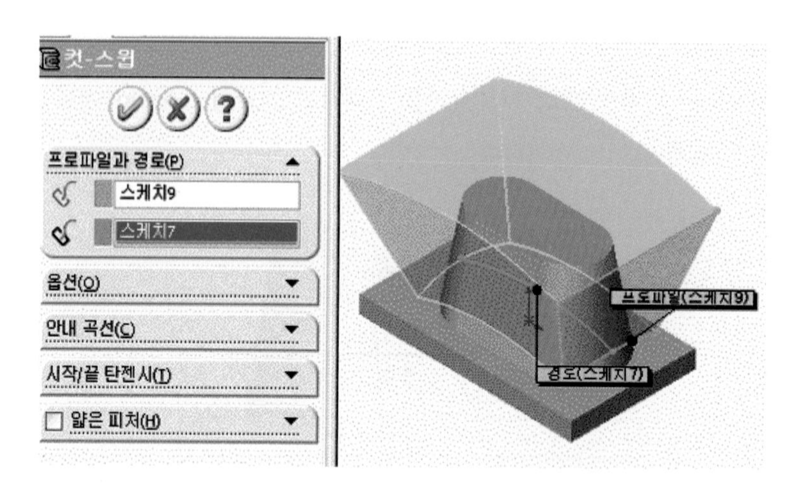

11 그림은 스윕 컷()을 실행한 상태이다.

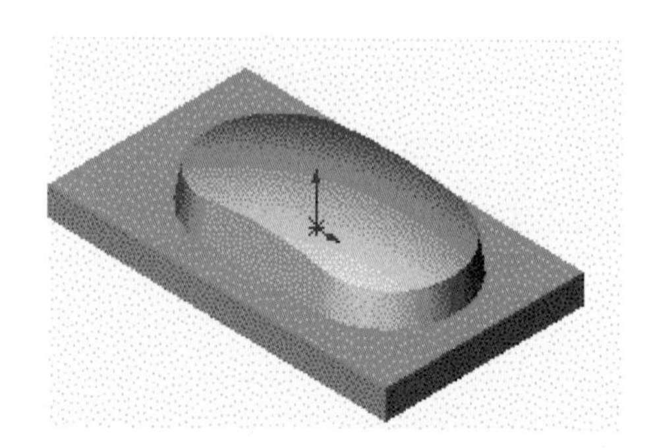

12 정면을 선택하고 스케치 아이콘에서 3점호와 아이콘( )을 이용하여 그림과 같이 스케치 완성 후 치수 기입을 한다.

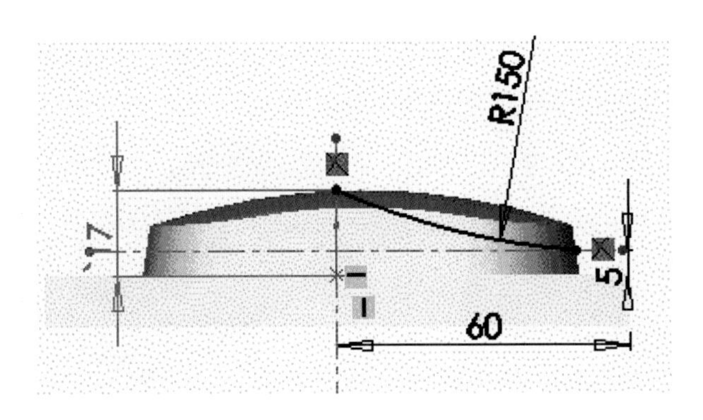

13 그림과 같이 돌출 컷( )을 위하여 폐곡선으로 만든다.

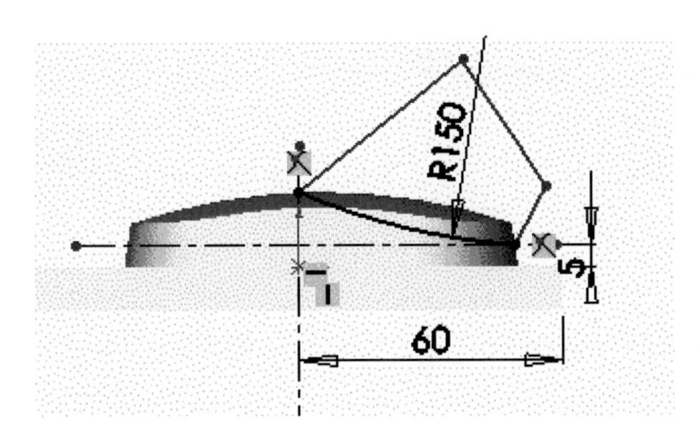

14 스케치 모드를 닫고 FeatureManager 디자인 트리에서 정면을 선택한 후 보기 메뉴에서 삽입–잘라내기–돌출( )을 실행한다.

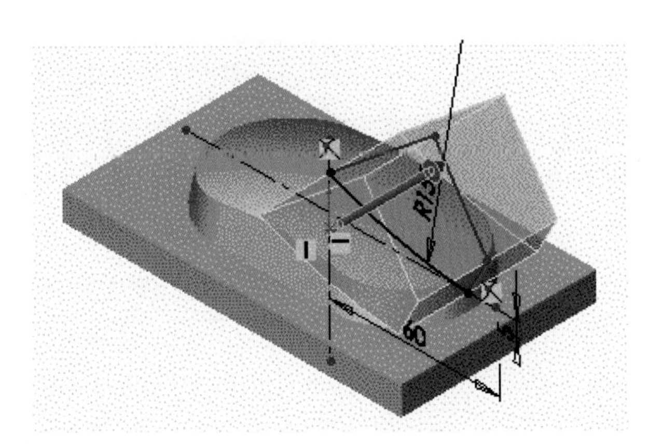

15 스케치 모드를 닫고 FeatureManager 디자인 트리에서 정면을 선택 후 삽입-곡면 오프셋 아이콘( )을 선택한다. 그림과 같이 오프셋 면을 선택하고 방향을 설정한 후 오프셋 거리를 입력한다.

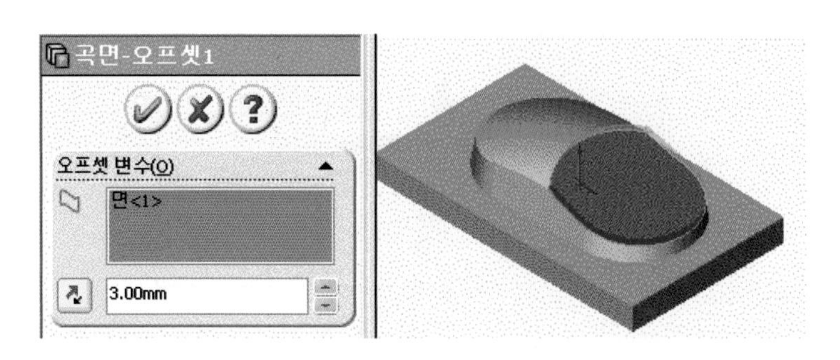

16 그림 A 스케치선은 오프셋을 실행한 상태이다.

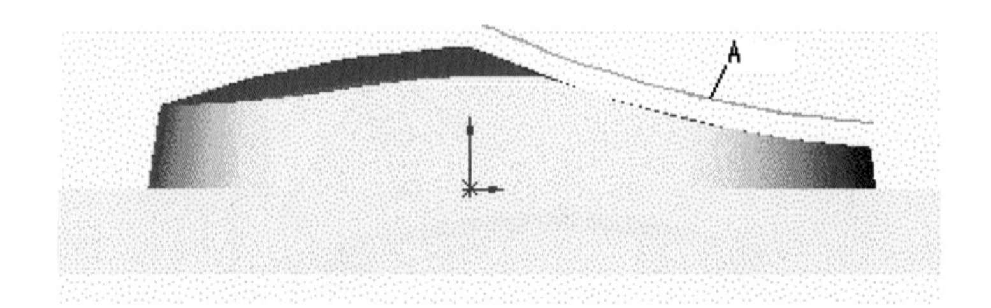

17 FeatureManager 디자인 트리에서 윗면을 선택하고 참조의 을 선택하여 바닥면에서 17mm 거리에 기준면을 만든다. 기준면을 선택하여 그림과 같이 스케치한다.

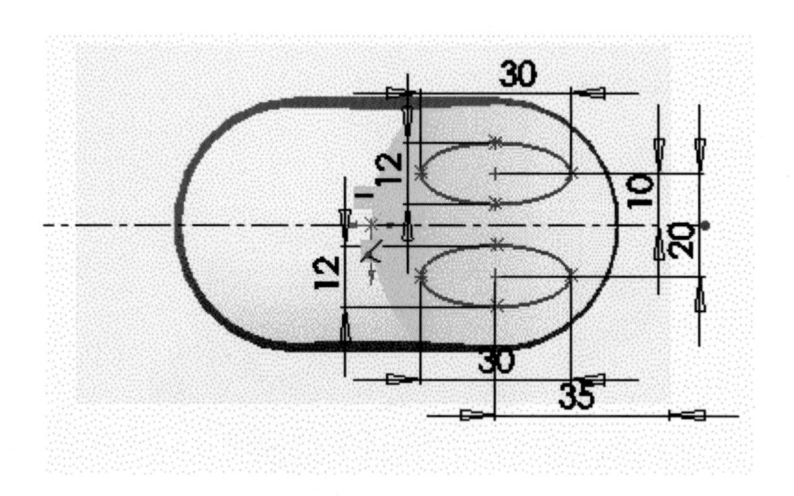

18 피처에서 돌출 보스/베이스 아이콘( )을 선택한 다음 블라인드 형태의 방향 1에서 을 클릭하여 방향을 아래로 향한다. 돌출 치수를 곡면까지 체크 후 확인 버튼( )을 클릭한다.

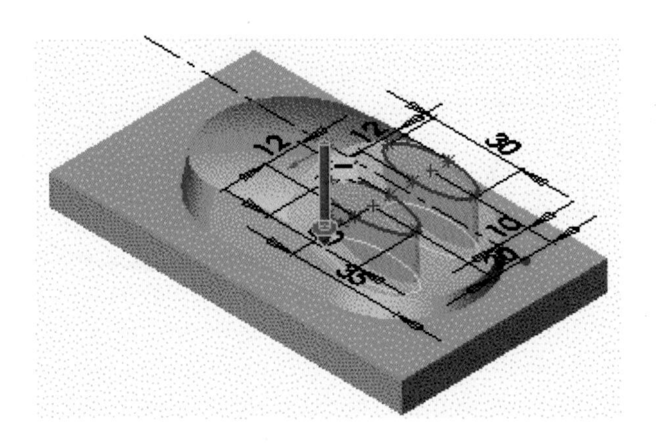

19 그림은 돌출 상태에서 정면 보기 상태이다.

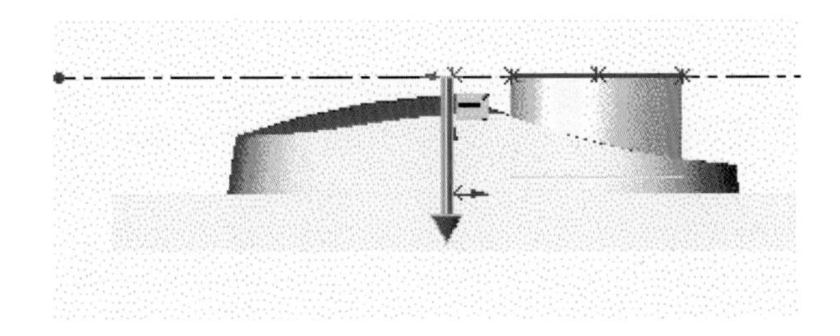

20 보기 메뉴의 삽입-자르기-곡면( )으로 자르기를 선택하고 곡면 컷 변수에서 방향을 윗방향으로 클릭한 후 곡면을 더블클릭하여 선택하고 확인 버튼( )을 클릭한다.

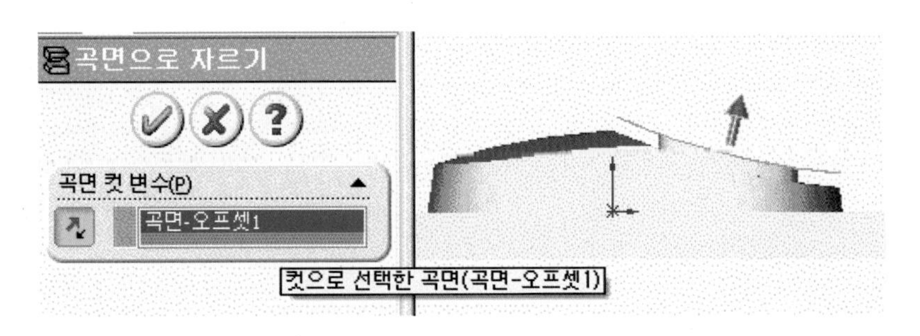

21 FeatureManager 디자인 트리에서 윗면을 선택 후 그림과 같이 스케치를 한다.

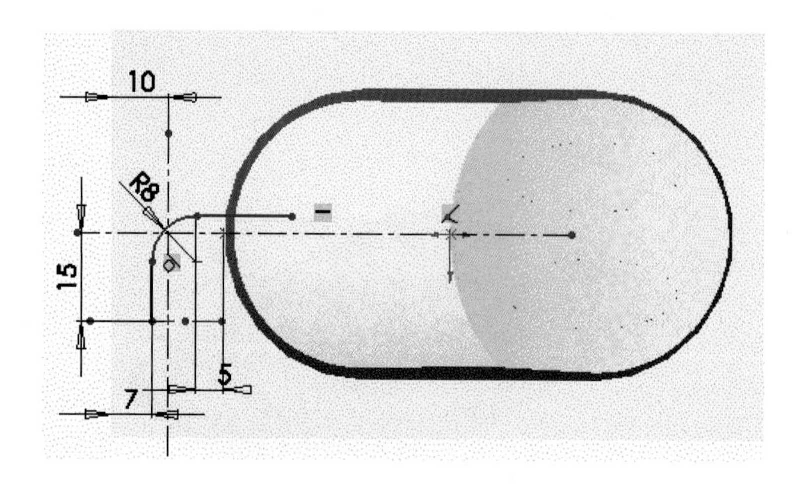

22 FeatureManager 디자인 트리에서 정면을 선택하고 참조의 [icon] 을 선택하여 그림과 같이 기준면을 만든 후 원을 스케치한다.

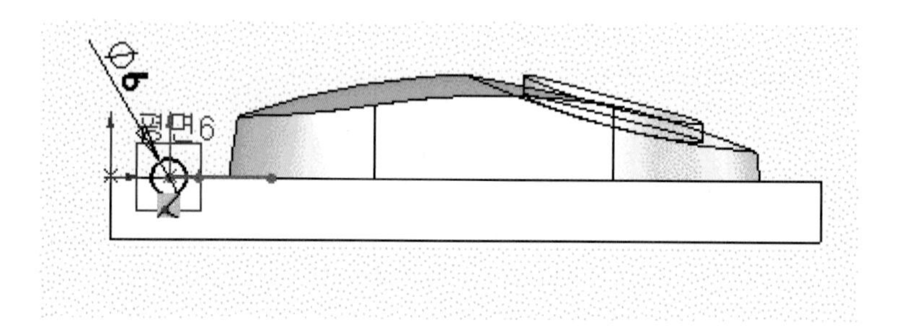

23 그림은 윗면 보기 상태이다.

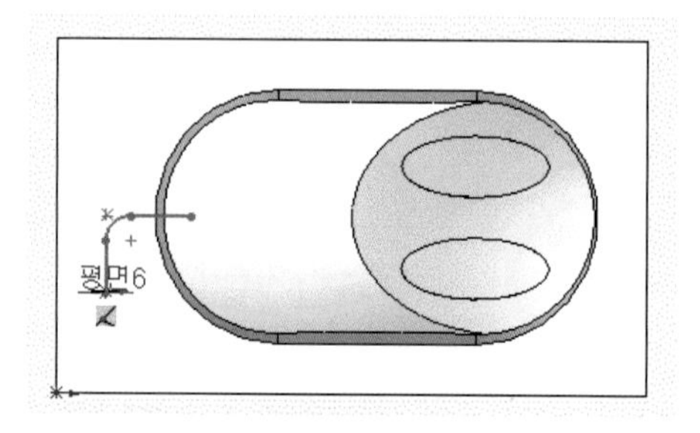

24 피처에서 삽입-보스/베이스 아이콘( )을 선택한 다음 정면의 프로파일과 윗면의 경로 선을 선택 후 확인 버튼( )을 클릭한다.

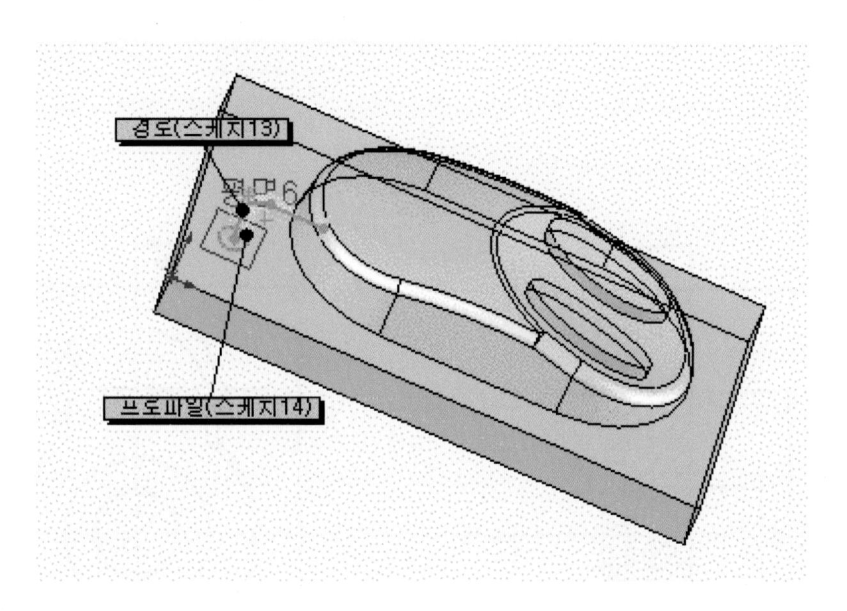

25 보기 메뉴의 필렛 아이콘( )을 선택한 후 각각의 요소를 필렛한다.

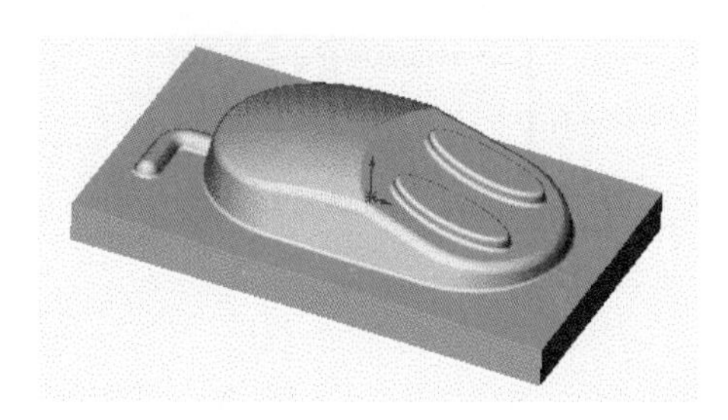

13 과제13 따라하기

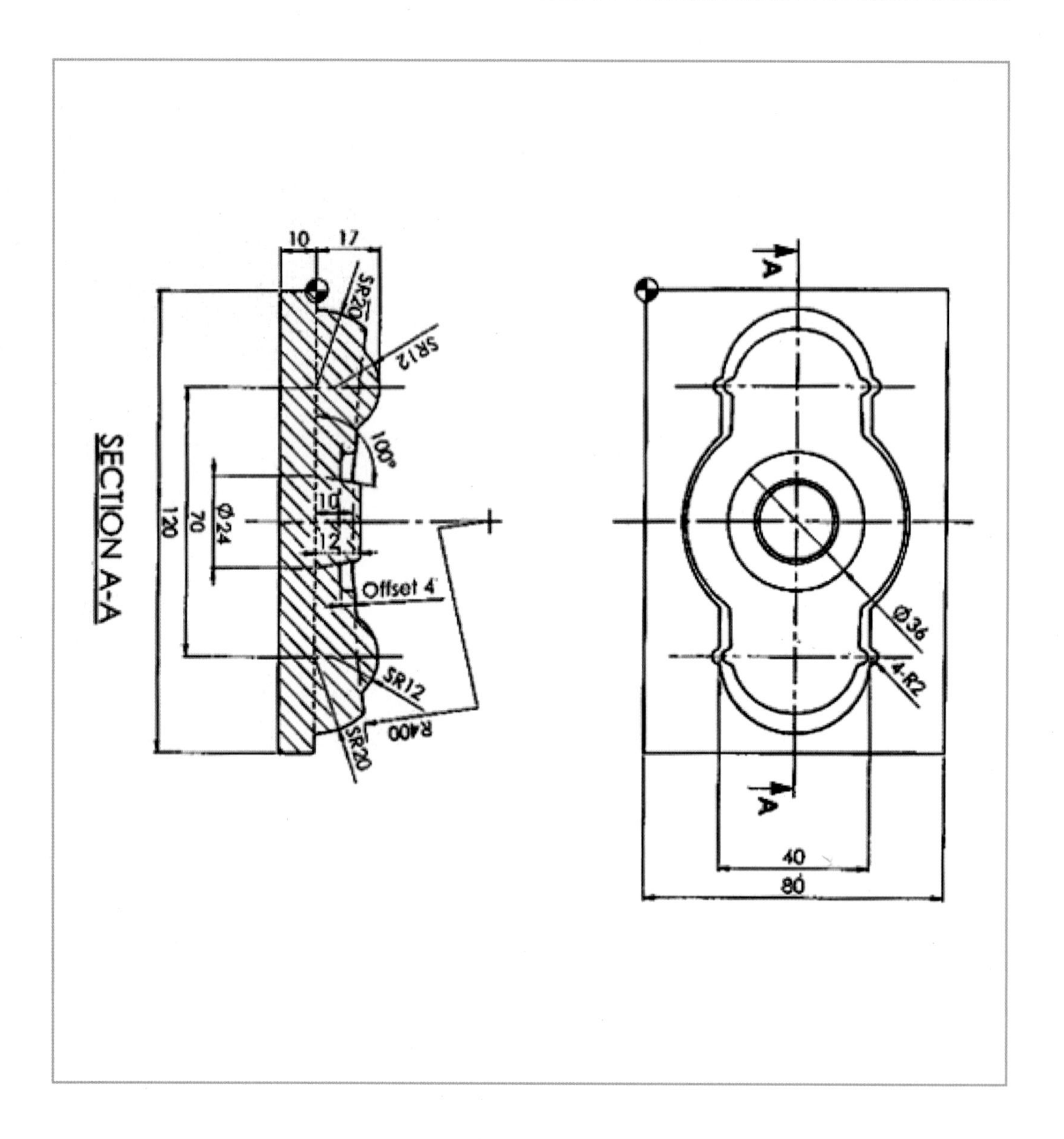
SECTION A-A
10
17
SR20
SR12
100°
Ø24
70
120
10
12
Offset 4
SR12
R400
SR20
A
A
Ø36
4-R2
40
80

1 FeatureManager 디자인 트리에서 윗면을 선택한다.

2 스케치 도구상자에서 스케치 아이콘( )을 클릭한 후 평면에 직사각형 스케치를 하고 중심선을 선택하여 대각선으로 그린다.

3 Ctrl키를 누른 상태에서 원점과 중심선을 선택한 후에 중간점을 선택하고 대화상자 닫기를 클릭하여 원점이 대각선의 중심점에 놓이도록 한다.

4 그림과 같이 각각의 지능형 치수 아이콘( )을 클릭하고 치수를 입력 후 아래 방향으로 돌출을 한다.

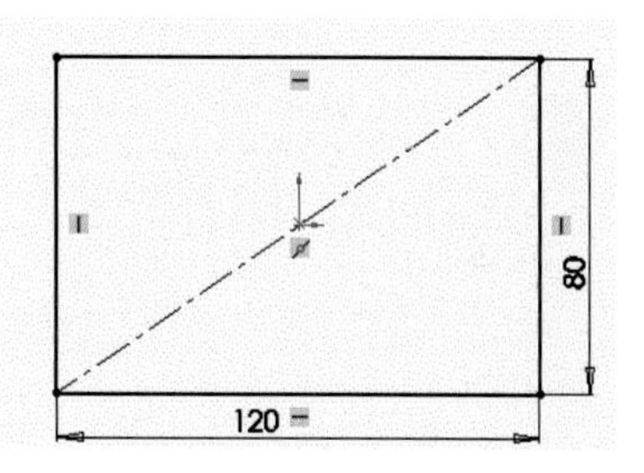

5 정면에 그림과 같이 스케치한다.

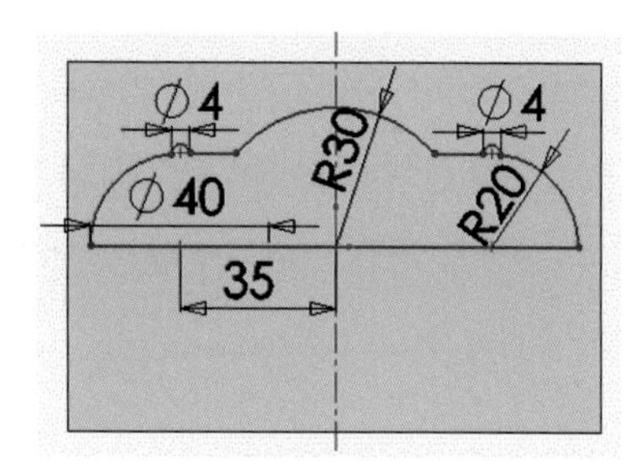

6 객체를 선택 후 회전 보스/베이스 아이콘( )을 선택하여 객체를 회전시킨다.

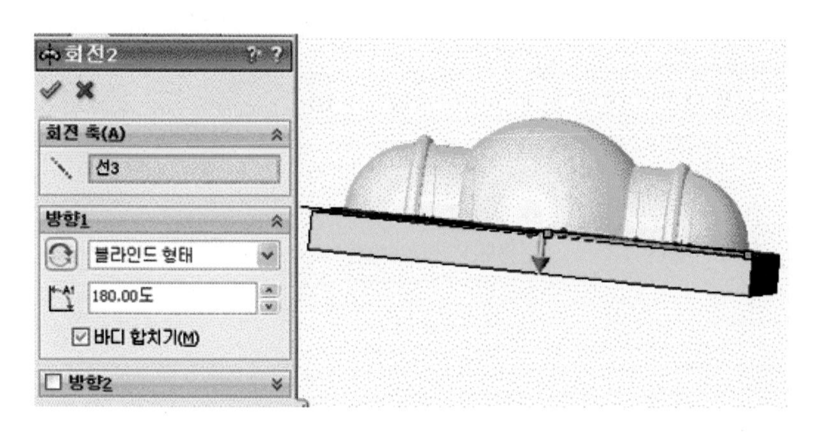

7 FeatureManager 디자인 트리에서 정면을 선택하고 스케치 도구상자에서 아이콘( )을 클릭한 후 그림과 같이 스케치 후 원을 수평선에 인접한다.

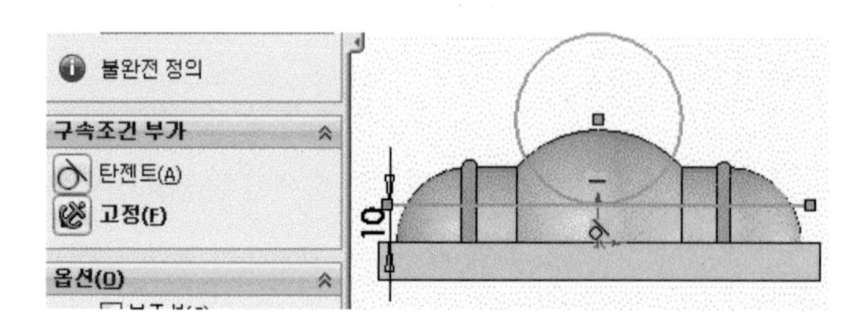

8 스케치 원에 치수 ϕ800mm를 기입 후 그림과 같이 자르기 한다.

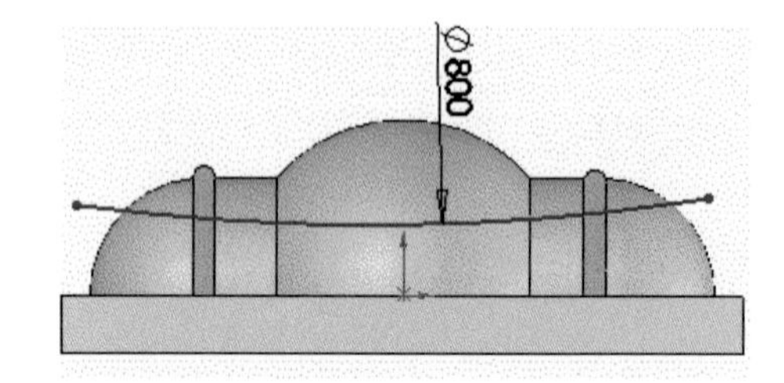

9 FeatureManager 디자인 트리에서 우측면을 선택하고 참조의 을 선택하여 커브 선 끝점에 그림과 같이 기준면을 만든다.

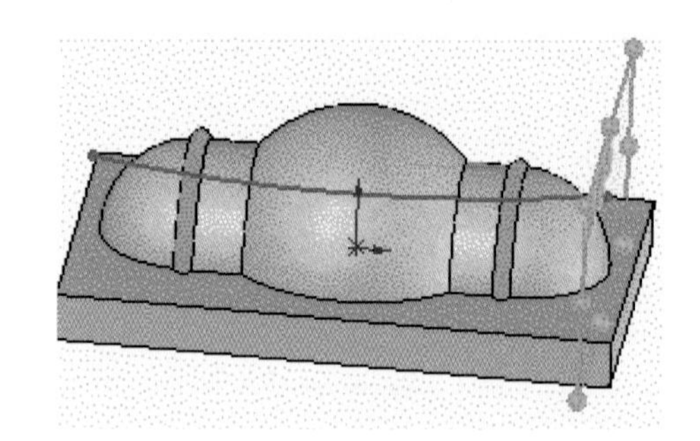

10 기준면을 선택 후 우측면을 선택하여 원을 스케치 후 끝점에 일치시킨다.

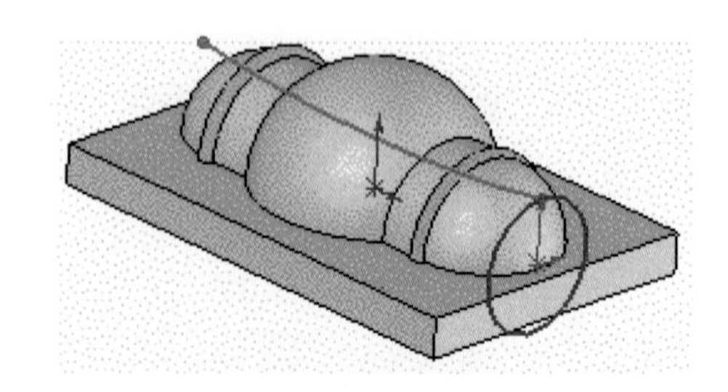

11 그림과 같이 치수 ϕ300mm를 입력 후 스윕 컷( )을 위하여 폐곡선으로 만든다.

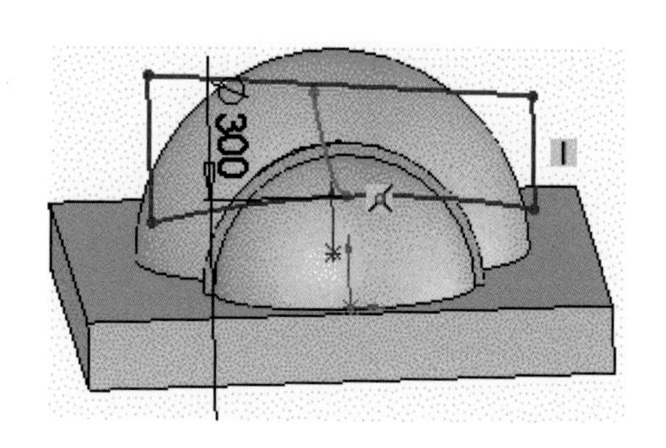

12 스케치 모드를 닫고 메뉴에서 삽입-잘라내기-스윕 컷( )을 실행한다.

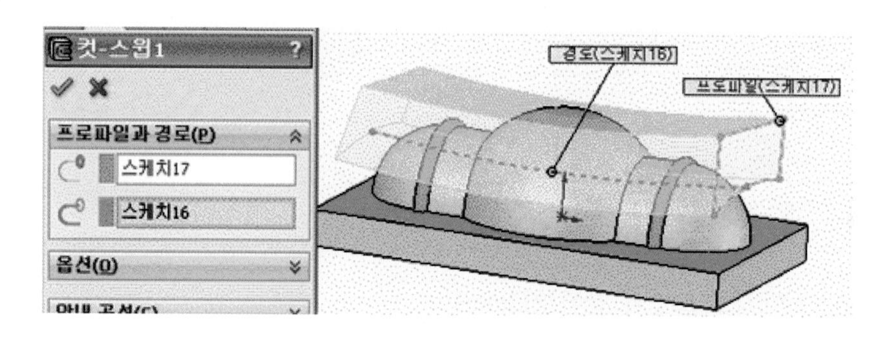

13 윗면을 선택하고 ø36mm 스케치 후 오프셋 6mm로 하여 돌출 컷을 한다.

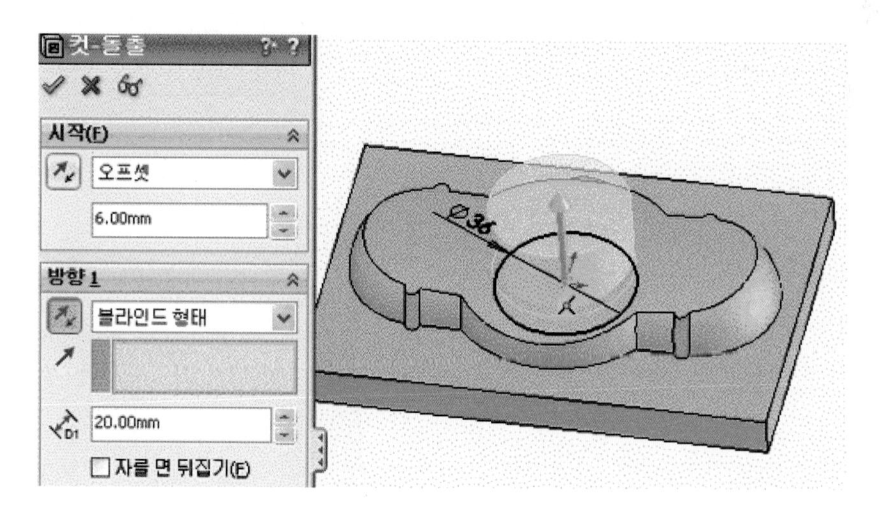

14 정면에 높이 12mm로 그림과 같이 스케치 한다.

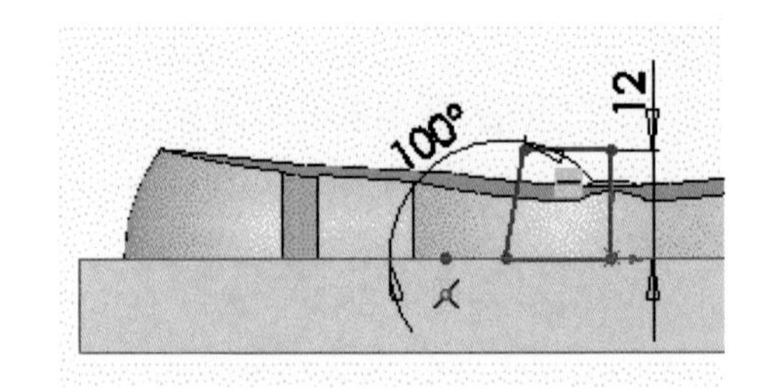

15 회전 보스/베이스 아이콘( )을 선택하여 객체를 회전시킨다.

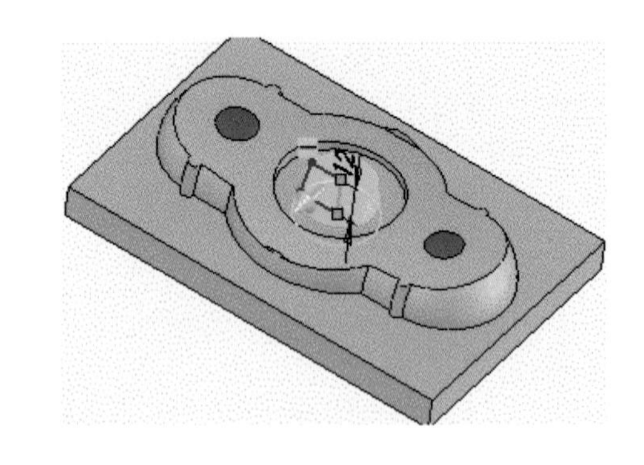

16 정면을 선택하고 그림과 같이 R12mm를 스케치 후 회전 곡면을 생성하기 위하여 자르기 한다.

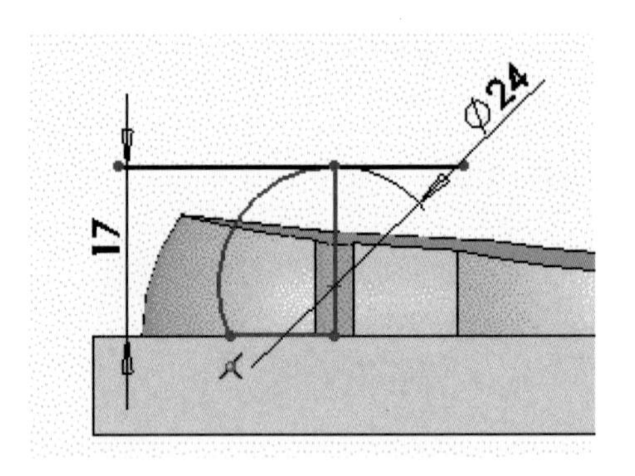

17 회전 보스/베이스 아이콘( )을 선택하여 객체를 회전시킨다.

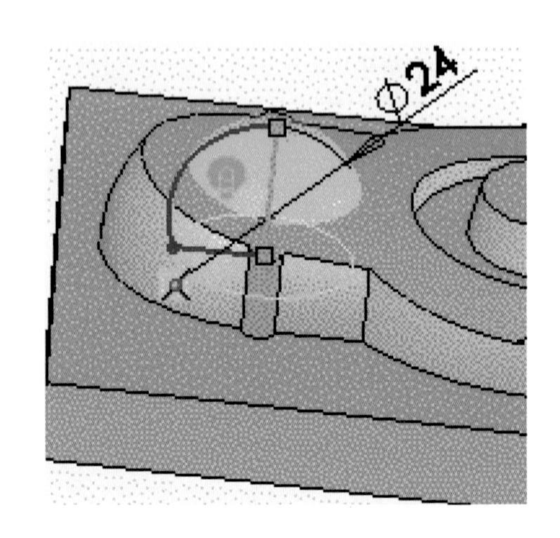

18 메뉴에서 대칭 복사 아이콘( )을 선택 후 우측에 그림과 같이 회전된 객체를 복사시킨다.

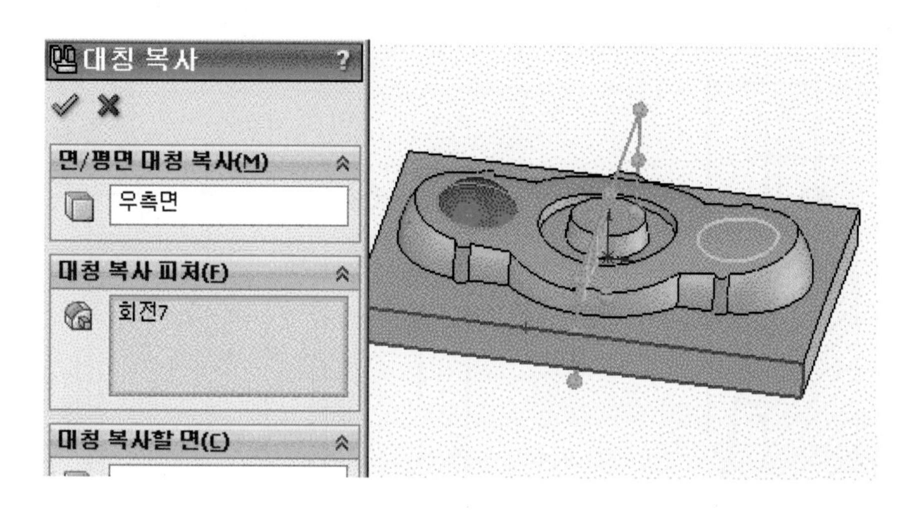

19 옆 그림은 필렛 작업 후 모델이다.

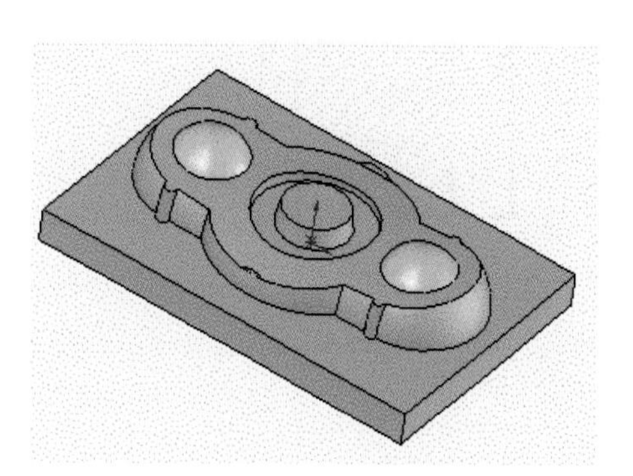

14 과제14 따라하기

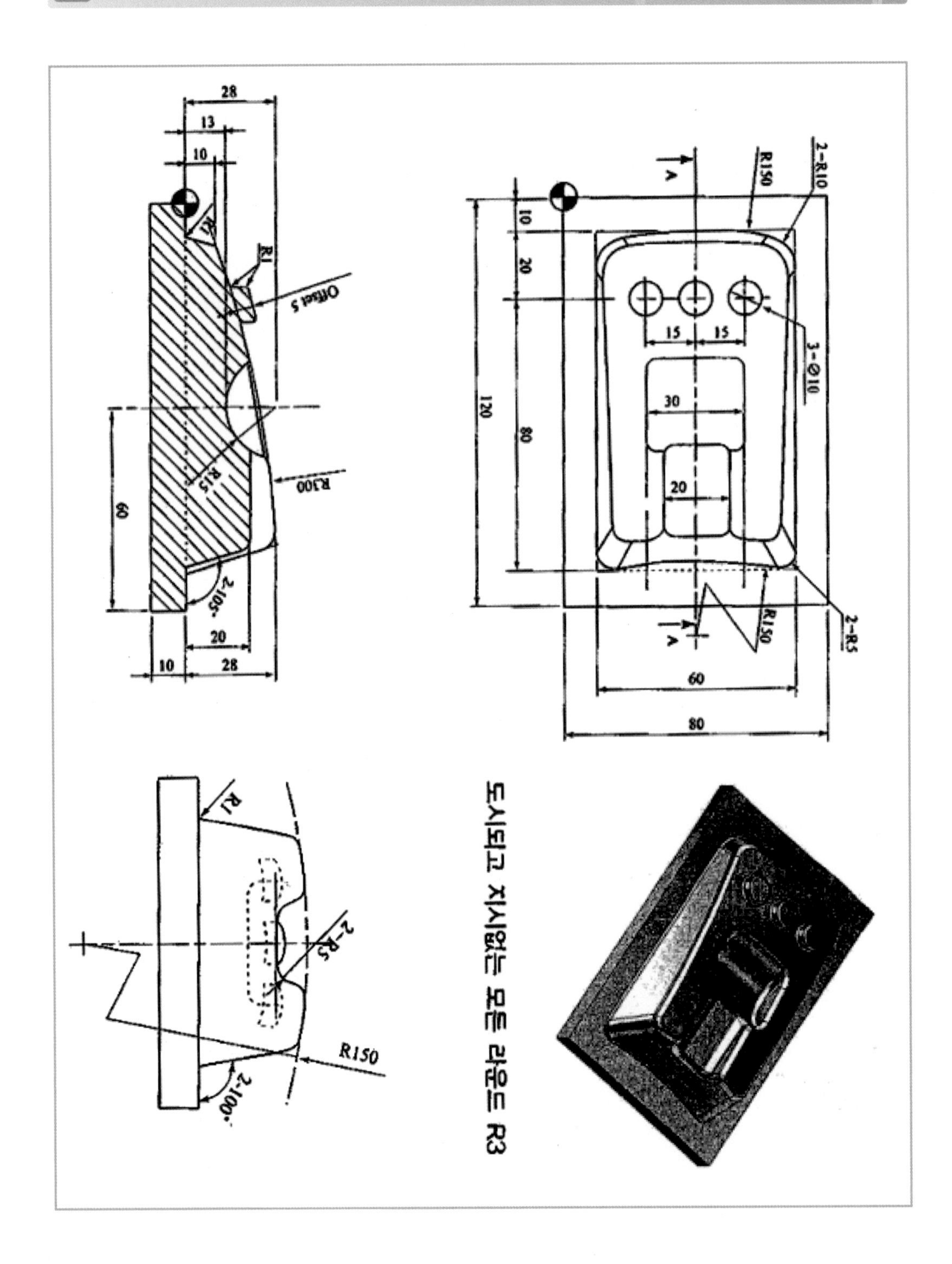

1 FeatureManager 디자인 트리에서 윗면을 선택한다.

2 스케치 도구상자에서 스케치 아이콘( )을 클릭한 후 평면에 직사각형 스케치를 하고 중심선을 선택하여 대각선으로 그린다.

3 Ctrl키를 누른 상태에서 원점과 중심선을 선택한 후에 중간점을 선택하고 대화상자 닫기를 클릭하여 원점이 대각선의 중심점에 놓이도록 한다.

4 그림과 같이 각각의 지능형 치수 아이콘( )을 클릭하고 치수를 입력 후 아래 방향으로 돌출을 한다.

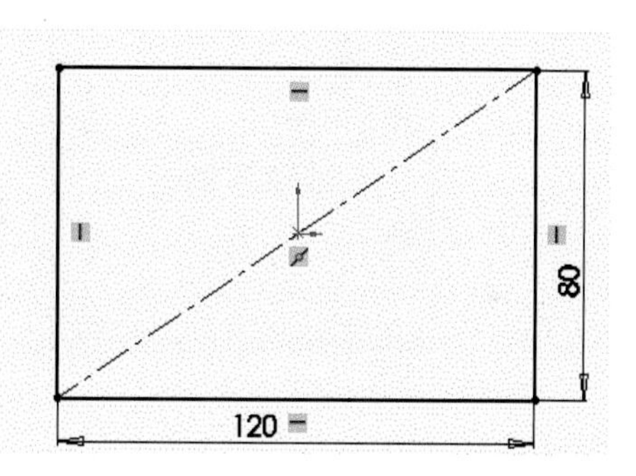

5 윗면에 그림과 같이 스케치한다.

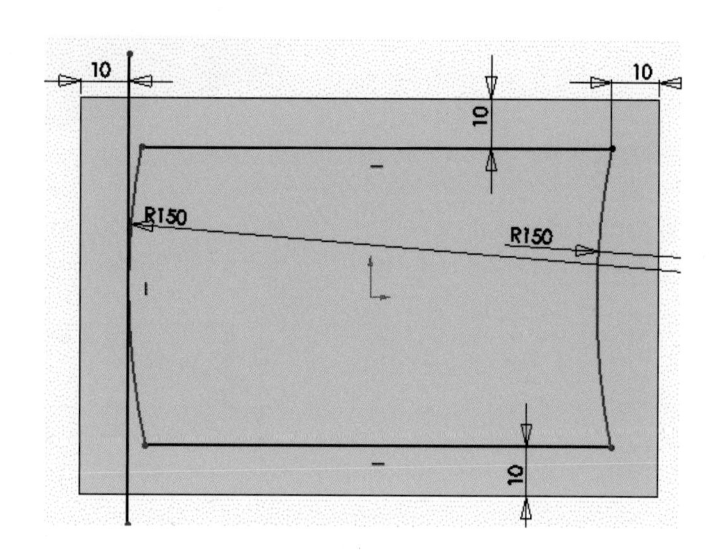

6 피처에서 돌출 보스/베이스 아이콘( )을 선택한 다음 블라인드 형태의 방향 1에서 을 클릭하여 돌출한다.

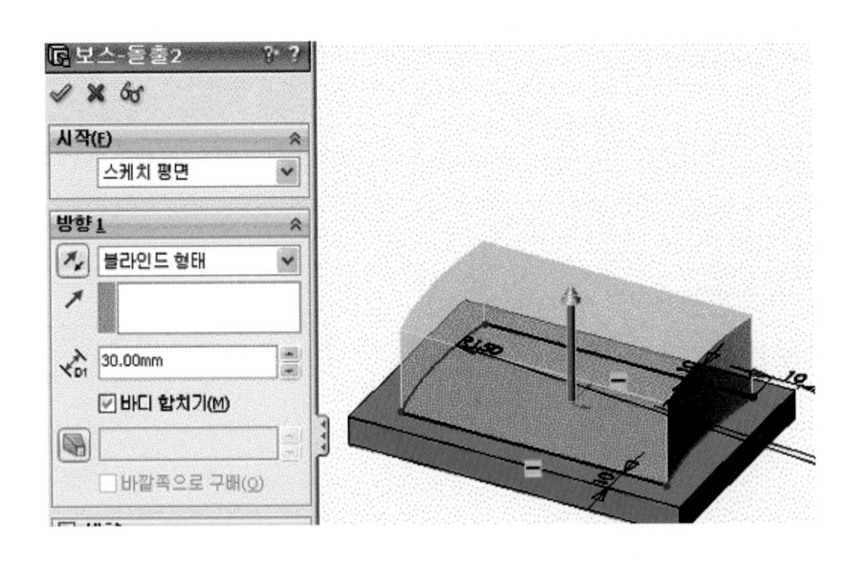

7 바닥면을 중립 평면으로 선택하고 구배줄 면을 선택하여 10도 구배를 준다.

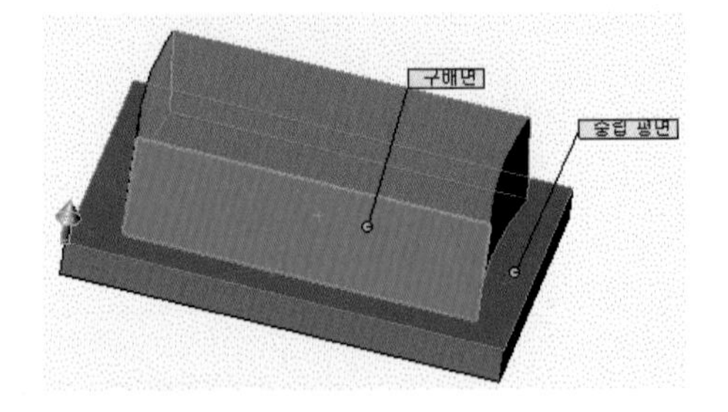

8 정면에 그림과 같이 스케치한다.

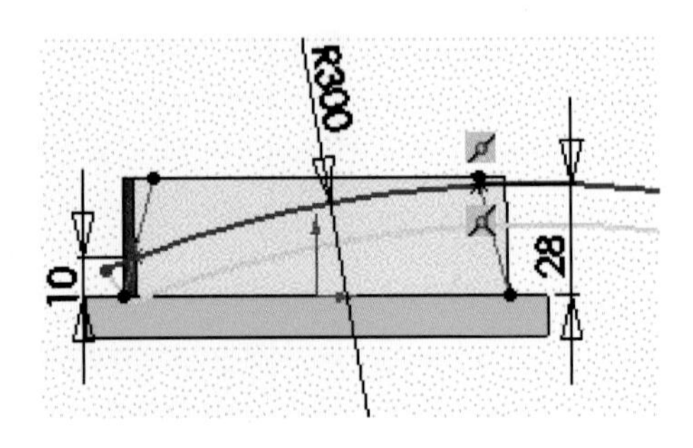

9 FeatureManager 디자인 트리에서 우측면을 선택하고 커브선 끝점에 그림과 같이 기준면을 만든다.

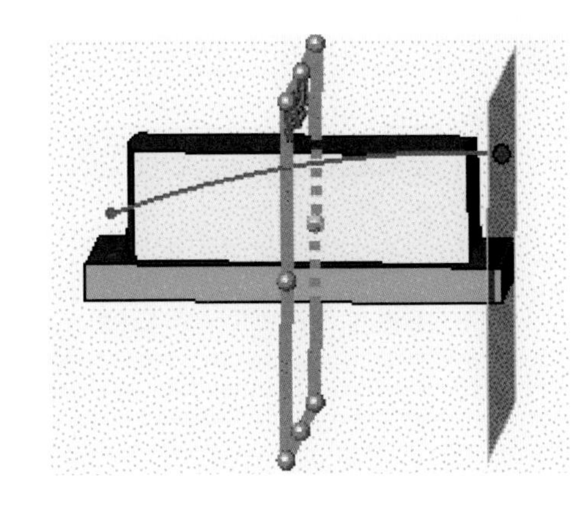

10 기준면을 선택 후 우측면을 선택하여 원을 스케치 후 끝점에 일치시킨다. 치수 R150mm 기입한 후 그림과 같이 자르기 한다.

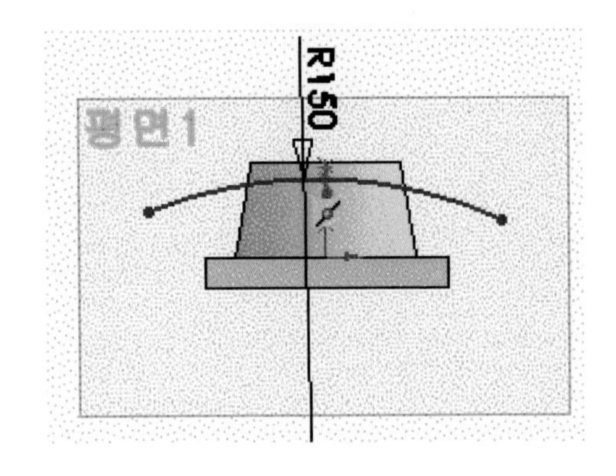

11 스윕 아이콘( )을 선택하여 프로파일(스케치 곡선)과 경로(안내 곡선)을 지정하여 그림과 같이 곡면을 만든다.

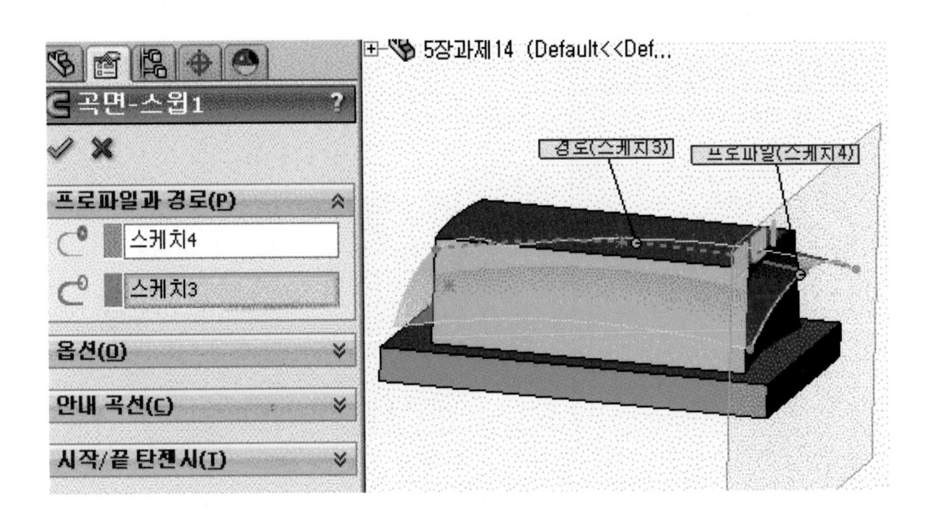

12 곡면으로 자르기 명령어 아이콘( )을 실행하여 그림과 같이 곡면 자르기를 한다.

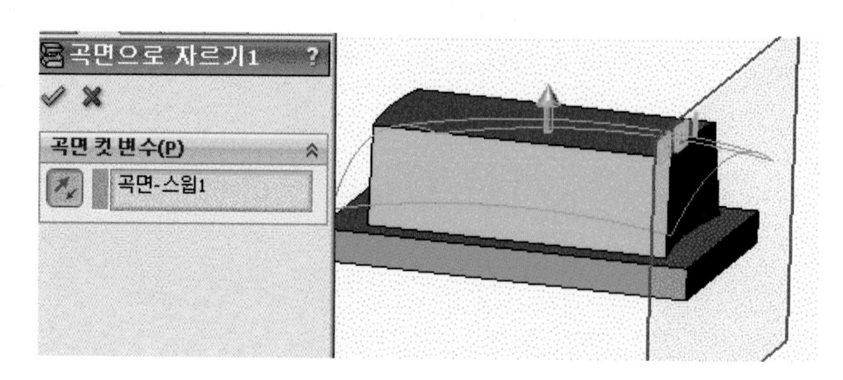

13 윗면을 선택하고 그림과 같이 스케치한다.

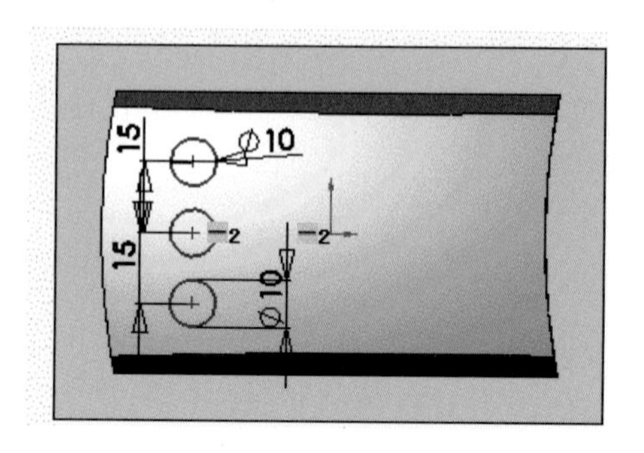

14 피처에서 돌출 보스/베이스 아이콘( )을 선택한 다음 곡면으로부터 오프셋 5mm 입력 후 곡면을 선택한다. 오프셋 반대 방향을 체크하고 돌출한다.

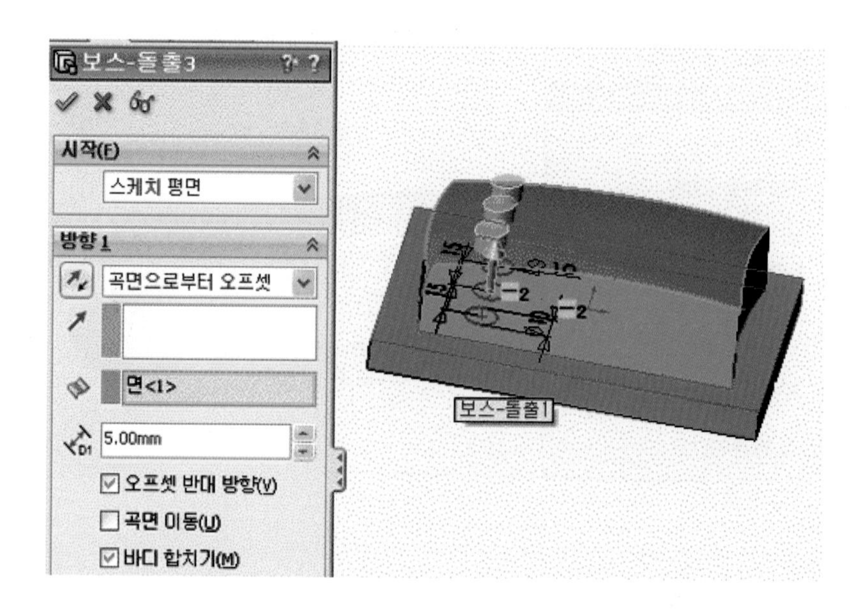

15 정면을 선택하고 그림과 같이 스케치한다.

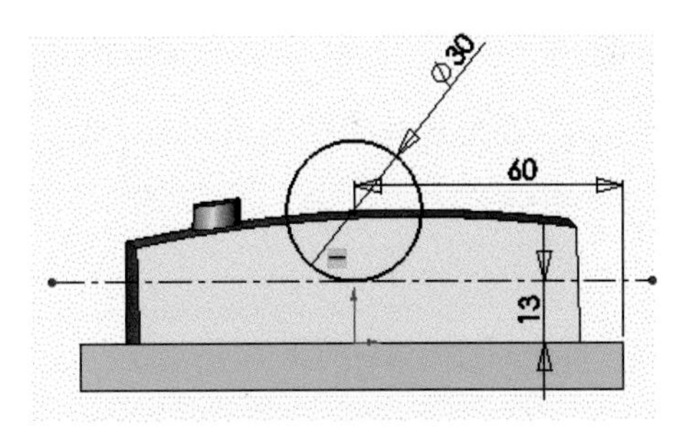

16 명령어 돌출 컷 아이콘( )을 실행하여 그림과 같이 중간 평면으로 돌출 컷한다.

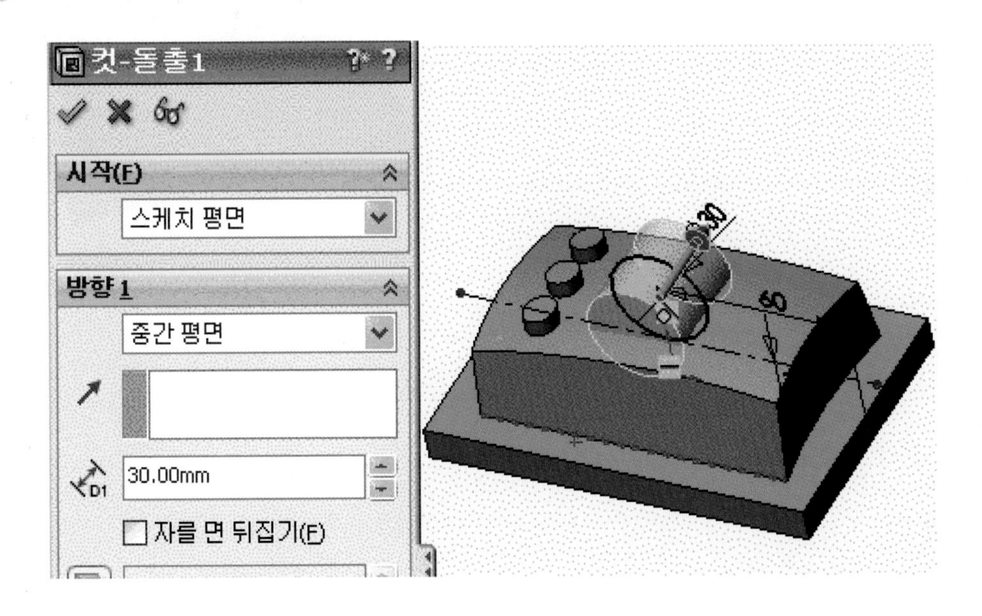

17 정면을 선택하고 그림과 같이 스케치한다.

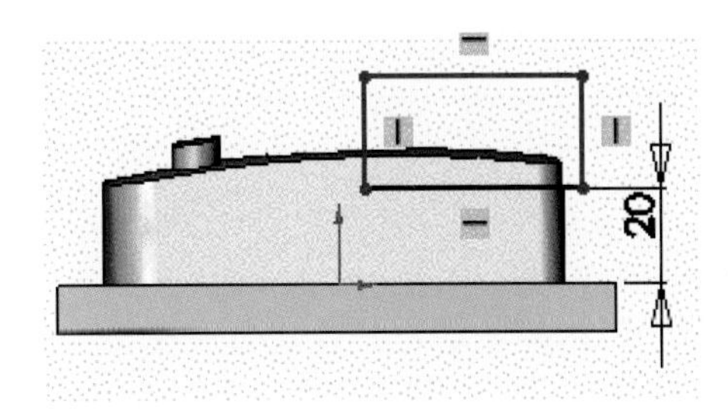

18 명령어 돌출 컷 아이콘( )을 실행하여 그림과 같이 중간 평면으로 20mm 돌출컷 한다.

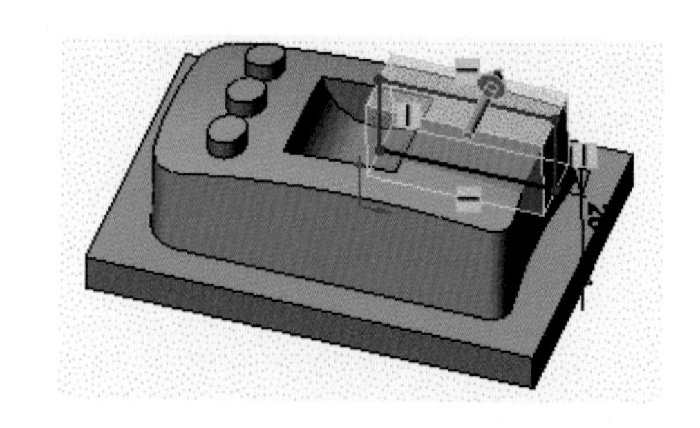

19 보기 메뉴의 필렛 아이콘( )을 선택한 후 각각의 요소를 필렛한다.

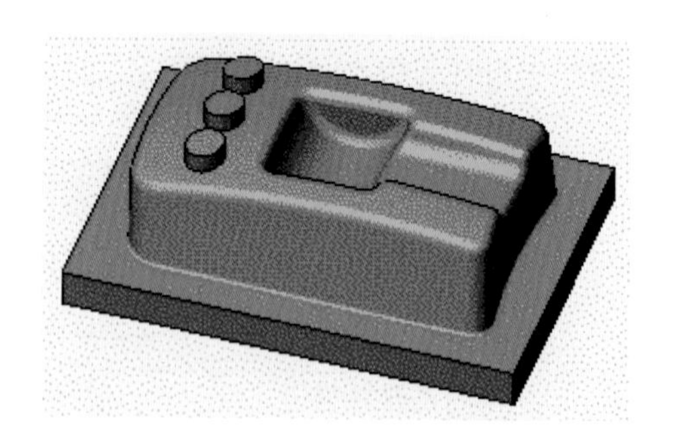

15 과제15 따라하기

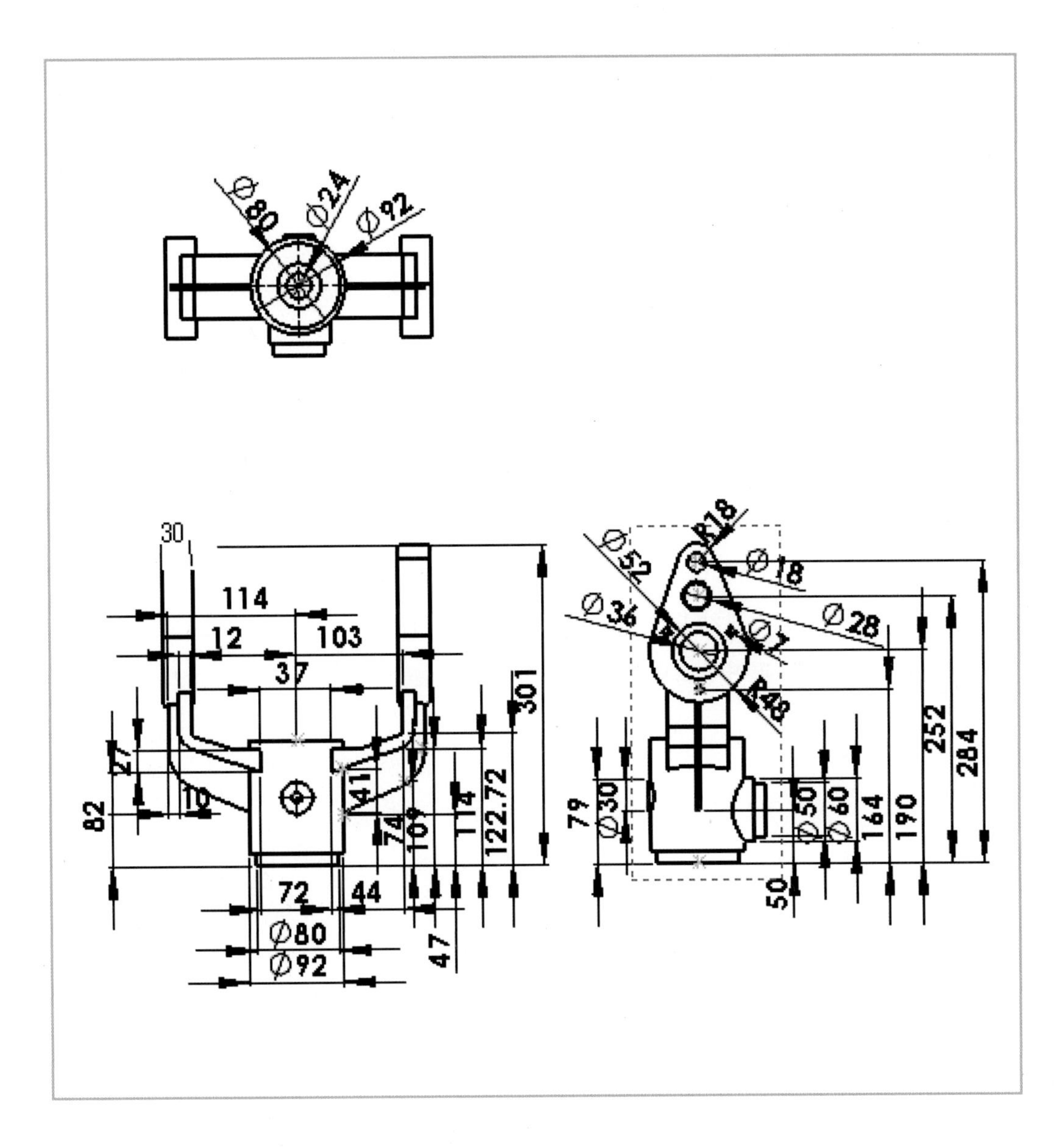

1. FeatureManager 디자인 트리에서 윗면을 선택하고 스케치 도구상자에서 스케치 아이콘( )을 클릭한 후 평면에 그림과 같이 스케치한다. 돌출 12mm를 실행한다.

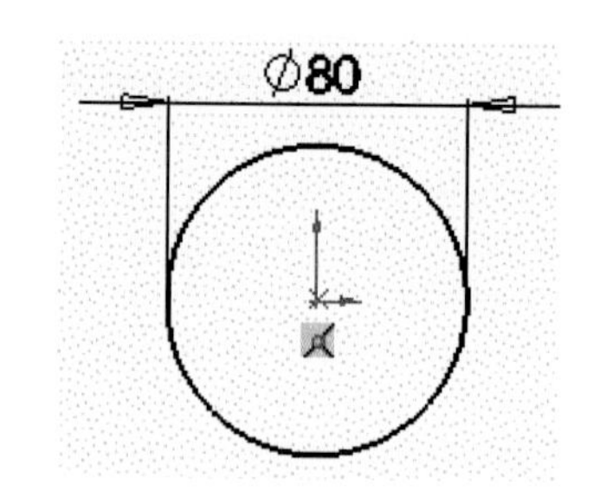

2. 윗면을 선택하고 스케치 도구상자에서 스케치 아이콘( )을 클릭한 후 평면에 그림과 같이 스케치한다. 돌출 106mm를 실행한다.

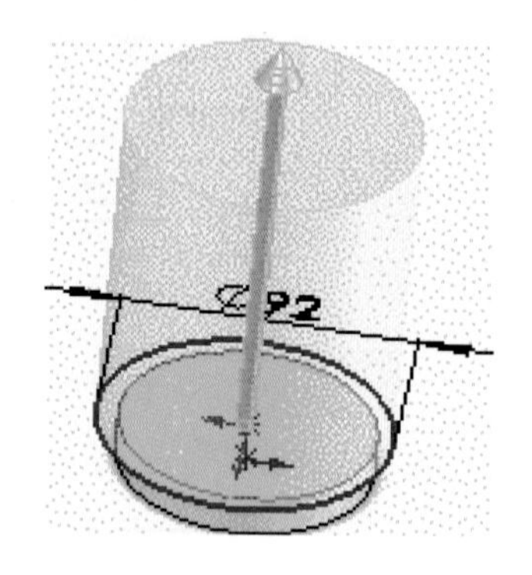

3. 정면을 선택하고 스케치 도구상자에서 스케치 아이콘( )을 클릭한 후 평면에 그림과 같이 스케치한다. 돌출 66mm를 실행한다.

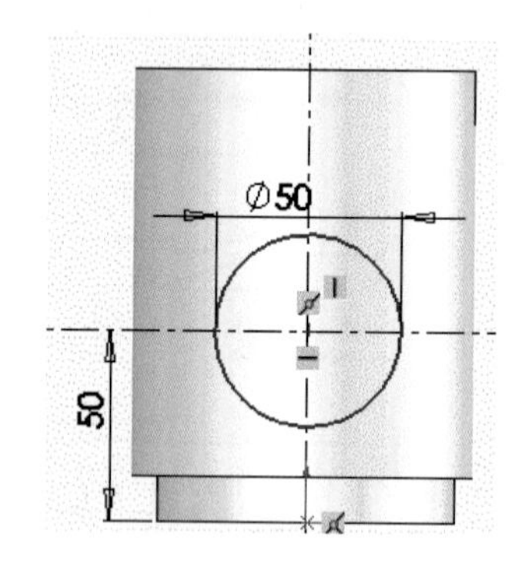

4. 정면을 선택하고 그림과 같이 스케치한다. 돌출 55mm를 실행한다.

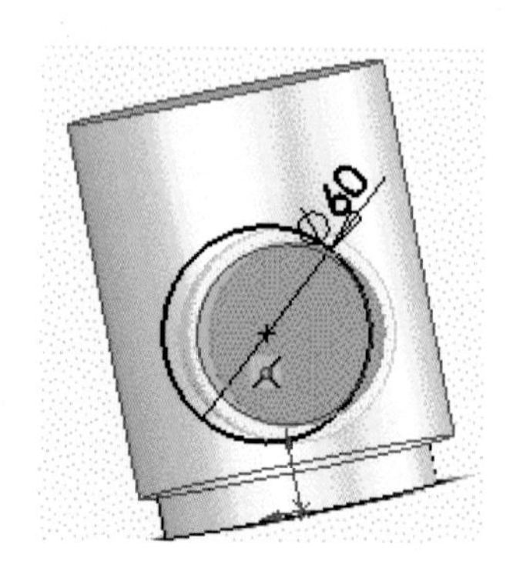

5 옆 그림은 돌출한 모델링이다.

6 정면을 선택하고 후면 보기를 하여 그림과 같이 스케치 한다. 돌출 48mm를 실행한다.

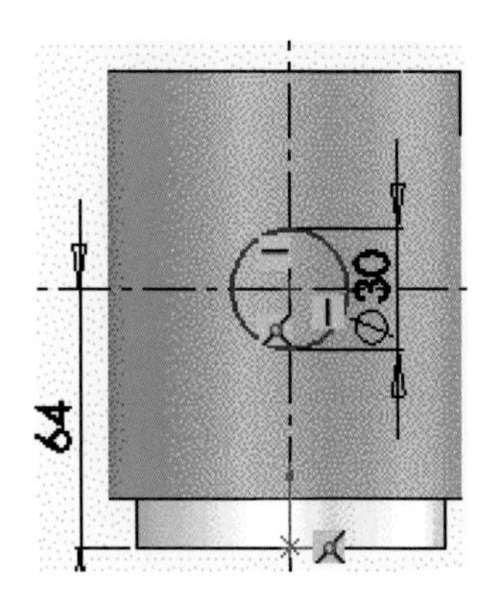

7 정면을 선택하고 그림과 같이 스케치한다. 돌출에서 중간 평면으로 지정하고 60mm를 돌출한다.

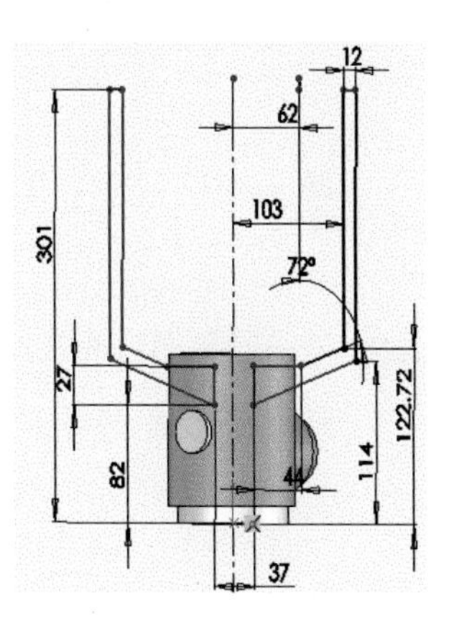

8 정면을 선택하고 그림과 같이 스케치한다. 돌출에서 중간 평면으로 지정하고 4mm를 돌출한다.

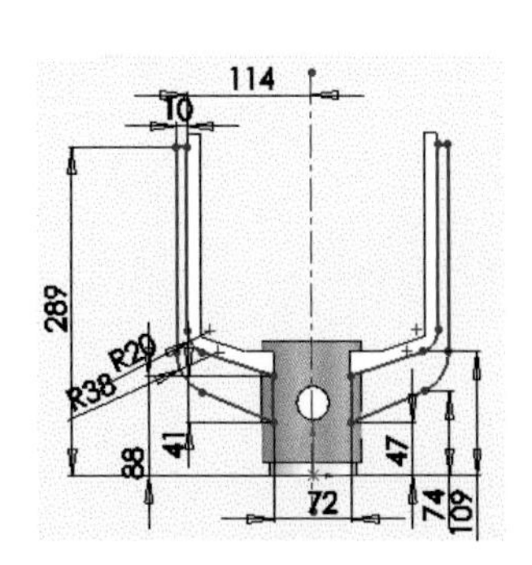

9 우측 곡면면을 선택하고 그림과 같이 기준면을 만든다.

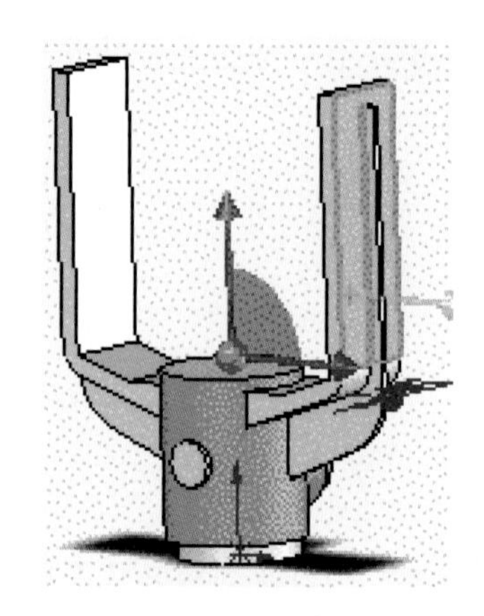

10 기준면을 선택하고 그림과 같이 스케치하고 30mm를 돌출한다.

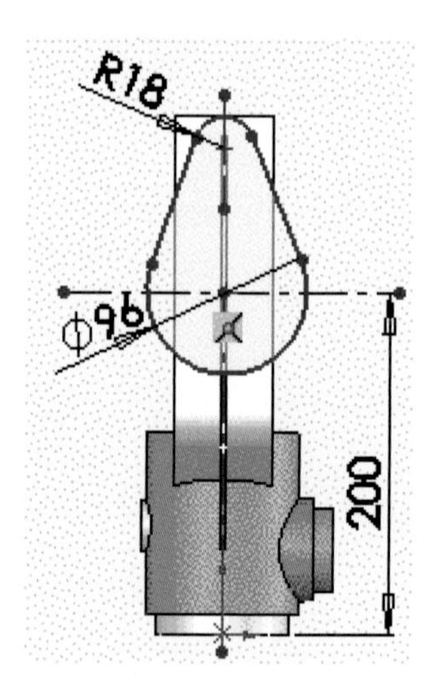

11 기준면을 선택하고 그림과 같이 스케치 후 반대 방향으로 돌출 컷을 한다.

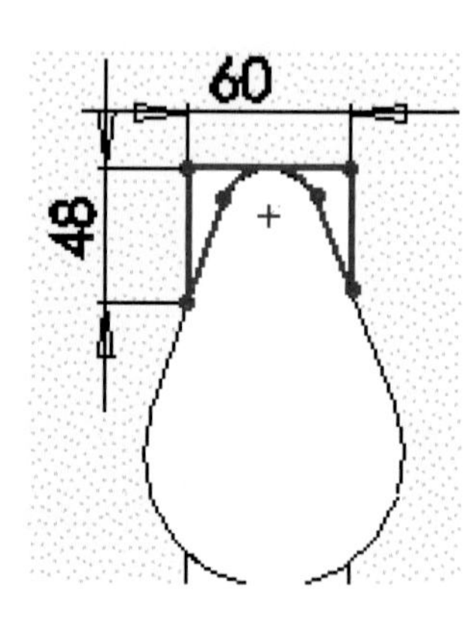

12 우측면을 선택하고 그림과 같이 대칭 복사한다.

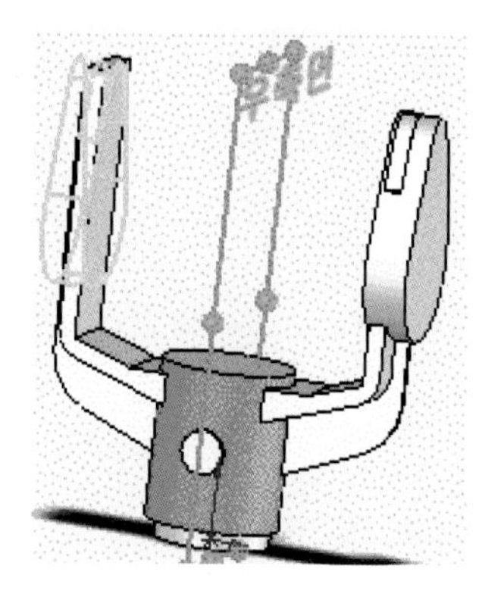

13 우측면을 선택하고 그림과 같이 스케치 후 관통 돌출 컷 한다.

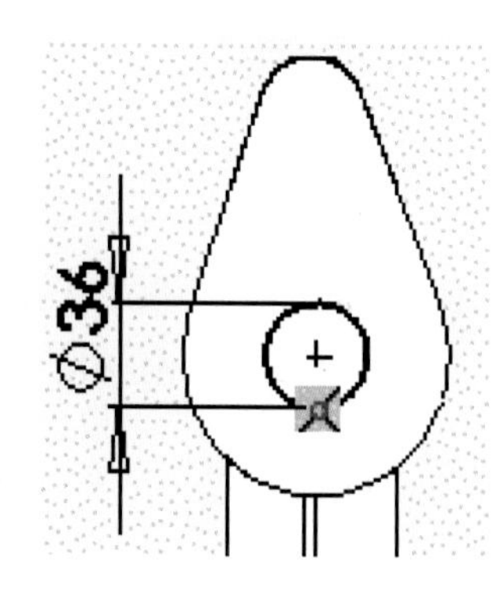

14 FeatureManager 디자인 트리에서 윗면을 선택하고 ø24를 스케치 후 [icon]을 선택하여 관통 돌출 컷한다.

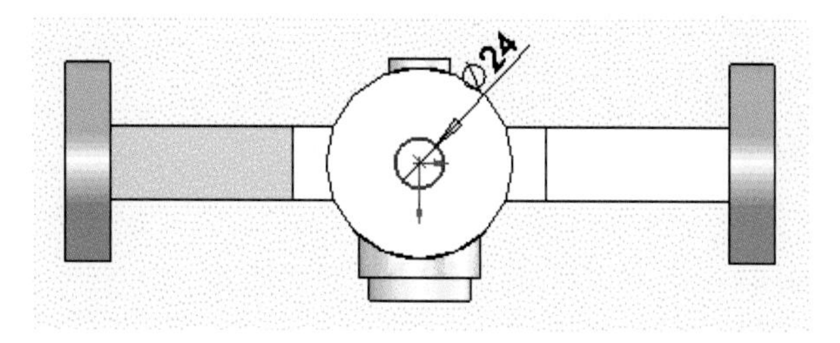

15 FeatureManager 디자인 트리에서 윗면을 선택하고 밑면에 ø42.02mm를 스케치 후 [icon]을 선택하여 깊이 12mm를 돌출 컷한다.

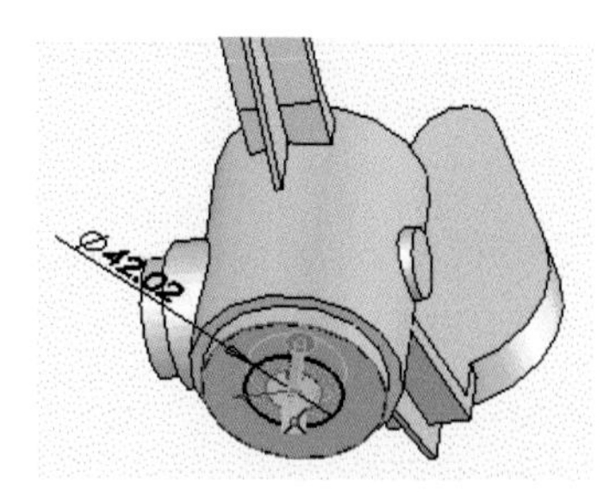

16 윗면을 선택하고 모델 윗면에 ø42mm를 스케치 후 ▣을 선택하여 깊이 20mm를 돌출 컷한다.

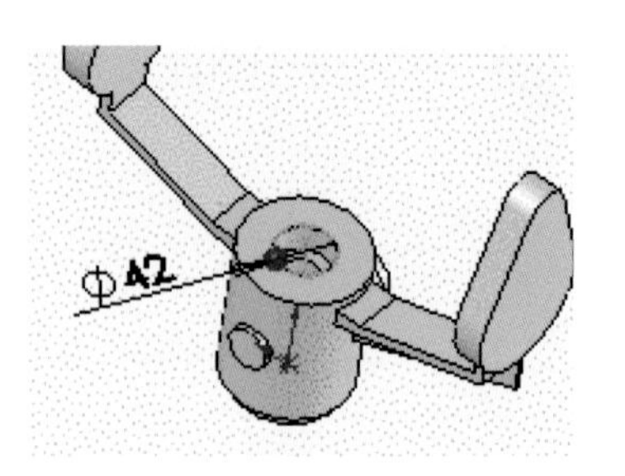

17 윗면을 선택하고 모델 윗면에 ø60mm를 스케치 후 ▣을 선택하여 깊이 10mm를 돌출 컷한다.

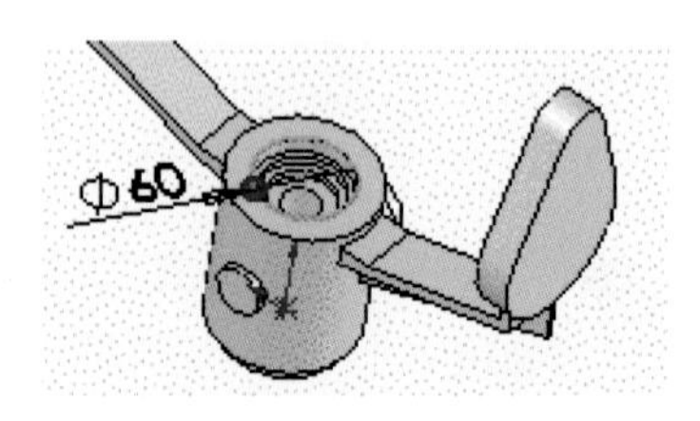

18 후면을 선택하고 모델 윗면에 ø8.5mm를 스케치 후 ▣을 선택하여 깊이 20mm를 돌출 컷한다.

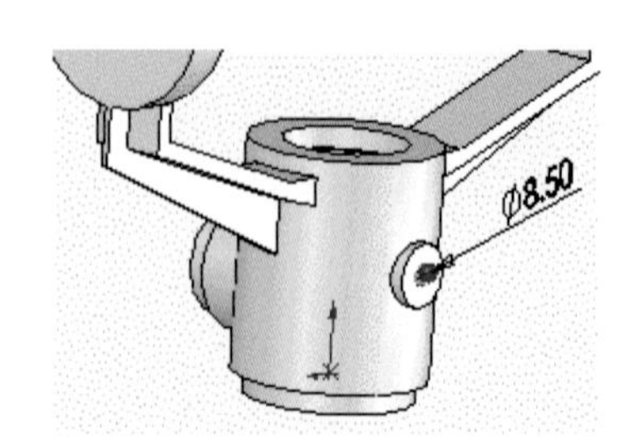

19 FeatureManager 디자인 트리에서 정면 선택 후 구멍 가공 마법사 아이콘(▣)을 선택하여 그림과 같이 구멍 유형을 구멍, 크기 M30, 마침 조건 60mm를 체크한 후 확인 버튼(✔)을 클릭한다.

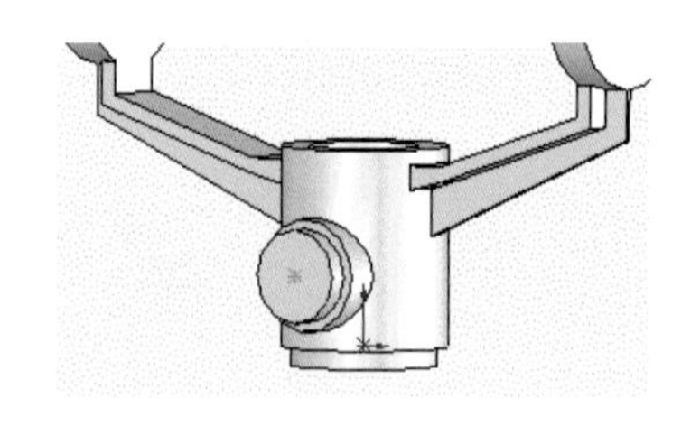

20 FeatureManager 디자인 트리에서 우측면을 선택하고 그림과 같이 모델 윗면에 스케치 후 ▣을 선택하여 깊이 20mm를 돌출 컷한다.

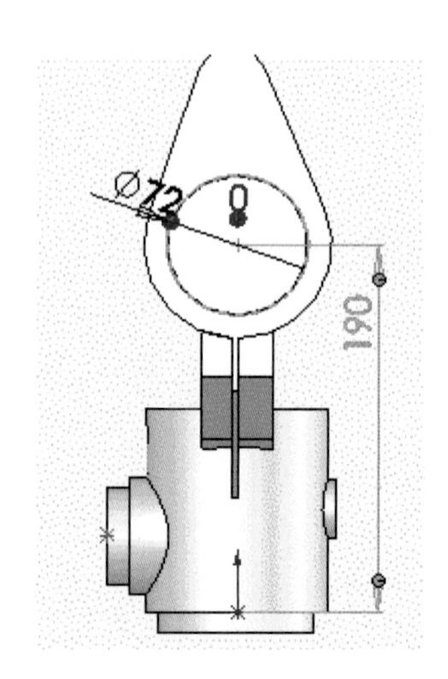

21 FeatureManager 디자인트리에서 우측면을 선택하고 그림과 같이 모델 윗면에 스케치 후 ▣을 선택하여 관통 돌출 컷한다.

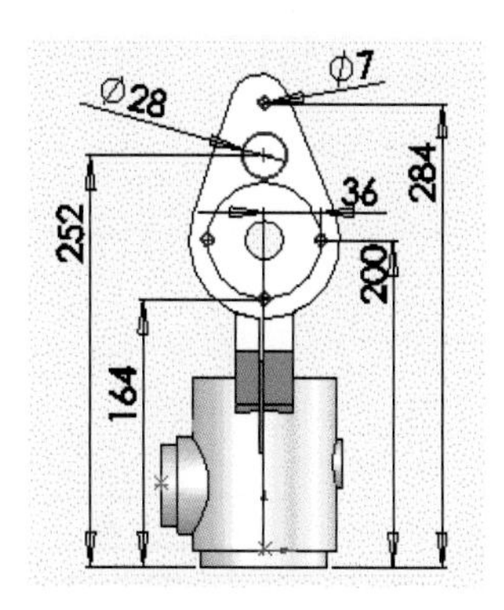

22 우측면을 선택하고 그림과 같이 모델 윗면에 스케치 후 ▣을 선택하여 4mm 돌출 컷한다.

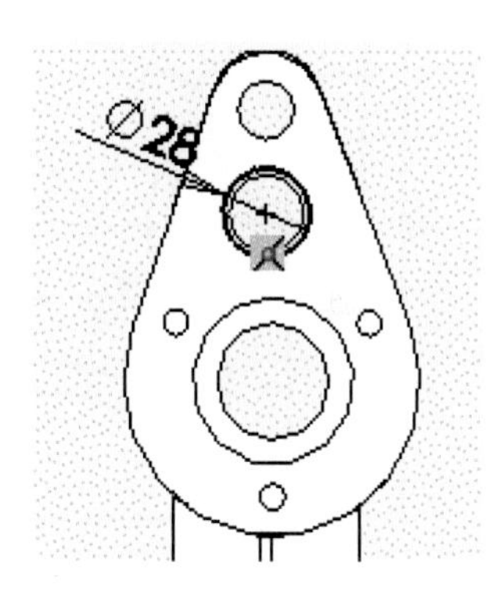

23 옆 그림은 완성된 모델이다.

16 과제16 따라하기

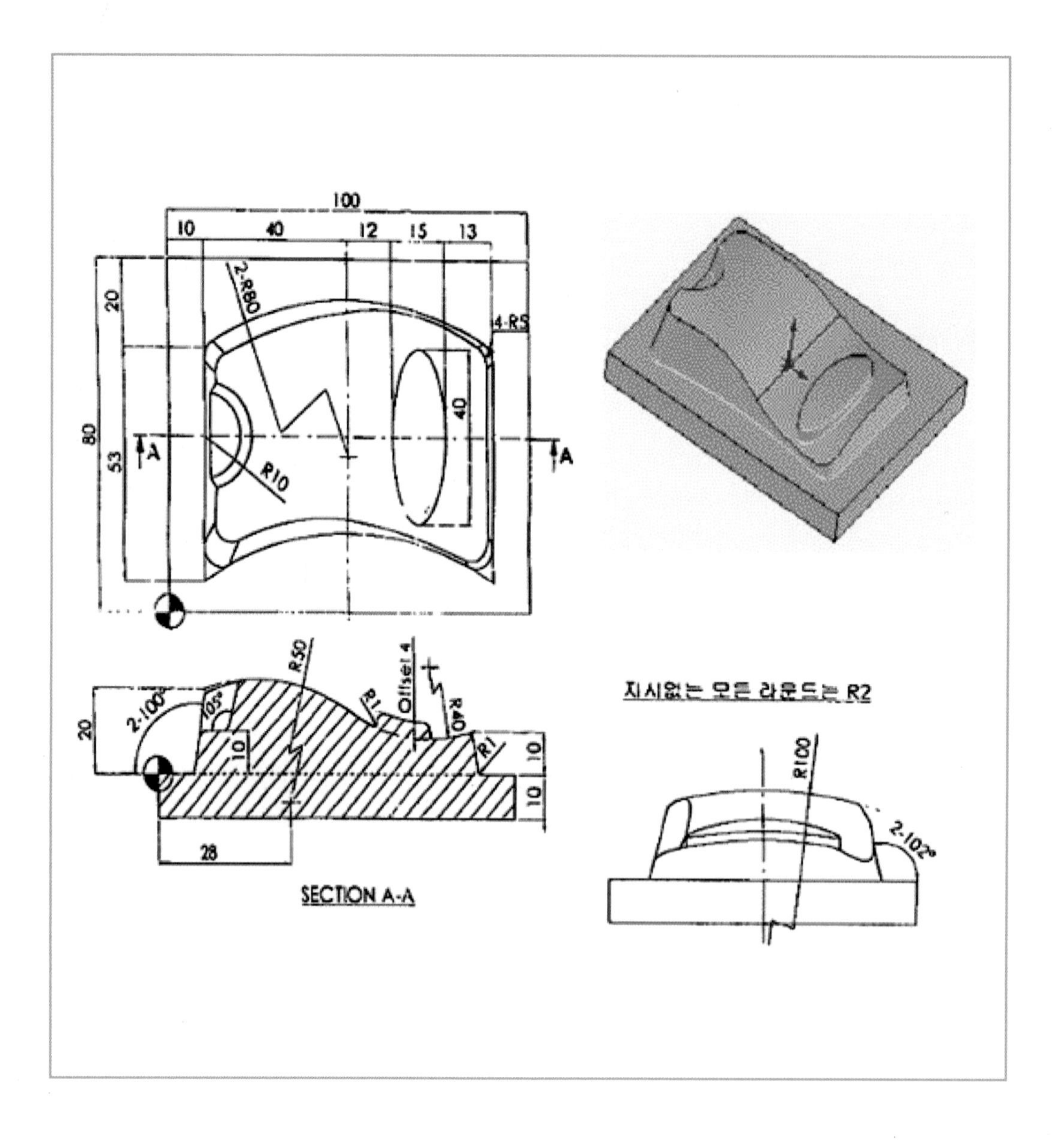
100
10
40
12
15
13
2-R80
4-R5
20
80
53
40
R10
A
A
R50
Offset 4
R1
R40
R1
2-100°
105°
20
10
10
10
28
SECTION A-A
지시없는 모든 라운드는 R2
R100
2-102°

1 FeatureManager 디자인 트리에서 윗면을 선택한다.

2 스케치 도구상자에서 스케치 아이콘( )을 클릭한 후 평면에 직사각형 스케치를 하고 중심선을 선택하여 대각선으로 그린다.

3 Ctrl키를 누른 상태에서 원점과 중심선을 선택한 후에 중간점을 선택하고 대화상자 닫기를 클릭하여 원점이 대각선의 중심점에 놓이도록 한다.

4 그림과 같이 각각의 지능형 치수 아이콘( )을 클릭하고 치수를 입력 후 아래 방향으로 돌출한다.

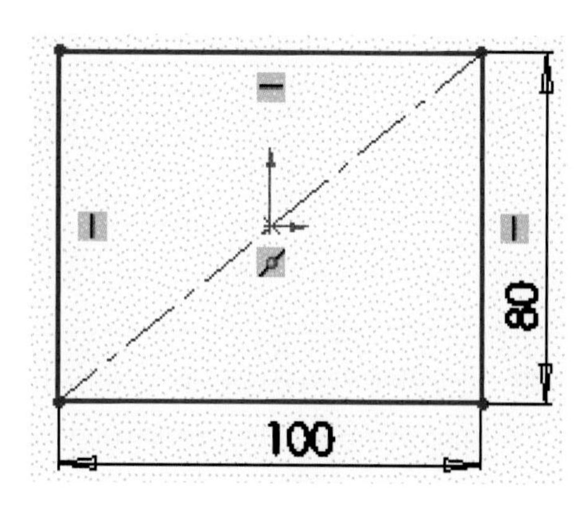

5 윗면을 선택하고 그림과 같이 스케치한다.

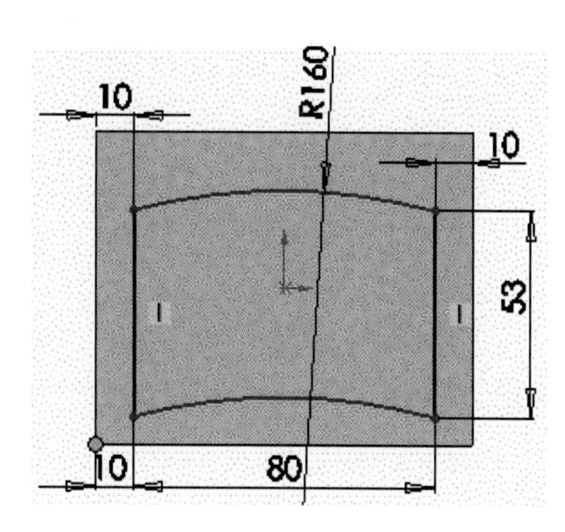

6 아이콘( )을 선택한다. 소재의 바닥면을 중립 평면으로 체크하고 구배줄면을 선택하여 각도 10도를 준다.

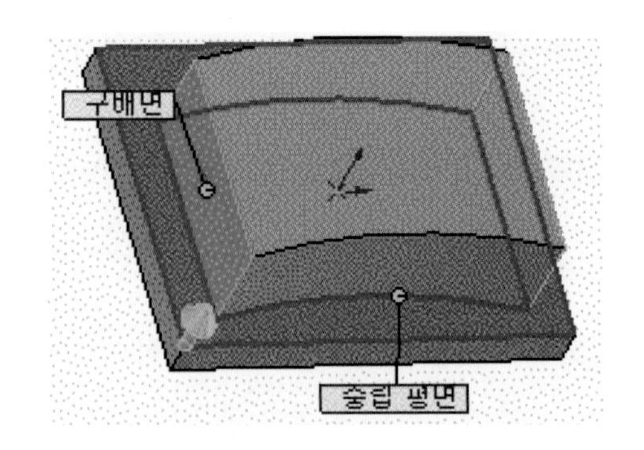

7 정면을 선택하고 그림과 같이 스케치한다.

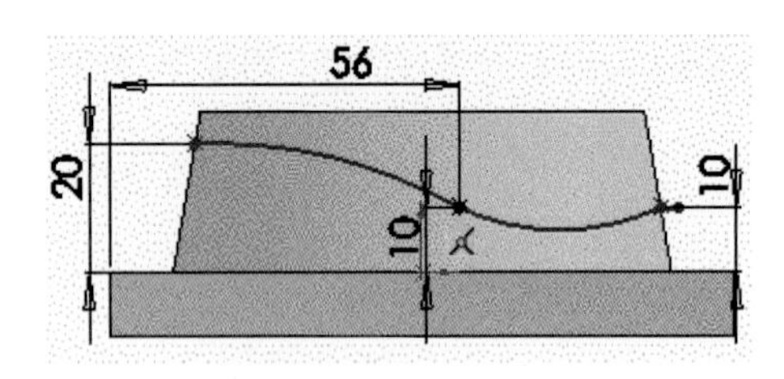

8 우측면에 아이콘( )을 선택하여 곡선 끝점에 기준면을 만들고 기준면을 선택하여 그림과 같이 스케치한다.

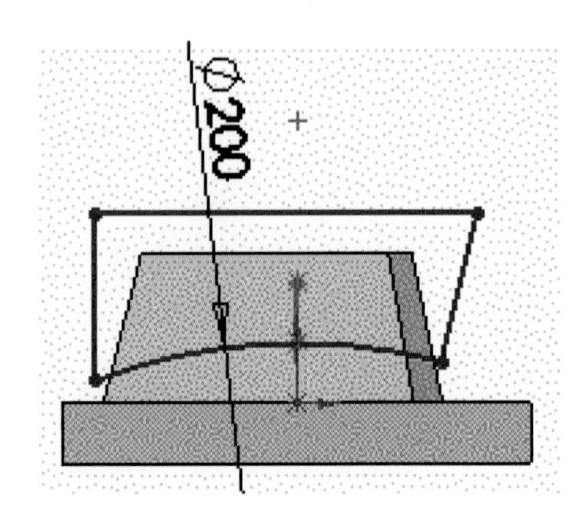

9 메뉴의 삽입-잘라내기-스윕 아이콘(스윕(S))을 선택하고 그림과 같이 스윕 곡면을 실행한다.

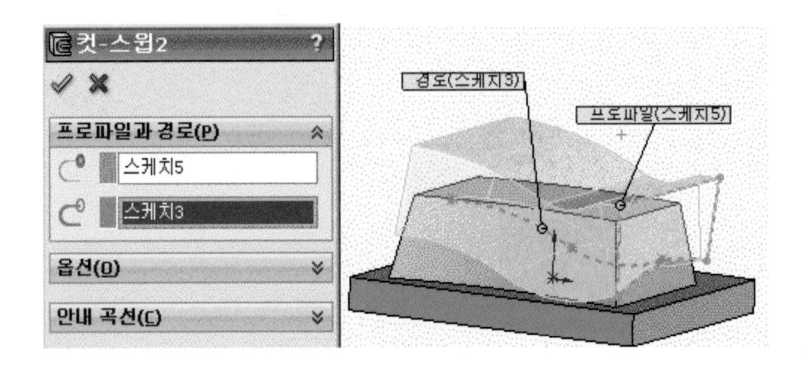

10 윗면을 선택하고 그림과 같이 스케치한다.

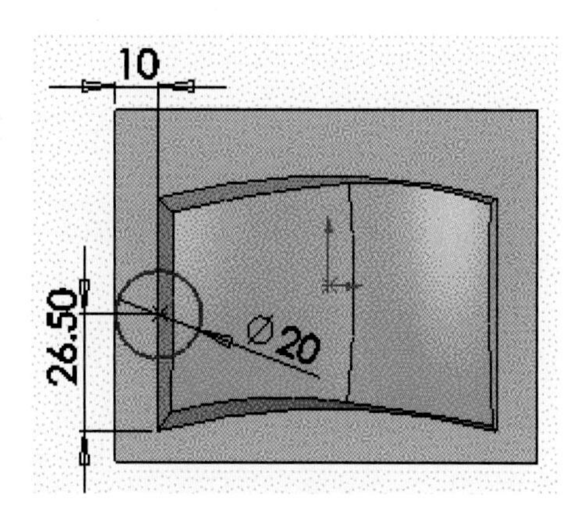

11 보기 메뉴의 돌출 컷(▣)을 클릭한 후 방향을 윗면으로 향하게 하고 오프셋을 10mm, 각도 10도 입력 후 돌출 컷한다.

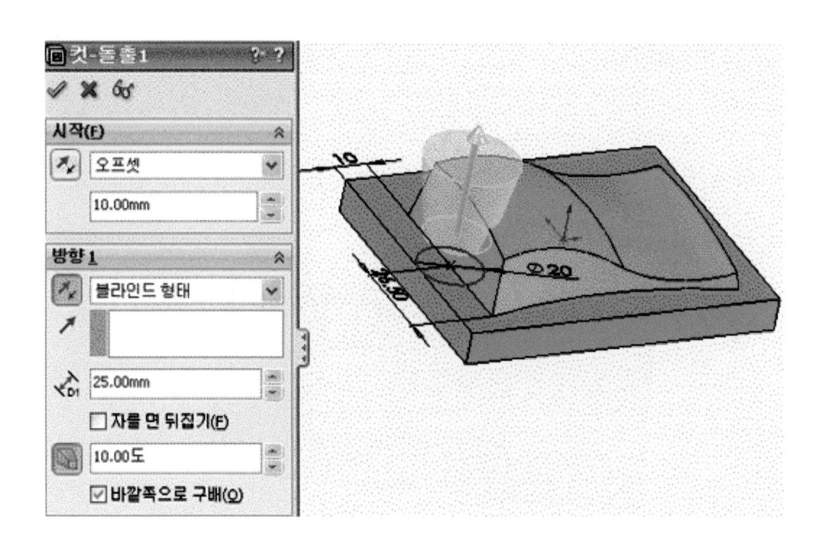

12 윗면을 선택하고 그림과 같이 스케치한다.

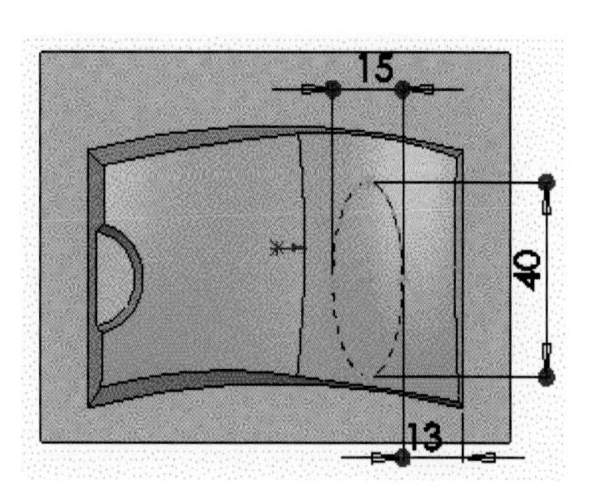

13 피처에서 돌출 보스/베이스 아이콘( )을 선택한 다음 블라인드 형태의 방향 1에서 을 클릭한다. 곡면으로부터 오프셋 4mm 입력 후 마우스로 본체면을 선택하여 돌출한다.

14 그림과 같이 A, B 부분을 5mm, 기타는 1mm 필렛을 한다.

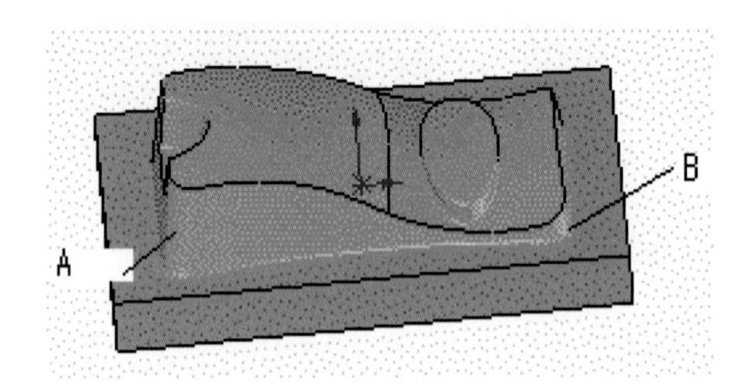

17 과제17 따라하기

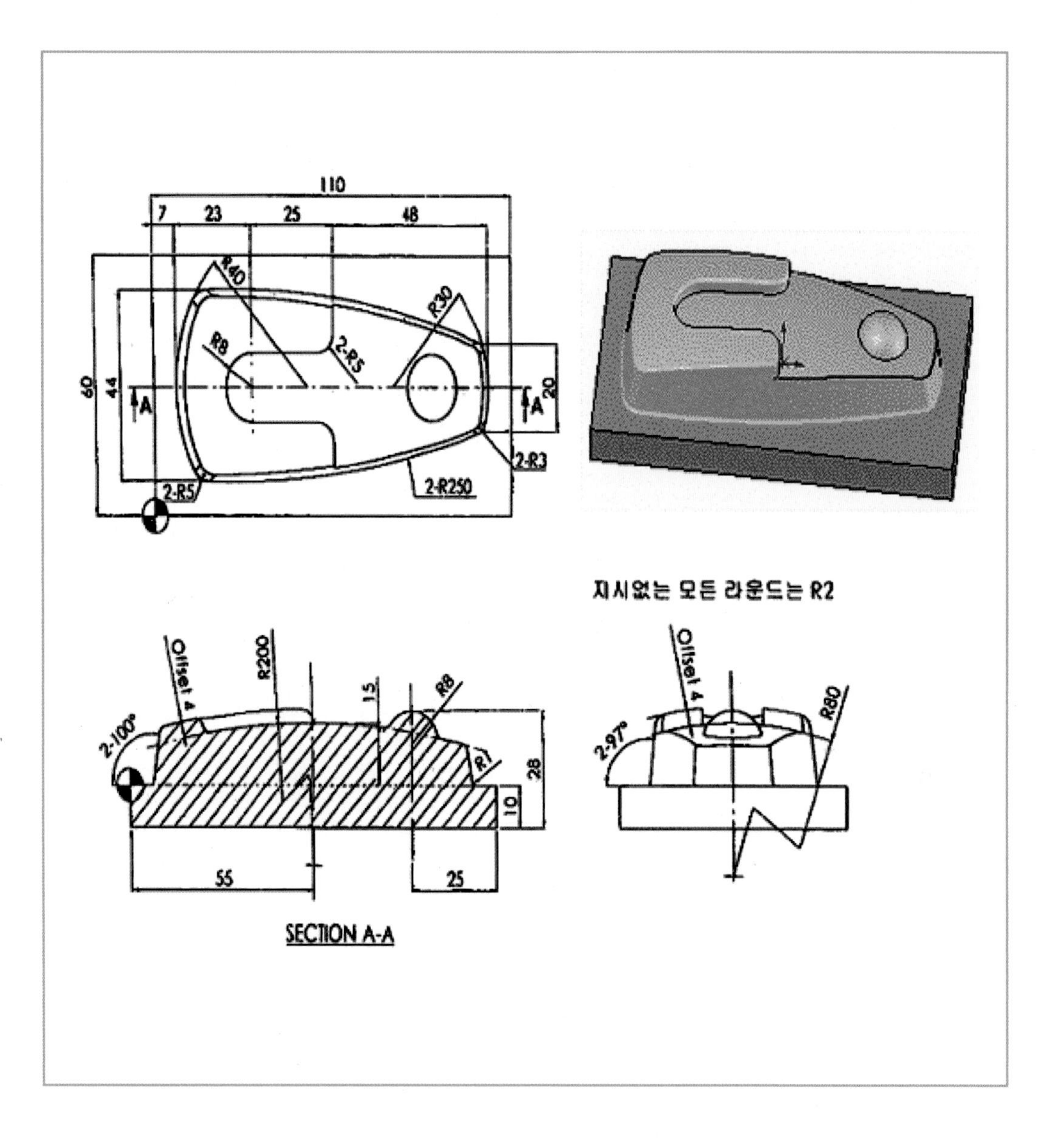
110
7
23
25
48
R40
R30
R8
2-R5
60
44
A
A
20
2-R3
2-R5
2-R250
지시없는 모든 라운드는 R2
Offset 4
R200
15
R8
2-100°
R1
28
10
55
25
SECTION A-A
Offset 4
R80
2-97°

1. FeatureManager 디자인 트리에서 윗면을 선택한다.

2. 스케치 도구상자에서 스케치 아이콘( )을 클릭한 후 평면에 직사각형 스케치를 하고 중심선을 선택하여 대각선으로 그린다.

3. Ctrl키를 누른 상태에서 원점과 중심선을 선택한 후에 중간점을 선택하고 대화상자 닫기를 클릭하여 원점이 대각선의 중심점에 놓이도록 한다.

4. 그림과 같이 각각의 지능형 치수 아이콘( )을 클릭하고 치수를 입력 후 아래 방향으로 돌출을 한다.

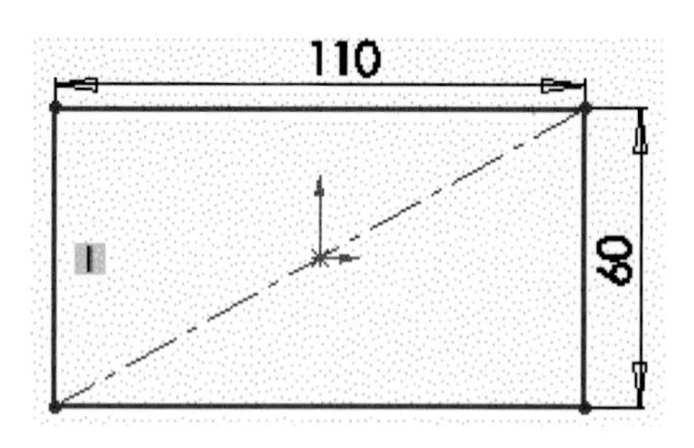

5. 윗면을 선택하고 그림과 같이 스케치한다.

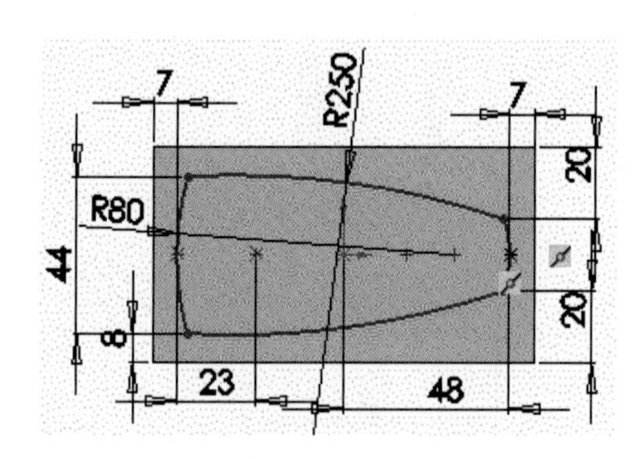

6. 피처에서 돌출 보스/베이스 아이콘( )을 선택한 다음 블라인드 형태의 방향 1에서 을 클릭한 후 40mm 정도 돌출한다.

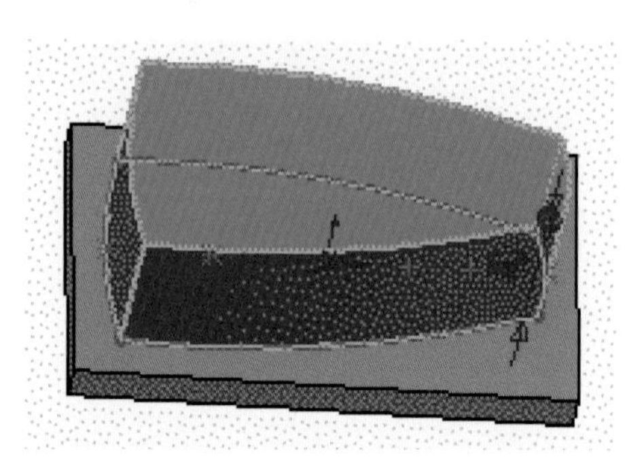

7 정면을 선택하고 그림과 같이 스케치한다.

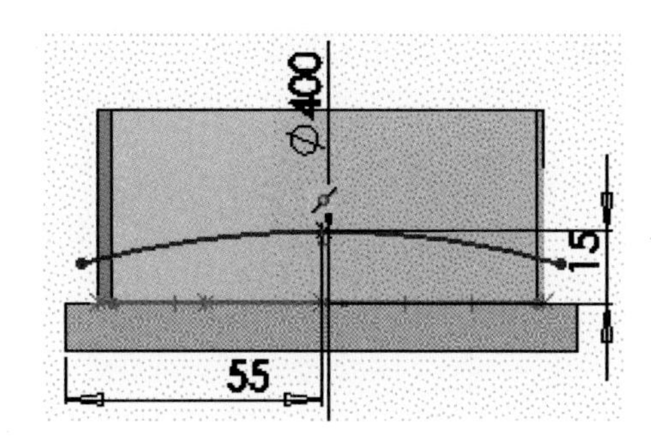

8 우측면에 아이콘( )을 선택하여 곡선 끝점에 기준면을 만들고 기준면을 선택하여 그림과 같이 스케치한다.

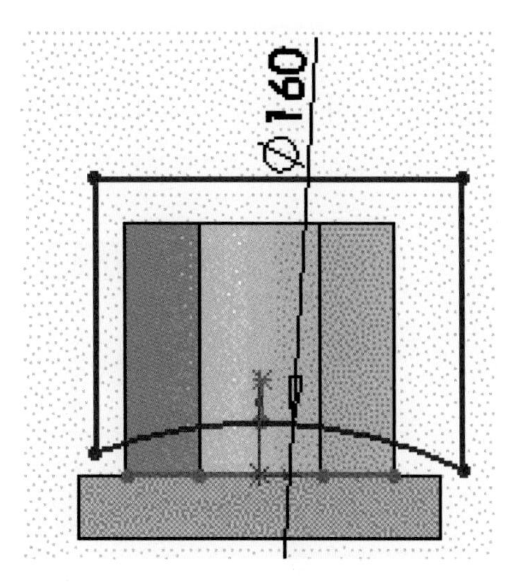

9 메뉴의 삽입-잘라내기-스윕 아이콘(스윕(S))을 선택하고 그림과 같이 스윕 곡면을 실행한다.

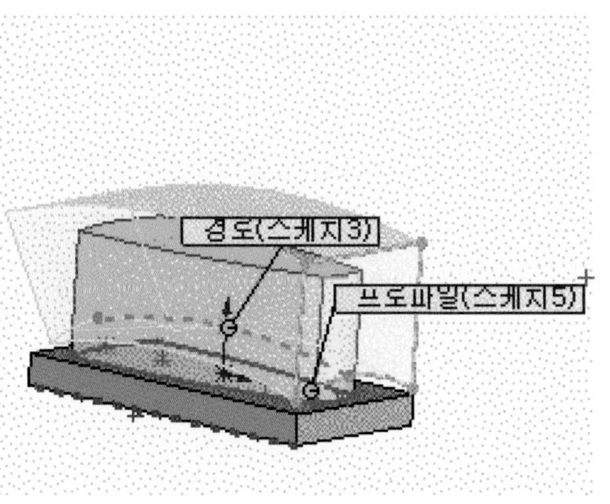

10 윗면을 선택하고 그림과 같이 스케치한다.

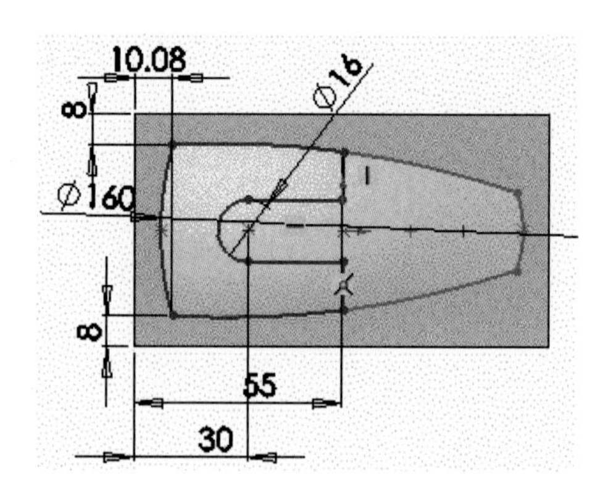

11 피처에서 돌출 보스/베이스 아이콘( )을 선택한 다음 블라인드 형태의 방향 1에서 을 클릭한다. 곡면으로부터 오프셋 4mm 입력 후 마우스로 본체면을 선택하여 돌출한다.

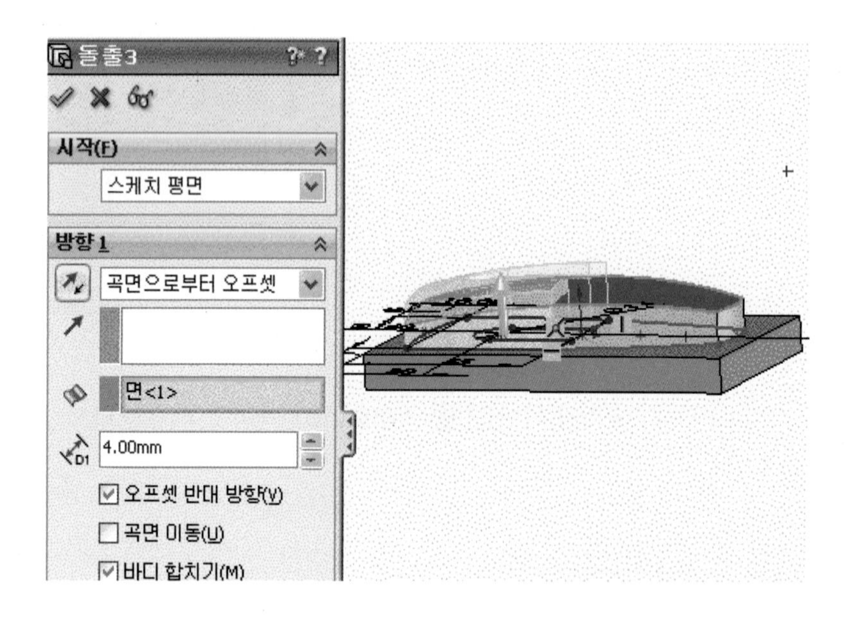

12 정면을 선택하고 그림과 같이 스케치한다.

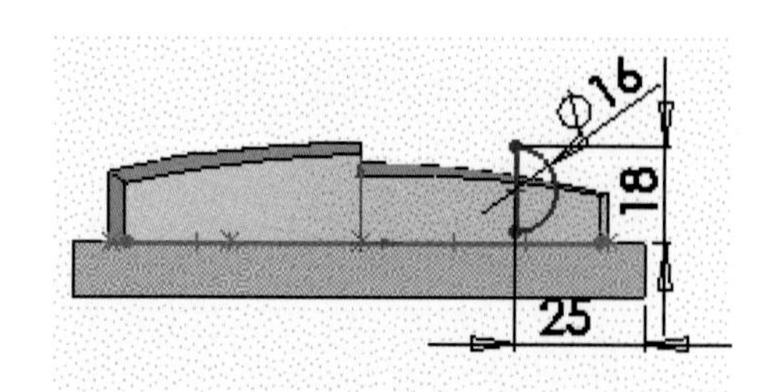

13 보기 메뉴에서 아이콘(스윕 보스/베이스)을 선택하여 그림과 같이 360도 회전시킨다.

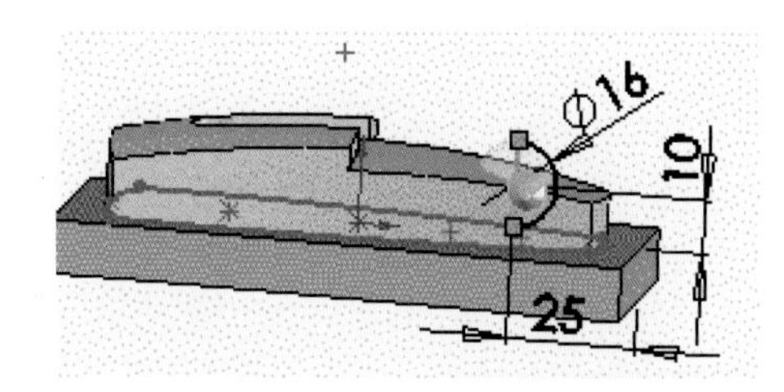

14 아이콘( )을 선택한다. 소재의 바닥면을 중립 평면으로 체크하고 구배줄면을 선택하여 A, B는 10도 C, D는 7도를 구배 준다.

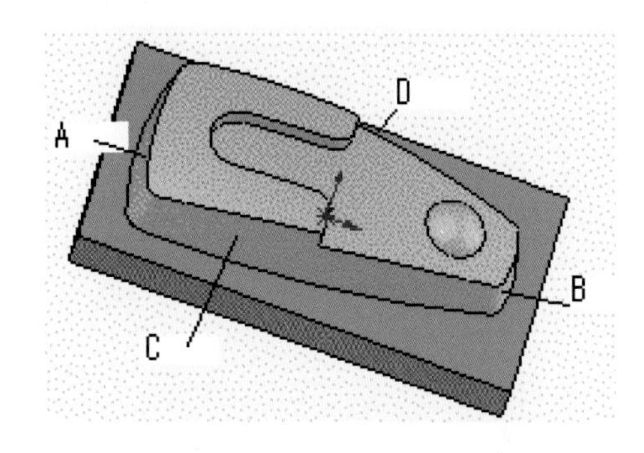

15 그림과 같이 A, C 부분을 5mm, B는 3mm, 기타는 1mm 필렛을 한다.

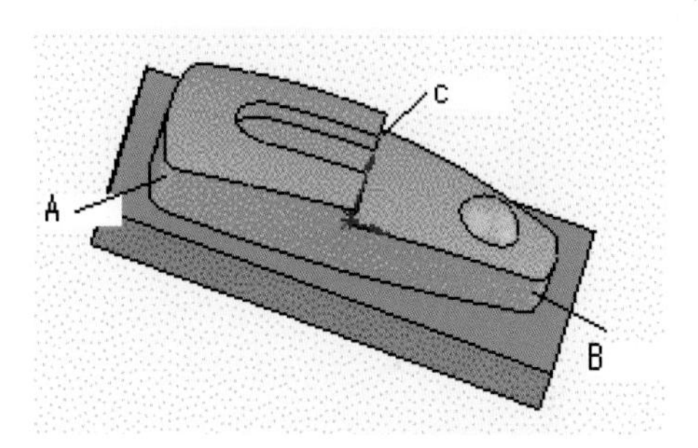

Chapter 6

응용 과제 따라하기

이 장에서는 3D 단체 형상 모델링 방법을 소개하며 응용 과제를 다루고자 한다.

과제1 따라하기~과제9 따라하기

1 과제1 따라하기

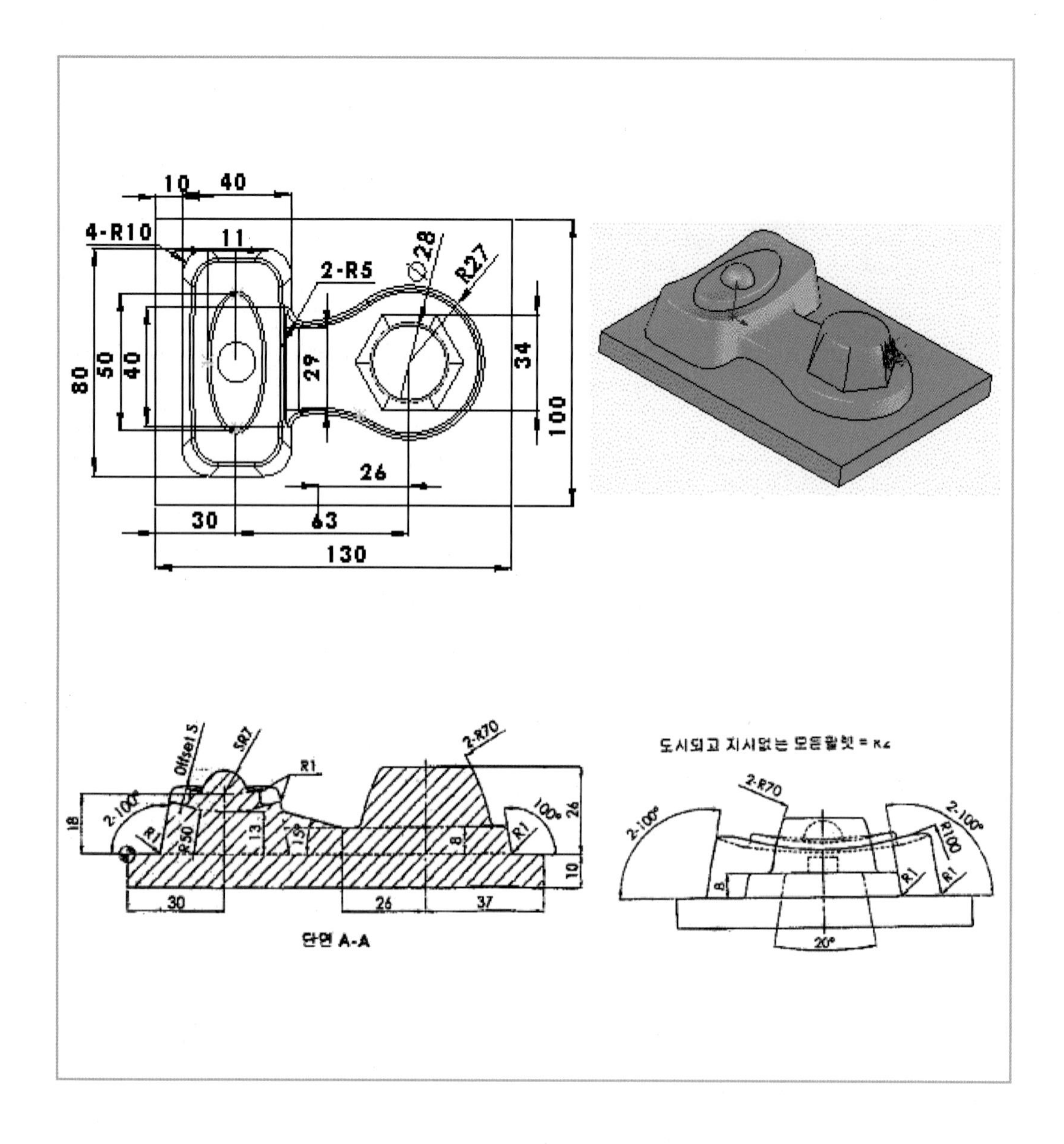
10
40
4-R10
11
2-R5
Ø28
R27
80
50
40
29
34
100
26
30
63
130
Offset 5
SR7
R1
2-R70
18
2-100°
R50
13
15°
8
100°
26
10
30
26
37
단면 A-A
2-R70
2-100°
R100
R1
8
20°

(1) 새 파트 만들기

1 FeatureManager 디자인 트리에서 윗면을 선택한다.

2 스케치 도구상자에서 스케치 아이콘( )을 클릭한 후 평면에 직사각형 스케치를 하고 중심선을 선택하여 대각선으로 그린다.

3 Ctrl키를 누른 상태에서 원점과 중심선을 선택한 후에 중간점을 선택하고 대화상자 닫기를 클릭하여 원점이 대각선의 중심점에 놓이도록 한다.

(2) 스케치 및 모델링하기

1 그림과 같이 치수 입력 후 피처에서 돌출 보스/베이스 아이콘( )을 선택하여 아래 방향으로 10mm 소재를 돌출한다.

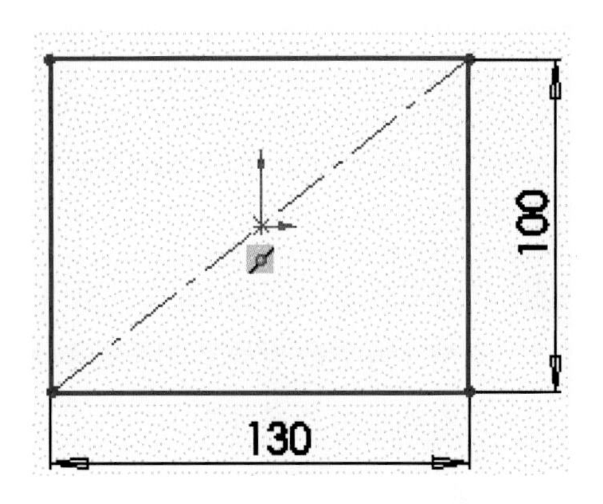

2 FeatureManager 디자인 트리에서 윗면을 선택하고 그림과 같이 스케치하여 치수를 기입한다.

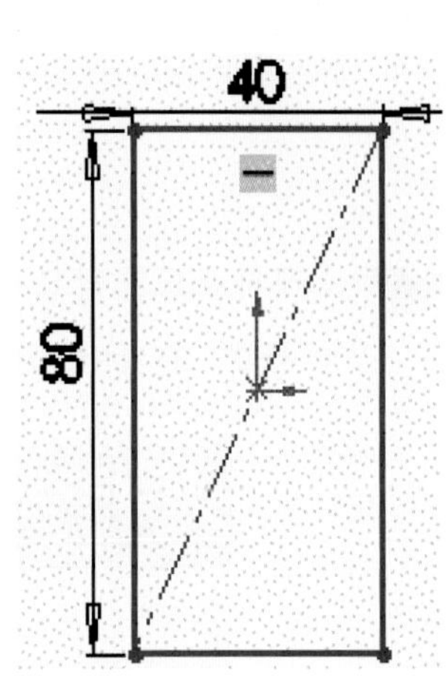

3 메뉴의 아이콘( )을 선택한 다음 블라인드 형태의 방향 1에서 을 클릭하여 윗면으로 향하게 한 후 돌출 치수 25mm, 각도 10도를 입력하고 확인 버튼( )을 클릭한다.

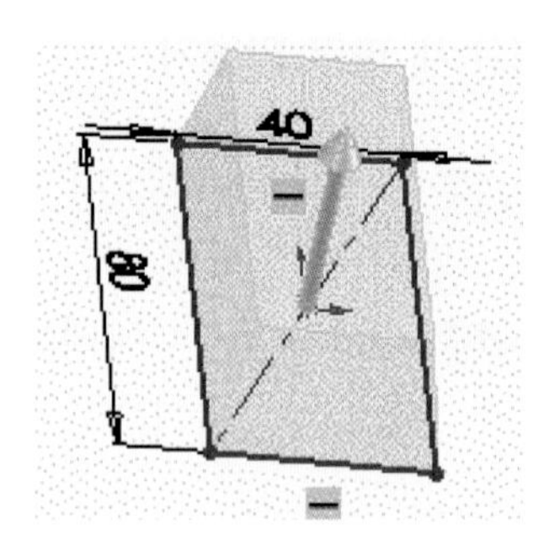

4 윗면을 선택하고 그림과 같이 스케치하여 치수를 기입한다.

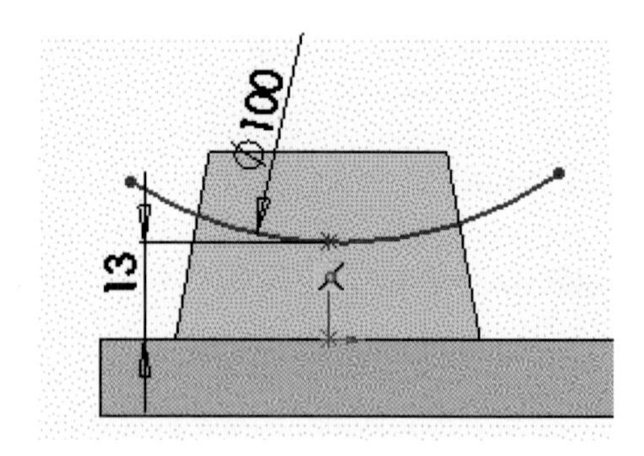

5 우측면에 아이콘( )을 선택하여 곡선 끝점에 기준면을 만들고 기준면을 선택하여 그림과 같이 스케치한다.

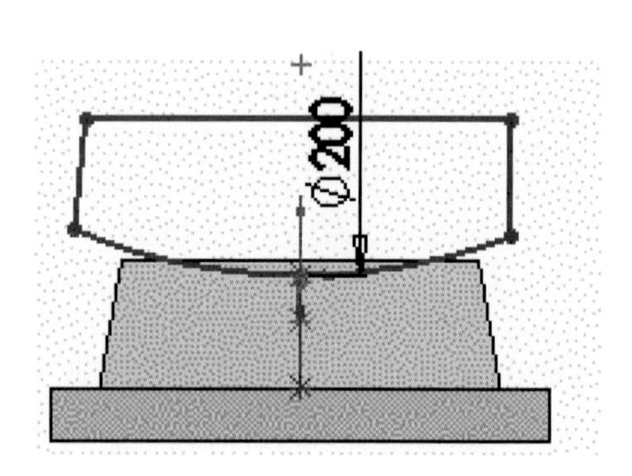

6 스케치 모드를 닫고 메뉴의 삽입-잘라내기-스윕 명령을 실행하여 프로파일을 폐곡선으로 선택, 경로는 안내 곡선을 선택한 후 확인 버튼( )을 클릭한다.

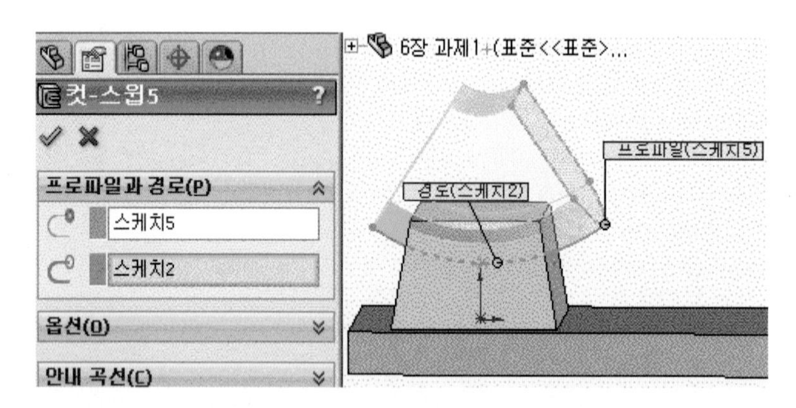

7 윗면을 선택하고 그림과 같이 스케치하여 치수를 기입한다.

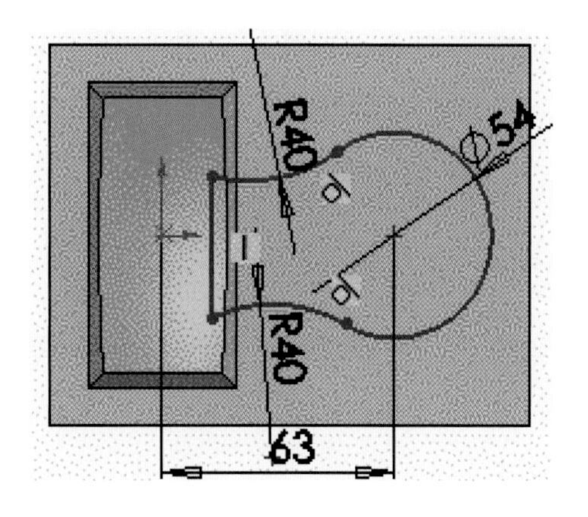

8 메뉴의 아이콘( )을 선택한 다음 블라인드 형태의 방향 1에서 을 클릭하여 윗면으로 향하게 한 후 돌출 치수 8mm, 각도 10도를 입력하고 확인 버튼( )을 클릭한다.

9 윗면을 선택하고 그림과 같이 다각형을 스케치하여 치수를 기입한다.

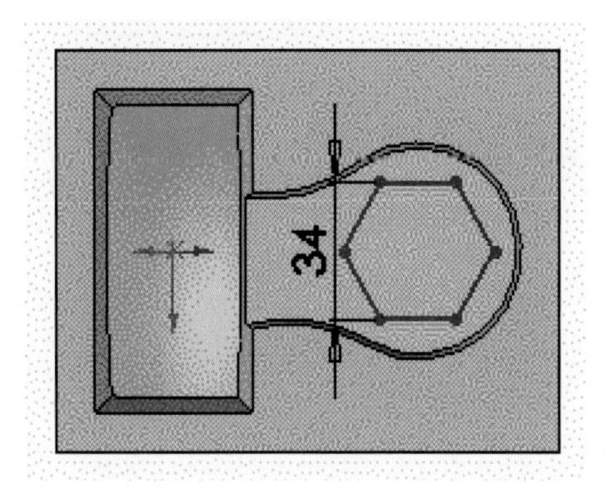

10 윗면을 선택하고 그림과 같이 밑면에서 26mm 위치에 기준면을 만들고 ϕ28mm를 스케치한다.

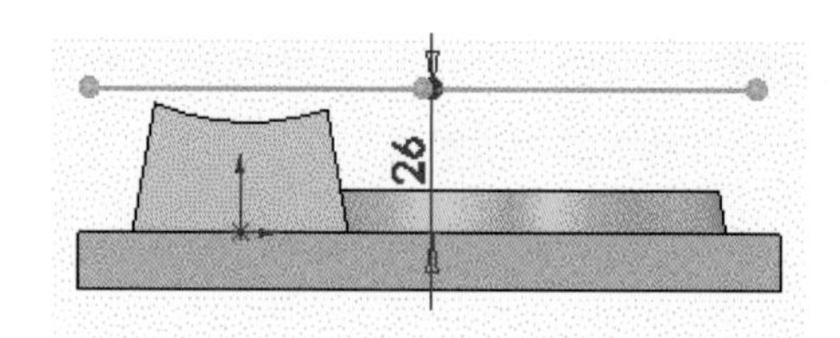

11 정면을 선택하고 그림과 같이 로프트 안내 곡선을 스케치한다.

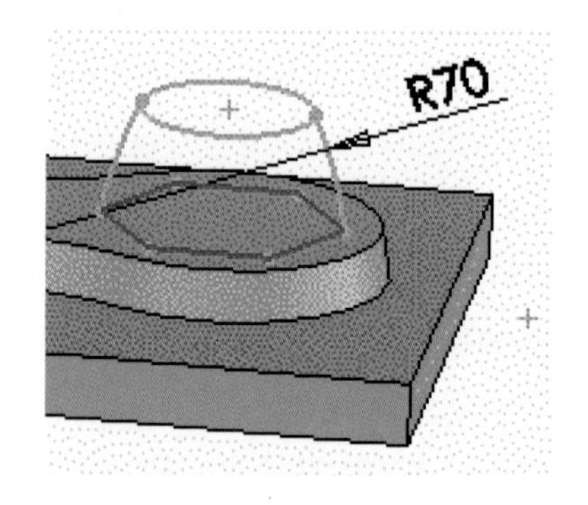

12 메뉴에서 아이콘( )을 선택하고 안내 곡선과 프로파일을 선택하여 로프트한다.

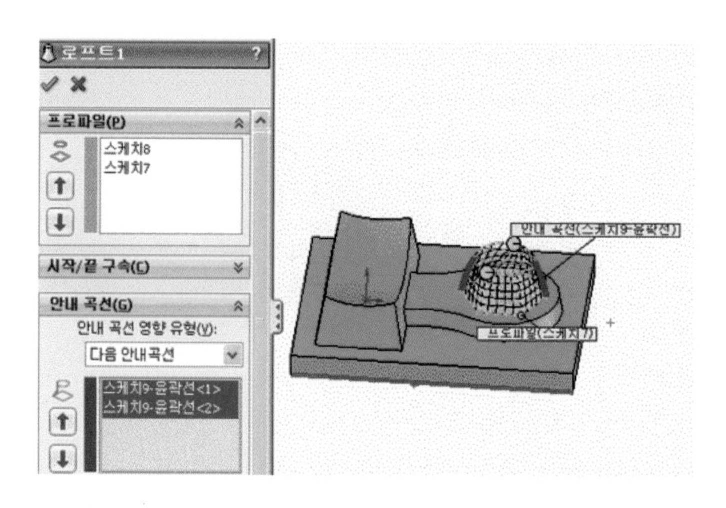

13 윗면을 선택하고 그림과 같이 스케치하여 치수를 기입한다.

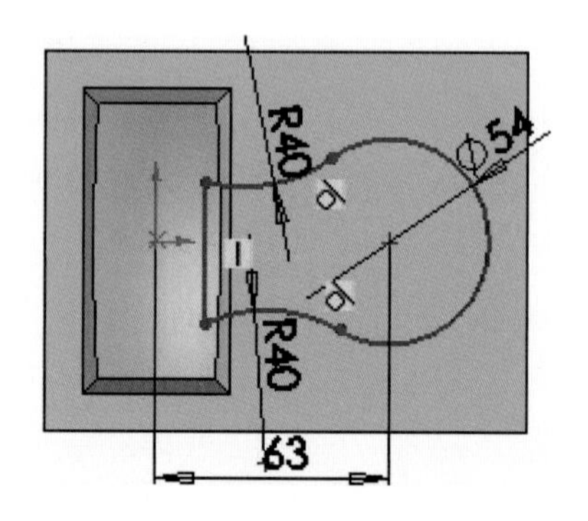

14 메뉴의 아이콘( )을 선택한 후 그림과 같이 5mm를 오프셋하여 돌출한다.

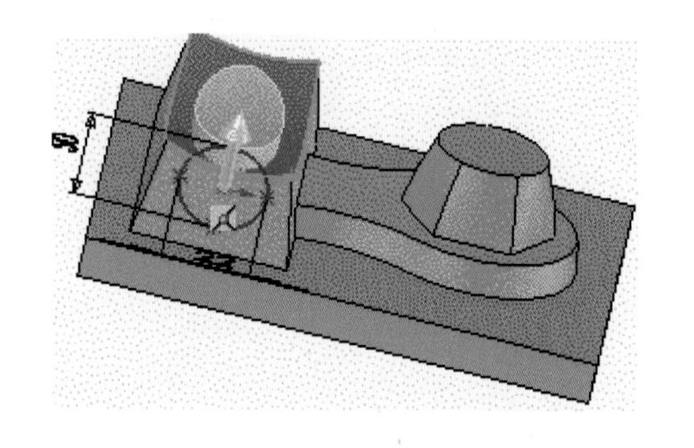

15 윗면을 선택하고 그림과 같이 밑면에서 18mm 위치에 기준면을 만들고 R7mm를 스케치한다.

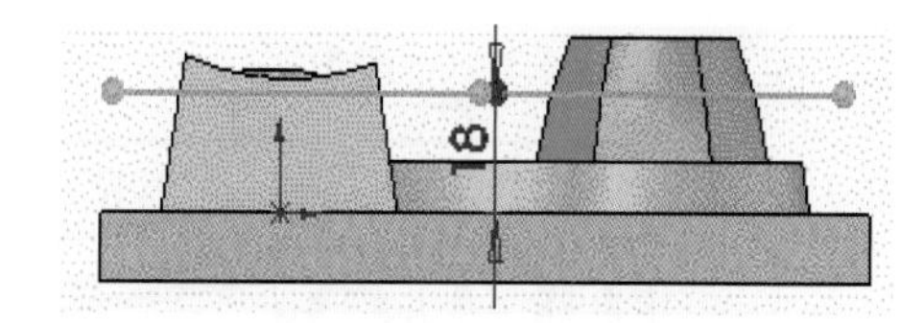

16 메뉴에서 아이콘( )을 선택하고 그림과 같이 360도 회전한다.

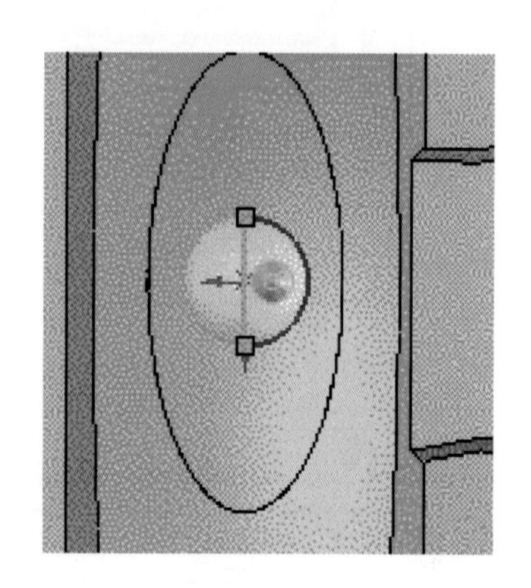

17 아이콘( )을 선택하여 그림과 같이 모서리를 R10mm 필렛한다.

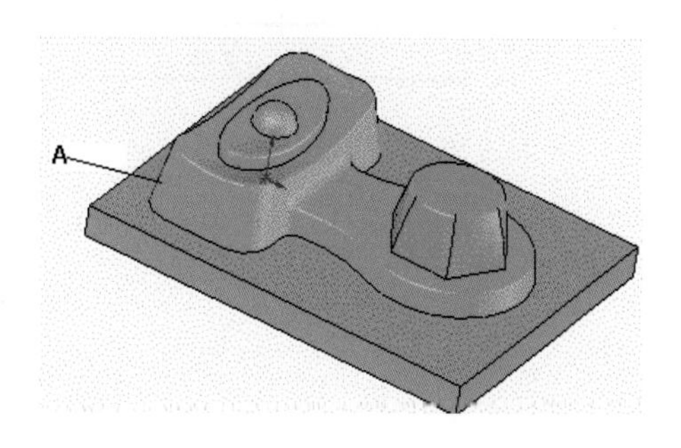

2 과제2 따라하기

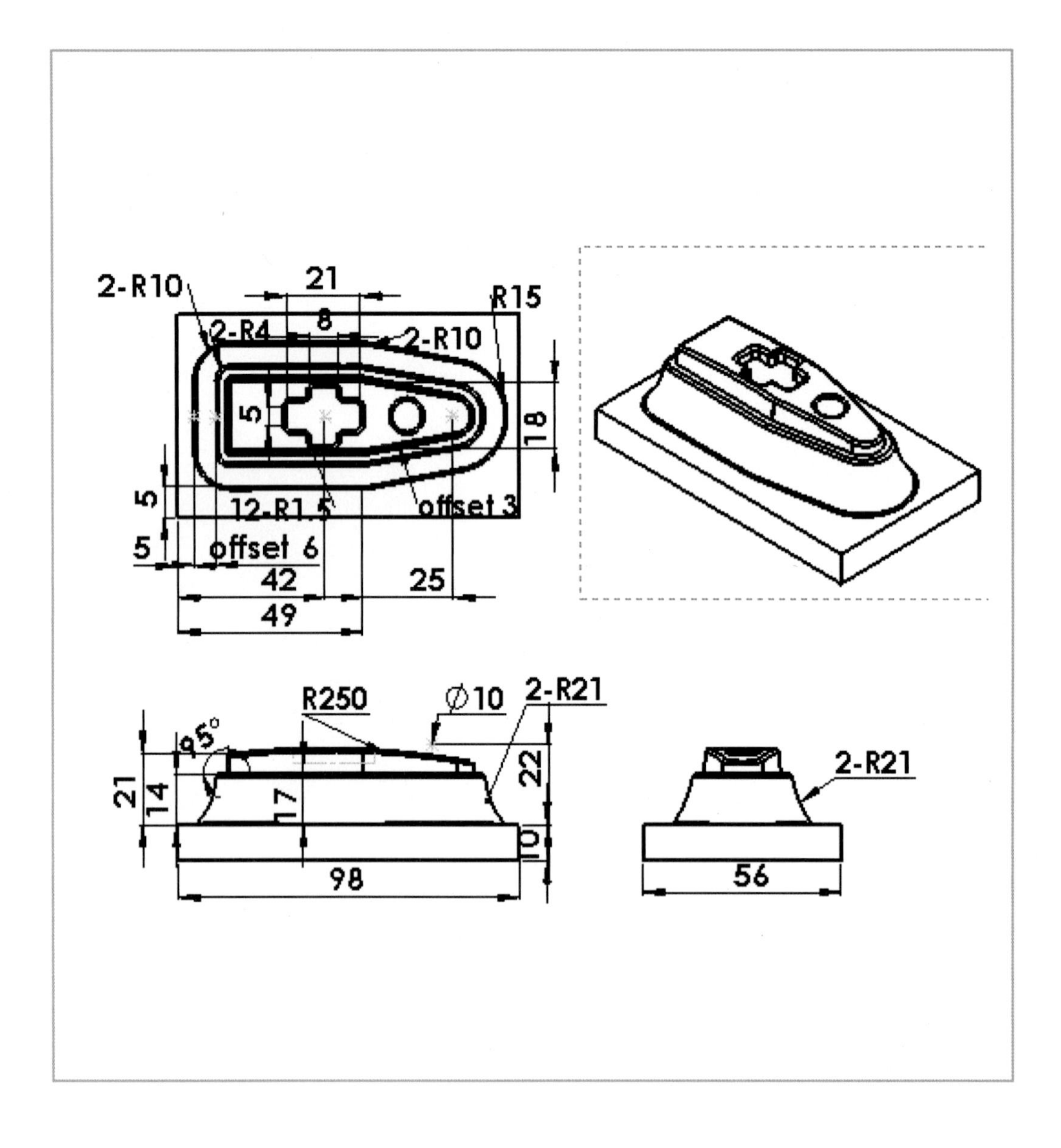
2-R10
21
R15
2-R4
8
2-R10
5
18
5
12-R1.5
offset 3
5
offset 6
42
25
49
R250
Ø10
2-R21
95°
21
14
17
22
10
98
2-R21
56

(1) 새 파트 만들기

1 FeatureManager 디자인 트리에서 윗면을 선택한다.

2 스케치 도구상자에서 스케치 아이콘( )을 클릭한 후 평면에 직사각형 스케치를 하고 중심선을 선택하여 대각선으로 그린다.

3 Ctrl키를 누른 상태에서 원점과 중심선을 선택한 후에 중간점을 선택하고 대화상자 닫기를 클릭하여 원점이 대각선의 중심점에 놓이도록 한다.

(2) 스케치 및 모델링하기

1 그림과 같이 치수 입력 후 피처에서 돌출 보스/베이스 아이콘( )을 선택하여 아래 방향으로 10mm 소재를 돌출한다.

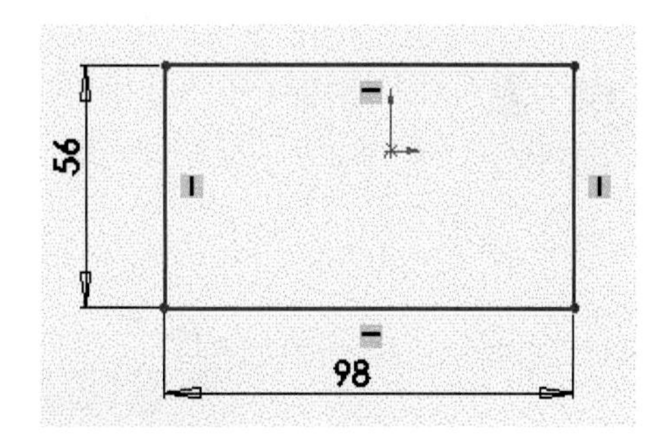

2 그림과 같이 3D 평면에 스케치 아이콘에서 선 아이콘( )과 원 아이콘( )을 선택하여 스케치를 하고 각각의 지능형 치수 아이콘( )을 클릭하고 치수를 입력한다.

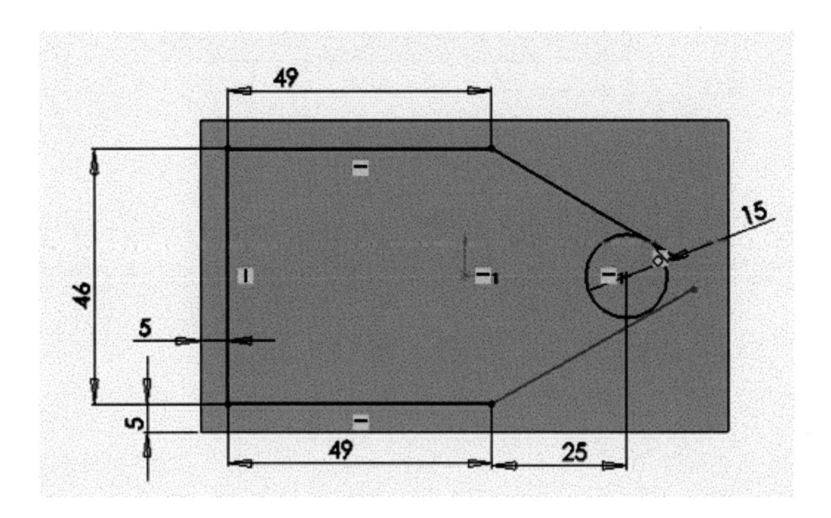

3 그림과 같이 원 B와 선A, C를 선택하여 부가 조건에서 탄젠트(인접)를 클릭한다.

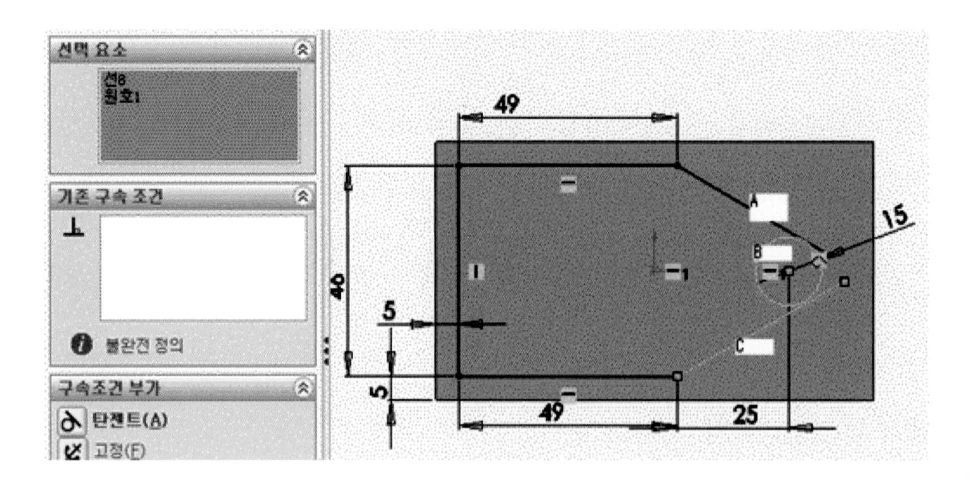

4 스케치 도구 모음에서 스케치 필렛 아이콘( )을 선택하여 그림과 같이 라운드 작업을 한다.

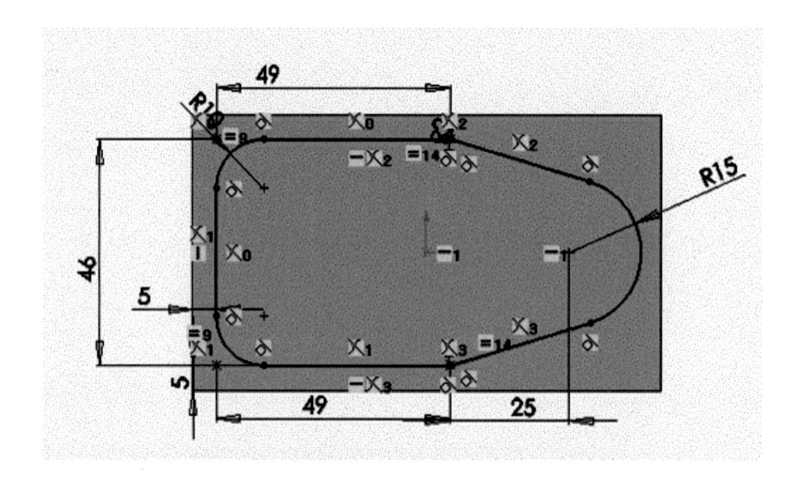

5 윗면을 선택하고 그림과 같이 밑면에서 14mm 위치에 기준면을 만든다.

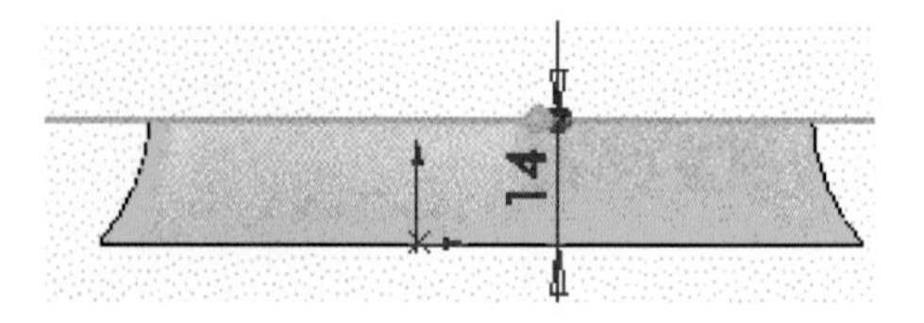

6 기준면을 선택하고 그림과 같이 6mm 오프셋 위치에 스케치를 만든다.

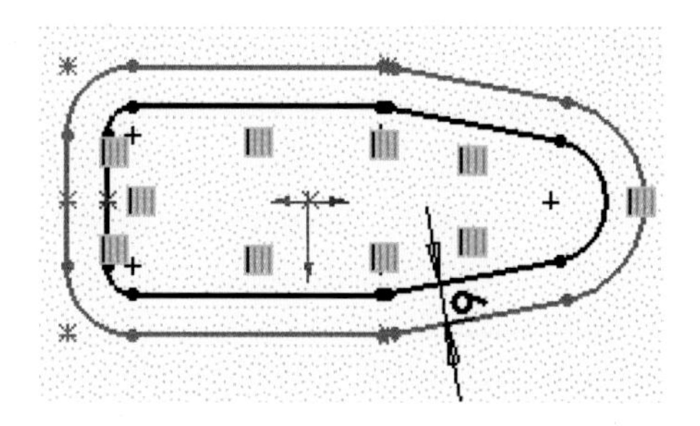

7 정면을 선택하고 그림과 같이 안내 곡선 R21mm를 스케치한다.

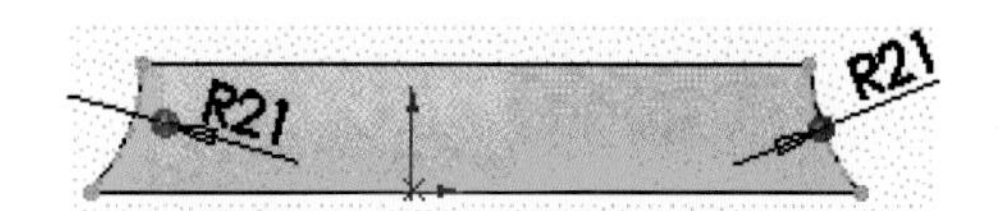

8 우측면을 선택하고 그림과 같이 안내 곡선 R21mm를 스케치한다.

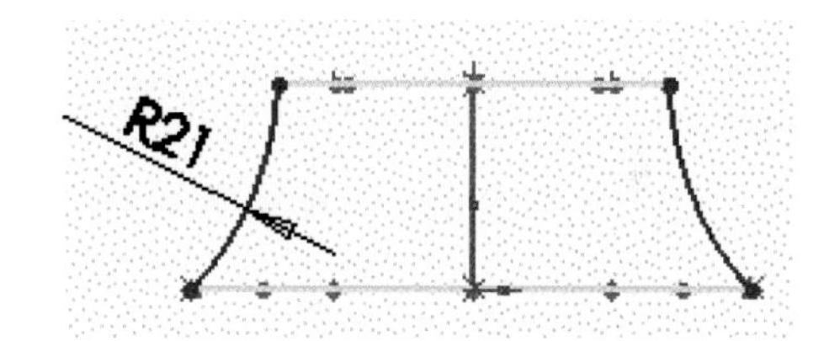

9 메뉴에서 아이콘( )을 선택하고 안내 곡선과 프로파일을 선택하여 로프트한다.

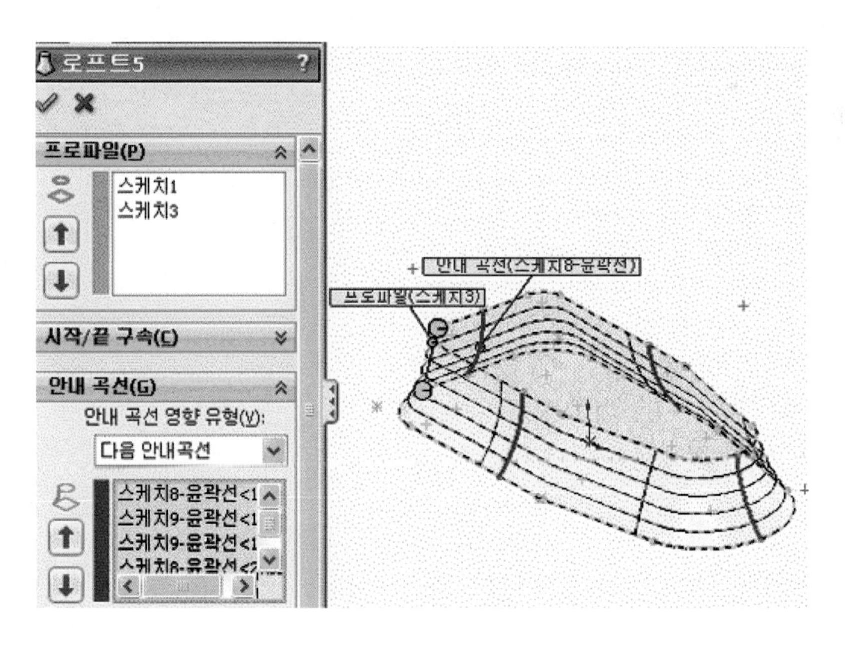

10 윗면을 선택하고 그림과 같이 형상을 오프셋 3mm로 하여 스케치한다.

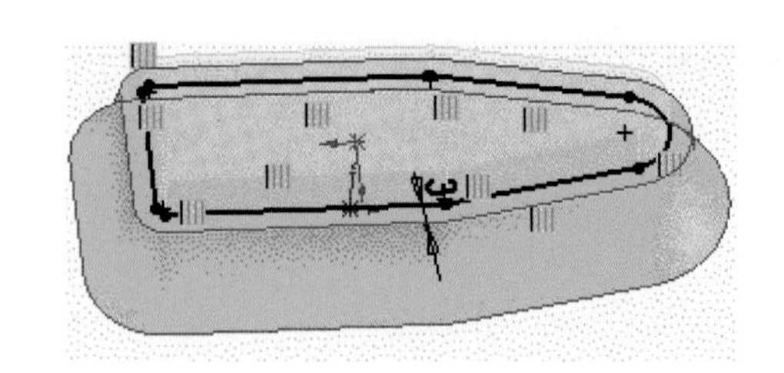

11 스케치를 선택하고 그림과 같이 각도 5도, 높이 7mm 돌출한다.

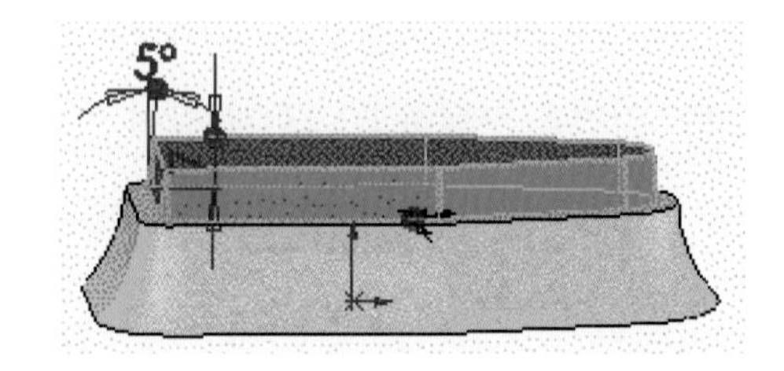

12 정면을 선택하고 그림과 같이 높이 21mm, R250mm 스케치 후 아이콘(▣)을 선택하여 돌출 컷한다.

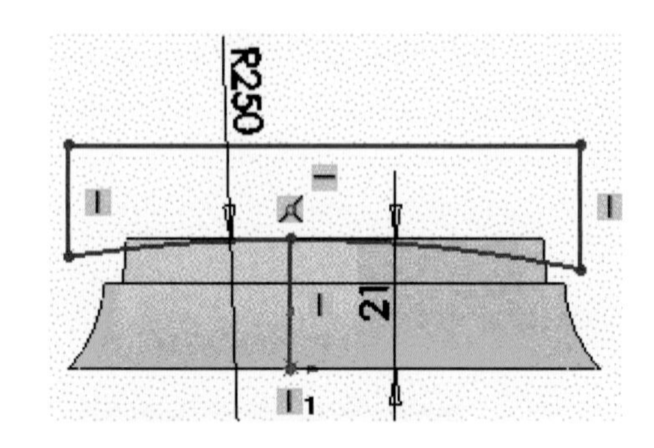

13 정면을 선택하고 그림과 같이 스케치한다.

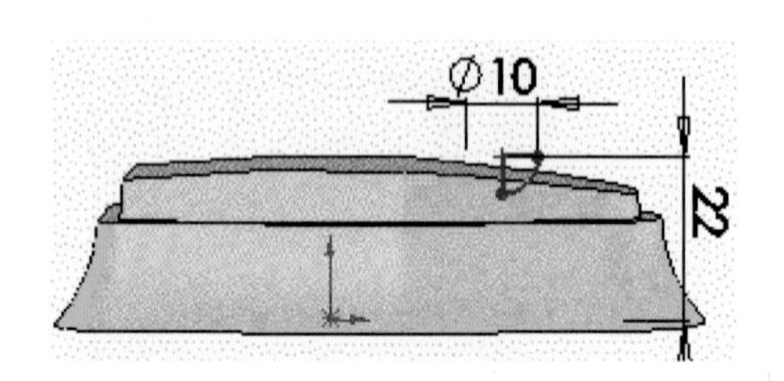

14 스케치를 선택하고 아이콘(▣)을 선택 후 그림과 같이 회전 컷한다.

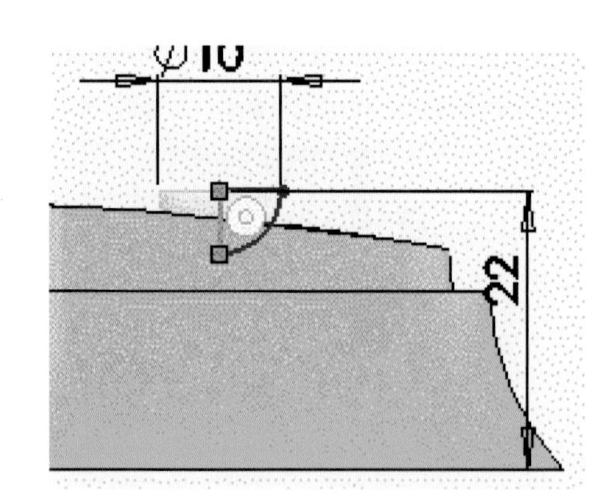

15 윗면을 선택하고 그림과 같이 스케치한다.

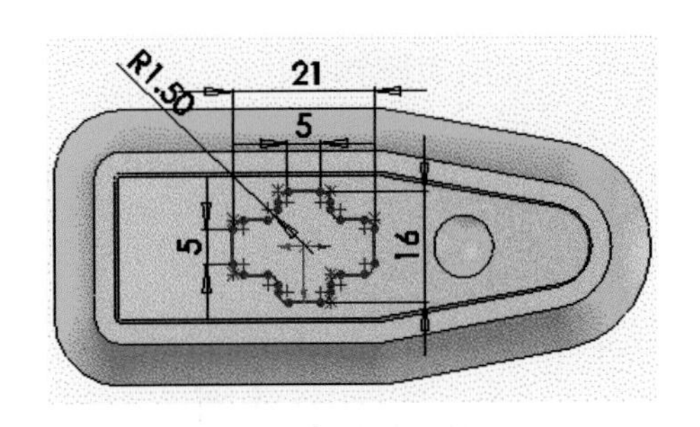

16 스케치를 선택하고 그림과 같이 아이콘 (아이콘)을 선택하여 돌출 컷한다.

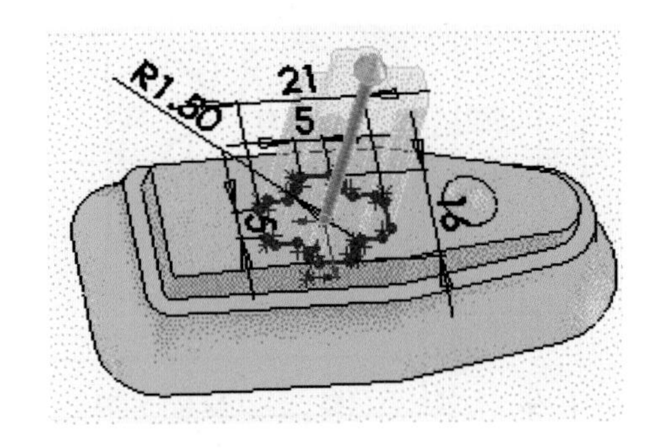

17 스케치 선을 선택하고 그림과 같이 R1mm 필렛을 한다.

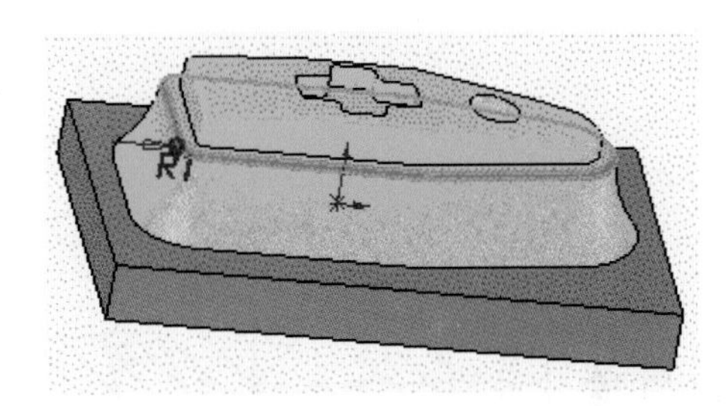

3 과제3 따라하기

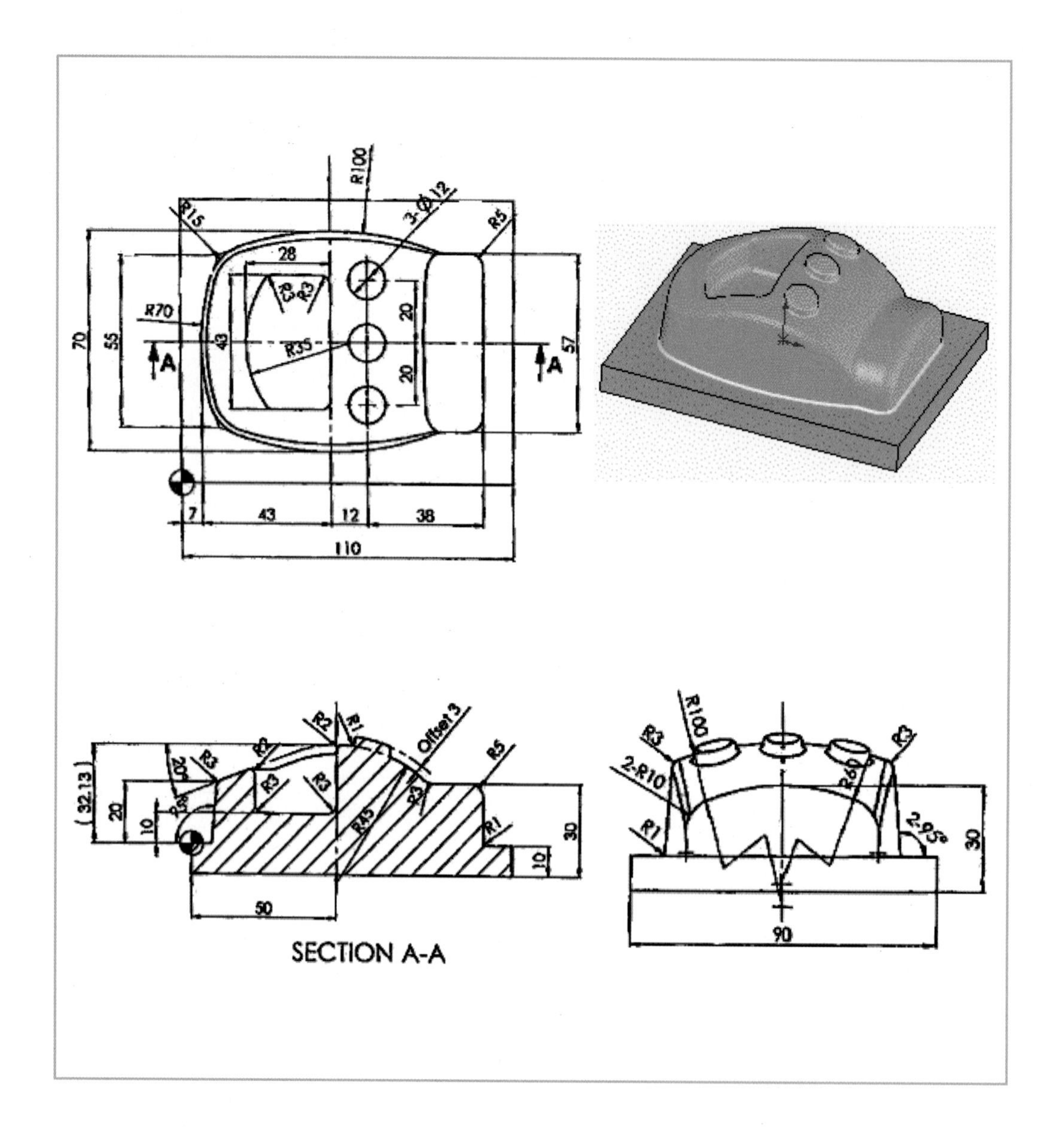
R100
3-Ø12
R15
R5
28
R70
70
55
43
57
R35
20
20
A
A
7
43
12
38
110
R2
R1
Offset 3
R5
(32.13)
20
10
R3
R3
R3
R3
R45
R1
30
10
50
SECTION A-A
R100
R3
R3
2-R10
R1
R60
2.95°
30
90

(1) 새 파트 만들기

1. FeatureManager 디자인 트리에서 윗면을 선택한다.

2. 스케치 도구상자에서 스케치 아이콘( )을 클릭한 후 평면에 직사각형 스케치를 하고 중심선을 선택하여 대각선으로 그린다.

3. Ctrl키를 누른 상태에서 원점과 중심선을 선택한 후에 중간점을 선택하고 대화상자 닫기를 클릭하여 원점이 대각선의 중심점에 놓이도록 한다.

(2) 스케치 및 모델링하기

1. 그림과 같이 치수 입력 후 피처에서 돌출 보스/베이스 아이콘( )을 선택하여 아래 방향으로 10mm 소재를 돌출한다.

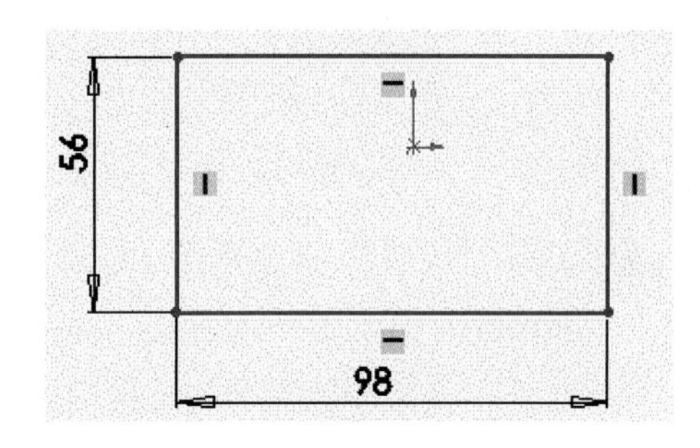

2. 그림과 같이 3D 윗면에 스케치 아이콘에서 선 아이콘( )과 중심선 아이콘( )을 선택하여 스케치를 하고 치수를 입력한다.

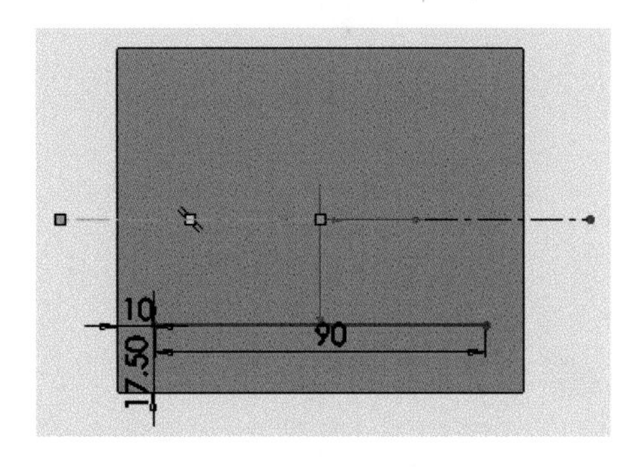

3 3점원 명령어를 실행하여 호를 정의하고 부가 조건에서 선과 호를 선택하여 탄젠트(인접)을 선택 후 R200mm 치수 기입을 한다.

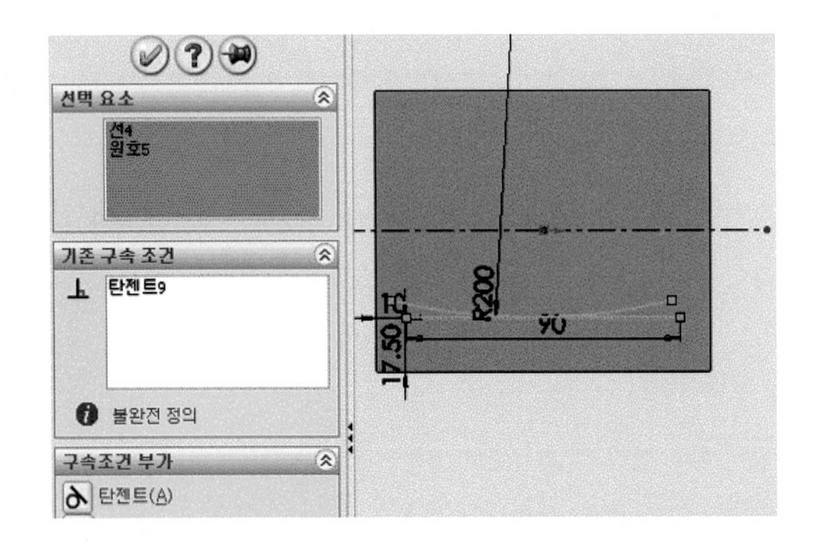

4 보기 메뉴에서 대칭 복사 아이콘( )을 선택하여 대칭 복사 항목을 선과 호를 선택하고 대칭 기준을 중심선을 선택 후 확인 버튼( )을 클릭한다.

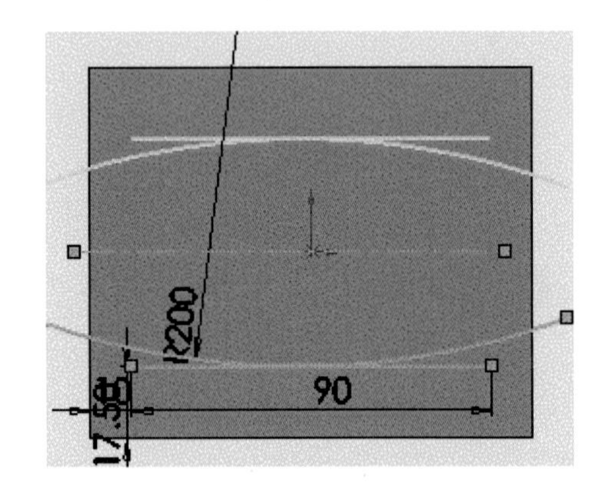

5 치수 55mm 수직선을 연결하고 3점호 아이콘을 선택하여 R70mm호를 스케치 후 부가 조건에서 탄젠트(인접)을 한 후 선택하여 버튼( )을 클릭한다.

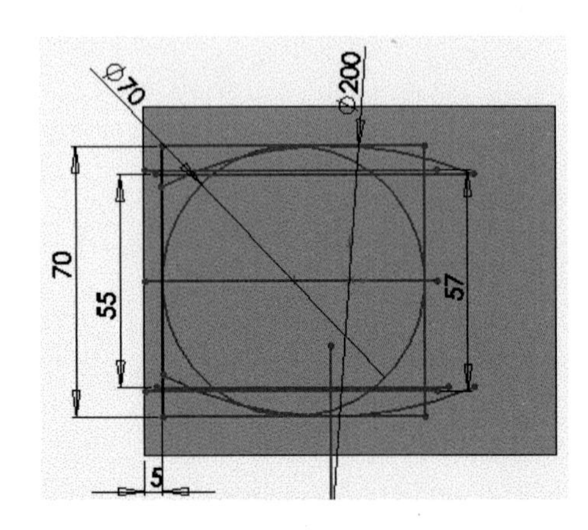

6 R70mm 호를 스케치 후 부가조건에서 탄젠트(인접)한 후 R200과 57mm 접점을 경계선으로하여 옵션에서 근접 잘라내기를 선택하고 그림과 같이 스케치 잘라내기를 한다. 피처에서 돌출 보스/베이스 아이콘( )을 선택 후 돌출한다.

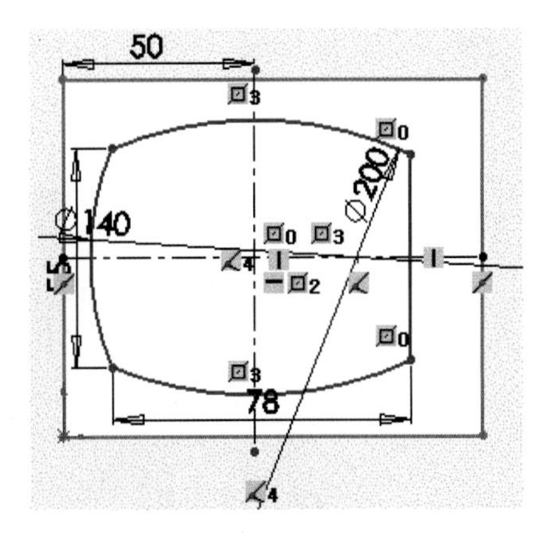

7 옆 그림은 돌출된 그림이다.

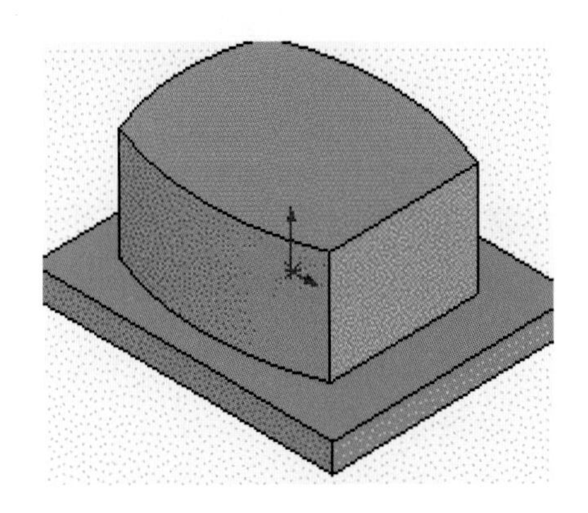

8 그림과 같이 돌출된 보기 메뉴의 구배 아이콘( )을 선택하고 구배 유형을 중립 평면, 구배 각도 5도를 입력하고, 구배줄면을 클릭한 후 스케치면을 회전하면서 각각 선택한다. 중립 평면을 클릭하고 그림과 같이 돌출 전의 스케치면을 선택한 후 확인 버튼( )을 클릭한다.

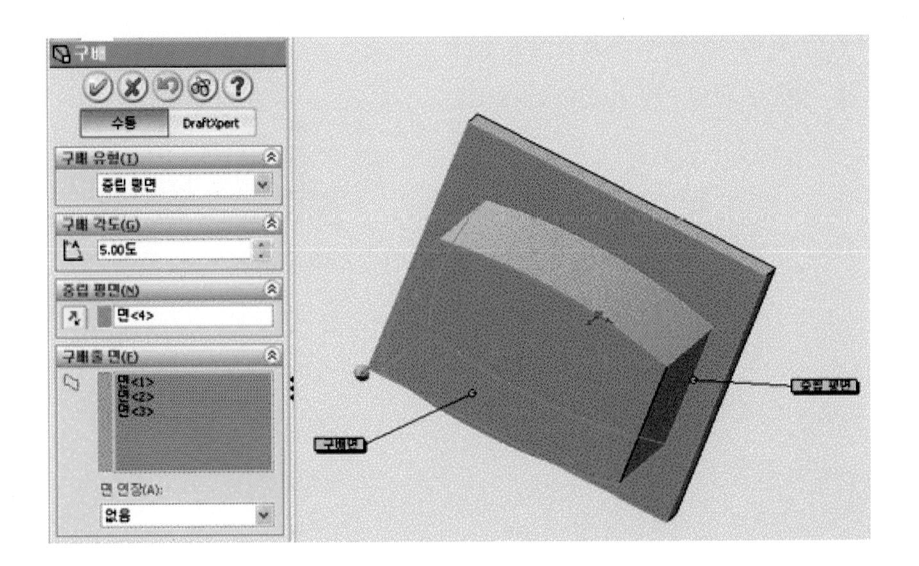

9 FeatureManager 디자인 트리에서 정면을 선택하고 그림과 같이 스케치 후 치수 기입을 한다.

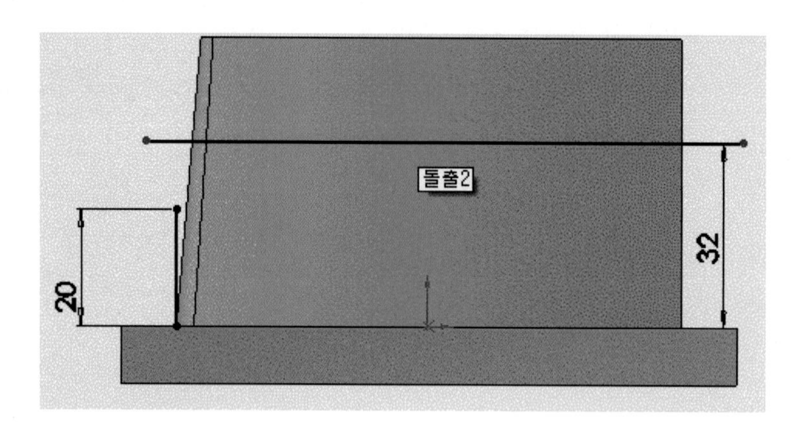

10 그림과 같이 중심과 수직선을 정의하고 원을 스케치한 후 수평선과 원을 부가 조건에서 인접을 실행 후 확인 버튼을 클릭한다.

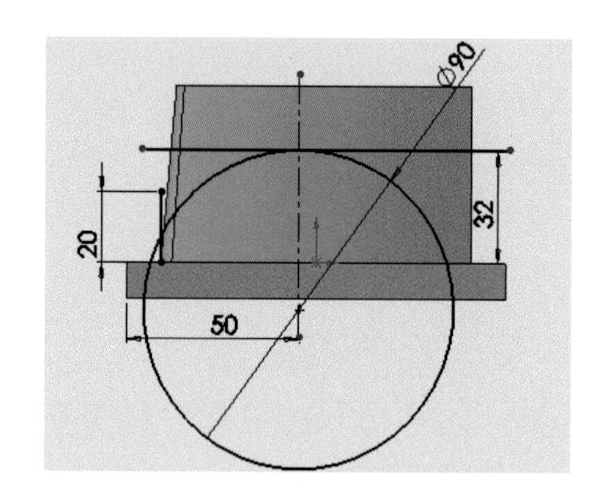

11 원을 부가 조건에서 고정시키고 경사선을 스케치한 후 경사선을 부가 조건에서 원에 인접을 실행 후 확인 버튼을 클릭한다.

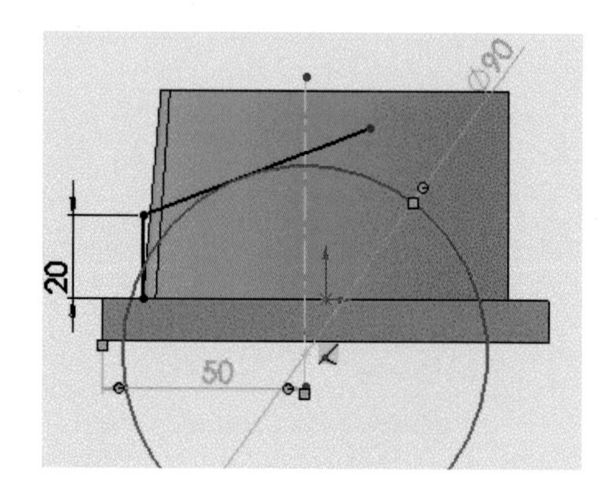

12 곡면 스윕을 하기 위해 원에 접하는 임의 선을 A와 같이 스케치한 후 부가 조건에서 인접을 한다.

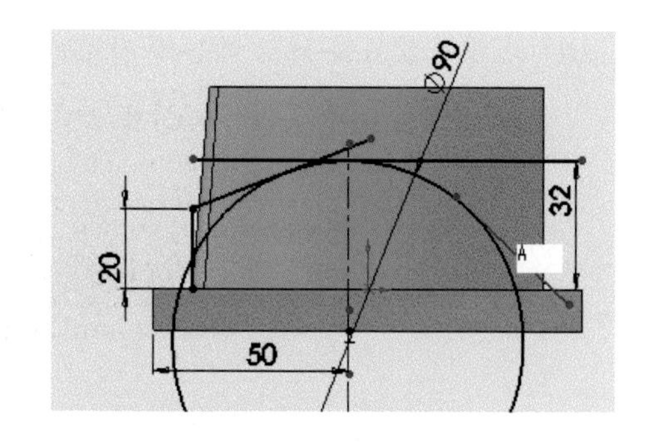

13 스윕 곡면을 생성하기 위하여 필요한 안내곡선을 만든다. 이때 우측 끝점을 마우스로 선택하여 잡아끌기하여 바닥면에서 2~3mm 높인 후 그림과 같이 스케치 잘라내기를 한다.

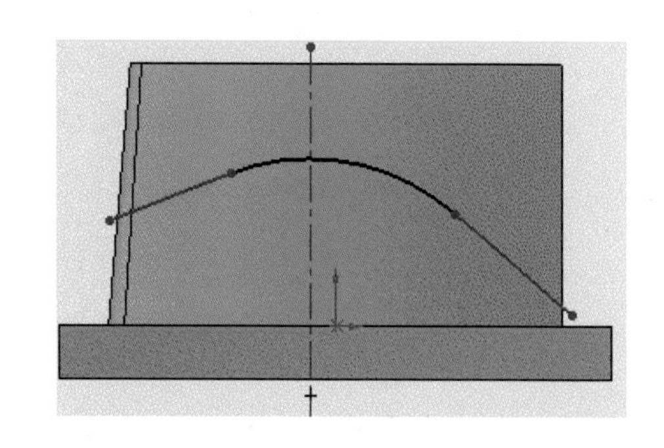

14 우측면 끝점에 기준면을 만들고 그림과 같이 3점호 아이콘( )을 이용하여 R100 호를 스케치한다.

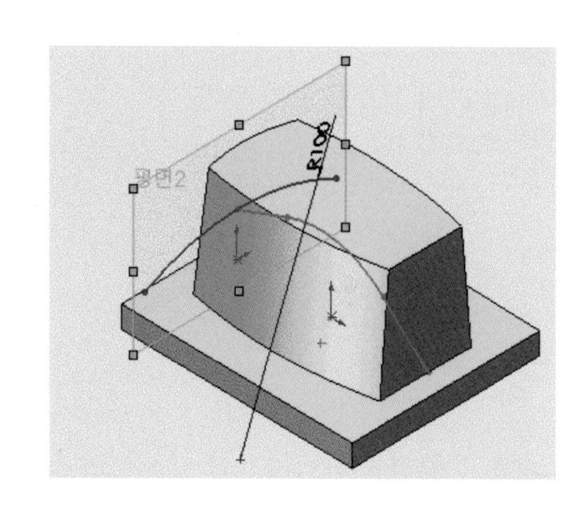

15 스윕 곡면을 생성하기 위해 폐곡선을 만든다.

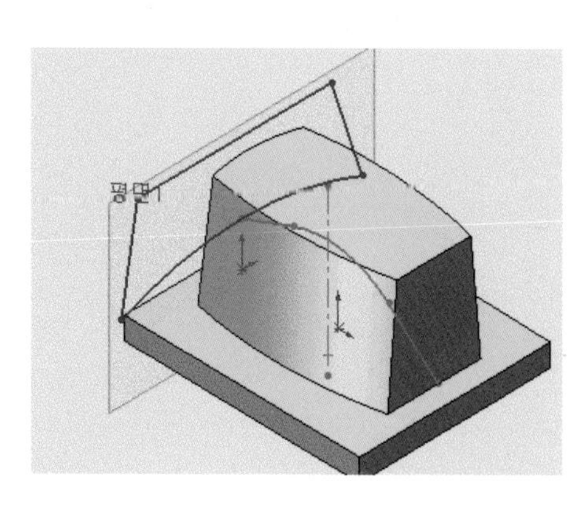

16 스케치 모드를 닫고 메뉴의 삽입-잘라내기-스윕 명령을 실행하여 프로파일을 폐곡선으로 선택하고 경로에서 곡선을 선택한 후 확인 버튼을 클릭한다.

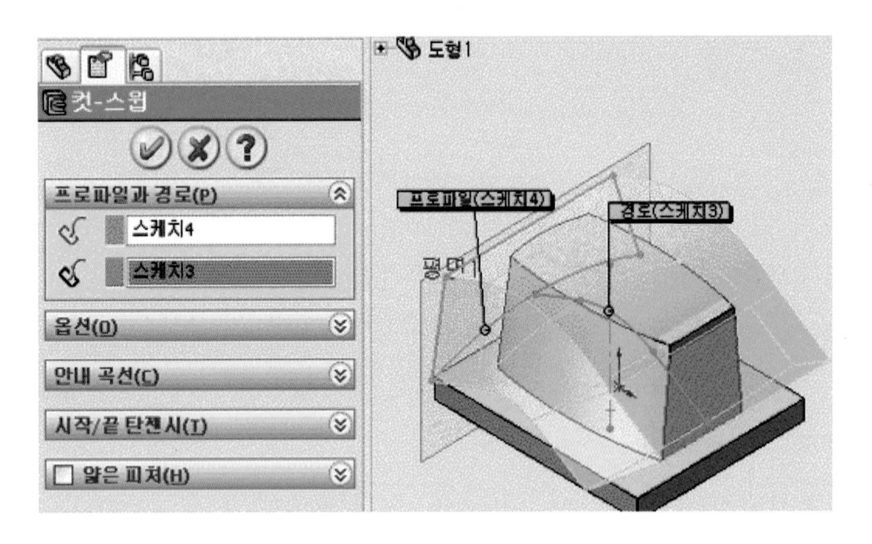

17 그림과 같이 우측면을 선택하고 50mm 거리에 기준면을 만든다.

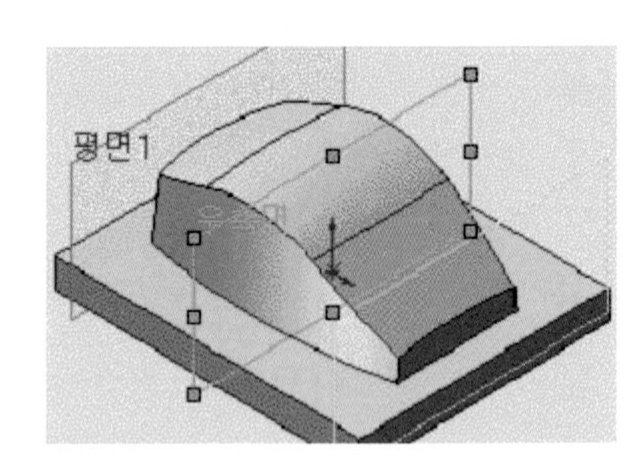

18 우측면을 선택하고 스윕 곡면을 정의하기 위해 높이선을 스케치한다.

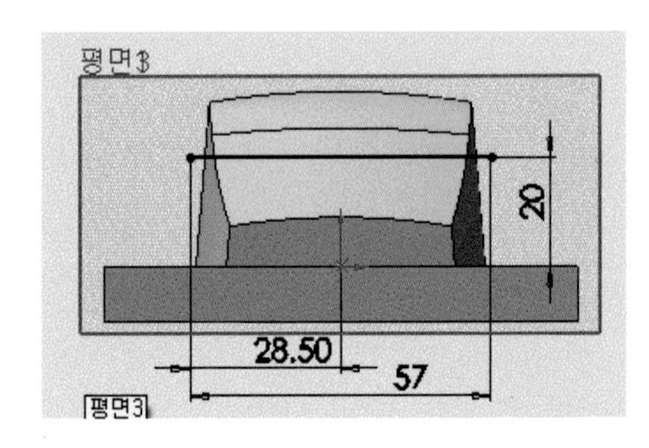

19 스케치 모드에서 수평선에 원호 R60mm를 정의하고 부가 조건에서 인접(탄젠트)을 한 후 폐곡선을 만든다.

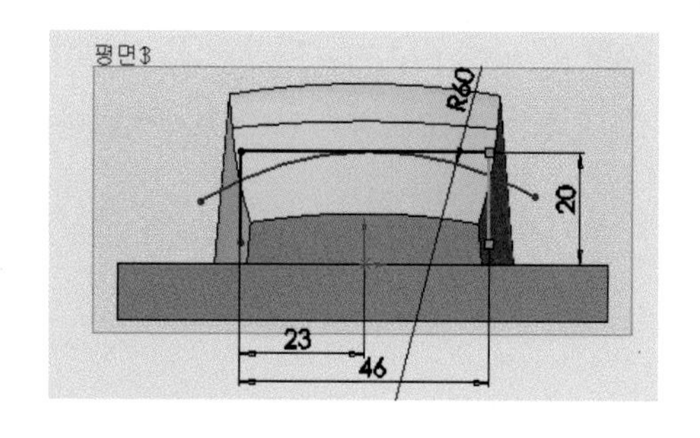

20 피처에서 돌출 보스/베이스 아이콘( )을 선택한 다음 블라인드 형태의 방향 1에서 을 클릭하여 반대 방향으로 하고 깊이를 50mm으로 하고 확인 버튼( )을 클릭한다.

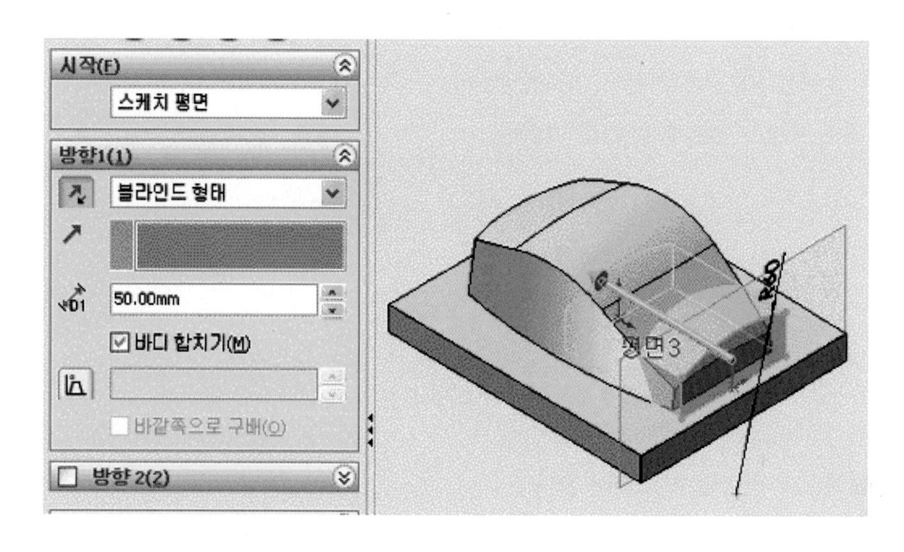

21 그림과 같이 메뉴의 필렛 아이콘( )을 선택한 후 각각 필렛 요소를 필렛한다. 그 외 필렛 작업도 도면과 같이 실행한다.

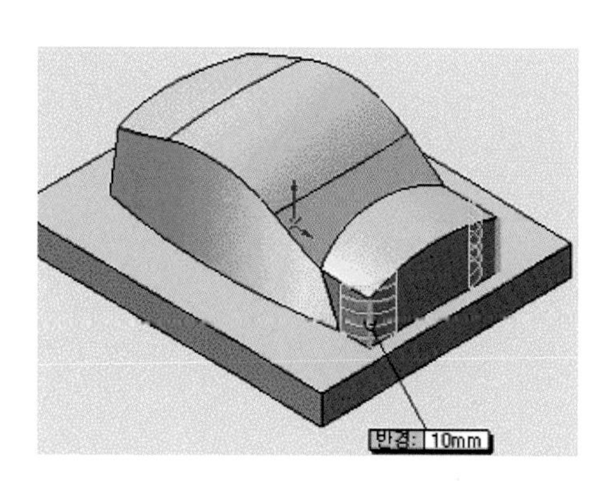

22 FeatureManager 디자인 트리에서 윗면을 선택하고 그림과 같이 스케치한다.

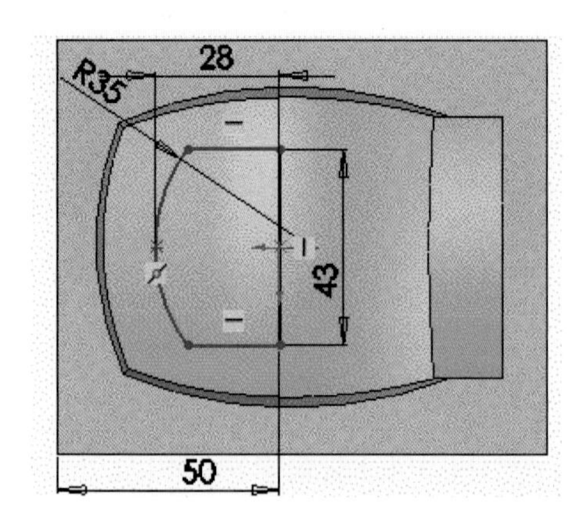

23 아이콘( )을 선택 후 블라인드 형태의 방향 1에서 을 클릭한다. 반대 방향으로 하여 10mm 오프셋 후 돌출 컷한다.

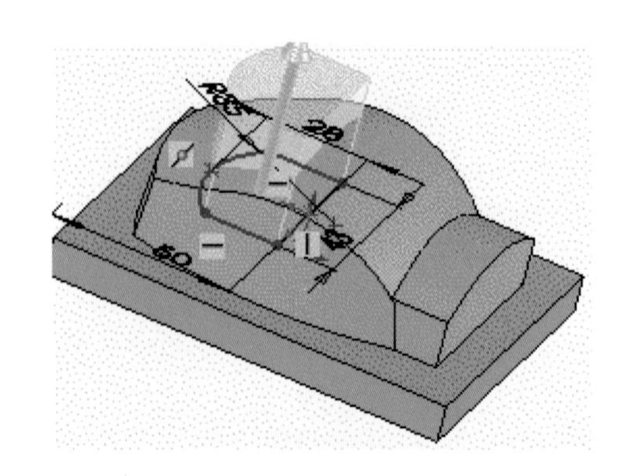

24 FeatureManager 디자인 트리에서 윗면을 선택하고 그림과 같이 스케치한다.

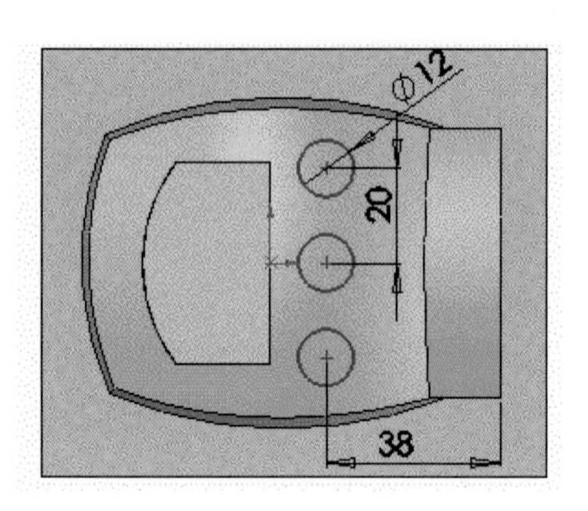

25 스케치를 선택 후 아이콘( )을 선택한다. 바닥면에서 3mm 오프셋하여 돌출한다.

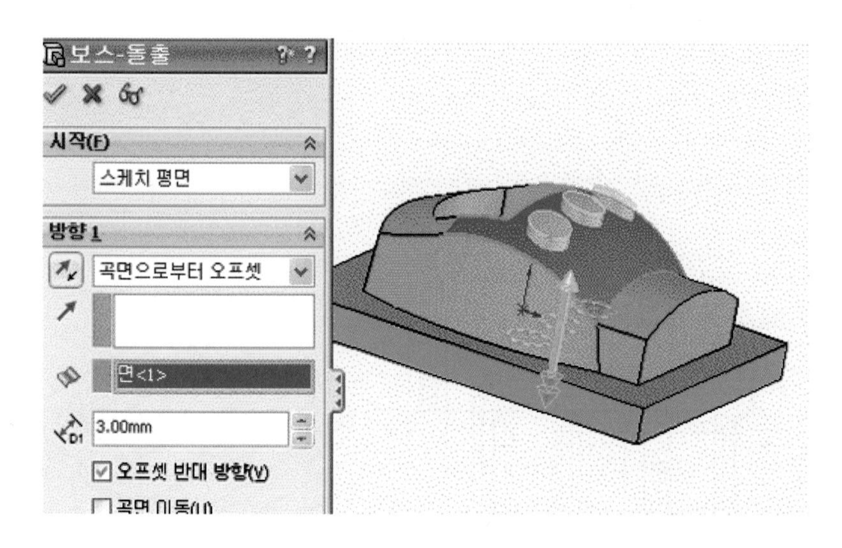

26 A부분 15mm, B부분 5mm, C, D부분 3mm를 필렛한다.

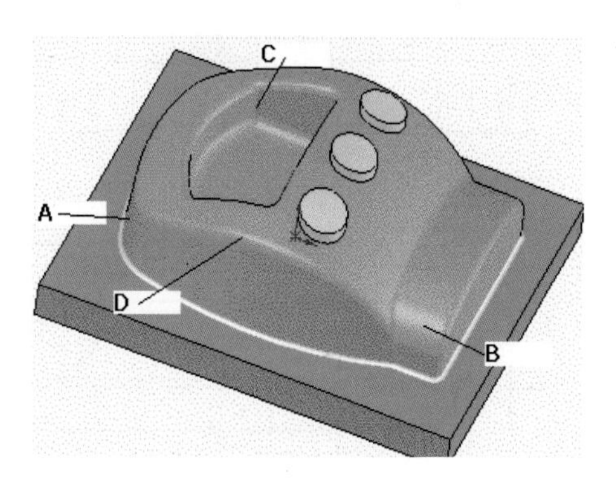

4 과제4 따라하기

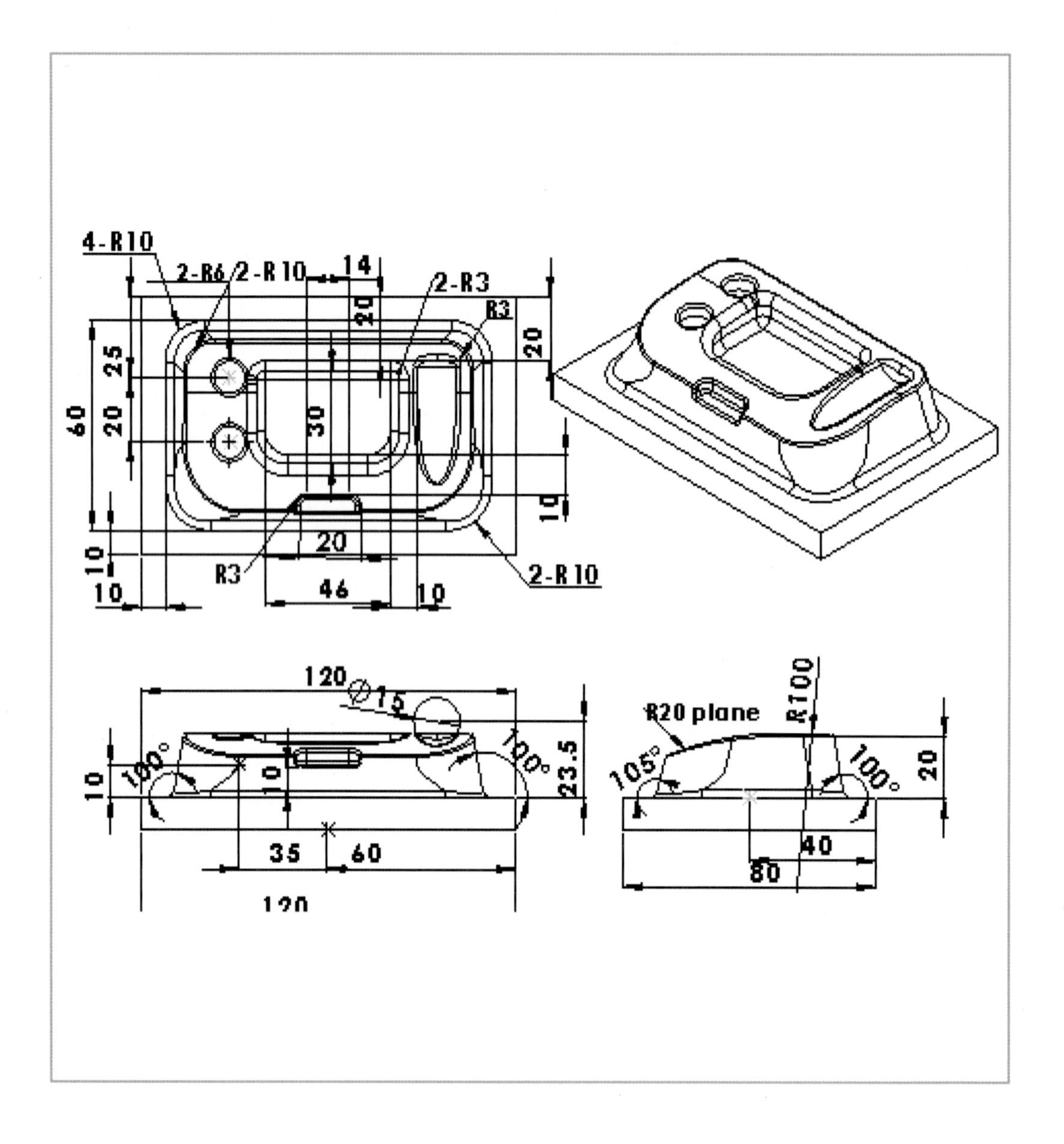
4-R10
2-R6
2-R10
14
2-R3
R3
20
20
60
25
20
30
10
10
20
R3
10
46
10
2-R10
120
Ø15
10
100°
10
100°
23.5
35
60
120
R20 plane
R100
105°
100°
20
40
80

(1) 새 파트 만들기

1. FeatureManager 디자인 트리에서 윗면을 선택하고 평면에 직사각형 스케치를 하고 중심선을 선택하여 대각선으로 그린다.

2. Ctrl키를 누른 상태에서 원점과 중심선을 선택한 후에 중간점을 선택하고 대화상자 닫기를 클릭하여 원점이 대각선의 중심점에 놓이도록 한다.

(2) 스케치 및 모델링하기

1. 그림과 같이 치수 입력 후 피처에서 돌출 보스/베이스 아이콘( )을 선택하여 아래 방향으로 10mm 소재를 돌출한다.

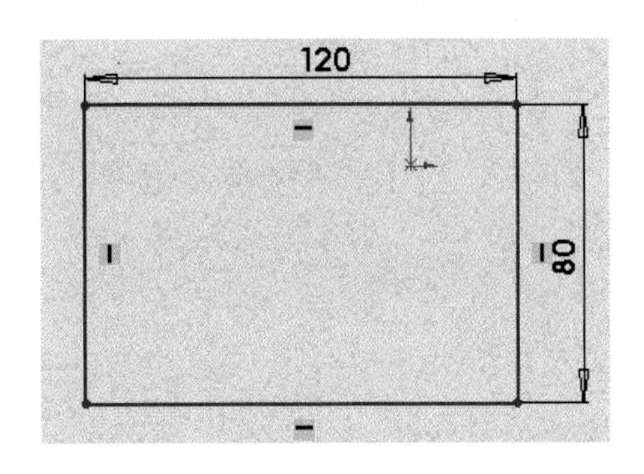

2. 그림과 같이 스케치 후 아이콘( )을 선택한 다음 높이 20mm 돌출한다.

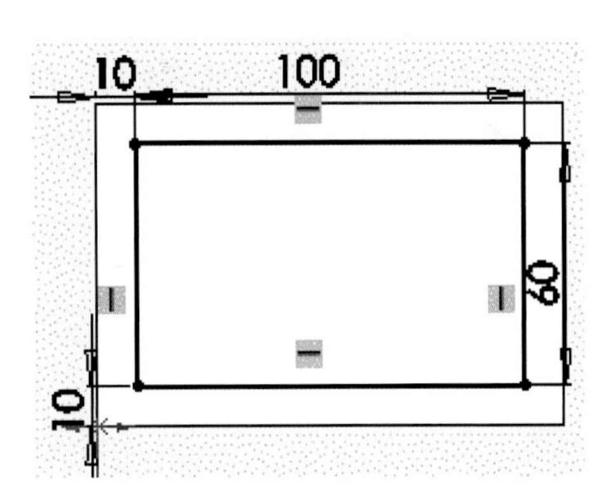

3 그림과 같이 돌출된 보기 메뉴의 구배 아이콘( )을 선택하고 구배 유형을 중립 평면, 구배 각도 10도, 15를 입력하고, 각각 구배줄면을 선택한 후 구배 주기한다.

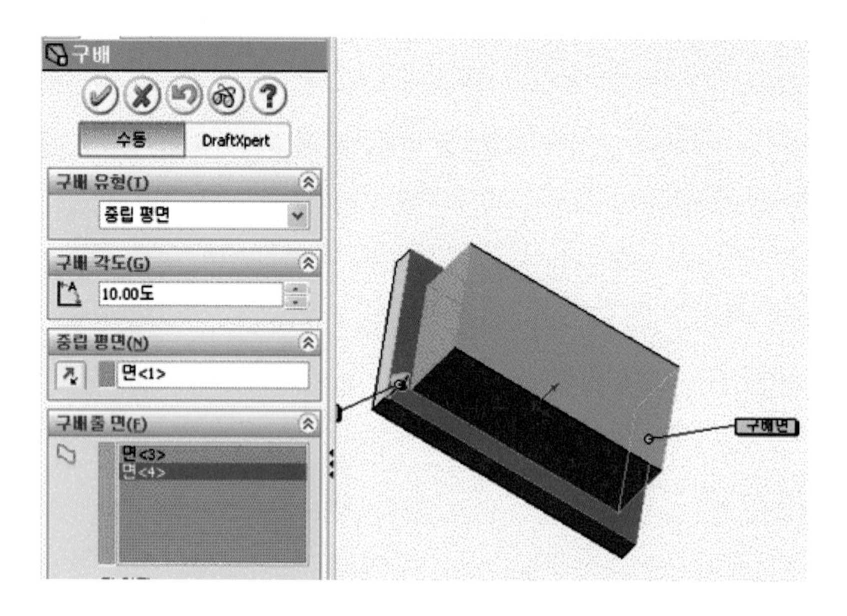

4 FeatureManager 디자인 트리에서 정면을 선택하고 높이 20mm에 직선을 스케치 후 우측면에 기준면1을 설정한다. 그림과 같이 기준면에 원을 스케치 후 끝점에 인접한다.

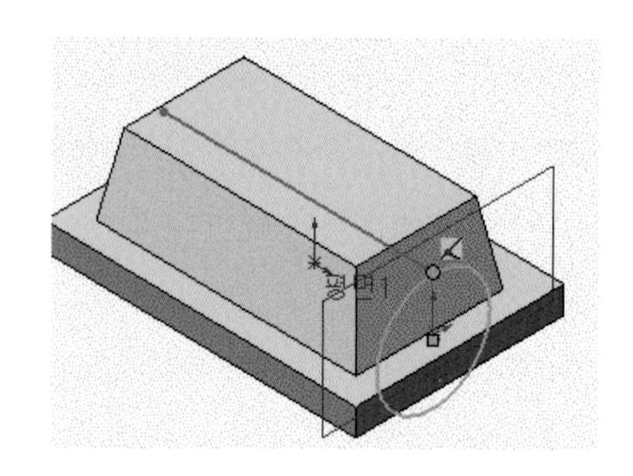

5 그림과 같이 치수 기입하고 폐곡선을 만든다.

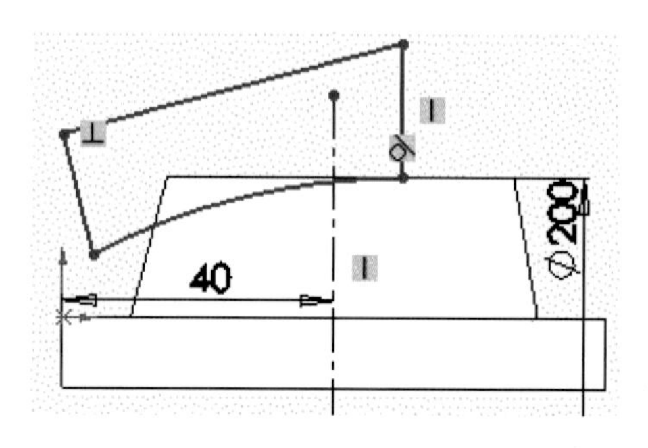

6 스케치 모드를 닫고 메뉴의 삽입–잘라내기–스윕 명령을 실행하여 프로파일을 폐곡선으로 선택하고 경로에서 곡선을 선택한 후 확인 버튼을 클릭한다.

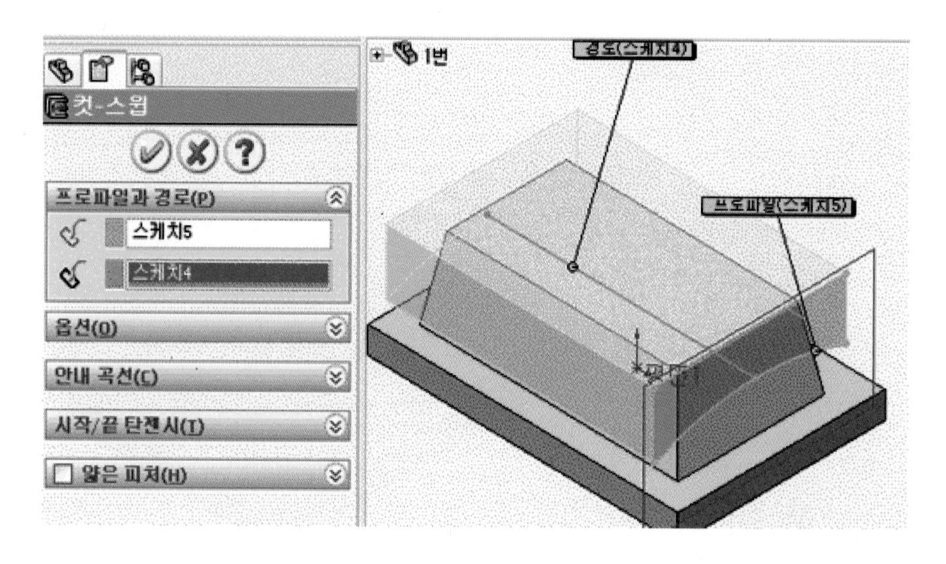

7 그림과 같이 사각형 명령으로 기준면에 스케치한 후 치수 기입을 한다.

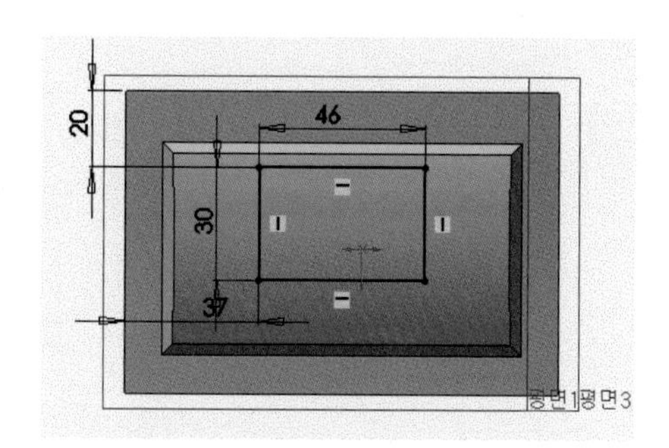

8 스케치 도구의 필렛 아이콘( )을 실행하여 R3, 10을 연속으로 라운딩 작업한다.

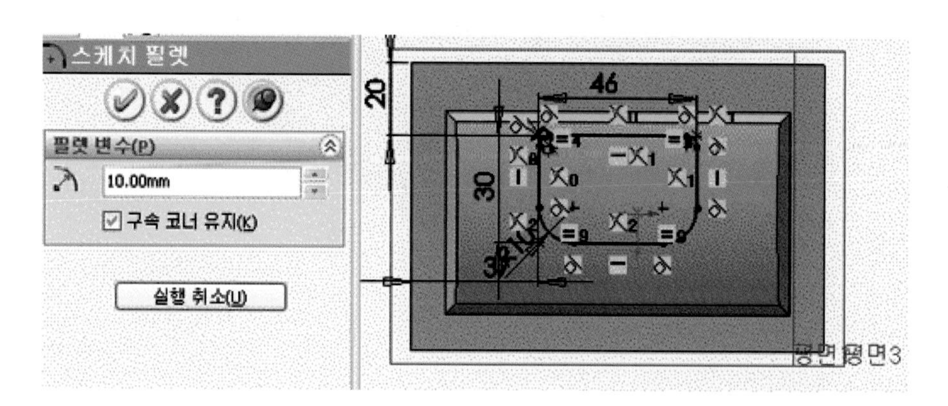

9 피처에서 돌출 컷 아이콘()을 선택한 다음 블라인드 형태의 방향 1에서 을 클릭하여 반대 방향으로 한 후 임의 높이를 입력하고 확인 버튼()을 클릭한다.

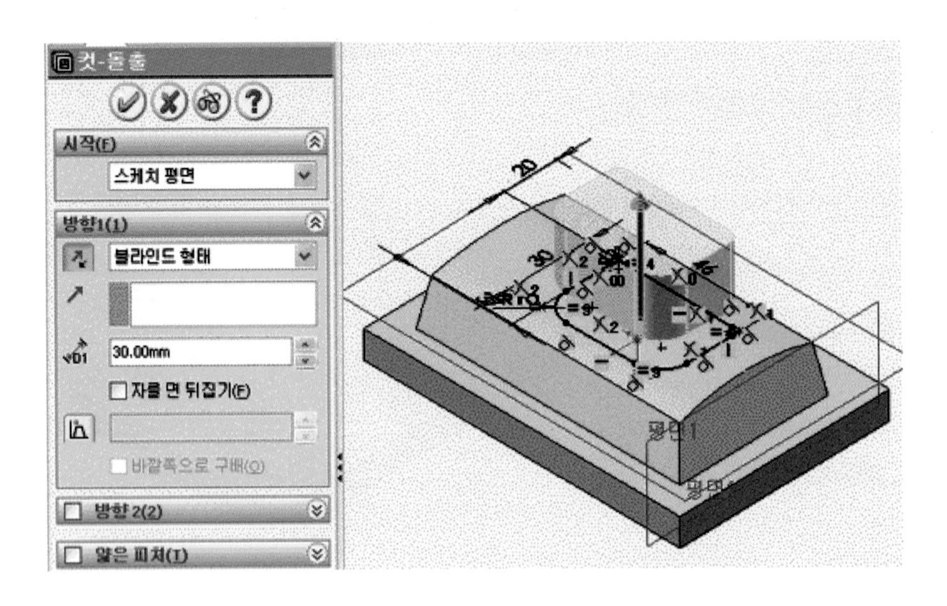

10 FeatureManager 디자인 트리에서 정면을 선택하고 원점 또는 소재 외형선에서 치수를 계산하여 기준면을 만든다.

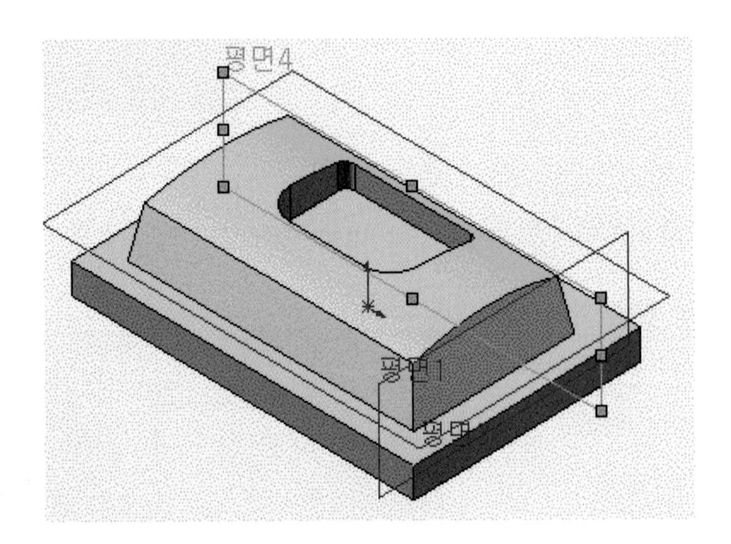

11 기준면을 선택하고 원을 스케치한 후 그림과 같이 치수 기입을 한다.

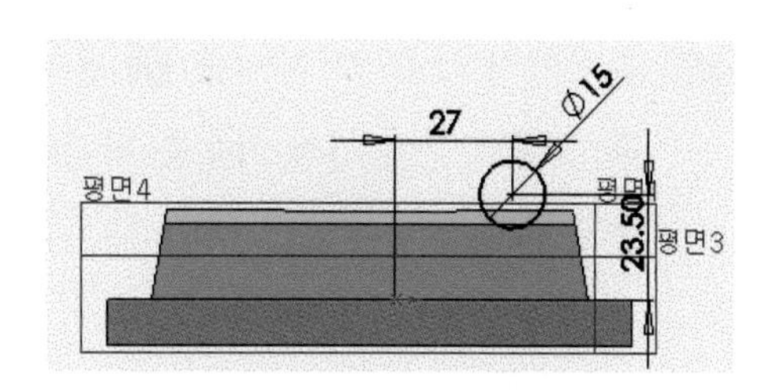

12 피처에서 돌출 컷 아이콘( )을 선택한 다음 블라인드 형태의 방향 1에서 을 클릭하여 반대 방향으로 임의 치수를 입력하고 확인 버튼( )을 클릭한다.

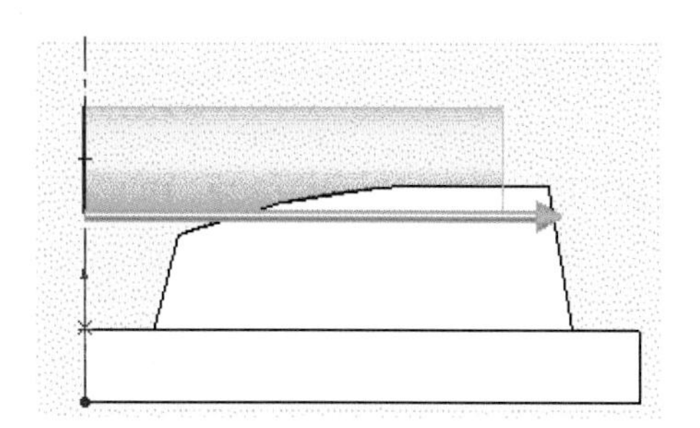

13 정면을 선택하고 그림과 같이 스케치한다.

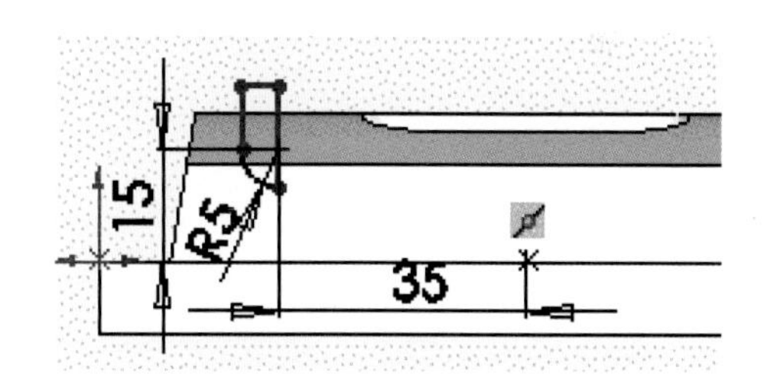

14 스케치 선택 후 메뉴에서 아이콘( )을 선택하여 회전 컷을 한다.

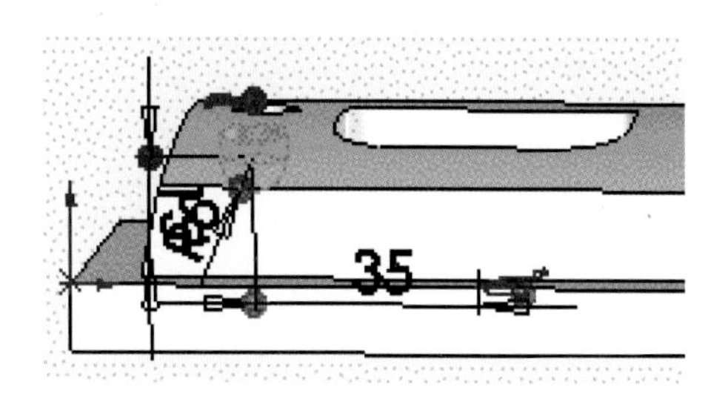

15 윗면을 선택하고 10mm 높이에 기준면을 만든다. 기준면에 그림과 같이 스케치한다.

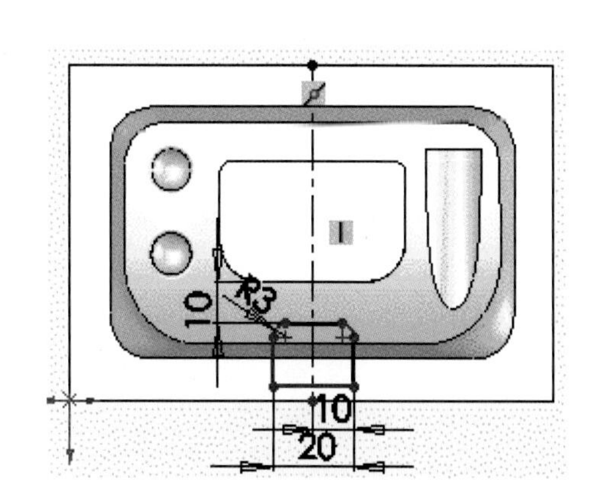

16 피처에서 돌출 컷 아이콘( )을 선택한 후 그림과 같이 임의 치수를 입력하고 돌출 컷한다.

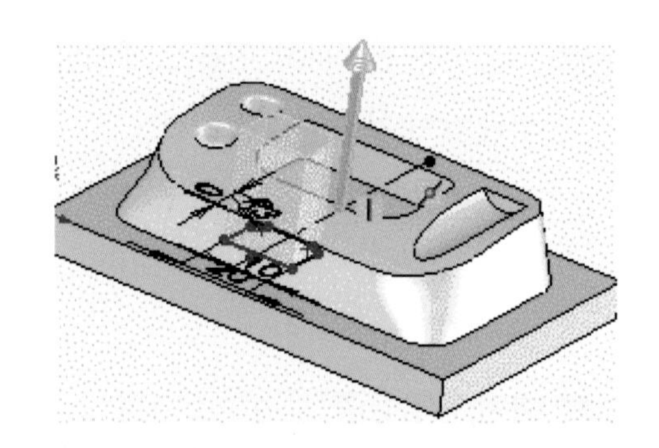

17 피처에서 아이콘( )을 선택한 후 도면과 같이 부동 반경 필렛과 유동 반경 필렛을 각각 도면과 같이 실행한다.

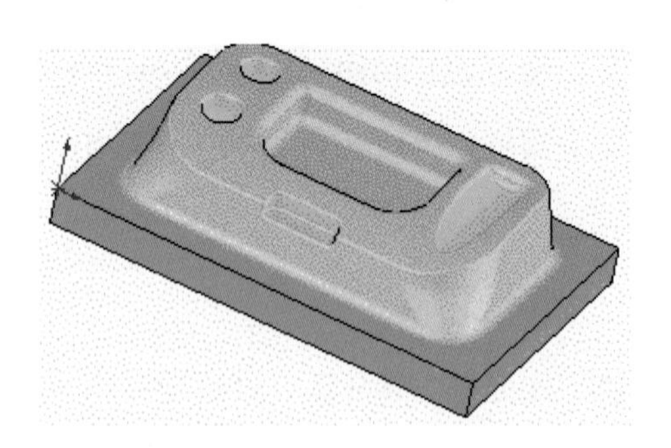

5 과제5 따라하기

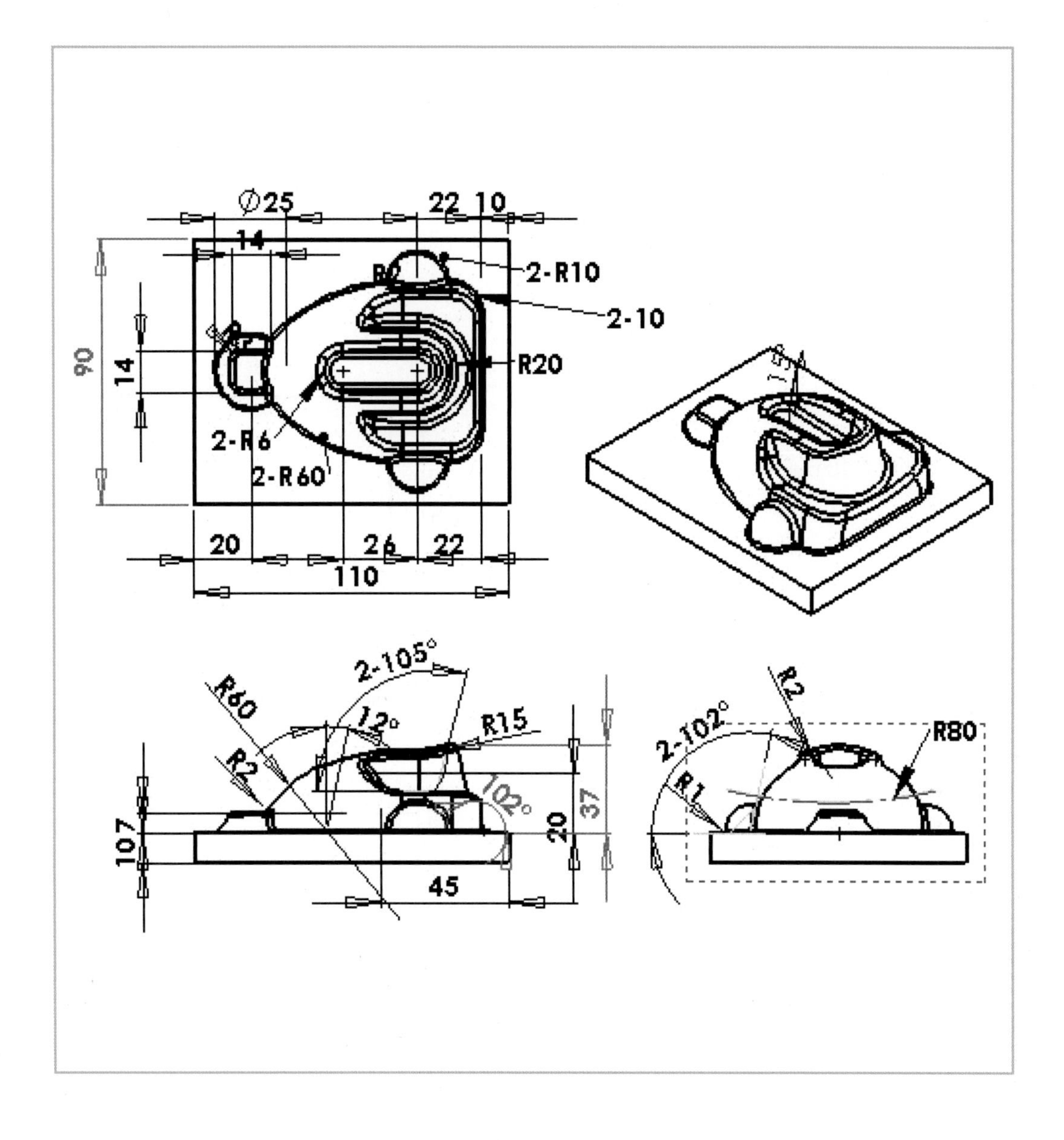

Ø25
22
10
14
2-R10
2-10
R20
90
14
2-R6
2-R60
20
26
22
110
2-105°
R60
12°
R15
R2
102°
107
37
20
45
R2
2-102°
R80
R1

(1) 새 파트 만들기

1. FeatureManager 디자인 트리에서 윗면을 선택하고 평면에 직사각형 스케치를 하고 중심선을 선택하여 대각선으로 그린다.

2. Ctrl키를 누른 상태에서 원점과 중심선을 선택한 후에 중간점을 선택하고 대화상자 닫기를 클릭하여 원점이 대각선의 중심점에 놓이도록 한다.

(2) 스케치 및 모델링하기

1. 그림과 같이 치수 입력 후 피처에서 돌출 보스/베이스 아이콘( )을 선택하여 아래 방향으로 10mm 소재를 돌출한다.

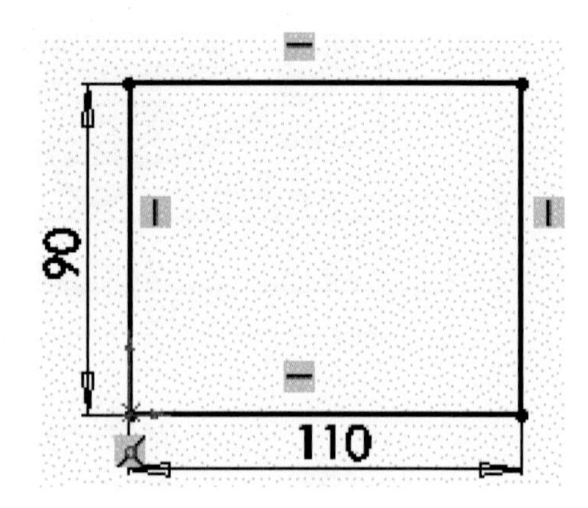

2. 그림과 같이 평면에 스케치 후 치수 기입을 한다.

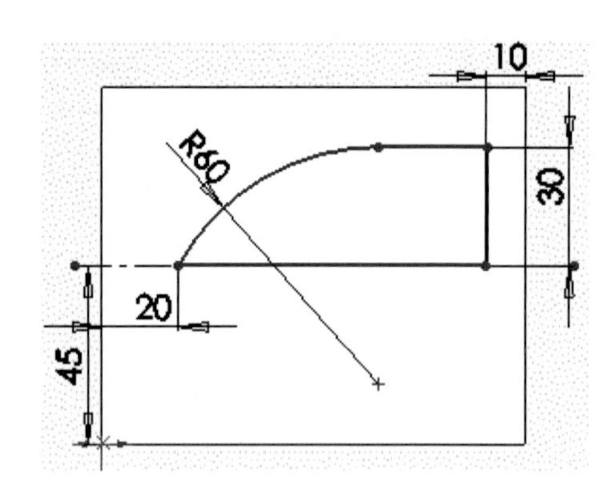

3 스케치를 선택하고 아이콘( )을 선택 후 회전축을 선택하여 그림과 같이 객체를 회전한다.

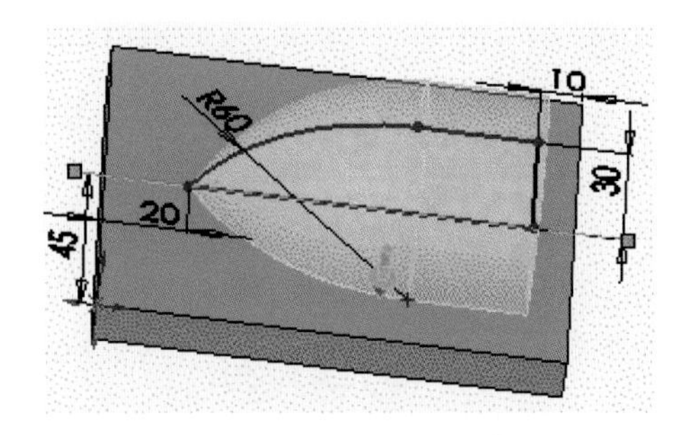

4 FeatureManager 디자인 트리에서 정면을 선택하고 그림과 같이 스케치 후 치수 기입을 하고 확인 버튼( )을 클릭한다.

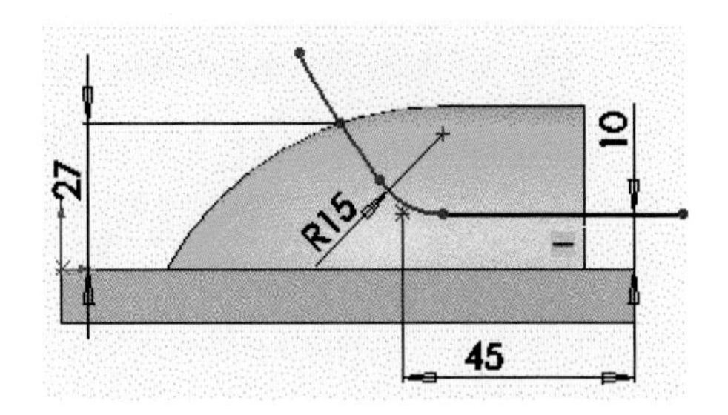

5 우측면에 기준면을 만들고 그림과 같이 중심원을 스케치한 후 부가 조건에서 원과 우측의 끝점을 선택하여 일치시킨다.

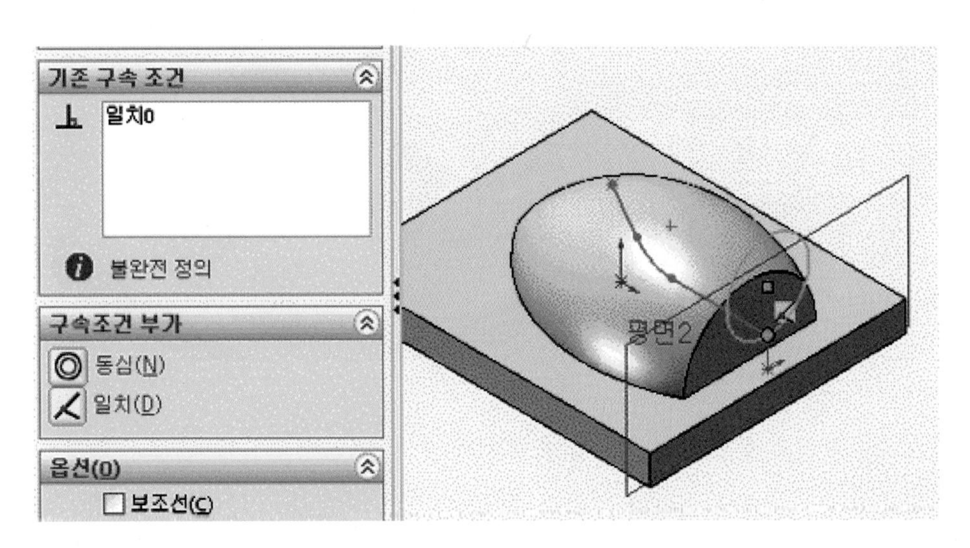

6 메뉴의 삽입–곡면–스윕 아이콘(스윕(S))을 선택하여 프로파일을 곡선, 경로를 안내선을 선택한 후 확인 버튼( )을 클릭한다.

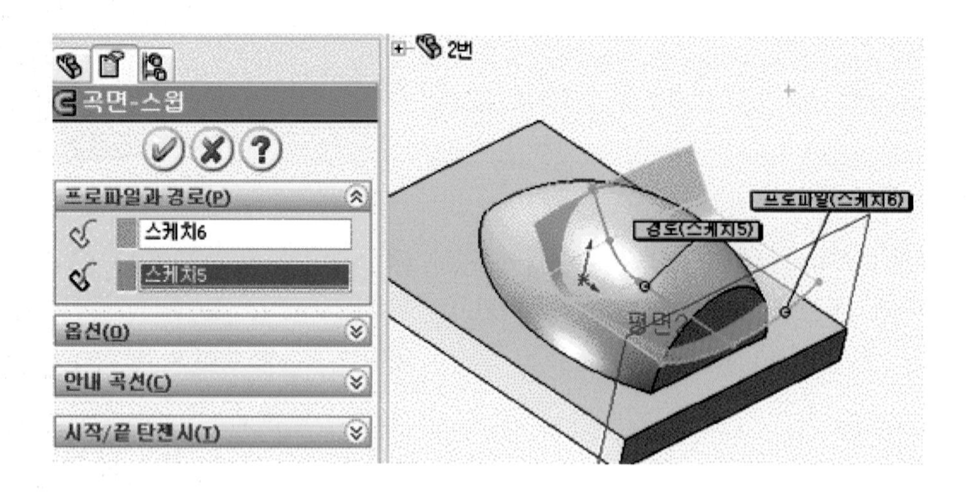

7 메뉴의 삽입–자르기–곡면 아이콘( )으로 자르기를 선택하여 곡면 컷 변수에서 방향을 윗방향으로 클릭한다. 곡면을 더블클릭하여 선택하고 확인 버튼( )을 클릭한다.

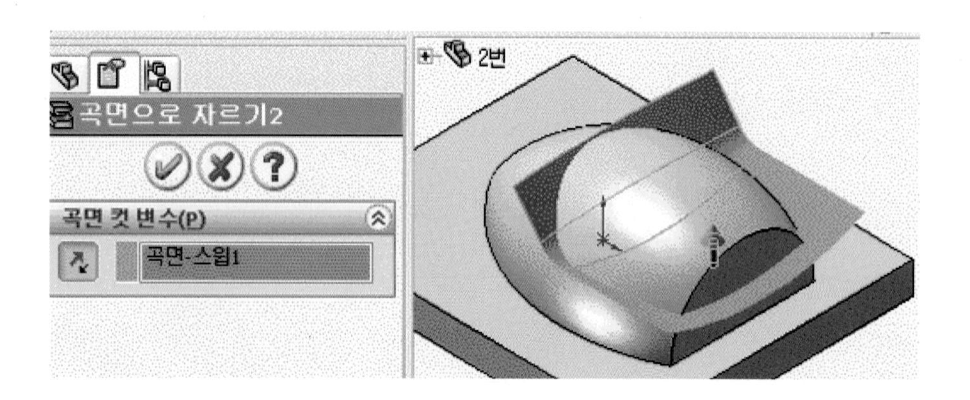

8 곡면을 선택한 후 마우스 우측 버튼을 선택하여 숨기기를 선택하면 그림과 같이 생성된 곡면이 숨겨진다.

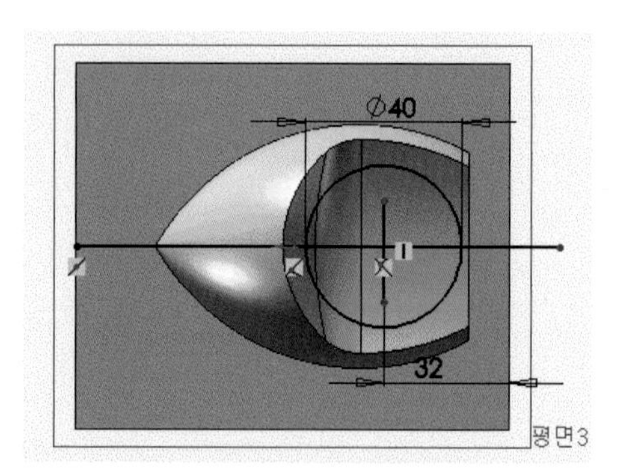

9 윗면을 선택하여 10mm 높이에 기준면을 만든 후 그림과 같이 원을 스케치한다.

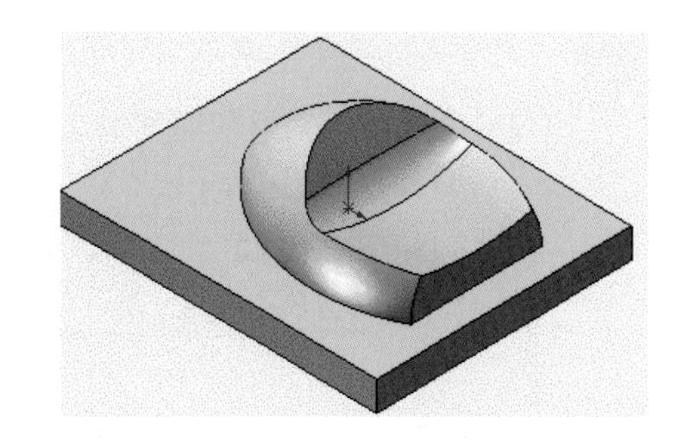

10 그림과 같이 원에 접하는 수평선을 스케치하고 부가 조건에서 원과 탄젠트(인접)를 하여 스케치한다.

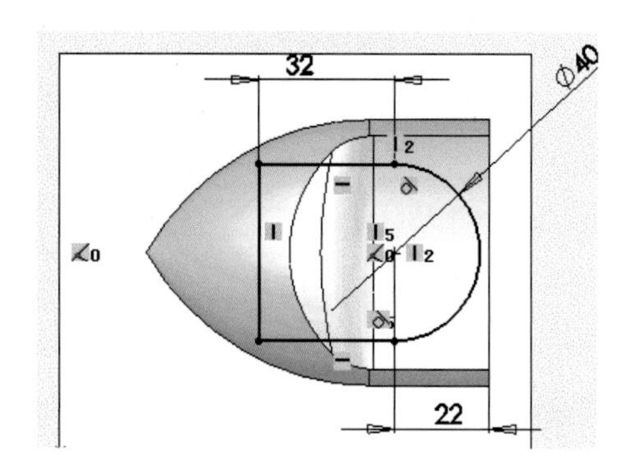

11 피처에서 돌출 보스/베이스 아이콘( )을 선택한 다음 각도 12mm를 입력 후 돌출한다.

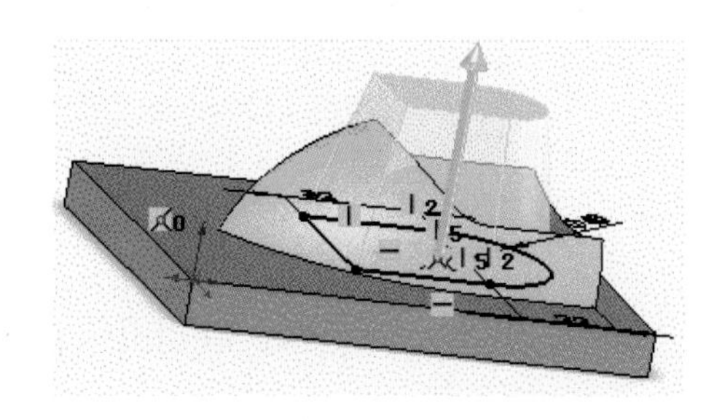

12 FeatureManager 디자인 트리에서 윗면을 선택 후 20mm 높이에 기준면을 만들고 그림과 같이 스케치한다.

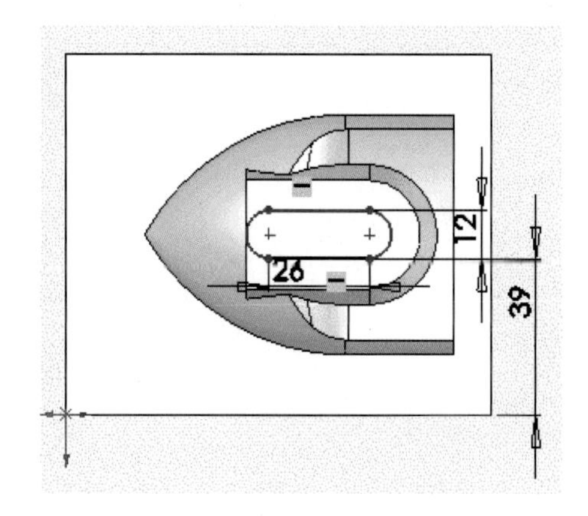

13 스케치 자르기를 한 후 피처에서 돌출 컷 아이콘(▣)을 선택한 후 블라인드 형태의 방향 1에서 ↗을 클릭하여 반대 방향으로 돌출 컷한다.

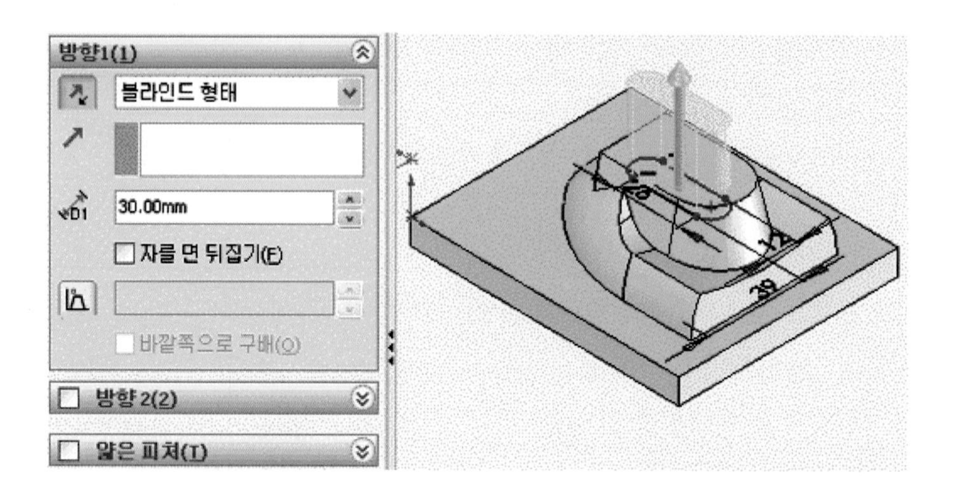

14 정면을 선택하고 그림과 같이 스케치 후 치수 기입을 한다.

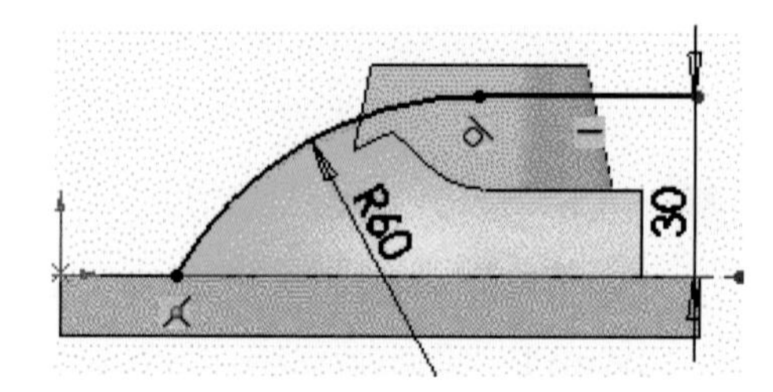

15 메뉴의 삽입–곡면–스윕 아이콘(⛫)을 선택한 후 회전할 객체를 선택하고 회전면은 중간 평면으로 설정하여 180도를 회전한다.

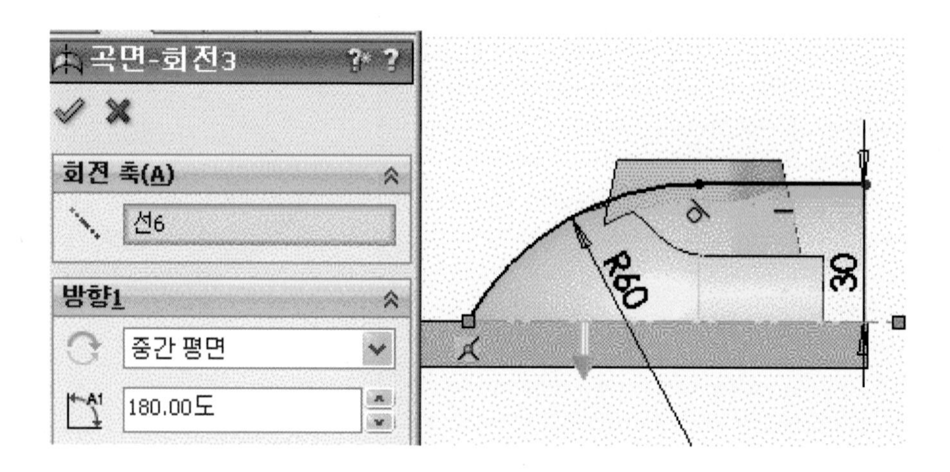

16 메뉴의 삽입–자르기–곡면 아이콘( )으로 자르기를 선택하여 곡면 컷 변수에서 방향을 윗방향으로 클릭한 후 곡면 자르기하여 회전 곡면을 숨기기 한다.

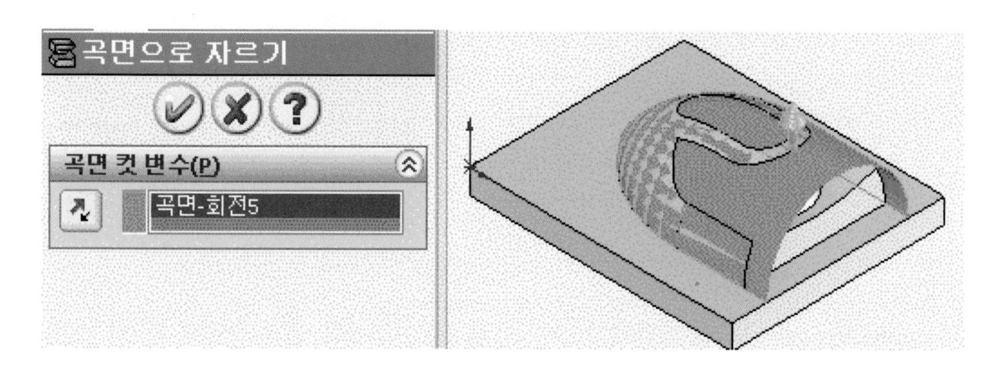

17 FeatureManager 디자인 트리에서 윗면을 선택하고 그림과 같이 반원을 스케치하고 아이콘( )을 선택하여 회전 곡면을 만든다.

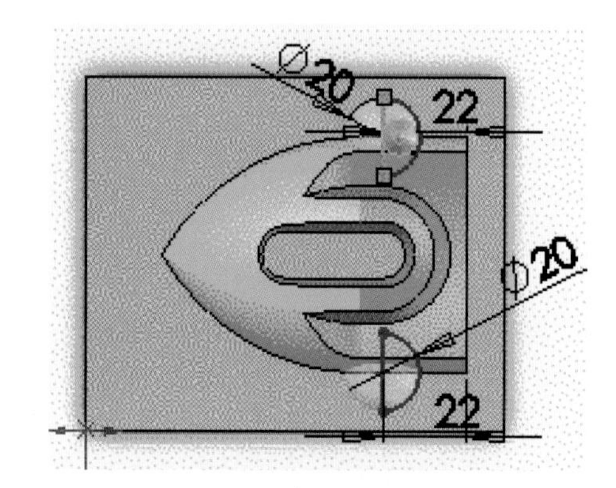

18 FeatureManager 디자인 트리에서 윗면을 선택하고 그림과 같이 직경 25mm을 스케치한다.

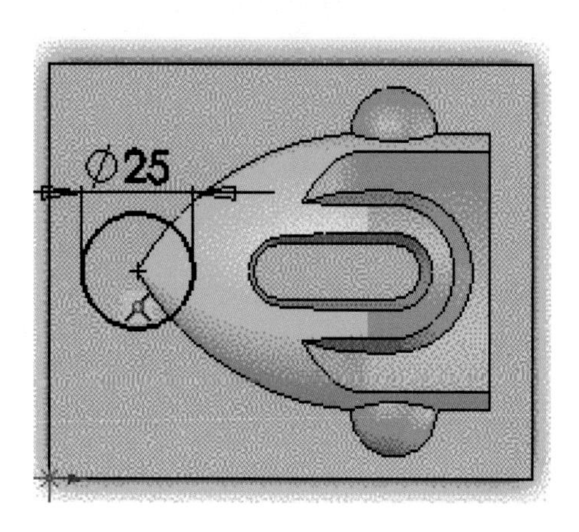

19 FeatureManager 디자인 트리에서 윗면을 선택 후 7mm 높이에 기준면을 만들고 그림과 같이 스케치한다.

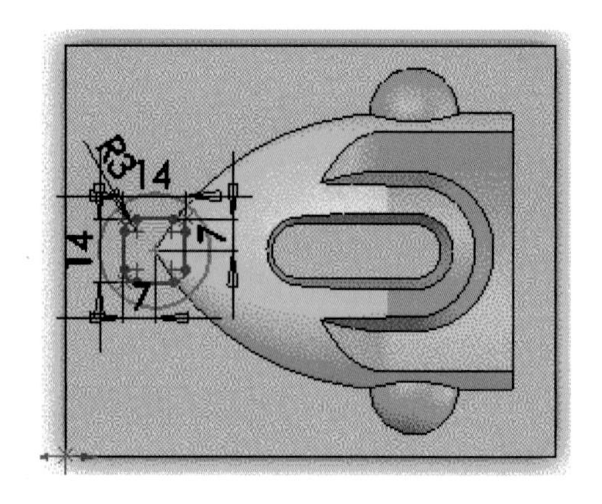

20 FeatureManager 디자인 트리에서 아이콘( )을 선택한다. 프로파일에 상, 하 스케치 선택 후 로프트한다.

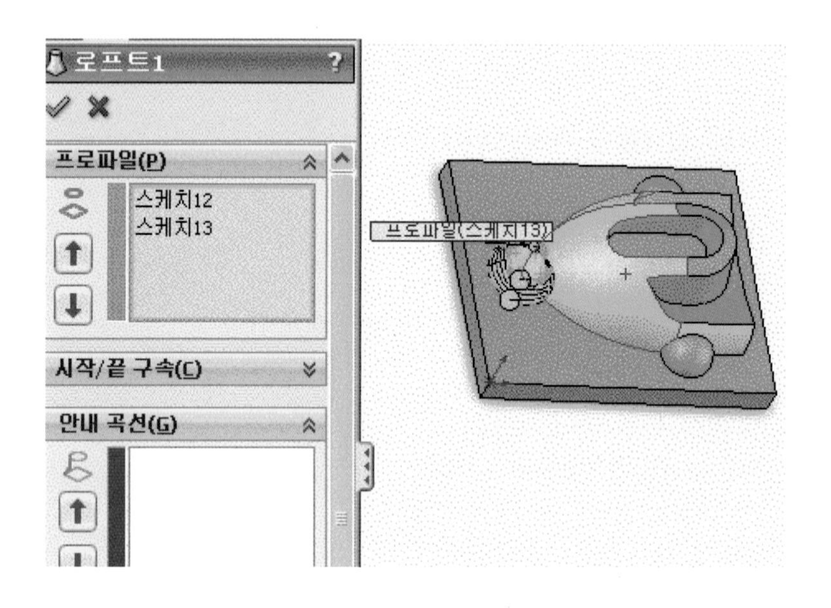

21 도면과 같이 필렛 작업을 한다.

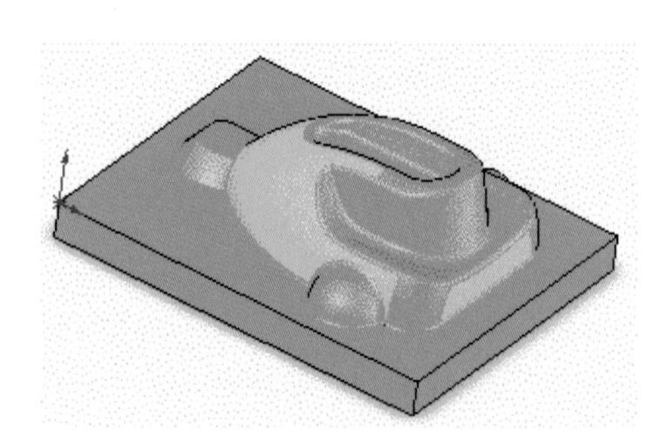

6 과제6 따라하기

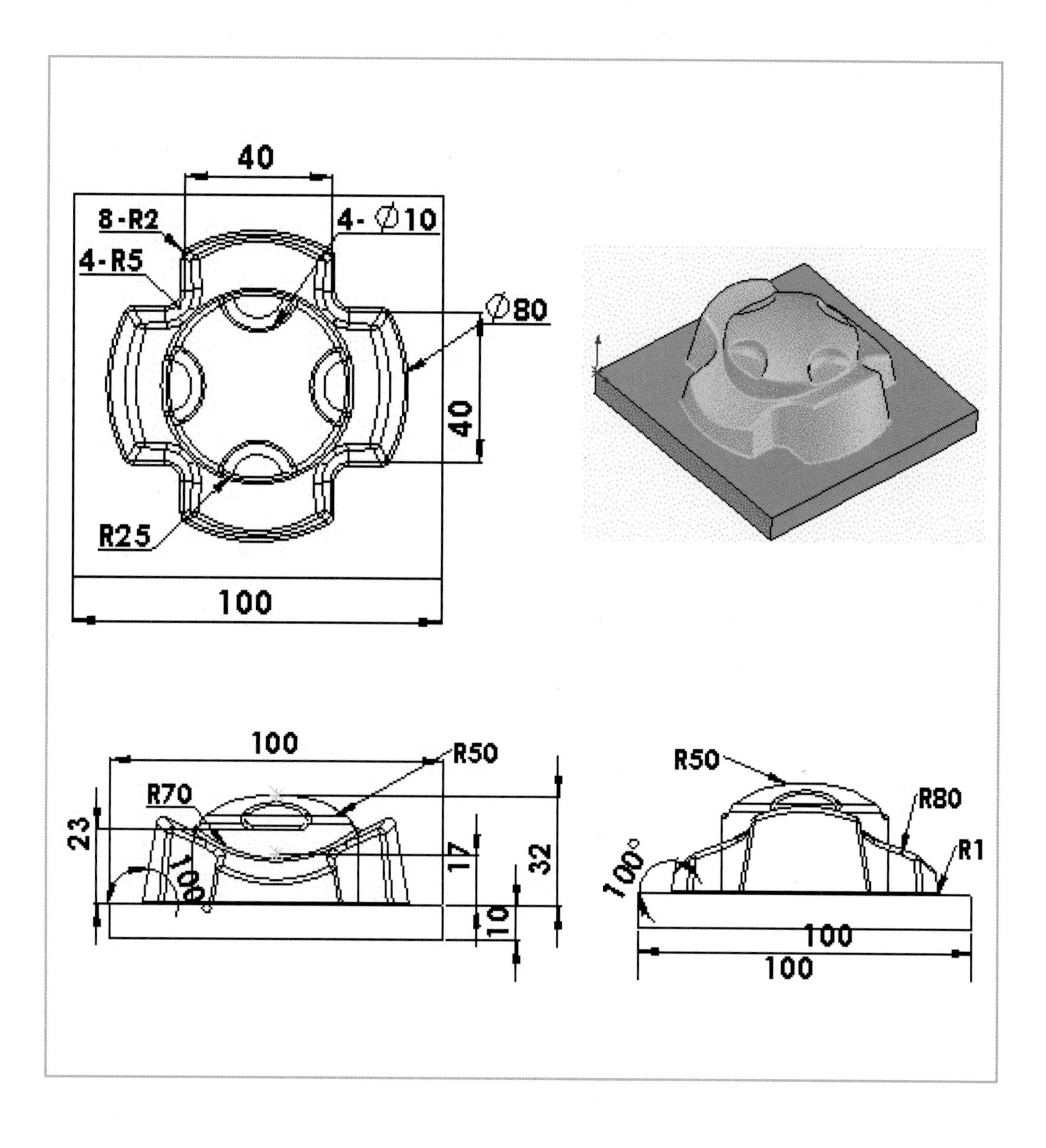

40
8-R2
4-Ø10
4-R5
Ø80
40
R25
100
100
R50
R70
23
17
32
100
10
R50
R80
100°
R1
100
100

(1) 새 파트 만들기

1. FeatureManager 디자인 트리에서 윗면을 선택하고 평면에 직사각형 스케치를 하고 중심선을 선택하여 대각선으로 그린다.

2. Ctrl키를 누른 상태에서 원점과 중심선을 선택한 후에 중간점을 선택하고 대화상자 닫기를 클릭하여 원점이 대각선의 중심점에 놓이도록 한다.

(2) 스케치 및 모델링하기

1. 그림과 같이 치수 입력 후 피처에서 돌출 보스/베이스 아이콘( )을 선택하여 아래 방향으로 10mm 소재를 돌출한다.

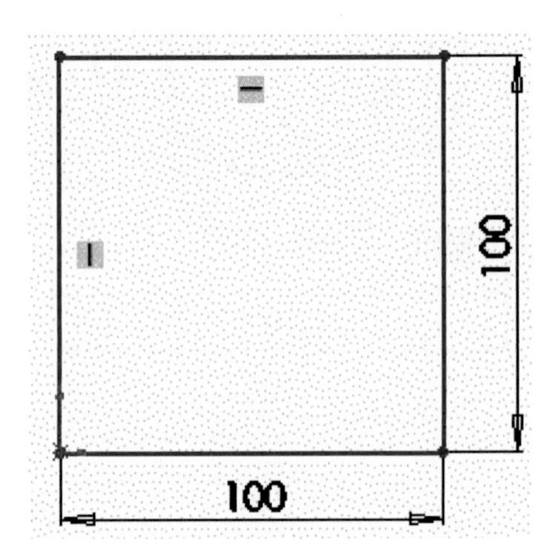

2. FeatureManager 디자인트리에서 윗면을 선택하고 그림과 같이 스케치한 후 치수 기입을 한다.

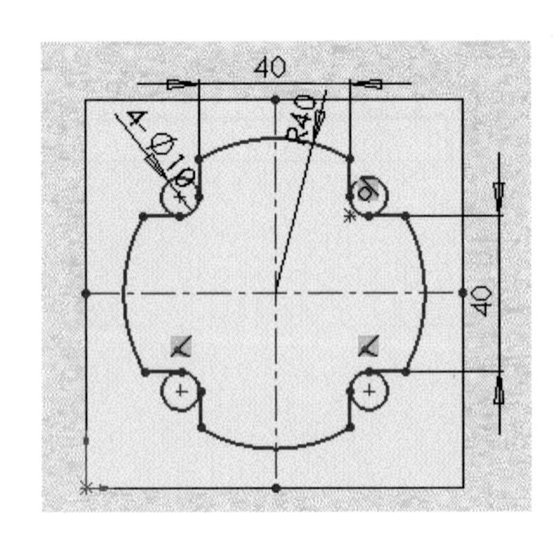

3 돌출 보스/베이스 아이콘( )을 선택한 다음 블라인드 형태로 선택하고 높이값과 각도 10도를 입력 후 확인 버튼( )을 클릭한다.

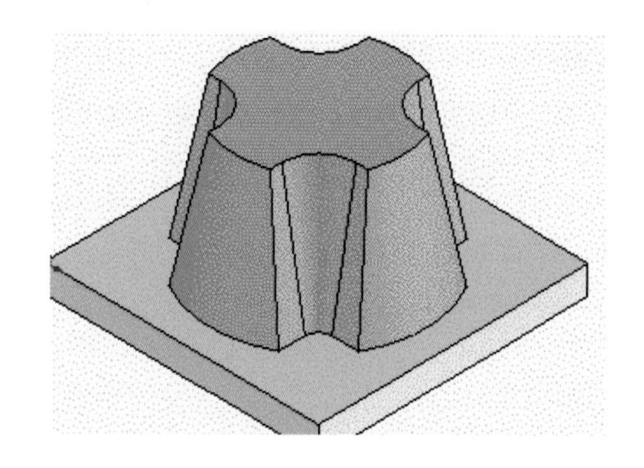

4 FeatureManager 디자인 트리에서 정면을 선택하고 높이 17mm에 직선을 스케치 후 원을 스케치한다. 그림과 같이 잘라내기 한다.

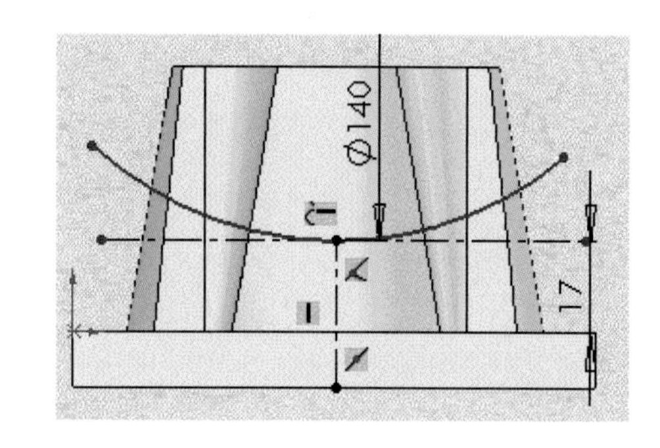

5 보기를 우측면으로 선택한다. 정면의 커브선(경로선)의 우측 끝점에 기준면을 만든다. 기준면에 그림과 같이 원을 스케치하고 부가 조건에서 일치한 후 치수를 기입하여 잘라내기 한다. 돌출 준비로 폐곡선을 만든다.

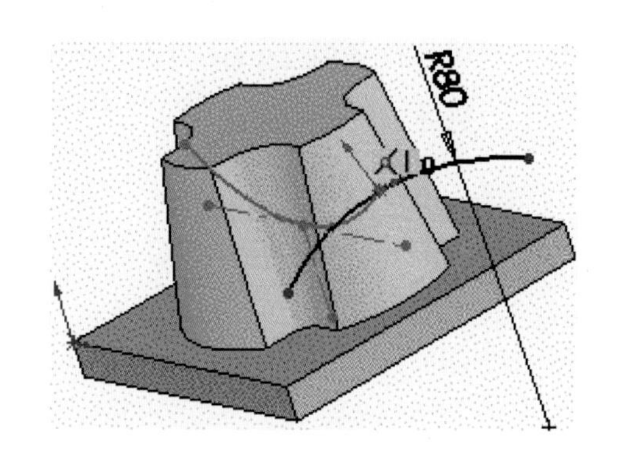

6 스케치 모드를 닫고 보기 메뉴의 삽입-자르기-스윕 명령을 실행하여 프로파일을 폐곡선으로 선택하고 경로에서 곡선을 선택한 후 확인 버튼을 클릭한다.

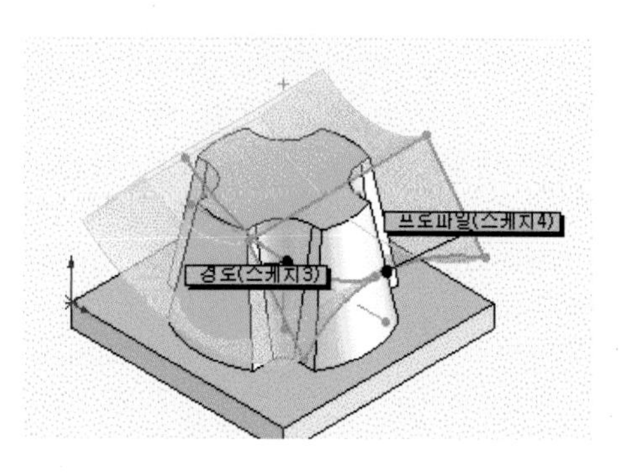

7. FeatureManager 디자인 트리에서 정면을 선택하고 높이 32mm 수평선을 긋고 원을 스케치한 후 부가 조건에서 인접 후 그림과 같이 치수를 기입한다.

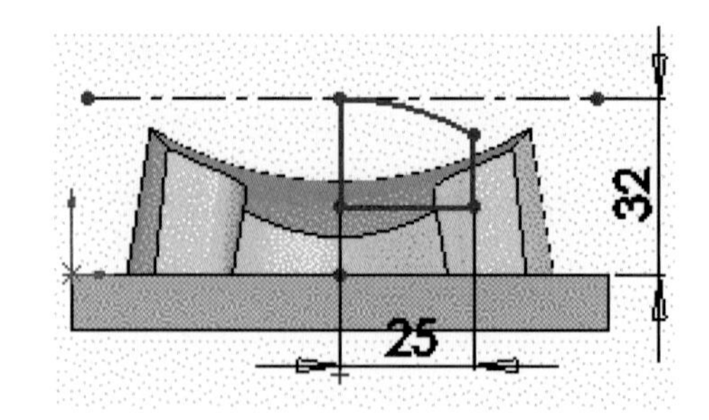

8. 피처에서 회전 보스/베이스 아이콘( )을 선택한 다음 회전 창이 나오면 360도를 입력하고 확인 버튼( )을 클릭한다.

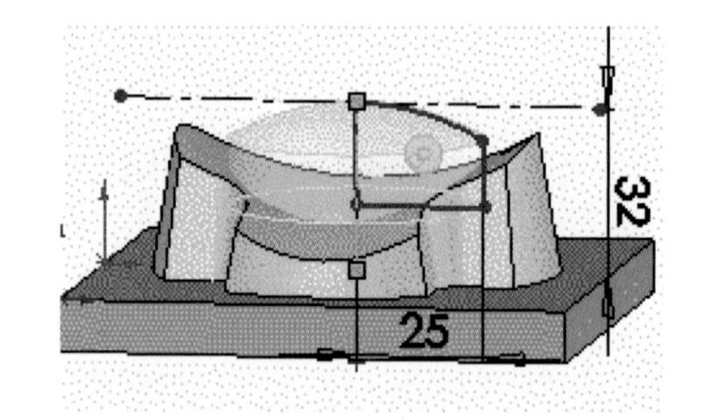

9. FeatureManager 디자인 트리에서 윗면을 선택하고 높이 23mm 기준면을 만든 후 그림과 같이 스케치한다.

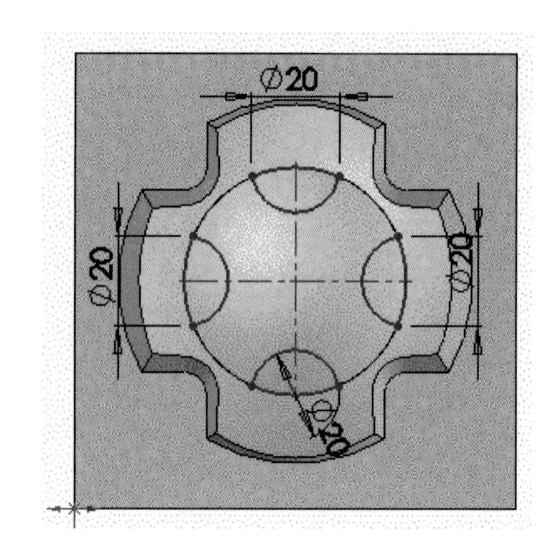

10 피처에서 돌출 컷 아이콘( )을 선택한 다음 블라인드 형태의 방향 1에서 을 반대 방향으로 선택 후 임의 높이를 입력하고 확인 버튼( )을 클릭한다.

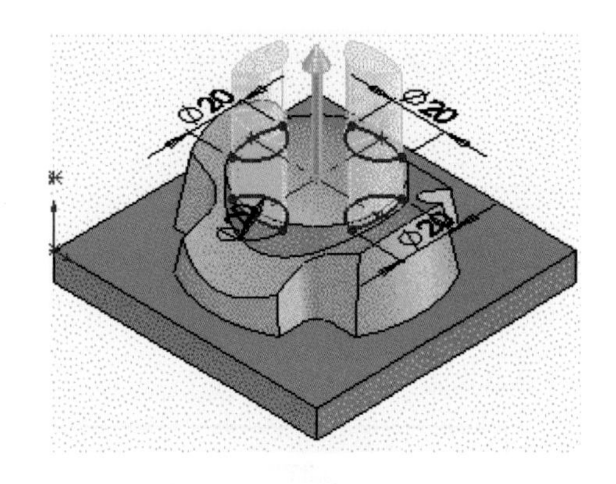

11 그림과 같이 보기 메뉴의 필렛 아이콘( )을 선택한 후 각각 필렛 요소를 필렛한다.

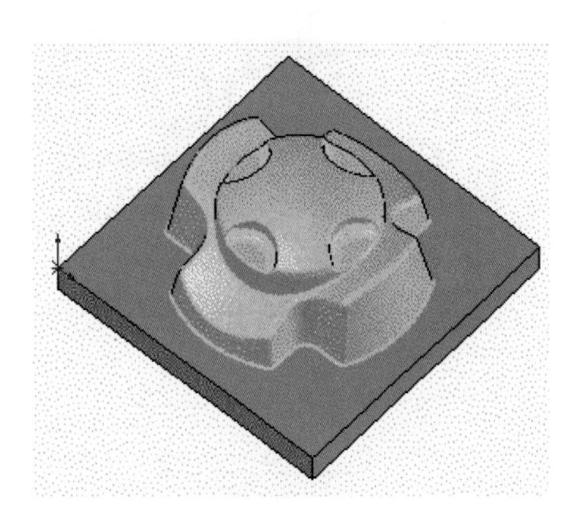

7 과제7 따라하기

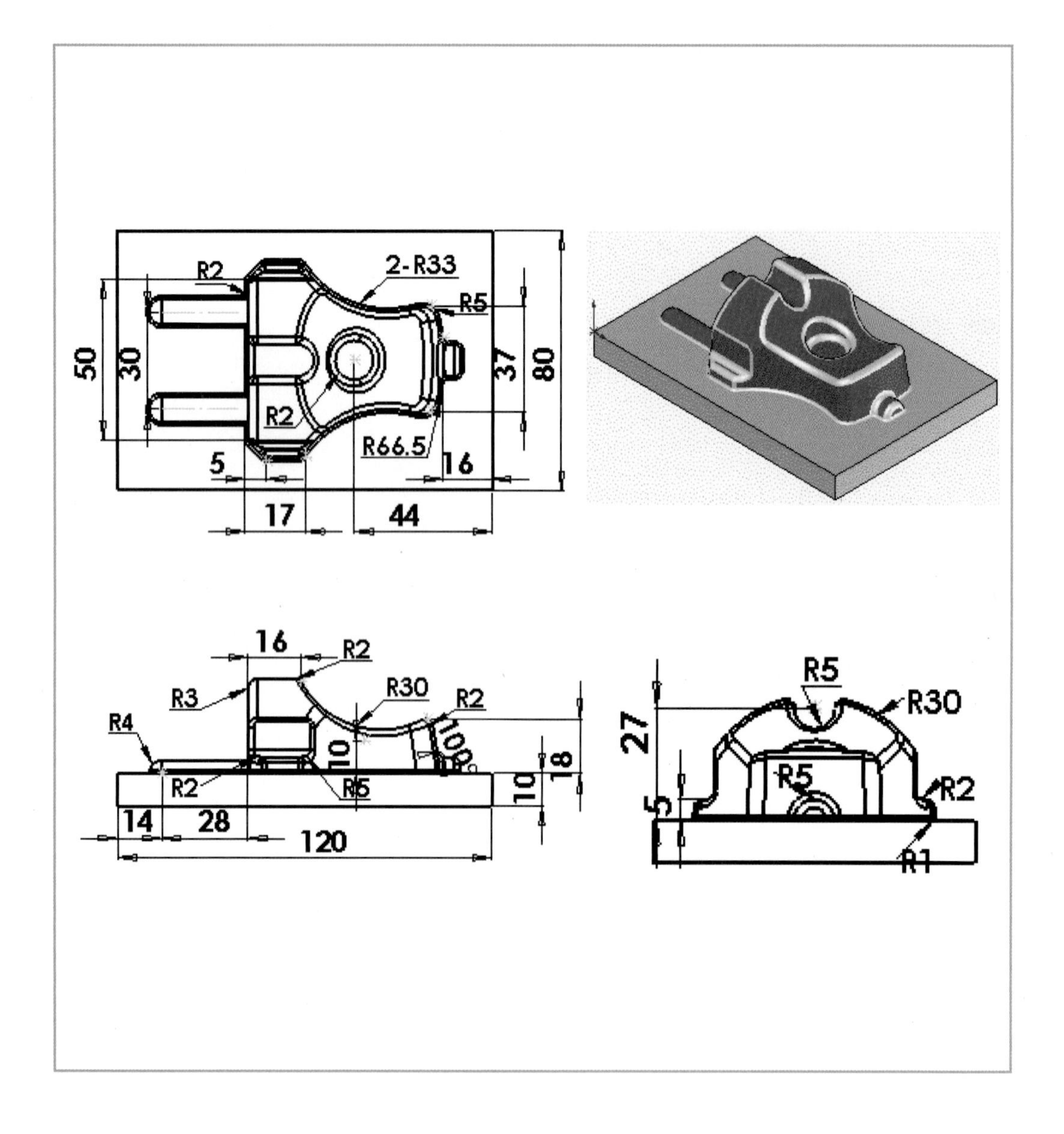

R2
2-R33
R5
50
30
37
80
R2
R66.5
5
16
17
44
16
R2
R3
R30
R2
R4
10
R2
R5
18
10
14
28
120
R5
R30
27
R5
5
R2
R1

(1) 새 파트 만들기

1. FeatureManager 디자인 트리에서 윗면을 선택하고 평면에 직사각형 스케치를 하고 중심선을 선택하여 대각선으로 그린다.

2. Ctrl키를 누른 상태에서 원점과 중심선을 선택한 후에 중간점을 선택하고 대화상자 닫기를 클릭하여 원점이 대각선의 중심점에 놓이도록 한다.

(2) 스케치 및 모델링하기

1. 그림과 같이 치수 입력 후 피처에서 돌출 보스/베이스 아이콘( )을 선택하여 아래 방향으로 10mm 소재를 돌출한다.

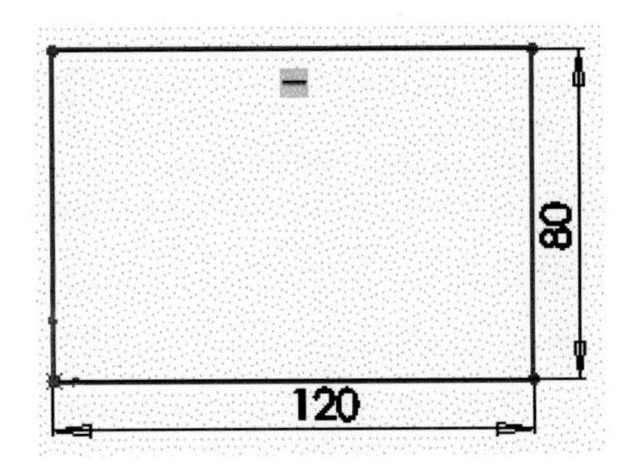

2. FeatureManager 디자인 트리에서 윗면을 선택하고 그림과 같이 스케치한 후 치수 기입을 한다.

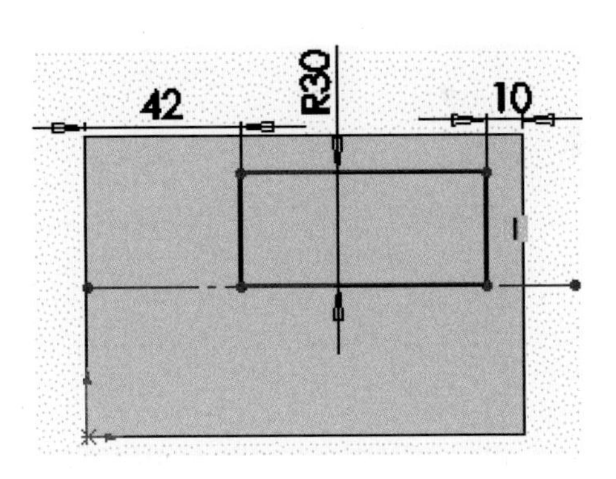

3 피처에서 회전 보스/베이스 아이콘( )을 선택한 다음 회전창이 나오면 180도를 입력하고 확인 버튼( )을 클릭한다.

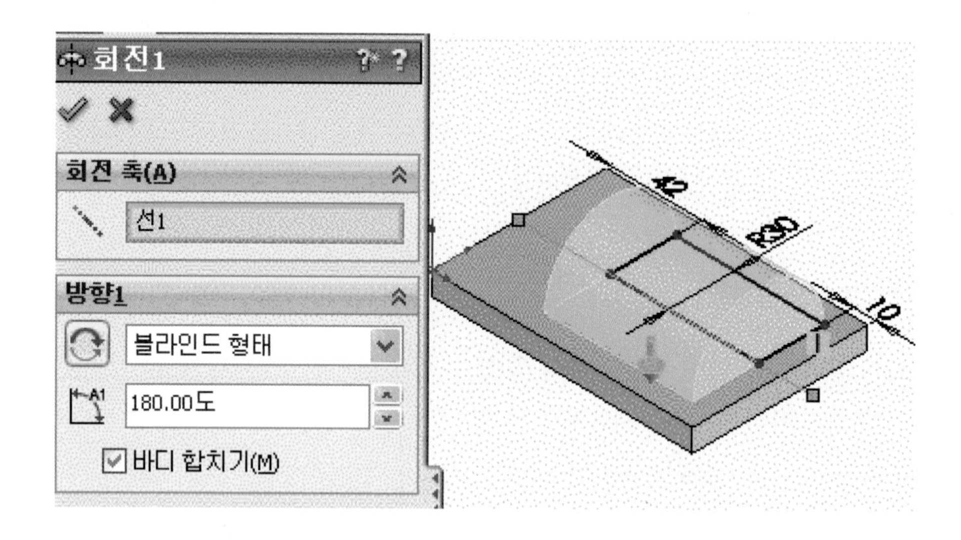

4 FeatureManager 디자인 트리에서 윗면을 선택하고 그림과 같이 스케치한 후 치수 기입을 한다.

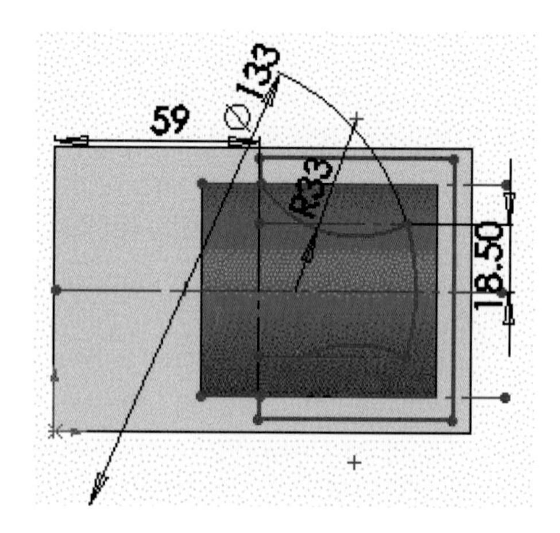

5 보기 메뉴의 돌출 컷 아이콘( )을 클릭한 후 방향을 그림과 같이 체크하고 확인을 한다.

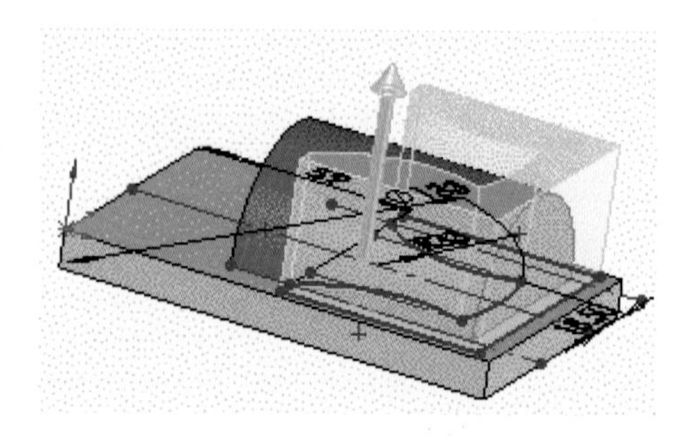

6 피처에서 아이콘( )을 선택한 후 구배 유형을 중립 평면으로 설정한다. 구배 각도 10도, 구배면 선택을 하고 중립 평면 체크 후 확인 버튼( )을 클릭한다.

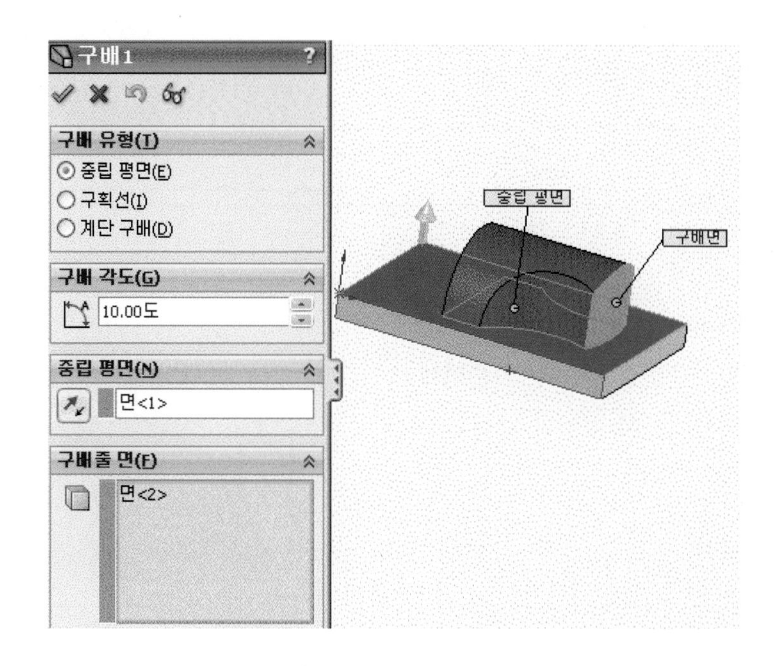

7 정면에 그림과 같이 스케치한다.

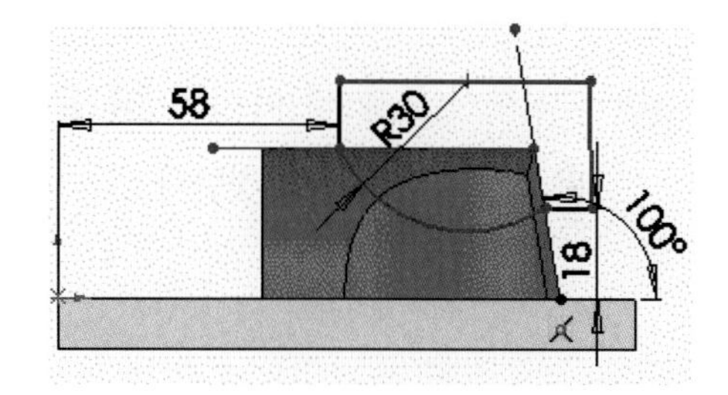

8 메뉴의 아이콘( )을 선택 후 그림과 같이 돌출 컷한다.

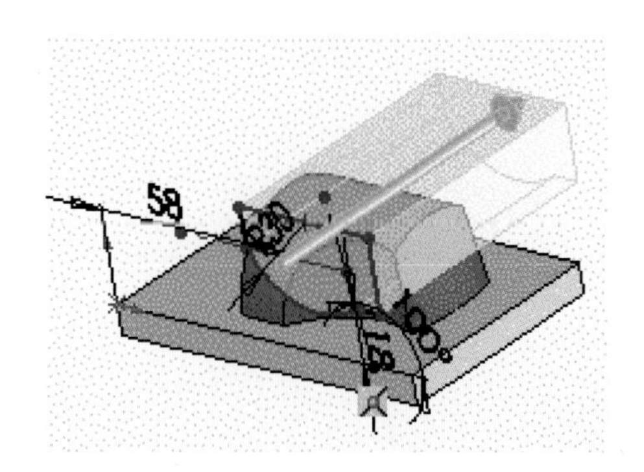

9 FeatureManager 디자인 트리에서 윗면을 선택하고 10mm 높이에 기준면을 만들고 그림과 같이 스케치 후 치수 기입을 한다. 아이콘(▣)을 선택하여 돌출 컷한다.

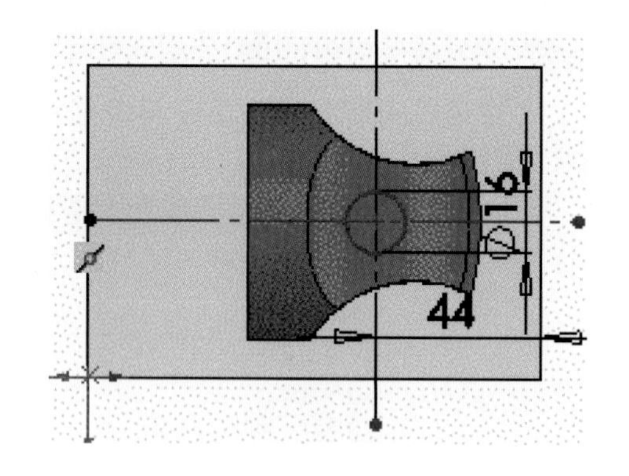

10 FeatureManager 디자인 트리에서 우측면을 선택 후 기준면을 만든다. 기준면에 스케치 후 자르기하여 그림과 같이 폐곡선을 만든다.

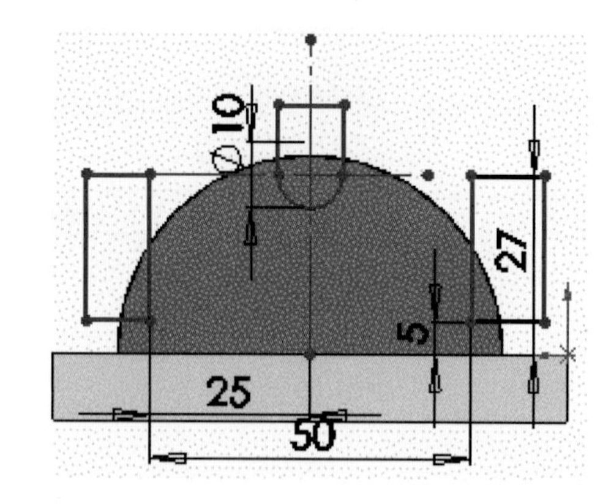

11 피처에서 돌출 컷 아이콘(▣)을 선택한 후 그림과 같이 돌출 컷한다.

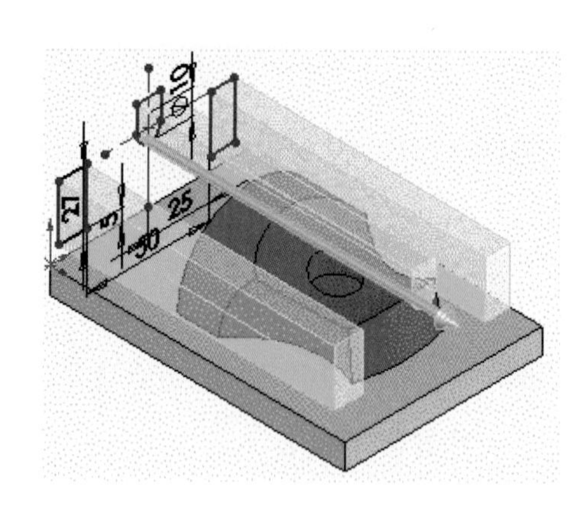

12 FeatureManager 디자인 트리에서 윗면을 선택하고 그림과 같이 스케치한 후 치수 기입을 한다.

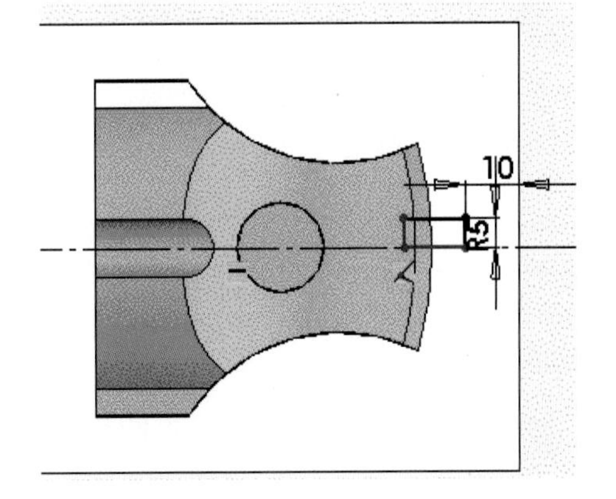

13 피처에서 회전 아이콘( )을 선택한 후 중심선을 선택하고 한 방향으로 체크하여 각도를 180도 입력 후 그림 A와 같이 만든다.

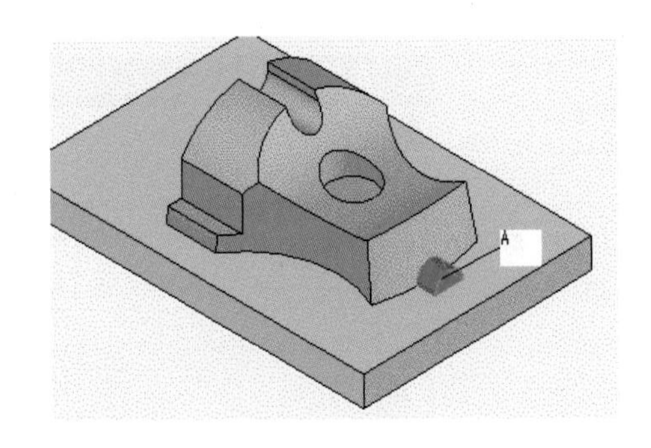

14 FeatureManager 디자인 트리에서 윗면을 선택하고 그림과 같이 스케치한 후 치수 기입을 한다.

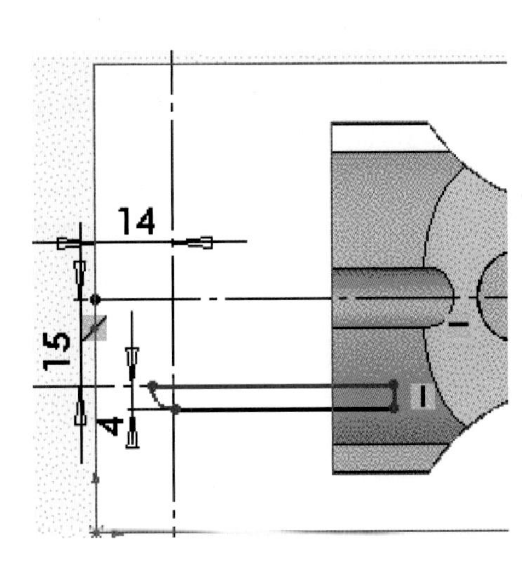

15 피처에서 회전 아이콘( )을 선택한 후 중심선을 선택하고 각도를 180도 입력 후 그림 A와 같이 만든다.

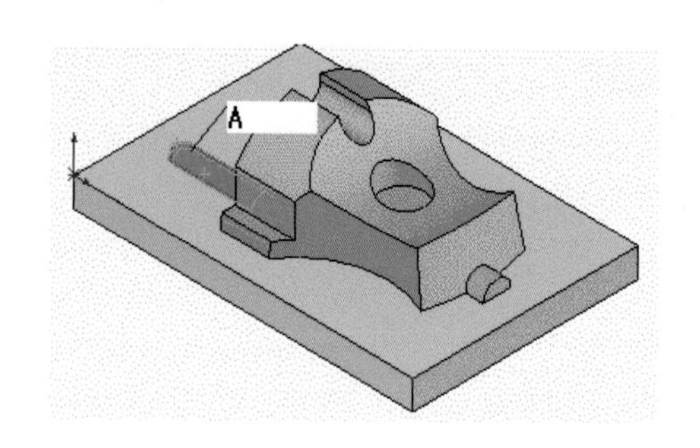

16 메뉴에서 대칭 복사 아이콘( )을 클릭한 후 그림과 같이 면/평면에 정면을 선택한다. 복사할 객체를 선택 후 확인 버튼( )을 클릭한다.

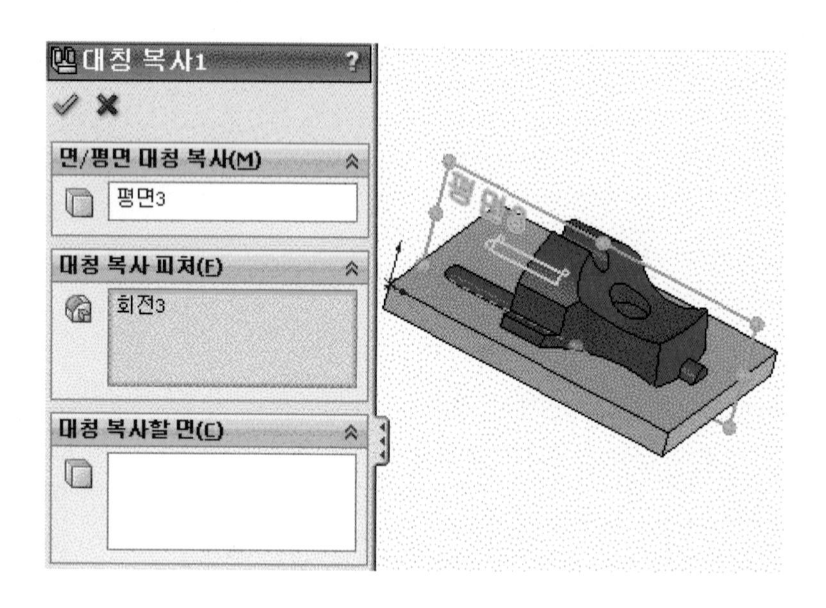

17 그림과 같이 메뉴의 필렛 아이콘( )을 선택한 후 각각 필렛 요소를 필렛한다.

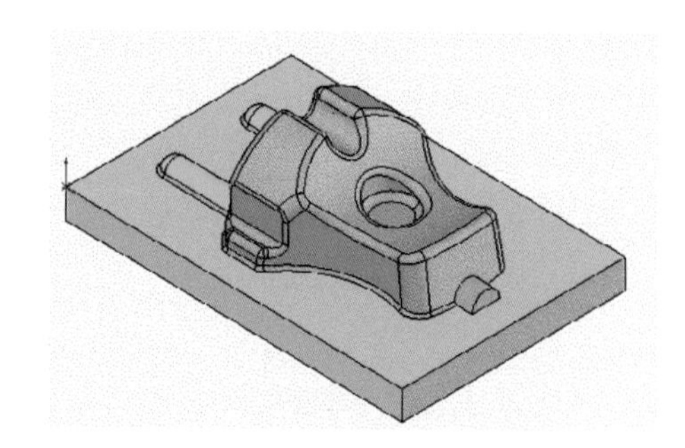

8 과제8 따라하기

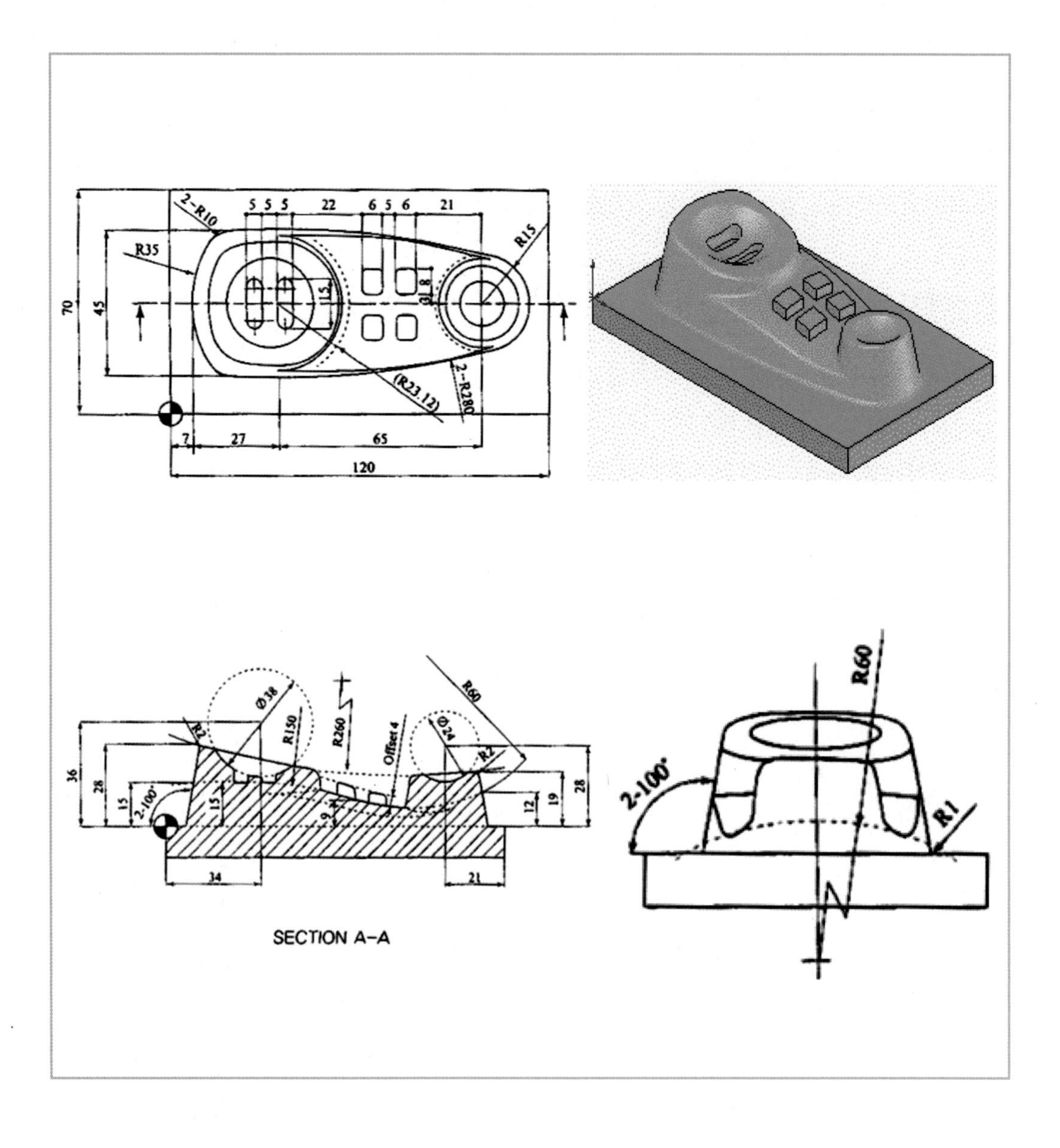
2-R10
5 5 5
22
6 5 6
21
R35
R15
70
45
15
3
8
(R23.12)
2-R280
7
27
65
120
Ø38
R2
R150
R260
Offset 4
Ø24
R60
36
28
15
2-100°
9
12
19
34
21
SECTION A-A
R60
2-100°
R1

(1) 새 파트 만들기

1 FeatureManager 디자인 트리에서 윗면을 선택하고 평면에 직사각형 스케치를 하고 중심선을 선택하여 대각선으로 그린다.

2 Ctrl키를 누른 상태에서 원점과 중심선을 선택한 후에 중간점을 선택하고 대화상자 닫기를 클릭하여 원점이 대각선의 중심점에 놓이도록 한다.

(2) 스케치 및 모델링하기

1 그림과 같이 치수 입력 후 피처에서 돌출 보스/베이스 아이콘( )을 선택하여 아래 방향으로 10mm 소재를 돌출한다.

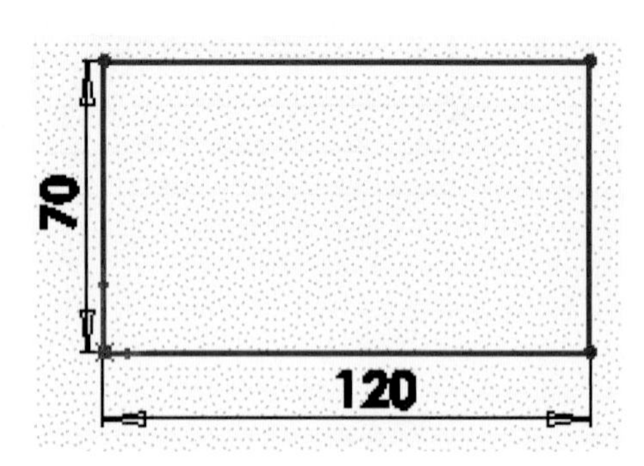

2 FeatureManager 디자인 트리에서 윗면을 선택하고 스케치한 후 치수 기입을 하고 그림과 같이 자르기를 한다.

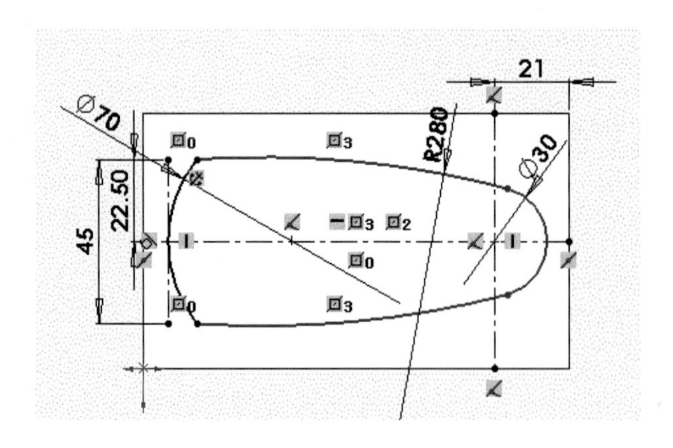

3 피처에서 아이콘( )을 선택한 후 각도 10도를 입력하여 40mm 정도 돌출한다.

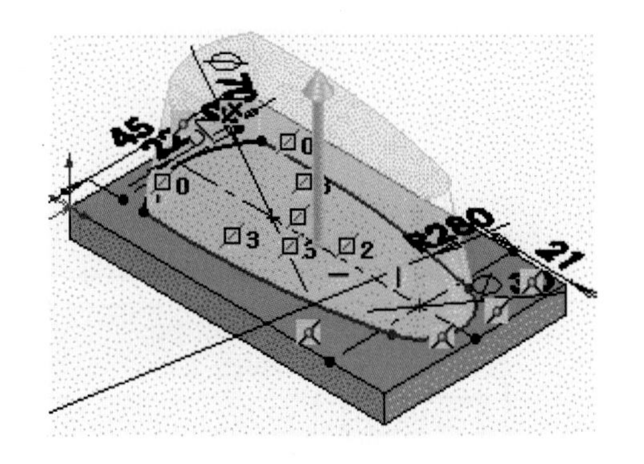

4 정면을 선택하고 스케치한 후 치수 기입을 하고 그림과 같이 자르기를 한다.

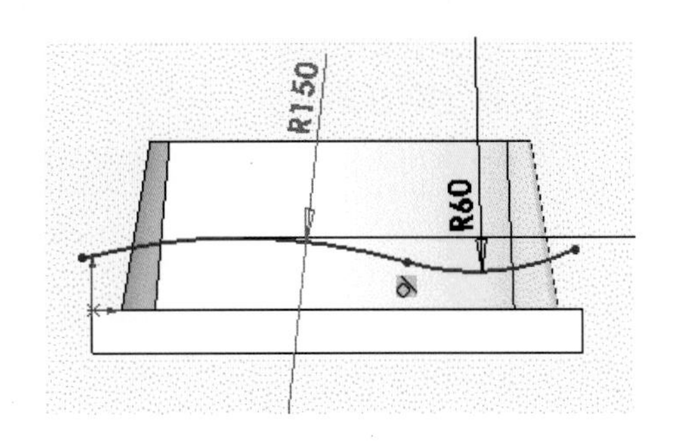

5 FeatureManager 디자인 트리에서 우측면을 선택하고 안내 곡선 우측 끝점에 원을 선택하여 스케치한다. 부가 조건에서 일치를 선택하고 치수 기입 후 그림과 같이 폐곡선을 만든다.

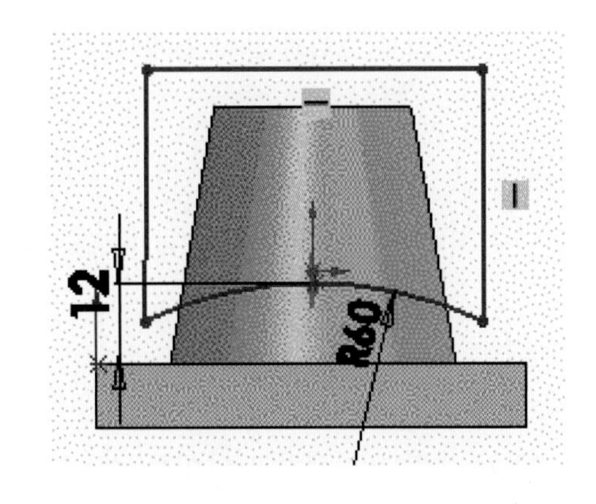

6 스케치 모드를 닫고 메뉴의 삽입-자르기-스윕 명령을 실행하여 프로파일을 폐곡선으로 선택하고 경로에서 곡선을 선택한 후 스윕 곡면을 만든다.

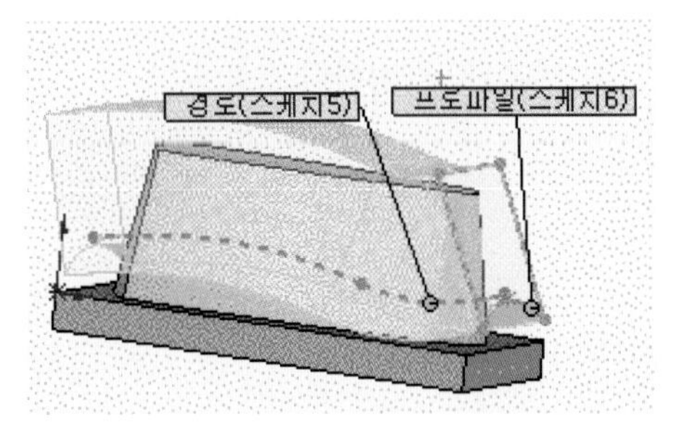

7. 확인 버튼을 클릭 후 그림과 같이 선택한 바디1과 바디2가 표시되면 보존할 바디를 선택한다.

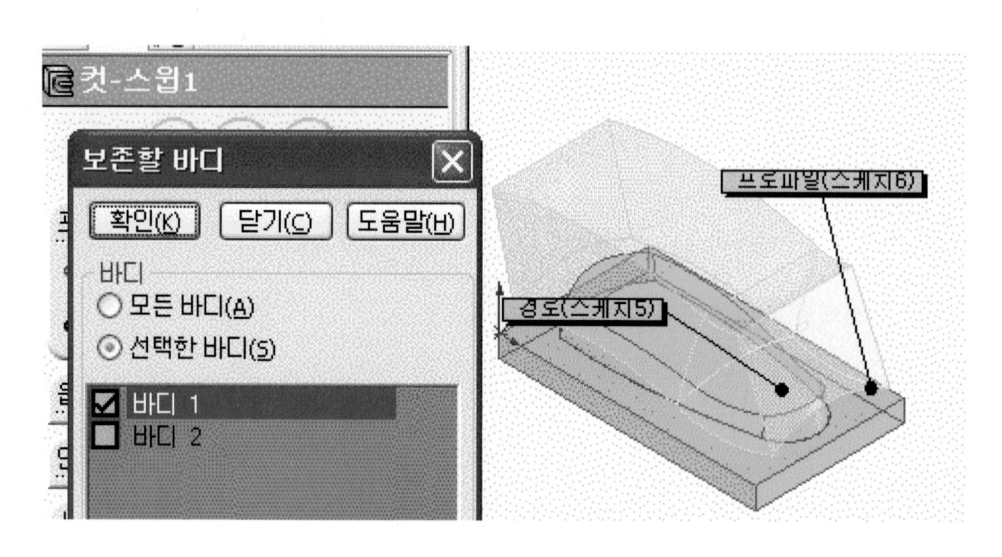

8. FeatureManager 디자인 트리에서 윗면을 선택하고 그림과 같이 스케치한다.

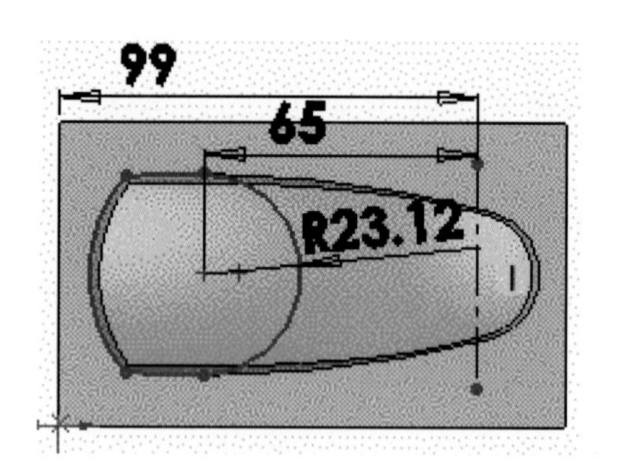

9. 스케치를 선택하고 아이콘( )을 선택한 후 각도 10, 돌출 치수 입력 후 확인 버튼( )을 클릭한다.

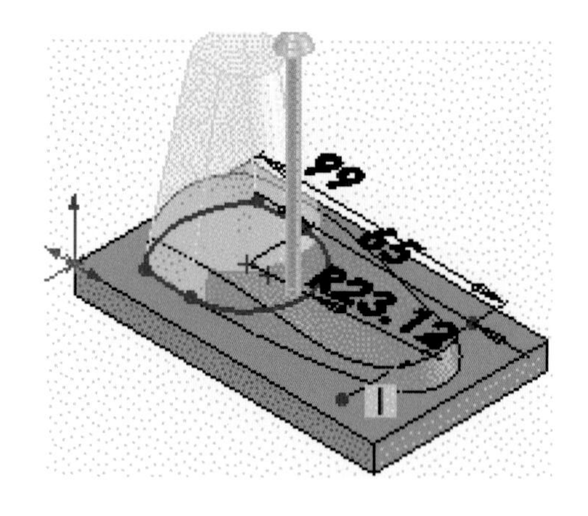

10 윗면을 선택하고 그림과 같이 스케치 후 아이콘( )을 선택하여 각도 10으로 돌출한다.

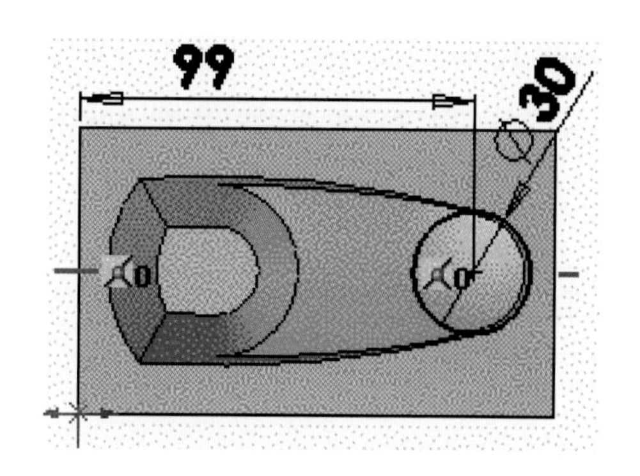

11 FeatureManager 디자인 트리에서 정면을 선택하고 그림과 같이 스케치한 후 치수 기입을 한다.

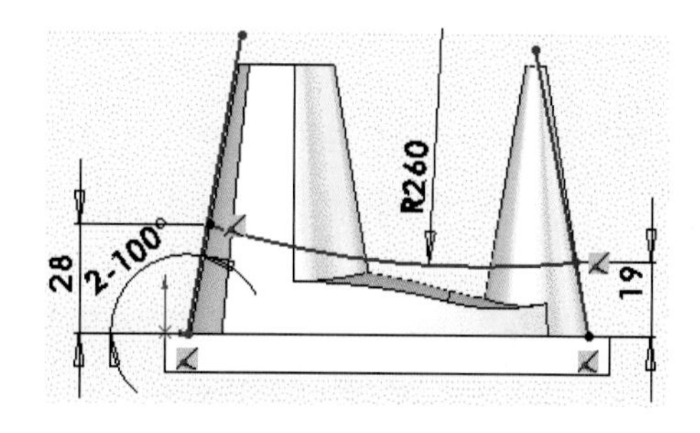

12 불필요한 선을 자르기 하고 삽입-잘라내기-돌출 아이콘( )을 선택한 다음 제1방향에서 관통으로 설정하고 확인 버튼( )을 클릭한다.

13 FeatureManager 디자인 트리에서 윗면을 선택하고 그림과 같이 스케치한다.

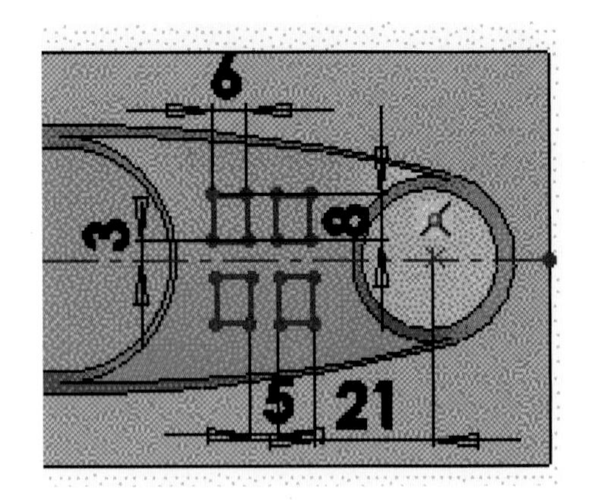

14 피처에서 돌출 보스/베이스 아이콘( )을 선택한 후 곡면으로부터 오프셋을 설정한다. 곡면을 선택하고 돌출 치수 4mm로 입력 후 확인 버튼( )을 클릭한다.

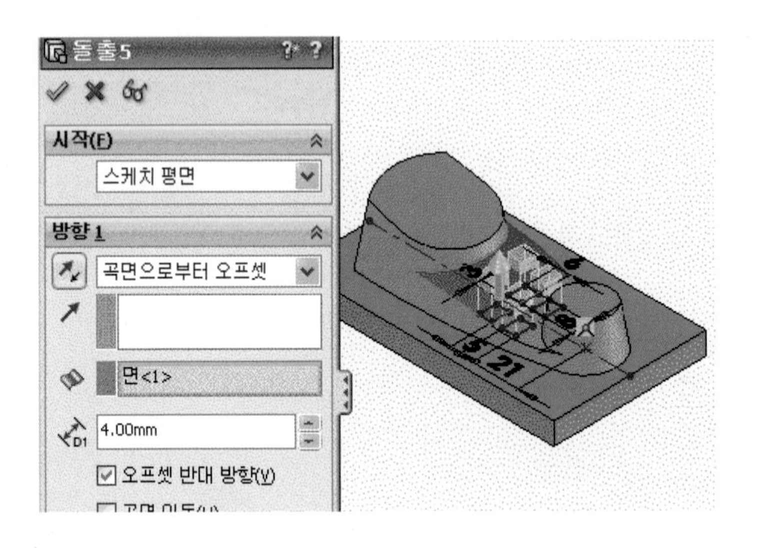

15 FeatureManager 디자인 트리에서 정면을 선택하고 그림과 같이 스케치한다.

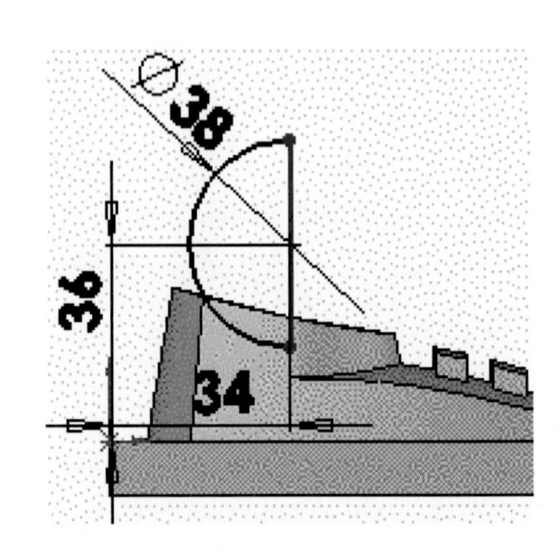

16 메뉴의 삽입-자르기-회전 컷 아이콘( ) 을 선택하여 그림과 같이 회전 컷한다.

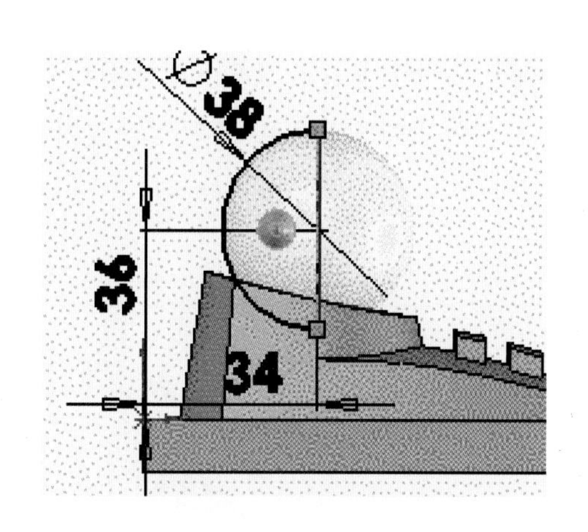

17 정면을 선택하고 그림과 같이 스케치한 후 메뉴의 삽입-자르기-회전 컷 아이콘 ( )을 선택하여 360도 입력 후 잘라내기 한다.

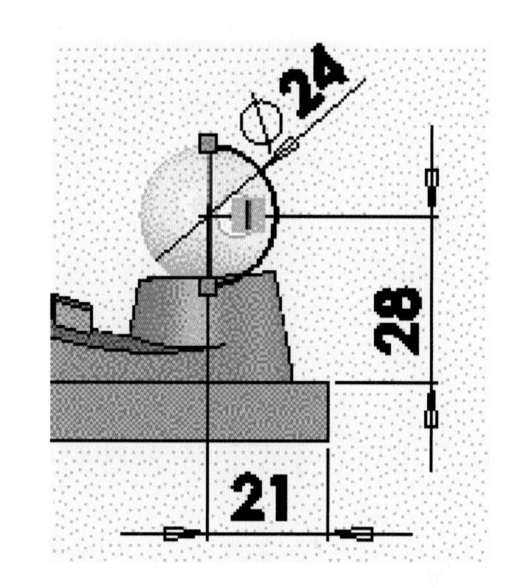

18 FeatureManager 디자인 트리에서 윗면을 선택하고 그림과 같이 스케치하며, 치수 기입 후 자르기 한다.

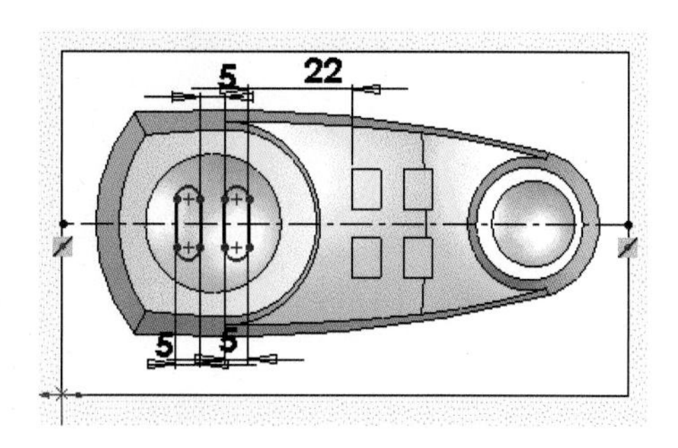

19 피처에서 돌출 컷 아이콘(▣)을 선택한 다음 블라인드 형태의 방향 1에서 ↗을 클릭하여 반대 방향으로 한 후 임의 높이를 입력하고 확인 버튼(✔)을 클릭한다.

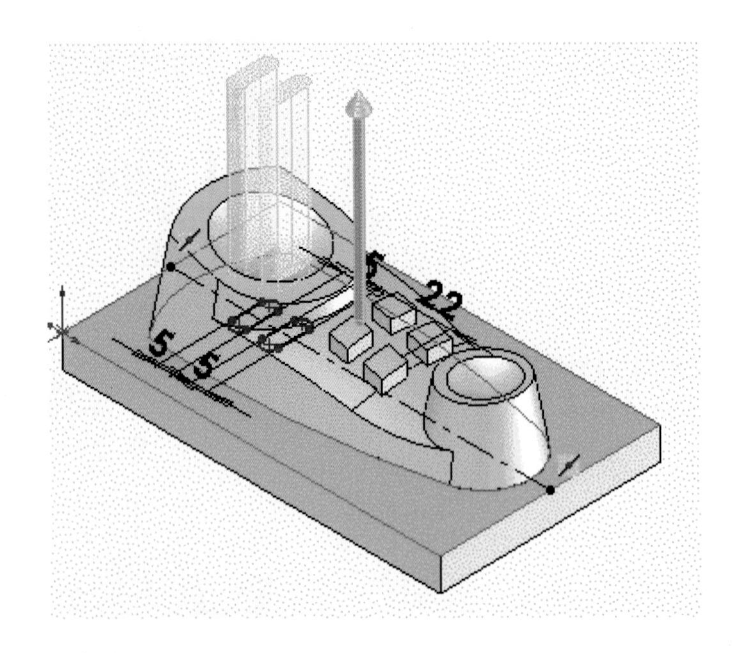

28 그림과 같이 보기 메뉴의 필렛 아이콘(◎)을 선택한 후 각각 필렛 요소를 필렛한다.

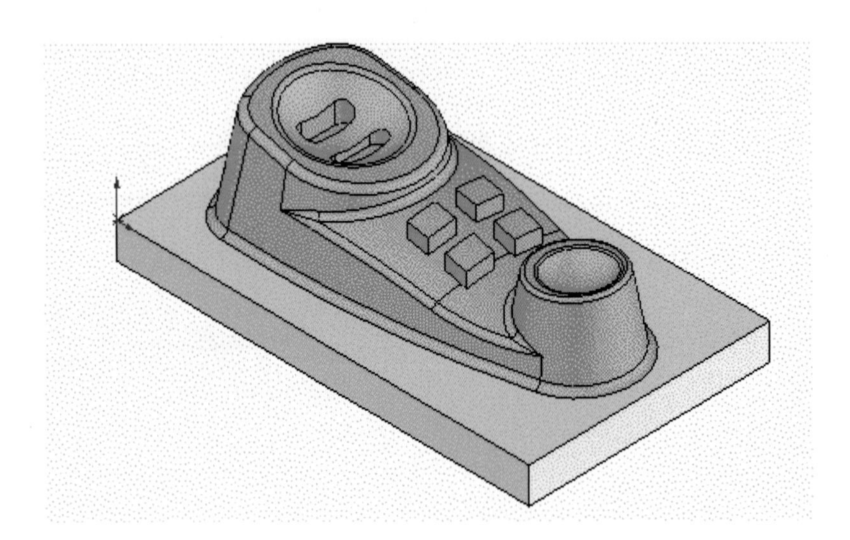

9 과제9 따라하기

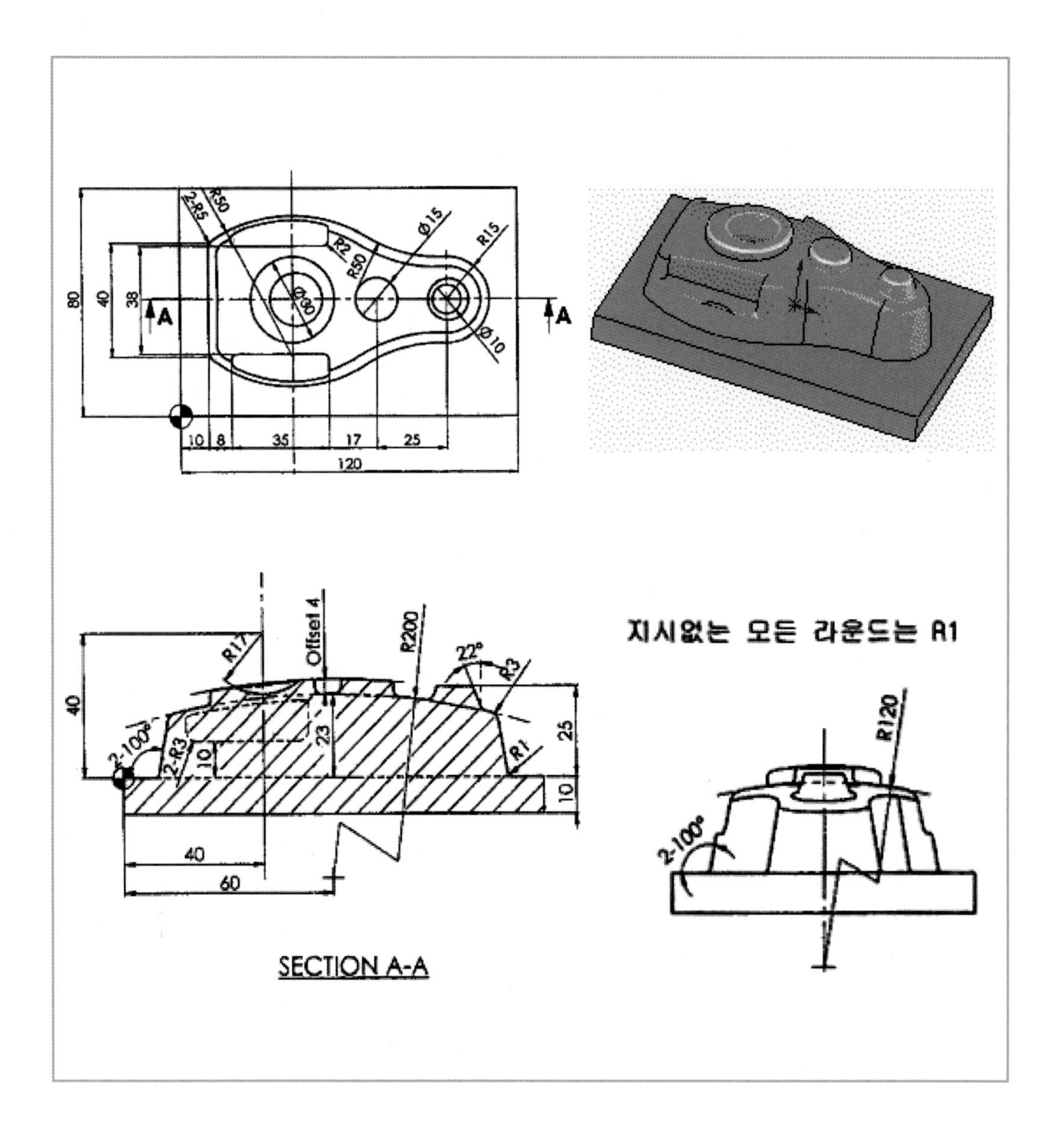

2-R5
R50
R2
R50
Ø15
R15
Ø30
Ø10
80
40
38
A
A
10
8
35
17
25
120
R17
Offset 4
R200
22°
R3
40
2-100°
2-R3
10
23
R1
25
10
40
60
SECTION A-A
지시없는 모든 라운드는 R1
R120
2-100°

(1) 새 파트 만들기

1. FeatureManager 디자인 트리에서 윗면을 선택하고 평면에 직사각형 스케치를 하고 중심선을 선택하여 대각선으로 그린다.

2. Ctrl키를 누른 상태에서 원점과 중심선을 선택한 후에 중간점을 선택하고 대화상자 닫기를 클릭하여 원점이 대각선의 중심점에 놓이도록 한 후 아래 방향으로 10mm 돌출한다.

(2) 스케치 및 모델링하기

1. 그림과 같이 치수 입력 후 피처에서 돌출 보스/베이스 아이콘( )을 선택하여 아래 방향으로 10mm 소재를 돌출한다.

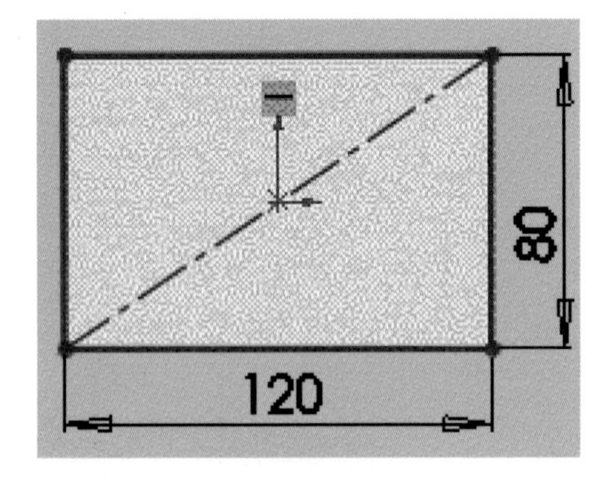

2. 윗면을 선택하고 그림과 같이 스케치한다.

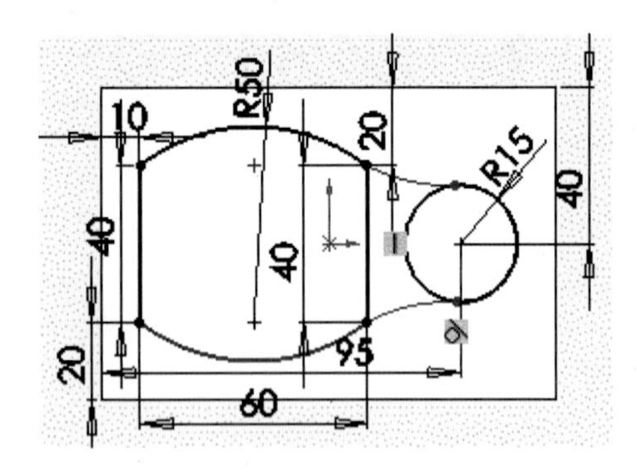

3 스케치를 선택하고 잘라내기 한다. 아이콘( )을 선택 후 각도 10도, 높이 40mm 정도 돌출한다.

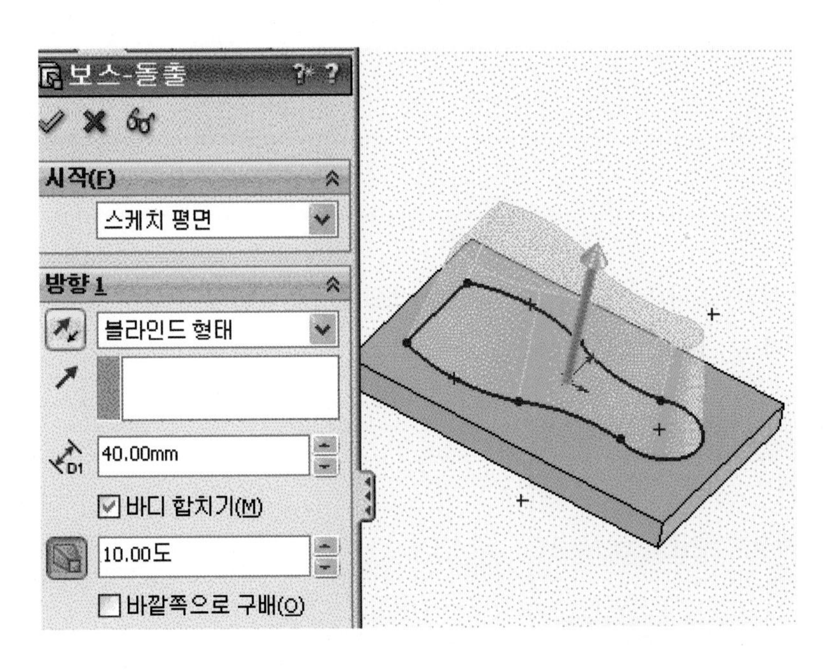

4 정면을 선택하고 높이 23mm에 수평선을 스케치 후 원을 인접하여 스케치한다. 치수 기입 후 잘라내기 하여 그림과 같이 안내 곡선을 스케치한다.

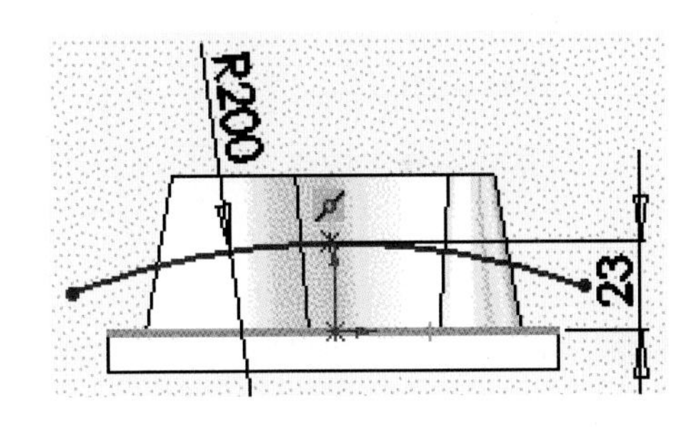

5 우측면을 선택하고 끝점에 기준면을 만든 후 원을 끝점에 일치시킨다.

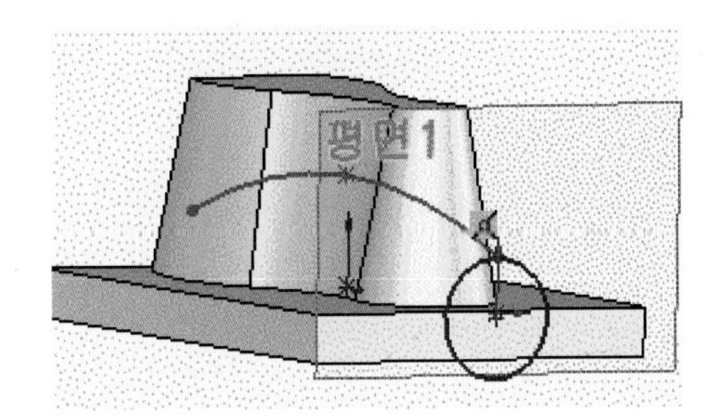

6 스케치 원에 R120mm 치수 기입 후 잘라내기 하여 그림과 같이 폐곡선을 만든다.

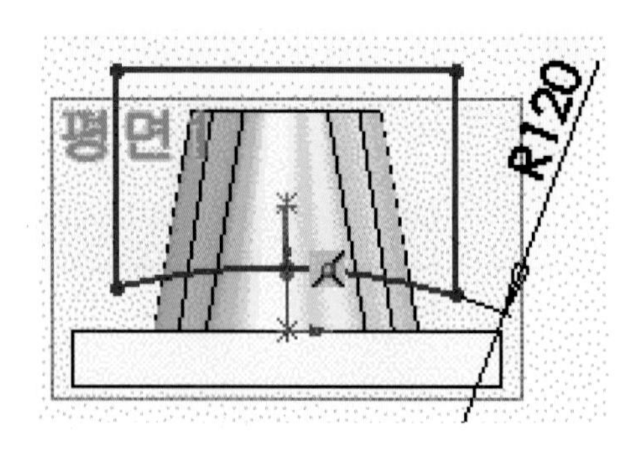

7 메뉴의 삽입–잘라내기–스윕 아이콘(스윕(S).)을 선택 후 경로와 프로파일을 선택하여 그림과 같이 스윕 곡면을 만든다.

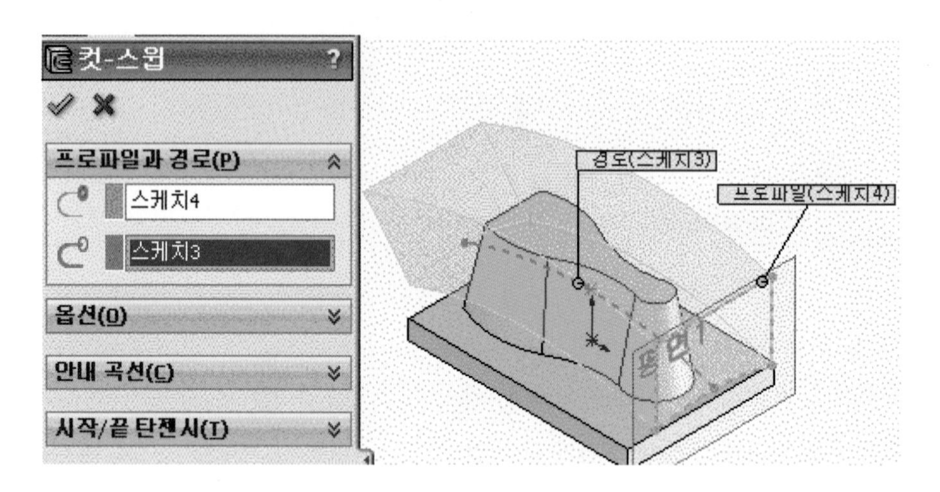

8 윗면을 선택하고 그림과 같이 스케치한다.

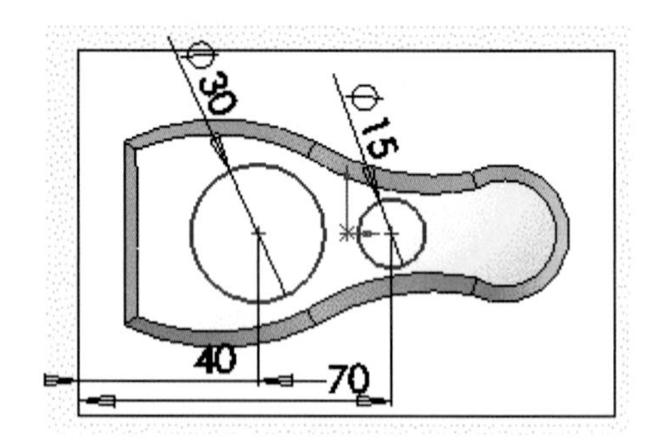

9 스케치를 선택하고 아이콘( )을 선택 후 곡면으로부터 오프셋으로 설정한다. 바디 선택 후 반대 방향을 체크하여 4mm 돌출한다.

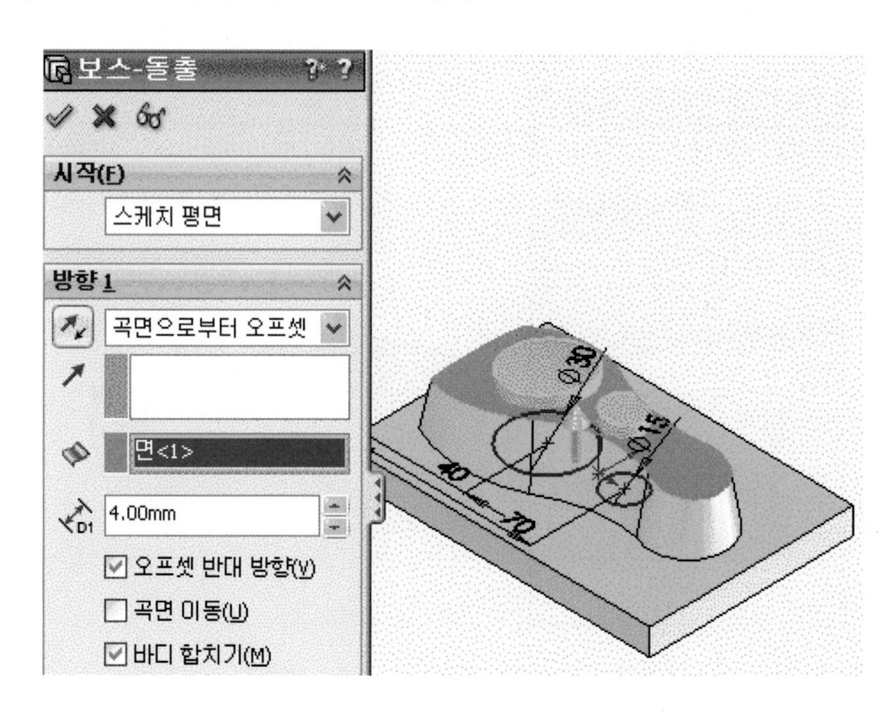

10 윗면을 선택하고 그림과 같이 스케치한다.

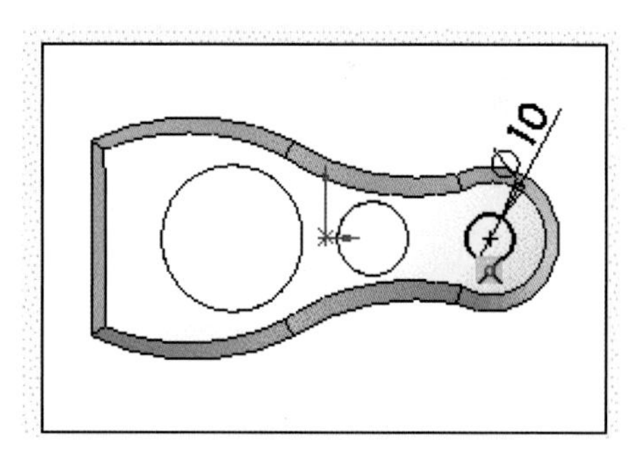

11 스케치를 선택하고 아이콘( )을 선택 후 25mm 돌출한다. 구배 주기 아이콘( )을 선택하여 면 선택에서 원통 끝면을 선택하고 구배줄면을 원통 바디 선택 후 각도 22도 구배 주기한다.

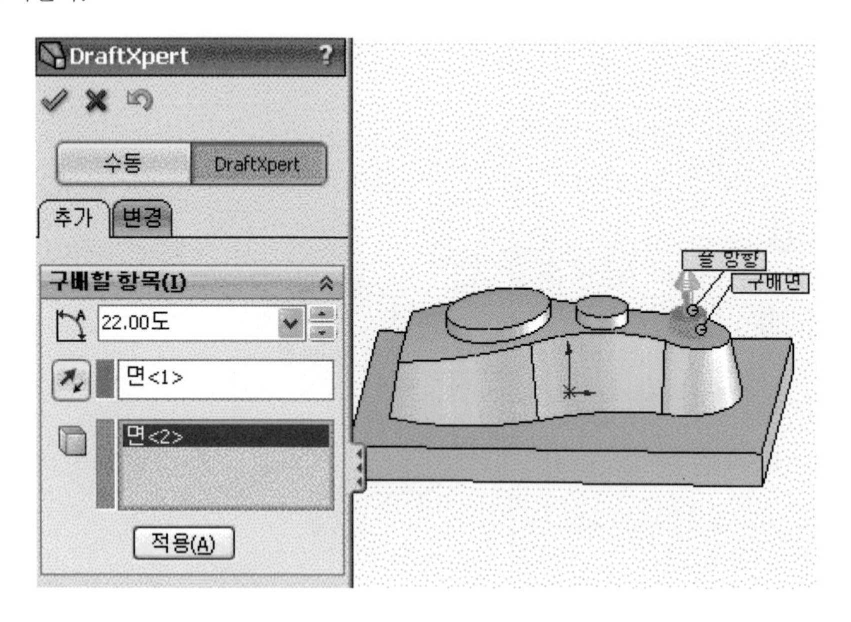

12 윗면을 선택하고 밑면에서 10mm 높이에 기준면을 만든 후 그림과 같이 스케치하여 돌출 컷한다.

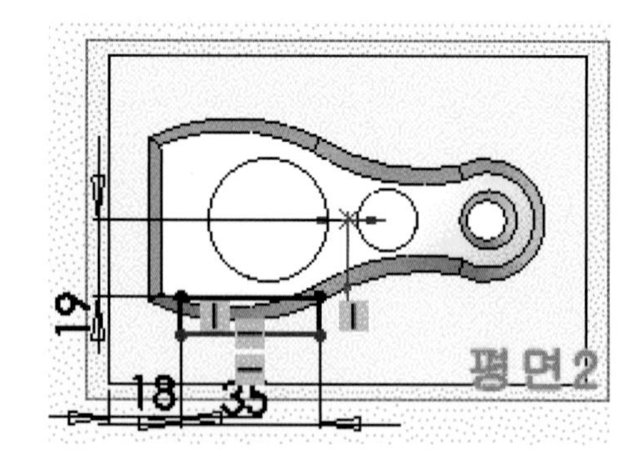

13 복사할 객체를 선택 후 정면을 선택하고 아이콘( )을 선택하여 반대 방향에 복사한다.

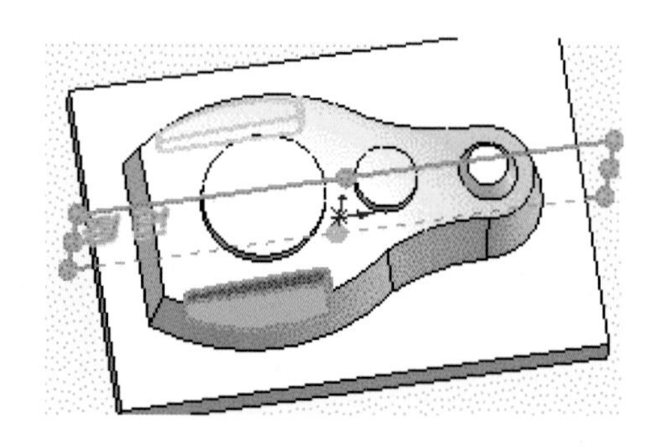

14 정면을 선택하고 그림과 같이 스케치한다.

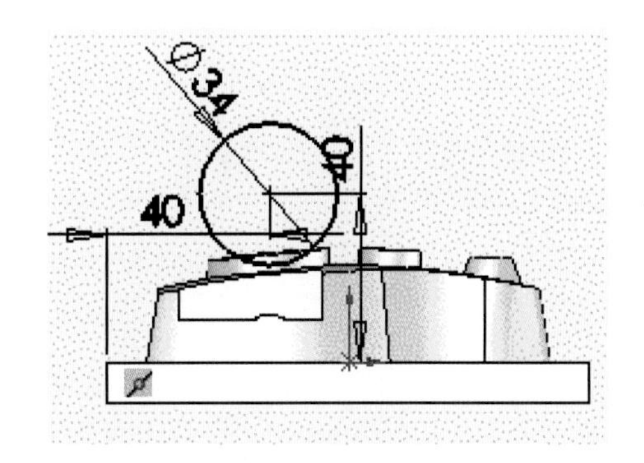

15 메뉴에서 아이콘( )을 선택하고 그림과 같이 회전 컷한다.

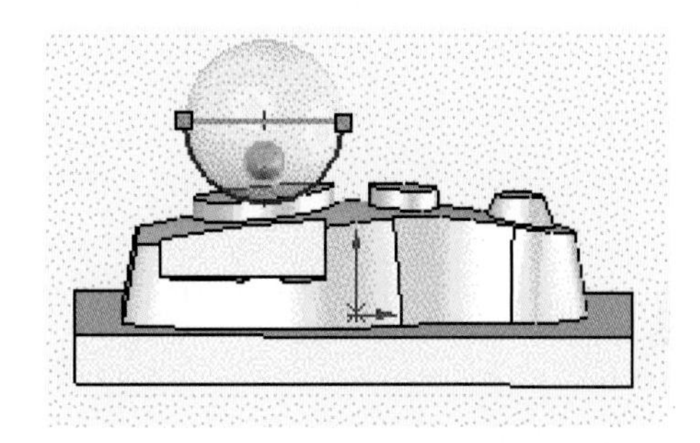

16 그림과 같이 A부분 R5mm, B부분 3mm, 기타 1mm 필렛 작업을 한다.

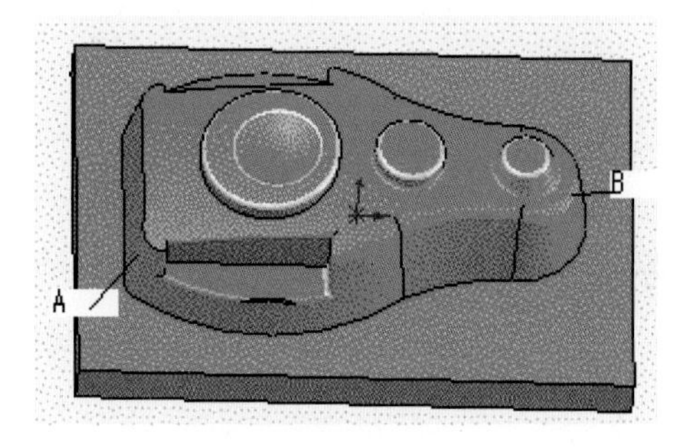

Chapter 7

부품 조립 및 분해하기

이 장에서는 Assembly(조립) 작업 창에서 구현한 부품 형상을 직접 불러들여
조립 및 분해, 시뮬레이션하는 과정을 배운다.

1. 첫 번째 부품(베이스 파일) 불러오기
2. 나머지 부품을 조립 창에 삽입하기
3. 조립품 분해하기
4. 지시선(Explode Line) 작성하기

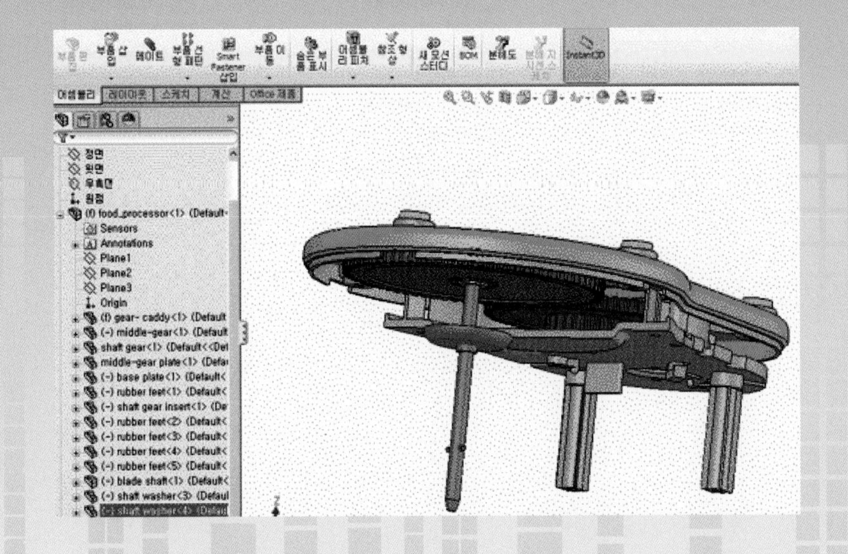

1 첫 번째 부품(베이스 파일) 불러오기

1 표준 도구 모음에서 새 문서를 클릭하거나 메뉴 바에서 파일〉새 문서를 클릭하여 SolidWorks 새 문서 대화상자가 나타나면, 어셈블리를 선택하고 확인 버튼을 클릭한다.

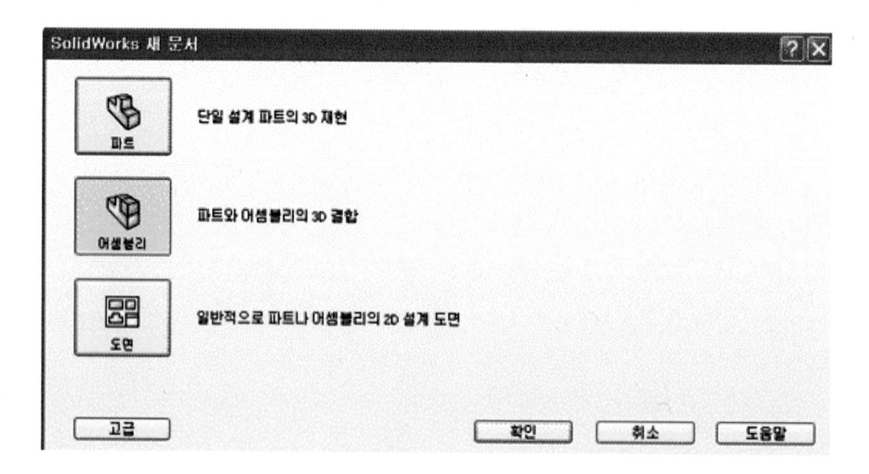

2 어셈블리의 중심이 되는 Base 부품을 불러온다. SolidWorks Corp/SolidWorks/samples/tutorial/assmblyvisualize 폴더로 이동하여 New 아이콘을 클릭하고 부품을 조립하기 위한 작업 창 Assembly(어셈블리)를 클릭한 후 OK를 클릭한다.

3 열기 대화상자에서 base plate를 선택하여, 열기 버튼을 클릭한 후 어셈블리1 창에 불러온다. 마우스 포인터를 어셈블리1 창의 원점에 위치시키고 마우스를 클릭한다. 어셈블리 창과 파트 창의 원점이 일치되는 것을 나타낸다. 형상을 등각 보기로 보기 위해 키보드 Ctrl+7을 누르거나 표준 보기 방향을 클릭한 다음, 등각 보기를 클릭하여 뷰 방향을 등각 보기한다.

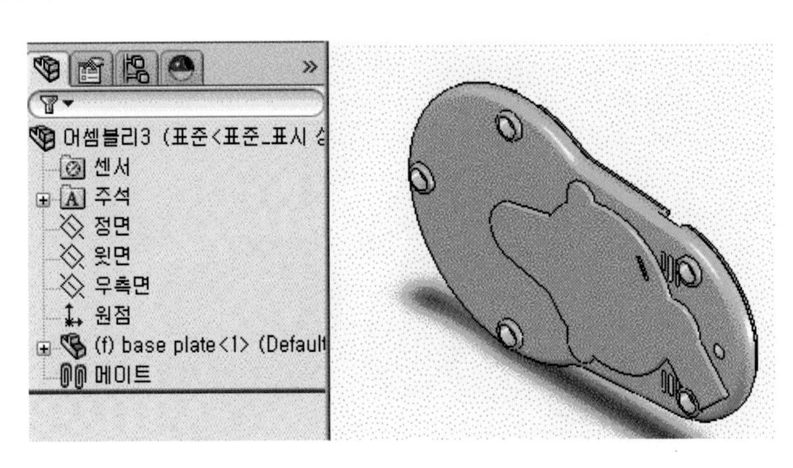

2 나머지 부품을 조립 창에 삽입하기

1 부품을 조립 창에 추가하기 위해 윈도 탐색기로부터 부품을 불러온다. 뷰 도구 모음에서 확대/축소를 클릭하여 화면을 축소시키고 윈도우 탐색기를 시작한다.

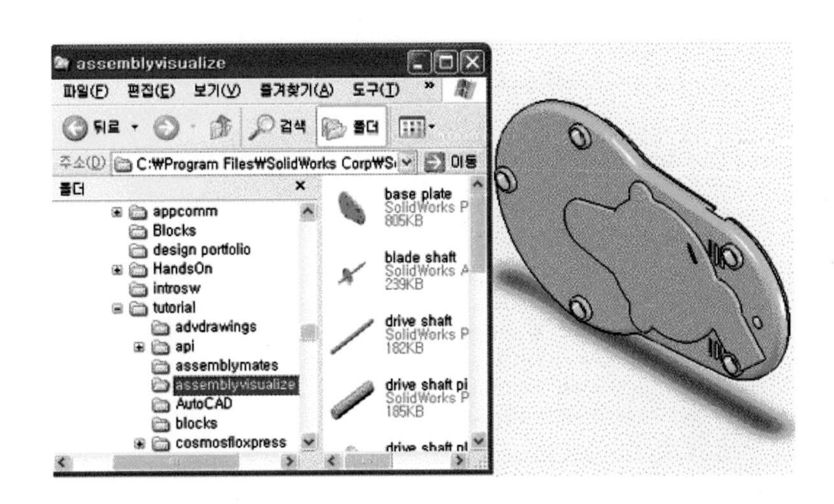

2 Program Files/SolidWorks Corp/SolidWorks/Samples/tutorial/assmblyvisualize 폴더로 이동하여 조립 부품을 윈도 탐색기에서 마우스 왼쪽 버튼으로 조립에 필요한 부품을 조립 창으로 드래그하여 이동시킨다.

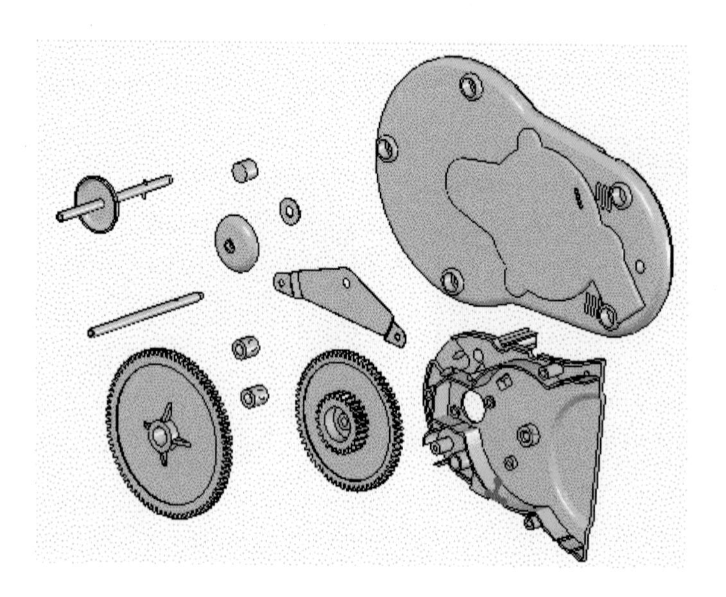

3 FeatureManager 디자인 트리에서 앞에 있는 +부호를 클릭하여 각 부품의 폴더를 펼쳐보고 접어 본다. 구성 부품 이름 앞에(−)표시는 메이트 조건이 아직 정의되지 않아 자유로이 움직일 수 있다. FeatureManager 디자인 트리에서 펼쳐져 있는 여러 개의 폴더를 단 한번에 간소화하려면 FeatureManager 디자인 트리 맨 위에 있는 어셈블리1을 마우스 오른쪽 버튼으로 클릭 한 다음, 항목 수축을 클릭한다.

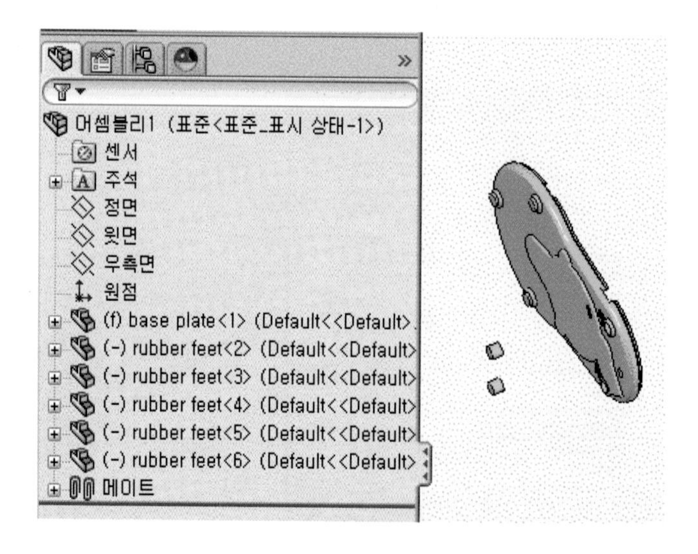

4 FeatureManager 디자인 트리에 있는 구성 부품을 바탕화면 임의의 면을 선택한 후 부품 이동( ), 부품 회전( )하여 왼쪽 버튼을 누른 채로 구성 부품을 위치시키고 조정한다.

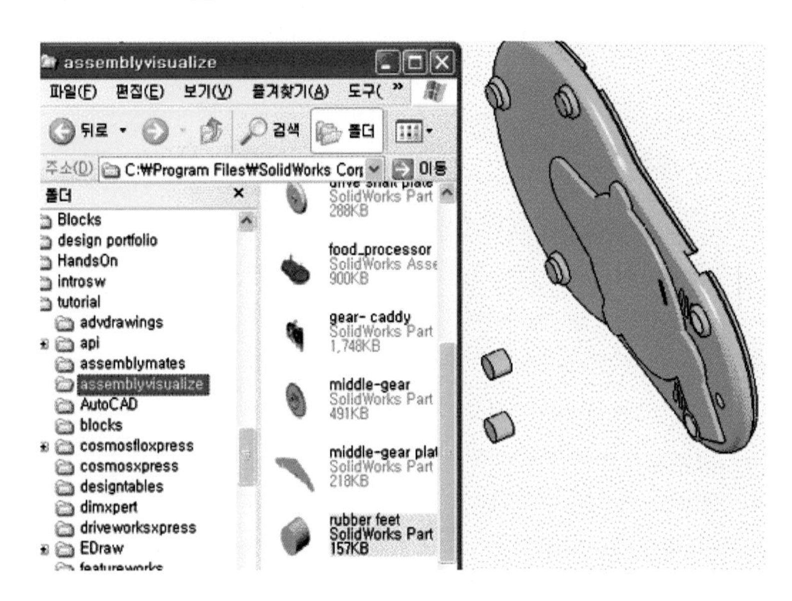

5 rubber feet를 base plate에 조립하기 위하여 그림과 같이 왼쪽에 이동시킨 후 보스피처의 원통면과 base plate에서 위쪽 구멍의 원통 안쪽면을 선택하여 동심원으로 한다. 확인 버튼 클릭한다.

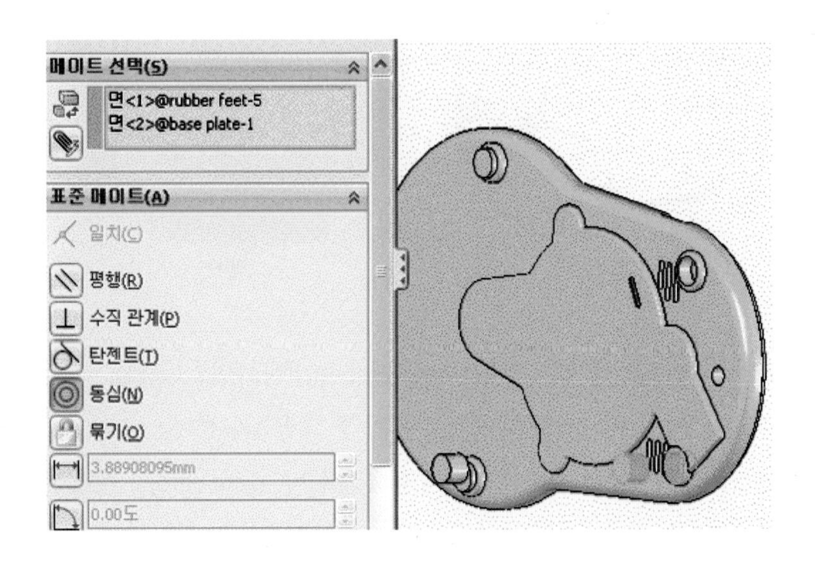

6 어셈블리 도구 모음에서 메이트를 클릭한 후 rubber feet의 윗면과 base plate의 평면을 클릭 후 표준 메이트가 화면에 나타나면, 일치가 선택되어 있는 것을 확인하고 메이트 추가/마침을 클릭한다. 나머지 rubber feet를 같은 방법으로 조립한다.

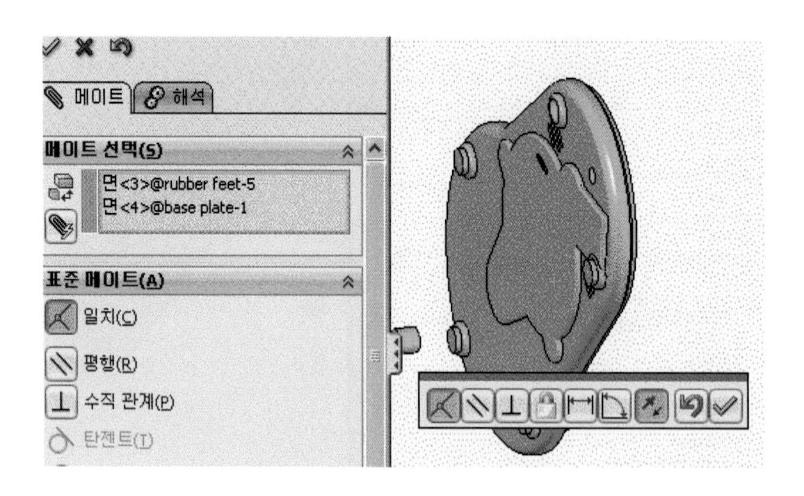

7 shaft gear insert를 base plate에 조립하기 위하여 그림 A와 같이 마우스로 끌어 이동 시킨 후 base plate의 바닥면 구멍 원통면과 shaft gear insert 원통면을 동심으로 메이트 후 그림 B와 같이 base plate의 바닥면과 shaft gear insert의 원통면의 밑면을 선택하여 일치시킨다.

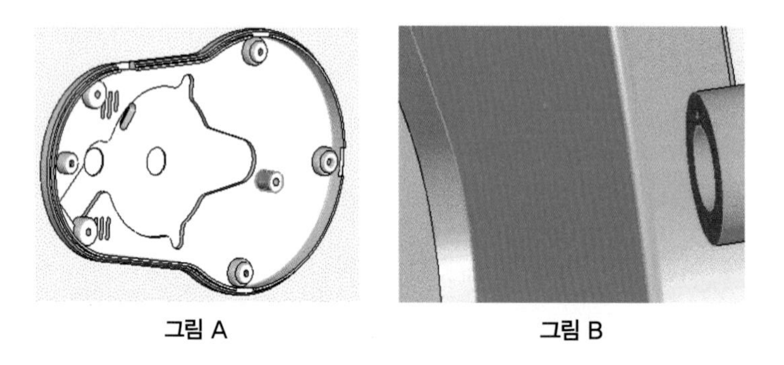

그림 A　　　　그림 B

8 그림과 같이 마우스로 탐색기 창에서 drive shaft를 바탕화면 base plate로 이동 후 조립하기 위하여 회전한다. 보기 메뉴의 메이트 클릭 후 그림 A와 같이 middle gear의 구멍 원통면과 drive shaft의 원통면을 선택하여 동심을 만든다. drive shaft의 계단면과 drive shaft의 축 원통 밑면을 선택하여 그림 B, C와 같이 메이트에서 일치를 시킨다.

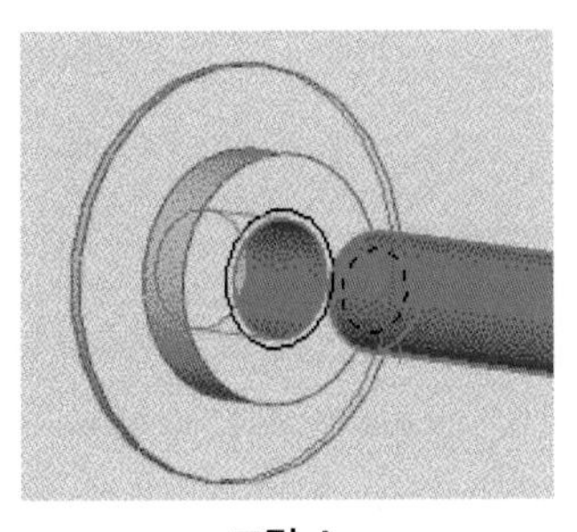

그림 A

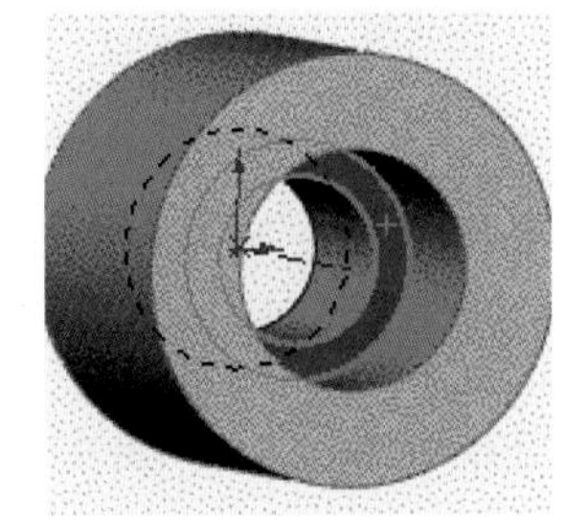

그림 B

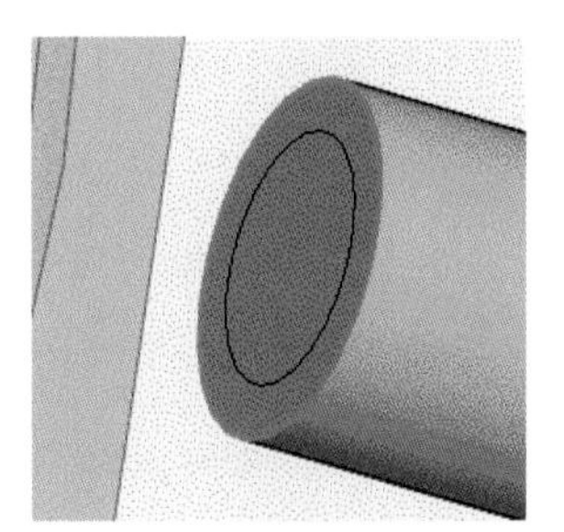

그림 C

9 shaft gear를 shaft gear insert에 조립하기 위하여 그림 A와 같이 마우스로 끌어 이동시킨 후 shaft gear insert의 원통면의 원통면과 shaft gear의 원통면을 선택하여 동심을 확인하고 체크한다. 그림 B와 같이 마우스로 base plate의 바닥면과 shaft gear insert의 원통 밑면의 평면을 선택하여 표준 메이트에서 일치 후 확인 버튼을 클릭한다.

그림 A

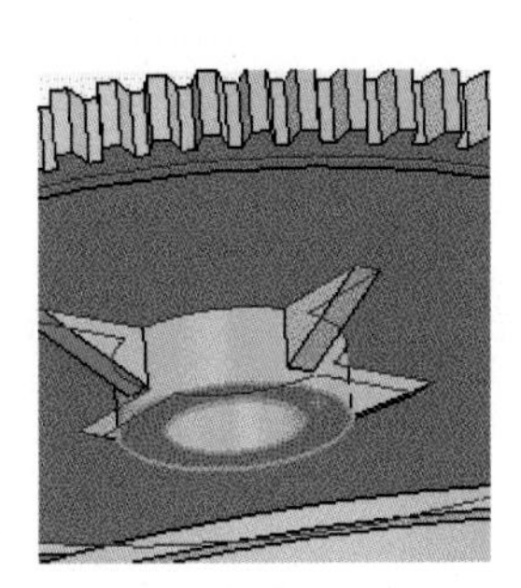

그림 B

10 마우스로 shaft gear를 선택하여 조립 상태를 확인한다.

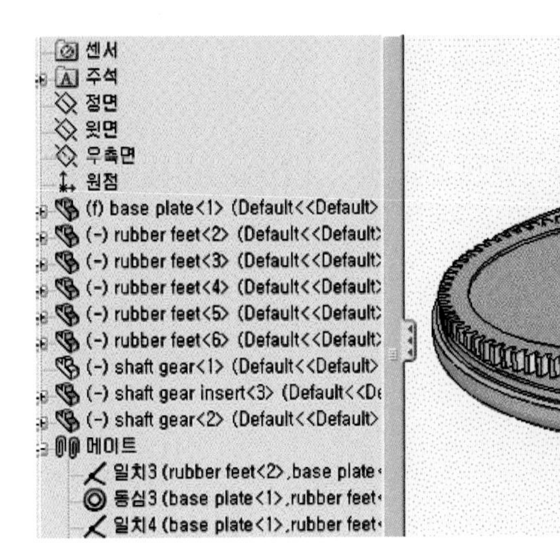

11 그림과 같이 마우스로 탐색기 창에서 middle gear plate를 바탕화면 base plate로 이동 후 조립하기 위하여 회전한다. 보기 메뉴의 메이트 클릭 후 그림 A와 같이 middle gear plate 구멍과 base plate 바닥면의 홀 원주면을 선택하여 동심을 만든다. base plate의 바닥면과 middle gear plate의 밑면을 선택하여 그림 B와 같이 메이트에서 일치시킨다. 그림 C와 같이 middle gear plate의 측면 B와 base plate A를 선택하여 평행으로 메이트 한다.

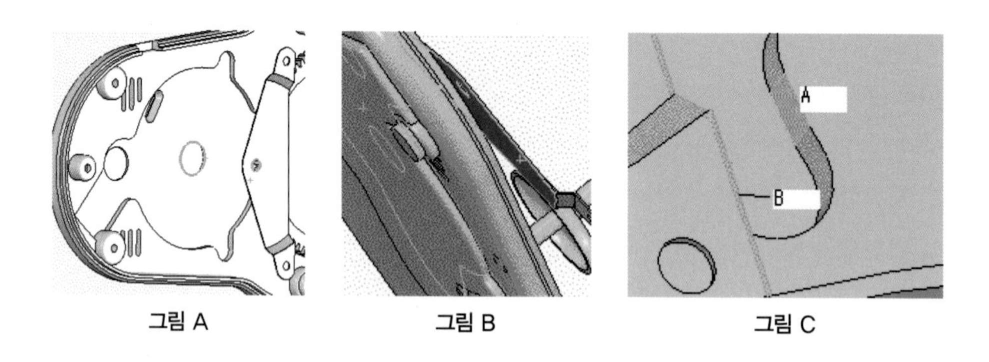

그림 A　　　그림 B　　　그림 C

12 그림과 같이 마우스로 탐색기 창에서 middle gear를 바탕화면 base plate로 이동 후 조립하기 위하여 회전한다. 보기 메뉴의 메이트 클릭 후 그림 A와 같이 middle gear의 구멍 원통면과 middle gear의 원통면을 선택하여 동심을 만든다. middle gear plate의 바닥면과 middle gear 축구멍 밑면을 선택하여 그림 B, C와 같이 메이트에서 일치시킨다.

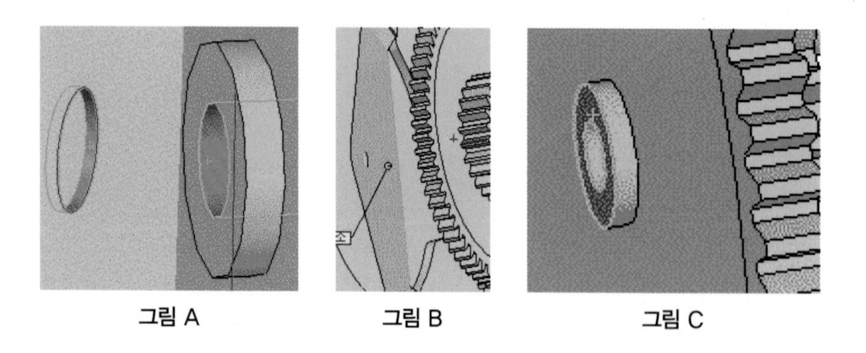

그림 A　　　그림 B　　　그림 C

13 그림과 같이 shaft gear와 middle gear를 조립한 상태에서 blade shaft보다 기어의 구멍이 커야하므로 base plate 본체에 축 구멍보다 0.1mm 정도 크게 스케치한 후 돌출 컷한다.

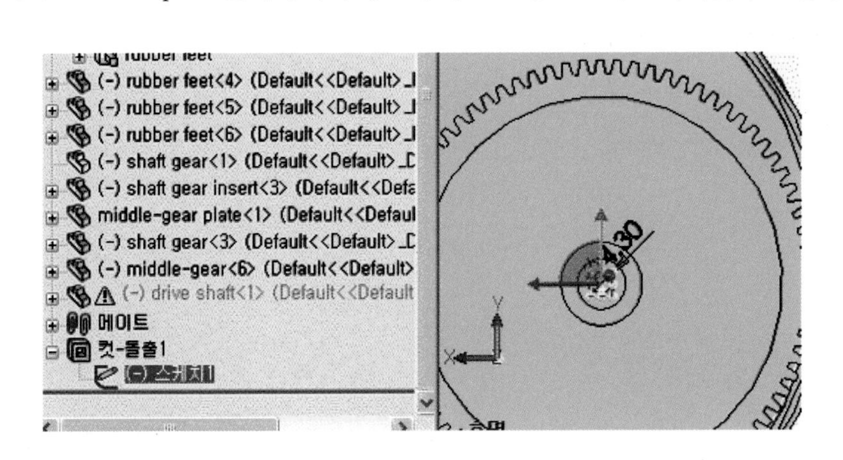

14 그림과 같이 shaft gear와 middle gear의 치면을 선택한 후 표준 메이트에서 평행을 선택하여 확인한다.

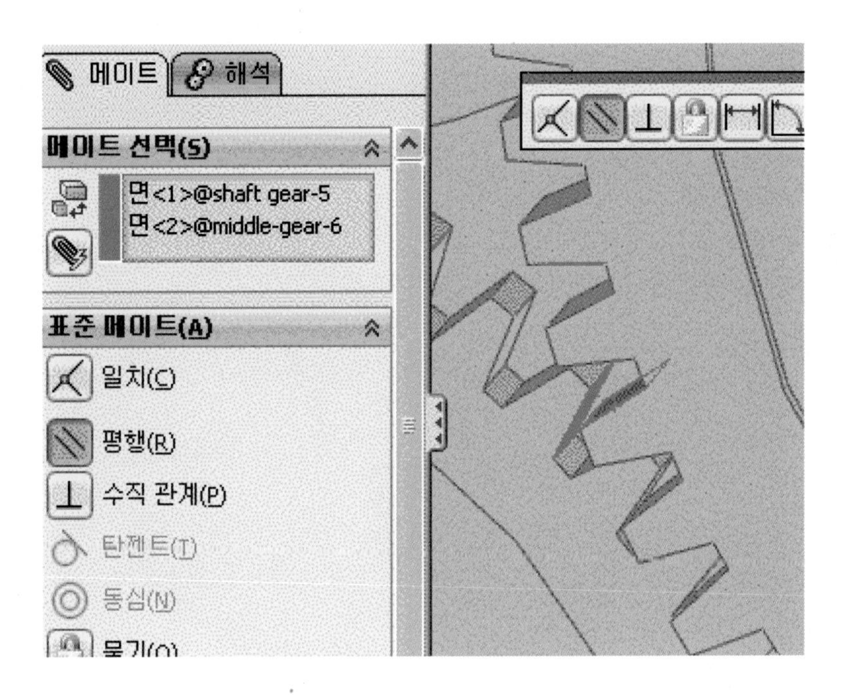

15 그림과 같이 마우스로 탐색기 창에서 drive shaft plate를 바탕화면 base plate로 이동 후 조립하기 위하여 회전한다. 보기 메뉴의 메이트 클릭 후 그림 A와 같이 drive shaft plate의 구멍 원통면과 drive shaft의 원통면을 선택하여 동심을 만든 후 체크를 클릭한다. 그림 B의 shaft gear의 원통 밑면과 그림 C와 같이 drive shaft plate의 원통 밑면을 선택하여 메이트에서 일치를 시킨다.

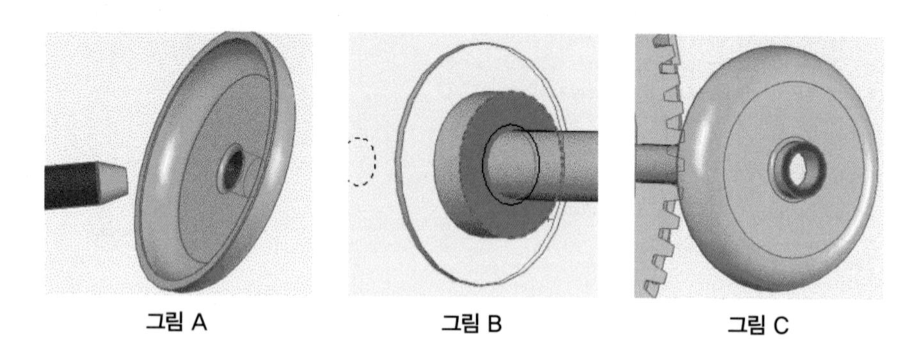

그림 A　　　그림 B　　　그림 C

16 그림과 같이 표준 메이트의 거리 아이콘(↔)을 클릭하여 drive shaft plate의 위치 거리값 30mm을 입력한 후 확인 버튼을 클릭한다.

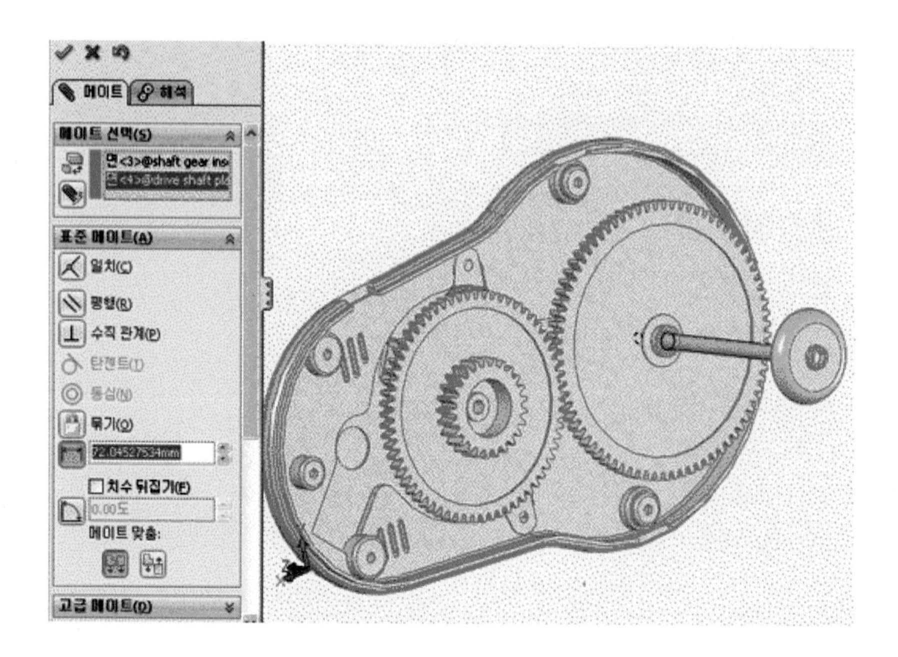

17 그림과 같이 마우스로 탐색기 창에서 drive shaft pin을 바탕화면 drive shaft 위치로 이동 후 조립하기 위하여 회전한다. 보기 메뉴의 메이트 클릭 후 그림 A와 같이 drive shaft 구멍 원통면과 drive shaft pin의 원통면을 선택하여 동심을 만든다. base plate의 뒷면의 바닥면과 drive shaft의 축 원통 밑면을 선택하여 그림 B, C와 같이 메이트에서 일치시킨다.

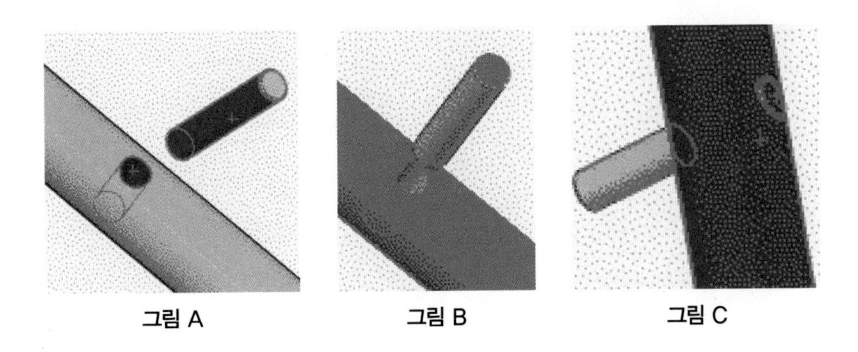

그림 A　　그림 B　　그림 C

18 그림과 같이 마우스로 탐색기 창에서 gear_caddy를 바탕화면 base plate로 이동 후 조립하기 위하여 회전한다. 보기 메뉴의 메이트 클릭 후 그림 1, 2와 같이 base plate의 구멍 원통면과 gear_caddy의 원통면을 선택하여 동심을 만든 후 체크를 클릭한다. 그림 B의 shaft gear의 원통 밑면과 그림 C와 같이 drive shaft plate의 원통 밑면을 선택하여 메이트에서 일치시킨다.

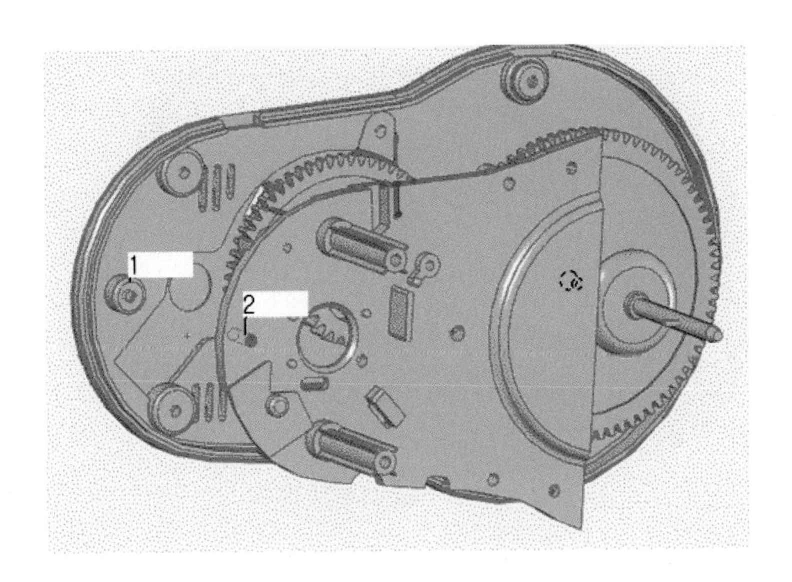

19 그림 3, 4와 같이 base plate의 구멍 원통면 평면 gear_caddy의 원통면 평면을 선택하여 일치를 확인 후 체크를 클릭한다.

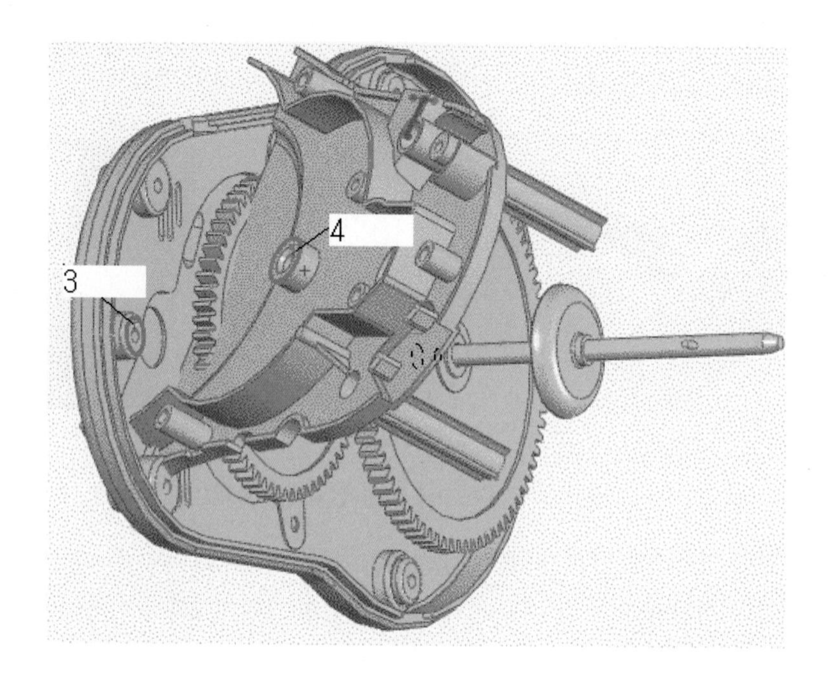

20 그림은 조립 완성도이다.

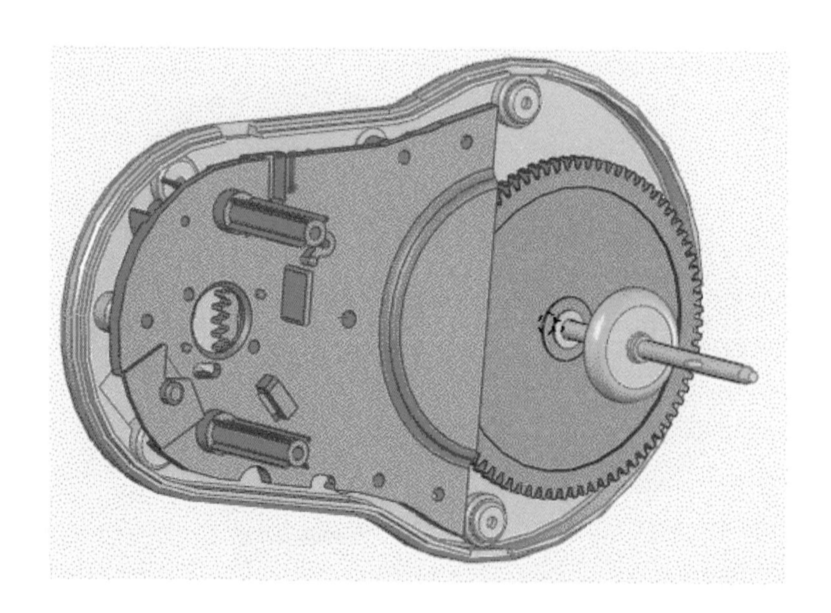

3 조립품 분해하기

1. 도구 모음에서 분해도 아이콘( )을 클릭하거나 메뉴 바에서 삽입-분해도를 클릭한다. 분해 창이 나타나면 gear_caddy 부품을 선택하고 그래픽 화면에서 Y축의 연두색 화살표를 윗방향으로 끌어 적당히 위치시키고 분해 거리를 입력한다. 적용 버튼을 누른 후 완료 버튼을 클릭하여 분해 단계를 준비한다.

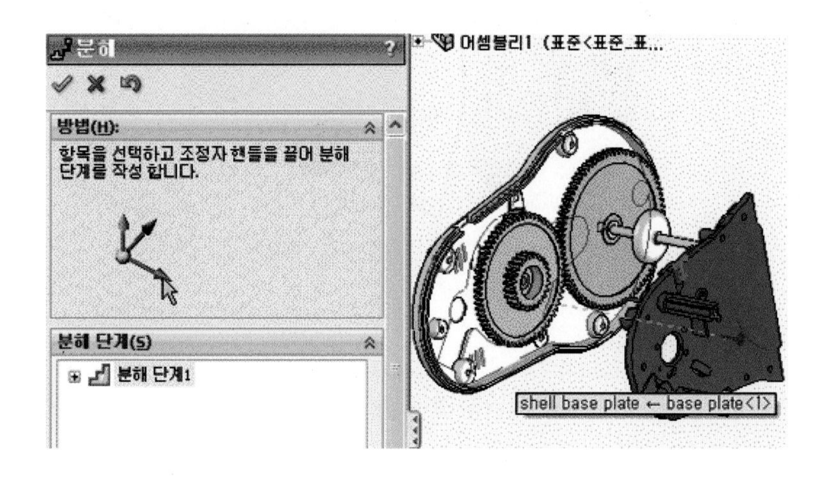

참고 어셈블리를 자동으로 또는 분해 단계를 이용하여 분해도를 작성할 수 있다. 어셈블리 뷰를 전개하면 각 부품을 개별적으로 볼 수 있다. 어셈블리를 분해한 상태에서는 메이트를 추가할 수 없다.

2. 어셈블리1 앞에 있는 +를 클릭하여 어셈블리1 폴더를 확장시킨 후 drive shaft pin을 선택하고 그래픽 화면에서 Y축의 연두색 화살표가 나타나면 원하는 방향으로 끌어 적당히 위치시킨다. 분해 거리를 입력 후 적용 버튼을 누르고 완료 버튼을 클릭한다.

3 확장된 폴더에서 drive shaft plate를 선택하여 원하는 축으로 이동시킨 후 적용, 완료 버튼을 클릭한다.

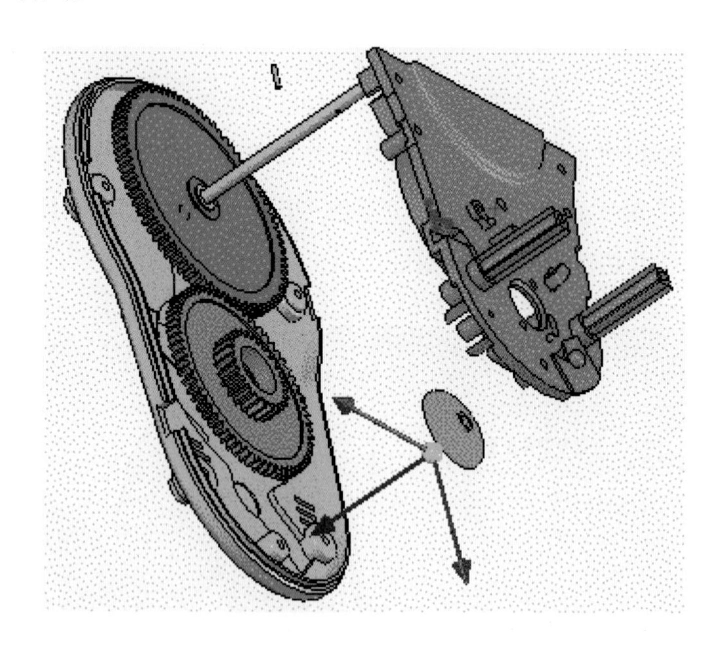

4 확장된 폴더에서 drive shaft를 클릭하여 분해 단계 부품으로 선택하고 원하는 축으로 이동시킨 후 적용, 완료 버튼을 클릭한다.

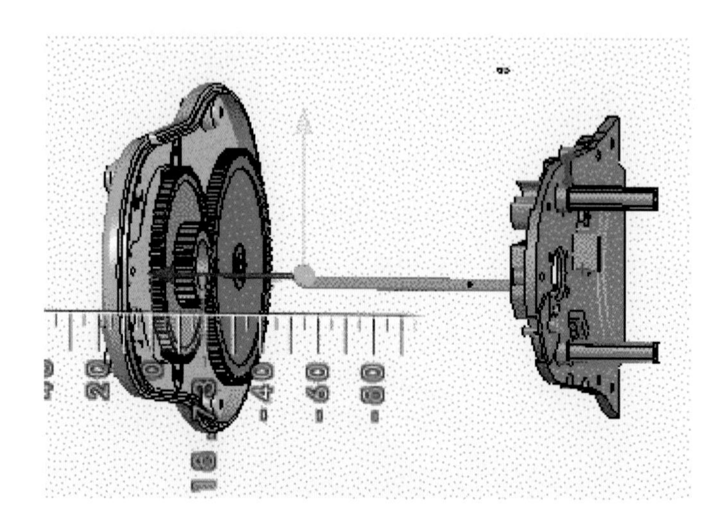

5 확장된 폴더에서 shaft gear를 클릭하여 분해 단계 부품으로 선택하고 원하는 축으로 이동시킨 후 적용, 완료 버튼을 클릭한다.

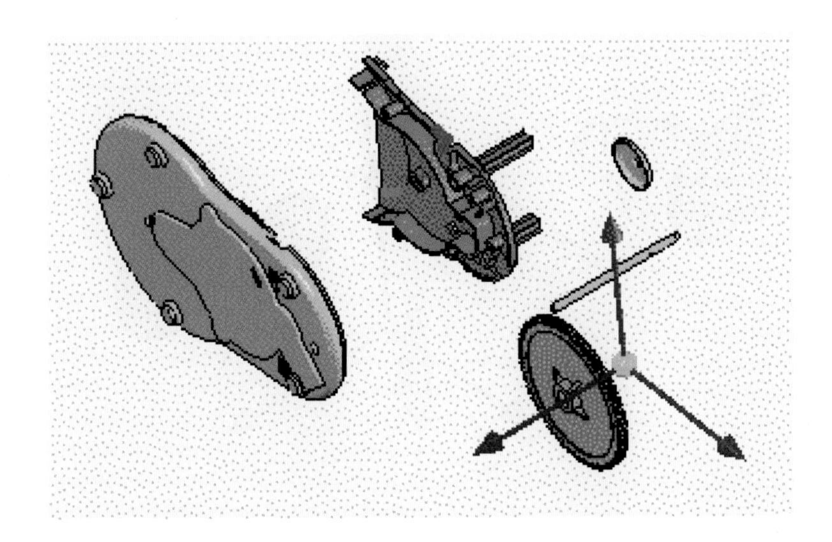

6 확장된 폴더에서 middle gear를 클릭하여 분해 단계 부품으로 선택하고 원하는 축으로 이동시킨 후 적용, 완료 버튼을 클릭한다.

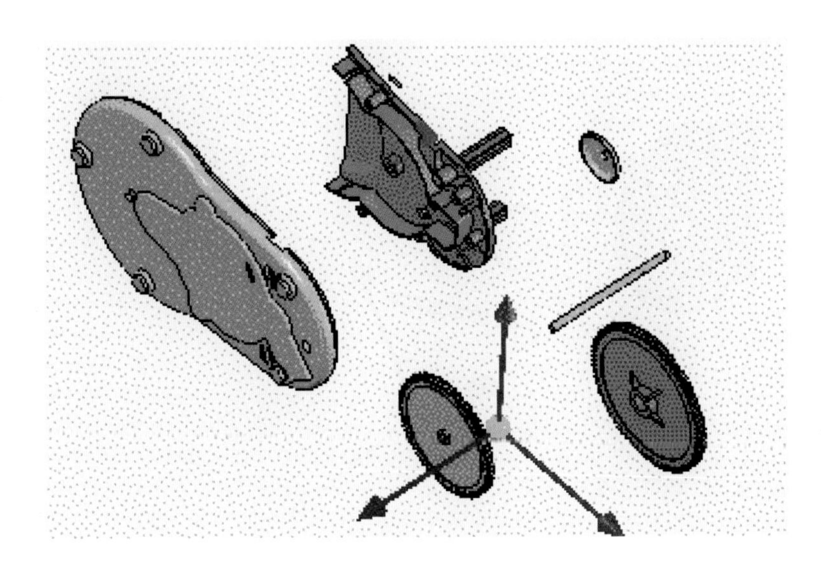

7 middle-gear plate를 클릭하여 분해 단계 부품으로 선택하고 원하는 축으로 이동시킨 후 적용, 완료 버튼을 클릭한다.

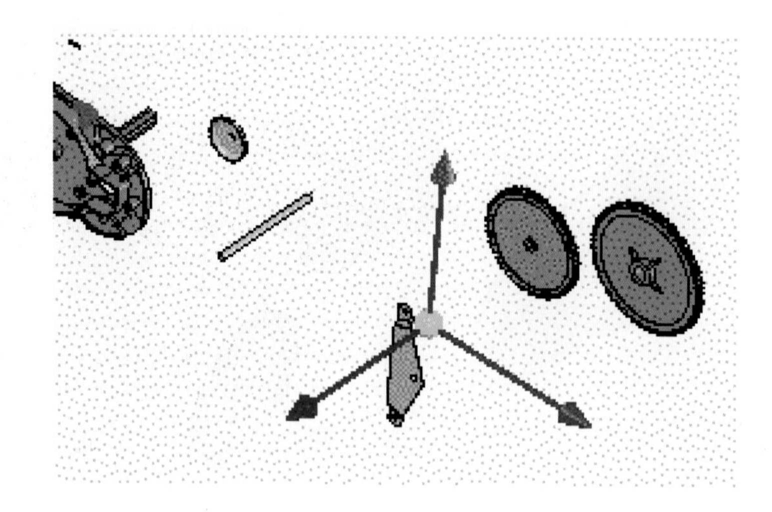

참고 1) 분해 단계 순서를 바꾸려면 분해 단계를 드래그하여 원하는 위치로 놓는다.
2) 분해 단계의 삭제, 편집은 마우스 우측 버튼 팝업 메뉴에서 삭제 및 편집을 할 수 있다.

8 그림과 같이 rubber feet를 클릭하여 원하는 축으로 이동시킨 후 적용, 완료 버튼을 클릭한다.

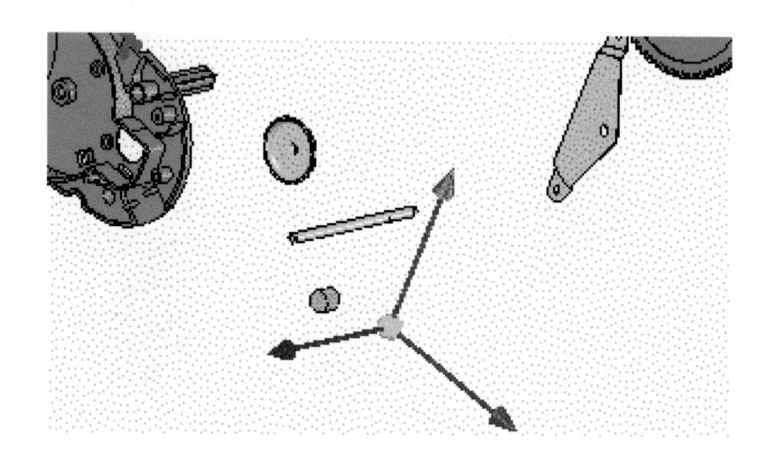

4 지시선(Explode Line) 작성하기

1 어셈블리 부품들의 조립 경로를 분해 지시선으로 나타내기 위한 지시선을 작성하기 위해 Assembly 도구 모음에서 Explode Line Sketch(분해 지시선 스케치) 아이콘( )을 클릭한다.

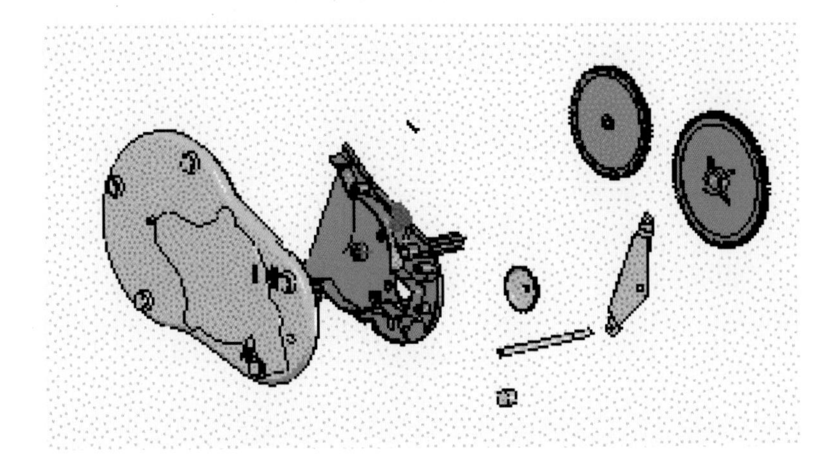

2 분해도에서 연결한 부품을 순서대로 선택하여 선명령어를 이용하여 스케치 후 확인 버튼을 클릭한다.

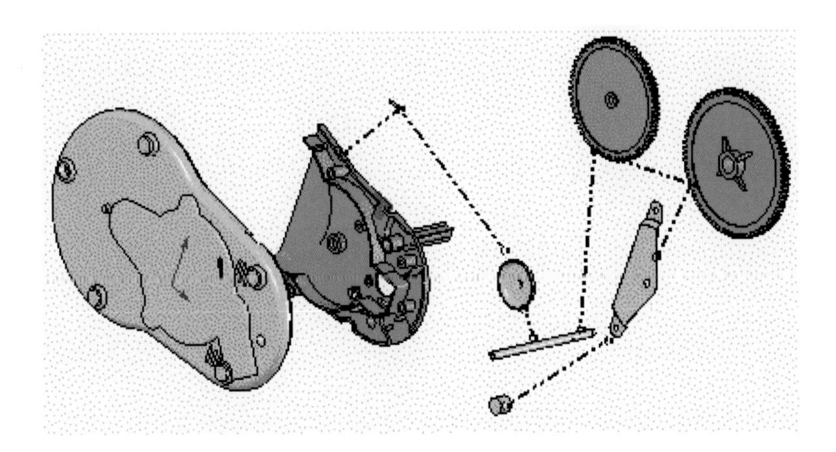

Chapter 8

SolidWorks Simulation을 이용하여 해석하기

이 장에서는 각종 해석 방법을 구하기 위한 기본 지식을 Simulation를 통하여 익히도록 한다.

1. Simulation 사용하기
2. Simulation을 이용한 응용 해석

1 Simulation 사용하기

1 스케치 후 메뉴의 계산을 클릭한다.

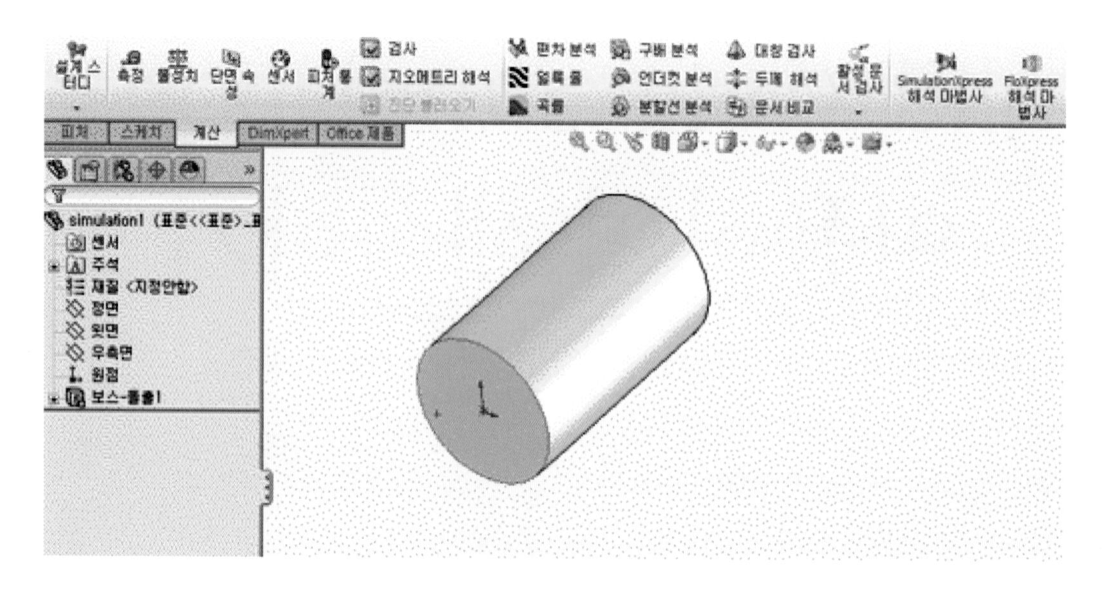

2 해석 마법사의 옵션(➡)을 선택 후 단위계를 설정하고 결과 위치를 선택 후 확인을 클릭하여 다음을 선택한다.

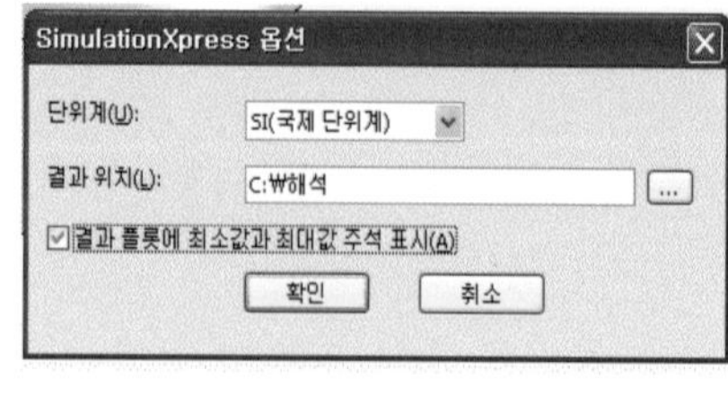

3 구속 부가를 선택한다.

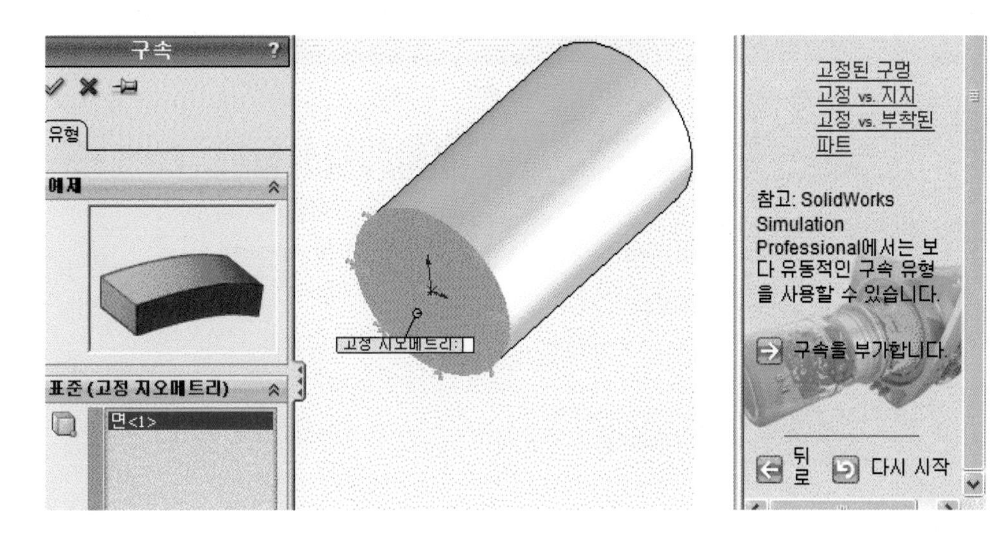

4 구속 유형을 고정으로 한 후 환봉의 한쪽면을 선택한 다음 방향을 반대로 선택한다. 확인 버튼 클릭 후 다음을 선택한다.

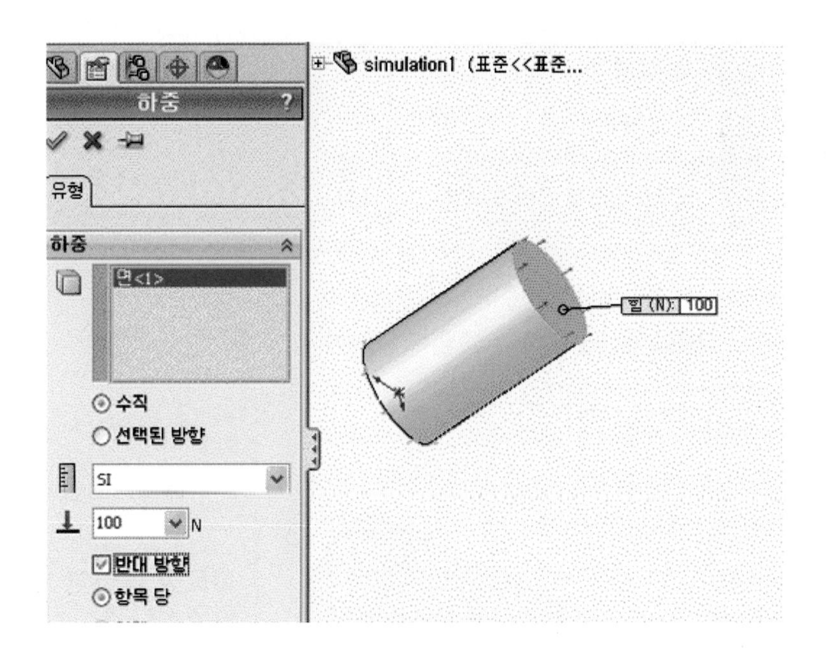

5 재질을 선택하여 적용을 클릭 후 다음을 클릭한다.

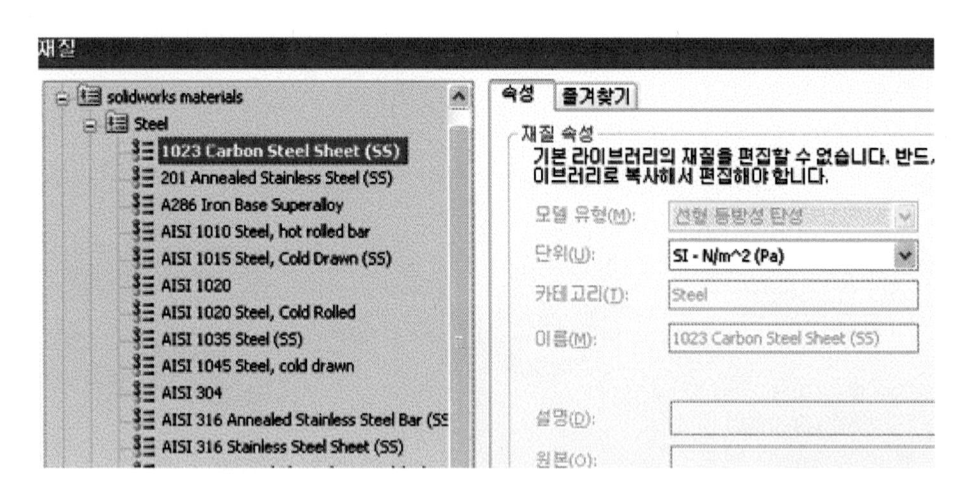

6 우측 메뉴에서 설정 변경을 선택하여 편집하거나 편집 사항이 없으면 시뮬레이션을 선택한다.

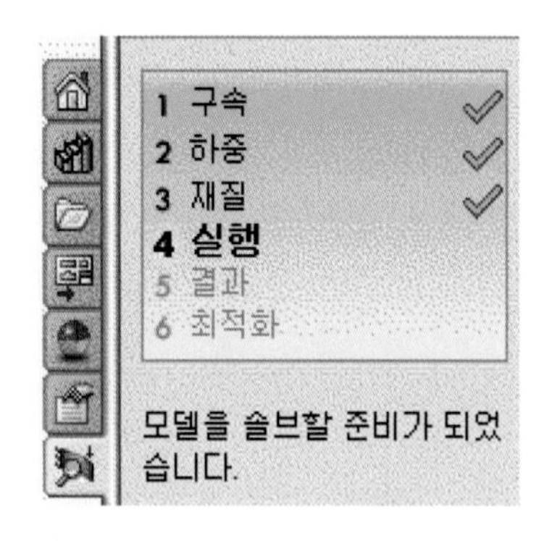

7 그림과 같이 시뮬레이션을 통하여 설정 조건을 검색 후 계속을 선택한다.

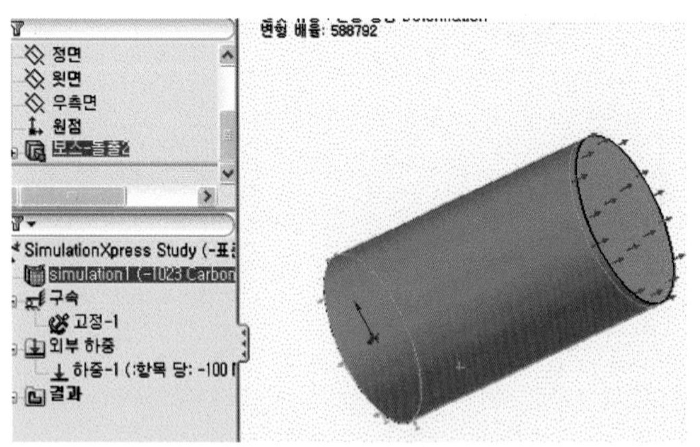

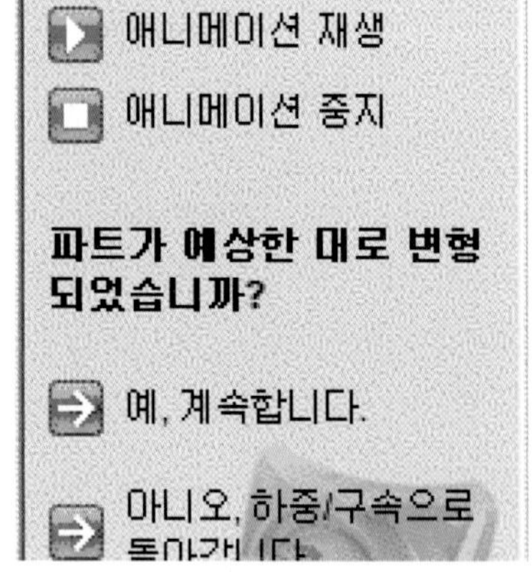

■ 하중

하중 탭에서 힘과 압력 하중을 모델의 면에 적용한다.

가. 힘

여러 힘을 하나의 면이나 여러 개의 면에 적용할 수 있다.

● 힘 하중을 적용하는 방법

1) 다음을 클릭하여 계속한다.

2) 하중을 선택하고 다음을 클릭한다.

3) 힘에 대한 이름을 입력하거나 디폴트 이름을 그대로 사용한다.

4) 그래픽 영역에서 원하는 면을 클릭하고 다음을 클릭한다.

5) 다음 선택 항목이 있다. 각 선택면에 수직-각 선택 면에 수직 방향으로 힘을 적용한다. 또는 참조 평면에 수직-선택한 참조 평면의 방향으로 힘을 적용한다. 이 옵션을 선택할 경우 FeatureManager 디자인트리에서 참조평면을 선택해야 한다. 먼저 힘 단위를 선택한 다음 힘의 값을 입력한다.

예 지정한 힘의 값이 각 면에 적용된다. 예를 들어, 세 면을 선택하고 50lb 힘을 적용할 경우 총 150lb(각 면에 대해 50lb씩)의 힘이 적용된다.

6) 필요하면 반대 방향을 클릭하여 하중 방향을 변경한다.

7) 다음을 클릭한다.

8) 힘 목록 상자에 지정한 힘이 나열된다. 체크 기호가 하중탭에 나타낸다.

9) 각 해당 단추를 클릭하여 힘을 추가, 편집, 삭제한다.

10) 다음을 클릭한다.

11) 해석 탭이 나타낸다.

나. 압력

여러 압력을 하나의 면이나 여러 개의 면에 부가할 수 있다. 압력 하중은 각 면에 수직으로 부가된다. 압력을 부가하는 방법은 다음을 압력을 선택하고 다음을 클릭한다. 압력에 대한 이름을 입력하거나 디폴트 이름을 그대로 사용한다. 래픽 영역에서 원하는 면을 클릭하고 다음을 클릭한다. 압력 단위를 선택한 다음 압력의 값을 입력한다. 필요하면 반대 방향을 클릭하여 압력 방향을 변경한다.

1) 다음을 클릭한다.
2) 압력 목록 상자에 지정한 압력이 나열된다. 체크 기호가 하중 탭에 나타낸다.
3) 각 해당 단추를 클릭하여 압력을 추가, 편집, 삭제한다. 다음을 클릭한다. 해석 탭이 나타낸다.
4) 하중(압력)을 선택하고 고정면의 반대 방향을 체크한 후 정보를 입력하여 확인 버튼을 클릭한다.
5) 하중 실행

■ 안전계수

COSMOSXpress는 최대 유효응력 기준을 사용하여 안전계수 분포를 계산한다. 이 기준은 유효 응력(von Mises stress)이 재질의 항복 강도에 이르렀을 때 연성 재질이 항복을 시작하는 기준이다. 항복 강도는 재질 속성으로 지정된다. COSMOSXpress는 특정 위치의 안전계수를 계산할 때 항복강도를 해당 위치의 유효응력으로 나눈다.

● 안전계수 값 해석 방법
1) 특정 위치에서 안전계수가 1.0 이하이면, 해당 위치의 재질이 항복되었으며 설계가 안전하지 못함을 나타낸다.
2) 특정 위치에서 안전계수가 1.0이면, 해당 위치의 재질이 막 항복을 시작했음을 나타낸다.
3) 특정 위치에서 안전계수가 1.0 이상이면, 해당 위치의 재질이 항복되지 않았음을 나타낸다.
4) 현재 하중을 결과 안전계수로 곱한 새 하중을 적용할 경우, 특정 위치의 재질이 항복을 시작한다.

8 해석방법 선택

해석 결과를 응력, 변형률 등을 선택 후 안전계수 1을 기준하여 설계의 최적을 구한다.

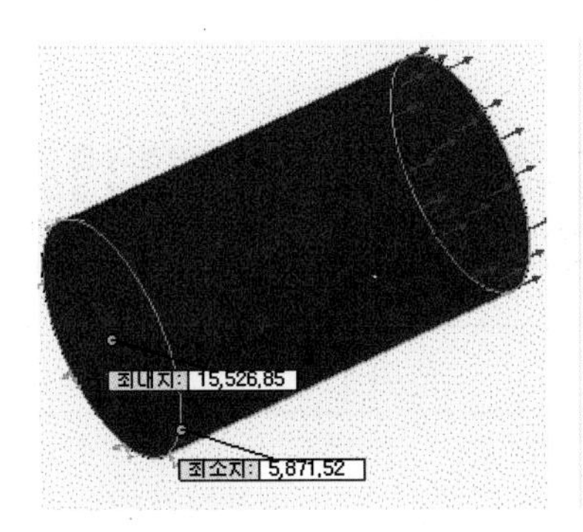

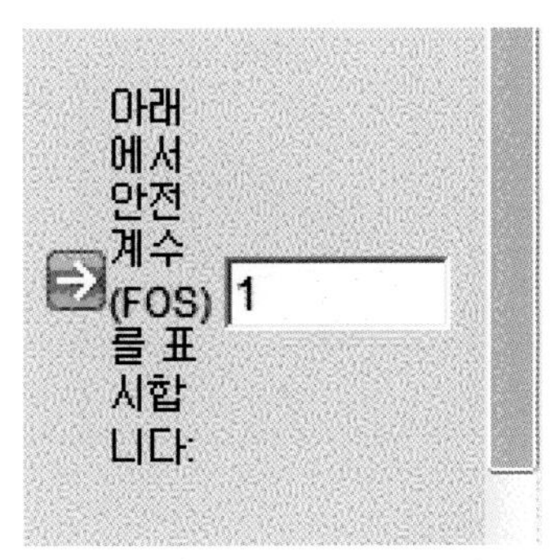

① 모델분포 선택 결과 예 여기서 1.705e-005는 10-5이고 1.000e-030은 10-30이다.

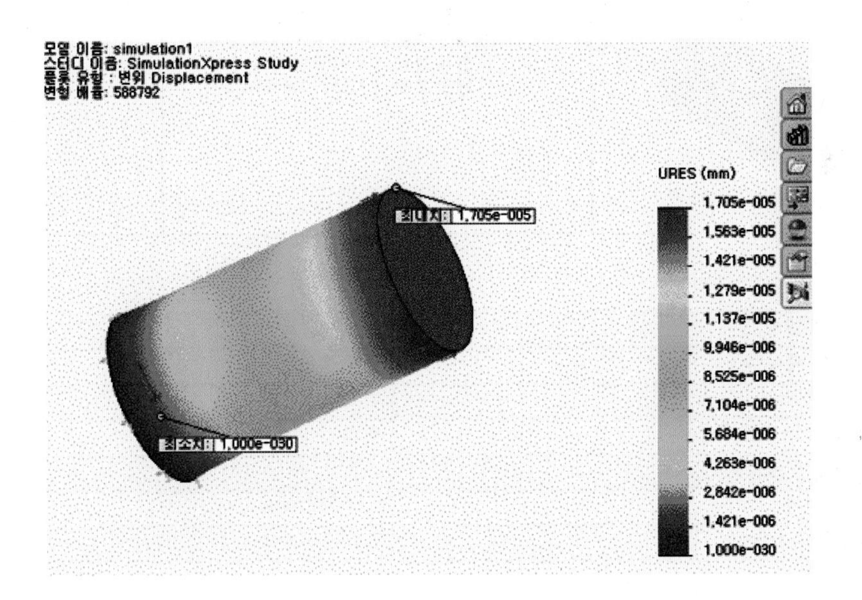

② 보고서 작성 : 아래와 같이 해석 결과 보고서 작성을 출력한다.

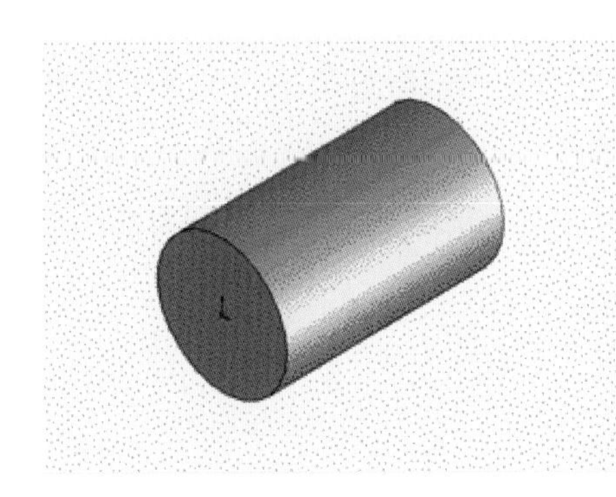

설명
데이터 없음

시뮬레이션:
simulation1

날짜: 2012 년 2 월 26 일 일요일
설계자: Solidworks
스터디 이름: SimulationXpress Study
해석 유형: 정적 해석

Table of Contents

보스-돌출 2 	솔리드 바디	질량:4.89822 lb 볼륨:17.2541 in^3 밀도:0.283888 lb/in^3 중량:4.8949 lbf	D:\HKS2\황교선\수업교재\교재.수업자료\SOL 교재\제출용(2012)\2011 자료\기타도면\simulation1.SLDPRT Feb 26 10:49:20 2012

물성치

모델 참조	속성	부품
	이름: 1023 Carbon Steel Sheet (SS) 모델 유형: 선형 등방성 탄성 기본 파손지표: 최대 von Mises 응력 항복 응력: 2.82685e+008 N/m^2 인장 응력: 4.25e+008 N/m^2	솔리드바디 1(보스-돌출 2)(simulation1)

메시 정보

메시 유형	개체 메시
사용된 메셔:	표준 메시
자동 전이:	해제
메시 자동 루프 사용:	해제
야코비안 포인트	4 점
요소 크기	6.56522 mm
허용공차	0.328261 mm
메시 품질	고

(9) 해석 결과후 모델 치수 수정을 한다.

우측 메뉴에서 치수를 클릭 후 모델에 표시된 치수를 선택 후 마우스 우측 버튼을 선택하여 좌측의 치수 메뉴에서 최적화의 치수를 수정한다. (이때 SimulationXpress 마법사에서 최적화를 클릭한다. 가장 낮은 질량에서의 모델을 생성하는 치수값이 최적값이다.)

■ 해석의 부가 기능

(1) 일반

1) 어셈블리 해석 : 한번에 한 부품만이 아닌, 전체 어셈블리를 해석할 수 있으며 부품별로 다른 재질을 지정할 수 있다.

2) 접촉 상태의 응력 해석 : COSMOSWorks는 응력 해석의 일부로 접촉하는 부품을 해석하는 옵션을 제공한다. 인접하는 면에 글로벌 접촉이나 로컬 접촉을 지정하거나 사이의 틈을 만들 수 있다. 이러한 접촉 해석 옵션으로 마찰 및 대량 변위 옵션이 있다.

3) 판금 파트 및 얇은 파트의 쉘 모델링 : 판금 파트와 얇은 파트의 해석에는 COSMOSXpress를 사용하는 것이 무의미하다. 파트의 두께가 얇아질수록 파트를 모델링할 때 필요한 엘리먼트 수가 증가하여 COSMOSXpress가 문제 해결에 실패할 수 있다. COSMOSWorks는 이와 같은 얇은 파트의 메시작업에 적은 쉘 엘리먼트를 사용하고 많은 수의 4면 엘리먼트를 사용하지 않는다. 얇은 파트, 쉘 엘리먼트는 이러한 파트를 모델링할 때 매우 적합하다. 두께가 얇아져도 그 효율성은 저하되지 않는다.

(2) 재질

1) 비선형 해석을 사용하여 여러 재질 동작을 시뮬레이션한다. 예 고무, 흙, 거품 등

2) 고유의 재질 라이브러리를 작성하거나 COSMOS 재질 라이브러리에 새 재질을 추가

한다.

3) 시간 의존성 재질 속성을 지정 한다.

4) 직교 이방성 과 이방성 재질, 등방성 재질을 지정한다.

(3) 하중

1) 비균 분포로 하중을 적용한다.

2) 중력 하중을 적용한다.

3) 원심력 하중(예: 기계류 회전)을 적용한다.

4) 베어링 힘을 적용한다.

5) 원격 하중을 적용한다. 원격 하중은 가상의 연결체로 파트에 연결된 원격 위치에 적용되는 힘이다.

6) COSMOSMotion과 COSMOSFloWorks에서 직접 하중을 불러온다.

7) 볼트, 탄성 지지대, 바닥에 고정된 볼트, 핀, 부분 용접, 스프링과 타이 커넥터를 정의한다.

8) 파트의 다른 위치에 온도를 적용한다. 온도의 변화로 파트에 응력이 생성된다. 이러한 응력을 열 응력이라고 한다. COSMOSWorks는 열 해석에 의한 온도 프로파일을 자동으로 읽어 열 응력 해석을 수행한다.

9) 나중에 해석 라이브러리 안에 보통 하중을 저장한다.

(4) 구속 조건

1) 모서리선과 꼭짓점에 고정면을 적용한다.

2) 특정 방향의 고정면을 적용한다. 예를 들어, 반경 방향 원통형 곡면의 모션을 고정할 수 있다.

3) 고정 또는 방향에 특정 변위 값을 지정한다.

4) 대칭 조건을 지정한다. 이 옵션을 통해 모델의 일부를 분석하여 대칭을 활용할 수 있다.

5) 평면이나 비평면 면이 슬라이드할 수 있지만 기준 방향에서는 움직일 수 없는 곳에 슬라이딩 조건을 지정한다.

6) 나중에 해석 라이브러리 안에 보통 구속 조건을 저장한다.

(5) 해석

1) 모델의 영역별로 다른 엘리먼트 크기를 지정한다(메시 컨트롤). 이 기능을 통해 모델

의 중요한 위치에는 작은 요소 크기를 지정하여 결과의 정확도를 높일 수 있다.

2) 문제 해결에 적합한 솔버를 선택한다. COSMOSWorks에는 세 개의 다른 솔버가 포함되어 있어 문제 유형 및 크기별로 효율적으로 처리할 수 있다.

3) 구속 조건을 지정하지 않고도 COSMOSMotion에서 하중을 불러올 수 있다.

4) 적응 방법을 사용하여 문제 해결의 정확성을 높일 수 있다.

(6) 시각화

1) 변위, 반력, 접촉력, 변형, 방향별 응력을 플롯하고 리스팅한다. 예를 들어, 응력 플롯 옵션에는 방향별 응력, 주 응력, 전단 응력, 응력 강도 등이 포함된다.

2) 단면 플롯 과 iso 플롯을 작성하여 모델 안에서 결과를 표시한다. 평면, 원통형, 원구형 단면 도구를 사용한다.

3) Design Check Wizard를 사용하여 설계의 안전도를 평가하고 안전계수 분포를 플롯한다. COSMOSWorks는 연성 및 취성 재질별로 네 가지 실패 기준을 제시한다.

4) 경로에 따른 결과 그래프를 작성한다.

5) 열 해석, 고유진동수, 비틀림, 비선형, 낙하/충격 해석, 피로 해석의 결과를 표시한다.

6) 사용자 정의 스터디 보고서를 작성한다. 보고서에 변위, 변형, 응력에 대한 자세한 결과를 포함할 수 있다.

■ 부가기능 유형

(1) 고유진동수 해석(COSMOSWorks 사용)

기반 위치에서 분산된 바디는 고유 진동 또는 공진 진동이라고 하는 특정 진동에서 진동하는 경향이 있다. 각 고유 진동에서 바디는 Mode shape(모드형상)이라는 특정 형상을 취한다. 진동 분석은 고유 진동 및 이와 관련된 모드 형상을 계산한다. 이론상, 바디는 수 없이 많은 모드를 가질 수 있다. FEA(유한요소해석)에 의하면 이론적으로 자유도(DOFs) 만큼 많은 모드가 있다. 대부분의 경우 몇 가지의 모드만 고려 대상이 된다. 바디가 그 고유 진동 중 하나에서 진동하는 동적 하중을 받을 경우 과잉반응이 일어난다. 이러한 현상을 공진(resonance)이라고 한다. 예를 들어, 타이어의 균형을 잃은 차는 특정 속도에서 공진으로 인해 격심하게 흔들리게 된다. 다른 속도에서는 이 흔들림이 진정되거나 사라진다. 고유 진동수 해석은 공진 진동을 계산해서 공진을 방지할 수 있도록 한다. 또한 동적 반응 문제 해결에 필요한 정보를 제공한다.

(2) 좌굴(비틀림)해석 : 비선형 해석(COSMOSWorks 사용)

축(compressive axial) 하중을 가한 가는 막대 모델은 특정 하중 레벨에서 갑자기 옆으로 크게 휠 수 있다. 이러한 현상을 비틀림(buckling)이라고 한다. 어떤 경우에는 과중한 응력으로 인해 재질 작업에 실패하기 전에 비틀림이 발생한다. 비틀림 현상의 전체적으로나 국부적으로 나타날 수 있다. COSMOWorks는 비틀림을 초래하는 최소 하중을 계산하여 비틀림 변형을 계산한다.

(3) 열 전달 해석(COSMOSWorks 사용)

열 트랜스퍼는 온도 변화로 인해 한 부분에서 다른 부분으로 열 에너지가 전이되는 것을 나타낸다.

1) 열 트랜스퍼 모드 분석에는 다음 세 가지 모드가 있다.

① 전도(Conduction) : 전도는 재질의 전반적인 움직임이 없이 재질내 분자 교반에 의한 열 트랜스퍼이다. 전도는 솔리드 열 트랜스퍼의 주 모드이다. 솔리드의 온도가 부분별로 다를 경우 열 분포의 균형을 위해 온도가 높은 부분에서 낮은 부분으로 트랜스퍼 된다.

② 열 전달 : 대류는 유체 이동에 의한 열 트랜스퍼이다. 대류는 솔리드 곡면과 인접 유체 간 열 트랜스퍼의 주 모드이다. 유체 분자는 열 에너지 전달 매체 역할의 합이다.

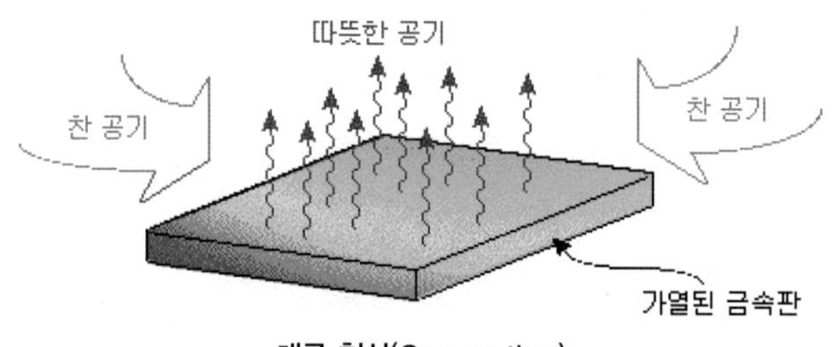

대류 현상(Convection)

③ 복사 : 방사는 전자기파에 의한 열 트랜스퍼이다. 방사는 전도 및 대류와는 달리 전자기파가 진공 상태에서 전파될 수 있으므로 매체가 필요 없다. 방사 효과는 높은 온도에서 더 현저해 진다.

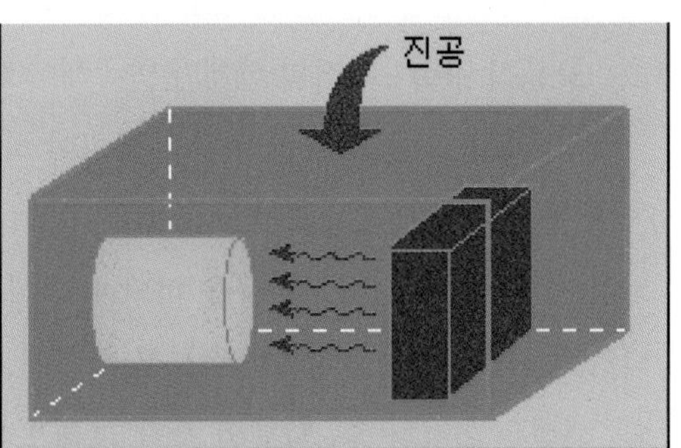

2) 열 트랜스퍼 유형 : 열 트랜스퍼 분석에는 다음 두 가지 유형이 있다.

① 정상 상태 열 전달 해석 : 이 유형의 분석에서는 바디가 열 균형상태에 이르렀을 때 바디의 열 조건에 중점을 둔다. 열 균형 상태에 이르렀을 때의 시간은 중요치 않다.

② Transient 열 전달 해석 : 이 유형의 분석에서는 시간별 바디의 열상태에 중점을 둔다.

3) 열 응력 해석 : 온도 변화로 인해 바디에 상당한 응력이 발생할 수 있다. 열 응력 분석은 열효과로 인한 응력, 변형, 변위를 계산한다.

(4) 최적화 해석

최적 분석은 최적의 설계를 자동으로 검색해 준다.

1) 수동 절차 : 최적의 설계 검색에서 다른 지오메트리 설정, 치수, 재질, 하중, 고정면 등을 다양하게 시도해봐야 한다. 자동화된 최적 분석을 사용하지 않을 경우에는 다양한 조합을 시도하여 수동으로 진행해야 한다. 조합을 변경할 때마다 분석을 다시 시작하고 결과를 점검해야 한다.

2) 자동 절차 : 최적 분석은 특정 설정에 대한 수동 절차를 자동화한다. COSMOSWorks는 신속하게 설계 방향을 잡아 최소한의 실행으로 최적의 솔루션을 찾아내는 기술을 사용하고 있다. 최적 분석에는 다음 입력이 필요하다.

① 목적(Objective) : 원하는 목적을 입력한다. 예: 최소 재질

② Design Variables(설계 변수) 또는 Constraints(지오메트리 구속) : 범위를 변경하고 설정할 수 있는 치수를 선택한다. 예를 들어, 스케치 돌출은 50mm ~ 75mm 범위로, 구멍의 지름은 12mm ~ 25mm 범위가 될 수 있다.

③ 동작 구속 : 최적의 설계가 만족해야 하는 조건을 설정한다. 예를 들어, 응력, 변위, 온도는 특정 값을 초과하지 말아야 하고 고유 진동은 특정한 범위에 있어야 한다.

(5) 낙하/충격 해석(COSMOSWorks 사용)

낙하/충격 해석은 설계 부품을 바닥에 떨어뜨렸을 때의 충격 효과를 평가한다. 중력 및 낙하 높이, 낙하 지점에서의 속도를 지정해준다. 이 프로그램은 동역학적 문제를 진단한다. 해석을 완료한 후, 모델의 응답 그래프와 플롯을 작성할 수 있다. 낙하/충격 해석은 설계 부품을 바닥에 떨어뜨렸을 때의 충격 효과를 평가한다. 중력 및 낙하 높이, 낙하 지점에서의 속도를 지정해준다. 이 프로그램은 동역학적 문제를 진단한다. 해석을 완료한 후, 모델의 응답 그래프와 플롯을 작성할 수 있다.

(6) 피로 해석(COSMOSWorks 사용)

단품이나 구조물이 주기적으로 반복되는 기계적 혹은 열하중을 받는 경우 피로에 의한 파손이 발생할 수 있다. 피로 해석은 이러한 반복적인 하중이 구조물의 전체 수명에 미치는 영향과 가장 심하게 영향을 받는 부위를 계산하여 준다.

(7) 선형 정적 해석 가정

선형 정적 분석은 다음과 같이 가정한다.

1) 선형 가정 : 유도 반응(induced response)은 적용된 하중에 정비례한다. 예를 들어, 하중의 크기를 두배로 하면 모델의 반응(변위, 변형, 응력)도 두 배가 된다. 다음 조건에 만족할 때 선형 가정을 사용할 수 있다. 원점에서 시작하여 직선으로 표시되는 응력-변형 곡선의 선형 범위에 최고 응력이 있을 경우와 계산된 최대 변위가 파트의 특성 치수보다 훨씬 작을 경우가 있다. 예를 들어, 금속판의 최대 변위는 그 두께보다 훨씬 작아야 하며 광선의 최대 변위는 그 단면의 최소 치수보다 훨씬 작아야 할 경우이다. 이 가정에 맞지 않으면, 비선형 해석 방법을 사용해야 한다.

2) 탄성 가정(Elasticity Assumption) : 하중이 없어지면(영구 변형 아님), 파트는 그 원래 모양으로 복원된다. 이 가정에 맞지 않으면, 비선형 해석 방법을 사용해야 한다.

3) 정적 가정(Static Assumption) : 하중이 그 최대 크기에 이를 때까지 천천히, 점진적으로 적용된다. 갑자기 적용된 하중은 초과 변위, 변형, 응력을 초래한다. 이 가정에 맞지 않으면, 동적 해석을 사용해야 한다. 이 가정에 맞지 않으면, 해석 결과가 타당한 것이 아니다.

(8) 기타 해석 유형(다른 COSMOS 제품에서 지원하는 해석)

1) 동적 응답 해석 : 지진 하중과 같이 관성 또는 감쇠 효과를 감안해야 할 때 동적 해석을 사용해야 한다. 동적 여진을 받는 시스템의 선형 동적 해석을 실행할 수 있다.

2) 동적 응답 해석은 고유진동수 해석의 결과를 토대로 실행된다.

3) 유체 유동 해석(COSMOSFloWorks) : COSMOSFloWorks는 유체 유동 해석기능을 제공한다.

4) 모션 시뮬레이션(COSMOSMotion) : COSMOSMotion은 기계 시스템 시뮬레이션용 설계 소프트웨어이다. 이 프로그램은 SolidWorks에 내장되어 있어 엔지니어가 이를 이용해 3D 기계 시스템을 가상 프로토타입으로 모델링할 수 있다. 이 소프트웨어는 제품 생산 시간을 대폭 단축하고 소비적인 설계 반복 변경 작업을 줄여 설계 속도를 높인다. 또한 COSMOSWorks로 자동으로 내보낼 수 있는 모션 하중을 계산한다.

5) 전자장 해석(COSMOSEMS) : COSMOSEMS는 전자의 흐름이나 영구 자석에 의해 발생하는 정적 자장, 정전, 전류, 비정상 전자장능을 해석하는 3D 전계 시뮬레이터이다. COSMOSEMS에는 정전 및 전류 정자기 AC 전자장전이 전자장 모듈이 포함되어 있다.

2 Simulation을 이용한 응용 해석

(1) 응력 해석

1. SimulationXpress 실행 : 메뉴 바의 SimulationXpress를 클릭 후 옵션을 선택하여 단위, 저장 위치를 선택한다.

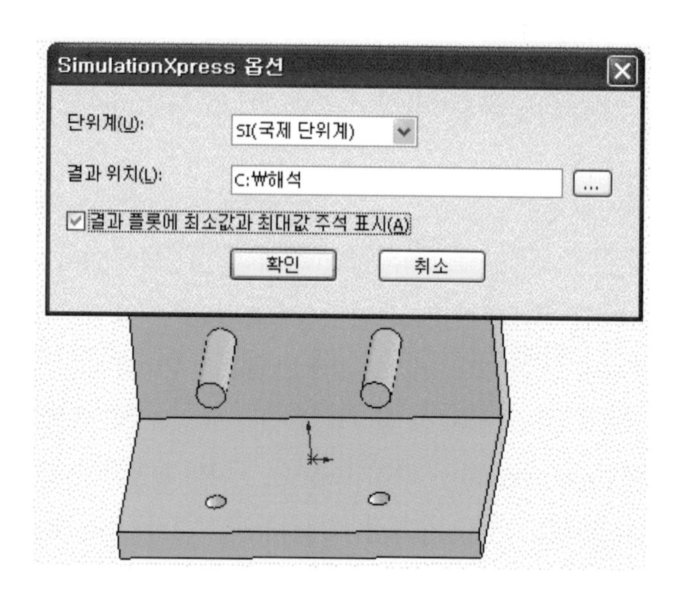

2. 구속 부가를 바닥의 2개 구멍을 선택한 후 다음을 클릭한다.

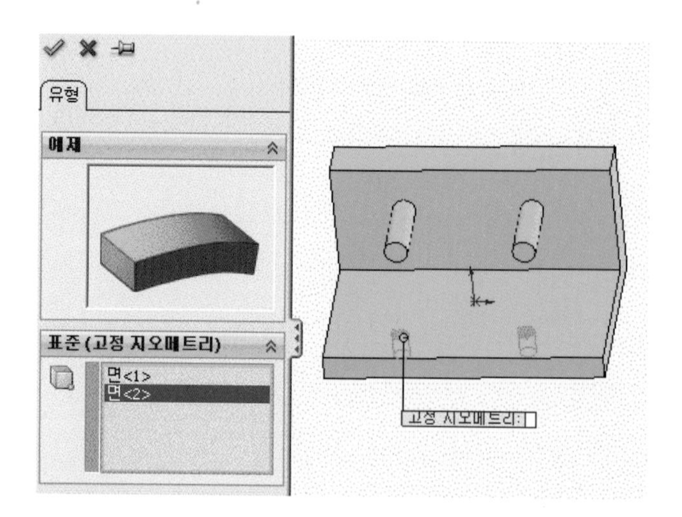

3 구속 유형을 환봉의 끝단을 선택한 다음 방향을 반대로 선택한다.

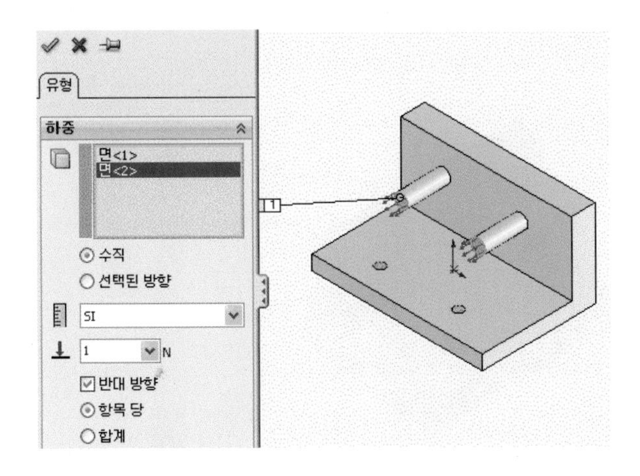

4 재질을 선택하여 적용 클릭 후 다음을 클릭한다.

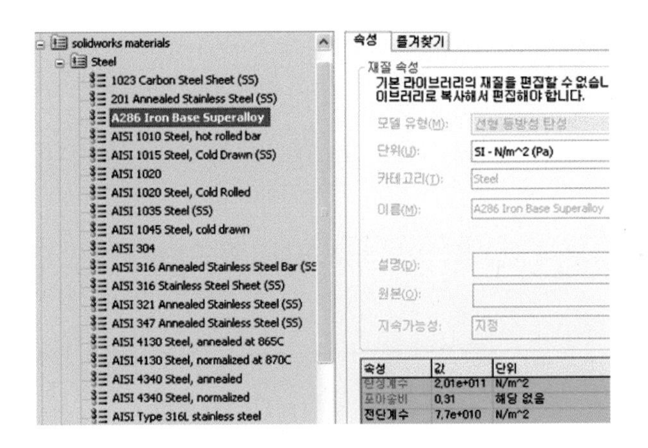

5 그림과 같이 시뮬레이션을 실행한다.

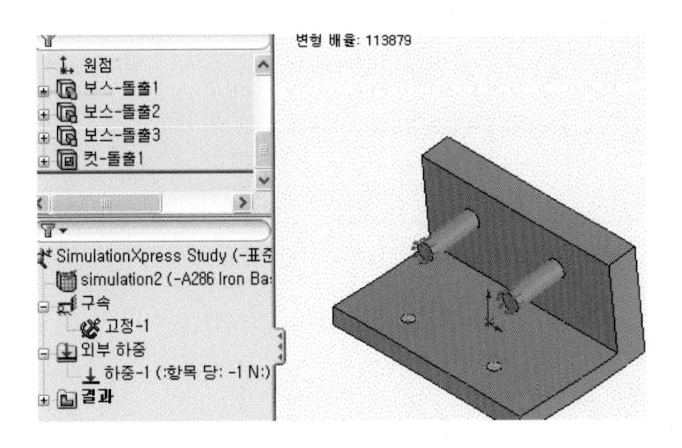

6 그림과 같이 시뮬레이션 결과를 실행한다.

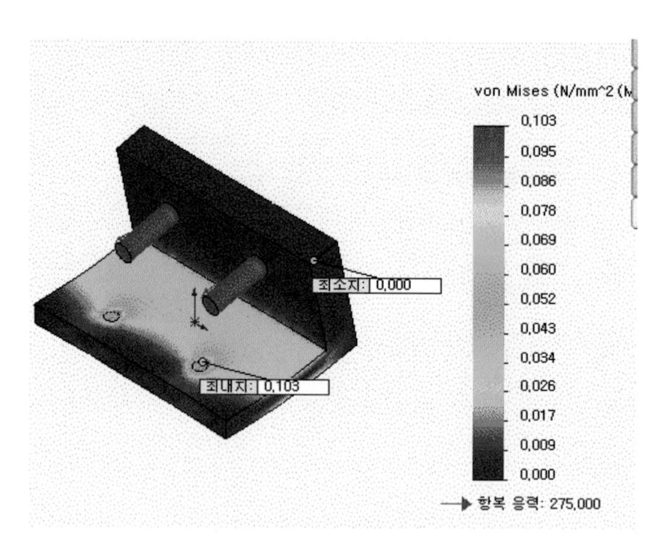

(2) 재질 질감을 위한 해석

Solidworks의 재질 속성을 정의하고 재질을 절감하기 위해 설계 지오메트리를 변경한다.

1) 모델 불러오기 : 저장된 예제를 불러오기하여 단위를 설정한다.

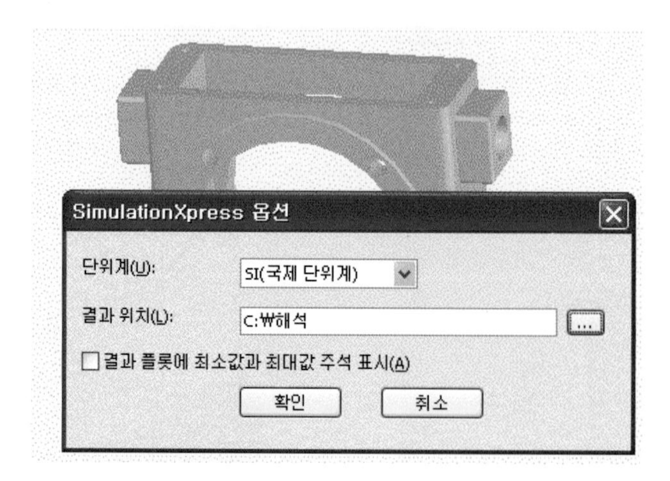

2) 메뉴의 도구에서 옵션을 선택 후 단위를 선택하여 단위 MKS를 클릭한다.

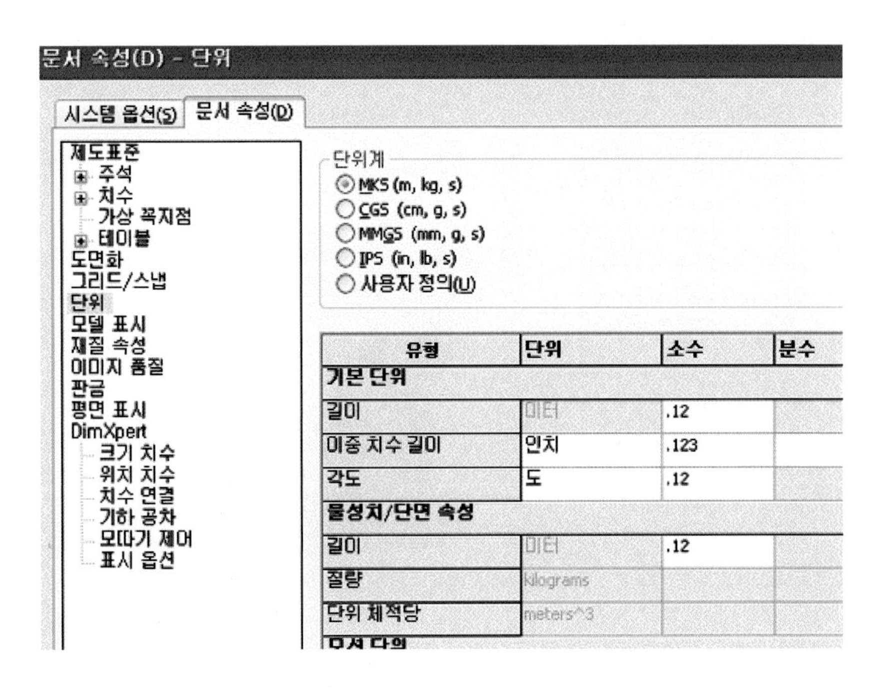

3) 재질 추가하기 : 편집-표시-재질을 클릭하여 변경 재질을 선택한 후 적용한 다음 닫기한다.

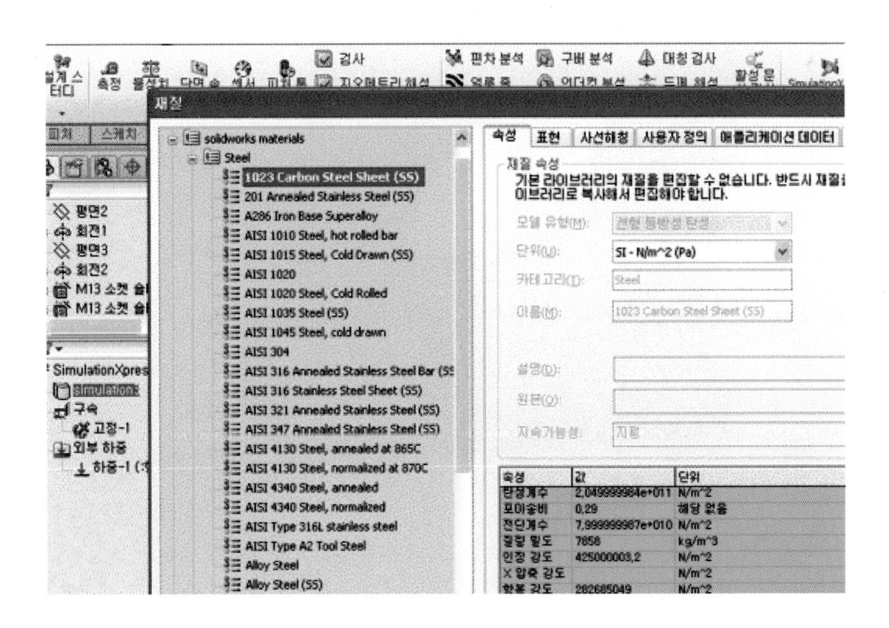

4) 재질이 수정되면 시뮬레이션을 실행한 후 생성된 보고서를 참고하여 설계 조건을 최적화하여 작성한다.

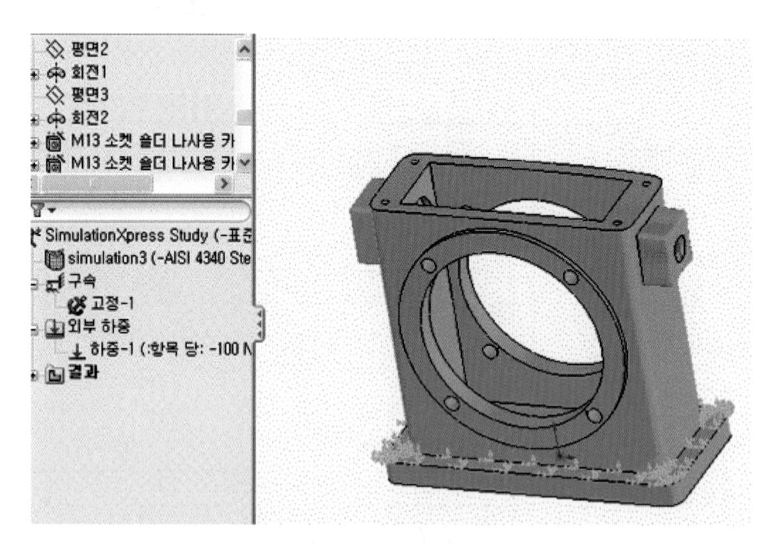

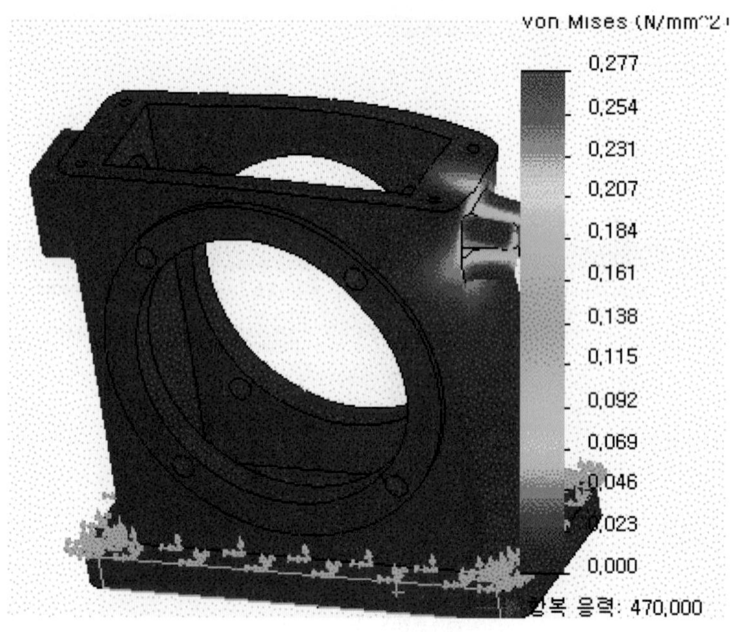

실무 중심 3차원 설계

솔리드웍스

Special guide

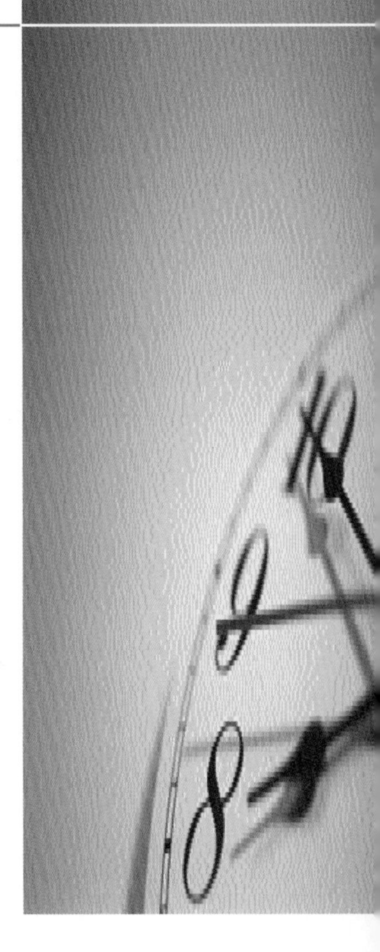

정가 | 25,000원

지은이 | 황교선
펴낸이 | 차승녀
펴낸곳 | 도서출판 건기원

2014년 4월 1일 제1판 제1인쇄
2014년 4월 8일 제1판 제1발행

주소 | 경기도 파주시 산남로 141번길 59 (산남동)
전화 | (02)2662-1874~5
팩스 | (02)2665-8281
등록 | 제11-162호, 1998. 11. 24

ISBN 979-11-85490-68-7 13560